COMPTE-RENDU GÉNÉRAL

DU

CONGRÈS INTERNATIONAL

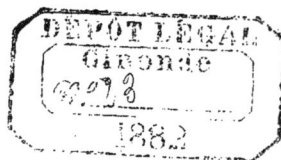

PHYLLOXÉRIQUE

DE BORDEAUX

(GIRONDE)

DU 9 AU 16 OCTOBRE 1881

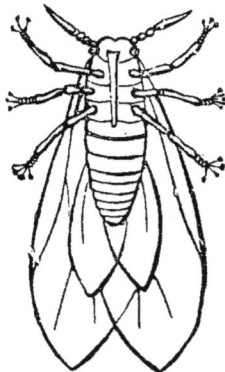

BORDEAUX

FERET ET FILS, ÉDITEURS

15, cours de l'Intendance.

PARIS

G. MASSON, ÉDITEUR

120, boulevard Saint-Germain.

1882

COMPTE-RENDU GÉNÉRAL

DU

CONGRÈS INTERNATIONAL

PHYLLOXÉRIQUE

DE BORDEAUX

COMMISSION DE PUBLICATION

MM. Henri **BALARESQUE**, Secrétaire général du Comité d'organisation et du Congrès, Membre de la Chambre de commerce, Président de la Société d'Horticulture de la Gironde.

Joseph DAUREL, Secrétaire du Comité d'organisation et du Congrès, Secrétaire général de la Société d'Horticulture de la Gironde.

Le Dr **MICÉ** (⚜ I), Membre du Comité d'organisation et du Congrès, Rapporteur de la Commission spéciale, Professeur à la Faculté de médecine et de pharmacie de Bordeaux.

E. **FALIÈRES**, Rapporteur de la Commission des insecticides et de la submersion, Directeur du Laboratoire agronomique de Libourne.

GACHASSIN-LAFITE, Rapporteur de la Commission des vignes américaines, Juge d'instruction au Tribunal civil de Bordeaux.

FARGUE (O. ✽), Vice-Président de la Commission et du Jury du concours des machines élévatoires, Ingénieur en chef des ponts et chaussées.

COUPERIE, Secrétaire des séances du Congrès, Secrétaire général de la Société d'Agriculture de la Gironde.

J. **GUÉNANT**, Secrétaire des séances du Congrès, Secrétaire adjoint de la Société d'Agriculture de la Gironde.

COURRÉGELONGUE, Secrétaire des séances du Congrès, Secrétaire adjoint de la Société d'Agriculture de la Gironde.

Alexandre **VÈNE**, Secrétaire des séances du Congrès, Secrétaire de la Commission des vignes à la Société d'Agriculture de la Gironde.

COMPTE-RENDU GÉNÉRAL

DU

CONGRÈS INTERNATIONAL

PHYLLOXÉRIQUE

DE BORDEAUX

(GIRONDE)

DU 9 AU 16 OCTOBRE 1881

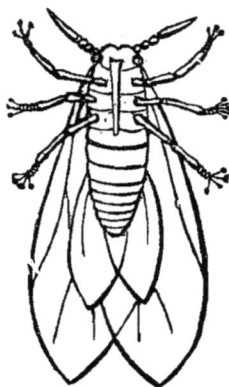

BORDEAUX
FERET ET FILS, ÉDITEURS
15, cours de l'Intendance.

PARIS
G. MASSON, ÉDITEUR
120, boulevard Saint-Germain.

1882

TABLE ANALYTIQUE DES MATIÈRES

TRAVAUX PRÉLIMINAIRES

CONGRÈS

Procès-verbal de la séance du lundi 10 octobre 1881 (matin).

Procès-verbal de la séance du mardi 11 octobre 1881 (matin).

Procès-verbal de la séance du mardi 11 octobre (après-midi).

Procès-verbal de la séance du mardi 11 octobre 1881 (soir).

Procès-verbal de la séance du mercredi 12 octobre 1881 (soir).

Procès-verbal de la séance du jeudi 13 octobre 1881 (après-midi).

Procès-verbal de la séance du jeudi 13 octobre 1881 (soir).

Procès-verbal de la séance du samedi 15 octobre 1881 (matin).

MÉMOIRES

PROJET

DE LA RÉUNION D'UN

CONGRÈS INTERNATIONAL PHYLLOXÉRIQUE

A BORDEAUX

La question du phylloxera est l'une des plus graves et des plus importantes de notre époque. La Chambre de commerce de Bordeaux, justement préoccupée de la situation, a cherché les moyens d'y remédier.

Persuadée que pour arriver à ce résultat il fallait d'énergiques efforts d'ensemble résultant d'une discussion publique, qui vulgariserait les remèdes déjà connus et rechercherait les nouveaux moyens de défense, elle a pensé qu'il était nécessaire de réunir à Bordeaux un *Congrès international phylloxérique.*

M. le Ministre de l'agriculture et du commerce, consulté à ce sujet, a engagé la Chambre de commerce de Bordeaux à poursuivre l'exécution de ce projet, en l'assurant que le concours de l'Administration supérieure ne lui ferait pas défaut.

Mais la Chambre de commerce, comprenant qu'elle ne pouvait accomplir seule l'œuvre de salut public qu'elle avait en vue, a demandé le concours de quatre des grands corps constitués du département; en conséquence, elle s'est adressée au Conseil général de la Gironde, au Conseil municipal de Bordeaux, à la Société d'Agriculture et à la Société d'Horticulture de la Gironde.

Elle a soumis son projet à ces quatre corps en leur demandant,

1

si tel était leur avis, de nommer chacun trois délégués qui, réunis en Comité d'organisation, s'occuperaient d'exécuter le projet.

Les quatre corps auxquels la Chambre de commerce s'était ainsi adressée avec confiance, ont répondu à son appel. Des délégués ont été nommés comme suit :

A. LALANDE (O. ❋)	*Membres délégués*
P.-A. LABRUNIE	*de la Chambre de commerce*
HENRI BALARESQUE	*de la Gironde.*
FERBOS (❋).............................	*Membres délégués*
DEZEIMERIS (❋)	*du Conseil général*
C. LANOIRE (❋ A.)	*de la Gironde.*
Dr PLUMEAU...........................	*Membres délégués*
LESPIAULT (❋)	*du Conseil municipal*
FOURCADE.............................	*de Bordeaux.*
G. RICHIER...........................	*Membres délégués*
F. RÉGIS (❋).........................	*de la Société d'Agriculture*
Dr MICÉ (❋ I.).......................	*de la Gironde.*
J. DAUREL............................	*Membres délégués*
ESCARPIT.............................	*de la Société d'Horticulture*
BERNÈDE..............................	*de la Gironde.*

Avant que de procéder à la nomination de son Bureau, le Comité d'organisation, réuni en séance le 10 mai 1881, à la Chambre de commerce, a décidé d'offrir la présidence d'honneur à M. LE MINISTRE DE L'AGRICULTURE ET DU COMMERCE et les vice-présidences d'honneur à M. LE PRÉFET DE LA GIRONDE, à M. LE MAIRE DE BORDEAUX, à M. LE PRÉSIDENT DU CONSEIL GÉNÉRAL DE LA GIRONDE.

Ce préalable rempli, le Bureau a été constitué comme suit :

Président .... M. ARMAND LALANDE (O. ❋), Président et Délégué de la Chambre de commerce de Bordeaux.

Vice-Présidents....... M. FERBOS (❋), Membre et Délégué du Conseil général de la Gironde.
M. le Dr PLUMEAU, Délégué du Conseil municipal de Bordeaux, adjoint au Maire.
M. GABRIEL RICHIER, Président et Délégué de la Société d'Agriculture de la Gironde.

Secrétaire général..... M. HENRI BALARESQUE, Membre et Delégué de la Chambre de commerce de Bordeaux.

Secrétaire............. M. JOSEPH DAUREL, Secrétaire général et Délégué de la Société d'Horticulture de la Gironde.

Trésorier..... .... M. FOURCADE, Membre et Délégué du Conseil municipal de Bordeaux.

Le Comité d'organisation a ensuite délibéré le programme et le règlement ci-après :

PROGRAMME

Les séances du Congrès auront lieu pendant quatre jours;
Elles seront accompagnées
d'une Exposition phylloxérique, ouverte du 9 au 16 octobre inclus,
d'un Concours de Machines élévatoires,
et suivies d'Excursions.

I. — Programme des séances.

Lundi 10 octobre, **matin.** — Ouverture du Congrès. — Discours du Président, qui traitera notamment de l'état de la France au point de vue de la maladie phylloxérique. — Communications des délégués officiels des pays étrangers.

— **Soir.** — Suite des communications des délégués officiels des pays étrangers. — Submersion.

Mardi 11 octobre, **matin et soir.** — Sulfure de carbone et sulfo-carbonates.

Mercredi 12 octobre, **matin et soir.** — Vignes américaines et greffage.

Jeudi 13 octobre, **matin.** — Viticulture dans les sables. — Autres points de la question phylloxérique.— Mildew et anthracnose. — Rapports sur l'Exposition et le concours de machines.

— **Soir.** — Mesures administratives. — Conclusions, décisions à prendre.

Vendredi et samedi 14 et 15 octobre. — Excursions.

II. — Programme de l'Exposition.

Racines saines et racines phylloxérées : nodosités, tubérosités. — Vignes saines et vignes phylloxérées : galles.

Groupes de phylloxeras radicicoles, jeunes, adultes, œufs, nymphes, ailés, sexués, œufs d'hiver. — Phylloxeras gallicoles à divers âges.

Phylloxera du chêne, ses divers représentants biologiques.

Ennemis naturels du phylloxera.

Mildew, anthracnose.

Dessins, écrits, brochures concernant la maladie phylloxérique.

Machines élévatoires en dessins ou en petits modèles; appareils pour jauger l'eau élevée par elles ; écluses, matériaux pour la construction des digues.

Sulfure de carbone pur, impur. Ses éléments générateurs; dessins ou petits modèles de ses appareils de production ou de rectification. Vaisseaux pour le contenir, le faire voyager, le manipuler sans danger. *(Ceux-ci ne pourront contenir que de l'eau; chaque exposant ne pourra produire qu'un litre, en tout, de sulfure contenu dans des flacons de verre bouchés à l'émeri et coiffés d'une peau.)* Réactifs et appareils ayant servi à étudier la diffusion du sulfure de carbone.

Sulfo-carbonate de potasse sec, dissous; ses générateurs, autres sulfo-carbonates.

Autres insecticides en petite quantité et en flacons bien bouchés.

Moyens et appareils d'administration des insecticides : pals, tuyaux en plomb de M. Terrel des Chênes, canalisation mobile et machines élévatoires (en dessin ou petit modèle) de MM. Mouillefert et Hembert, etc. — Instruments insecticides s'adressant à la partie aérienne de la vigne : pyrophore, gant-Sabaté, badigeonneurs, etc.

Engrais organiques et minéraux.

Vignes américaines : diverses espèces et variétés. Leurs produits : vins, eaux-de-vie, etc. — Coupes micrographiques et dessins permettant d'étudier la structure des racines résistantes. — Divers modes de greffage; greffoirs et machines à greffer.

Des récompenses pourront être décernées aux exposants.

III. — Concours de machines élévatoires.

Une comparaison du rendement des machines élévatoires dans des conditions d'établissement aussi identiques que possible, sera faite pendant la durée du Congrès, à un lieu, un jour et une heure qui seront ultérieurement déterminés. Les exposants acceptant ce concours spécial auront à se soumettre pour leur installation, aux conditions imposées par le Jury. Ils opèreront entièrement à leurs frais, et avec un personnel de leur choix, soit le jour du concours, soit tout autre jour) pendant la durée de l'Exposition) où il leur conviendrait de faire marcher leurs appareils sous les yeux du public.

Le Jury sera composé d'hommes spéciaux, nommés par le Comité d'organisation. Son rapport, après approbation par une assemblée composée du Comité et du Jury lui-même, sera lu, ou verbalement résumé, à la suite de celui qui concernera l'Exposition.

Le Jury pourra proposer des récompenses. Si celles-ci sont adoptées, elles seront, le plus tôt possible, portées à la connaissance du public et remises plus tard aux lauréats.

(Voir pour plus de détails le règlement.)

IV. — Programme des excursions.

Deux courses simultanées aux environs de Bordeaux seront organisées le vendredi 14 octobre, l'une en vue de la constatation des résultats acquis par l'emploi de la submersion ou du sulfure de carbone, l'autre dans le but de visiter des collections de vignes américaines.

Une grande excursion finale aura lieu le samedi 15 octobre, et permettra de visiter des vignobles traités par le sulfure de carbone, par les sulfo-carbonates ou par d'autres moyens, ainsi que des vignobles reconstitués sur racines américaines.

Les conditions de ces excursions seront portées, en temps utile, à la connaissance des membres du Congrès.

RÈGLEMENT

I. — Conditions d'admission.

ARTICLE PREMIER. — Les séances du Congrès sont publiques.

ART. 2. — Par mesure d'ordre, des places seront réservées aux personnes qui auront versé une somme de cinq francs, en échange de laquelle sera délivrée une carte personnelle.

Le produit de cette cotisation spéciale sera remis au Bureau de bienfaisance de Bordeaux.

II. — Membres du Congrès.

ART. 3. — Sont déclarés Membres du Congrès : les Délégués officiels des pays étrangers, les Membres du Comité d'organisation, les Autorités locales ayant rang individuel, les Sénateurs, Députés, Conseillers généraux et Conseillers d'arrondissement de la Gironde, les Membres de la Chambre de commerce, les Membres du Conseil municipal de Bordeaux, les Membres du Bureau et du Conseil des Sociétés d'Agriculture et d'Horticulture de la Gironde, les Présidents des Comices agricoles et des Sociétés savantes de la Gironde, les Membres du Conseil consultatif, les Membres correspondants du Comité d'organisation et toutes les personnes auxquelles le Bureau de ce Comité croirait devoir conférer ce titre.

ART. 4. — La qualité de *Membre du Congrès* donne droit à l'entrée aux séances dans une enceinte réservée.

ART. 5. — Les Membres du Congrès ont seuls voix délibérative dans les Assemblées générales.

III. — Séances.

ART. 6. — Les personnes désireuses de faire des communications, devront envoyer leur nom et le titre de celles-ci au Secrétariat du Congrès avant le 7 octobre.

ART. 7. — Le Bureau du Comité d'organisation arrêtera tous les soirs, à huit heures, à partir du 8 octobre, l'ordre du jour détaillé des deux séances du surlendemain : celui-ci sera, le lendemain, de bonne heure, envoyé aux journaux de la ville.

ART. 8. — La séance du matin se tiendra généralement de huit heures à onze heures; celle de l'après-midi de une heure à six heures.

ART. 9. — En dressant l'ordre du jour, et d'après le nombre des travaux inscrits, le Bureau appréciera s'il convient de tenir, pour épuiser le sujet marqué au programme, une séance de nuit, qui commencerait alors à huit heures.

ART. 10. — L'Assemblée pourra aussi, sur la fin de l'après-midi, et d'après l'état d'avancement de ses travaux, décider la tenue d'une semblable séance.

ART. 11. — Chaque auteur ne pourra présenter qu'un travail personnel par séance. Il ne pourra donc reparaître à la tribune, dans cette séance, que dans le cas de discussion.

ART. 12. — Chaque orateur devra ne garder la parole que pendant une demi-heure, quel que soit le titre auquel il l'aura obtenue.

ART. 13. — Les personnes admises à faire des communications sont invitées à préférer l'exposition verbale à une lecture.

ART. 14. — Elles sont invitées, en descendant de la tribune, à remettre au Secrétaire leur mémoire *in extenso* ou un résumé préparé d'avance.

ART. 15. — Les personnes ayant pris à une discussion une part importante, pourront s'entendre avec le Secrétaire pour lui faire parvenir dans la soirée un résumé de leurs discours ou assertions.

ART. 16. — Les auteurs de travaux qui auraient négligé de se faire inscrire en temps utile, ne seront admis à prendre la parole qu'après l'épuisement de l'ordre du jour régulier.

ART. 17. — Le procès-verbal de chaque séance ne sera lu qu'à la séance correspondante du lendemain.

ART. 18. — Le Comité d'organisation procèdera le lundi, 17 octobre, à deux heures, dans une des salles de la Chambre de commerce, à l'adoption des procès-verbaux non encore adoptés. Les personnes ayant pris la parole dans les discussions des séances ainsi rapportées, pourront assister à la réunion.

ART. 19. — Les auteurs des communications qui, contrairement à l'art. 14, n'auraient pas remis au Secrétaire leur mémoire ou un résumé, auront jusqu'au 30 octobre pour faire parvenir cette pièce au Secrétariat.

ART. 20. — A partir du 31 octobre, le Comité d'organisation procèdera à la rédaction, à l'impression et à la publication du compte-rendu général. Il ne sera pas tenu de publier *in extenso* les mémoires ou les résumés déposés.

Dans aucun cas la responsabilité du Comité ne pourra être engagée.

IV. — Commissions.

ART. 21. — Il sera institué, un mois au moins avant le Congrès et par les soins du Comité d'organisation, trois Commissions, dont les éléments seront pris, soit dans le Comité même, soit dans le Conseil consultatif. Ces Commissions porteront les titres de :

1° Commission de la submersion, du sulfure de carbone et des sulfo-carbonates ;

2° Commission des vignes américaines et des sables ;

3° Commission spéciale.

ART. 22. — Les deux premières Commissions procèderont, en août, à une vérification sur place, des méthodes de traitement ou de lutte indirecte désignées par leurs titres. Cette vérification aura lieu, soit dans la Gironde, soit sur d'autres points du territoire.

ART. 23. — Les rapports qu'elles présenteront, après avoir été approuvés par le Comité d'organisation, seront verbalement résumés au Congrès, mais insérés *in extenso* dans le compte-rendu.

ART. 24. — La *Commission spéciale* sera chargée d'examiner d'avance les mémoires ne rentrant point dans les attributions des deux autres Commissions.

ART. 25. — Ces mémoires devront être parvenus au Secrétariat le 21 septembre au plus tard.

ART. 26. — Toute méthode de traitement tenue secrète ou exposée avec des réticences sera écartée.

ART. 27. — Il en sera de même des procédés qui ne constitueraient que des projets, des vues de l'esprit, sans aucun résultat expérimental susceptible d'être produit.

ART. 28. — La *Commission spéciale* examinera tous les systèmes de traitement préconisés, mais ne sera pas tenue de les mentionner.

ART. 29. — Elle invitera à venir soutenir leurs idées devant elle, les auteurs des travaux dont elle aurait décidé d'entretenir le public.

ART. 30. — La *Commission spéciale* pourra invoquer, pour des vérifications sur place, le concours des autres Commissions, si les auteurs ont signalé à temps, d'une façon précise, dans leurs notes ou mémoires, les domaines qui seraient à visiter et si ceux-ci ne s'éloignent pas trop de l'itinéraire adopté par ces autres Commissions.

ART. 31. — Le rapport de la *Commission spéciale,* après approbation par le Comité d'organisation, sera verbalement résumé dans la séance du Congrès du jeudi matin et plus tard publié *in extenso.* Il répondra seul à la partie du programme de cette séance libellée : *Autres points de la question phylloxérique.*

ART. 32. — Le résumé présenté au Congrès ne sera pas soumis à la discussion.

ART. 33. — Pour l'approbation par le Comité d'organisation du rapport de chacune des Commissions, les membres du Conseil consultatif faisant partie de la Commission dont on examinera le rapport, auront voix délibérative au même titre que les membres du Comité.

ART. 34. — La *Commission de la submersion, du sulfure de carbone et des sulfo-carbonates,* présidera à tous les détails de préparation et d'exécution des courses rentrant dans ses attributions. La *Commission des vignes américaines et des sables* aura l'entière direction de celles ayant pour objet les moyens de lutte indirecte. Les deux Commissions s'entendront pour régler le programme et assurer le succès des excursions de caractère mixte.

V. — Règlement de l'Exposition.

ART. 35. — Les personnes ayant l'intention d'exposer devront envoyer au Secrétariat du Comité d'organisation, avant le

21 septembre, une feuille mentionnant leurs nom et prénoms, leur profession, leur demeure réelle, leur domicile à Bordeaux pendant la durée du Congrès, le nombre de mètres carrés désiré par elles et le détail de chacun des objets qu'elles se proposent d'envoyer.

ART. 36. — S'il y a lieu à réduction de l'espace demandé, cette réduction leur sera signifiée le 26 septembre au plus tard.

ART. 37. — Les frais d'envoi, d'installation, d'enlèvement et de retour sont à la charge des exposants.

ART. 38. — Le Comité d'organisation n'accepte aucune responsabilité matérielle au sujet des dégradations ou de la perte des objets exposés, quelle qu'en soit la cause.

ART. 39. — Chaque exposant procèdera à l'installation de ses objets.

ART. 40. — Cette installation devra être terminée le samedi 8 octobre à la chute du jour.

ART. 41. — L'Exposition s'ouvrira le dimanche 9 octobre, à neuf heures du matin. Elle sera close le dimanche 16 octobre, à cinq heures du soir.

ART. 42. — Tous les objets devront être enlevés le mercredi 19 octobre au plus tard.

ART. 43. — Le Comité d'organisation pourra disposer de ceux qui n'auraient pas été enlevés ce jour-là.

ART. 44. — L'organisation et la direction de l'Exposition sont confiées à une Commission de douze Membres, nommée par le Comité et prise dans son sein ou dans celui du Conseil consultatif.

ART. 45. — Cette Commission prendra le titre de *Commission de l'Exposition*.

ART. 46. — Son rapport, après approbation par le Comité d'organisation, sera verbalement résumé dans la séance du Congrès du jeudi matin et publié plus tard *in extenso*.

ART. 47. — Les dispositions des art. 32 et 33 sont applicables à ce rapport.

ART. 48. — Il mentionnera et justifiera les récompenses que la *Commission de l'Exposition* aurait jugé utile de décerner et qui auraient été maintenues par l'assemblée composée de cette Commission et du Comité d'organisation.

ART. 49. — Ces récompenses, annoncées aussitôt dans les feuilles publiques de Bordeaux, seront ultérieurement envoyées aux lauréats.

ART. 50. — La *Commission de l'Exposition* présidera à tous les détails de préparation et d'exécution du concours de machines élévatoires, sauf ceux qui rentrent dans la compétence du jury spécial de ce concours.

Art. 51. — Les exposants de ces machines sont soumis à toutes les conditions du règlement de l'Exposition, sauf celle stipulée à l'art. 43.

Art. 52. — Ceux de ces exposants qui n'auraient point, le 19 octobre, complètement enlevé leur matériel, s'exposeraient à une action en garantie intentée par le Comité d'organisation du Congrès, si celui-ci était mis en cause par des poursuites dirigées par les autorités compétentes.

Adopté par le Comité d'organisation dans ses séances du 1er juillet et du 2 août 1881, conformément aux observations présentées par le Conseil consultatif dans sa séance du 27 juin 1881.

Le Président,

A. LALANDE.

Le Secrétaire général,

H. BALARESQUE.

Le Comité s'est adjoint un Conseil consultatif et des Membres correspondants, qui comprennent la plupart des savants et des agriculteurs qui se sont le plus occupés de la question du phylloxera.

CONSEIL CONSULTATIF

AMOUROUX, régisseur du château de Grota, membre du Comice agricole de Créon, à Haux (Gironde).

ANDURAND (Rolland), vice-président du Comité central d'études et de vigilance contre le Phylloxera du Lot, à Cahors (Lot).

ARTIGUE (Félix), délégué au service phylloxérique, à la Préfecture de Bordeaux (Gironde).

AZAM (Dr), professeur à la Faculté de médecine de Bordeaux (Gironde).

BACARISSE (Dr), propriétaire à Gontaud, près Marmande (Lot-et-Garonne).

BAYSSALANCE, vice-président de la section de viticulture du Comité viticole et agricole de Libourne, à Libourne (Gironde).

BEAUREPAIRE-SOUVAGNY (comte de), propriétaire à Montalier, près Preignac-sur-Garonne (Gironde).

BENDER (E.), président de la Société régionale de Viticulture de Lyon, à Lyon (Rhône).

BENOIST(E.),ancien secrétaire du conseil d'administration de la SociétéLinnéenne, à Bordeaux (Gironde).

BERNARD, professeur de sciences à l'Ecole normale, à Cluny (Saône-et-Loire).

BERTRAND (Hippolyte), propriétaire à Bassens (Gironde).

BOISARD (Paul), propriétaire à Saint-Christophe-des-Bardes (Gironde).

BOITEAU (P.), propriétaire à Villegouge (Gironde).

BONNEVAL (comte de), propriétaire du château de La Tresne (Gironde).

BOUNEAU, banquier, membre du Comité des études et de vigilance de Bazas (Gironde).

BRANNENS (Philippe), propriétaire à Langon (Gironde).

BRETAGNE (Noël), rédacteur agricole du *Journal officiel*, à Paris.

CALVET (Auguste), propriétaire, membre du Comité central d'études et de vigilance de la Charente-Inférieure, aux Augers, près Pons (Charente-Inférieure).

CASTÉJA, membre du Conseil général de la Gironde, propriétaire à Pauillac-Médoc (Gironde).

CAZENAVE (Armand), propriétaire, membre du Comice agricole de La Réole, à La Réole (Gironde).

CHABRIÉ (P.), membre du Conseil général de Tarn-et-Garonne, à Moissac (Tarn-et-Garonne).

CHENU-LAFITE, propriétaire au château de Mille-Secousses, à Bourg (Gironde).

CHEVALIER, maire de Mongaillard, conseiller général du Lot-et-Garonne, à Mongaillard (Lot-et-Garonne).

CLAUZEL (Félix), propriétaire à Lamarque-Médoc (Gironde).

COIFFARD (Eugène), propriétaire à Saint-Trélody (Gironde).

COURRAUD, directeur de la ferme-école de Machorre, à Saint-Martin-de-Sescas (Gironde).

DAHAIR, horticulteur, bibliothécaire, archiviste de la Société d'Agriculture de Niort, membre du Comice agricole de Niort, à Niort (Deux-Sèvres).

DALEAU (François), propriétaire à Bourg (Gironde).

DAUVÈNE (Paul), pépiniériste, membre du Conseil d'administration de la Société d'Horticulture d'Orléans et du Loiret, à Orléans (Loiret).

DECEPTS (Édouard), membre du Conseil général du Gers, à Cologne (Gers).

DELAIRE, secrétaire général de la Société d'Horticulture d'Orléans et du Loiret, à Orléans (Loiret).

DELBRUCK (Jules), propriétaire à Langoiran (Gironde).

DELOYNES (P.), professeur à la Faculté de droit, vice-président de la Société Linnéenne, à Bordeaux (Gironde).

DEMEAUX, docteur-médecin, conseiller général, membre de la Commission départementale du Lot, à Puy-l'Évêque (Lot).

DÉROMAS, président du Tribunal de commerce de Blaye, membre du Comité d'études et de vigilance de Blaye (Gironde).

DIRECTEUR (le) du *Journal de Bordeaux* (Gironde).

DIRECTEUR (le) du journal *la Gironde*, à Bordeaux (Gironde).

DIRECTEUR (le) du journal *le Courrier de la Gironde*, à Bordeaux (Gironde).

DIRECTEUR (le) du journal *la Guienne*, à Bordeaux (Gironde).

DIRECTEUR (le) du journal *la Victoire*, à Bordeaux (Gironde).

DUGUE, professeur départemental d'agriculture, à Tours (Loiret).

DUPHÉNIEUX, maire de Cajarc, conseiller général du Lot, à Cajarc (Lot).

DUPLESSIS, professeur départemental d'agriculture, membre du Conseil d'administration de la Société d'Horticulture d'Orléans et du Loiret, à Orléans (Loiret).

DUPOUY (E.), propriétaire à Bourg (Gironde), sénateur de la Gironde, à Paris.

DUPOUY (Henri), courtier de vins, propriétaire à Preignac-sur-Garonne (Gironde).

DUPUY (Dr Paul), membre du Conseil municipal de Bordeaux, à Bordeaux (Gironde).

DUPRÉ, professeur à la Faculté de médecine de Montpellier, président du Conseil général des Hautes-Pyrénées, à Montpellier (Hérault).

DURIEU DE MAISONNEUVE fils, secrétaire général de la Société Linnéenne, à Bordeaux (Gironde).

FALIÈRES, directeur du laboratoire agronomique, à Libourne (Gironde).

FERRAND (A. de), propriétaire du château Mouton-d'Armailhacq, à Pauillac-Médoc (Gironde).

FERRET, président de la Chambre de commerce de Mâcon (Saône-et-Loire).

FOURCASSIES père, ancien juge de paix, à Langon (Gironde).

FOURCAUD-LAUSSAC, propriétaire, à Saint-Émilion (Gironde).

FROIDEFOND, vice-président de la Société d'Agriculture de la Gironde, à Bordeaux (Gironde).

GACHASSIN-LAFITE, propriétaire à Montifaut-Vayres, juge d'instruction, à Bordeaux (Gironde).

GAILLARD (E.), propriétaire, à Saint-André-de-Cubzac (Gironde).

GALTAYRIES, propriétaire, membre du Comité central de surveillance contre le phylloxera, à Rodez (Aveyron).

GAYON, professeur de chimie à la Faculté des sciences de Bordeaux (Gironde).

GERVAIS, membre du Conseil général de la Gironde, à Saint-Christoly-de-Blaye (Gironde).

GIRAUD (Léopold), président du Tribunal de commerce de Libourne, propriétaire du domaine de Trotanoy, à Pomerol (Gironde).

GRAS, président du Comice agricole de Créon, propriétaire à Créon (Gironde).

GRELOUD (Henry), propriétaire à Libourne (Gironde).

GUÉNANT (Joseph), propriétaire du château de Suau, à Langoiran (Gironde).

GUILLAUD (Dr), professeur à la Faculté de médecine de Bordeaux (Gironde).

HUBERT-DELISLE, membre du Conseil général de la Gironde, propriétaire du château du Bouilh, à Saint-André-de-Cubzac (Gironde).

ISSARTIER (Henri), propriétaire à Cours, près Monségur, sénateur de la Gironde, à Paris.

JOUET, délégué au service phylloxérique, à la Préfecture de Bordeaux (Gironde).

LABORDE fils, pharmacien, membre du Comité d'études et de vigilance de Blaye, à Blaye (Gironde).

LADONNE, propriétaire à Bassens (Gironde).

LAERVISE, propriétaire, membre du Comité d'études et de vigilance de Libourne, à Libourne (Gironde).

LAFITTE (Prosper de), président du Comité d'études et de vigilance du Lot-et-Garonne, à Astaffort (Lot-et-Garonne).

LAFON (Raymond), maire de Sauternes, membre du Comité d'études et de vigilance de Bazas, à Sauternes (Gironde).

LALIMAN, membre de la Société d'Agriculture de la Gironde, à Bordeaux (Gironde).

LAPERCHE, ancien officier de marine, membre du Comité d'études et de vigilance de l'arrondissement de la Réole à Saint-Ferme (Gironde).

LARRIEU (Eugène), propriétaire du château de Haut-Brion, à Pessac (Gironde).

LAS-CAZES (marquis de), propriétaire à Saint-Julien-Médoc (Gironde).

LAUGA, conseiller d'arrondissement, membre du Comité d'études et de vigilance de La Réole, à Dieulivol (Gironde).

LAUR, membre du Comité central d'études et de vigilance contre le phylloxera, à Cahors (Lot).

LA VERGNE (comte de), propriétaire à Ludon-Médoc (Gironde).

LAWTON (Edouard), propriétaire à Floirac (Gironde).

LAWTON (William), courtier de vins, propriétaire du château La-Salle-de-Pez, à St-Estèphe-Médoc (Gironde).

LEFORT, propriétaire-viticulteur au château Hauteillan, à Cissac, administrateur des propriétés de M. Pereire, à Margaux-Cantenac (Gironde).

LÉON (Alexandre), membre du Conseil général de la Gironde, à Bordeaux (Gironde).

LEYBARDIE (de), propriétaire, maire de Montferrand (Gironde).

LA LOYÈRE (vicomte de), vice-président de la Société des Agriculteurs de France, à Mâcon (Saône-et-Loire).

MALVEZIN (Théophile de), propriétaire au château Picourneau, à Verteuil-Médoc (Gironde).

MERMAN (G.), courtier de vins à Bordeaux, propriétaire du château du Croc, à Saint-Estèphe-Médoc (Gironde).

MILLARDET, professeur à la Faculté des sciences de Bordeaux (Gironde).

MILLOT (Charles), maire, membre du Comité départemental du phylloxera de Saône-et-Loire, à Mancey, par Sennecey (Saône-et-Loire).

MONDIET, professeur d'enseignement spécial au lycée de Bordeaux (Gironde).

PEREZ, professeur de zoologie à la Faculté des sciences de Bordeaux (Gironde).

PÉRIER, professeur à la Faculté de médecine et de pharmacie de Bordeaux, membre du Comité d'études et de vigilance de Lesparre (Gironde).

PETIT (Auguste), ingénieur civil à Toulenne (Gironde).

PETIT-LAFITE, ancien professeur d'agriculture à Bordeaux (Gironde)

PEYRELONGUE (comte Henri de), propriétaire, à Marmande (Lot-et-Garonne).

PINARD, propriétaire, maire de Saint-Etienne-la-Cicogne, membre de la Société d'Agriculture des Deux-Sèvres, à Saint-Etienne-la-Cicogne (Deux-Sèvres).

PIOLA (A.), propriétaire à Saint-Émilion et à Libourne (Gironde).

PRINCETEAU (Paul), propriétaire du domaine de Lesperron, à Saint-Vincent-de-Paul (Gironde).

PULLIAT (N.), secrétaire général de la Société régionale de Viticulture de Lyon, à Chiroubles (Rhône).

RAULIN, professeur à la Faculté des sciences de Bordeaux (Gironde).

ROUDIER, propriétaire du château du Soulat, à Juillac, député de la Gironde, à Paris.

ROUQUEYROL, propriétaire, secrétaire général du Comité départemental de vigilance de l'Aveyron, à Libourne (Gironde).

ROUVIER (Paul), conseiller général de la Charente-Inférieure, membre du Comité central d'études et de vigilance, à Surgères (Charente-Inférieure).

SAINT-QUENTIN (de), propriétaire à Blanquefort (Gironde).

SAMAZEUILH (Fernand), trésorier, membre de la Société de Géographie de Bordeaux, propriétaire à Langoiran (Gironde).

SCHRADER père (Ferdinand), professeur à l'école professionnelle, à Bordeaux (Gironde).

SEIGNOURET, propriétaire à Blanquefort-Médoc (Gironde).

SEILLAN, avocat, membre du conseil général du Gers, à Mirande (Gers).

SKAWINSKI père, régisseur du château Giscours appartenant à M. Ed. Cruse; et du château Langoa appartenant à la famille Barton, Médoc (Gironde).

SKAWINSKI (Paul), propriétaire, à Labarde-Médoc, régisseur des propriétés de M. Armand Lalande.

SKAWINSKI (Théophile), régisseur du château Laujac à M. Ad. Cruse, à Bégadan-Médoc (Gironde).

SMITH (Th.-P.), agent consulaire des Etats-Unis, délégué par le Gouvernement américain, à Cognac (Charente).

SUPSOL, propriétaire à Langoiran, membre du Conseil municipal de Bordeaux (Gironde).

SURSOL, propriétaire à Cenon (Gironde).

TASTET (Amédée), courtier de vins à Bordeaux, prop. à Blanquefort (Gironde).

TOCHON (Pierre), président de la Société centrale d'Agriculture de la Savoie, à Chambéry (Savoie).

VERGNIOL (O.), propriétaire, membre du Comité d'études et de vigilance de Libourne, à Flaujagues (Gironde).

VERNEUIL (Albert), propriétaire, membre du Comité central d'études et de vigilance de la Charente-Inférieure, à Cozes (Charente-Inférieure).

WUSTENBERG (H.), ancien membre de la Chambre de commerce de Bordeaux, propriétaire à Talence (Gironde).

MEMBRES CORRESPONDANTS

ABBADIE DE BARRAU (le comte d'), propriétaire, à Monguilhem (Gers).

AGUILLON (Henri), propriétaire, domaine de Chébron, à Signes (Var).

ALLIÉS (F.), administrateur des Messageries Maritimes, à Marseille (Bouches-du-Rhône).

ANDIRAN (d'), propriétaire, Châlet du Bancan, à Saint-Palais-sur-Mer (Charente-Inférieure).

ARNAL, propriétaire au Mas du Chott, près Montpellier (Hérault).

ASTIÉ, propriétaire, secrétaire général de la Société d'Agriculture de la Haute-Garonne, à Toulouse (Haute-Garonne).

AURAN (Raymond), propriétaire, domaine de la Décapris, par Hyères (Var).

BALTET (Charles), horticulteur, à Troyes (Aube).

BARRAL (Léon), propriétaire, à Montpellier (Hérault).

BAZILLE (Gaston), sénateur de l'Hérault, à Paris.

BEL (François), député de la Savoie, à Paris.

BERGER (Georges), membre de la Commission supérieure du phylloxera, à Paris.

BEZARD, à Belligarde (Gard).

BISSEUIL (A.), Député de la Charente-Inférieure, à Paris.

BITAUBÉ (Paul), conseiller de préfecture du Lot-et-Garonne, à Agen (Lot-et-Garonne).

BONNET (Adrien), ancien député, à Paris.

BOUDE (Frédéric), négociant, à Marseille (Bouches-du-Rhône).

BOUNEAU, officier en retraite, domaine de Guibaut, à Puisseguin (Gironde).

BOUSCARREN, propriétaire au Terral, près Montpellier (Hérault).

CASTELMARRE (le marquis de), propriétaire, château de Castelmarre, près Lupiac (Gers).

CAZALIS, propriétaire-viticulteur, à Montpellier (Hérault).

CEYRAC DE LA SERRE, notaire, conseiller général de la Corrèze, à Meyssac (Corrèze).

CHAMPIN, membre du Conseil général de la Drôme, membre de la Société d'Agriculture de la Drôme, au château des Sallètes, près Montélimar (Drôme).

CHAPERON (Raymond), Ile du Carney, à Lugon (Gironde).

CLOS (Dr), directeur du Jardin Botanique, à Toulouse (Haute-Garonne).

COMY, propriétaire à Garons (Gard).

COSTE (Dr Ulysse), professeur d'Agriculture à Montpellier (Hérault).

CORNU (Maxime), professeur de botanique au Muséum d'histoire naturelle, à Paris.

COUANON (G.), délégué régional du ministère au service phylloxérique du Sud-Ouest, à Paris.

COULOM, juge de paix à Pujols (Gironde).

CROLAS (Dr), professeur à la Faculté de médecine, à Lyon (Rhône).

CROZIER, président de la Société de Viticulture de la Loire, vice-président du Comité de vigilance, à Saint-Etienne (Loire).

CUSIN (L.), directeur du Jardin Botanique du Rhône, à Lyon (Rhône).

DELUZE, propriétaire à Puisseguin (Gironde).

DENIS, directeur du Jardin-Public, à Lyon (Rhône).

DENIS, chef des cultures du parc de la Tête-d'Or, à Lyon (Rhône).

DESPETIS (Dr Louis), propriétaire, à Marseillan (Hérault).

DILLON, président de la Société d'Agriculture du Gers, à Auch (Gers).

DITTE, professeur à la Faculté des sciences, directeur de la station agronomique, à Caen (Calvados).

DROT (Paul du), propr., château Cap-de-Bos, à Moncrabeau (Lot-et-Garonne).

DUPIN (Dr), propriétaire à Monségur (Gironde).

DUPUY (l'abbé), secrétaire général de la Société d'Agriculture du Gers, à Auch (Gers).

ÉCLUSE (de l'), professeur départemental d'agriculture, à Agen (Lot-et-Garonne).

EICHTALDT (baron d'), propriétaire, château Saint-Selve, près Castres (Gironde).

ESPITALIER, propriétaire-viticulteur, à Arles (Bouches-du-Rhône).

FAUCON, propriétaire-viticulteur, à Arles (Bouches-du-Rhône).

FERRER (Léon), pharmacien de 1re classe de l'Ecole supérieure de Paris, à Perpignan (Pyrénées-Orientales).

FITZ-JAMES (Mme la duchesse de), à Saint-Benezet, par Saint-Gilles (Gard).

FOËX (G.), professeur de viticulture, à La Gaillarde, près Montpellier (Hérault).

FRECHON, pharmacien, à Nérac (Lot-et-Garonne).

GAILLARD (Ferdinand), propriétaire à Brignais, près Lyon (Bouches-du-Rhône).

GARRISSON (Gustave), conseiller général du Tarn-et-Garonne, à Montauban (Tarn-et-Garonne).

GARY, docteur-médecin, à Parsac (Gironde).

GASTINE, inspecteur de la Compagnie du chemin de fer P.-L.-M., délégué régional du Ministre de l'agriculture et du commerce, à Marseille (Bouches-du-Rhône).

GERAUD (Charles), propriétaire, à Bergerac (Dordogne).

GILLIAN, propriétaire-négociant, à Pomerols (Hérault).

GIRAUD (Alphonse), président du Tribunal de commerce d'Oran, à Vic-Bigorre (Hautes-Pyrénées).

GIRET (Émilien), président du Comice agricole de Béziers, à Béziers (Hérault).

GRANDEAU, doyen de la Faculté des sciences, directeur de la station agronomique de l'Est, à Nancy (Meurthe-et-Moselle).

GROS (Hilarion), à Aigues-Mortes (Gard).

GUÉRIN DE SOSCIUNDO, à Rollet, par Angoulême (Charente).

GUINON, directeur de la station agronomique à Châteauroux (Indre).

GUIRAUD (L.), propriétaire, à Villary, près Nîmes (Gard)

HAUTUSSAC DE PROVIEUX (d'), propriétaire, à Saint-Laurent du Sape (Ardèche).

HENNEGUY (L. Félix), préparateur au Collège de France, délégué de l'Académie des Sciences, à Paris.

HIRIART, conservateur du Musée d'histoire naturelle de Bayonne, à Bayonne (Basses-Pyrénées).

HORTOLÈS, professeur d'arboriculture, à Montpellier (Hérault).

JAUSSAN (L.), propriétaire à Capestang, près Béziers (Hérault).

JOLY (Ch.), ancien vice-président de la Société centrale d'Horticulture de France, à Paris.

LADREY, professeur à la Faculté des sciences, directeur de la station agronomique, à Dijon (Côte-d'Or).

LAJEUNIE (François), membre du Conseil général de la Charente, vice-président du Comité central d'études et de vigilance, à Les Dougnes, près Chalais (Charente).

LAMEY (le colonel), propriétaire. à Haux, près Langoiran (Gironde).

LA MOLÈRE (de), chef du service phylloxérique de P.-L.-M., à Marseille (Bouches-du-Rhône).

LAMOTHE (Camille de), à Sainte-Eulalie-d'Ambarès (Gironde).

LANNES (Edouard), propriétaire, maire, à St-Sixte, par Astaffort (Lot-et-Garonne).

LASSERRE (Charles), vice-président du Comice agricole d'Agen, à Port-Sainte-Marie (Lot-et-Garonne).

LAUGIER, directeur de la Station agronomique, à Nice (Alpes-Maritimes).

LAVALLÉE, vice-président de la Société de Botanique de France, à Paris.

LE CHARTIER, professeur à la Faculté des sciences, directeur de la Station agronomique, à Rennes (Ille-et-Vilaine).

LEENHARDT (Ernest), propriétaire à Montpellier (Hérault).

LEENHARDT (Jules), propriétaire à Verchamp, près Montpellier (Hérault).

LÉPINE, propriétaire, à Parsac (Gironde).

LESPIAULT (Maurice), propriétaire, à Nérac (Lot-et-Garonne).

LÉVY (Léon), ingénieur des mines, attaché à la Compagnie des chemins de fer de Paris-Lyon-Méditerranée, à Bordeaux.

LICHTENSTEIN (de), membre de la Société Entomologique de France, Villa La Lironde, Montpellier (Hérault).

LINARET (de), propriétaire viticulteur, à Cette (Hérault).

LUGOL, propriétaire à Campuget, par Manduel (Gard).

MAGEN, pharmacien, secrétaire du Comité central phylloxérique, à Agen (Lot-et-Garonne).

MAGNIEN, secrétaire de la Commission centrale d'études et de vigilance du phylloxera de la Côte-d'Or, à Dijon.

MALÈGUE (V.), propriétaire viticulteur, à Pézilla-la-Rivière (Pyrénées-Orientales).

MALO, inspecteur de l'agriculture, à Paris.

MANDON (le docteur), professeur à l'Ecole de Médecine, à Limoges (Haute-Vienne).

MARÈS (Henri), secrétaire général de la Société d'Agriculture de l'Hérault, à Montpellier (Hérault).

MARION (A.-F.), professeur à la Faculté des sciences, membre de la Commission supérieure du phylloxera, à Marseille (Bouches-du-Rhône).

MÉNUDIER (Dr), président du Comité d'études ét de vigilance de la Charente-Inférieure, à Saintes (Charente-Inférieure).

MERLE DE MASSONNEAU, propriétaire à Nérac (Lot-et-Garonne).

MIEUSSENS, président de la Société d'Agriculture et de Viticulture de Mirande, lieutenant de vaisseau en retraite, à Mirande (Gers).

MOLINES (Ulysse), propriétaire, à Saint-Gilles (Gard).

MOLINIER, régisseur chez M. le comte de Turenne, à Valautre, près Montpellier (Hérault).

MONTESQUIOU (de), président du Comice agricole de Nérac, à Lussac, commune de Leyritz-Moncassin, par Villefranche-de-Queyrou-Montauban (Lot-et-Garonne).

MOUILLEFERT, profes. à l'Ecole nationale d'agriculture de Grignon (Seine-et-Oise).

MOULLON, président du Tribunal de commerce de Cognac, vice-président du Comité d'études contre le phylloxera, à Cognac (Charente).

MUNTZ (Achille), directeur des laboratoires de l'Institut national agronomique, à Paris.

NICOLAS (Elisée), ancien élève de l'École de Grignon, secrétaire général de la Loire, à Bazourges, par Seny-le-Comtal (Loire).

NOLIBOIS, à Saint-Médard-d'Eyrans, par La Brède (Gironde).

OLIVIER (Paul), vice-président du Comité d'études et de vigilance des Pyrénées-Orientales, à Collioure (Pyrénées-Orientales).

OMBRAS (Martial), propriétaire viticulteur, à Montbazin (Hérault).

PAGÉZY, ancien sénateur, au Vivier, à Montpellier (Hérault).

PAPILLAUD, instituteur, à Montbayer, près Chalais (Charente).

PELLICOT, membre de la Société d'Agriculture du Var, à Toulon (Var).

PERRIN (Philémon), régisseur chez M. Aurran, domaine de la Décapris, à Hyères (Var).

PEYRAT (du), Inspecteur général de l'agriculture, à Paris.

PLANCHON, professeur à la Faculté de Médecine, directeur de l'École supérieure de pharmacie, à Montpellier (Hérault).

PONSOT (Mme), propriétaire aux Annereaux, par Libourne (Gironde).

PRESSECQ, membre de la Société d'Agriculture de Tarn-et-Garonne, à Montauban (Tarn-et-Garonne).

PROUVÈZE, propriétaire-viticulteur, château de Morteuil, par Demigny (Saône-et-Loire).

RASPAIL, membre de la Société d'Agriculture de Vaucluse, à Avignon (Vaucluse).

REICH (Louis), domaine de l'Armeillère en Camargue, à Arles (Bouches-du-Rhône).

RICARD, directeur général de la Compagnie d'assurances *la Clémentine*, à Paris.

ROBIN, rédacteur de la *Vigne américaine*, membre de la Société d'Agriculture de la Drôme, à Vienne (Isère).

ROCHÉTERIE, président de la Société d'Horticulture d'Orléans et du Loiret, à Orléans (Loiret).

ROY (Gustave), président de la Chambre de commerce de Paris.

SAHUT (Félix), horticulteur à Montpellier (Hérault).

SAINTPIERRE, directeur de l'École d'agriculture, à Montpellier (Hérault).

TEISSONNIÈRE, vice-président de la Chambre de commerce de Paris.

TERREL DES CHÊNES, rédacteur en chef du *Moniteur viticole*, à Paris.

THIOLIÈRES DE L'ISLE, propriétaire, ancien ingénieur en chef des ponts et chaussées, coteau de l'Ermitage, à Lyon (Rhône).

IM-THURN, aux Sources, par Bellegarde (Gard).

TONDEUR (Charles), directeur du journal *la Vigne*, à Paris.

TRUCHOT, professeur à la Faculté des sciences, directeur de la station agronomique, à Clermont-Ferrand (Puy-de-Dôme).

TURENNE (comte de), propriétaire à Valautre, près Montpellier (Hérault).

VACQUERY, avocat, à Agen (Lot-et-Garonne).

VIALLA, président de la Société centrale d'Agriculture de l'Hérault, à Montpellier (Hérault),

VIGÉ (L.-P.), propriétaire à Lugon (Gironde).

VIMONT, propriétaire à Épernay (Marne).

VIRIEU (marquis de), membre du Conseil de la Société des Agriculteurs de France, à Grenoble (Isère).

XAMBEU, professeur de sciences physiques et de chimie, membre de la Commission départementale de la Charente-Inférieure, à Saintes.

MEMBRES DU CONGRÈS PAR ORDRE DE DÉPARTEMENTS

Département de la Gironde.

MM.

ABADIE (G.), vice-président de la Société d'Horticulture de la Gironde.

ABRIA, doyen de la Faculté des sciences de Bordeaux.

ACHARD (Adrien), député de la Gironde, à Castelnau.

ALARET, juge de paix, à Bordeaux.

ANDRÉ (Albert), sous-préfet de Libourne.

ANTHOUNE (Jean), à Castelnau.

MM.

ARDOUIN (V.-E.), rédacteur à la *Gironde,* correspondant de l'*Indépendance Belge,* à Bordeaux.

ARNÉ (Ferdinand), propriétaire à Bassens.

ARNE (Georges), propriétaire à Bassens.

AYMEN, membre du Conseil général de la Gironde, à Castillon-sur-Dordogne.

BALARESQUE (H.-C.), membre de la Société d'Agriculture de la Gironde, à Caudéran, près Bordeaux.

BALGUERIE (Jules), chef du secrétariat de la Chambre de commerce de Bordeaux.

BALTAR, juge suppléant au Tribunal de première instance de Bordeaux.

BAOUR (Abel), membre de la Chambre de commerce de Bordeaux.

BARANDON, membre de la Société d'Horticulture de la Gironde.

BARCKHAUSEN (H.), adjoint au maire de Bordeaux.

BARENNES, conseiller à la Cour d'appel de Bordeaux.

BARITAULT (de), membre du Conseil général de la Gironde, à Castillon-de-Castet.

BARUÉ (Ernest), directeur de l'*Agence Havas,* à Bordeaux.

BATZ DE TRENQUELLÉON (Charles de), rédacteur en chef de la *Guienne,* à Bordeaux.

BATZ (de), lieutenant-colonel, sous-chef d'état-major général, à Bordeaux.

BAUDRIMONT, président de la Société médicale d'émulation de Bordeaux.

BAUDRY-LACANTINERIE, professeur de la Faculté de droit de Bordeaux.

BAYLE (Paul), à Bordeaux.

BAYSSELLANCE, adjoint au maire de Bordeaux.

BEAUCOURT (F. de), maire, conseiller d'arrondissement, à Margaux.

BÉDEL, conseiller d'arrondissement, à Queyrac.

BELLY (J.), membre de la Société d'Horticulture de la Gironde.

BÉNARD, chef des gares de la Compagnie d'Orléans, à Bordeaux.

BERGIER, conseiller à la Cour d'appel de Bordeaux.

BERNARDY DE SIGOYER, conseiller à la Cour d'appel de Bordeaux.

BERTON ainé, membre de la Société d'Horticulture de la Gironde.

BETHMANN (Ed.), propriétaire à Saint-Julien.

BEYERMANN (J.-O.), consul des Pays-Bas, à Bordeaux.

BEYLARD, membre et secrétaire de la Chambre de commerce de Bordeaux.

BEYLOT, conseiller à la Cour d'appel de Bordeaux.

BEYLOT (Charles), membre de la Chambre de commerce de Bordeaux, à Libourne.

BIROT-BREUILH, conseiller à la Cour d'appel de Bordeaux.

BIROT-BREUILH, juge de paix à Bordeaux.

BOISREDON (Alefsen de), commissaire de l'inscription maritime, à Bordeaux.

BONIE, conseiller à la Cour d'appel de Bordeaux.

BONNEFOUX, maire, conseiller d'arrondissement, à Cadillac.

BONNESŒUR, conseiller à la Cour d'appel de Bordeaux.

BORDES (Charles), juge suppléant au Tribunal de commerce de Bordeaux.

BORD (Auguste), propriétaire à Pompignac.

BOREAU-LAJANADIE, conseiller à la Cour d'appel de Bordeaux.

BOSCQ (le baron du), maire, membre du Conseil général de la Gironde, à Baigneaux.

BOULINEAU, conseiller à la Cour d'appel de Bordeaux.

BOUQUET, président de la Société Agricole de Saint-Isidore, à Blaye.

BOURGADE, président de chambre à la Cour d'appel de Bordeaux.

BOURGEOIS, avocat général à Bordeaux.

BOUTIN (A.), membre de la Chambre de commerce de Bordeaux.

BOUTIRON, ingénieur des mines, à Bordeaux.

BOUVILLE (le comte de), député de la Gironde, château Cantemerle, à Macau.

BOYER (Albert), membre du Conseil municipal de Bordeaux.

BOYER, juge au Tribunal de première instance de Bordeaux.

BRANDENBURG (Albert), maire de Bordeaux.

BRÉTENET, président de chambre à la Cour d'appel de Bordeaux.

BRION, conseiller d'arrondissement, à Saint-Yzans.

BRIVAZAC (le baron de), maire de Villeneuve.

BRIVES-CAZES, vice-président du Tribunal de première instance de Bordeaux.

MM.

BROWN, propriétaire, à Bordeaux.

BRUGIÈRE (de), membre du Conseil général de la Gironde, à Sainte-Foy-la-Grande

BRUN, conseiller d'arrondissement, à Saint-Laurent.

BRUN (Ch.), président de la Société des Architectes de Bordeaux.

BRUN (Louis), ancien président du Tribunal de commerce, à Libourne.

BRUNET (Henri), membre de la Chambre de commerce de Bordeaux.

BUHAN (Eugène), secrétaire de la Société Philomathique de Bordeaux.

BUHAN (Pascal), juge suppléant au Tribunal de commerce de Bordeaux.

BUSSEREAU (A.), secrétaire-greffier du Conseil de préfecture, à Bordeaux.

BUSSEUIL, substitut du Procureur de la République, à Bordeaux.

BUTY, à Bordeaux.

CABANTOUS, juge au Tribunal de première instance de Bordeaux.

CADUC (Armand), député de la Gironde, à La Réole.

CAILLEMER DE LIONCOURT, juge suppléant au Tribunal de première instance de Bordeaux.

CALLEN (Numa), sénateur de la Gironde, à Bazas.

CALMON, avocat général à la Cour d'appel de Bordeaux.

CALVÉ, juge au Tribunal civil de Bordeaux.

CALVÉ (Georges), juge suppléant au Tribunal de commerce de Bordeaux.

CAMPREDON (L.), membre du Conseil municipal de Bordeaux.

CARRANCE (G.), consul de Libéria, à Bordeaux.

CARVALLO Jeune, consul de Perse, à Bordeaux.

CARAYON-LATOUR (de), sénateur de la Gironde, à Virelade.

CASTAING, conseiller d'arrondissement, à Bordeaux.

CASTANET, conseiller d'arrondissement, à Saint-André-de-Cubzac.

CASTEX (F.), consul de l'Uruguay, à Bordeaux.

CAUSSADE, docteur-médecin, membre du Conseil général de la Gironde, à Saint-Médard-de-Guizières.

CAZAUVIEILH, membre du Conseil général de la Gironde, à Salles.

CAZAUVIEILH fils, docteur-médecin, conseiller d'arrondissement, à Belin.

CÉLÉRIER (Albert), juge au Tribunal de commerce de Bordeaux.

CHALOUREAU, conseiller d'arrondissement, à Saint-Laurent.

CHANTERRE, propriétaire, à Langon.

CHARPENTIER, consul de Bolivie, à Bordeaux.

CHASTELLIER, ingénieur des ponts et chaussées, à Bordeaux.

CHATRY DE LA FOSSE (le baron), membre de la Société d'Agriculture de la Gironde.

CHAUMEL (Auguste), juge au Tribunal de commerce de Bordeaux.

CHAUVIN (Jules), commissaire central, à Bordeaux.

CHEVALIER, adjoint au maire de Bordeaux.

CHICOU-LAMY, membre du Conseil général de la Gironde, à Moulon.

CIROT DE LA VILLE (Mgr), doyen de la Faculté de théologie de Bordeaux.

CLOUZET, membre du Conseil général de la Gironde, à Bordeaux.

COMME (J.), membre de la Société d'Horticulture de la Gironde.

COUAT, doyen de la Faculté des lettres de Bordeaux.

COUNORD, membre du Conseil général de la Gironde, à Bordeaux.

COUPERIE (Stéphen), secrétaire général de la Société d'Agriculture de la Gironde.

COURAUD, doyen de la Faculté de droit de Bordeaux.

COURET, conducteur des ponts et chaussées, à Bordeaux.

COURRÈGELONGUE (M.), secrétaire adjoint de la Société d'Agriculture de la Gironde.

COUTANCEAU (J.), secrétaire général de la Société Philomathique, à Bordeaux.

COYNE, professeur à la Faculté de médecine de Bordeaux.

CURTEN (le général de), commandant la 35e division militaire, à Bordeaux.

CUZOL (François), membre de la Chambre de commerce de Bordeaux.

DAMANIOU, à Caudéran, près Bordeaux.

DAMAS (le comte de), propriétaire, à Castillon.

DAMAS (J.-B.), consul de Belgique, à Bordeaux.

MM.

DANDICOLLE fils (Paul), consul de Nicaragua, à Bordeaux.

DANEY (Alfred), juge suppléant au Tribunal de commerce de Bordeaux, membre. de le Chambre de commerce de Bordeaux, adjoint au maire.

DARLIGUIE, conseiller d'arrondissement à Saint-Ciers-Lalande.

DARQUEY, conseiller d'arrondissement, à Bazas.

DARRIET, membre du Conseil municipal de Bordeaux.

DARRIEUX (A.), juge au Tribunal de commerce de Bordeaux.

DARTIGOLLES, conseiller d'arrondissement, à Balizac.

DAVIAUD, vice-président du Tribunal de première instance de Bordeaux.

DAVID (le baron Jérôme), député de la Gironde, à Langon.

DAVID, conseiller d'arrondissement, à Saint-Ciers-Lalande.

DAVID, conseiller à la Cour d'appel de Bordeaux.

DAVID (Jules), correspondant du *Patriote de l'Ouest*, à Bordeaux.

DEBOTAS, conseiller d'arrondissement, à Branne.

DECOUX-LAGOUTTE, juge au Tribunal de première instance de Bordeaux.

DECRAIS (Albert), ambassadeur de France à Bruxelles, membre du Conseil général de la Gironde, à Bruxelles.

DÉGRANGE-TOUZIN, président de chambre honoraire à la Cour d'appel de Bordeaux.

DELBOY, membre du Conseil général de la Gironde, à Bordeaux.

DELFORTRIE, juge de paix, à Bordeaux.

DELIGNY, à Libourne.

DELMAS, président du Consistoire, à Bordeaux.

DELOL, conseiller à la Cour d'appel de Bordeaux.

DELPIT (Jules), président de la Société des Bibliophiles de Guyenne, à Bordeaux

DELPUGET, consul de Monaco, à Bordeaux.

DENUCÉ, doyen de la Faculté de médecine et de pharmacie de Bordeaux.

DEPIOT, conseiller d'arrondissement, à Léognan.

DESBARATS, membre de la Société d'Agriculture de la Gironde.

DESCOMBES, ingénieur en chef des ponts et chaussées, à Bordeaux.

DEVÈS (G.), juge au Tribunal de commerce de Bordeaux.

DEYNAUD, membre du Conseil général de la Gironde, à Pellegrue.

DOMPIERRE D'HORNOY (de), amiral, sénateur, château Peychaud, à Ambarès.

DONIOL, préfet de la Gironde.

DONNET (Son Eminence le cardinal), archevêque de Bordeaux.

DORDÉ, membre du Conseil municipal de Bordeaux.

DORMOY, membre du Conseil municipal de Bordeaux.

DOSSAT, conseiller à la Cour d'appel de Bordeaux.

DRÉOLLE (E), député de la Gironde, à Blaye.

DUBOIS (Paul), propriétaire, à Bordeaux.

DUBOIS, membre du Conseil municipal de Bordeaux.

DUBOIS, juge au Tribunal de première instance de Bordeaux.

DUBOSC (Firmin), membre du Conseil municipal de Bordeaux.

DUBREUILH, conseiller d'arrondissement, à Lesparre.

DUCARPE (J.), propriétaire à Beauséjour, à Saint-Emilion.

DUCLOU (J.), juge au Tribunal de commerce de Bordeaux.

DUCOS (P.), secrétaire de la Société Philomathique, à Bordeaux.

DULAMON, président de Chambre à la Cour d'appel de Bordeaux.

DUMONT (le général), commandant le 18e corps d'armée, à Bordeaux.

DUMOULIN, membre du Conseil général de la Gironde, à Bordeaux.

DUPUY, conseiller d'arrondissement, à Rauzan.

DUPUY (J.), secrétaire de la Société d'Horticulture de la Gironde.

DUTRÉNIT, conseiller d'arrondissement, à Bordeaux.

DUVERGIER (Paul), membre de la Chambre de commerce, président du Tribunal de commerce de Bordeaux.

DUVIGNEAU, membre du Conseil général de la Gironde, à Audenge.

ESPINOSA, consul de Venezuela, à Bordeaux.

FABRE DE LA BÉNODIÈRE, conseiller à la Cour d'appel de Bordeaux.

FARGUE, ingénieur en chef des ponts et chaussées (service maritime), à Bordeaux.

MM.

FARINE, conseiller à la Cour d'appel de Bordeaux.
FAU jeune (Aug.), membre de la Société d'Horticulture de la Gironde.
FAUCHEY, conseiller d'arrondissement, à Saint-Vivien.
FAUGÈRES, maire, membre du Conseil général de la Gironde, à Grignols.
FAURE (Gabriel), membre de la Chambre de commerce de Bordeaux.
FAURE (Edmond), juge suppléant au Tribunal de commerce de Bordeaux.
FAURIE, juge au Tribunal de première instance de Bordeaux.
FAYE (E.), conseiller à la Cour d'appel de Bordeaux.
FERET (Edouard), libraire, à Bordeaux.
FONTANS, conseiller d'arrondissement, à Préchac.
FORCADE (de), président du Tribunal de première instance de Bordeaux.
FROIN, membre du Conseil général de la Gironde, à Saint-Ciers-Lalande.
FURT (J.), membre du Conseil municipal de Bordeaux.

GACHASSIN-LAFITE, membre de la Société d'Agricult. de la Gironde, à Bordeaux.
GADEN (Ch.), adjoint au maire de Bordeaux.
GAILLARD, conseiller à la Cour d'appel de Bordeaux.
GALLAND (le général), commandant la brigade et la subdivision de la Gironde, à
    Bordeaux.
GALLET (Victor), chef de cabinet du préfet de la Gironde, à Bordeaux.
GARBARROU, propriétaire à Créon.
GARROS (P), château Cantin, à Saint-Sulpice-et-Cameyrac (Gironde.)
GASCQ (de), conseiller d'arrondissement, à Aillas.
GASQUETON, membre du Conseil général de la Gironde, à Saint-Estèphe.
GAUTRON jeune, secrétaire de la Société d'Horticulture de la Gironde.
GELLIBERT, président de chambre honoraire à la Cour d'appel de Bordeaux, à
    Blaye.
GÉNISSET père (F.), membre de la Société d'Horticulture de la Gironde.
GÉRAND, archiviste de la Société d'Horticulture de la Gironde.
GLADY (E.), membre de la Société d'Horticulture de la Gironde.
GODELIER, chef de bataillon d'état-major, à Bordeaux.
GONFREVILLE (E.), vice-consul de Siam, à Bordeaux.
GOUDINEAU, maire, membre du Conseil général de la Gironde, à Jau.
GOUJON, vice-président du Conseil de préfecture, à Bordeaux.
GRADIS, membre de la Chambre de commerce de Bordeaux.
GRAGNON-LACOSTE, consul de Haïti, à Bordeaux.
GRELET ainé, archiviste de la Société Philomathique, à Bordeaux.
GRELLET-DUMAZEAU, juge au Tribunal de première instance de Bordeaux.
GRIEU (de), conseiller de préfecture, à Bordeaux.
GRIFFON (E. de), consul du Saint-Siège, à Bordeaux.
GRISSAC (Roger de), propriétaire, à Mortagne-sur-Gironde.
GROTTES (des), membre du Conseil général de la Gironde, à Bordeaux.
GUÉNON, membre du Conseil général de la Gironde, à Fronsac.
GUESTIER (Daniel), membre de la Chambre de commerce de Bordeaux.
GUITARD, conseiller d'arrondissement, à Saint-Macaire.

HABASQUE, conseiller à la Cour d'appel de Bordeaux.
HÉRAUD, conseiller d'arrondissement, à Fronsac.
HOUEL, professeur à la Faculté des sciences de Bordeaux.
HUE (A.), consul de Honduras, à Bordeaux.
HURIOT (Gustave), directeur de l'Institution des sourdes-muettes, ancien chef de
    cabinet du ministre de l'agriculture, à Bordeaux.
HYVERT, membre du Conseil général de la Gironde, à Eysines.

ICARD, membre du Conseil général de la Gironde, à La Réole.
IZOARD, premier président de la Cour d'appel de Bordeaux.
ISSARTIER, sénateur, président du Comice agricole de La Réole.

JAHNHOLTZ, conseiller à la Cour d'appel de Bordeaux.
JAY (Abel), membre du Conseil municipal de Bordeaux.

MM.

JEANSONNET, maire, conseiller d'arrondissement, à Lussac.
JOHNS (Gustave), consul de l'Equateur, à Bordeaux.
JONETTE, proviseur du Lycée de Bordeaux.
JOUFFRE, membre du Conseil municipal de Bordeaux.
JULLIDIÈRE, conseiller d'arrondissement, à Saint-Macaire.

KEHRIG (E.), directeur de la *Feuille vinicole de la Gironde*, à Bordeaux.
KIRSTEIN, consul de Danemarck, à Bordeaux.
KLECKER, président de Chambre à la Cour d'appel de Bordeaux.
KRUG-BASSE, président du Tibunal de première instance de Bordeaux.

LABAT, ingénieur, constructeur maritime, à Bordeaux.
LABORDE, maire, conseiller d'arrondissement, à Gironde.
LA BOUILLERIE (Mgr de), archevêque de Perga, coadjut. de S.E. le cardinal Donnet.
LABROQUÈRE, avocat général à la Cour d'appel de Bordeaux.
LACAZE, conseiller à la Cour d'appel de Bordeaux.
LACHASSAGNE, propriétaire à Loupiac.
LACHASSE, capitaine d'infanterie, aide de camp du général Dumont, à Bordeaux.
LACOMBE (B.), substitut du procureur de la République, à Bordeaux.
LACROIX, avoué, conseiller d'arrondissement, à Blaye.
LA CROMPE DE LA BOISSIÈRE (de), conseiller à la Cour d'appel de Bordeaux.
LACOSTE (H.), trésorier de la Société d'Horticulture de la Gironde.
LAFUGE, membre de la Société d'Horticulture de la Gironde.
LAGRANDVAL (de), professeur au Lycée de Bordeaux.
LAGRANGE fils, membre de la Société d'Horticulture de la Gironde.
LAGRAPE, conseiller d'arrondissement, à Saint-Magne.
LAGROLET (Léon), membre de la Chambre de commerce de Bordeaux.
LALANDE fils (Armand J.), à Bordeaux.
LALANDE (Ch.), membre correspondant de la Chambre de commerce de Bordeaux, à Blaye.
LALANNE, député de la Gironde, à Coutras.
LALANNE, conseiller d'arrondissement, à Capticux.
LALIMAN fils, à Bordeaux.
LAMARQUE (E.), consul de Guatemala, à Bordeaux.
LAMOTHE, conseiller d'arrondissement, à Langon.
LAMOTHE (Fernand de), négociant, à Bordeaux.
LANDAU (Elie), consul du Chili, à Bordeaux.
LANDE (le Dr), président de la Société d'Apiculture de Bordeaux.
LANSADE, juge suppléant au Tribunal de première instance de Bordeaux.
LAPEYRE, membre du Conseil général de la Gironde, à Bordeaux.
LAPEYRE, conseiller d'arrondissement, à Grignols.
LAPORTE, membre du Conseil général de la Gironde, à Bordeaux.
LAPRIE (l'abbé), professeur à la Faculté de théologie à Bordeaux.
LARGETEAU, juge suppléant au Tribunal de première instance de Bordeaux.
LAROQUE (E.), membre du Conseil municipal de Bordeaux.
LAROZE, membre du Conseil municipal de Bordeaux.
LAROZE (G.), secrétaire de la Société Philomathique, à Bordeaux.
LARREY, membre du Conseil général de la Gironde, à Bordeaux.
LARRONDE (Eug.), vice-président de la Société Philomathique, à Bordeaux.
LASSUS, conseiller d'arrondissement, à Créon.
LATASTE, membre du Conseil général de la Gironde, à Libourne.
LAUBADÈRE (de), vice-président du Tribunal de première instance de Bordeaux.
LAURENT, chef de l'Exploitation du chemin de fer du Midi, à Bordeaux.
LEFRANC, substitut à la Cour d'appel de Bordeaux.
LEGENDRE fils aîné, adjoint au maire de Bordeaux.
LEGRIX DE LA SALLE, juge au Tribunal de première instance de Bordeaux.
LENOIR (Léonard), membre du Conseil municipal de Bordeaux.
LENOIR, conseiller d'arrondissement, à Bordeaux.
LENTZ (de), consul de Russie, à Bordeaux.
LESCA, membre du Conseil général de la Gironde, à Bordeaux.

MM.

LESCARRET, secrétaire de la Ville de Bordeaux.
LESNIER, notaire, membre du Conseil général de la Gironde, au Carbon-Blanc.
LÉVY (Simon), grand-rabbin, à Bordeaux.
LIMOGES, conseiller à la Cour d'appel de Bordeaux.
LUR-SALUCES (le comte Henri de), sénateur de la Gironde, à Bordeaux.
LUSSAUD (L.), président de la Société Archéologique de Bordeaux.

MAILHO, président de la Société de Médecine et de Chirurgie de Bordeaux.
MANEYRO, agent consulaire du Mexique, à Bordeaux.
MARANDET, membre de la Société d'Horticulture de la Gironde.
MARCILLAUD DE BUSSAC, substitut du procureur de la République, à Bordeaux
MARIATÉGUI (B.), consul du Pérou, à Bordeaux.
MARIOL, trésorier de la Société d'Agriculture de la Gironde.
MARMET, capitaine d'état-major, à Bordeaux.
MARSILLAC (L. de), propriétaire à Bourg.
MARTIN (le Dr G.), à Bordeaux.
MAUREL (Marc), trésorier de la Chambre de commerce de Bordeaux.
MAUREL (J.), juge au Tribunal de commerce de Bordeaux.
MAUZÉ, juge de paix, à Bordeaux.
MENDONÇA (baron de), consul du Portugal, à Bordeaux.
MÉRILLON, adjoint au maire de Bordeaux.
MERMAN (G.), courtier, à Saint-Estèphe.
MESTRÉZAT, consul de Suisse, à Bordeaux.
MÉTADIER, Dr-médecin, membre du Conseil général de la Gironde, à Bordeaux.
MIN-BARABRAHAM, membre du Conseil municipal de Bordeaux.
MINIER (H.), président de l'Académie des Sciences, Belles-Lettres et Arts de Bordeaux.
MIOLLIS (de), juge au Tribunal de première instance de Bordeaux.
MIQUEL-PARIS, château des Hugons, à Quinsac.
MITTCHEL (Robert), à Monségur.
MONDIET, conseiller d'arrondissement, à Saint-Macaire.
MONSELET, publiciste, à Bordeaux.
MONTEAUD, juge suppléant au Tribunal de première instance de Bordeaux.
MORAND, conseiller à la Cour d'appel de Bordeaux.
MORANGE, membre du Conseil général de la Gironde, à Lesparre.
MORDON, secrétaire général de la Préfecture de la Gironde.
MORIÈRE (R.), correspondant du journal le Gaulois, à Bordeaux.
MUSQUIN, conseiller d'arrondissement, à Targon.

NERCAM, trésorier de la Société Philomathique, à Bordeaux.
NÉRON, juge de paix, à Bordeaux.
NEVEU, banquier, conseiller d'arrondissement, à Blaye.
NOUZARÈDE, conseiller d'arrondissement, à Bègles.

OLAGNIER, membre du Conseil municipal de Bordeaux.
O'LANYER, membre de la Société d'Agriculture et de la Commission de viticulture, à Bordeaux.
OSSARD, membre de la Société d'Horticulture de la Gironde.
OUDART, conseiller à la Cour d'appel de Bordeaux.
OUVRÉ, recteur de l'Académie de Bordeaux.

PASCAL, membre du Conseil général de la Gironde, à Langon.
PATY (de), propriétaire, à Saint-Vincent-de-Paul.
PENELLE, ingénieur, à Bordeaux.
PEPIN D'ESCURAC, propriétaire, maire à Civrac.
PERCEVAL, consul d'Angleterre, à Bordeaux.
PEREIRA (Joaquin), consul d'Espagne, à Bordeaux.
PÉREY (Pierre), membre de la Société d'Horticulture de la Gironde.
PÉRIER DE LARSAN (du), président de Chambre honoraire à la Cour d'appel de Bordeaux.

MM.

PÉROS-MANDIS (Charles de), à Bordeaux.

PERRENS, membre du Conseil municipal de Bordeaux.

PETIT (Emile), ingénieur civil, château Suduiraut, à Preignac.

PEYNAUD, docteur-médecin, conseiller d'arrondissement, à Mios.

PHÉLAN, conseiller d'arrondissement, à Saint-Estèphe.

PICARD (A.), membre du Conseil municipal de Bordeaux.

PICQ, conseiller d'arrondissement, à Saint-Savin.

PIGANEAU (G.), consul du Brésil, à Bordeaux.

PINCHON, directeur des Douanes à Bordeaux.

PITRES, président de la Société d'Anatomie et de Physiologie de Bordeaux.

PLAZANET, capitaine d'état-major, à Bordeaux.

PLUMEAU, conseiller d'arrondissement, à Saint-Savin.

POIRIER, juge suppléant au Tribunal de première instance de Bordeaux.

POIRIER, conseiller d'arrondissement, à Caudéran.

POITOU, membre du Conseil général de la Gironde, à Puisseguin.

PONCET DES NOAILLES, substitut du procureur de la République, à Bordeaux.

PONTEVÈS-SABRAN (le marquis de), membre du Conseil général de la Gironde, à Grignols.

POULET, procureur général près la Cour d'appel de Bordeaux.

POULOT, chef de bataillon d'état-major, à Bordeaux.

PROM (Hubert), vice-président de la Chambre de commerce, de Bordeaux.

PROVENZAL (R.), consul d'Italie, à Bordeaux.

PUJOT, conseiller d'arrondissement, à Bourg.

RAFFIN, moniteur chef, à Saint-Julien.

RANCOURT (Charles de), consul honoraire d'Haïti, à Bordeaux.

RAVEAUD, membre du Conseil municipal de Bordeaux, conseiller à la Cour d'appel de Bordeaux.

RAYNAL (E.), député de la Gironde, à Bordeaux.

RÉGNIER, colonel d'infanterie, chef d'État-major général, à Bordeaux.

RENOU, conseiller d'arrondissement, à La Réole.

RIBET, membre du Conseil général de la Gironde, à la Réole.

RIGAUT, conseiller à la Cour d'appel de Bordeaux.

RIVIÈRE-BODIN, conseiller à la Cour d'appel de Bordeaux.

ROBERT, conseiller d'arrondissement, à Bourg.

ROQUES (B.), membre du Conseil municipal de Bordeaux.

ROUIT, ingénieur du chemin de fer du Médoc, à Bordeaux.

ROUSSANNE (L.), membre de la Société d'Horticulture de la Gironde.

ROUSSET (Pierre), membre du Conseil municipal de Bordeaux.

ROUX, doyen de la Faculté de lettres, à Bordeaux.

ROZAT, président de la Société Bibliographique, à Bordeaux.

ROZIER, substitut à la Cour d'appel de Bordeaux.

RUÉ, juge de paix, à Bordeaux.

RUELLE, directeur des contributions indirectes, à Bordeaux.

SAINT-CYR (de), conseiller de préfecture, à Bordeaux.

SAINT-PIERRE (de), juge au Tribunal de première instance de Bordeaux.

SAMAZEUILH (G.), administrateur du chemin de fer du Midi, à Bordeaux.

SANDBLAD (N.), consul de Suède et de Norwège, à Bordeaux.

SANSAC (de), ingénieur en chef des ponts et chaussées, à Bordeaux.

SANTA-COLOMA (Albert de), consul de Buenos-Ayres, à Bordeaux.

SAUGEON, membre du Conseil général de la Gironde, à Bordeaux.

SCHŒNGRUN-LOPÈS-DUBEC, membre de la Chambre de commerce de Bordeaux.

SCHRÖDER (Maurice), juge suppléant au Tribunal de première instance de Bordeaux.

SEGRESTAA (M.), juge au Tribunal de commerce de Bordeaux.

SÉMIAC, conseiller d'arrondissement, à La Teste.

SERRÉ-GUINO, professeur au lycée de Bordeaux.

SERVIÈRE, maire, membre du Conseil général de la Gironde, à Bazas.

SIMONIN, directeur de la Société la Régénération des vignes, à Libourne

, MM.

SIMONNOT (A.), conseiller d'arrondissement, au Carbon-Blanc.
SOULLIER de CHOISY, chef du service de la Marine.
SOURGET, juge au Tribunal de commerce de Bordeaux.
SOUYRI, conseiller de préfecture, à Bordeaux.
STEEG, député de la Gironde, à Libourne.
SVAHN (Ad.), secrétaire de la Société d'Horticulture de la Gironde.

TAMPIER (A.), consul de la République Dominicaine, à Bordeaux.
TAMPIER (L.), consul de Turquie, à Bordeaux.
TANDONNET (Paul), consul de Salvador, à Bordeaux.
TÉCHENEY père, membre de la Société d'Horticulture de la Gironde.
TENORIO (A.), consul des États-Unis de Colombie, à Bordeaux.
THÉRY, membre du Conseil général de la Gironde, à Langon.
THEULIER, commissaire de police, à Bordeaux.
THOUNENS, juge de paix, conseiller d'arrondissement, à Sauveterre.
TISSEYRE (Albert), secrétaire de la Société Philomathique, à Bordeaux.
TOULOUZE (de), conseiller à la Cour d'appel de Bordeaux.
TOURNON, consul de Costa-Rica, à Bordeaux.
TRARIEUX, avocat, à Bordeaux.
TROY, conseiller à la Cour d'appel de Bordeaux.
TRUBESSET, consul de Saint-Marin, à Bordeaux.

VACHER, notaire, conseiller d'arrondissement, à Guîtres.
VALLETON, membre du Conseil municipal de Bordeaux.
VAUFLEURY (Alexis), jardinier en chef de l'École normale de La Sauve.
VÈNE (Alexandre), propriétaire, membre de la Société d'Agriculture de la Gironde, à Bordeaux.
VERDIER, procureur de la République, à Bordeaux.
VIEILLARD (Albert), manufacturier, à Bordeaux.
VIEILLARD (Charles), propriétaire, à Macau.
VINCENT, conducteur des ponts et chaussées, à Bordeaux.
VOLONTAT (de), ingénieur des ponts et chaussées (service maritime), à Bordeaux.

WILM, conseiller à la Cour d'appel de Bordeaux.
WINSWEILLER, consul du Paraguay, à Bordeaux.
WINTER (H.), consul d'Allemagne, à Bordeaux.

Aube.

GUERRAPAIN, délégué départemental de l'Aube, à Bar-sur-Aube.

Aude.

BOUFFET, ingénieur en chef des ponts et chaussées, à Carcassonne.
CALMET, propriétaire et maire, à Brugairolles.
CROS (Barthélemy), trésorier de la Chambre de commerce, à Narbonne.
KÉROUARTZ (le vicomte de), propriétaire, château de Gaujac, par Lézignan.
ORSÈNE (J.), conseiller d'arrondissement, membre de la Société d'Agriculture de la Haute-Garonne, à Saint-Michel-de-Lanès.
SATGE (Auguste), délégué départemental de l'Aude, à Carcassonne.
THIBAUT (Benjamin), propriétaire à Azille.
THIBAUT (Stanislas), propriétaire à Azille.

Bouches-du-Rhône.

BOURELLY, horticulteur, à Saint-Just, près Marseille.
DEISS (Jules-Alphonse), membre du Conseil général des Bouches-du-Rhône, à La Capelette, près Marseille.
MAZELLE, membre de la Commission supérieure du phylloxera, à Marseille.

MM.

POUBELLE, préfet des Bouches-du-Rhône, délégué de la Société nationale d'encouragement à l'Agriculture, à Marseille.

VIGIÉ (Aman), capitaine en retraite, à Marseille.

Charente.

BOISTERNE, propriétaire, à Bréville.

BONNEMAISON (Ch.), président du Comité de vigilance de Jonzac.

BOURDIER-LANAUVE, propriétaire-agriculteur, conseiller général, président de la Commission départem. de la Charente (délégué au Congrès), à Montmoreau.

CAGNION, président de l'Association des vignes américaines du canton de Blanzac.

FILLOUX, propriétaire à Javrezac, près Jonzac.

GERARD (Raoul de), propriétaire à La Barde-Chalais.

GIRARDIN, négociant, à Cognac.

JOUMIER (A.), membre de la Commission phylloxérique, à Puybollier, par Hiersac.

LAMBALLERIE (le comte de), propriétaire, à Chalais.

LOIZEAU, propriétaire à Bréville.

LONGUET, propriétaire à Louzac.

MAGNIER, propriétaire à Blanzac.

MONTIGAUD (J.), propriétaire-viticulteur, maire, à Porcheresse.

PRIEUR (Clément), maire d'Arrais, secrétaire général de la Société d'Agriculture, Sciences et Arts de la Charente, à Anais.

NALLES, instituteur à Jonzac.

YVON, maire, à Gimeux.

Charente-Inférieure.

BOUCHET, agent-voyer d'arrondissement et membre du Comité central du phylloxera, à Saintes.

BOUQUET (Clément), membre de la Commission du phylloxera de l'arrondissement de Rochefort.

BOUTIN, pépiniériste, à Saintes.

CORMIER-LASAUSAY, membre de la Société des Agriculteurs de France, à Saint-Simon.

CREEL, régisseur des propriétés de M. Dufaure, à Vizelles, près Cozes.

FIGEROU, propriétaire, délégué de la Société d'Agriculture de Saintes, à Saintes.

GODEL (Auguste), secrétaire de la Société d'Horticulture, à La Rochelle.

GODET, propriétaire, à La Rochelle.

GUITTON, membre de la Société d'Agriculture de la Charente-Inférieure, à Saintes.

LAURENCEAU (Edmond), propriétaire, membre correspondant, château Bélair, à Pons.

MARTINEAU, pharmacien, lauréat de l'École supérieure de Montpellier, à l'Ile-de-Ré.

MONSALARD, propriétaire, à Mosnac, canton de Saint-Genis.

TOULOUZE, propriétaire, à Nieul-le-Virouil.

Côte-d'Or.

JOBERT, professeur à la Faculté des sciences de Dijon, délégué du Comité de vigilance de la Côte-d'Or, à Dijon.

Dordogne.

BAILLET, membre correspondant de la Société d'Agriculture de la Dordogne, à Sereygéol, par Mouleydier.

BUSSIÈRES (Marc), secrétaire général du Comice de Brantôme.

DELCROS (Oscar), propriétaire, à Lalinde.

GAILLARD, professeur départemental d'agriculture du département de la Dordogne, président du Comice agricole, à Brantôme.

Gard.

MM.

BLANC, à Saint-Hippolyte.
CAUSSE, président du Comité central d'études et de vigilance du Gard, à Nîmes.
CLARIS, délégué de la Société d'Agriculture du Gard, à Nîmes.
DÉJARDIN, à Nîmes.
GOURDIN (Albert), à Saint-Hippolyte.
JOUET, à Saint-Benezet.

Gers.

DAVID (Jean), député du Gers, à Auch.
DUMAS, délégué départemental pour le service phylloxérique, à Auch.

Haute-Garonne.

AVIGNON (A.-J.), délégué de la Société départementale de la Haute-Garonne, à Toulouse.
MALAFOSSE (Louis de), propriétaire, château des Varennes, par Villeneuvette.
MANDEVILLE (L.), conseiller général, à Fronton.

Hérault.

ALLIEN (J.), maire et conseiller général, à Saint-Georges.
ANGALBERT (Elie), régisseur de M. Bouschet de Bernard, à Clermont-l'Hérault.
BASTIDE (S.), membre de la Société d'Agriculture, à Montpellier.
BRINGUIER (E.), secrétaire du Comice agricole de Béziers.
CAUNES (Armand de), propriétaire, à Béziers.
DOUYSSET (Paul), propriétaire, à Saint-André-de-Sangonis.
FRIMAUD, propriétaire, à Montpellier.
MAISTRE (Jules), propriétaire, à Villeneuvette, par Clermont-l'Hérault.
MIGNONAC, propriétaire, à Monbazin.
PARLIER, propriétaire, à Béziers.
PASTRE (Jules), délégué du Comice agricole de Béziers.
PRADES (A.), propriétaire, à Bédarieux.
RICARD (Auguste), propriétaire, membre de la Société d'Agriculture de Montpellier, à Montpellier.
SAINT-ANDRÉ, professeur à l'Ecole nationale d'agriculture, de Montpellier.
SANT, propriétaire, à Pézenas.
VALÉRY-MAYET, délégué de l'Académie des Sciences, professeur à l'Ecole nationale d'agriculture, à Montpellier.
VILLENEUVE (de), propriétaire, à Béziers.
VINCENT (Émile), propriétaire, à Montpellier.
PETIT, propriétaire, au Bourguet.

Indre-et-Loire.

GUIMBERTEAU, propriétaire, à Richelieu.

Landes.

DUFOUR-BAZIN, professeur départemental d'agriculture, à Dax.

Loir-et-Cher.

FLANVIRAC, professeur départemental d'agriculture, à Blois.

Loiret.

GALLARD, propriétaire, à Orléans.

Lot.

MM.

DELONCLE, propriétaire à La Métairie-Haute, à Saint-Médard, par Catus.
PAGÈS DU PORT, ancien député, à Albas.

Lot-et-Garonne.

ARMAT, médecin, à Villeneuve-sur-Lot.
BORDES (Cyrille), ex-secrétaire du Comice agricole de Marmande, à Marmande.
CARLES (Marc), avocat, à Villeneuve-sur-Lot.
CASTELNAU, propriétaire, à Layrac.
DESCOUTURES (Dr), délégué du Comice agricole d'Agen, à Port-Sainte-Marie.
DORDÉ (Louis), trésorier du Comice agricole, à Villeneuve-sur-Lot.
DUMAS jeune, propriétaire, à Buzet.
DUMON, propriétaire, à Aubiac.
FABRE (Adrien), propriétaire, à Eysses.
LAPORTE, délégué du département du Lot-et-Garonne à Mézin.
PRADIER (Dr), membre de la Société d'Agriculture de la Gironde, délégué du Lot-et-Garonne, à Verteuil-d'Agenais.
REGNARD (J.), propriétaire, à Labordeneuve, près Agen.
RICHARD (B.), propriétaire, à Bennet.
SCHLŒSING, propriétaire, à Bennet.
TRENQUELLÉON (Fernand de), propriétaire-viticulteur, château de Gueyze, à Feugarolles.
XAVIER DUTOIS (de), propriétaire, ancien président du Tribunal de commerce, à Villeneuve-sur-Lot.

Marne.

KIRGENER DE PLANTA (G.), professeur départemental d'agriculture, à Château-d'Oger.

Morbihan.

LAUREAU (Jules), chimiste, à Hennebont.

Puy-de-Dôme.

COUTON (Claudius), propriétaire, à Clermont-Ferrand.
HAUTERIVE (d'), propriétaire, à Issoire.

Basses-Pyrénées.

LAGRÈZE (G. de), membre de la Société des Agriculteurs de France, villa Béarn, à Pau.
SERS (L.), président de la Société d'Agriculture des Basses-Pyrénées, à Pau.

Pyrénées-Orientales.

AUGÉ, secrétaire du Comité central de vigilance des Pyrénées-Orientales, à Perpignan.
CAMPANA, délégué départemental des Pyrénées-Orientales, à Perpignan.

[Seine.

BARRAL, membre de la Commission supérieure du Phylloxera, à Paris.
BOURDON (Ch.), ingénieur, à Paris,
FLAMENT, administrateur de la Société de la Régénération des vignes, à Paris.
GARLANDAT, directeur-fondateur de la Société des Engrais et Amendements marins, à Paris.
JOIGNEAUX (Jules), rédactr de la *Grande* et *Petite République Française*, à Paris.
LEBEL (Ch.) docteur en médecine, pharmacien de 1re classe, à Paris.

MM.

PAPAILHAU, inspecteur du Crédit Foncier de France, à Paris.

RAMET, délégué de la Société d'Encouragement à l'Agriculture, à Paris.

RAYNAL (E.), député de la Gironde, sous-secrétaire d'État au ministère des travaux publics, à Paris.

SAGNIER, rédacteur du *Journal d'Agriculture*, à Paris.

VIDET, délégué de la Société de reconstitution viticole, à Paris.

Deux-Sèvres.

GILLES (F.), docteur-médecin, propriétaire, au château d'Eusigni, par Brioux.

Seine-et-Oise.

CHERVILLE (G. de), propriétaire à Montlignon.

Tarn.

CONSTANS DE SAINT-SAUVEUR, secrétaire de l'Association syndicale de Gaillac.

DELBREIL, avocat, avoué près le Tribunal de 1re instance, à Gaillac.

DELBREIL fils, membre de la Société d'Agriculture de la Haute-Garonne, à Gaillac.

DUBOYS, membre de l'Association syndicale de Gaillac.

DUPUY-MONTBRUN (A.), professeur départemental d'agriculture, à Albi.

DURBAN, membre de l'Association syndicale de Gaillac.

REST, vice-président de l'Association syndicale de Gaillac.

Tarn-et-Garonne.

BESSIÈRES (E.), propriétaire, à Saint-Nicolas-de-Grave.

COUDERC (François), propriétaire, château Raudès, par Auvillars.

DUBREUILH (Paul), professeur départemental d'agriculture, à Montauban.

GRANIÉ, régisseur chez M. Seignouret, à Gros–Bois-Grisolles.

MOULENQ (François), secrétaire général de la Société Archéologique du Tarn - et - Garonne, à Valence-d'Agen.

SEIGNOURET (G.), propriétaire-viticulteur, à Grisolles.

SEIGNOURET (L.), propriétaire, à La Magistère.

TEULLÉ (Pierre), membre de la Société des Agriculteurs de France, à Moissac.

Var.

DAVIN (Dr Gustave), à Pignans.

MEUNIER, propriétaire, membre correspondant, château Malard, au Pradet, près Toulon.

NARDY, horticulteur, à Hyères.

NOBLE, avocat bâtonnier, délégué de la Société d'Agriculture, d'Horticulture et d'Acclimatation du Var, à Toulon.

Vienne.

BERNARD.DE GENÇAIS, à Gençais.

CHEDEVERGNE, docteur-médecin, à Poitiers.

CRÈCHE (J.), directeur de la Colonie des Bradières, aux Bradières.

DURAND (Ch.), président de la Société d'Agriculture, Belles-Lettres, Sciences et Arts, à Poitiers.

LABERGERIE (C.), propriétaire à Verrières.

LARCLAUSE (de), directeur de la ferme-école de Montlouis.

MASSON, propriétaire, château du Breuil, canton de Neuville.

MOROT, propriétaire, à Montlouis.

PASQUIER (Fortuné), horticulteur-pépiniériste, à Poitiers.

RIVIERE-HAUDIN, propriétaire à Neuville du Poitou.

ÉTRANGERS

Allemagne.

MM.

ENGEL (Gustave), directeur des établissements Dollfus, à Mulhouse.

Angleterre.

WILLIAM, de Londres.
WILLIAM fils, de Londres.

Autriche.

SCHLUMBERGER fils (R.), docteur-médecin, à Woslau-Wien.

Belgique.

EYMAËL (Adolphe), manufacturier-chimiste, président de la Société des Produits et engrais chimiques de Belian (Belgique), chevalier de l'ordre royal d'Isabelle la Catholique, etc., à Liège.
PETERMANN, directeur des stations agronomiques, à Gembloux.

Espagne.

ABELA (Eduardo), directeur du journal la *Gaceta Agricola* del ministerio de Fomento, à Madrid.
GALTER, pharmacien, à Figueras.
GARCIA (Sebastiàn), commissaire royal de l'agriculture, de l'industrie et du commerce de la province de Tarragone, à Tarragone.

États-Unis.

ENGELMANN (Dr), professeur de botanique à New-York.
MEISSNER, à Saint-Louis (Missouri).
RILEY, professeur d'entomologie, à New-York.

Italie.

LAWLEY (le chevalier), président du Comité central de la viticulture du ministère de l'agriculture de l'Italie, à Rome.

Portugal.

AGUIAR (de), président de l'Académie des Sciences, à Lisbonne.
MELLO VAZ DE SAMPAIO (Manoel de), propriétaire-viticulteur du Douro, membre du Comité consultatif de la Commission centrale portugaise des services contre le phylloxera, à Porto.

Suisse.

FATIO (Dr Victor), à Genève.

DÉLÉGUÉS DES PUISSANCES ÉTRANGÈRES

THISELTON-DYER (T.), professeur du Jardin botanique à Kiew, délégué des Colonies d'Australie (Angleterre).
MULLÉ (Dr Jules), vice-président de la Société I. R. d'Agriculture de Styrie, conseiller de Sa Majesté I. R. Apostolique, membre de la Commission supérieure du phylloxera en Styrie, délégué du gouvernement autrichien.

MM.

TRIMEN (Roland), directeur du *S. African Museum*, délégué de la Colonie du Cap-de Bonne-Espérance (Angleterre).

AREVALO y BACCA (Dr José), délégué de la Députation provinciale de Valence, de la Junta provinciale d'Agriculture, Industrie et Commerce et des Sociétés d'Agriculture et Economique, à Valence (Espagne).

LAS ALMENAS (comte de), ancien sénateur d'Espagne, délégué du gouvernement espagnol.

MUÑOZ DE LUNA (don Ramon Torres), professeur à l'Université de Madrid, délégué du gouvernement espagnol, à Madrid.

ROOSEVELT, consul des Etats-Unis d'Amérique à Bordeaux, délégué par le gouvernement des Etats-Unis.

JOHNSTON, docteur-médecin, officier de la Légion d'honneur, délégué du gouvernement des Etats-Unis.

SMITH (Th.-P.), agent consulaire des États-Unis à Cognac, délégué du gouvernement des Etats-Unis.

RODRIGUES DE MORAES (Manoel do Carmo), inspecteur du service phylloxérique du royaume de Portugal, délégué du gouvernement portugais.

RUEDA (baron de), vice-président de la Commission centrale du phylloxera à Lisbonne, délégué du gouvernement portugais.

VILLAR D'ALLEN (vicomte de), président de la Commission centrale portugaise du phylloxera, officier de la Légion d'honneur et officier de l'Académie I. P., délégué officiel du Portugal, à Porto.

SALOMON (Alexandre), chimiste du Jardin impérial de Nikita, délégué du gouvernement russe, à Nikita (Russie).

MEMBRES DES DIVERSES COMMISSIONS

Commission de la Submersion, du Sulfure de carbone et des Sulfo-carbonates.

MM. PLUMEAU (Dr), président.
RICHIER (G.), vice-président.
FALIÈRES, secrétaire-rapporteur.

MM. RÉGIS.
PRINCETEAU (Paul).
GAYON.

Commission des Vignes américaines et des sables.

MM. LESPIAULT, président.
PIOLA, vice-président.
GACHASSIN-LAFITE, secrétaire-rapporteur.
DAUREL (J.).
ESCARPIT.

MM. MILLARDET.
SKAWINSKI (Paul).
FROIDEFOND.
DELBRUCK.
LADONNE.

Commission spéciale chargée d'examiner les questions n'entrant pas dans le cadre des Commissions sus-nommées.

MM. MICÉ (Dr), président et rapporteur.
BERNÈDE, vice-président.
LABRUNIE (P.-A.), secrétaire.
PEREZ, secrétaire adjoint.

MM. DEZEIMERIS.
LADONNE.
DE FERRAND.
SKAWINSKI père.

Commission de l'Exposition.

MM. AZAM (Dr), président.
DELOYNES, vice-président.
LAWTON (Edouard), secrétaire.
FOURCADE. *
LANOIRE (C.).
ESCARPIT.

MM. LABRUNIE (P.-A.).
BERNÈDE.
MERMAN (G.).
DUPUY (Paul).
SAMAZEUILH (F.).

Sous-Commission des Vignes américaines et Greffage à l'Exposition.

MM. DELOYNE, président et rapportr.
DEZEIMERIS.
LESPIAULT.
BERNÈDE.
ESCARPIT.
LADONNE.

MM. PIOLA.
PLANCHON.
GUIRAUD.
REICH.
VIALLA.

Sous-Commission des Insecticides et Engrais à l'Exposition.

MM. BOISARD, président et rapporteur.
GAYON.
RÉGIS.

MM. FALIÈRES.
ARTIGUE.

Sous-Commission de la Dégustation des Vins à l'Exposition.

MM. LABRUNIE, président et rapportr.
MERMAN (Georges).
DUBOIS (Paul).
LAWTON (Edouard).

MM. DELBRUCK.
FOURCADE.
LANOIRE.
COUPERIE.

Jury du Concours de Machines élévatoires.

MEMBRES CONSTITUTIFS

MM. FARGUE, ingénieur en chef du Service maritime.
AZAM (Dr), membre du Conseil consultatif du Congrès.
LAWTON (Edouard), membre du Conseil consultatif du Congrès.

MM. VOLONTAT (de), ingénieur du 2e arrondissemt du Service maritime.
BOUTIRON, ingénieur des mines.
LABAT, ingénieur-constructeur.
PENELLE, ingénr-constructeur.
DARRIET, ingénr-constructeur.

MEMBRES CONSULTATIFS

MM. OLANET (Vr), chef mécanicien du Bassin à flot.
ANDRIEU, chef ouvrier de la Société Dyle et Bacalan.

M. COURRIER, chef ouvrier de la Société Dyle et Bacalan.

Secrétaires des séances du Congrès.

MM. COUPERIE (Stéphen), secrétaire général de la Société d'Agriculture de la Gironde.
GUÉNANT (J.), secrétaire adjoint de la Société d'Agriculture de la Gironde.
COURRÈGELONGUE (Marcel), secrétaire adjoint de la Société d'Agriculture de la Gironde.
VÈNE (Alexandre), secrétaire de la Commission des Vignes à la Société d'Agriculture de la Gironde.

LISTE DES EXPOSANTS

AURRAN (Raymond), propriétaire du domaine de *La Décapris*, près Hyères (Var).

Vins et Ceps américains.

BALLAN, menuisier, à Sainte-Croix-du-Mont (Gironde).

Nouvelle Machine à greffer.

BALTET (Charles), secrétaire du Comité central du phylloxera de l'Aube, à Troyes.

Brochure intitulée : *l'Art de greffer*, et un **Manuscrit** annexe spécial au greffage de la vigne.

BARRAL (Léon), propriétaire, membre de la Société d'Agriculture et d'Horticulture de l'Hérault, à Montpellier.

Vins américains et **Vins français** de cépages greffés sur américains.

BERDAGUER, coutelier, à Lyon (Rhône).

Ses greffoirs n° 1 et n° 2.
Ligateurs et ligatures.
Greffes sur racinés d'un an, faites suivant son procédé.

BERTRAND (Hippolyte), propriétaire au château de Beaumont, à Bassens (Gironde).

Collection de divers **Cépages girondins,** greffés sur *Riparia*.

BLANC (Alphonse), pépiniériste et viticulteur, à Saint-Hippolyte-du-Fort (Gard).

Échantillons de sarments ayant toute leur longueur et provenant de vignes américaines.

BOIREAU, propriétaire, à La Rochelle (Charente-Inférieure).

Ceps de vignes de 6 mètres de longueur.

BOITEAU (Philippe), serrurier-mécanicien, à Villegouge (Gironde).

Pals injecteurs pour l'emploi du sulfure de carbone.

BOUDET (Gabriel), jardinier-propriétaire, à Pézenas (Hérault).

Plants de *Riparia* et de souches garanties par le sulfure de carbone.
Greffes de *Jacquez*, de trois ans, phylloxérées d'*Aramon*.

BOURBON (C.), à Perpignan (Pyrénées-Orientales),

Soufflet-Pyrophore insecticide.

BOUSCAREN (Alfred), membre de la Société centrale d'Agriculture et de la Société d'Horticulture de l Hérault, au château du Terral, à Saint-Jean-de-Vedas, près Montpellier (Hérault).

Vin de *Jacquez*, récoltes de 1880 et 1881.

BOUSCHET DE BERNARD (G.), membre de la Société d'Agriculture de l'Hérault, au château Saint-Martin-de-Prunet, près Montpellier.

Collection d'**Hybrides à jus rouge Bouschet**, et ceps de quelques variétés de cette collection ayant quatre mois de greffe sur différentes vignes américaines.

Divers Outils affectés au greffage.

BOUSQUET, propriétaire au Carbon-Blanc (Gironde),

Engrais insecticide.

BOUTINAUD (Pierre), à Bordeaux.

Composition liquide ; procédé contre le phylloxera.

CASTELBOU (Sylvain), membre du Comice agricole de Béziers, à Puisserguier (Hérault).

Greffoir dit *Nouveau guide-greffe fente anglaise* et ses accessoires.
Souche plantée en 1879, greffée en 1880.
Souche plantée en 1880, greffée en 1881.

CALVET, ex-attaché aux opérations phylloxériques du Lot, résidant à Bordeaux.

Déverseur *Calvet et Laur*, pour injecter le sulfure de carbone dans le sol.

CLAVERIE (A.), propriétaire à Villenave, par Arengosse (Landes).

Engrais insecticide et fertilisant.

COMY (J.), propriétaire, à Garons, près Nîmes (Gard).

Sa **Méthode de greffage.**
Greffoir.
Serpette.
Greffoir pour la préparation des greffons.
Panier porte-greffons.
Spécimens de greffes soudées.

COURTOIS DE LANGLADE (F. de), au château de Baillon, près Arles (Bouches-du-Rhône).

Procédé de protection de la greffe des vignes. — Échantillons de greffes avec l'application de ce procédé.

COUTAUT (G.) et AVRIL (Eug.), à Bordeaux.

Produits de l'Usine à sulfure de carbone de la Gironde, de Jolibois (à Mérignac).

DAVID (Édouard), à Blaye (Gironde).

Greffoir et Spécimens de greffes.

DEISS et Cⁱᵉ (Jules), fabricants de sulfure de carbone, à La Capelette, près Marseille (Bouches-du-Rhône).

Spécimen réduit d'un four à sulfure.
Divers types des éléments du sulfure de carbone.
Types de sulfure de carbone brut et de sulfure de carbone rectifié,
Types de barriques en fer.
Pals injecteurs.

DELABONNE (Léon), négociant, à Tours (Indre-et-Loire).

Flacons de produits chimiques et **Notice** sur la découverte de son procédé contre le phylloxera.

DEMAUREGARD (E.), serrurier, à Montpellier (Hérault).

Greffoir Sabatier, breveté, faisant d'un côté la greffe en fente anglaise, de l'autre la greffe Champin.

DESPUJOLS, à Saint-Philippe-d'Aiguille, par Castillon (Gironde).

Greffoir.

DUCRET (A.), ingénieur civil, à Nîmes (Gard).

Deux Machines à greffer, pour l'exécution de la greffe dite *à cheval :* la première opérant sur table ; la deuxième, portative, pour exécuter sur place et faisant la même greffe *renversée.*
Spécimens de greffes.

DUREN et Cⁱᵉ (J.), au Bourget (Seine).

Engrais antiphylloxérique, avec sa **Notice.**

DUROUX (Jacques), armurier, à Rauzan (Gironde).

Greffoir pour greffer en terre, pouvant servir aussi à greffer sur table.
Greffoir sécateur, avec deux courbes à équerre, pour greffer sur table et sur racines.

ÉCOLE NATIONALE D'AGRICULTURE DE MONTPELLIER (M. SAINTPIERRE, *directeur.* — MM. FOËX et VALÉRY-MAYET, *professeurs.* — M. SAINT-ANDRÉ, *chef des laboratoires*).

Collection d'objets et de documents relatifs à la viticulture :

Machines et Outils servant à exécuter le greffage de la vigne.
Outils employés pour la taille de la vigne, et **outils** pour le soufrage de la vigne dans le Midi.

Outils et Appareils proposés pour l'application du sulfure de carbone.
Modèles des diverses greffes usitées pour la vigne.
Ligatures et Étranglements employés pour le greffage de la vigne.
Échantillons de greffes obtenus à l'École de Montpellier.
Herbier de la collection des vignes américaines de l'École.
Collection de raisins américains.
Collection de graines de vignes américaines.
Modèles de graines de diverses espèces de vignes, grossis pour montrer leurs caractères.
Collection de photographies relatives à la viticulture, exécutées à l'École d'agriculture de Montpellier.
Dessins, Tableaux et Documents manuscrits relatifs aux vignes américaines.
Publications diverses de l'École d'agriculture de Montpellier, relativement au phylloxera et aux vignes américaines.
Collection de racines de vignes diverses, pour montrer la différence dans l'intensité des lésions produites par le phylloxera.
Coupes de racines de vignes françaises et américaines montrant la différence de structure que présentent ces organes.

ÉCOLE NORMALE DE LA SAUVE (Gironde).

Vignes américaines.

ENGELHARD (Louis), à Paris.

Engrais potassique, dit *Kaïnit* tiré des mines royales de Stassfurt.

ÉTIENBLED et Cⁱᵉ, fabricants à Alfortville (Seine).

Capsules au sulfure de carbone et Pal pour les introduire dans le sol.

EYMAËL (Ad.), à Liège, propriétaire des Établissements de produits chimiques de Lugdoz et de Béliam-lez-Mons (Belgique).

Produits chimiques.

FONTANEAU (Charles), pépiniériste, au Carbon-Blanc (Gironde).

Vignes américaines greffées.

FONTENEAU (E.), propriétaire à Beauchène, commune de Chermignac (Charente-Inférieure).

Petits modèles de réchauds verticaux, pour l'enracinement des cépages américains.

FITZ-JAMES (Mᵐᵉ Marie-Auguste-Marguerite de LöwENHJELM, duchesse de), propriétaire, à Saint-Benezet, canton de Saint-Gilles (Gard).

Plants de vignes américaines : 2 boutures à œil de 1879 et 1881; 2 enracinés greffés en 1881 ; 2 souches, de 2 et 3 ans, greffées en fente en 1880 et 1881.

FOUCAUD (Jean), forgeron, au bourg de Lugon (Gironde).

Injecteurs et Avant-Pal, pour le traitement des vignes par le sulfure de carbone.

GASTINE, délégué régional du Ministère de l'agriculture et du commerce à Marseille (Bouches-du-Rhône).

Pal injecteur, pour l'emploi du sulfure de carbone.

GÉRAUD (Charles), propriétaire, fabricant de sulfure de carbone, à Bergerac (Dordogne)

> **Fûts d'expédition** de différents modèles.
> **Pompes** et **Bidons.**
> **Pals injecteurs.**
> **Sulfure brut** et **Sulfure rectifié.**
> **Soufre.**
> **Pieds de vignes** et **Rameaux** indiquant le relèvement obtenu après deux années de traitement.

GODDET (Charles), négociant, à Paris.

> **Poudre** de composition chimique insecticide.

GRATREAUD, à Saint-Sulpice-de-Cognac (Charente).

> **Machine à greffer la vigne,** brevetée, faisant avec rapidité la greffe anglaise sur table et sur pieds.
> **Vins** récoltés sur vignes américaines.

HUBERT et MARTINEAU, chimistes industriels à l'usine de la Pointe-des-Baleines (Charente-Inférieure).

> **Sulfo-carbonate de potassium.**
> **Sulfo-carbonate de calcium.**
> **Engrais de varechs et de chaux.**
> **Sulfate de potasse.**
> **Chlorure de potassium.**
> **Chlorure de varechs.**
> **Sulfure de calcium.**

HUGOUNENQ, à Lodève (Hérault).

> **Sulfure de potassium.**

HUILLET (Bernard aîné), propriétaire, à Preignac (Gironde).

> **Manuscrit** intitulé : *la Vérité sur la maladie de la Vigne.*
> **Flacon d'insectes vivants,** auxiliaires du phylloxera.

JAILLE (Alexandre), manufacturier, à Agen (Lot-et-Garonne).

> **Engrais** pour les vignes.

JOULIE (A.) et LAGACHE (E.), administrateurs de la Société Anonyme des Produits chimiques agricoles, à Bordeaux.

> **Sulfure de potassium vinicole brut.**
> **Le même, pulvérisé.**
> **Échantillons divers d'engrais chimiques** pour les vignes.

JOUSSEAUME, propriétaire-viticulteur, à Saint-Denis-du-Pin, près Saint-Jean-d'Angély (Charente-Inférieure).

Charrue soufreuse.
Fourneau portatif soufreux.

JULLIAN fils, à Villeneuve-lez-Maguelonne (Hérault).

Vins récoltés sur des vignes américaines, *Jacquez*, production directe, et **Vins** français provenant de greffes sur plants américains.
Vin de *Jacquez* 1880 et 1881.

KEHRIG (H.), propriétaire-gérant du journal *la Feuille vinicole de la Gironde*, à Bordeaux.

Collection reliée de *la Feuille vinicole de la Gironde*, du 1er mai 1879 au 1er octobre 1880.

LALIMAN, membre de la Société d'Agriculture de la Gironde, propriétaire du domaine de La Tourate, à Bordeaux La-Bastide.

Ceps et **Vins américains.**

LAURE (B.), à Feugarolles (Lot-et-Garonne).

Flacon d'un liquide, dit l'*Exterminateur du phylloxera*.

LAUREAU (Jules), à Kernevel (Finistère).

Charbon sulfo-carbonique de son invention.

LA VERGNE (comte de), propriétaire du château Morange, à Ludon-Médoc (Gironde).

Pal injecteur de sulfure de carbone, et autres **Appareils** de son invention.

LEENHARDT (Ernest), ancien président du Tribunal de commerce et ancien secrétaire général de la Société d'Agriculture de l'Hérault, propriétaire, à Montpellier.

Pieds de vignes : *Jacquez* de 3 à 4 ans; *Jacquez* greffé en 1881; *Jacquez* sur lequel la greffe a manqué et a produit une grosse excroissance; *Taylor* greffé en vigne française, chargé de fruits.

LÉPINE (Gustave), propriétaire, à Parsac, près Libourne (Gironde).

Marcottes chinoises perfectionnées.
Ceps américains avec leurs fruits.

LESPIAULT (Maurice), propriétaire, à Nérac (Lot-et-Garonne).

Eaux-de-vie américaines.

LEYDIER (Fs.-Fc.), à Lencieux (Vaucluse).

Instrument de greffage permettant d'exécuter la greffe en double fente anglaise avec rapidité et précision, à la main, sur place et à l'atelier.

LOPÈS-DIAS, à Bordeaux.

Boîtes de teinture insecticide.

MARTINEAU (P.), propriétaire, à Laburthe, près Floirac (Gironde).

Instruments nouveaux appliqués au greffage des vignes.

MAURY (Théodore), à Toulouse (Haute-Garonne).

Instrument d'horticulture la *Bergeronnette mécanique,* pour l'hygiène de la vigne par le brossage et le badigeonnage.

MAZEAU (Léonard) fils, propr.-viticulteur, à Saint-Philippe-d'Aiguille (Gironde).

Pieds de vignes greffés sur américains et **différentes espèces** non greffées. **Vins** d'*Herbemont* récoltés en 1878-79-80.

MEISSNER, membre correspondant du Congrès international phylloxérique de Bordeaux, à Saint-Louis (Missouri).

Don fait au Comité d'organisation du Congrès :

Collection de vins américains : *Herbemont, Taylor, Uhland, Norton's-Virginia, Cynthiana, Concord, Elvira, Martha, Gœthe, Catawba, Vhite-Herman, Cunningham, Montefiore, Bearstz, Wilding, Missouri-Riesling, Amber, Rulander.*

MOLINES (Ulysse), propriétaire agriculteur, à Nimes (Gard).

Cep franco-américain, *Taylor,* de 8 ans, greffé à l'anglaise, ayant donné cinq récoltes.
Cep français, *Terret noir,* du même âge.
Ceps franco-américains, *Clinton,* greffés en 1881, à l'âge d'un an, avec *Aramon,* par la greffe en fente simple.

MOLINIER, régisseur de M. le comte de Turenne, château de Pignan et domaine de Valautres, près Montpellier (Hérault).

Souches d'*Aramon,* greffées sur pieds de *Riparia.*
Souche de *Carignan,* greffée sur *Riparia.*
Vin récolté sur greffes de différentes années.

OLIVIER (Joseph), teinturier-chimiste, à Bordeaux (Gironde).

Insecticide minéral, le *Nitro-sulfo-potassique de mercure.*

OMBRAS (Martial), propriétaire, à Montbazin (Hérault).

Collection de **Raisins** et de **Vins américains.**

PAUL (François), à Nice (Alpes-Maritimes).

Engrais chimique et hydraulique contre le phylloxera.

PAYS et Cie, à Saint-Cyr-l'École (Seine-et-Oise).

Badigeonnage gluant pour détruire l'œuf d'hiver.
Appareil à submerger la vigne.
Pied de vigne en caisse, avec ledit appareil.

PETIT (Auguste), ingénieur civil, à Toulenne-Langon (Gironde).

Machine à greffer.

PICARD, fabricant, à Nîmes (Gard).

Engrais concentré.

PIOLA, propriétaire du château de Meynard, près Libourne (Gironde).

Ceps et Vins américains.

PONSOT (Mme), propriétaire aux Annereaux, près Libourne (Gironde).

Pieds de vignes américaines.

PRADES (A.), propriétaire, à Bédarieux (Hérault).

Ceps de vignes conservés frais et inertes par son procédé.
Spécimens de greffes emmaillotées de bandes en caoutchouc.
Petit instrument pour tailler ces bandes en biseau.
Pince-guide à vernier brevetée, exécutant des biseaux d'une régularité absolue.
Paniers pour séparer les greffons classés par le vernier.
Couteau pour pratiquer la fente au moyen de la pince-guide.
Note explicative.

PRZÉCIZEWSKI, à Bordeaux, ancien professeur d'agriculture de l'École agronomique de Czernichord (Autriche).

Démonstration de son **Procédé pour reconnaître à temps la présence et le degré de la maladie des vignes par la macération de leurs feuilles.**

RAUZIER (Adrien), propriétaire, à Saint-Hippolyte-du-Fort (Gard).

Greffes à l'œil dormant sur boutures, racinés et sur place.

RIBEAU (G.), pépiniériste, au Carbon-Blanc, près Lormont (Gironde).

Divers Cépages américains et français, greffés sur américains, avec leurs fruits et leurs racines.

RIFFAUD (Eutrope), membre du Comité d'agriculture de Royan (Charente.-Inf.).

Mode de culture des vignes françaises phylloxérées.
Semis de plants de *vignes du Kaschmir*.

SANT (Jean), à Pézenas (Hérault).

Appareil servant à introduire le sulfure de carbone dans la vigne, et un **Greffoir.**

SCHRADER (Ferdinand), officier d'Académie, vice-président de la Société de Géographie commerciale de Bordeaux.

Photographies amplifiées au microscope solaire des phylloxeras de la vigne (racines et galles) et de diverses espèces de chênes.
Coupes de racines de vignes indigènes et américaines.

SOCIÉTÉ ANONYME DE PRODUITS CHIMIQUES [DE LA MANUFACTURE DE JAVEL, à Paris.

Engrais potassiques viticoles et antiphylloxériques.
Annuaire agricole de la manufacture de Javel, années 1880 et 1881.

SOCIÉTÉ MARSEILLAISE DU SULFURE DE CARBONE (ancienne usine Édouard DEISS, aux Chartreux), à Marseille.

Sulfure de carbone.
Divers échantillons de matières premières et de produits fabriqués.
Modèles d'appareils de production réduits.

SOCIÉTÉ NATIONALE CONTRE LE PHYLLOXERA, place Vendôme, à Paris. (Administrateurs MM. MOUILLEFERT et F. HEMBERT.)

Trois pieds de vignes phylloxérés, traités au sulfo-carbonate de potassium : le premier, depuis un an ; le second, depuis deux ans ; le troisième, depuis trois ans.
Photographies de vignes phylloxérées et de vignes traitées.
Photographiés du matériel employé pour traiter au sulfo-carbonate à toutes les hauteurs et à grandes distances.
Brochures de M. Mouillefert sur la question du phylloxera.

SOCIÉTÉ LA RÉGÉNÉRATION DES VIGNES, pour l'exploitation brevetée des *cubes Rohart*, à Paris ; usine à Libourne (Gironde).

Cubes gélatineux contenant du sulfure de carbone.
Pal à enfouir lesdits cubes.

SOCIÉTÉ LA RÉGÉNÉRATION VITICOLE. (M. S. GUTMACHER, directeur, à Paris.)

Sulfureuse, charrue à distribution automatique de vapeurs de sulfure de carbone dans le sol.

SOSSIONDO (Guérin de), à Fonfrède, par Roullet (Charente).

Eaux-de-vie américaines.

TOSCAN (J.-B.), à Aix (Bouches-du-Rhône).

Procédé antiphylloxérique et son **Prospectus.**

TRILHA (J.), capitaine en retraite, chevalier de la Légion d'honneur, à Bordeaux.

Machine dite *l'Ignovome*, sur une brouette en fer, à deux roues.

VIGIÉ (Aman) et fils, à Marseille (Bouches-du-Rhône).

Sulfurateur Vigié, contre le phylloxera : appareil d'application de la méthode de sulfurage du capitaine Aman Vigié.
Pal Vigié et les accessoires pour la mise en œuvre du sulfurage.
Brochure et **imprimés** indiquant les propriétés du système du sulfurage et les instructions sur l'emploi du sulfurateur Vigié.

VILLAR D'ALLEN (vicomte de), présid* de la Commission centrale du phylloxera, à Porto (Portugal).

Plans et Photographies.
Échantillons de produits chimiques.

MACHINES

DARRIET, ingénieur-constructeur, à Bordeaux (hors concours comme membre du jury).

Pompe centrifuge, système Darriet.

DECKER et MOT, à Paris.

Pompe centrifuge, système GWYNE, avec locomobile RANSOMES, SINS et HEAD.

FAIVRE frères, ingénieurs-mécaniciens, à Nantes.

Pompe à vapeur aspirante et refoulante.

LACOUR (Gustave), à La Rochelle (Charente-Inférieure).

Pompe centrifuge.

RENGADE, à Agen (Lot-et-Garonne).

Pompe système AVERSENQ, avec **Locomobile Bergeys**, à condensation, système COMPOUND.

ROUANET (Paul), ferblantier, à Puisserguier (Hérault).

Noria-courroie.

ROY (Célestin), constructeur-mécanicien, représentant la maison CLAYTON et SHUTTLEWORTH, à Saint-Ciers-Lalande, près Blaye (Gironde).

Pompe système LAWRENCE.

SOCIÉTÉ FRANÇAISE DE MATÉRIEL AGRICOLE, à Paris. (M. TOUCHET, représentant à Bordeaux.)

Pompe centrifuge et **Locomobile.**

RÉCOMPENSES DÉCERNÉES AUX EXPOSANTS

Diplôme d'Honneur (Hors concours).

L'ÉCOLE NATIONALE D'AGRICULTURE DE MONTPELLIER (Hérault).
Pour l'ensemble de sa remarquable exposition d'*objets* et de *documents* relatifs à la viticulture.

Médaille d'Or (Hors concours).

SCHRADER (Ferdinand), à Bordeaux (Gironde).
Pour sa collection de *photographies de phylloxeras amplifiées au microscope solaire.*

VIGNES AMÉRICAINES

Diplôme d'Honneur (Hors concours).

FITZ-JAMES (Mᵐᵉ Löwenhjelm, duchesse de), à Saint-Benezet (Gard).
Pour son dévouement aux intérêts de la viticulture et pour sa magnifique collection de *vignes américaines obtenues par des semis d'yeux.*

Diplôme d'Honneur (Hors concours).

PONSOT (Mᵐᵉ), aux Annereaux, près Libourne (Gironde).
Pour services rendus à la viticulture par ses *travaux importants de greffage* et pour ses *plants américains employés comme porte-greffes.*

Médaille d'Or.

LALIMAN, au domaine de la Tourate, près Bordeaux (Gironde).
Pour sa collection de *vignes américaines.*

Médaille d'Or.

TURENNE (le comte de), au château de Pignan (Hérault); régisseur M. Molinier.
Pour ses remarquables greffes d'*Aramon* et de *Carignan* sur pieds de *Riparia.*

Médaille d'Or.

RIBEAU, pépiniériste, à Lormont (Gironde).
Pour sa riche collection de *plants américains* et *français* greffés sur américains.

Médaille de Vermeil.

MAZEAU (Léonard), à Saint-Philippe-d'Aiguille (Gironde).
Pour la beauté de ses *vignes greffées sur américaines.*

Médaille d'Argent.

FONTANEAU, pépiniériste, au Carbon-Blanc (Gironde).
Pour ses *greffes à l'anglaise* et sa manière intelligente de cultiver les cépages américains.

Médaille de Bronze.

BERTRAND (Hippolyte), au château de Beaumont, à Bassens (Gironde).
Pour sa collection de *cépages girondins* greffés sur *Riparia.*

Médaille de Bronze.

BLANC (Alphonse), pépiniériste-viticulteur, à Saint-Philippe-du-Fort (Gard).
Pour ses beaux *échantillons de sarments provenant de vignes américaines.*

Mention très Honorable.

BOUSCHET DE BERNARD, au château de Saint-Martin-de-Prunet, à Clermont-l'Hérault (Hérault).

Pour son intéressante collection de *greffes sur boutures* et *sur table,* plantées immédiatement en pépinière.

Mention Honorable.

L'ÉCOLE NORMALE DE LA SAUVE, près Bordeaux (Gironde).

Pour son exposition de *vignes américaines.*

INSTRUMENTS DE GREFFAGE

Diplôme d'Honneur (Hors concours).

PETIT (Auguste), ingénieur civil, à Toulenne-Langon (Gironde).

Pour sa *machine à greffer.*

Médaille d'Or, *ex-æquo.*

BALLAN, à Sainte-Croix-du-Mont (Gironde).

Pour sa *nouvelle machine à faire la greffe à l'anglaise,* en *fente* et *à cheval,* et ses *tenailles* pour greffer les pieds difformes.

LEYDIER, à Lencieux, par Sablet (Vaucluse).

Pour son instrument permettant d'exécuter *la greffe en double fente anglaise* avec rapidité et précision, à la main, sur place et à l'atelier.

Médaille de Vermeil, *ex-æquo.*

BERDAGUER, à Lyon (Rhône).

Pour son appareil très simple exécutant rapidement la *greffe à l'anglaise* et une *pince* très ingénieuse pour appliquer sur la greffe une ligature en caoutchouc.

DESPUJOLS, à Saint-Philippe-d'Aiguille (Gironde).

Pour son *instrument faisant la greffe renversée,* et d'un emploi très facile.

Médaille d'Argent.

PRADES (A.), à Bédarieux (Hérault).

Pour sa *nouvelle méthode de greffes* et son *nouveau procédé de conservation des boutures.*

Médaille d'Argent.

COMY, à Garons, près Nîmes (Gard).

Pour son couteau *métro-greffe,* donnant instantanément la mesure de la bouture.

Médaille d'Argent.

GRATREAUD, à Saint-Sulpice-de-Cognac (Charente).

Pour sa *machine à pratiquer la greffe à l'anglaise* soit sur table, soit sur place.

Medaille d'Argent.

BALTET (Charles), à Troyes (Aube).

Pour son travail manuscrit relatif aux *cépages américains considérés comme porte-greffes,* et aux *différents modes de greffage susceptibles d'être employés.*

Médaille d'Argent.

FONTENEAU (E.), à Beauchêne, près Chermignac (Charente-Inférieure).

Pour ses petits modèles de *Réchauds verticaux* facilitant l'enracinement des cépages américains.

Médaille de Bronze.

CASTELBOU (Sylvain), à Puisserguier (Hérault).
Pour son *greffoir nouveau guide-greffe, fente anglaise,* et ses accessoires.

VINS AMÉRICAINS

Médaille d'Or.

PIOLA, au Château de Meynard, près Libourne (Gironde).
Pour son importante collection d'espèces les plus variées de *vins américains.*

INSECTICIDES

Sulfure de carbone.

Médaille d'Or.

LA SOCIÉTÉ MARSEILLAISE DU SULFURE DE CARBONE (ancienne usine Édouard DEISS), aux Chartreux, à Marseille (Bouches-du-Rhône).
Pour son exposition très remarquable de *spécimens de matières premières* et *de produits fabriqués.*

Médaille d'Argent.

COUTAUT (G.) et AVRIL (Eug.), à Bordeaux (Gironde).
Pour leurs magnifiques *spécimens de matières premières* et *de produits fabriqués.*

Médaille d'Argent.

GÉRAUD (Charles), à l'usine de sulfure de carbone de l'Alba, à Bergerac (Dordogne).
Pour sa fabrication de *sulfure de carbone.*

Médaille d'Argent.

DEISS (Jules) et Cⁱᵉ, à La Capelette, près Marseille (Bouches-du-Rhône).
Pour leurs divers types des *éléments de matières premières,* et leur *fabrication de sulfure de carbone.*

Sulfo-carbonates.

Médaille d'Or.

LA SOCIÉTÉ NATIONALE CONTRE LE PHYLLOXERA, à Paris (Seine). (Administrateurs MM. MOUILLEFERT et HEMBERT.)
Pour les bons résultats obtenus par le perfectionnement des appareils mécaniques.

Mention Honorable.

HUBERT et MARTINEAU, à la Pointe-aux-Baleines, Ile-de-Ré (Charente-Inférieure).
Pour leur *fabrication de sulfo-carbonate de potassium* et de *sulfo-carbonate de calcium* tirés des varechs.

APPAREILS DE DIFFUSION ET MODE D'EMPLOI
DES INSECTICIDES

Médaille de Vermeil.

LA SOCIÉTÉ LA RÉGÉNÉRATION DES VIGNES, pour l'exploitation brevetée des *Cubes Rohart,* à Paris (Seine).
Pour ses *cubes gélatineux* contenant du sulfure de carbone, et pour son *pal* servant à introduire ces cubes dans le sol.

Médaille de Vermeil.

LA SOCIÉTÉ LA RECONSTITUTION VITICOLE, à Paris (Seine).
Pour sa *charrue à distribution automatique* de vapeurs de sulfure de carbone dans le sol.

Médaille d'Argent.

ETIENBLED et Cie, à Alfortville (Seine).
Pour leurs *capsules au sulfure de carbone* et leur *pal* destiné à les introduire dans le sol.

Médaille d'Argent.

GASTINE (G.), à Marseille (Bouches-du-Rhône).
Pour son *pal injecteur de sulfure de carbone*.

Médaille d'Argent.

BOITEAU fils (Philippe), à Villegouge (Gironde).
Pour son *pal injecteur de sulfure de carbone*.

Médaille de Bronze.

BOURBON (Charles), à Perpignan (Pyrénées-Orientales).
Pour son *soufflet pyrophore-insecticide*.

Médaille de Bronze.

JOUSSEAUME, à Saint-Denis-du-Pin, près Saint-Jean-d'Angély (Charente.-Infér).
Pour son *fourneau portatif soufreux*.

ENGRAIS

Médaille d'Or.

LA SOCIÉTÉ ANONYME DES PRODUITS CHIMIQUES AGRICOLES. (Administrateurs, MM. A. JOULIE, A. et E. LAGACHE, à Bordeaux).
Pour sa remarquable exposition d'*engrais variés* et de *matières premières*.

Médaille de Vermeil.

JAILLE (Alexandre), à Agen (Lot-et-Garonne).
Pour ses *échantillons d'engrais* et de *matières premières*.

MACHINES ÉLÉVATOIRES

Médaille d'Or.

DEKER (E.) et MOT, à Paris (Seine).
Pour leur *pompe centrifuge,* système *Gwyne,* avec locomobile *Ransomes, Sins* et *Head*.

Médaille d'Argent (1re catégorie).

ROY (Célestin), à Saint-Ciers-Lalande (Gironde).
Pour sa *pompe* système *Lawrence,* avec locomobile *Clayton* et *Shuttleworth.*

Médaille d'Argent (2e catégorie).

RENGADE, à Agen (Lot-et-Garonne).
Pour sa *pompe* système *Aversenq,* avec locomobile *Bergeys,* à condensation.

Mention Honorable.

LA SOCIÉTÉ FRANÇAISE DE MATÉRIEL AGRICOLE, à Paris (Seine).
Pour sa *pompe locomobile.*

TRAVAUX PRÉLIMINAIRES

RAPPORT

SUR LE

SULFURE DE CARBONE ET LES SULFO-CARBONATES

au nom d'une Commission

Composée de MM. PLUMEAU, *Président;* GAYON, RÉGIS, RICHIER, Paul PRINCETEAU
et FALIÈRES, *Rapporteur.*

En acceptant la mission de rendre compte au Congrès du résultat de ses observations sur les vignes traitées au sulfure de carbone et aux sulfo-carbonates, la Commission a de suite compris le but essentiellement pratique que poursuivent les organisateurs de cette grande consultation internationale.

Pour répondre à l'attente du public viticole, nous devions éliminer soigneusement de nos recherches et surtout nous garder de présenter au Congrès des points controversés ou restés obscurs de l'histoire naturelle de l'insecte. Dieu nous garde, cependant, de méconnaître l'importance que peuvent présenter des investigations d'un ordre élevé, qui, alors même qu'elles ne se traduisent pas immédiatement en une formule de guérison ou de préservation, n'en préparent pas moins le salut définitif. Telle condition biologique, tout d'un coup découverte, et qui pour les foules serait sans conséquence, peut devenir le point de départ d'une destruction en masse de l'insecte ravageur. Bien que nous adressant à une assemblée tout naturellement préparée par une haute culture intellectuelle à l'examen des problèmes qui s'agitent dans les régions supérieures où s'élabore la science, nous n'avons pas perdu un seul instant de vue le but pratique qui est et doit rester la pensée maîtresse de chacun de nous ici. On nous a invités à nous maintenir dans le champ modeste mais fécond de l'application, nous entendons n'en pas sortir. La meilleure manière, à notre avis, de donner des bases sûres à la discussion qui va s'ouvrir, consiste à la concentrer sur un certain nombre de résultats consacrés par une longue pratique agricole. Nous ne voulons décourager à

4

l'avance aucun effort nouveau; mais, encore une fois, ce qu'on nous demande, c'est d'indiquer nettement, sur la base des faits acquis, les conditions de la lutte à soutenir pour défendre la vigne européenne contre les attaques de son redoutable ennemi.

Et d'abord existe-t-il des moyens de rétablir les vignes atteintes, de les ramener, non pas seulement à cette végétation stérile qui se traduit par des feuilles et des tiges, mais à un état de fructification normale?

A cette première et fondamentale question, la Commission n'hésite pas à répondre.

Oui, le sulfure de carbone et le sulfo-carbonate de potassium défendent efficacement la vigne et assurent sa reconstitution dans des conditions de culture, de sol, et avec une dépense que nous aurons à examiner plus loin. Mais d'ores et déjà, on peut dire que ces procédés insecticides, judicieusement et persévéramment pratiqués, ont réussi à mettre obstacle au développement nuisible du phylloxera. Sous l'influence d'applications répétées au moins une fois par an, les ceps fortement attaqués, arrivés même au dernier degré du dépérissement, ont été débarrassés d'un assez grand nombre de parasites pour émettre des radicelles et des racines nouvelles; et ce travail intérieur, n'étant plus gêné par les piqûres de l'animal et par les lésions qui en sont la suite, a pour nécessaire conséquence l'élongation des pousses et la nouvelle formation de la charpente extérieure de l'arbuste. C'est à dessein que nous ne parlons ici que de la végétation souterraine et aérienne, négligeant pour le moment de faire allusion à la fructification. On verra plus tard que la production du fruit est liée d'une manière indissoluble à l'apport régulier d'engrais appropriés, au moins pour les vignes primitivement affaiblies.

Les preuves de ce grand fait, on les rencontre aujourd'hui, non plus sur des surfaces restreintes, sujettes à erreur ou à contestation, mais sur des étendues considérables, sous tous les climats, à toutes les expositions, dans les conditions les plus variées de culture, de cépages, de modes de plantation, aussi bien dans la Gironde au ciel humide et froid, que sous les ardeurs du soleil du Midi. Pourquoi, hélas! ne nous est-il pas permis de dire que toutes les natures du sol, que les terrains pauvres et superficiels, comme les terrains riches et profonds, se prêtent à cette régénération ?

La Commission pourrait puiser à pleines mains dans ses notes et dans ses souvenirs pour appuyer par des exemples sa conviction profonde que la vigne européenne peut être défendue. Nous ne saurions avoir l'intention d'imposer aux membres du Congrès, même en récit, le long et pénible voyage que nous avons dû faire pour asseoir cette conviction sur des démonstrations expérimentales possédant le caractère d'une certitude aussi grande que celle qu'on peut demander aux choses de l'agriculture. Il nous suffira de citer les domaines les plus connus, parmi ceux dont la visite a entraîné sur ce point les opinions hésitantes au début de certains membres de la Commission et fortifié la croyance déjà ancienne des autres.

Qu'on se transporte en effet au centre de ce Syndicat de Pomerol, dont la direction est confiée à l'un des premiers lutteurs parmi ceux qui ont relevé le drapeau discrédité des insecticides. On y verra des traitements au sulfure de carbone en première, deuxième, troisième et quatrième année, qui attestent de la manière la plus évidente l'aptitude de nos cépages à reprendre lentement mais progressivement leur vigueur native, quand on les débarrasse périodiquement du plus grand nombre des assaillants. On trouve là ce que nous retrouverons partout et qui reste ce que nous ne craignons pas d'appeler une loi.

Si la plante est très affaiblie, si son système de racines est complètement désorganisé, et cet effet s'observe surtout sur les foyers, le traitement en première année ne se marque en apparence que par le maintien de la couleur verte du feuillage; les pousses ne s'allongent guère. Mais des fouilles pratiquées au pied des ceps montrent des radicelles émises en mai, juin, juillet et août qui sont le prélude de la reconstitution.

Quant aux vignes encore vigoureuses, mais envahies, elles se maintiennent en même état que l'année précédente. Les bois s'y développent normalement, et la récolte s'y montre la même que dans les vignes de même force jusque-là préservées.

Le 24 août, chez M. Paillet, à Catusseau, commune de Pomerol, dans un terrain argilo-siliceux divisé par des cailloux et d'une profondeur moyenne de 40 centimètres, à sous-sol argileux, la production de nombreuses racines saines, même dans les foyers dont la pousse était réduite l'an dernier au dixième de la longueur ordinaire, la couleur verte du feuillage montrent que l'application du sulfure en hiver et à dose culturale a donné tout ce qu'il était légitime de demander en première année. Autour des foyers et sur 5 hectares environ, la vigne est également verte, refait ses organes d'absorption, et se présente dans des conditions générales bien meilleures pour recevoir le deuxième traitement.

M. Durand-Desgranges, en même sol, a sulfuré à raison de 180 kilogrammes par hectare, dans l'hiver de 1881, des carrés de vignes très malades et des parcelles qui présentaient encore une végétation assez belle. Comme on pouvait s'y attendre, les signes extérieurs n'accusent que faiblement la bonne influence du traitement sur les premières; mais le bénéfice se montre déjà avec assez de netteté sur les secondes, pour engager le propriétaire à recommencer dès l'ouverture de la campagne prochaine.

Au Château-Corbeil, à Blanquefort, M. Ginouillac a déposé 20 grammes de sulfure de carbone en quatre trous d'injection disposés symétriquement autour des souches. On opérait sur la pièce de Dillac fortement phylloxérée, en terrain argilo-calcaire, mêlé de quelques cailloux. L'aspect vert du feuillage et la formation de racines nouvelles favorisées par une bonne fumure pratiquée au mois de novembre dernier disent assez que la vigne reviendra l'an prochain à une végétation normale, si le traitement est continué comme le propriétaire y est décidé.

A Pontet-Canet, sur des taches à peine visibles, et que l'organisation d'un système de vigilance fort bien compris avait seule permis de reconnaître, et dans un large périmètre de précaution, M. Cruse a fait appliquer du sulfure de carbone concurremment avec l'engrais recommandé par l'ancienne Association viticole de Libourne (¹). La conservation est très belle : on voit là une preuve évidente de l'importance qu'il y a à appliquer le remède, dès le début du mal, alors que le phylloxera n'a entamé que peu le système radiculaire et que la partie aérienne des ceps est encore dans toute sa vigueur apparente.

(¹) Sang desséché à 10 0/0 d'azote................................ 100 kilog.
Superphosphate de chaux................................ 250 —
Sulfate de potasse.................................... 250 —
Sulfate de fer.. 50 —
Sulfate d'ammoniaque.................................. 50 —

Par hectare.............. 700 kilog.

Du côté des sulfo-carbonates, la démonstration est pour le moins aussi saisissante. En juin 1881, un traitement cultural avec 60 grammes de sulfo-carbonate de potassium et 30 litres d'eau par souche a été fait sur une portion de vignoble appartenant à M. le docteur Boymier, de Sainte-Foy : très malade, très réduite en pousse, comme l'indique la taille, la vigne est aujourd'hui parfaitement repartie.

Mme de Errazu, à Cos-d'Estournel, a obtenu un résultat très encourageant à la suite d'un premier traitement au sulfo-carbonate.

Chez M. Grazilhon, château Beau-Site, à Saint-Estèphe, aussi bien dans les pièces dites du Midi que dans le domaine du Boscq, nous avons observé, le 1er septembre, le maintien général de la végétation coïncidant avec la couleur verte des feuilles et avec le travail souterrain qui se produit forcément à la suite de la disparition momentanée de l'insecte.

Ces effets se marquent tout aussi bien dans le Midi qu'en Gironde.

Sur la route de Lignan à Béziers, Mme Téron possède une vigne, enclavée entre deux côtés mourants, et que la propriétaire destinait à l'arrachage; elle s'est presque complètement régénérée dès la première année sous l'influence d'une application de sulfo-carbonate associé à un engrais chimique énergique. C'est là un cas très remarquable qui montre non seulement l'efficacité de l'insecticide, mais encore la puissance de l'engrais employé à l'état de dissolution dans l'eau.

Nous avons hâte d'arriver aux résultats plus décisifs qui se montrent dès la deuxième année d'application.

M. Larroucaud, maire de Pomerol, sulfure depuis deux ans, à raison de 180 kilogrammes par hectare, des vignes complètement envahies au moment du premier traitement. Aujourd'hui, la végétation, stimulée par un apport de fumier et par des enfouissements en vert, est très belle. La récolte serait presque normale, si les intempéries qui poursuivent depuis quelques années cette malheureuse commune de Pomerol n'étaient pas venues troubler en apparence les résultats.

Une végétation satisfaisante se montre à Roussillon-Néac, chez M. le colonel Fumbert de Villers, malgré la gelée d'hiver et la semaine de vent glacial et furieux qui a fait baisser la température presque à zéro en plein mois de mai, brûlant l'extrémité des pampres que la grêle se chargeait de hacher quelques jours plus tard.

Dans le Syndicat de Fronsac, de nombreuses parcelles séparées les unes des autres par des distances souvent considérables ont été traitées au sulfure de carbone, en deuxième année, par M. Boiteau, serrurier, et M. Godineau, maire de Villegouge. Partout, l'état des ceps accuse la bonne influence du traitement. — La vigne a employé la première année à refaire son système radiculaire; dans cette première période tout l'effort de la végétation a porté sur les organes d'absorption. Mise en état de se nourrir, la vigne, dès la deuxième année, allonge ses rameaux, porte du fruit, et développe en même temps l'acquis de l'année précédente sur les racines.

M. Tastet, propriétaire du château des Ambroises, près Blanquefort, est également à la deuxième année d'application du sulfure de carbone (240 kilogr. par hectare distribués en 40,000 trous). Le terrain est argilo-sableux fort; notre visite du 31 août nous a montré un vignoble dont la teinte verte et la régénération radiculaire contrastent avec la couleur citron et l'état de pourriture des racines des vignes voisines non traitées. Les taches se relèvent lentement, comme il arrive fréquemment avec le sulfure de carbone; elles exigeraient des soins particuliers que nous aurons à préciser plus tard d'une manière générale.

Le plus bel exemple de restauration en deuxième année au moyen du sulfure de carbone, qui ait passé sous nos yeux dans la région du Sud-Ouest, est assurément celui que nous avons vu à Courteillac chez M. Henri du Foussat. Là, on n'est plus en présence de ces accidents de forte gelée, de coulure, de grêle qui viennent obscurcir aux yeux des masses la notion de la vérité. La culture, très soignée en première année, a pu être ramenée aux conditions ordinaires en 1881; une fumure complète a été appliquée ce printemps. Les résultats sont véritablement splendides. Tous les pieds qui avaient la plus petite taille sont en charge aujourd'hui: les foyers absolument généralisés ont disparu, ne laissant pour témoins de l'invasion que quelques ceps morts, même avant l'ouverture des traitements.

Il faut aller dans les vignes soumises pendant deux ans au traitement cultural par le sulfo-carbonate de potassium pour trouver avec la même évidence que chez M. du Foussat la loi qui préside à la régénération des vignes malades.

Soit qu'on se transporte à Saint-Sernin, près Duras (Lot-et-Garonne), au siège même des opérations agricoles de la Société du sulfo-carbonate de potassium, soit qu'on visite les domaines de Pontet-Canet à M. Cruse, et de Château-Crock en Médoc, la vigne remonte, et souvent avec une merveilleuse rapidité, la pente que le phylloxera lui avait fait descendre. Les sarments ont presque partout reconquis leur état normal; la fructification n'est pas abondante, surtout en Médoc; mais on sait que bien des causes indépendantes du fléau ont nui à la récolte générale dans cette contrée.

Une vigne peu attaquée, traitée deux ans de suite chez M. Guibert, près Béziers, donnera, cette année, 250 hectolitres de vin par hectare.

Nous arrivons à la troisième année de traitement qui est le couronnement de la lutte. Il nous a été donné de voir, sur des centaines d'hectares, des vignes soumises depuis trois, quatre et même cinq ans, à des applications sulfo-carboniques, soit sous la forme de sulfure, soit sous la forme de sulfo-carbonate. Nous demandons la permission de les confondre toutes dans cet exposé sous la même rubrique; il n'y a pas lieu de les distinguer entre elles. Si l'opération insecticide a été bien conduite, si en même temps les secours auxiliaires, fumure et soins de culture, ont été donnés sans trop compter, dès la troisième année, l'état normal, système radiculaire, bois et fruit, reparaît aussi bien à l'extérieur qu'à l'intérieur; il ne reste plus qu'à continuer une pratique qui a remis toutes choses en place.

Notre première visite devait être pour le vignoble de Trotanoy, à Pomerol, attaqué sur plusieurs points dès 1873, complètement envahi en 1876 et 1877, et que MM. Giraud frères défendent depuis 1878 par des applications répétées d'année en année sur près de 25 hectares. Cette énergie dans la résistance est d'autant plus méritoire que, par suite de circonstances climatériques mauvaises, le domaine n'a presque pas donné de récolte depuis 1875. Il faut, pour l'intelligence et la bonne interprétation des faits, connaître les cruelles épreuves auxquelles ont été soumises depuis quelques années les vignes de MM. Giraud, sans compter le phylloxera. En 1876, une gelée terrible venait affaiblir les vignes occupées presque sur tous les points, par de nombreuses colonies d'insectes. Les traitements un peu confus de la période du début en 1876 et 1877, alors que le sulfure de carbone, mal défini dans ses conditions d'emploi, n'avait pas encore fait ses preuves en grande culture, ne s'adressaient guère qu'aux taches apparentes, soit environ 12 hectares.

En 1878, pour la première fois, le vignoble est traité dans l'ensemble. En 1879, une forte coulure réduit la récolte au quart. En 1880, la végétation est normale ; il y a une très belle apparence de récolte jusqu'aux pluies de juin survenues en cours de floraison : il en résulte une coulure générale des grains, mais non des grappes qui ne se sont point détachées, mais dégarnies. Ce n'était pas assez : la grêle du 20 août emporte ce que la coulure avait épargné.

En 1881, après quatre traitements successifs sur l'ensemble, la récolte, d'apparence moyenne sur des bois reformés, est détruite par deux grêles fin avril et 25 mai. Il est bien évident que tant d'assauts ont porté tort à la végétation, qui est moins longue et moins fournie que l'an dernier. En tenant compte de ces accidents, de la maigreur naturelle du sol sur nombre de points, et aussi sans doute de l'insuffisance de l'assistance en engrais, on trouve chez MM. Giraud une démonstration sûre et convenablement prolongée de l'efficacité du sulfure de carbone pour le maintien des vignes vigoureuses et la restauration des vignes affaiblies.

Dans la même commune de Pomerol, à Lafleur, chez M. Henri Greloud, le terrain naturellement plus riche et plus profond, fumé chaque année avec des engrais variés, nous offre sur tous les points un très bel exemple de régénération, sauf sur une portion plus graveleuse où le succès définitif se fait attendre. Là encore, la récolte serait d'importance moyenne sans la grêle : mais la vigueur des sarments, l'aspect général de santé commandent la confiance et entraînent les convictions.

Le petit vignoble de M. Dumay, à Villegouge, sur plateau argilo-siliceux, à couches profondes, et celui de M. Gautier, armateur à Bordeaux, reçoivent depuis plusieurs années du sulfure de carbone, aidé par une culture soignée et par des engrais divers. La méthode a donné tous les résultats qu'on pouvait en attendre : reconstitution absolue de la charpente extérieure et fructification normale pour l'année.

Nous avons parcouru chez M. Piola, dans ses domaines de Cadet et de Pourret, à Saint-Émilion, des vignes absolument refaites ; elles avaient été prises à temps et se trouvent en terrain de bonne nature, amélioré d'ailleurs par une culture très perfectionnée. A côté, en sol maigre, de calcaire désagrégé, végètent des vignes que le sulfure a trouvées mourantes, qu'il a ramenées à une demi végétation sans fruit. Mauvaise opération agricole que le propriétaire a uniquement poursuivie pour son instruction et celle de tous, avec ce noble esprit de dévouement et de sacrifice qu'il n'a pas cessé d'apporter dans cette grave question du phylloxera. Nous n'avons pas besoin de dire que la certitude expérimentale se forme souvent tout aussi bien avec des expériences négatives qu'avec celles qui sont couronnées d'un plein succès.

Traversant par la pensée les 500 kilomètres qui nous séparent de M. Jaussan et du Syndicat qu'il préside, transportons-nous dans le domaine de Baboulet, près Béziers, dans ces 82 hectares de vignes composées en très grande partie d'*Aramon,* de *Carignane* et de *Bourret.*

Le sol en général argilo-calcaire, profond, est meuble et fertile.

Attaqué en 1877 d'une manière visible, M. Jaussan traita 12 hectares dans l'hiver de 1877-1878, à raison de 300 kilogrammes, répartis en deux opérations, à huit jours de distance. Partout les taches furent bien circonscrites. En fin de saison, de nouveaux foyers s'étant révélés, le propriétaire étendit son champ d'opération à 45 hectares en 1878-1879. Les résultats très encourageants des deux premières années déterminèrent une application générale sur les 82 hectares du domaine dans l'hiver de 1879-1880, à la dose simple de 25 grammes par mètre carré, pratique qui a été continuée dans cette même année. Nous aurons occasion de discuter plus loin la signification de certains accidents survenus chez M. Jaussan. Disons de suite qu'après trois années de traitement, la récolte s'élevait à 108 hectolitres par hectare ; la récolte moyenne des sept années qui avaient précédé l'apparition du phylloxera de 1870 à 1876 avait été de 96 hectolitres par hectare. En 1881, et quoi qu'on en dit, malgré les ravages considérables de la pyrale, qui n'ont pas pu être arrêtés à temps, et malgré des circonstances fâcheuses qui ont pesé sur la végétation, M. Jaussan récoltera 40 à 50 hectolitres à l'hectare. En général les vignes ont grand air de santé et marquent les effets évidents de la conservation au moyen du sulfure de carbone dans un sol suffisamment fertile.

Quelque décisifs que soient en principe les résultats donnés par le sulfure de carbone, et indépendamment des conditions délicates et multiples qu'il faut observer, l'examen minutieux des vignes régénérées par son emploi ne donne pas, malgré tout, une satisfaction sans mélange.

La suite de ce rapport dira nos raisons.

L'expérience est notre maître à tous. Le sulfo-carbonate de potassium qui ne pouvait présenter, il y a trois ou quatre ans, à l'attention du monde viticole, que des surfaces restreintes, dans des conditions un peu confuses pour l'observateur, nous donne aujourd'hui et largement la mesure de sa valeur. La Commission a été unanime à reconnaître que, toutes choses égales d'ailleurs, sol, culture, intensité de la maladie, assistance auxiliaire par les engrais, le sulfo-carbonate ramène les vignes à l'état primitif plus sûrement et plus rapidement que le sulfure de carbone. Contre la grande vulgarisation des sulfo-carbonates, les motifs, certes, abondent, et nous ne manquerons pas d'en faire toucher plusieurs du doigt. Mais ici, dans la première partie de notre travail qui répond à cette fondamentale question d'où dépendent toutes les autres : La vigne européenne peut-elle être défendue par les insecticides? nous n'avons qu'à déterminer le rang respectif qui leur appartient en propre dans l'échelle de la reconstitution. La dépense, les difficultés d'exécution, l'analyse des terrains qui se prêtent aux deux modes de traitement, le concours que ces traitements doivent, pour être efficaces, demander à la culture et aux engrais, l'opération agricole en un mot, tous ces points arriveront en discussion à leur place. Nous avons la confiance qu'après nous avoir entendu, chacun saura de lui-même adopter une ligne de conduite conforme à ses intérêts et aux ressources dont il dispose.

Quand on a fouillé comme nous, presque rang par rang, les 230 mille souches que la Société nationale contre le Phylloxera a ramenées, dans ses quatre domaines de la Gironde, du Lot-et-Garonne et de la Dordogne, du dernier degré de dépérissement à un état de végétation luxuriante et de fructification tout à fait normale, on reste bien convaincu qu'au moyen du sulfo-carbonate on peut véritablement accomplir sur la vigne des prodiges de salut. Il est bien entendu que cet enthousiasme ne s'adresse, comme nous aurons si souvent l'occasion de le répéter, qu'à des terrains suffisamment fertiles et profonds, et avec accompagnement de soins qui se traduisent toujours en une grosse dépense.

Quoi qu'il en soit, l'un de nous ([1]) avait vu, il y a trois ans, au moment du premier traitement, les vignobles du Montet et des Vergnes, près Sainte-Foy, en déplorable état : les vignes, réduites à la dernière extrémité, ne se soutenaient plus que par la

([1]) M. Falières.

base des principales racines, dépourvues de chevelu et de racines secondaires. La culture fort négligée, par suite de la chute rapide des revenus, précipitait la ruine des parcelles restées debout presque aussi sûrement que le fléau. — A notre visite, au commencement du mois de septembre 1881, quels n'ont pas été l'étonnement et la satisfaction du rapporteur, pleinement partagés par tous ses collègues, en trouvant des vignes en bon rapport, au lieu des troncs desséchés et stériles que sa mémoire lui rappelait?

Il serait trop long de détailler pièce par pièce la série de succès qui a couronné dans ses quatre domaines l'œuvre de la Société du sulfo-carbonate, opérant pour son propre compte et dans la plénitude de sa liberté d'action. Au hasard des notes prises sur le terrain, relevons quelques circonstances seulement.

Au Montet. — *Vigne de blanc Sémilion* de cinq ans, réduite à des pousses de 10 centimètres, complètement régénérée avec récolte normale suivant l'appréciation de nos membres les plus compétents.

Vieille vigne de Sémilion restaurée comme végétation et comme récolte.

A côté, les vignes non traitées, appartenant à divers propriétaires, ont des racines entièrement pourries, et ne portent aucune récolte malgré les soins les plus complets de culture.

Aux Vergnes. — *Vignoble de Ferdinand.* — Très belle régénération de vignes très malades, après trois ans de traitement. Effets évidemment bien supérieurs à ceux du sulfure de carbone; production considérable.

Vigne des Pruniers, en 1879, a donné.	1/2 hectol.	
— en 1880, —	1 —	
— en 1881, donnera.	20 —	
Vigne de la Cabane, en 1879, a donné.	1 hectol. 20	
— en 1880, —	3 —	81
— en 1881, donnera.	20 —	

Vigne du Pallier. — La végétation s'améliore, mais cette vigne n'ayant pas reçu d'engrais avec le sulfo-carbonate, la fructification reste stationnaire.

Le Roc. — *Pièce de Jolas de Jean-Jacques.* — Belle reconstitution; en pleine production.

Petit vignoble, considéré comme perdu. La récolte qui était de

8 hectolitres en 1879, s'élèvera sûrement cette année à 35 ou 40 hectolitres.

Pièce des 4 journaux. — Moins belle régénération que la précédente au point de vue végétatif, mais la reconstitution a dû se faire uniquement sur de vieilles racines pourries. Bonne récolte.

MUTS-BARBETEAUX. — *Vignoble des Muts.* — Belle végétation, peu de récolte par suite de la coulure. On y voit quelques cuvettes réfractaires qu'on espère ramener l'an prochain avec des engrais chimiques et une plus forte dose de sulfo-carbonate.

Pièce de la Fontaine. — Très belle régénération. Demi-récolte par suite de coulure.

Pièce de Fayolle. — A eu trois traitements au sulfo-carbonate sans engrais. Peu de récolte, forte coulure. Vigne moins verte et d'apparence bien moins vigoureuse que les vignes qui ont reçu des engrais chimiques.

Si nous nous acheminons maintenant vers le beau domaine de la Provenquière, près Béziers, nous trouvons sur 110 hectares qui ont déjà reçu trois traitements au sulfo-carbonate, la preuve la plus évidente de l'avantage qu'il y a à opérer dès le début du mal. Avec la vive et haute intelligence qu'il apporte en toutes choses, M. Teyssonnière n'a pas hésité à traiter toute la superficie de son grand vignoble, lorsqu'il ne présentait encore que des taches. Il a voulu agir avec les insecticides comme on agit par la submersion. Cette attitude résolue n'a certes pas empêché l'envahissement général par l'insecte, pas plus que la submersion n'empêche de constater la présence du phylloxera sur les vignes inondées, à partir du mois de juillet ou d'août. Sous l'influence du traitement, les taches les plus anciennes ont disparu, mais tous les ans il s'en révèle de nouvelles, bien inoffensives sans doute, puisque l'application de l'année suivante en efface la trace. — Partout, au moment de notre visite, le jour même de l'ouverture des vendanges, la végétation est splendide et la vigne chargée de fruits. Dans la grande pièce, à l'entrée du château, la production dépassera 200 hectolitres à l'hectare. — La situation phylloxérique autour de la Provenquière est pourtant détestable. C'est merveille de voir les larges étendues de vignes de M. Teyssonnière se maintenir vigoureuses et productives au milieu d'un désastre général. La récolte que certaines personnes, qui semblent avoir des yeux pour ne point

voir, évaluaient, il y a un mois, à 1,000 hectolitres, atteindra certainement le chiffre de 8 ou 10,000.

Fidèles à notre programme qui vise surtout les faits produits
dans la culture ordinaire et avec les moyens toujours limités dont
dispose le propriétaire, nous ne parlerons que pour mémoire des
applications de sulfo-carbonate à l'École d'agriculture de la Gaillarde et au Mas de las Sorres à Montpellier. Il y a là des enseignements précieux; mais le viticulteur se détermine, non d'après des
données presque exclusivement scientifiques, mais bien sur la
grande expérimentation en plein champ qui est faite par ses pairs.
— La Gaillarde et le Mas de las Sorres ont été surtout des écoles
d'élimination, qui ont précisé les procédés sur lesquels devait porter
l'effort universel de la résistance ou de la reconstitution. — Au Mas
de las Sorres surtout, le sulfo-carbonate occupe de toute évidence
la première place. Nous n'avons pu expliquer l'échec absolu du
sulfure de carbone que par l'application intempestive et répétée
de doses massives.

Chez M. Henri Marès, dans cette plaine de Launac, où l'on n'apercevait autrefois que des vignes aussi loin que la vue pouvait
s'étendre, il reste aujourd'hui seulement 15 à 20 hectares que cet
éminent agriculteur défend régulièrement depuis trois ans avec le
sulfo-carbonate par le procédé de l'eau. Les points d'attaque très
anciens se régénèrent assez difficilement; mais la reconstitution
n'en reste pas moins belle sur l'ensemble au point de vue de la
végétation et du fruit. Une grande pièce porte une récolte évaluée
à 100 hectolitres à l'hectare, malgré les vides nombreux qu'y a faits
le fléau. *Le sulfo-carbonate coud les raisins sur la vigne*, dit M. Marès.

Ce long exposé que nous aurions pu grossir démesurément en y
groupant un nombre plus considérable de faits, était nécessaire
pour mettre en lumière la solution de cette première et fondamentale question : La vigne européenne peut-elle être défendue,
maintenue, remise en état de végétation et de production
normales, au moyen du sulfure de carbone et du sulfo-carbonate de
potassium?

Les faits ont répondu, et ils ont, à notre avis, une clarté saisissante.

Nous voudrions pouvoir borner là nos observations et fermer sur
cette affirmation le livre des recherches. Mais il nous reste à vous

faire connaître la partie la plus difficile et la plus ingrate de notre tâche.

Il y aurait illusion à se persuader que, dans l'état actuel de nos connaissances, les vignes peuvent être partout et toujours sauvées, partout et toujours remises en état de production rémunératrice.

———

Nous sommes ainsi amenés à résoudre le problème économique, à facteurs multiples, de la régénération des vignes atteintes, et de la conservation des vignes peu envahies.

Et tout d'abord, un point noir subsiste toujours dans les deux modes de traitement cultural. A aucun moment la vigne n'est complètement débarrassée de l'insecte. Ses colonies se reforment en masse dans le courant de l'été, et leur énorme pullulation apparaît à l'œil le moins exercé en août et septembre. On a donné à ce retour offensif de l'animal le nom général de *réinvasion*. Cette réinvasion aurait pour cause, soit une importation venue de l'extérieur, telle que la descente en terre d'aptères aériens, ou d'aptères souterrains voyageant par la surface du sol d'une souche à l'autre, soit la pullulation sur place d'insectes épargnés par le traitement. Nous pensons que c'est à cette dernière cause surtout qu'il faut attribuer la présence souvent considérable de phylloxeras qu'on observe sur les racines en août et en septembre. Ce côté faible de notre action reste toujours inquiétant. Quelques explications que l'on puisse donner du rôle secondaire que jouent dans la végétation les radicelles de dernière formation, celles que l'on nomme caduques, qui n'ont plus le temps de passer à l'état ligneux, on a de la peine à comprendre que, si elles sont dévorées par le phylloxera en juillet, août et septembre, les racines déjà lignifiées qu'elles alimentent n'en éprouvent pas quelque dommage. Le préjudice apparaît surtout dans les vignes faibles soumises à un premier traitement. Du mois d'avril au mois d'août au plus tard, elles refont péniblement du chevelu. Arrive l'épreuve de la fin de l'été, qui les remet aux prises avec l'ennemi, en les privant d'un contingent de ressources qu'elles auraient bien utilisées, malgré tout, pour la consolidation du chevelu déjà formé.

Dans toutes nos explorations, nous avons vu constamment que

plus les vignes sont belles, plus elles sont fructifères, plus l'apport
en engrais a été important, plus la réinvasion, pour nous servir du
mot consacré, est considérable. Comme on peut le prévoir, les vignes
sulfo-carbonatées, généralement plus vigoureuses que les vignes
traitées au sulfure de carbone, présentent à l'œil des colonies plus
abondantes et mieux nourries. Nous sommes, en vérité, sans
défense contre ces réapparitions en masse de l'insecte ravageur.
Des traitements d'été, soit au sulfure de carbone, soit au sulfo-carbonate, appliqués huit, dix, quinze jours avant notre passage, ont
laissé subsister une telle quantité d'insectes, qu'on se demande quel
a pu être le profit de l'opération. Chez M. de Ferrand, à Mouton-
d'Armailhacq, non sans dommage pour la végétation, une tache
d'apparence récente a été attaquée en juillet par le sulfure, et en
août par le sulfo-carbonate dilué. Le 1er septembre, on retrouve
autant de phylloxeras que dans des vignes de même force envahies
et non traitées.

Sur une deuxième tache, le sulfo-carbonate seul a été appliqué
le 10 août, en suivant toutes les prescriptions de la méthode; vingt
jours après, les ceps portaient plus de phylloxeras qu'au 10 août.
Une pièce du Château-Milon, à M. Castéja, a reçu du sulfure de
carbone au mois d'août 1881; l'occupation est complète aujourd'hui
sur presque toutes les racines.

Le résultat est le même chez M. Grazilhon, à Saint-Estèphe, et
dans plusieurs autres expériences du Midi.

De ces observations, ressort la nécessité qui s'impose à tous de
ne jamais suspendre la médication; elle doit être répétée tous les
ans, sous peine de perdre par une suspension la plus grande partie
du terrain déjà conquis.

La condamnation des traitements bisannuels ou à plus long
intervalle est aujourd'hui, nous pouvons le dire, un article de foi
chez tous les pratiquants des procédés sulfo-carboniques, et même
chez les propriétaires qui inondent. La première parole, pour ainsi
dire, qui nous était adressée dans chacune de nos visites, était une
parole de regret, si le propriétaire avait tenté l'expérience des
traitements bisannuels. Une autre conséquence, c'est que les
applications culturales d'été, outre qu'elles présentent souvent
des difficultés d'exécution insurmontables, doivent disparaître de
la pratique. A moins d'arriver aux doses mortelles ou presque
mortelles pour la vigne, et dans le but d'éteindre un foyer naissant,
illusion que nous ne partageons pas d'ailleurs dans l'état d'invasion

phylloxérique du vignoble français, les applications en fin de saison fatiguent la végétation, dans une mesure que ne compense pas le petit résultat de destruction obtenu.

L'influence de la nature des sols sur les résultats donnés par les traitements sulfo-carboniques est, on peut le dire, prépondérante.

Partout où nous avons vu les vignes affaiblies se régénérer complètement avec bois et fruit, et les vignes encore vigoureuses maintenir l'état normal, le terrain répond à ce premier signalement : il est profond et doué d'une certaine fertilité. La marche, dans la rapidité de la restauration, correspond directement à l'épaisseur de la couche végétale. Le succès est d'autant plus complet que le terrain renferme une plus forte proportion de silice. Assurément, nous avons vu chez M. du Foussat, à Ruch, des vignes mourantes réparer leurs pertes et se régénérer en moins de deux ans dans un terrain argilo-calcaire avec prédominance calcaire ; mais partout la couche végétale a une grande profondeur : c'est à peine si, en quelques rares quartiers, le rocher émerge à la surface ; et même dans ce cas, les racines n'ont jamais bien loin à aller pour fuir profondément et la sécheresse et l'insecte. L'absence d'épaisseur n'est qu'un accident isolé.

En règle générale, non seulement les terrains à réussite sont profonds, mais on peut dire qu'ils sont de composition excellente, réunissant des proportions parfaitement pondérées d'argile, de calcaire, de sable et d'humus.

Telles sont bien les terres de MM. Larroucaud, Henri Greloud, Dumay, Boymier, Boiteau, Grazilhon, Tastet, des châteaux Pontet-Canet, Cos-d'Estournel, Crock, de Mme Téron, de MM. Guibert, Teyssonnière, de toute la série enfin de ceux dont nous avons enregistré les beaux succès en première, deuxième et troisième année. La Société du sulfo-carbonate a manœuvré, elle aussi, sur un terrain excellent dans ses quatre domaines : là où elle n'a pas eu affaire à cette qualité de sol, elle a parfaitement échoué. L'aspect de la vigne de La Caille, du domaine des Muts, sur calcaire désagrégé, peu profond, est fort triste après deux traitements énergiques.

Nous pourrions multiplier les exemples d'échecs survenus, aussi bien avec l'un qu'avec l'autre des insecticides, dans des sols pauvres et superficiels. Pour éviter aux agriculteurs des mécomptes onéreux, la Commission croit de son devoir de formuler avec précision la loi qui lui paraît se dégager nettement de l'analyse des faits dans les divers terrains.

Seuls, les terrains d'une profondeur moyenne de 40 à 50 centimètres, au moins, peuvent se prêter à la résistance avec des chances suffisantes de réussite. Jusqu'à nouvelle et plus complète démonstration, nous n'oserions conseiller à personne d'entreprendre la lutte, comme opération agricole, dans des sols de moindre épaisseur. Nous ne disconvenons pas qu'on n'y puisse faire vivre la vigne à coups d'engrais et à l'aide de soins de culture extrêmes ; mais nous ne croyons nullement à la sécurité du lendemain, et surtout nous ne croyons pas à la réalité d'une production rémunératrice, dans les conditions ordinaires de vente, et malgré le haut prix des vins.

Certes, il nous en coûte de décourager les efforts de la résistance dans tant de vignobles, de côtes surtout, où la main de l'homme avait conquis sur la nature ingrate des revenus que nulle autre culture ne pourra remplacer.

La confiance dont nous a honorés le Comité d'organisation et que nous revendiquons devant le Congrès nous commande de tenir un langage franc et net. C'est, à notre avis, une aventure que la viticulture en détresse ne doit pas tenter, de déposer des insecticides, des engrais, des labeurs, des ressources qui s'épuisent, dans des terres pauvres et superficielles. Et les terrains convenablement riches et profonds à des degrés divers n'auront pas même la bonne fortune de se suffire à eux-mêmes. Ils réclament dans cette crise terrible une assistance que nous demandons à bien préciser.

Depuis deux ans, M. Durand-Desgranges, à Catusseau, emploie du sulfure de carbone dans un terrain argilo-siliceux qu'il tient constamment ameubli par des façons répétées. La vigne devrait repartir avec vigueur ; notre visite la trouve languissante, elle aurait eu besoin d'être stimulée annuellement par de la potasse, de l'azote, de l'acide phosphorique présentés sous la forme assimilable.

La pièce de Gazin, à MM. Giraud frères, en sol sablonneux mélangé de cailloux, est à la quatrième année de traitement. La vigne n'a reçu aucune assistance; c'est à peine si le rétablissement se marque. Nous sommes d'ailleurs bien persuadés que ce grand vignoble que MM. Giraud frères, à Pomerol, débarrassent périodiquement depuis quatre ou cinq ans du phylloxera pendant la période de son activité la plus meurtrière, aurait besoin d'une fumure appropriée sur presque toutes les pièces pour se régénérer entièrement. Nous avons vu que, partout où l'engrais se fait attendre, l'opération générale se traduit en un piétinement sur place sans profit définitif. M. Boiteau possède à Villegouge des vignes à deux, trois et même quatre traitements. La supériorité de celles qui ont eu de la fumure sur celles qui n'en ont pas reçu est de la dernière évidence.

M. Vergniol, à Saint-André et Appelles, M. Boys, à Fongrenier en Dordogne, font traiter depuis deux ans des parcelles importantes par la Société des sulfo-carbonates de potassium; si ce n'est dans les taches où l'affaiblissement était fort marqué, la vigne faisait encore bonne contenance grâce à la nature silico-argileuse d'un sol riche et profond. Le relèvement est certain, mais il est lent et la récolte y est fort médiocre. On n'a pas mis d'engrais.

Dans le quartier de Fayolle, domaine de Muts-Barbeteaux, appartenant à la Société nationale, trois applications successives de sulfo-carbonate ont eu lieu en 1879, 1880 et 1881. L'engrais chimique que la Société dépose au pied de chaque souche traitée n'a pas été employé ici : les ceps sont d'apparence peu vigoureuse, la verdeur du feuillage laisse fort à désirer, et il n'y a presque pas de récolte.

Quand on associe au contraire et régulièrement les engrais aux insecticides, la physionomie des traitements est complètement modifiée.

Nous avons déjà dit les magnifiques résultats obtenus, dès la première année, soit avec le sulfure de carbone, soit avec le sulfo-carbonate, par MM. Cruse, Grazilhon, Guibert, Mme de Errazu, en Médoc, et Mme Téron, près de Béziers, sur cette vigne merveilleuse du Lignan entourée sur trois faces — la quatrième est la route — par des vignes à toute extrémité. Certes, les opérations insecticides ont eu lieu en bonne saison, les terrains s'y prêtent, leur fonds est excellent; mais toutes ces heureuses conditions n'auraient que peu servi à la manifestation extérieure de la valeur des méthodes, si l'engrais avait manqué. Il a été donné avec générosité; au lieu des sarments courts, de la végétation languissante, de la disparition presque complète de fruit que l'on trouve dans les traitements insecticides purs, nous nous trouvons en présence d'une formation de racines très remarquable, d'une pousse très vigoureuse par rapport aux coursons, et du maintien absolu de la récolte partout ailleurs que dans les foyers.

En deuxième année, et pour ne citer que quelques noms, MM. Larroucaud, Cruse, Mermann, Guibert et tant d'autres qui ont employé les engrais assidûment, en même temps que les insecticides, nous montrent ces vignes rétablies à des degrés divers, suivant l'état de phylloxération primitive et la richesse du sol : mais partout la présence de matières fertilisantes ajoutées apparaît comme un complément indispensable du traitement.

Il faut aller dans les vignes traitées au sulfure par M. Henri du Foussat et par la Société des sulfo-carbonates, pour juger, en dernier ressort et par opposition, du caractère absolument restrictif de la méthode insecticide. Par elle seule, elle est impuissante à restaurer les vignes fortement atteintes : c'est une dépense fatalement destinée à rester stérile que l'application répétée d'année en année de sulfure de carbone et même de sulfo-carbonates, si aux procédés de destruction on n'ajoute pas une assistance énergique en engrais. Sur tous les points du territoire phylloxéré, nous avons vu, sous l'influence des applications sulfo-carboniques, les vignes faibles se refaire dans leur appareil souterrain et dans leur charpente extérieure; mais partout la Commission a pu dire sans se tromper : *cette vigne a reçu de l'engrais; cette autre, au contraire, n'en a pas eu.* Sur les unes, en effet, on constate l'aspect de pleine santé qui nous rappelait le temps de la grande prospérité vinicole, sur les autres une certaine tristesse, des efforts vers le mieux presque aussitôt comprimés, et enfin l'absence à peu près régulière de récolte, au moment de la cueillir. Nous avons vu bien souvent en même exposition, avec mêmes cépages, en sols identiques, des vignes également traitées, les unes fumées, retenir presque complètement à la floraison, les autres, non fumées, couler abondamment par leurs grappes fructifères.

Les vignes les mieux rétablies, les plus productives, chez M. du Foussat, ont reçu en première année une demi-fumure à l'engrais Faucon; en deuxième année, tantôt une fumure complète au même engrais, tantôt une fumure complète d'engrais d'étable, et, en troisième année, toutes celles qui ne s'étaient pas énergiquement relevées ont été encore généreusement dotées d'une nouvelle fumure. Nous l'avons déjà dit, les résultats sont splendides; tout indique qu'une fumure bisannuelle et peut-être triennale assurera désormais un long avenir à ces vignes revenues des portes de la mort.

Dans les quatre domaines de la Société des sulfo-carbonates, les choses se sont passées à peu près de la même manière, sauf les variantes que comporte la différence des insecticides.

En première année, le traitement, dit régénérateur, se composait de 100 à 120 grammes par souche de sulfo-carbonate dilués dans 20 litres d'eau. Ce liquide imbibant le cube de terre dans lequel plonge le petit appareil radiculaire d'une vigne très attaquée, mettait partout à portée des racines 25 à 30 grammes environ de potasse réelle. Immédiatement après l'absorption par le sol de ces 20 litres de solution sulfo-carbonatée, on déposait au pied de chaque souche un mélange de 60 grammes de nitrate de soude et de 30 grammes de superphosphate de chaux, ou de 50 grammes de sulfate d'ammoniaque et de 30 grammes de superphosphate. Cinq litres d'eau, dite de chasse, pour refouler dans le sol les portions superficielles de solution sulfo-carbonatée, étaient versés dans la cuvette, emportant en même temps dans les profondeurs, à l'état de dissolution assimilable, les 10 ou 12 grammes d'azote et les 5 ou 6 grammes d'acide phosphorique fournis par les nitrate, sulfate et superphosphate.

Nous n'avons pas besoin de faire ressortir les avantages d'une pareille pratique au point de vue de la nutrition de la plante. La surface de la cuvette encore humide dissout la presque totalité des sels fertilisants : les cinq litres d'eau d'arrosage vont les distribuer avec la potasse du sulfo-carbonate dans tout le terrain qui doit être occupé par les organes d'absorption. Peu de temps après l'application, qui a lieu généralement au premier printemps, le travail souterrain de la formation des radicelles commence; chacune d'elles en naissant se trouve enveloppée par une nourriture toute faite, presque digérée, qu'elle suce avec avidité, et qu'elle jette dans le torrent de la circulation, racines, tiges, feuilles, fleurs et fruit.

Quand nous confions au sol des engrais solides, tels que du fumier, des substances organiques quelconques, la terre, ce laboratoire puissant, commence par travailler avec intelligence la matière pour présenter à la plante une nourriture élaborée sous la forme assimilable et délicate qui convient aux organes si tendres de l'absorption. Ce travail de décomposition de la substance est nécessairement lent; pour être rapide, il exige un concours de circonstances qui ne peuvent pas se trouver toujours réunies, humidité sans excès, température favorable aux fermentations, ni trop basse ni trop élevée, mélange convenable des produits de la décomposition avec le sol, etc.

La dissolution dans l'eau des sels fertilisants et leur enfouissement à l'état liquide épargnent précisément à la terre ce travail d'élaboration qu'elle aurait dû faire, et que fort souvent les vignes phylloxérées n'ont pas le temps d'attendre, au moins à la première année de traitement.

Nous avons été frappés des résultats très remarquables, donnés par les engrais chimiques à l'état de dissolution, partout où ils ont été employés.

En outre de ses qualités propres, le sulfo-carbonate présente cet avantage qu'avec lui on peut recourir à ce mode d'emploi des engrais. En dehors d'une organisation mécanique spéciale, il paraît bien difficile, en effet, de transporter au pied de chaque souche 6 à 8 litres d'eau pour former une solution alimentaire. Nous n'hésitons pas cependant à recommander cette application sur les foyers et sur les pieds faibles du vignoble, qui sont presque toujours le point de départ de foyers nouveaux

La Société des sulfo-carbonates ne s'est pas bornée à déposer une première fois au pied de chaque souche de l'engrais chimique, dissous comme nous venons de le dire. Au deuxième traitement par le sulfo-carbonate, tous les foyers dans un certain périmètre ont reçu une nouvelle affusion d'engrais liquide, et à la troisième année tous les ceps un peu réfractaires à la reconstitution absolue ont été repassés de même. On est arrivé ainsi à uniformiser toutes les souches, à les ramener par une marche d'ensemble à une végétation et à une production semblables.

Il faut le dire, si le terrain n'est par lui-même ni assez profond ni assez naturellement fertile, les engrais même sous leur forme la plus perfectionnée ne prêtent plus qu'un secours impuissant aux insecticides.

A Saint-Émilion, sur ce plateau de calcaire pulvérisé où M. Piola avait établi une vigne, parfaitement venante autrefois, la première attaquée de son domaine, la première défendue par le sulfure de carbone, cultivée avec amour, assistée avec persévérance et générosité, il n'y a pas perte absolue de la bataille, mais le fléau est fort loin d'être vaincu. Les cépages français y donneront-ils jamais des récoltes productives? Il est permis d'en douter.

En même nature de sol, sur plusieurs points, et notamment dans la pièce de La Caille, la Société des sulfo-carbonates poursuit une expérience instructive, mais qui ne peut être recommandée à personne.

Comme nous l'avons indiqué un peu plus haut, le rôle des engrais chimiques dans l'organisation de la défense nous paraît singulièrement agrandi par les faits qui ont passé sous nos yeux. Il ne s'agit pas, bien entendu, de condamner le fumier de ferme qui reste toujours l'engrais par excellence, d'abord parce qu'il contient les substances fertilisantes, azote, potasse, acide phosphorique que peuvent fournir les engrais chimiques, et ensuite parce que se décomposant lentement dans le sol il fournit pendant longtemps le nécessaire à la plante. Il a de plus, par son gros volume, un effet ameublissant et d'aération qui ne se trouve à aucun degré dans les engrais chimiques; mais la lenteur même de la décomposition dans le sol, qui, quand on a le temps d'attendre, est d'un avantage si précieux, tourne souvent au détriment des vignes fortement phylloxérées qu'il s'agit de sauver. S'il survient un été sec, le fumier rend la terre trop poreuse, favorise la multiplication et la circulation du phylloxera; et comme l'élaboration des sucs nutritifs ne peut pas se faire, en l'absence d'humidité, la vigne, en réalité, ne se nourrit pas dès la première année d'application.

Dans le cours de notre voyage, nous avons vu des vignes, à taille très convenable, tomber complètement cet été sur la fumure de l'hiver.

Au premier traitement, au moins, il nous paraît bon de s'adresser à un engrais chimique. Si l'opération se fait avec du sulfo-carbonate, qui par lui-même fournit la potasse, il n'y a plus qu'à donner de l'azote et de l'acide phosphorique.

Or, en analysant les procédés de la Société nationale, on voit qu'elle fournit à ses vignes par hectare, en première année de traitement, et à l'état de dissolution aqueuse très étendue :

100 kilogrammes environ de potasse réelle..... (KO).
50   —   —   d'azote .... (Az).
30   —   —   d'acide phosphorique (PhO⁵).

L'engrais pulvérulent de M. Faucon, dont nous avons pu apprécier chez M. du Foussat et ailleurs les excellents effets pour la régénération rapide des vignes phylloxérées, contient à peu près, quoique sous une forme différente, les mêmes doses de potasse, d'azote et d'acide phosphorique; de plus, il renferme du sulfate de fer dont l'utilité dans tous les sols ne nous paraît pas démontrée (¹).

Quand le propriétaire fait passer une première fois son vignoble au sulfo-carbonate, il ne doit pas hésiter à déposer par hectare un mélange de 250 kilogrammes de sulfate d'ammoniaque, et de 150 kilogrammes de superphosphate riche à 20 0/0 d'acide phosphorique soluble et assimilable. Cet engrais est réparti au pied des souches, proportionnellement à leur nombre à l'hectare.

Si l'opération insecticide se fait au moyen du sulfure de carbone, deux cas peuvent se présenter.

Le propriétaire est en mesure de recourir, soit pour les foyers, soit pour la surface entière du vignoble, à la forme supérieure de la dissolution des sels fertilisants dans 6 à 8 litres d'eau par souche, et alors il ne devra employer que des sels solubles :

> Chlorure de potassium.............. 200 kilog.
> Sulfate d'ammoniaque............... 250   —
> Superphosphate de chaux.......... 150   —

Supposons que l'apport de l'eau soit impossible. Dans ce cas, nous préfèrerions, comme nous l'avons vu dans le Midi, emprunter l'azote à une double source minérale et organique. Cette dernière, à décomposition plus lente, prolonge pendant toute la période de l'activité végétale la stimulation produite au début par la première.

La formule pourrait s'établir ainsi :

> Chlorure de potassium.............. 200 kilog.
> Tourteaux d'arachides, de colza, chry-
>   salides de vers à soie, sang dessé-
>   ché, etc. : quantité suffisante pour
>   correspondre à 25 kilog. d'azote (²).
> Sulfate d'ammoniaque 125   —
> Superphosphate riche à 20 0/0 150   —

En raison de l'importance que nous attachons à l'association des engrais et des insecticides, nous sommes entrés dans des détails que l'on trouvera peut-être minutieux.

(¹) M. Faucon emploie par hectare 2,000 kilogrammes de l'engrais suivant :
> Tourteaux d'arachides............... 5 parties.
> Superphosphate d'*os* riche............ 2   —
> Chlorure de potassium 2   —
> Sulfate de fer...................... 1   —

Le prix de revient est de 300 fr. environ.

(²) Pour avoir 25 kilog. d'azote, il faudrait employer généralement 500 kilog. de tourteaux ou 250 kilog. de sang desséché, etc.

.. Les insuccès et les nombreux découragements qui ont suivi si fréquemment l'emploi du sulfure de carbone et du sulfo-carbonate ont pour principale cause, à notre avis, la méconnaissance du lien indissoluble qui unit les engrais aux insecticides. Nous l'avons déjà dit, ceux qui ne veulent, qui ne peuvent pas déposer des engrais au pied de leurs vignes phylloxérées ne doivent pas compter sur un succès rapide et sûr.

Après avoir choisi son terrain, abandonnant les sols où la défense est jusqu'ici impossible, où il serait vaincu, en fin de compte, après avoir répété tous les ans les applications insecticides, après avoir prodigué l'assistance par les engrais, le viticulteur n'est pas au bout de ses sacrifices ; il doit encore à la vigne une culture beaucoup plus soignée qu'autrefois. Il ne saurait entrer dans notre cadre de faire saisir, par des citations de noms propres, les différences entre les résultats obtenus par des cultures soignées ou par des cultures négligées. Quand nous disons négligées, nous n'entendons nullement ce quasi-abandon des vignes au chiendent et aux autres plantes adventives. Nous voulons parler de cette absence de culture raffinée, labours fréquents, façons répétées, suppression de toute herbe parasite, qui, jusqu'à nouvel ordre, doit être la loi de l'exploitation viticole. Irascibles comme les poètes, qui ne supportent pas le reproche de faire des vers médiocres, les agriculteurs acceptent mal des avis au sujet des soins à donner au sol. La Commission n'a nul dessein de formuler des règles strictement applicables à chaque situation ; mais d'après ce qu'elle a vu, elle se croit en droit de recommander, plus que jamais, le travail, l'assiduité auprès de ces vignes, autrefois si faciles, aujourd'hui devenues exigeantes avec tyrannie. La culture soignée est un des éléments importants du succès. Les façons culturales qui détruisent la végétation adventive et qui ameublissent le terrain, aident singulièrement au traitement en favorisant le développement du chevelu et de tout le système radiculaire.

Ce n'est pas tout. Il ne suffit pas de s'être assuré que le terrain suffisamment riche et profond se prête à l'opération ; il ne servirait de rien de s'engager par avance à l'application annuelle des procédés insecticides, à l'apport régulier et persévérant d'engrais, à des façons culturales fréquentes : l'âge des vignes joue encore un rôle important dans les données de la lutte.

En général les ceps d'âge moyen, et les ceps jeunes, pourtant très sensibles au phylloxera, réparent leurs pertes avec beaucoup plus de rapidité que les souches vieilles et affaiblies par l'âge et par le mal. C'est là une observation déjà ancienne et que confirment tous les faits récents. Chez M. Larroucaud, chez M. Giraud, chez M. Greloud, dans le Syndicat de Fronsac, à la Provenquière, à Lignan, à Vauvert, nous nous trouvons en présence de restaurations opérées sur des vignes jeunes ou d'âge moyen. Les belles régénérations de M. Henri du Foussat par le sulfure de carbone, et celles de la Société nationale par le sulfo-carbonate, n'auraient sans doute pas abouti, dans l'espace de trois années, avec de vieilles souches. Dans ses quatre domaines, la Société des sulfo-carbonates a, dès le début, renoncé à presque toutes les vieilles vignes, ne gardant que celles dont l'attaque peu profonde permettait d'espérer qu'elles pourraient profiter de la médication.

Notre visite à Semillac, chez M. Armand Lalande, nous a montré, dans une portion du domaine, de vieilles souches, dont la chute rapide n'a été nullement arrêtée par des applications de sulfure de carbone. Il convient d'ajouter que le terrain argilo-calcaire, peu fertile, manque de profondeur. Mais, dans un sol bien meilleur, chez M. Guibert, après deux ou trois applications de sulfo-carbonate, une vigne très âgée marque nettement son peu d'aptitude au relèvement; elle sera arrachée après les vendanges.

Certes, nous savons que les vieilles souches du cap Pinède, à Marseille, qui ne donnaient plus rien, sont chargées de récolte depuis trois ou quatre ans, à la suite des applications de sulfure de carbone. Cet exemple, plus scientifique que cultural, n'a pu être obtenu que par des secours auxiliaires en fumures, façons, arrosages, soins de toutes sortes et de tous les instants, que la pratique courante ne saurait adopter. Très probants en faveur des insecticides et au point de vue de la démonstration générale, les résultats du cap Pinède ne sont pas de ceux que l'agriculture qui travaille pour des bénéfices puisse poursuivre avec profit.

En traitement cultural, les vignes très âgées ne présentent plus des ressources de régénération suffisantes; nous croyons fermement qu'il y a tout avantage à ne pas les défendre.

L'exposé des conditions générales dans lesquelles la vigne européenne peut être défendue formait la partie la plus essentielle de notre travail. Il fallait d'abord circonscrire, et nettement, le champ d'opération. Dans l'état actuel de la question, il nous a semblé que la restauration et la conservation de nos cépages indigènes ne pouvaient être obtenues, avec profit définitif, que par l'étroite réunion de circonstances et de moyens combinés. Les circonstances se trouvent dans la nature du sol et dans l'âge de la plante; les moyens, ce sont les insecticides, les engrais et la culture.

Les faits dont nous avons été les témoins se sont chargés d'écrire eux-mêmes nos conclusions; ils nous ont parlé le langage que nous portons devant le Congrès. Nous avons la confiance sereine d'avoir traduit ici les leçons de l'expérience; on pouvait mettre plus d'art dans l'interprétation, on ne saurait apporter dans l'examen qui nous a été confié un esprit moins prévenu, plus indépendant et mieux disposé à voir les choses par leur côté réel.

Toute opération industrielle ou agricole aboutit à une balance, c'est-à-dire à l'établissement de la recette au regard de la dépense.

Ce décompte est nécessaire pour bien définir la nature des engagements que contractent les propriétaires décidés à se défendre.

Nous n'avons certes pas la prétention de préciser à un centime près le montant des débours qu'aura à faire tel ou tel agriculteur dans telle ou telle situation donnée. Nous adressant à une grande assemblée venue de tous les points de l'horizon viticole, nous devons examiner les choses, même celles de la dépense, au point de vue général dont nous possédons les éléments.

Par traitement cultural, le seul qui nous paraisse absolument recommandable comme pratique suivie, nous entendons l'application annuelle, et par hectare, de 150 à 250 kilogrammes au plus de sulfure de carbone, et de 400 à 600 kilogrammes au plus de sulfo-carbonate de potassium.

On sait le procédé simple d'application du sulfure, à l'aide du pal Gastine ou au moyen d'autres instruments plus ou moins perfectionnés qui n'en diffèrent que peu. Nous n'avons pas à entrer dans les détails d'un fonctionnement désormais connu de tous. Les propriétés insecticides, le mode de diffusion du sulfure à l'état de vapeurs, sa plus ou moins grande persistance dans le sol suivant les saisons et l'état d'humidité, de perméabilité, de composition argileuse ou autre des terrains, autant de questions, certes, fort intéressantes, mais dont la discussion complète ne saurait trouver place dans ce rapport.

Il suffira de dire que les traitements simples et d'hiver, c'est-à-dire dans la période qui s'étend de novembre à fin mars, jouissent, et avec juste raison à notre sens, de la plus grande faveur auprès des opérateurs. Les traitements réitérés à quatre ou huit jours de distance, recommandés à l'origine par le Comité régional de Marseille, détruisent, il faut bien le reconnaître, un plus grand nombre d'insectes que les traitements simples effectués en même saison. Mais ils sont souvent d'une exécution fort difficile, par suite de l'obligation de passer à deux reprises dans les vignes et à court delai; leur prix de revient est fort élevé, à cause du doublement de la main-d'œuvre; et de plus, ils fatiguent la végétation d'une manière évidente. Pour tous ces motifs, le traitement simple, qui a fait ses preuves, sous la première inspiration de l'Association viticole de Libourne, est aujourd'hui universellement adopté.

Comme points extrêmes de comparaison pour l'établissement du prix de revient, le Syndicat de Pomerol qui a opéré cette année, à raison de 160 kilogrammes par hectare, et le grand Syndicat de Béziers qui a déposé en terre 250 kilogrammes, nous fournissent des éléments d'appréciation dont nous pouvons déduire une moyenne.

A Pomerol, tous frais compris, achat de matière, main-d'œuvre, réparation des instruments, amortissement du capital d'installation, on a dépensé 130 fr. par hectare.

La dépense, pour le Syndicat de Béziers, s'est élevée à 170 fr.

La moyenne est donc de 150 fr. dépense qui, nous l'avons déjà dit, doit être répétée tous les ans, sans qu'on puisse prévoir le moment où elle cessera d'être nécessaire.

En analysant la composition moyenne des engrais employés en première année de traitement pour stimuler la végétation et pour créer une réserve alimentaire, on voit que, là où le succès s'est affirmé par le retour à la végétation et à la fructification normales en troisième année, il a été fait emploi d'une dose d'engrais correspondant par hectare

à 100 kilogrammes au moins de potasse réelle.
50   —   —   d'azote.
40   —   —   d'acide phosphorique.

La valeur vénale de ces trois éléments pris dans le commerce est de 220 fr. environ; leur transport à pied d'œuvre, leur épandage et distribution au pied des souches, et le travail supplémentaire que l'opération exige parfois en dehors du cycle habituel de la culture, portent bien certainement la dépense à un chiffre compris entre 250 et 300 fr. Conservons ce dernier chiffre, qui donne une certaine élasticité à l'augmentation de l'apport en engrais, presque toujours désirable.

Le traitement complet de première année, que nous appellerions volontiers traitement régénérateur ou de poussée, coûte, avec le sulfure de carbone, 450 fr. environ. On peut considérer ce chiffre comme un type dont la pratique courante ne s'éloignera pas sensiblement.

Si le vignoble était fortement attaqué — et c'est le cas que nous supposons — la deuxième année exigera une nouvelle application d'engrais, de composition équivalente, sur l'ensemble des foyers et sur nombre de pieds restés faibles. — De ce chef, la dépense s'élèvera sûrement à 150 fr. par hectare (soit 300 fr.), en ajoutant le traitement insecticide qui reste invariable.

Nous avons encore vu qu'en troisième année, avec le maintien du traitement insecticide, une demi-fumure du prix de 150 fr. au moins consolidait la reconstitution et assurait la récolte.

Nous croyons qu'on ne peut compter, à la suite, sur le maintien des résultats acquis qu'avec une fumure bisannuelle de la valeur de 300 fr. au moins, ou mieux, avec une fumure annuelle du prix de 150 fr.

En somme, la dépense à prévoir, en dehors des frais courants d'exploitation, est de 450 fr. au moins à la première année de traitement, et de 300 fr. dans les années suivantes, sans qu'il soit possible d'indiquer le moment prochain ou éloigné où cette dépense prendra fin.

Si nous passons maintenant au budget que réclame l'application du sulfo-carbonate de potassium, nous nous trouvons en présence de chiffres bien autrement importants.

Pour établir le prix de revient d'un traitement efficace au moyen du sulfure de carbone, nous avons supposé l'existence d'un vignoble fortement attaqué; et les vignobles qui le paraissent peu le sont toujours beaucoup plus qu'on ne le croit. Pour être juste de tout point, la comparaison a besoin de porter sur la même situation avec le sulfo-carbonate.

En première année de traitement efficace, régénérateur, la dépense ne saurait descendre en moyenne au-dessous de 500 fr., quand on emploie les procédés mécaniques, les seuls auxquels on puisse s'adresser économiquement. Nous savons bien qu'on a parlé de traitements à 250, 275 et 300 fr.; avec quelles doses de sulfo-carbonates et quelle quantité d'eau? Nous n'avons pas eu la bonne fortune de rencontrer des propriétaires, ayant conscience d'avoir bien opéré, qui nous aient déclaré avoir payé moins de 350 fr., non compris la préparation des cuvettes, l'enlèvement des tuteurs, leur mise en place, etc., toutes opérations accessoires qui se traduisent par un surcroît de frais. Le prix de 600 fr. n'est pas rare, et celui de 450 à 500 fr. de beaucoup plus commun. Il faut donc compter sur ce dernier chiffre, comme étant celui qui se rapproche le plus de la réalité.

Le sulfo-carbonate de potassium demande, lui aussi, le concours de l'engrais; mais comme il apporte de lui-même la potasse, il ne reste plus à fournir au sol que l'azote et l'acide phosphorique, soit environ 200 fr., tout compté, en restant dans les mêmes doses que pour le sulfure de carbone.

L'addition accuse 700 fr. de dépense par hectare en première année de traitement par le sulfo-carbonate.

Dans les années qui suivent, le sulfo-carbonate coûte moins cher. De l'enquête à laquelle nous nous sommes livrés, il résulte que la dépense en moyenne n'est pas sensiblement inférieure à 400 fr. La demi-fumure sous formes variées restant nécessaire, moins la potasse, il y a lieu d'ajouter 100 fr. au moins au prix du traitement insecticide. On ne saurait estimer à moins de 500 fr. le montant de l'opération totale, insecticide et engrais, et cette dépense doit être considérée comme renouvelable indéfiniment tous les ans.

Au point de vue de la dépense, les différences, on le voit, sont fort sensibles, quand on s'adresse à l'un ou l'autre des insecticides dont l'étude nous a été confiée.

L'avantage est nettement acquis au sulfure de carbone, même avec des doses semblables de potasse, d'azote et d'acide phosphorique.

Mais il faut tout dire : soit que les applications répétées de sulfure de carbone aient pour effet d'affaiblir dans une certaine mesure la vigne et de s'opposer quelquefois à la rapidité de la restauration ; soit que le sulfo-carbonate possède par lui-même une vertu propre de régénération ; soit enfin, opinion la plus probable, que les 25 ou 30 litres d'eau déposés au pied de chaque souche facilitent l'utilisation immédiate par la plante des engrais ajoutés, les applications de sulfo-carbonate de potassium montrent partout une supériorité réelle. Certes, chez M. Henri du Foussat, à Courteillac, et chez MM. de Villeneuve, Boissan, Émile Sahuc, Chuchet, à Béziers, le sulfure de carbone ne le cède en rien au sulfo-carbonate pour la rapidité et la sûreté de la restauration. Malgré tout, ce sont là des épisodes qui n'affaiblissent pas la notion générale et précise qui ressort de l'histoire comparée des deux insecticides sur le terrain.

Cette supériorité du sulfo-carbonate vient à l'appui de la thèse expérimentale que nous ne cessons pas de soutenir, sur la nécessité de fournir à la vigne les éléments dont elle a absolument besoin pour se restaurer. A l'origine de la lutte, on s'est trop préoccupé des effets immédiats des insecticides : on leur a trop demandé ; non seulement il fallait tuer l'insecte presque du premier au dernier, mais encore on voulait que la vigne affaiblie dans tous ses organes se refît d'elle-même sans secours nouveau. Désormais nos visées sont plus modestes, quant à la destruction ; et de plus nous savons bien que le secours des engrais est indispensable pour hâter et consolider la guérison des vignes malades. Le sulfo-carbonate de potassium, qui est par lui-même un engrais, incomplet il est vrai, a pu presque toujours, grâce à l'influence éclairée des promoteurs de la méthode, être employé concurremment avec le complément, azote et acide phosphorique. Presque partout, au contraire, dans les applications de sulfure de carbone, tantôt l'engrais a manqué, tantôt il a été distribué avec parcimonie, ou bien encore choisi sans discernement ; il ne répondait pas aux besoins pressants de la plante. Quand les fumures seront régulièrement et judicieusement données, nous avons la confiance que le sulfure de carbone fournira des résultats se rapprochant beaucoup de ceux des sulfo-carbonates.

D'après ce qui précède, on peut conclure que la dépense générale d'exploitation ne descendra guère en aucune circonstance au-dessous de 1,000 francs par hectare, tout compris : insecticides, engrais, frais de culture, intérêt du capital engagé, etc. Ce chiffre répond en moyenne au plus grand nombre des cas : il est bien entendu que souvent, en Médoc par exemple, dans la région des grands vins, la dépense sera notablement plus élevée : mais là, le haut prix des produits, même avec des rendements faibles, fournit, par hectare, une recette moyenne bien supérieure à celle qui est nécessaire.

Tel est bien, croyons-nous, le bilan moyen de la dépense.

Les opérations agricoles sont nécessairement des opérations à long terme. Celui qui voudrait régler sa conduite, qui fixerait ses déterminations d'après les résultats fournis par un seul exercice; se laisserait aller tantôt à un découragement funeste, tantôt à des illusions non moins pernicieuses. L'entreprise de la défense de la vigne européenne, pour rester une opération fructueuse, dans les conditions nouvelles qui nous sont faites, suppose nécessairement et en première donnée, le maintien du haut prix de la marchandise. Si d'ici à quelques années les cours devaient tomber pour les vins les plus communs à 10, 15 et même 20 francs l'hectolitre, de toute évidence l'opération de la défense aboutirait, dans le plus grand nombre des cas, à un désastre financier. Mais il n'est pas besoin d'être grand prophète pour oser prédire que l'avilissement du prix de la marchandise ne se produira pas de bien longtemps. On peut, croyons-nous, compter avec sécurité, et pour une longue période, sur de hauts prix. Ceci étant admis, et ceux qui n'ont pas cette confiance ont raison de ne pas entrer dans la lutte, il faut encore que le rendement calculé d'après les probabilités d'une production décennale par exemple, donne un chiffre de vente de 1,500 francs au moins par hectare et par an.

Nous connaissons en Gironde et ailleurs des vignes dont la production de vins communs n'a jamais dépassé 15 à 20 hectolitres à l'hectare, ce nombre établi d'après des recensements décennaux. En admettant même un prix de vente assuré de 50 fr. pendant de longues années, on voit que la défense y est impossible. Il faudrait prévoir, ce qui serait sans doute excessif, le prix de 75 fr. pour asseoir l'opération sur la base du succès.

Par contre, presque partout, dans les terrains fertiles et profonds qui se prêtent à la défense, les rendements dépassent de beaucoup 20 hectolitres. Il est toujours question des vins de qualité inférieure dont le bas prix relatif resserre dans des limites plus étroites l'avenir des vignes qui les produisent. Quand la production atteint ou dépasse 40 hectolitres, nous croyons fermement que la dépense sera suffisamment soutenue par le prix de la marchandise.

Il est bien évident, d'un autre côté, que les vignes à rendement de 15 à 20 hectolitres à l'hectare seulement, mais dans lesquelles le prix normal du vin atteint ou dépasse 80 fr. rentrent d'elles-mêmes dans la catégorie de celles dont la défense reste encore possible.

On aurait bien tort de prendre ces considérations pour des conseils. Chacun est assurément le meilleur juge de ce qu'il a à faire. Si nous avons abordé d'une manière bien imparfaite le côté économique de la question, c'est uniquement dans le but de répondre par des chiffres à cette objection, toujours vivace, que la production ne peut pas supporter de charges supplémentaires.

Il serait puéril de le nier, nombre de vignes à rendement très faible et de qualité médiocre sont destinées à disparaître. Des conditions plus heureuses de fertilité naturelle du sol et de haut prix des produits appellent une portion restée considérable du vignoble français, sinon à de gros bénéfices, du moins à des revenus qui permettront la continuation de la résistance.

Certes, nous le reconnaissons, alors même que la culture de la vigne dans les conditions que nous venons d'énumérer serait suffisamment rémunératrice, les bénéfices, s'il y en a, ne répareront pas les désastres accumulés par le fléau. — Ici la ruine totale et sans remède ; là, des amoindrissements considérables du territoire viticole, partout l'augmentation de la dépense coïncidant avec la diminution progressive des revenus.

Quelle que puisse être l'efficacité des moyens, limités malgré tout, dont dispose la viticulture, la crise actuelle laissera des traces profondes et douloureuses. L'expérience des dernières années nous condamne presque sans espoir de retour à l'abandon des vignes indigènes plantées en sol médiocre, et que le phylloxera a parcourues au pas de course.

Il ne nous appartient pas de dire si des solutions heureuses peuvent être proposées pour ces terres où nous croyons la défense impossible, si ce n'est quand elles donnent des revenus considérables par suite de la qualité des produits. Même avec les plus consolantes perspectives de reconstitution au moyen de la greffe sur souches résistantes, la génération présente ne verra pas de longtomps la vigne réoccuper les positions autrefois conquises et aujourd'hui perdues, et la prospérité reparaître partout où elle a disparu.

En dehors des grandes lignes que le rapport, œuvre essentiellement pratique, avait pour but de marquer, il s'est produit des faits qui appelaient l'examen. Nous avons cru répondre aux intentions de tous en les étudiant au cours de nos visites.

Nous nous garderons bien d'être aussi affirmatifs à leur égard que nous nous sommes cru le droit de l'être jusqu'ici. C'est avec beaucoup de réserve que nous proposerons des explications.

Depuis l'introduction du sulfure de carbone dans la pratique culturale, tous les ans, au départ de la vigne, soit dans une région, soit dans une autre, dans un ou plusieurs domaines d'une contrée, sur certains ceps d'un même domaine, le bruit public signale des accidents survenus par le fait de l'insecticide. En général, les cas de mortalité sont fort loin d'avoir l'importance que leur attribue la renommée aux mille bouches.

Les accidents déterminés par le sulfure de carbone sont de trois sortes.

Ils peuvent être produits par une mauvaise distribution de la substance et par exagération des doses. Nous savons bien, et depuis longtemps déjà, que les doses massives sont nuisibles à la plante. En général, on ne doit pas dépasser les applications supérieures à 25 grammes de sulfure de carbone par mètre carré, 250 kilogrammes par hectare. Un vice de fonctionnement de l'instrument distributeur ou une mauvaise interprétation des conditions du travail peuvent amener l'opérateur à déposer inconsciemment des quantités supérieures à la dose fixée.

Le cas s'est présenté souvent.

Dans une vigne traitée, cet hiver, à Mouton-Rothschild, on voit des rangs entiers, à pousse très maigre, disposés symétriquement tous les 4 mètres. Les trois rangs intermédiaires n'ont pas souffert du traitement; invariablement le quatrième rang est atteint. Or, l'équipe de travail fonctionnait de telle sorte, que le même ouvrier et le même instrument se présentaient tous les quatre rangs seulement. Toutes les lignes atteintes avaient été sulfurées par le même ouvrier à l'aide du même instrument.

Le même fait s'est présenté dans des conditions identiques chez M. Guibert, près Béziers. De toute évidence, il y a eu exagération

6

de dose par perte de l'instrument ou par négligence de l'opérateur

Une deuxième cause d'accidents réside dans le choix de l'époque d'application.

Les cas nombreux de mortalité observés, à l'origine des expériences, avaient démontré à l'Association viticole de Libourne que le sulfure de carbone est funeste à la vigne en sève, soit en congelant le système radiculaire tendre, soit en flétrissant les jeunes pousses, et sans doute en produisant les deux effets à la fois. Dans la région du Sud-Ouest, tout au moins, et nous voyons que le Midi se montre à son tour fort sensible, les applications de sulfure de carbone sont dangereuses au réveil de la végétation, au moment de l'épanouissement des bourgeons.

Nous le savons, des doses considérables ont pu, quelquefois, être déposées sans inconvénient au pied des souches avec des bourgeons de 5 et 6 centimètres de développement; mais la grande pratique condamne sûrement les fortes doses et leur application, au départ de la végétation.

Ces points acquis, on se crut à l'abri de tout accident. Il ne s'agissait plus, pensait-on, que de bien surveiller la manœuvre et d'opérer pendant le sommeil de la plante.

D'autres mécomptes nous attendaient, plus graves, parce qu'ils défient souvent toute prévision.

On se souvient de l'émotion que produisit, au printemps de 1879, la nouvelle d'un désastre survenu, disait-on, dans l'un des premiers vignobles traités au sulfure de carbone, aux environs de Libourne. Vérification faite, l'accident se réduisait à deux mille souches détruites sur cent mille traitées. C'était trop, beaucoup trop; mais le mot de désastre était véritablement excessif.

Les ceps frappés par le sulfure de carbone étaient plantés en terrain argileux, à sous-sol imperméable d'argile et de sable caillouteux cimentés ensemble. On avait sulfuré en toute confiance dans le courant de l'hiver très mouillé de 1878-79. Le sulfure de carbone, tenu captif sous une couche d'eau, n'avait pas pu obéir à sa tendance naturelle, la volatilisation. Il est probable qu'une certaine quantité était entrée en dissolution dans l'eau du sol. Les racines secondaires d'où partent les radicelles, au printemps, avaient ainsi pris un bain prolongé d'eau chargée d'acide sulfo-carbonique; cette macération, dans un liquide nettement corrosif, avait désorganisé des tissus déjà bien préparés par le mal à la décomposition.

Malgré tout, les yeux se gonflèrent au printemps; les bourgeons atteignirent quelques centimètres, puis, tout d'un coup, on les vit blanchir, se flétrir et se dessécher.

Les racines interrogées se montrèrent sèches, sans apparence de pourriture; c'était une sorte de momification : elles étaient évidemment inaptes à l'émission de nouvelles radicelles.

Quant à la première végétation extérieure se produisant dans les conditions normales, puis s'arrêtant tout d'un coup, elle s'explique aisément : elle s'était faite uniquement au moyen de la réserve accumulée dans la charpente extérieure de la plante, comme nous voyons de simples boutures, sans racine, pousser des feuilles. La réserve épuisée, et n'étant pas renouvelée par le jeu des organes souterrains hors d'état de fonctionner, la végétation disparut, sans retour pour le plus grand nombre des souches. Quelques-unes, cependant, repartirent dans le vieux bois dans le courant de l'été. Cette sorte de résurrection s'expliqua, en interrogeant leur appareil radiculaire. Toutes les souches qui avaient succombé définitivement avaient leurs racines mortes de l'extrémité à la base, près du collet. Le bain sulfo-carbonique, au contraire, chez les ceps qui reprirent vie, n'avait intéressé les racines qu'à une certaine distance du pivot. Sur cette base, vivante encore, du chevelu prit naissance, et la végétation se montra à nouveau.

Tel est bien aussi, dans sa ligne générale, l'aspect des accidents qui se sont produits en si grand nombre cette année aux environs de Béziers. Là, comme à Pomerol, on a sulfuré, sans y regarder, dans des terres fortement argileuses, complètement imbibées par les eaux pluviales, à sous-sol imperméable, dans celles qui forment cuvette, où les eaux sont stagnantes, partout où le sol ne se ressuie que difficilement. L'entrain était d'autant plus grand que le pal entrait tout seul, sans le moindre effort.

Au départ de la végétation, mêmes phénomènes qu'à Libourne en 1879; épanouissement des bourgeons, élongation des jeunes pousses jusqu'à 5, 10 ou 15 centimètres, puis flétrissure et dessèchement comme à la suite d'une gelée. — Heureusement, sur un grand nombre de points, la mort n'était qu'apparente, et les vignes y sont reparties avec vigueur; quelques-unes ont même porté du fruit.

A Château-Lafite, avec une physionomie un peu différente, nous retrouvons les mêmes faits. Dans les pièces de Prévot et de la Fosse traitées en octobre 1880, à raison de 16 et 20 grammes par mètre carré (160 à 200 kilogrammes par hectare), la végétation partit uniformément au printemps de 1881; puis, un beau jour, toutes les pousses se desséchèrent à la fois. Les deux pièces étaient foudroyées sur le plus grand nombre des souches. Le 31 août, au moment de notre visite, l'aspect est fort triste. Les vignes en *Cabernet sauvignon* sont assises sur graves à sous-sol, tantôt sablonneux profond, tantôt mélangé d'argile et de sable compacts mélangés. Partout où les souches ont souffert, le sous-sol se montre formé par ce mélange d'argile et de sable ferrugineux qui ondule par veines; là où l'accident ne s'est pas produit, nous trouvons un sous-sol sablonneux. Il paraît exister une relation certaine entre la nature du sous-sol et le mode d'action du sulfure.

Ces constatations nous amènent à penser que le Médoc à sous-sol si variable, dans la région des grands vins de Blanquefort à Pauillac, ne doit pas adopter le sulfure de carbone d'une manière suivie.

Tant que le mode de distribution du sulfure de carbone sera assujetti à l'emploi de la forme liquide, nous croyons fermement que notre plus beau vignoble de la Gironde fera sagement de se tourner vers le sulfo-carbonate.

Il ne faudrait pourtant pas se persuader que le sulfo-carbonate de potassium reste absolument inoffensif en tout temps et à toute dose.

Sous l'influence de doses culturales simples, la Société nationale a vu se produire cette année, en juin, quelques accidents de flétrissure des feuilles, vite réparées, mais qui montrent que, malgré tout, on doit agir avec circonspection, même en employant le sulfo-carbonate. A haute dose, 110 grammes par pied, nous avons constaté un affaiblissement très notable de souches passablement vigoureuses avant l'application du sulfo-carbonate. Ceci s'est passé dans le plantier dit Aramon des Lorges, près Béziers.

Nous en aurions fini avec le sulfure de carbone et le sulfo-carbonate de potassium, si nous n'avions pas à dire quelques mots d'un mode de traitement qui jouit d'une certaine faveur auprès de certains propriétaires. Dans le but d'utiliser les qualités propres à chacun des insecticides, on a imaginé de déposer au pied des souches dans de petites cuvettes une demi-dose de sulfo-carbonate de potassium, 20, 30 ou 40 grammes, suivant la force des sujets, avec 8 ou 10 litres d'eau au plus, qui servent en outre à dissoudre les engrais ajoutés. La radiation de l'effet insecticide du sulfo-carbonate n'étant guère sensible dans le terrain qui se trouve en dehors de la cuvette ou de son prolongement en terre, on pratique des injections de sulfure de carbone, qui cette fois reste sans danger, d'abord parce qu'elles sont faibles, et en outre à cause de leur éloignement du pivot des souches. Les deux actions insecticides se rejoignent.

Cette méthode, dite de traitement mixte, paraît rationnelle. Elle demanderait toutefois, pour être recommandée, une base d'expérimentation plus large.

On en voit une heureuse application chez M. Mauberna, à Vauvert (Gard).

Nous préfèrerions de beaucoup cette manière d'opérer à celle qui consiste à traiter d'abord tout le terrain par le sulfure de carbone et à réitérer quinze ou vingt jours après, avec du sulfo-carbonate.

Le Médoc nous paraît tout naturellement indiqué pour essayer, d'abord sur de petites surfaces, l'alliance des deux insecticides : elle y peut devenir féconde.

Le titre même de Commission des sulfo-carbonates semble indiquer que nous devions nous occuper des sulfures, autres que celui de potassium, qui par leur combinaison avec le sulfure de carbone constituent les sulfo-carbonates solubles. En dehors du sulfo-carbonate de potassium, trois seulement ont été proposés : le sulfo-carbonate de sodium, et ceux de baryum et de calcium.

Le sel de sodium possède, assurément, les mêmes propriétés insecticides que le sel de potasse correspondant; mais il a été vite abandonné, parce que la soude, résultant de sa décomposition par l'acide carbonique du sol, est inutile, sinon nuisible, à la vigne. Il est plus logique, en effet, de s'adresser à un sel apportant de lui-même la potasse, dont nous connaissons bien aujourd'hui le rôle important dans l'organisation des moyens de défense.

Pour ce même motif, le sulfo-carbonate de baryum est complètement tombé dans l'oubli; et c'est justice, car le baryte peut, à certains états solubles, devenir un poison très redoutable pour la plante elle-même.

On sait que la vigne exporte annuellement une quantité importante de chaux par les sarments, les feuilles et le fruit. De là est née la pensée de créer un sulfo-carbonate de calcium qui contient un des éléments constitutifs de la vigne allié au sulfure de carbone. Il faut ajouter à cette considération la cherté moins grande du produit. Tout compte fait, la valeur vénale du sulfo-carbonate de calcium est à peu près égale à celle du sulfo-carbonate de potassium; si le prix en est moitié moindre, le sulfure de carbone ne s'y trouve qu'en faible proportion. Quant à la chaux, on ne saurait la faire entrer en ligne de compte; soit dans la composition naturelle du sol, soit par des appoints, la vigne en a toujours suffisamment à sa portée.

Nous ne savons pas quelle a pu être l'importance des applications du sulfo-carbonate de calcium en grande culture, ni les résultats qu'elles ont donnés. L'aspect des quelques souches traitées à l'Ecole de la Gaillarde laisse planer des doutes sur l'efficacité réelle de ce sel sulfo-carbonique.

Il nous reste enfin à parler de l'un des générateurs du sulfo-carbonate de potasse, le sulfure de potassium. Cet insecticide, appliqué pulvérulent à la dose de 100 grammes au pied de chaque cep, paraît donner des résultats satisfaisants, quand on le combine avec du fumier de ferme. Ses effets, dont on voit un exemple chez M. Fermaud, au Mas de las Sorres, sont cependant inférieurs à ceux du sulfo-carbonate de potasse. Néanmoins, comme son emploi n'exige pas d'eau, il est possible qu'il soit appelé à rendre, dans certains cas, de réels services.

L'année 1875 marqua une étape considérable dans l'histoire naturelle du phylloxera; la lacune la plus importante qui existait dans la chaîne des faits fut comblée. Redire l'enthousiasme que provoqua la découverte des lieux de ponte de l'insecte ailé, de la génération d'individus sexués qui en provient, les uns mâles, les autres femelles, ces dernières fécondées allant déposer l'unique œuf qu'elles portent dans les retraites profondes des écorces en exfoliation, serait difficile en ce moment, où le calme le plus complet a fait place à l'enivrement général. Il semblait cependant bien conforme à la réalité des choses d'admettre que l'aptère aérien, issu de l'œuf d'hiver, était à la fois le principal créateur des colonies nouvelles, et le régénérateur de la fécondité épuisée des aptères souterrains se reproduisant par le seul procédé de la génération agame. Il faut le dire sans hésitation et avec le plus grand regret : l'application des badigeonnages insecticides, qui s'imposait comme une conséquence naturelle de ces belles observations, n'a pas donné, dans la grande pratique, les résultats attendus. En fait, les galles, manifestation de l'œuf d'hiver, sont rares sur les feuilles de la vigne européenne. Les viticulteurs qui ont pris soin de badigeonner leurs souches, ont fini par renoncer à cette opération, en ne voyant jamais de galles, pas plus sur les feuilles des vignes non soumises au traitement destructeur de l'œuf d'hiver, que sur celles qui l'avaient eu, parfois, avec dommage pour la plante. On dit bien que l'insecte qui sort de l'œuf fécond, a la faculté d'option entre la vie aérienne et la vie souterraine; en réalité nul n'a constaté *de visu* le chemin suivi par l'aptère aérien pour gagner les profondeurs du sol.

Pour ce motif, et pour d'autres, l'abandon des badigeonnages insecticides est général.

Nous ne connaissons qu'un exemple où, combinés avec d'autres moyens, il est vrai (le sulfo-carbonatage sur toute la surface du sol), ils paraissent avoir enrayé efficacement une tache naissante. Cet exemple se trouve chez M. le comte de La Vergne, à Morange, près Ludon-Médoc. Nous trouvons là des vignes profondément établies dans des terrains exceptionnellement riches, soumis pendant l'hiver à une immersion souterraine due à leur situation au-dessous des cours d'eau voisins. La préservation du vignoble, déjà contaminé visiblement en 1876 et placé dans le voisinage de vignes attaquées, est évidente. Le peu d'étendue de l'expérience milite en faveur même de la méthode; car nous savons, hélas! que quand le phylloxera s'est établi sur un cep, il a vite envahi toute la vigne. Le phylloxera a été officiellement constaté en 1876 chez M. de La Vergne; cet habile viticulteur l'a nettement empêché de s'étendre, notre visite de la fin d'août a mis le fait hors de doute. Nous nous garderons de déduire une conclusion ferme d'un fait isolé que nous aurions aimé, pour bien des raisons, à retrouver ailleurs.

Nous demandons la permission de terminer ce long exposé par une parole de confiance et d'espoir.

Nous avons énuméré les conditions de la lutte; et on nous rendra, nous l'espérons, cette justice que nous n'avons pas cherché à en atténuer les charges. Le budget des dépenses, notamment, a été établi dans des limites assez larges pour éviter toute surprise.

Mais, nous objectera-t-on peut-être, où est la garantie de l'avenir? Qui oserait affirmer que les vignes rétablies, maintenues par ces gros sacrifices, n'en arriveront pas, et prochainement, à succomber, malgré la persistance des mêmes soins?

L'observation et l'analyse des faits suffisent, croyons-nous, à protéger la permanence des résultats. Oh! si les méthodes qui ont fait leurs preuves, comme l'association des engrais et des insecticides, n'avaient d'autre pouvoir que de maintenir les vignes vigoureuses, on pourrait craindre que ce pouvoir fût simplement provisoire, que, comme avec les engrais purs, aidés par la culture, les vignes n'en finissent bel et bien par périr. Mais les méthodes que nous recommandons ont une bien autre puissance; elles refont des vignes; c'est presque une nouvelle création ; elles les arrachent à la mort ou à la stérilité, pour les ramener dans la pleine vie et dans la production normale. Les maintenir vivantes et productives à ce moment paraît un jeu en comparaison du premier stade de l'effort. A qui peut-il venir la pensée que les vignes restaurées par la submersion succomberont de la submersion elle-même, ou simplement que la submersion, efficace dès la troisième année, de cette efficacité qui se traduit par de la récolte, cessera de soutenir des effets qu'elle aura elle-même produits? En vérité, du moment que les insecticides bien appliqués refont les vignes avec régularité, à coup sûr, dans des conditions bien déterminées aujourd'hui, ils constituent une méthode sûre, au même titre que la submersion; les vignobles régénérés ont devant eux un aussi long avenir.

CONCLUSIONS

Des expériences et des faits ci-dessus rapportés, nous déduisons les conclusions et considérations suivantes :

1° La vigne européenne peut être efficacement défendue contre les attaques du phylloxera au moyen d'applications insecticides de sulfure de carbone et de sulfo-carbonate de potassium.

Par défense de la vigne européenne, nous entendons aussi bien le retour à la production normale dans les vignes affaiblies que le maintien de cette même production dans les vignes encore vigoureuses.

2° Les terrains suffisamment fertiles et profonds se prêtent mieux que tous autres à la reconstitution des vignes attaquées et au maintien des vignes vigoureuses.

Les terres pauvres, calcaires, superficielles, ne répondent plus aux exigences de la vigne phylloxérée, même avec le secours des engrais et des insecticides. Jusqu'à nouvel ordre, l'opération agricole de l'établissement ou de la défense des vignes ne doit pas y être tentée.

La rapidité de la régénération et la facilité de la défense sont en rapport avec le degré de richesse et de profondeur du sol, ou avec la proportion de silice qui entre dans sa composition.

3° L'assistance régulière, au moyen d'engrais, est un complément indispensable des traitements insecticides, même dans les terres fertiles par elles-mêmes.

Les engrais chimiques immédiatement solubles remontent les vignes faibles plus rapidement que le fumier de ferme.

La dose de matières fertilisantes, qui paraît le mieux réussir, correspond par hectare

à 100 kilogrammes au moins de potasse réelle.
  50   —   — d'azote.
  30   —   — d'acide phosphorique.

La supériorité de l'engrais chimique se montre surtout quand on peut dissoudre la quantité afférente à chaque souche dans 6 à 8 litres d'eau.

4° La non-adjonction des engrais aux applications insecticides, au moins en première année sur toute la surface du vignoble phylloxéré, et en deuxième et troisième année sur les points restés faibles, a pour conséquence l'absence de végétation suffisante et de retour à la production.

5° Les façons culturales doivent être plus fréquentes que par le passé, au moins pendant la période de régénération, qui dure en moyenne trois ans pour les vignes fortement attaquées.

6° Toutes choses égales d'ailleurs, nature de sol et soins donnés, les vignes jeunes et d'âge moyen se régénèrent plus rapidement et plus complètement que les ceps vieux, sous l'influence des insecticides et des engrais combinés.

Il est impossible d'établir avec netteté les différences de résistance propre que pourraient présenter les diverses variétés de cépages indigènes.

7° Pour rester sans danger pour la végétation, le sulfure de carbone et le sulfo-carbonate de potassium ne doivent être employés qu'à dose culturale, c'est-à-dire à raison de 150 à 250 kilogrammes au plus par hectare pour le premier, et de 600 kilogrammes au plus pour le second.

Dans l'état d'envahissement général du vignoble français, les traitements, dits d'extinction, pour la préservation d'une région ou d'un domaine, sont presque toujours mortels à la plante et n'empêchent pas la propagation du fléau.

8° A dose culturale, le sulfure de carbone et le sulfo-carbonate de potassium épargnent toujours un certain nombre d'insectes, dont la pullulation sur les racines apparaît avec intensité dans les mois de juillet, d'août ou de septembre, suivant le degré de perfection du traitement et l'état de vigueur des souches.

9° Le traitement insecticide doit être répété tous les ans, sous peine de perdre par une suspension le bénéfice des traitements antérieurs.

10° Les traitements culturaux en fin de saison, à l'époque dite de réinvasion, soit par le sulfure de carbone, soit par le sulfo-carbonate de potassium, ne donnent que des résultats insecticides médiocres, sans rapport avec la dépense et avec les difficultés générales d'exécution.

La meilleure époque d'application va du commencement de novembre à la fin du mois de mars.

11° Les traitements culturaux mixtes, avec moitié dose de sulfo-carbonate et d'eau dans de petites cuvettes, et moitié dose de sulfure de carbone dans les autres parties du terrain, loin du pivot des souches, paraissent donner de très bons résultats quand toutes les autres conditions, sol, engrais, culture, âge de la vigne, se trouvent d'ailleurs remplies.

Ils demandent à être essayés plus largement.

12° Même à dose culturale, le sulfure de carbone, tel qu'il est employé aujourd'hui par injection à l'état liquide, détermine quelquefois des accidents sur la végétation.

Ces accidents paraissent avoir pour cause :

A. Le fonctionnement irrégulier des instruments distributeurs par exagération des doses;

B. L'emploi du sulfure de carbone pendant une période de forte humidité dans un terrain détrempé à *sous-sol imperméable;*

C. Une imbibition excessive par les eaux pluviales des terrains fortement argileux, pendant la période des applications ou immédiatement après, ce qui amène les mêmes effets que dans les cas d'imperméabilité du sous-sol.

13° Dans les terrains légers, perméables, à sous-sol de grave ou de calcaire qui s'égouttent facilement, le sulfure de carbone ne détermine pas d'accidents, même dans la période des pluies, si ce n'est sur les souches extrêmement affaiblies, qui succombent généralement en toute saison et en toute nature de terrain et de traitement.

14° A dose culturale, le sulfo-carbonate de potassium, quelle que soit la nature des terrains et du sous-sol, ne détermine pas d'accidents foudroyants, si ce n'est sur des souches extrêmement affaiblies, qui seraient sans doute mortes d'elles-mêmes au bout de peu de temps.

Toutefois les applications dites de régénération, à la dose de 100 à 120 grammes par souche, bien qu'appartenant à la dose culturale, paraissent devoir être évitées en mai ou juin, suivant l'état plus ou moins avancé de la végétation.

15° Tant en vertu de sa composition propre qu'à cause de l'obligation d'employer des masses d'eau qui dissolvent les engrais auxiliaires du traitement sous la forme la plus rapidement assimilable, le sulfo-carbonate de potassium, dans la majorité des cas, restaure plus rapidement et plus complètement les vignes que le sulfure de carbone.

16° Cette supériorité, au double point de vue de l'innocuité et d'une régularité plus grande dans le retour à la fructification, doit faire préférer le sulfo-carbonate partout où il peut être employé.

17° La dépense annuelle du traitement insecticide cultural au sulfure de carbone oscille actuellement entre 130 et 170 fr. par hectare, soit en moyenne et en nombre rond 150 fr.

18° La dépense annuelle du traitement insecticide au sulfo-carbonate de potassium, au moyen des appareils mécaniques de MM. Hembert et Mouillefert, est de 350 à 600 fr. suivant les cas. On peut adopter le chiffre de 500 fr. comme base de calcul pour la première année et celui de 400 fr. pour les années suivantes.

19° La dépense en engrais en première année de traitement régénérateur peut être évaluée avec le sulfure de carbone à 300 fr. par hectare.

Cette première fumure devra être suivie, sans désignation de terme fixe, par des fumures appropriées dont le prix de revient ne saurait être inférieur à 150 fr. par hectare et par an.

20° La dépense en engrais en première année de traitement régénérateur peut être évaluée avec le sulfo-carbonate de potassium à 200 fr. par hectare.

Cette première fumure devra être suivie, sans désignation de terme fixe, par des fumures appropriées dont le prix de revient ne saurait être inférieur à 100 fr. par hectare et par an.

21° En moyenne générale, l'association inséparable des insecticides et des engrais coûtera par hectare :

En première année :

Pour le sulfure de carbone................ 450 fr.
Pour le sulfo-carbonate de potassium 700

En années suivantes :

Pour le sulfure de carbone................ 300
Pour le sulfo-carbonate de potassium 500

22° Ces dépenses sont comptées au plus haut prix, et constitueraient un traitement complet de nature à assurer le succès. Elles seront notablement moins élevées dans beaucoup de cas, surtout quand les applications se feront au début de l'invasion phylloxérique.

23° En dehors des insecticides précédents, le sulfure de potassium paraît donner des résultats favorables.

Il serait bon qu'on en fît une étude plus complète.

24° En l'absence de notions certaines sur le chemin suivi par les insectes, créateurs de colonies nouvelles, ou régénérateurs de la fécondité épuisée des aptères souterrains, les badigeonnages insecticides sur la souche ne peuvent pas être recommandés comme un moyen sûrement efficace de protection des vignes saines ou de diminution de la pullulation sur les racines. Cependant cette pratique paraît être un adjuvant utile des traitements.

Des études complètes et plus démonstratives restent à faire.

25° Aucun fait démontré, aucune vue de l'esprit, n'autorisent à prévoir la chute à bref ou long délai de vignes rétablies ou maintenues dans les conditions ci-dessus énoncées, et auxquelles les mêmes soins seraient continués.

Les Membres de la Commission :

Dʳ PLUMEAU, *Président;*
GAYON,
RÉGIS,
RICHIER,
Pᴀᴜʟ PRINCETEAU,
FALIÈRES, *Rapporteur.*

RAPPORT

SUR

LA SUBMERSION

au nom d'une Commission

Composée de MM. PLUMEAU, *Président;* GAYON, RÉGIS, RICHIER, Paul PRINCETEAU
et FALIÈRES, *Rapporteur.*

Il ne saurait entrer dans notre dessein de faire une description avec menus détails du procédé de la submersion. Le vaillant viticulteur qui le premier a indiqué et appliqué cette méthode pour la guérison des vignes, est lui-même l'auteur d'un traité dans lequel il a déposé tous les renseignements propres à diriger utilement tous les propriétaires dont les terrains sont accessibles à l'eau. Il semble que depuis dix ans il n'ait été rien ajouté de véritablement important aux règles si précises, formulées à l'origine par M. Faucon. En se multipliant, en prenant l'autorité du temps, les faits sont venus confirmer constamment les préceptes de la première heure.

Si la Commission dépose un rapport, c'est moins pour y accumuler des preuves de l'efficacité du procédé, qui, fort heureusement, ne sont plus à faire, que pour aborder certains côtés spéciaux de la question.

Ces points de pratique ne sont pas tous nouveaux, si tant est qu'aucun le soit; mais ils ont éveillé l'attention des propriétaires qui mettent de l'eau dans leurs vignes. A ce titre nous devions les étudier plus particulièrement.

Le procédé de la submersion est efficace, on n'en peut plus douter. Il est le seul qui jusqu'ici ait fourni partout des résultats absolument certains, ne donnant aucune prise à la critique. Dans les contrées où la submersion est pratiquée, on ne rencontre plus de viticulteurs qui en contestent la valeur, au moins parmi ceux qui se sont donnés la peine d'étudier et de suivre la question.

M. Faucon définit ainsi lui-même son procédé :

« Emploi de l'eau à grandes doses, sous forme de véritables » inondations, pour faire périr l'insecte par noyade et asphyxie. »

Pour produire tout son effet, la submersion doit être complète pendant quarante-cinq jours. Elle ne peut être commencée qu'en novembre, et toute opération doit être terminée dans les premiers jours de mars. Tout le terrain planté en vignes doit être recouvert d'une couche d'eau de 20 centimètres au moins, et cela sans aucune interruption pendant la période indiquée. La réussite de l'opération est intimement liée à la privation de tout moyen de communication entre l'air extérieur et le phylloxera : il faut que la submersion soit complète, générale et continue.

Les terrains à submerger doivent être entourés d'une ceinture continue de digues, et les ruisseaux ou canaux qui les traversent fermés par des écluses. Suivant que le terrain est plus ou moins en pente ou nivelé, il devient indispensable de diviser les propriétés en bassins étagés et indépendants. L'étendue à adopter pour les bassins, tout comme la hauteur et la largeur des digues principales et des digues secondaires ou bourrelets, varieront avec la disposition de la propriété et la plus ou moins grande déclivité du sol.

En dehors des terrains qui bordent les grandes rivières, ou des canaux servant à la navigation ou à l'irrigation, il n'en est pas, pour ainsi dire, qui puissent être submergés dans des conditions pratiques. Ainsi, les petits cours d'eau ne peuvent pas servir à la submersion. Les vallées secondaires sont en général très étroites, les vignes ne s'étendent pas d'ordinaire le long des ruisseaux; elles sont plantées sur les coteaux ou sur les plateaux qui dominent les petits cours d'eau. Presque toujours les pentes sont trop fortes pour qu'on puisse établir des réservoirs destinés à retenir les eaux dans les côtes; ce n'est donc qu'au prix de dépenses excessives qu'on ferait arriver l'eau sur les hauteurs.

Ces situations étant éliminées, on ne peut songer à inonder systématiquement que les plaines qui bordent les grands cours d'eau, fleuves, rivières ou canaux.

Les grandes rivières n'ayant généralement que des pentes très faibles, on ne peut pas espérer amener les eaux par leurs pentes naturelles au moyen de canaux qui devraient être d'une très grande longueur et qui en tout cas seraient d'une exécution très lente. L'avenir nous réserve sans doute la création de ces grands canaux d'irrigation qui permettront un jour aux riverains d'inonder leurs vignes presque sans frais et sans autre installation que celle de digues de ceinture.

En attendant, il est beaucoup plus naturel et d'un effet immédiat de faire emploi de machines élévatoires fonctionnant à l'aide de locomobiles, pour les exploitations d'une certaine importance.

Nous n'avons pas à entrer dans la description des machines propres à amener l'eau dans les vignes. Ce rôle appartient à la Commission de l'Exposition.

Partout où nous nous sommes transportés pour visiter des vignes soumises au traitement de la submersion, nous avons constaté les mêmes faits. L'uniformité dans les résultats, toujours excellents, ne se dément pas un seul instant, et c'est le meilleur éloge que l'on puisse faire du procédé : il réussit toujours chez MM. Beylot, de Meynot, Paul Princeteau, Bayle, Chenu, Lawton, Guestier, Beyssac, Léglise, de Lébardie, Guignard et tant d'autres. Nous voyons ou nous apprenons qu'en première année, il n'y a guère de résultats apparents à l'extérieur, dans les foyers. Les pieds phylloxérés conservent leurs feuilles plus longtemps vertes que l'année précédente; mais ils n'allongent pas plus leurs pousses que les pieds phylloxérés des parcelles voisines non soumises à la submersion. Par contre, si l'on interroge les racines, on constate de grandes différences. On voit les premiers, débarrassés du phylloxera, émettre un chevelu plus ou moins abondant, suivant l'état de conservation du système radiculaire, tandis que les seconds, abondamment pourvus d'insectes, ont leur appareil souterrain de plus en plus désorganisé.

A la deuxième année de submersion, les ceps malades fournissent des pousses plus vigoureuses et portent du fruit qui arrive à parfaite maturité.

Après la troisième submersion, la restauration est complète : les taches ont disparu et il n'est pas rare de rencontrer des sarments de deux ou trois mètres de long sur des ceps qui n'avaient que des pousses de dix à quinze centimètres au début du traitement. D'ailleurs, même sur les vignes submergées sans interruption depuis plusieurs années, on retrouve toujours l'insecte dès le mois de juillet, août ou septembre.

En présence de la vigueur si remarquable des vignes submergées plusieurs années de suite, quelques propriétaires, contrairement à l'opinion constamment soutenue par M. Faucon, pensèrent qu'on pouvait sans inconvénient suspendre de temps en temps le traitement ou réduire la durée de la submersion à vingt jours seulement. L'expérience démontre que la suspension est une pratique mauvaise.

« Après le sixième traitement, dit M. de Meynot, j'ai interrompu » une année ; tous les foyers ont reparu. »

M. le comte de Vassal, que nous avions prié de nous donner par écrit son opinion, nous adresse les renseignements suivants :

« En janvier 1880, je faisais ma quatrième submersion sur des » vignes complètement rétablies. J'étais bien convaincu que je » pourrais me contenter d'une vingtaine de jours. Ma machine » s'étant dérangée, le mécanicien déclara qu'il fallait huit ou dix » jours pour la réparer. Je résolus d'arrêter complètement l'opéra- » tion, et de me borner à garder l'eau le plus longtemps possible. — » Les plus hauts sommets furent découverts deux ou trois jours » après l'arrêt de la machine, puis progressivement les parties » moins élevées, et enfin les parties basses conservèrent l'eau une » vingtaine de jours.

» Dans le courant de l'été, je ne vis rien d'extraordinaire, mes » vignes étaient splendides de végétation.

» Cependant en septembre et surtout en novembre, je fus étonné » de l'énorme quantité de pucerons qui garnissaient les racines, » surtout dans les vignes de sommet, là où l'eau était peu restée. » Effrayé de cette invasion, j'ai fait en 1881 une magnifique sub- » mersion de près de cinquante jours. Malgré cela, l'état de mes » vignes a été un peu languissant pendant l'été, et cet état maladif » est en raison du plus ou moins d'eau, et du plus ou moins de » temps que l'eau est restée sur les vignes.

» Aujourd'hui, fin septembre, mes vignes ont repris leur aspect » normal, sauf les sommets qui ne baignent qu'imparfaitement et » que je me dispose à baisser.

» Ma conviction bien assise désormais est que nous sommes dans » l'obligation de submerger nos vignes tous les ans et pendant au » moins quarante-cinq jours. »

Sur trois hectares, inondés pendant cinq ans de suite, M. Élie Beylot a voulu interrompre en 1879-80. Dans le courant de l'année 1880, l'absence de traitement ne s'accusa d'aucune manière; mais en 1881, même après une submersion pratiquée dans le courant de l'hiver dernier, nous avons pu constater de nos yeux une dépression énorme sur ces trois hectares, par rapport aux autres parties du domaine soumises sans interruption à la submersion.

Ces faits, que nous pourrions multiplier, permettent d'ériger en règle certaine la nécessité des traitements annuels.

Au cours de nos visites dans les vignes inondées de notre région, nous avons entendu formuler des plaintes sur le peu de production du fruit de certains cépages, tels que le *Malbec*, depuis l'application du procédé de la submersion au traitement des vignes phylloxérées. Ces plaintes ont un caractère assez général pour en tenir compte. Nous devons nous borner à constater le fait, sans rechercher les causes qui pourraient l'expliquer; il nous a semblé, en effet, que les cépages à bois tendre se répandaient trop abondamment en sarments et en feuillage, aux dépens du fruit. Nous croyons que dans les vignobles où dominent ces cépages on devrait essayer de l'apport de potasse et d'acide phosphorique.

Les cépages à bois dur, notamment les *Verdot*, *Mansin* et *Cabernet sauvignon*, quoique très vigoureux et à sarments gros de base, nous ont paru partout s'accommoder parfaitement du bain prolongé de la submersion, et n'en pas être affectés sensiblement quant à la production.

Les éléments de certitude absolue, les travaux d'analyse scientifique, manquent pour apprécier la valeur respective des eaux limpides ou des eaux limoneuses. En d'autres termes, les eaux limpides, comme le sont généralement celles des puits artésiens, des sources, de certaines rivières peuvent-elles dispenser, pendant longtemps au moins, les vignes submergées de l'apport de matières fertilisantes? L'opération qui consiste à se contenter du colmatage résultant de l'emploi des eaux limoneuses assurera-t-elle indéfiniment à la vigne le renouvellement des matériaux qu'elle exporte par le bois, les feuilles et le fruit? Il n'est point étonnant que semblable question, qui ne serait ni rapide ni facile à résoudre, n'ait pas été encore abordée de front. Son étude, qui aurait des conséquences pratiques précieuses, est faite pour tenter bien des aptitudes, et devra un jour être menée à bonne fin.

Quelques-uns soutiennent que dans l'acte de la submersion il n'y a pas seulement asphyxie de l'insecte, mais encore dissolution par l'eau, si pure qu'elle soit, des principes fertilisants latents dans les terres, lesquels ne seraient passés que beaucoup plus tard à l'état assimilable, si l'eau à haute dose et à forte pression n'était pas intervenue pour les rendre immédiatement disponibles. C'est là une théorie qui peut servir à expliquer l'abstention au moins provisoire en matière d'engrais, mais nous aimerions à la voir confirmée par les expériences directes sur les terrains.

M. Faucon, à l'autorité duquel il faut toujours revenir, ne semble pas compter sur l'augmentation de fertilité des terres par l'eau, puisqu'il ne manque pas d'assister ses vignes avec 300 fr. d'engrais par hectare et par an.

Sur le Rhône, M. Espitalier, qui n'a pas non plus des eaux bien chargées, fume tous les trois ans avec 40,000 kilogrammes de fumier, et de temps en temps il met du guano, du sulfate de potasse, des cendres, etc. Ces agriculteurs, qui comptent parmi les plus habiles, se trouvent bien d'employer des engrais avec des eaux peu riches. Jusqu'à plus ample information il nous paraîtrait sage d'imiter leur exemple.

Certes, nous croyons à la valeur des dépôts que les eaux de la Garonne et de la Dordogne près de Bordeaux et de Libourne, et en aval, accumulent sur les vignes. On peut cependant reprocher à ces dépôts de ne guère fournir de potasse et d'acide phosphorique. Il nous paraît logique de chercher, dans des essais variés, à provoquer un accroissement de la récolte par une fumure annuelle de 200 kilogrammes par exemple de chlorure de potassium et de 200 à 300 kilogrammes de superphosphate de chaux.

Nous n'avons pas besoin de dire, en terminant, combien nous souhaitons de plus en plus une entente commune de l'action administrative et de l'initiative privée pour arriver à étendre à un très grand nombre de vignes les bienfaits d'une méthode sûre de guérison et de préservation.

CONCLUSIONS

1° Pratiquée dans des conditions parfaitement déterminées d'époque (de novembre à mars), de durée, de continuité de la couche d'eau à maintenir au-dessus du sol, la submersion constitue un moyen sûr de conservation et de restauration des vignes.

2° La submersion doit être renouvelée tous les ans.

3° Dans la région du Sud-Ouest, tout au moins, la submersion paraît pousser trop vigoureusement à la végétation, bois et feuilles, les cépages à bois tendre, tel que le *Malbec,* et par suite, favoriser la coulure au moment de la floraison. Par contre, les cépages à bois dur, tels que *Mansin, Verdot* et *Cabernet,* fournissent des récoltes plus régulières.

4° Quand la submersion est faite avec des eaux limpides, il paraît utile de fumer périodiquement les vignes.

5º Quand la submersion est faite avec des eaux chargées de matières limoneuses, comme les eaux des grandes rivières soumises au retour périodique de la marée, le colmatage qui en résulte semble suffire à maintenir les vignes dans un état de végétation convenable.

Toutefois, il serait peut-être bon, pour pousser à la fructification, de faire un épandage annuel et par hectare de 100 kilogrammes de potasse réelle et de 40 kilogrammes d'acide phosphorique.

6º Rien n'est plus désirable que l'adoption des mesures générales propres à assurer les bienfaits de cette méthode à un grand nombre de vignes.

Les Membres de la Commission :

Dr PLUMEAU, *Président;*
GAYON,
RÉGIS,
RICHIER,
Paul PRINCETEAU,
FALIÈRES, *Rapporteur.*

RAPPORT

DE LA

COMMISSION DES VIGNES AMÉRICAINES

ET DES SABLES

Au nom d'une Commission composée de MM. Lespiault, *Président;* Piola, *Vice-Président;* J. Daurel, Escarpit, Millardet, P. Skawinski, Froidefond, Delbruck, Ladonne, et L. Gachassin-Lafite, *Secrétaire, Rapporteur.*

C'est en 1869, au Congrès de Beaune, que pour la première fois fut signalée par M. Laliman la précieuse faculté que révélaient certaines vignes américaines plantées dans son domaine de La Tourate, à La Souys, de ne point succomber aux attaques du phylloxera, alors que les vignes françaises ne pouvaient y résister. Cette indication passa alors à peu près inaperçue; on était bien loin d'en apprécier toute l'importance. Le fléau n'avait pas encore toute l'intensité qu'il devait prendre plus tard; on espérait aussi le conjurer par d'autres moyens. On était loin d'admettre à ce moment que les faits signalés par M. Laliman auraient pour conséquence de substituer presque partout la culture de la vigne américaine à celle de la vigne française. Comment admettre alors la possibilité d'une telle éventualité ? Et pourtant aujourd'hui, les plus sinistres prévisions sont presque réalisées, le vignoble français est sérieusement menacé de disparaître!

Ce n'est que dans le printemps de 1873 seulement que les premières plantations de vignes américaines furent faites en grand, dans le département de l'Hérault, par des propriétaires doués d'une intelligente initiative. Le succès fut loin de répondre à l'attente. Cependant, à partir de 1874, après le voyage officiel de M. Planchon en Amérique, les vignes américaines commencent à occuper l'attention du monde viticole. On peut dire que ce n'est qu'à partir de ce moment que leur expérimentation a été sérieusement conduite.

Il n'était pas inutile de fixer ces diverses dates pour bien apprécier les résultats obtenus jusqu'à ce jour. Sept années! n'est-ce pas un laps de temps bien court pour une étude si complexe? et pourtant on peut dire que, si la question n'est pas complètement résolue, du moins elle est suffisamment élucidée aujourd'hui pour être entrée dans la pratique agricole.

Le rapprochement de ces dernières dates suffit pour répondre aux injustes critiques souvent adressées par des personnes qui, animées d'une impatience bien naturelle sans doute, mais peut-être excessive, demandent qu'on leur montre les produits obtenus par la culture américaine.

Eh bien! ces produits existent!

Nous avons pu constater dans l'Hérault, le Gard et le Var, le retour aux productions d'autrefois. Nous avons vu des vignes américaines greffées en *Aramon, Carignane,* ou plantées en producteurs directs, *Jacquez, Herbemont,* qui permettront de faire, cette année, d'aussi riches vendanges que dans les meilleurs jours. De nombreux propriétaires ont en effet résolûment entrepris la reconstitution de leur vignoble, et, pendant que le phylloxera poursuit son œuvre de dévastation, desséchant tout sur son passage, on voit, grâce à la culture américaine, apparaître des oasis de végétation, tous les ans plus nombreuses, sur lesquelles l'œil se repose agréablement au milieu des campagnes désolées.

Les plantations américaines sont déjà si nombreuses, qu'il eût été impossible à votre Commission de les visiter toutes; force lui a été d'en négliger un grand nombre. Elle ne l'a fait qu'à regret, car parmi celles qu'elle n'a pu voir, figurent des exploitations célèbres dirigées par des viticulteurs dont les travaux considérables lui auraient fourni une riche moisson de précieux renseignements. Nous nous sommes attachés à visiter le plus grand nombre possible d'exploitations. Le travail de la Commission présentera sans doute des lacunes que ne manqueront pas de combler, nous l'espérons, les communications faites au Congrès par les viticulteurs que nous avons été contraints de négliger. Tout en exprimant le regret de n'avoir pu voir tout le monde, c'est pour nous un devoir de remercier les nombreux propriétaires que nous avons visités, de l'accueil empressé qu'ils ont bien voulu nous faire. Ils nous ont fait les honneurs de leurs domaines et nous ont prodigué avec une exquise courtoisie les trésors de leur science profonde et de leurs grandes connaissances pratiques. Nos remerciements s'adressent plus particulièrement encore à MM. Jules Leenhardt, de Montpellier, et Léonce Guiraud, de Nîmes, qui ont bien voulu nous guider et nous accompagner dans nos excursions de l'Hérault et du Gard.

Grâce à leur précieux concours, les faits que nous avons constatés sont cependant assez nombreux pour que sans témérité nous puissions en tirer des conséquences pratiques. Nous avons cherché à voir le plus et le mieux possible, préoccupés de ne rien dire que nous n'ayons personnellement vérifié; si quelque erreur a été commise par mégarde, du moins avons-nous la prétention d'avoir fait une œuvre de bonne foi.

Nous ne nous sommes pas bornés à examiner les cultures de la Gironde et du Sud-Ouest, qui commencent cependant à être en assez grand nombre; nous avons tenu aussi à visiter les exploitations de l'Hérault, du Gard et du Var, qui sont les plus anciennes, les plus vastes et les plus nombreuses. La région méridionale, plus tôt atteinte par le fléau phylloxérique, est aussi naturellement la première qui ait fait des efforts pour se défendre.

La Gironde et le Sud-Ouest, sans posséder encore d'aussi vastes surfaces cultivées que le Midi, nous a présenté cependant de nombreux exemples qui fourniront à notre région des renseignements peut-être plus utiles encore.

Dans la culture des vignes américaines, en effet, plus peut-être que dans la culture des vignes françaises, il faut tenir grand compte de l'influence du milieu. La région du Sud-Ouest présente, au point de vue de la nature du sol, de la température, de l'état hygro-métrique de l'air, etc., des conditions bien différentes de celles de la région méditerranéenne. Ne pas tenir un compte suffisant de ces différences serait s'exposer à des échecs certains. C'est ainsi qu'on peut expliquer divers insuccès qui sont venus discréditer les vignes américaines et donner des fondements aux attaques dont elles ont été l'objet. Les résultats obtenus dans le Midi peuvent nous fournir d'utiles leçons, à condition de ne pas imiter servilement les exemples et de ne s'en servir qu'à titre d'utiles renseignements.

C'est sous le bénéfice de ces observations que nous allons exposer rapidement les constatations par nous faites dans le Midi, nous attachant plus spécialement à tirer des conséquences de nos visites dans la Gironde.

La Commission a successivement visité les diverses exploitations ci-dessous indiquées, avec les diverses observations qu'elles ont motivées. Cette énumération, relatant les faits constatés, paraîtra peut-être un peu longue ; mais, outre qu'elle pourra fournir d'utiles renseignements à ceux qui ne sont pas encore suffisamment initiés, elle était indispensable pour donner quelque autorité aux conclusions de la Commission. Plus nombreux sont les faits observés, et plus certaines sont les conséquences qu'on en tire.

I. — École d'agriculture de Montpellier.

Les cultures de cette école, si habilement dirigée par M. Saintpierre, fournissent des exemples très instructifs qui font désirer qu'un centre agricole aussi important que le Bordelais soit enfin pourvu d'une institution similaire destinée à rendre, surtout dans la crise actuelle, de signalés services.

Des *Jacquez* et des *Herbemont* plantés en boutures racinées pendant le printemps de 1877, dans un terrain argilo-calcaire, à la place d'une vigne française détruite par le phylloxera, sont très beaux et présentent une fructification abondante. Sur une souche moyenne de *Jacquez* nous avons compté jusqu'à 43 grappes. En fouillant le sol, on trouve sur les racines quelques lésions, mais le phylloxera est peu abondant et tend à disparaître, nous a dit M. Saintpierre.

Il est juste de dire que l'*Herbemont* paraît moins vigoureux que le *Jacquez*. Quoiqu'il ait des grappes en abondance, son feuillage est jaunissant. Il paraît avoir un peu souffert de l'extrême sécheresse de l'année.

Les *Black-July* plantés en 1877 et 1878 présentent une très belle végétation. Ils résistent très bien au phylloxera. Le fruit n'a aucun goût foxé, la maturité est moyenne ; la fructification n'est pas très abondante.

Le *Cunningham* est aussi vigoureux, mais sa maturité est tardive.

Le *Rulander*, planté dans les mêmes conditions et à la même époque que le *Black-July*, paraît chanceler. Son fruit est excellent et mûrit bien, il fournit un vin supérieur.

Les *Elvira* et les *Noah*, cépages blancs, plantés en bouture, sont à leur troisième feuille. Ils résistent très bien au phylloxera. Le raisin, très abondant, donne, à la dégustation, un goût légèrement foxé.

Parmi les hybrides noirs, la Commission a plus spécialement remarqué le *Canada* et l'*Othello*. Trois ceps de *Canada* âgés de six ans ont donné 18 kilog. de raisins. Le fruit du *Canada* ne présente aucun dégoût; sa maturité est précoce. Il pourrait être très avantageusement essayé dans la Gironde.

L'*Othello* est aussi très beau et très fructifère, mais son raisin est légèrement foxé.

Les porte-greffes les plus remarquables sont diverses variétés de *Riparia* et le *York's-Madeira*. Ce dernier, chétif les deux premières années, prend à la troisième un beau développement.

Il serait impossible de parler des innombrables variétés expérimentées, force est de n'indiquer que les principales.

M. Saintpierre a fait déguster les produits obtenus sur le *Jacquez*, l'*Herbemont*, qui ont été trouvés bons et droits de goût.

II. — Domaine du Chalet, à Montpellier, à M. Ernest LEENHARDT.

Le domaine comprend 25 hectares entièrement plantés en vignes américaines : *Jacquez, Herbemont, Riparia, Taylor, Clinton* et *Solonis*. Les *Jacquez* et *Herbemont* sont très prospères. Après quelques années d'essai entre les divers porte-greffes, la préférence est donnée aux *Riparia;* les greffes faites sur ce cépage sont, à âge égal, bien plus vigoureuses que celles portées par des *Clinton* et même des *Solonis*. Les greffes âgées d'un à trois ans ont parfaitement réussi dans la proportion de 80 à 95 0/0. La greffe est faite en place sur sujets d'un à deux ans, suivant la méthode anglaise et aussi en fente pleine. La soudure est très bien opérée dès la première année. Cependant la greffe en fente pleine, plus simple que la greffe anglaise, paraît réussir mieux et semble devoir être préférée.

III. — Domaine de M. Planchon, à Montpellier.

C'est dans ce domaine où le sol est loin d'être bon, que M. Planchon, dont les remarquables travaux ont rendu de si grands services à la viticulture, a poursuivi ses études. Les vignes américaines, sans périr, n'ont pas pour la plupart une belle végétation. Nous remarquons néanmoins des *Herbemont*, cinquième feuille, très vigoureux dans un terrain rouge. Les fruits, très nombreux, paraissent presque aussi mûrs que ceux du *Jacquez*. Le *Rupestris*, âgé de trois ans, est très beau. Le *Solonis* est chétif et jaunissant. Le *Mustang*, porte-greffe très recommandé par M. Planchon, accuse une rare vigueur. Le *Berlandieri* (*Monticola*, de M. Millardet), autre porte-greffe étudié par M. Planchon, se comporte également fort bien dans un terrain très sec.

IV. — Domaine de Verchant, à Montpellier, à M. Jules LEENHARDT.

Ce domaine comprend déjà 25 hectares plantés en vignes américaines. Le terrain est argilo-siliceux. Les *Jacquez* et les *Herbemont* à leur troisième feuille sont très beaux. La végétation et la fructification du *Jacquez* sont pourtant supérieures à celles de l'*Herbemont*.

Le *Cunningham* est moins vigoureux que l'*Herbemont* et le *Jacquez*. La maturité du raisin commence à peine alors que celle du *Jacquez* est presque complète. Les *Riparia* présentent une végétation luxuriante. M. Jules Leenhardt a déjà fait de nombreuses greffes. Les greffes sur *Riparia* racinés d'un an, faites à l'anglaise sur table, ont réussi dans la proportion de 90 0/0; celles faites en place sur sujets du même âge partie à l'anglaise et partie en fente n'ont réussi que dans la proportion de 60 à 65 0/0.

V. — Domaine du Rochet, à M. SAINTPIERRE,
Directeur de l'École d'agriculture de Montpellier.

Le sol de ce domaine est sablonneux et frais, les vignes françaises y ont résisté plus longtemps qu'ailleurs, mais elles finissent par succomber. Le propriétaire y substitue rapidement les vignes américaines. Les *Jacquez* y sont toujours splendides. Nous remarquons de très belles greffes d'*Aramon, Cinsaut,* etc., de trois ans sur *Clinton* et *Taylor*. Des greffes de deux ans *Petit-Bouschet* et *Alicante-Bouschet* sur *Riparia* sont aussi belles que les greffes de trois ans sur *Clinton* et *Taylor*. Le *Riparia* paraît être un porte-greffe hors ligne; à la deuxième feuille les greffes fournissent déjà une production abondante.

M. Saintpierre pratique la greffe anglaise sur place et sur sujets d'un an. Il a réussi cette année dans la proportion de 95 0/0.

VI. — Domaine du Vivier, près Montpellier, à M. PAGÉZY.

La surface actuellement plantée en vignes américaines est de 55 hectares, dont 15 hectares sont greffés. Nous avons examiné un hectare de vigne greffée en *Aramon* il y a cinq ans, sur *Clinton* alors âgés de quatre ans. La souche est donc actuellement à sa neuvième feuille. C'est peut-être le plus ancien et le plus remarquable exemple de vigne greffée, et à ce titre il est particulièrement intéressant. La greffe a été faite à la pontoise et en fente sur des *Clinton* plantés dans un terrain d'une fertilité ordinaire et très frais. La végétation et la fructification sont magnifiques. M. Pazégy estime que la production sera supérieure à celle de cette vigne du même âge en *Aramon* non greffés. L'examen que nous avons fait des souches, nous a révélé une soudure très saine parfaitement constituée. Le greffon a pris, il est vrai, un développement supérieur à celui du porte-greffe : il est presque d'un diamètre double, mais le cep ne paraît nullement en souffrir. La Commission a examiné des greffes de l'année faites sur *Taylor* de quatre ans : très belle réussite, végétation exceptionnellement vigoureuse.

VII. — Domaine du Terral, près Montpellier, à M. Bouscaren.

Ce domaine, d'une étendue de 80 hectares, est presque replanté en vignes américaines, plus spécialement en *Jacquez*. Ce cépage y réussit magnifiquement. Il est très vigoureux, très sain, et présente une fructification abondante, quoique la taille soit peut-être un peu courte. Les plus âgés, âgés de cinq ans, plantés dans un terrain où la vigne française a péri, sont très vigoureux et ne manifestent aucunement la souffrance.

L'*Herbemont* est très vert et très vigoureux, chargé de fruits quoique taillé un peu court. La maturité est retardée par rapport au *Jacquez*.

Le *Black-July* présente une assez belle végétation, production suffisante. Le raisin a la maturité de celui du *Jacquez* même un peu avancée.

Le *Rulander* semble dépérir. Le *Cunningham* n'a qu'une végétation moyenne. Il est chargé de fruits; mais la maturité commence à peine.

VIII. — Domaine de Valautre, près Montpellier, à M. de Turenne.

81 hectares ont été plantés en vignes américaines *Jacquez, Herbemont* et plus spécialement *Riparia* greffés ou destinés à l'être.

Le terrain du domaine est très fertile, il était autrefois complanté d'*Aramon* et donnait, avant qu'il eût été dévasté par le phylloxera, les plus abondantes récoltes de la région, qu'on n'a pas craint d'évaluer de 300 à 400 hectolitres par hectare.

La Commission constate que des greffes d'*Aramon* de cinq ans sur *Riparia* d'un an portent une récolte évaluée de 8 à 10 litres par cep. M. Molinier, le régisseur, prétend que la production est supérieure à celle qu'il obtenait autrefois. Ses appréciations ne sont pas suspectes, car il a commencé par être opposé à la culture américaine, mais il a dû se rendre à l'évidence.

Les greffes de trois ans, *Aramon* sur *Taylor,* sont aussi très belles ; mais les greffes sur *Riparia* présentent une végétation bien plus luxuriante et une plus abondante fructification que celles faites sur tout autre porte-greffe. Aussi le *Riparia* sera-t-il seul employé à l'avenir.

48,000 greffes ont été opérées dans l'année courante, 100,000 seront faites à la campagne prochaine. La greffe a été faite sur place, soit à l'anglaise, soit en fente pleine ; mais ce dernier procédé, plus simple, paraît donner les résultats les meilleurs. C'est celui qui sera employé à l'avenir. Un greffeur servi, c'est-à-dire n'ayant à faire ni la ligature, ni le garnissage d'argile, fait de 300 à 400 greffes par jour. Réussite 80 à 98 0/0.

On espère récolter 350 hectolitres cette année et l'année prochaine 2,000, dans ce vignoble ainsi reconstitué.

IX. — **Le Mas du Chott**, près Montpellier, à M. ARNAL.

Ce domaine, situé dans la plaine non loin de Montpellier, comprend un terrain extrêmement fertile et très frais. Il a été planté en *Clinton* qui ont acquis une végétation très luxuriante. 13,000 greffes opérées cette année en fente sur *Clinton* âgés de trois ans ont merveilleusement réussi.

Des *Clinton* plantés en 1874 sur un terrain où la vigne était morte des atteintes du phylloxera, greffés en 1878 en *Aramon, Petit-Bouschet,* etc..., présentent aujourd'hui une végétation et une fructification magnifiques.

X. — **Domaine de Saint-Sauveur**, commune de Lattes, près Montpellier, à M. Gaston BAZILLE.

M. Gaston Bazille a fait faire cette année 85,000 greffes, par la fente pleine. La greffe à cheval, pratiquée tout d'abord, est abaŋdonnée parce qu'elle produit, dit M. Gaston Bazille, à la soudure une trop grosse boursouflure.

Les greffes faites sur place sont à leur première, deuxième et troisième feuille; dans un terrain caillouteux fortement siliceux elles ont donné une réussite de 70 à 80 0/0.

Dans la plaine du Lez, dans un terrain sablonneux, submergé l'hiver, on remarque de splendides *Jacquez* âgés de six ans. La végétation et la fructification sont très abondantes. Les souches sont tellement garnies de feuillage et les grappes si nombreuses qu'il y a lieu de redouter une insuffisance de maturité. Les *Riparia* les *York's-Madeira* sont très beaux; mais les *Herbemont* végètent assez mal.

XI. — Domaine de Saporta, près Montpellier, à M. Vialla.

D'assez nombreuses expériences ont été faites sur ce domaine. On remarque notamment de très belles greffes d'*Aramon* sur *Herbemont* à leur cinquième feuille, bouture sur bouture. Elles présentent une très belle végétation et beaucoup de fruits. Néanmoins la greffe bouture sur bouture a été abandonnée.

Quoique M. Vialla, président de la Société d'Agriculture de l'Hérault, soit un des apôtres les plus ardents et les plus convaincus des vignes américaines, il n'a planté jusqu'à présent que des surfaces assez limitées, estimant, peut-être à bon droit, qu'il est important de donner au sol des cultures pendant quelques années avant de replanter un vignoble. Les essais faits jusqu'à ce jour par cet agriculteur si compétent lui permettront maintenant de ne plus procéder qu'à coup sûr.

XII. — Champ d'expériences du Mas de Las Sorres.

Des expériences comparatives sur la résistance des divers cépages faites au Mas de Las Sorres, il semble résulter que dans ce terrain qui est excellent mais un peu sec, le meilleur porte-greffe serait le *York's-Madeira*. Il paraît égaler et même dépasser de quelque peu le *Riparia*, qui cependant est très beau. Ils ne présentent ni l'un ni l'autre de phylloxera sur leurs racines, ou du moins il est très difficile d'en découvrir quoique le sol en soit infesté.

Le *Solonis* et le *Clinton-Vialla* présentent une végétation inférieure au *York's-Madeira* et au *Riparia*.

Le *Jacquez* y est très beau, l'*Herbemont* jaunit un peu, le *Black-July*, le *Norton's-Virginia* est chétif quoique âgé de six ans.

XIII. — Domaine de Saint-Benazet, à Mme la duchesse de Fitz-James (Gard).

C'est assurément le plus vaste vignoble américain qui existe en France. Sur une superficie de 1,000 hectares, plus de 400 sont déjà complantés en vignes américaines de variétés diverses : *Concord, Taylor, Clinton, Riparia,* etc. Les *Concord* réussissent très bien et leur culture n'a pas été jusqu'à ce jour abandonnée; mais le porte-greffe surtout employé jusqu'à présent a été le *Taylor;* cependant Mme de Fitz-James se prépare à faire une immense plantation de *Riparia,* de 100 à 150 hectares, destinés à être greffés.

Les *Jacquez* y sont très beaux et très fructifères. Mme de Fitz-James les obtient par semis d'œils faits en serre chaude; à la deuxième feuille les *Jacquez* ainsi obtenus présentent une luxuriante végétation, supérieure, nous dit-on, à celle des *Jacquez* du même âge venus par simple bouture.

Les *Herbemont* sont très beaux, très verts et portent de nombreux raisins. Les *Norton's-Virginia,* quoique ayant une très belle végétation, donnent peu de fruits même à la cinquième feuille.

De très nombreuses greffes ont été faites sur *Taylor* de trois et deux ans. La greffe faite en fente et sur place a donné une réussite d'environ 60 0/0.

Le temps nous a manqué pour examiner en détail cette magnifique exploitation dont Mme de Fitz-James elle-même a bien voulu nous faire tous les honneurs; et c'est avec regret que nous abandonnions la vue de cet immense vignoble américain qui vient de renaître à la place de celui que le phylloxera a si rapidement dévasté.

XIV. — Domaine de Villary, près Nîmes, à M. Guiraud.

La visite du domaine de M. Guiraud est particulièrement inté-ressante et à deux points de vue. M. Guiraud ne s'est pas contenté de cultiver les cépages américains les plus généralement recom-mandés, il s'est aussi attaché à étudier les cépages nouveaux venus de l'Amérique afin de rechercher les variétés dignes d'être propa-gées. Sa collection est une des plus riches. Ses recherches ont abouti et l'ont conduit à recommander entre autres un cépage, l'*Othello,* appelé peut-être à rendre de grands services. Ce viticulteur distingué avait su reconnaître les qualités de ce précieux cépage, qui lui avait été expédié par hasard d'Amérique, confondu sans désignation spéciale au milieu d'autres vignes américaines. Depuis six ans que M. Guiraud le cultive, il a très bien résisté aux atteintes du phylloxera. Il est d'une végétation suffisamment vigoureuse. Il a, il est vrai, dit M. Guiraud, faibli un peu cette année, mais sous l'influence de l'extrême sécheresse.

La production de l'*Othello* est très abondante; elle égale celle de l'*Aramon* dans le Gard. Le raisin en est très noir et légèrement foxé. Il présente en outre cet avantage de prendre aussi aisément de bouture que les vignes françaises. En somme, excellent producteur direct.

En outre de ses collections, M. Guiraud possède 20 hectares environ plantés en vignes américaines : *Jacquez, Herbemont, Concord, Riparia,* etc. L'*Herbemont* nous a paru particulièrement remarquable. Sa végétation est très vigoureuse; il est abondamment chargé de fruits très sains et très bien nourris. Il paraît réussir admirablement dans ces terrains. Les *Herbemont* plantés il y a quatre ans en boutures racinées à 3 mètres de distance recouvrent entièrement de leurs rameaux la surface du sol.

M. Guiraud a été moins heureux pour le greffage. Des greffes d'*Aramon* et autres cépages français, faites sur place et en pépinière, n'ont pas donné plus de 10 0/0 de réussite. Mais, encouragé par les succès de ses voisins, il se propose de recommencer cette année.

XV. — Domaine de Puech-Ferrier, à Saint-Gilles *(Gard),* à M. MOLINES.

Ce domaine comprend une plantation de 20 hectares de vignes américaines. Les *Jacquez* y sont toujours luxuriants, les *Herbemont* très beaux et chargés de fruits. La culture du *Concord* n'a point non plus été abandonnée. Il résiste très bien et donne un vin qui, quoique très foxé, est fort apprécié par les cultivateurs du pays. Un champ planté de *Clinton* à leur huitième feuille présente une très belle végétation. Les ceps ont de très beaux bois et résistent à merveille.

M. Molines a fait faire une très grande quantité de greffes sur *Clinton* d'un an en pépinière; réussite 60 0/0. Le mode de greffe préféré est la greffe en fente pleine; elle donne de meilleurs résultats que la greffe anglaise. Les greffes sur racinés faites sur table ont beaucoup moins bien réussi. Des *Taylor* de trois ans, greffés en fente et en place, ont fourni une réussite de 80 0/0 environ. La soudure, examinée avec soin, est parfaite; la blessure faite par la greffe a complètement disparu : elle est entièrement recouverte par les nouvelles couches de bois.

Le papier de plomb, essayé pour recouvrir la greffe, n'a pas paru donner de bons résultats; loin de favoriser, il paraît contrarier la soudure, qui est bien plus imparfaite que dans les greffes où ce moyen n'a pas été employé. Une légère couche d'argile suffit et donne de bien meilleurs résultats.

XVI.— Domaine de Campuget, près Nîmes, à M. Lugol.

Ce domaine compte déjà 50 hectares plantés en vignes américaines : *Jacquez, Herbemont, Cunningham, Norton's-Virginia, Cynthiana* et *Riparia*. Tous ces cépages prospèrent à merveille dans un terrain siliceux mélangé d'une grande quantité d'assez gros cailloux. Les *Jacquez* y sont très beaux. Les *Herbemont,* à leur septième feuille, sont très verts. Taillés à long bois, ils présentent une fructification très abondante dont la maturité est déjà fort avancée (31 août).

Les *Norton's-Virginia* et les *Cynthiana,* qu'il est difficile sinon impossible de distinguer, sont très vigoureux, très verts et portent des fruits en suffisante quantité, mais toujours beaucoup moins que l'*Herbemont*.

Les *Riparia,* cultivés depuis trois ans dans un terrain sablonneux, offrent une végétation exubérante.

Ce vignoble est établi sur l'emplacement d'un ancien vignoble français ravagé par le phylloxera. Dans 4 hectares, des plants français ont été plantés, il y a quatre ans, à 20 centimètres de *Cunningham* plantés en même temps; on se proposait de faire après la reprise la greffe par approche. Cette idée a plus tard été abandonnée. Aujourd'hui presque tous les français sont morts alors que les *Cunningham* sont d'une très belle végétation.

XVII. — Domaine des Sources *(Gard),* à M. Im-Thurn.

Ce domaine, qui a une superficie de 130 hectares, en compte 30 plantés en vignes américaines.

Le *Jacquez* acquiert dans ce terrain très fertile et très frais une végétation des plus vigoureuses, pouvant donner, d'après les évaluations de M. Im-Thurn, 75 hectolitres à l'hectare. Un certain nombre, taillés suivant le système Guyot, ont fourni une production vraiment extraordinaire. C'est évidemment la taille très longue qui convient le mieux à ce cépage.

Le *Black-July* est très vigoureux et très fructifère; sa production, d'après M. Im-Thurn, se rapprocherait de celle du *Jacquez*. Les *Herbemont* sont beaux et offrent une fructification convenable.

Les *Cunningham* poussent avec une extrême vigueur, mais semblent devoir donner peu de fruits; ils sont destinés à être greffés.

XVIII. — **Domaine de l'Armeillère**, près Arles *(Bouches-du-Rhône)*,
à M. REICH.

Ce domaine est situé sur les bords du Rhône, en Camargue, dans des conditions favorables à la submersion; aussi est-ce à ce procédé que M. Reich a recours pour combattre le phylloxera. La submersion, outre qu'elle détruit l'insecte, offre aussi l'avantage de faire disparaître une partie du sel dont le sol est fortement imprégné au grand détriment de sa fertilité. Néanmoins, M. Reich, dans un but scientifique, a réuni dans son domaine une collection nombreuse des cépages américains qu'il cultive avec le plus grand soin. M. Reich s'attache à rechercher et expérimenter les nouveaux hybrides obtenus en Amérique, susceptibles d'être cultivés en France.

La Commission a pu déguster chez lui un très grand nombre de raisins dont il importe de citer les plus remarquables : l'*Othello,* le *Brandt,* le *Canada* pour les vins rouges; le *Triumph,* l'*Elvira* et le *Noah* pour les vins blancs. Ces hybrides présentent l'avantage de résister très bien au phylloxera, de prendre aisément de bouture et de donner d'excellents raisins susceptibles d'être utilisés pour la production du vin.

L'*Othello* fournit un raisin qui, comme nous l'avons déjà constaté, présente un léger goût foxé. Mais le *Brandt* et le *Canada* n'ont absolument aucun dégoût.

Le *Triumph,* cépage blanc, fournit en abondance des raisins très gros, sans goût foxé et d'une maturité hâtive. L'*Elvira* et le *Noah* sont également très productifs, mais là encore ils ont le goût légèrement foxé.

XIX. — **Domaine de la Decapris**, près Hyères *(Var)*, à M. Aurran.

Situé dans une très fertile vallée facilement irriguée, ce domaine est d'une extrême fertilité; 20 hectares sont déjà plantés en *Jacquez* et 7 ou 8 en *Riparia*. Les *Jacquez* ont une vigueur prodigieuse; leur fructification est si grande que le régisseur estime que la production, à leur quatrième feuille, atteindra 100 ou 150 hectolitres par hectare. La quantité de vin de *Jacquez* récoltée dans le domaine s'élèvera, pour cette année, à environ 550 hectolitres, la plus grande partie des ceps étant encore trop jeunes pour produire.

Les greffes à l'anglaise sur *Riparia* racinés d'un an, faites sur table, ont donné une réussite d'environ 90 0/0; aussi à l'avenir les mettra-t-on directement en place sans les faire séjourner dans la pépinière.

Les greffes faites en place et en pépinière ont réussi dans une proportion beaucoup moindre. Un gros bourrelet est formé à la soudure, soit à cause de la trop grande fertilité, soit par suite de la trop grande humidité du sol.

L'*Herbemont* offre une végétation bien inférieure à celle du *Jacquez*. Le *Cunningham* pousse de très beaux bois, sa fructification est assez abondante, mais la maturité est très tardive.

XX. — **Domaine de Belbeze**, commune de Pomerol *(Hérault)*, à M. Despetis.

Le terrain du domaine est un peu sec mais fertile; la plantation américaine comprend environ 4 hectares. Les *Jacquez* prospèrent à merveille. Les *Riparia* et les *York's-Madeira* plantés depuis trois ans sont aussi très beaux. Les greffes en fente faites sur place sur sujets d'un an ont assez bien réussi, dans une proportion supérieure à 50 0/0.

Nous ne devons pas oublier de signaler les remarquables travaux de greffage de M. Comy, qui nous a fait valoir les avantages de la greffe en fente pleine dont il est aujourd'hui très partisan.

Il résulte de cette énumération un peu monotone et un peu longue peut-être, que des plantations déjà fort importantes ont été faites dans l'Hérault, le Gard et le Var. Si nous en avions eu le temps, nous aurions pu ajouter à cette liste bien d'autres noms qui y eussent figuré avec honneur. Ces chiffres, pour incomplets qu'ils soient, ont néanmoins leur importance; ils témoignent de la grande confiance qu'ont les propriétaires dans le succès des vignes américaines. Cette confiance du reste se propage. Autour des grandes exploitations que nous venons de citer se sont groupés d'autres essais de moindre importance. On remarque que des parcelles quelquefois très peu étendues sont plantées soit en *Jacquez*, soit en un porte-greffe américain quelconque. Il est impossible de dresser le compte des vignes américaines actuellement cultivées. Mais ceux qui ont parcouru la contrée il y a un an ou deux, peuvent aisément constater que le nombre des plantations s'est considérablement accru. L'élan est donné et ne manquera pas d'être suivi. Mais, hélas! il faudra de nombreuses années pour que ce pays autrefois si riche ait retrouvé son ancienne prospérité.

Les cultures de vignes américaines sont bien moins nombreuses dans la Gironde et les exploitations ont une bien moins grande étendue; cependant les constatations que nous avons pu faire n'en présentent pas moins pour la viticulture de notre région un intérêt supérieur. La Commission a successivement visité les vignobles de MM. Laliman, à La Souys; Coulon, à Pujol; Deluze et Bonneau, à Puysseguin; Lambert, à Saint-Philippe-d'Aiguille; Mazeau, à Saint-Philippe-d'Aiguille; Giraud, à Pomerol; Piola, à Saint-Émilion et Condat; Lépine, à Parsac; Sursol, à Cenon; L. Gachassin-Lafite, à Vayres et Saint-Sulpice; Bretenet, à Vayres; P. Gachassin-Lafite, à Saint-Sulpice et Yvrac; Ribot, à Lormont; les vignobles de Mme Ponsot, à Lalande-de-Pomerol, et de Mme Decazes, à Baron, et le domaine de MM. Lespiault, à Nérac.

Domaine de la Touratte, à La Souys, près Bordeaux, à M. LALIMAN.

Ce domaine est trop connu pour qu'il soit besoin de le décrire. Il renferme les plus anciennes vignes américaines connues qui ont résisté en France depuis plus de seize ans, pendant que les vignes françaises sont mortes ou finissent de mourir.

Les *Jacquez*, les *Herbemont*, les *Clinton, Taylor, Salonis, York*, etc., sont splendides.

Il importe de remarquer les *Jacquez* qui sont chargés d'une récolte extrêmement abondante, approchant presque celle du Midi. Tenus en hautains à deux mètres au-dessus du sol, ils présentent à peine quelque trace d'anthracnose. Cela est d'autant plus digne de remarque que presque partout dans le Sud-Ouest l'anthracnose a fait plus ou moins de mal cette année.

M. Coulon, propriétaire à Pujol, près Libourne.

Un des premiers, dans la Gironde, M. Coulon a pratiqué la greffe sur vignes américaines. Il a pu nous montrer quatre hectares et demi de vignes greffées dont quelques-unes avaient pris cette année leur troisième feuille. Les ceps offrent une belle végétation et portent suffisamment de fruits. Des greffes plantées en 1878, prenant par suite leur quatrième feuille, dans un terrain argilo-calcaire où elles remplacent une vigne morte des atteintes du phlloxera, sont très vigoureuses et ne présentent aucun caractère de souffrance. Taillées à cordon, elles portent une grande quantité de fruits, trop considérable même pour l'âge de la plante.

M. Coulon avait d'abord choisi comme porte-greffe le *Taylor,* mais il l'a abandonné et lui préfère le *Riparia* qui lui paraît à tous égards supérieur. La greffe bouture sur bouture a donné, au dire de M. Coulon, d'assez bons résultats, environ 45 à 50 0/0 de réussite. Elle est mise d'abord en pépinière et plus tard en place. La mise directe en place n'a donné que des résultats très incomplets. Le procédé de greffage employé est la greffe à l'anglaise.

Domaine de Trotanoy, à Pomerol, à M. GIRAUD.

Propriétaire dans des sols sablonneux ou fortement perméables, M. Giraud a pratiqué et pratique encore avec succès le sulfure de carbone. Néanmoins, il a fait des essais de greffage américain qui sont fort intéressants à cause de leur ancienneté relative; ils remontent à 1876, et les greffes en *Cabernet sauvignon* atteignent par suite leur sixième feuille. En 1876, des greffes à l'anglaise ont été faites sur bouture de *Clinton* et mises en pépinière. Arrachées l'année suivante, en 1877, elles ont été mises en place dans un terrain d'où une vigne phylloxérée avait été arrachée. La végétation cette année est très belle. La fructification paraît plus abondante que dans les vignes voisines du même âge non greffées. Ces greffes, plantées un peu trop profondément dans le sol, manifestent des velléités d'affranchissement que le phylloxera vient réprimer en détruisant les radicelles françaises.

Des greffes sur *Clinton* et *Taylor* racinés mises immédiatement en place ont réussi dans la proportion de 50 0/0. La greffe sur *Taylor* d'un an faite en place a donné au contraire 75 0/0.

Château de Meynard, à Condat, près Libourne, à M. Piola.

M. Piola cultive les vignes américaines depuis 1875, tant dans les palus de la Dordogne que dans les sables et coteaux de Saint-Émilion. Les *Jacquez,* quoique partout très beaux, ont cette année considérablement souffert de l'anthracnose qui a détruit la plus grande partie des fruits. Les *Herbemont,* quoique fort vigoureux, sont un peu jaunissants. M. Piola espère y porter remède par une addition de sulfate de fer. Les porte-greffes *Riparia, York,* offrent partout une splendide végétation. M. Piola se montre très satisfait du *Rupestris.*

En outre de ces cépages américains, en quelque sorte devenus classiques, M. Piola possède la plus remarquable et la plus nombreuse collection de vignes américaines connue; elle comprend environ 200 variétés. Les nouveaux cépages américains y sont étudiés avec le plus grand soin, tant au point de vue de la résistance que de la qualité du fruit. Si, en effet, ces variétés sont cultivées dans un terrain soumis chaque année à la submersion, M. Piola a eu soin de planter un certain nombre de sujets nouveaux qu'il reçoit, dans une parcelle qu'il soustrait à l'action de l'eau afin de les laisser exposés à l'insecte. Nous y avons spécialement remarqué, en outre des *Elvira* et des *Noah* déjà assez connus, les *Othello,* le *Brandt* et le *Canada,* cépages hybrides rouges, que nous avions déjà admirés chez MM. Guiraud, à Nîmes, et Reich, à l'Armeillère. Le *Triumph* présente une fructification étonnante. Le raisin est blanc, droit de goût et mûrit à la même époque que le *Malbec.* D'autres cépages fort intéressants, le *Black-Eagle,* le *Black-Defiance,* et l'*Emily* y sont fort intéressants, mais encore à l'étude.

M. Piola a fait de nombreuses greffes, environ 4 hectares, qui sont à leur deuxième et troisième feuille. Faites sur racinés à l'anglaise, elles sont mises directement en place dans le vignoble où elles servent à combler les vides. Mais M. Piola se propose de ne les mettre à l'avenir en place qu'après avoir assuré leur reprise en pépinière. Nous avons remarqué ainsi plantées, dans des vignes âgées, de très belles greffes de trois ans chargées de fruits. Des greffes de *Cabernet sauvignon* de deux ans sur *Rupestris* dans un terrain calcaire ont spécialement attiré notre attention par leur remarquable vigueur. M. Piola a remarqué et nous avons constaté nous-mêmes que tandis que les sujets francs de pied avaient perdu leurs fruits par la coulure, les greffes de deux ou trois ans avaient conservé tous les leurs. Il attribue ce résultat à l'action bienfaisante du greffage.

Les vins de *Jacquez* récoltés dans les hauts coteaux de Saint-Émilion sont très francs et nets de goût, mais sans rappeler aucunement les vins si remarquables du pays.

M. Lambert, à Saint-Philippe-d'Aiguille, près Libourne.

Dans un terrain argilo-calcaire très fertile exposé au Sud-Est, on remarque de très beaux *Herbemont,* plantés racinés et faisant cette année en place leur cinquième feuille, soit en tout la sixième. La fructification est très belle sur une taille à cordon; les grains de la grappe sont bien nourris, relativement assez gros et d'une maturité avancée (5 août). Le feuillage est très vert et la vigne très vigoureuse, quoique plantée au milieu d'une autre vigne phylloxérée et mourante.

Les *Jacquez* âgés de quatre ans sont relativement moins beaux et paraissent avoir souffert de l'anthracnose.

Le vin obtenu en 1878 à l'aide de raisins d'*Herbemont,* dégusté par nous, a été trouvé remarquable comme couleur et comme netteté de goût.

M. Mazeau, à Saint-Philippe-d'Aiguille,

possède aussi de très beaux *Herbemont* de cinq ans et de magnifiques *Riparia* du même âge. Il s'est plus spécialement adonné au greffage et a obtenu de nombreuses récompenses dans les concours. Ses pépinières de greffes ont attiré d'une manière toute particulière notre attention. M. Mazeau pratique la greffe dite *à cheval* renversée, sur boutures mises en pépinière. Cette greffe est faite à l'aide de l'instrument Despujol. Afin de mieux apprécier les résultats, 50 greffes ont été arrachées par la Commission : 24 seulement étaient reprises. Sur les 24 reprises examinées de très près et grattées au couteau, la moitié seulement présente une soudure irréprochable, soit 25 0/0 du chiffre total.

M. Ribot, jardinier à Lormont,

a pratiqué lui aussi la greffe sur bouture, mais suivant la méthode anglaise. Sa pépinière, examinée dans les mêmes conditions, avec le même soin, a donné le même chiffre de greffes réussies, soit 50 0/0 reprises, et 25 0/0 seulement irréprochables.

Domaine des Annereaux, à Lalande-de-Pomerol, près Libourne, à Mᵐᵉ Ponsot.

Le sol du domaine est composé d'un sable mélangé de gravier assez sec pendant l'été. Les diverses variétés américaines y végètent néanmoins assez bien. Les *Herbemont* pourtant, que l'on remarque très beaux presque partout ailleurs en Gironde, y sont très souffreteux et jaunissent, par suite d'une mauvaise adaptation peut-être.

C'est surtout au point de vue du greffage que la visite du domaine présente un intérêt considérable. Mᵐᵉ Ponsot, bien connue par ses remarquables travaux sur le greffage de la vigne, a fait faire plus de 50,000 greffes; mais contrairement à MM. Mazeau et Ribot, elle pratique et recommande la greffe à l'anglaise faite sur table, sur racinés d'un an remis en pépinière. — Nous croyons qu'elle a raison. — Ses pépinières, examinées par nous avec le plus grand soin, nous ont donné des résultats bien plus complets. Presque toutes les greffes étaient reprises et 60 0/0 au moins présentaient une soudure irréprochable.

Domaine de Belair-La-Cour, à Vayres, près Libourne, à M. Bretenet.

Après avoir employé comme porte-greffes les *Clinton* et les *Taylor*, M. Bretenet a donné la préférence aux *Riparia*, qui croissent assez bien dans toutes les natures de terrains et acquièrent une végétation splendide dans un sol sablonneux et frais. Les premiers essais de greffage n'ont pas été heureux, mais grâce à de meilleures dispositions, la réussite obtenue cette année atteint dans les greffes à l'anglaise sur racinés et sur table 80 à 90 0/0. Les greffes faites dans la pépinière sur place n'ont réussi que dans une proportion de 50 0/0, mais elles sont remarquablement plus belles de végétation.

Domaine de Maillard, à Yvrac, à M. Paul GACHASSIN-LAFITE.

Les vignes américaines sont cultivées depuis six ans. Dix hectares sont plantés en *Jacquez, Herbemont Norton's-Virginia, Cynthiana,* cépages divers et porte-greffes. Les *Herbemont* de tout âge sont très beaux ; dès leur troisième feuille ils fournissent déjà quelques fruits, mais à six ans la fructification est véritablement surprenante. Les *Norton* ou *Cynthiana* sont aussi très vigoureux, offrent beaucoup moins de fruits, mais produisent un vin extrêmement coloré.

Les *Jacquez* ont beaucoup souffert de l'anthracnose et du mildew. Les *Herbemont, Norton* et *Cynthiana* présentent au contraire une végétation foliacée très saine ; on ne remarque pas d'anthracnose et très peu de mildew.

Domaine de Montifaut, à Vayres, près Libourne, à M. Léon GACHASSIN-LAFITE.

Sept hectares environ, plantés en vignes américaines dont les plus anciennes datent de six ans. — Les *Jacquez*, très vigoureux, ont été fortement atteints de l'anthracnose au printemps, ils présentaient aussi d'assez nombreuses taches de mildew. A côté, les *Herbemont* sont très sains et chargés de fruits, dès la troisième année. Des *Herbemont* greffés en 1876 sur souches françaises phylloxérées se sont affranchis et sont actuellement pleins de vie, alors que les ceps voisins sont morts et arrachés. Les *Riparia* âgés de six ans et les *York* présentent une splendide végétation. Les greffes sur boutures ont généralement très mal réussi, les greffes sur place ont donné environ 50 0/0 ; mais là encore la greffe sur table à l'anglaise sur racinés d'un an mis en pépinière paraît devoir être préférée.

Domaine de Langlade, commune de Parsac, près Libourne,
à M. Gustave LÉPINE.

M. Gustave Lépine cultive avec soin les vignes américaines depuis cinq ou six ans. Le sol de sa propriété est d'une assez grande profondeur, et composé en grande partie d'argile mêlée d'un peu de silice et de fer, dit le propriétaire. La Commission a remarqué chez lui sept pieds d'*Herbemont* magnifiques de végétation et couverts d'une quantité de raisins vraiment surprenante. Ce sont sans contestation les plus beaux que nous ayons vus dans toute la contrée.

Domaine du Vallier, à Langoiran, à M. DELBRUCK.

Notre collègue a commencé la culture des vignes américaines en 1875 et l'a accentuée en 1876.

Six hectares, environ, sont plantés en *Solonis, Riparia, Vialla* et *York,* qui en sont à leur sixième feuille et ont produit et répandu de nombreux porte-greffes. Les plantations en producteurs directs, *Herbemont, Jacquez, Elvira, Eumélan* et *Cynthiana,* ainsi que les plantations en cépages français greffés sur américains, *Cabernet, Malbec, Merlau, Petit-Bouschet, Sémillon blanc, Chasselas* et autres sont plus récentes et n'en sont qu'à leurs premiers fruits.

Domaine de M. Sursol, à Cenon.

Le terrain est fort et comprend un mélange de sable et d'argile; il est très sec.

L'*Herbemont,* taillé d'après le système Guyot, est chargé de fruits; trop chargé même, les grappes sont maigres et le feuillage jaunit.

Le *Jacquez* est très joli.

Le *Cunningham* est remarquable par sa végétation vigoureuse, d'une coloration puissante, et ses superbes grappes bien nourries, qui mûrissent très bien, dit M. Sursol. Cette affirmation de M. Sursol nous a d'autant plus surpris que partout dans le Midi nous avons constaté une maturité tardive du *Cunningham,* qui décide ceux qui l'ont essayé à en abandonner la culture.

Le *Cynthiana* est jaune, porte peu de raisins; mais il n'a pas le mildew, affirme M. Sursol.

Le *Riparia* et le *Solonis* se comportent très bien dans ce terrain, ils y sont superbes.

Les pépinières méritent une mention toute spéciale. Elles sont faites sur une très grande échelle, avec beaucoup d'intelligence et un plein succès. Les greffes bouture sur bouture promettent un beau résultat. Les *Riparia* sont superbes, mais les *Jacquez* sont vraiment remarquables; ils donneront une reprise de 75 0/0 au moins.

Domaine de Mme Decazes, à Nérigean.

Après avoir traversé une multitude de ces vignobles détruits de l'Entre-deux-Mers, on arrive chez Mme Decazes, et là le regard est aussitôt réjoui par la vue d'une petite oasis de verdure à larges bordures noires. Six cents pieds chargés de raisins d'*Herbemont*, de *Jacquez* et surtout de *Cynthiana* étonnent d'autant plus le visiteur que ces vignes ne datent que de quatre ans ! L'année prochaine beaucoup d'autres entreront en production.

Domaine de la Facherie, près Nérac, à M. LESPIAULT.

C'est la seule visite que la Commission ait pu faire dans le Lot-et-Garonne, quoiqu'on puisse trouver dans ce département d'autres cultures américaines.

M. Lespiault s'est spécialement attaché à étudier les cépages américains nouveaux, tant au point de vue de la production directe que de la résistance au mildew. Pour gagner du temps, il les a greffés sur des vignes françaises dans la force de l'âge. Aussi ne peut-on tirer de ces expériences aucune conséquence au point de vue de la résistance.

L'*Elvira*, greffé sur français depuis trois ans, taillé à très long bois, deux branches à fruits d'un mètre chacune, offre au regard une très grande quantité de grappes, de petite dimension il est vrai. On en compte jusqu'à 300 sur un seul cep, pesant ensemble 15 kilog. 125 grammes. Le goût est légèrement foxé. Les feuilles ne sont pas atteintes de mildew, alors que les cépages français voisins en montrent de très nombreuses traces.

Le *Noah*, greffé depuis deux ans sur français, porte d'assez nombreuses grappes, moins que l'*Elvira*, mais plus grosses; goût légèrement foxé.

L'*Herbemont*, greffé sur français, atteint sa cinquième feuille. Il est très beau, d'un vert intense. Il porte beaucoup de fruits et semble plus vigoureux que dans le Midi.

Le *Cynthiana* prospère très bien et porte une suffisante quantité de fruits.

Le *Rulander* est très vigoureux, très sain et donne tous les ans une fructification abondante.

L'*Othello*, greffé depuis trois ans, est remarquable : belle végétation, fructification plus belle encore. Un seul cep a donné cette année 42 grappes pesant ensemble 4 kilog. 650. Goût légèrement foxé.

Nous n'indiquerons pas les nombreux *hybrides* expérimentés par M. Lespiault, l'étude ne nous paraissant pas encore suffisamment concluante.

Nous aurions voulu poursuivre nos investigations dans la Gironde et nous aurions pu visiter de très nombreuses expériences fort intéressantes. Nous nous contenterons d'en citer quelques-unes, et d'abord les cultures importantes de MM. Lalande en Queyries, Lamy à Haux, Garbarroux à Créon, de Lataillade à Puysseguin, Foucquet à Sainte-Foy, Guenant à Capian, Piganeau à Blanquefort, etc.

Il est juste de mentionner la pépinière de la Société d'Agriculture de la Gironde, établie dans la palus de Floirac, près de Bordeaux, et dirigée par M. Froidefond. Les *Herbemont* y sont très vigoureux et très fructifères ; les *Riparia* y prennent un essor surprenant. Toutes les variétés intéressantes y sont étudiées avec le plus grand soin.

Notons aussi la pépinière du Comice agricole de Libourne, dirigée par M. Bayssalance. Établie dans les sables, dans le périmètre de la ville même, elle pourra fournir des renseignements fort intéressants au point de vue de l'adaptation des vignes américaines dans les terrains sablonneux.

Après avoir ainsi indiqué, avec beaucoup de longueur et de fréquentes répétitions, les faits observés et les constatations, il reste à exposer les conséquences qui en découlent et que la Commission a cru devoir en tirer. Nous allons examiner successivement la résistance des vignes américaines, leur adaptation, le choix du cépage qu'il convient de faire, soit dans les producteurs directs, soit dans les porte-greffes; et enfin la greffe et les diverses conditions pour assurer sa réussite, et cela bien entendu en nous plaçant plus spécialement au point de vue du Sud-Ouest et de la région du Bordelais.

Résistance des vignes américaines.

Il est à peu près inutile aujourd'hui d'insister sur la résistance des vignes américaines. Elle ne peut plus être sérieusement contestée. Partout la Commission en a recueilli de nombreuses preuves.

Pendant que les vignes françaises succombent, les vignes américaines plantées depuis dix et quinze ans présentent partout une
végétation qui respire la santé.

Il faut, il est vrai, faire des différences entre les diverses variétés
suivant qu'elles appartiennent au groupe des *Labrusca*, des *Æstivalis*
ou des *Riparia*. Mais les *Labrusca* eux-mêmes, réputés les moins
résistants, le *Concord* par exemple, sont encore cultivés avec succès
et en grand par certains viticulteurs, MM. Guiraud, Moline, Lugol,
Mme la duchesse de Fitz-James, qui s'en montrent très satisfaits.

La bonne tenue des *Jacquez*, des *Herbemont*, des *Cunningham*, des
Norton's-Virginia ou *Cynthiana*, des *Black-July*, est générale. Chez
M. Laliman, par exemple, dont le vignoble est à nos portes, ils
résistent depuis dix-huit ans. Le *Rulander* qui a paru beau dans
certaines exploitations, a fléchi dans d'autres. Il y a donc lieu de le
soumettre encore aux expériences.

La résistance des porte-greffes ne saurait encore moins être
contestée.

Les *Riparia*, *York*, *Solonis*, etc., non seulement résistent, mais,
les deux premiers tout au moins, sont presque complètement
indemnes.

Malgré les faits si nombreux et si concluants, certains esprits
se refuseront sans doute encore à croire à la résistance ; mais que
pourraient des arguments sur ceux que la réalité ne peut toucher ?
Il faut laisser au temps le soin de faire son œuvre, il se chargera
de convertir les esprits les plus rebelles.

Adaptation

Si toutes les variétés de vignes américaines possèdent une résistance au moins relative au phylloxera, elles ne végètent pas indifféremment avec la même vigueur dans tous les milieux : il faut en
effet tenir grand compte du climat et de la nature du terrain.
Comment en pourrait-il être autrement? Le mérite de l'agriculteur
n'a-t-il pas été de tout temps de choisir et de pratiquer les cultures
qui prospèrent le mieux dans les conditions déterminées de son
exploitation? Avec la vigne française, une des grandes difficultés de
la viticulture n'était-elle pas de discerner quel était le cépage qui
convenait à telle nature de sol, à telle exposition? Combien d'entreprises ont échoué par suite d'un fâcheux *encépagement?* Il doit en
être ainsi à bien plus forte raison pour les vignes américaines. Les

variétés importées en France ont été empruntées à toutes les régions du vaste territoire américain (¹), elles vivent par suite dans leur pays d'origine dans des conditions bien différentes de température, d'humidité, d'altitude, etc.

Ces indications, empruntées à la géographie botanique, sont confirmées par les faits. La Commission a été frappée de voir que le *Jacquez* était remarquablement plus vigoureux et plus fructifère dans la région méridionale que dans le Sud-Ouest. Il reprend mieux de bouture, à ce point qu'on peut planter les boutures directement en place, et n'est point, ou très peu, sujet à l'anthracnose et au mildew qui lui a fait cette année tant de mal dans la Gironde.

L'*Herbemont* et le *Cynthiana* ou *Norton* semblent, au contraire, devoir mieux réussir dans le Sud-Ouest que dans le Midi. Ils y sont plus vigoureux, plus verts, et la fructification y est relativement plus abondante : ce sont les producteurs directs qui paraissent s'adapter le mieux à notre région.

Parmi les porte-greffes, le *Riparia* et le *York* prospèrent également dans les deux régions; le *Riparia* paraît cependant devoir mieux s'accommoder de la région du Sud-Ouest où il semble relativement plus puissant et plus vigoureux, peut-être à cause de l'humidité plus grande de l'air et du sol résultant d'une quantité de pluie plus considérable.

Ce serait trop demander à la Commission que d'exiger d'elle la solution de cette question si complexe de l'adaptation. Elle n'est pas encore complètement élucidée. Le viticulteur qui voudra planter des vignes américaines devra s'inspirer des résultats obtenus par ses voisins, et même encore, avant de procéder en grand, faire des essais sur une petite étendue en plantant des variétés diverses, afin d'avoir l'avis de la plante et de la mettre en mesure d'indiquer elle-même ses préférences; faire en d'autres termes ce que conseille M. G. Ville pour l'emploi des engrais chimiques.

(¹) La vaste contrée de l'Union américaine est comprise entre le 30e et le 49e degré de latitude et entre le 70e et le 125e degré de longitude Ouest du méridien de Paris, et comprend 10 millions de kilomètres carrés, environ la superficie de l'Europe jusqu'à l'Oural. Dans la précipitation imposée par l'impérieux besoin, on a importé en France les variétés américaines sans tenir un compte suffisant de leur origine. Or, si dans les États du Nord-Est les hivers sont longs et rigoureux, les étés chauds et orageux; dans ceux du Sud-Est, au contraire, les étés sont brûlants et les hivers doux,

Variétés diverses cultivées comme producteurs directs ou comme porte-greffes.

De très nombreuses variétés de vignes américaines ont été expérimentées; nous ne nous occuperons, il va sans dire, que de celles qui sont cultivées en grand et qui sont plus particulièrement intéressantes. Ce sont :

PRODUCTEURS DIRECTS.	Jacquez............ Herbemont.......... Norton's-Virginia.... Cynthiana.......... Cunningham........ Rulander........... Black–July..........	Groupe des *Æstivalis*.
PORTE-GREFFES .	Riparia, variétés diverses. York's-Madeira. Solonis. Rupestris. Clinton-Vialla. Taylor. Clinton. Concord.	
HYBRIDES PRODUCTEURS.	Othello .... Canada .... Brandt. .... Elvira .... Noah .... Triumph	*Hybrides noirs.* *Hybrides blancs.*

JACQUEZ

Le *Jacquez* est incontestablement le cépage américain le plus répandu, et de beaucoup le préféré dans la région méridionale. On en a planté des surfaces considérables. Il mérite assurément la faveur dont il jouit. Il produit en abondante quantité, mais beaucoup moins cependant que l'*Aramon;* aussi, dans certaines exploitations du Midi paraît-on disposé à lui préférer ce cépage greffé sur *Riparia*. Le fruit mûrit bien tous les ans dans la Gironde, même dans les années de mauvaise maturité, et produit un vin droit de goût, très riche en alcool et en couleur. Il réussit généralement dans tous les terrains, préfère tout naturellement les terrains riches, où il atteint alors une production très considérable, notamment chez M. Aurran près Hyères et M. Im-Thurn dans le Gard ; principalement lorsqu'on prend le soin de le tailler à long bois.

Il ne faudrait pas compter sur une semblable production en général, surtout dans la Gironde. Celle qu'obtient M. Laliman à La Souys, quoique très remarquable, doit être bien inférieure. Nous avons constaté dans la Gironde que les *Jacquez* portaient cette année en général peu de fruits. Ils avaient au printemps souffert de l'anthracnose et par suite perdu tous leurs fruits. Lors de nos visites, les feuilles du *Jacquez* présentaient aussi dans la Gironde de nombreuses traces de mildew. Les pépinières surtout en ont été fortement atteintes.

Dans le Midi, l'anthracnose ni le mildew n'inspirent aucune inquiétude cette année. Les *Jacquez* ont pourtant été atteints d'anthracnose sur divers points en 1880, mais ils en sont complètement exempts cette année.

Il ne faudrait peut-être pas trop s'alarmer de ces deux maladies. Elles peuvent n'être qu'accidentelles et passagères, et fussent-elles périodiques, des expériences faites par M. Reich dans la Camargue et par Mme Ponsot dans le Libournais permettraient d'espérer qu'un lavage fait pendant l'hiver après la taille avec une dissolution de sulfate de fer, demi-kilog. par litre d'eau, empêche la propagation du mal. L'opération ne coûterait que 24 francs par hectare, ne ferait courir aucun danger à la vigne et aurait en outre l'avantage fort appréciable dans notre climat au point de vue des gelées printanières de retarder la végétation d'une quinzaine de jours ([1]).

HERBEMONT

Si le *Jacquez* paraît devoir être le producteur direct par excellence du Midi, l'*Herbemont* paraît destiné à rendre à la région moins chaude et plus humide du Sud-Ouest les mêmes services. Il est peut-être plus difficile au point de vue de l'adaptation. Nous l'avons trouvé jaunissant en quelques endroits, mais souvent aussi très beau en Gironde et dans le Lot-et-Garonne chez M. Lespiault.

([1]) V. art. de M. Reich, journal *La Vigne américaine*, n° du mois d'août 1881, p. 249.

Il n'est pas sujet à l'anthracnose même dans les terrains humides, et on le dit en outre peu atteint par le mildew. Sur ce dernier point il n'est pas permis d'être aussi affirmatif, les observations n'ayant pas été ni assez nombreuses ni assez prolongées. Néanmoins nous avons pu constater que des *Herbemont* en pépinière présentaient leurs feuilles saines, alors que les *Jacquez* voisins avaient les leurs complètement envahies par le mildew.

L'*Herbemont* produit, surtout taillé à long bois, une très grande quantité de très beaux raisins dont le grain est, il est vrai, d'assez petite dimension ; mais les grappes sont si nombreuses qu'il finit par mériter le surnom de *sac à vin* que lui ont donné les Américains.

La Commission a remarqué que dans certains terrains dont la nature n'est pas encore très bien définie, ces *Herbemont* paraissent assez mal prospérer ; ils ont des feuilles jaunes tout en végétant assez bien. On a prétendu encore qu'ils sont surtout très vigoureux dans les sols profonds renfermant des sels de fer, sans que ce dernier point soit suffisamment établi.

La maturité du raisin est un peu tardive (analogue à celle du *Verdot*) dans certaines expositions. Les fruits ont cependant mûri dans la Gironde dans les années 1879 et 1880. Mais pour que ce retard dans la maturité ne soit pas dommageable, il suffit de ne cueillir les grappes que très tard, ce qui peut d'autant mieux se faire sans inconvénient que le raisin possède à un haut degré la propriété de se conserver sans pourrir.

En vendangeant tardivement, le raisin acquiert une plus grande quantité de sucre et le vin obtenu devient plus alcoolique.

Nous avons dégusté dans le Libournais chez MM. Piola, Gachassin-Lafite, Mazeau, Lambert, des vins d'*Herbemont* qui ont été trouvés bons et exempts de tout goût foxé. Le vin est certainement supérieur à celui du *Jacquez;* la couleur est moindre, le goût plus délicat, mais il possède une moindre richesse alcoolique.

Le *Norton's-Virginia* et le *Cynthiana* ont été jusqu'à ce jour bien moins expérimentés. Les Américains distinguent ces deux cépages; en France praticiens et botanistes les confondent et ne peuvent réussir à les différencier.

Quoi qu'il en soit, *Norton* ou *Cynthiana* qui n'ont pas très bien réussi dans le Midi, donnent au contraire d'excellents résultats dans certains terrains du Sud-Ouest, spécialement chez M. Decazes, à Nérigean, par exemple. Ils ont dans cette dernière région une très belle végétation. Les grappes, assez petites, sont très nombreuses. Ils produisent d'excellent vin d'un très beau rouge. La couleur est encore plus riche que celle du *Jacquez* et le goût est net, mais un peu astringent.

Ils ne sont atteints ni par l'anthracnose ni par le mildew. Malheureusement ces deux cépages, difficiles aussi pour leur terrain, viennent très mal de bouture et sont très lents à se mettre à fruits. Les boutures dans les meilleures conditions réussissent à peine dans la proportion de 20 0/0.

Ces cépages devront être cultivés à cause de leur couleur intense qui permettra de relever celle quelque peu insuffisante de l'*Herbemont;* le mélange pourrait donner un vin de bonne qualité et très apprécié du commerce.

Le *Black-July,* qui n'a pas encore été suffisamment expérimenté, pourrait peut-être être utilement cultivé. Il produit des fruits excellents et d'une maturité moyenne. Le raisin n'a aucun goût foxé et fournit une belle couleur. Nous n'avons vu que des spécimens, aucune plantation en grand.

Le *Cunningham* et le *Rulander* ne paraissent pas susceptibles d'être utilement cultivés en France. Le *Cunningham,* qui est très vigoureux et produit abondamment, mûrit très mal ses fruits même dans le Midi. Le *Rulander* produit d'excellent vin couleur madère, en quantité suffisante; mais la résistance est encore contestée. Nous en avons vu faiblir dans diverses exploitations; notamment à l'école de la Gaillarde et dans le Lot-et-Garonne.

PORTE-GREFFES

Quoique ne produisant pas directement du vin, les porte-greffes sont au moins aussi intéressants, parce qu'ils permettront de conserver nos excellentes variétés françaises qui ont fait la réputation de nos vins si appréciés dans le monde entier.

C'est à eux qu'on aura nécessairement recours, en négligeant peut-être un peu les producteurs directs, dès que les conditions de réussite des greffes seront mieux connues et que le monde viticole sera plus familiarisé avec le greffage. Ainsi que nous l'avons déjà mentionné, dans le Midi on commence à revenir à l'*Aramon* greffé sur racines américaines, parce que ce cépage produit plus abondamment que le *Jacquez;* ce mouvement ne manquera pas de s'accentuer.

Ce qui est vrai pour le Midi, sera encore plus vrai pour la Gironde. Le producteur aura assurément intérêt, non seulement dans le Médoc, mais même dans l'ensemble du département, à renoncer à la production abondante pour laquelle il ne pourrait lutter avec le Midi, en admettant l'emploi des producteurs directs, et à se consacrer plus spécialement à la production des vins fins ou bons ordinaires. Pour la quantité, les producteurs directs semblent même devoir être sensiblement inférieurs aux cépages français à grosse production actuellement cultivés dans la région.

Parmi les porte-greffes, deux se trouvent incontestablement au premier rang, le *Riparia* et le *York's-Madeira.* Ces deux cépages sont supérieurs à tous les autres parce qu'ils sont à peu près à l'abri des attaques du phylloxera. Nous ne voulons pas dire qu'on ne trouve jamais sur eux ni phylloxera ni traces de piqûres, mais on a beaucoup de peine à en trouver; et quand, après de nombreuses recherches, on parvient à rencontrer soit un insecte, soit une piqûre, il est facile de remarquer que les organes radicellaires ne présentent aucune lésion appréciable.

Le *Riparia* présente dans presque tous les sols une végétation luxuriante, mais il se plaît plus spécialement dans les terrains frais et profonds où il acquiert une vigueur vraiment extraordinaire. On a importé en France de nombreuses variétés qui diffèrent entre elles par des points insignifiants. Quelques botanistes, notamment M. Ganzin et M. le Dr Despetis, ont cherché à les différencier et à les classer. Mais ces efforts, pour si louables qu'ils soient, n'intéressent pas la culture.

Presque toutes les variétés, sauf pourtant quelques-unes chétives et mal venues qu'il est facile d'éliminer, peuvent être utilement cultivées ([1]).

Le *York's-Madeira* offre une végétation moins luxuriante que le *Riparia,* mais il est aussi résistant que lui et pourra être plus utile-

---

([1]) Il n'est pas inutile de parler de divers cas de mortalité qui se sont produits sur des *Riparia,* chez M. Reich, à l'Armeillère, dans la Camargue. La Commission a constaté ces faits autour desquels on a fait quelque bruit; elle a vérifié que la mortalité était due à l'influence du sel marin et non à celle du phylloxera. Une souche mourante arrachée sous ses yeux a montré des racines très saines, sans aucune nodosité.

ment employé dans les terrains secs, calcaires et marneux, où le *Riparia* ne vient pas toujours très bien. Poussant moins puissamment que le *Riparia*, il devra être expérimenté dans les régions où, comme dans le Médoc notamment, l'usage s'est consacré de planter un très grand nombre de ceps à l'hectare.

Après ces deux porte-greffes on peut classer le *Solonis* et le *Vialla*, très beaux dans certains sols, le *Taylor* et le *Clinton*. Ces deux derniers cépages, qui avaient été tout d'abord plantés en grande quantité, ont été abandonnés par nombre de personnes, parce que leurs racines se chargent de phylloxeras. Sans vouloir contester leur mérite et sans entrer dans les discussions qu'ils ont provoquées, nous estimons qu'il y a lieu d'employer de préférence le *Riparia* et le *York*, qui, de l'avis unanime, sont considérés comme supérieurs.

Il est un autre cépage, le *Rupestris*, qui n'est pas encore sans doute suffisamment étudié, mais qui est appelé à rendre peut-être de bons services dans les sols calcaires et secs. Partout où nous l'avons rencontré, surtout dans les terrains les plus secs, il avait une belle tenue. Il prend très bien la greffe et sera peut-être un porte-greffe excellent.

M. Planchon recommande aussi le *Berlandieri* et le *Mustang*, mais le *Berlandieri* paraît un peu inférieur en vigueur au *Riparia*, et le *Mustang* prenant difficilement de bouture ne pourrait, ses qualités fussent-elles admises, n'être par suite de cette circonstance que d'un faible secours.

Du greffage.

Reconstituer l'ensemble du vignoble français à l'aide de vignes américaines sur lesquelles on grefferait ensuite les variétés françaises, eût pu paraître il y a quelques années à peine une idée complètement chimérique, dont la mise en pratique eût été au-dessus des forces de la viticulture. Et pourtant aujourd'hui cette idée est accueillie par un grand nombre de bons esprits, bien plus elle est déjà réalisée en grand dans certains domaines du Midi, et sur de plus petites surfaces dans la Gironde. Nous avons cité précédemment les greffages de MM. de Turenne, Gaston Bazille, Mme la duchesse de Fitz-James, dans le Midi; MM. Coulon, Mazeau, Mme Ponsot et M. Piola, dans la Gironde. Il y en aurait bien d'autres à citer. C'est que les idées justes font rapidement leur chemin dans les esprits des hommes sous l'aiguillon de la nécessité.

Il ne faudrait pas croire cependant que la question du greffage soit complètement tranchée. On peut dire seulement qu'elle est résolue dans son ensemble; mais elle est tellement complexe qu'il y a encore de nombreux points de détail à élucider. Les résultats précieux obtenus en si peu de temps, quelques années à peine, permettent d'avoir l'assurance que les inconnues qui restent encore sur quelques points de détail ne tarderont pas à être dégagées.

La greffe est une opération qui doit, lorsqu'elle est bien faite, nécessairement réussir; un jour viendra qui n'est pas loin où on agira avec certitude.

Dans la région méridionale, après quelques tâtonnements, on est arrivé à un procédé qui pourra peut-être être amélioré, mais qui, d'ores et déjà, donne des résultats pratiques très satisfaisants. On plante en boutures les porte-greffes, les *Riparia* de préférence, à 1^{m}50 ou 2 mètres de distance, et on les greffe l'année suivante par la méthode dite en *fente pleine*. Ce procédé, quand il est pratiqué avec soin, réussit, suivant les opérateurs et les diverses circonstances atmosphériques, dans la proportion de 60 à 95 0/0.

L'examen que nous avons fait attentivement des greffes, nous a convaincus que la soudure était parfaitement faite. Les nouvelles couches de bois, en se superposant aux anciennes, viennent recouvrir complètement les blessures faites à la plante pour l'opération.

Le procédé de greffage en *fente pleine* est bien simple, il consiste à couper le porte-greffe d'un an, au ras du sol ou à quelques centimètres au-dessus, pour éviter plus tard l'affranchissement du greffon, à fendre le sujet par le milieu et à insérer dans la fente ainsi obtenue un greffon exactement de même grosseur taillé en double biseau. On lie ensuite avec du raphia ou de la ficelle et on recouvre avec de l'argile.

Ce procédé, beaucoup plus simple et par suite plus expéditif et moins coûteux que la greffe anglaise, a paru donner de meilleurs résultats dans le Midi, et semble devoir lui être généralement préféré.

Il n'a pas, croyons-nous, été expérimenté d'une manière complète dans notre région où, à cause de la quantité de pluie qui tombe au printemps, il ne réussirait peut-être pas aussi bien. L'état hygrométrique de l'air exerce une influence considérable sur le succès des greffes.

On a eu recours, il est vrai, à la greffe en fente, mais on l'a pratiquée latéralement sur des sujets plus âgés, partant plus gros,

et en employant des greffons d'une dimension moindre que le
porte-greffe. Dans ce cas, le greffon ne parvient jamais à recouvrir
complètement la section du porte-greffe et il ne fait qu'imparfaitement corps avec lui; on n'obtient ainsi qu'une plante mal
constituée. Ces résultats fâcheux avaient contribué à discréditer,
et à bon droit, la greffe en fente. Ils ne se produisent pas dans
la greffe en fente pleine. La juxtaposition du greffon au porte-
greffe est parfaite, les écorces se rejoignent des deux côtés, et
la soudure ne se révèle que par un renflement plus ou moins
considérable, mais indifférent à la santé de la plante.

Ce procédé mérite d'être expérimenté dans notre région. La
greffe en place, quand elle réussit, est à coup sûr la meilleure; on
évite ainsi les diverses transplantations qui entraînent toujours une
perte de temps.

Malheureusement il est à craindre qu'en raison de la grande
instabilité de la température au printemps, la greffe en place
ne puisse pas généralement être pratiquée dans notre région. Aussi
jusqu'à présent semble-t-on devoir donner la préférence à la greffe
sur table mise d'abord en pépinière, pour n'être mise en place que
lorsque la soudure est complète. Ce procédé est peut-être plus long;
mais il est aussi plus sûr. On peut ainsi choisir ses greffes et ne
mettre en place que des ceps parfaitement constitués. Certains
pratiquent, il est vrai, la greffe sur racinés mis immédiatement
en place, pendant qu'on met en pépinière des greffes destinées à
combler les lacunes que pourrait dès la première année présenter
la plantation.

Peut-on greffer sur simples boutures, ou vaut-il mieux au contraire
faire la greffe sur pieds racinés? C'est là une question qui semble
aujourd'hui résolue. On admet, sauf quelques avis dissidents, que
la greffe-bouture doit être abandonnée. Elle donne, en effet, un
nombre infiniment moindre de réussites que la greffe sur racinés, et
les soudures sont bien moins bonnes. Cela résulte tant des diverses
constatations faites précédemment dans les divers concours que de
celles auxquelles s'est livrée la Commission. A défaut d'expérience,
le raisonnement pourrait conduire à cette conclusion. Comment
admettre, en effet, qu'une bouture pourra à la fois parer à la formation de ses racines et à la cicatrisation de ses plaies? N'est-ce pas
trop lui demander à la fois?

La greffe bouture sur bouture a été pratiquée en grand par
MM. Ribot et Mazeau, ainsi que nous l'avons indiqué. Le premier a

employé la greffe à l'anglaise; le second a eu recours à la *greffe à cheval* renversée. Cette greffe n'est autre que la greffe en fente pleine décrite plus haut, avec cette différence pourtant qu'au lieu de faire une simple fente dans le porte-greffe, l'opérateur l'évide en enlevant une portion de bois en forme de coin, de telle sorte que le greffon taillé en double biseau vient sans forcer combler le vide ainsi obtenu. Chez les deux opérateurs un examen très attentif a établi une réussite de 50 0/0, et encore la moitié de celles-ci seulement étaient-elles irréprochables, ce qui réduit la réussite complète au chiffre de 25 0/0.

Dans les pépinières de Mme Ponsot, au contraire, qui a fait pratiquer la greffe anglaise sur boutures racinées, toutes ou presque toutes (90 à 95 0/0) étaient soudées. Et l'examen minutieux des soudures a révélé une proportion de 60 0/0 pour les greffes irréprochables. Les greffes sur racinés donnent donc 60 0/0 d'excellentes greffes, pendant que par la greffe sur boutures on n'en obtient que dans la proportion de 25 0/0. Les résultats auxquels est arrivée votre Commission, qui ne font du reste que confirmer les constatations précédentes, semblent donc devoir trancher définitivement la question et faire donner la préférence à la greffe sur racinés.

Il est juste pourtant de faire remarquer que la Commission s'est montrée très sévère dans l'examen des greffes et que beaucoup qui, au moment de la vérification, n'étaient pas complètement soudées, auraient pu l'être à la fin de la saison; mais la rigueur ayant été la même pour les trois procédés, la conséquence qu'on en tire doit être maintenue et la supériorité accordée à la greffe sur racinés.

Il importe de ne pas passer sous silence un procédé employé par M. Lelais, jardinier de M. Piganeau, à Blanquefort. Ce procédé, employé déjà depuis deux ans, paraît mériter d'être signalé, surtout dans la Gironde. Les greffes sont faites à l'anglaise, sur racinés d'un an, dans le courant du mois de mars, et mises dans des châssis vitrés garnis de sable, sous lesquels on a placé, pour produire la chaleur suivant le système employé pour faire les couches, une certaine quantité de fumier. La végétation des greffes se trouve ainsi considérablement avancée par la chaleur artificiellement produite, et dès le mois de mai elles présentent une pousse d'environ 30 à 40 centimètres: c'est alors qu'on les enlève des châssis pour les mettre en place. La soudure est complète ou presque complète et pourra en tout cas se parfaire plus tard. En procédant ainsi, on peut gagner presque une année. On a ensuite l'avantage d'avoir les greffeurs disponibles

lorsque viennent le mois d'avril et le mois de mai et que doivent se
faire les greffes sur place ou en pépinière. Pour faciliter la reprise
lors de la transplantation des châssis dans la vigne, il est essentiel
d'enlever le limbe des feuilles les plus grandes et de ne laisser que les
jeunes feuilles de l'extrémité du rameau. La jeune greffe mise ainsi
en place continue en plein air, sans interruption, la végétation
commencée sous les châssis. Les résultats obtenus par M. Piganeau
sont là pour démontrer le mérite du procédé. Sans doute l'intervention du jardinier est nécessaire, mais, moyennant ce, nous l'espérons,
de bons résultats seront obtenus. Et d'ailleurs le viticulteur ne doit-
il pas être aujourd'hui chimiste, mécanicien, etc.? Pourquoi ne
serait-il pas encore jardinier si son intérêt l'exige?

On ne saurait trop recommander à ceux qui veulent créer un
vignoble greffé sur américain, de n'employer pour la plantation
que des greffes excellentes, en éliminant avec soin celles qui sont
imparfaites. La création d'un vignoble est une entreprise de très
longue haleine, et rien ne doit être négligé si l'on veut qu'il
fournisse une longue carrière. C'est pour avoir employé de mauvaises greffes que certaines personnes ont éprouvé des échecs qui
les ont découragées. Une greffe bien constituée ne peut se décoller;
les nouvelles couches viennent se superposer aux anciennes et
augmenter tous les ans la solidité de la soudure. Au point de
jonction, le cep présentera une solidité et une force de résistance
égales, sinon supérieures, à celles du reste de la plante. La
Commission a vu chez M. Pagézy, à Montpellier, et chez M. Giraud,
à Pomerol, des greffes de cinq ans qui, bien prises au début,
n'avaient éprouvé depuis aucun accident.

Si l'opération du greffage présente de nombreuses difficultés
qu'il serait inutile de chercher à dissimuler, elle n'est pas non
plus sans présenter quelques avantages. Le greffage a pour résultat
immédiat de hâter la production du raisin. Dès la seconde feuille,
les greffes commencent à produire, et le viticulteur trouve dans
cette vendange hâtive une certaine compensation des frais qu'il a
pu faire.

La greffe n'aura-t-elle pas en outre pour résultat d'augmenter,
d'une façon continue et permanente, la puissance productive des
ceps? Tout tend à le faire admettre, et c'est l'avis presque général
de ceux qui ont des vignes greffées en production depuis déjà
plusieurs années. C'est, du reste, un fait d'observation depuis

longtemps admis par les arboriculteurs, qu'un arbre greffé est plus productif que le même franc de pied. Mais l'expérience, en ce qui concerne la vigne, n'a pas encore une durée suffisante pour qu'on puisse tirer une conclusion définitive. Nous pouvons cependant dire dès aujourd'hui, parce que nous l'avons constaté, que les vignes greffées sur *Riparia* présentent une végétation plus forte que celle d'une même vigne du même âge vivant sur ses propres racines, et presque tous ceux qui ont pratiqué la greffe, ont le ferme espoir d'obtenir ainsi une production supérieure.

HYBRIDES

On doit s'y attendre, il faudra beaucoup de temps pour faire admettre dans la pratique usuelle le greffage, qui sera toujours une opération jugée assez difficile et quelque peu coûteuse; aussi serait-il fort avantageux de posséder des cépages dont les racines résisteraient au phylloxera, tout en produisant en abondance des raisins aptes à la fabrication du vin. Les Américains, après avoir vainement cherché à cultiver nos cépages français, qui succombaient chez eux, sans doute sous les étreintes du phylloxera, sans que pourtant ils en connussent la cause, se sont efforcés d'obtenir par l'hybridation, des vignes américaines et des vignes françaises, des cépages réunissant à la résistance des unes la finesse du produit des autres. C'est une entreprise qui n'est pas sans difficulté; mais qui peut dire que la tâche soit impossible? Déjà les efforts des Américains ont obtenu des résultats qui, pour n'être pas définitifs, méritent d'être mentionnés.

En France, dans une voie quelque peu différente, un viticulteur des plus intelligents, M. Bouschet de Bernard, dont nous avons à déplorer la perte, n'a-t-il pas singulièrement amélioré par l'hybridation nos variétés françaises et obtenu entre autres deux cépages à jus rouge, déjà presque généralement adoptés dans le midi de la France et qui commencent à se propager dans la Gironde?

Les résultats obtenus jusqu'à ce jour sont de nature à encourager les efforts. Il y a toute justice à nommer M. Millardet, professeur à la Faculté des sciences de Bordeaux, qui, le premier, a signalé quelques-uns, et non les moins intéressants, de ces hybrides à ceux qui, sur le terrain de la pratique viticole, accueillent volontiers la science comme auxiliaire de leurs études et de leurs travaux. Des praticiens habiles, MM. Guiraud, Reich, Lespiault et Piola, dont nous avons visité les riches collections, poursuivent ces difficiles recherches avec un dévouement digne d'éloges. Il n'est pas inutile de citer ici les hybrides les plus recommandables déjà expérimentés et dont quelques-uns sont déjà entrés dans le domaine de la grande culture.

L'*Othello*, hybride rouge, est expérimenté depuis six ans par M. Guiraud, de Nîmes, qui le cultive sur une assez grande échelle, et par MM. Piola, Lespiault et Reich. Ce cépage résiste bien au phylloxera, prend aussi aisément de bouture que les variétés françaises et est très productif. Le raisin, très coloré, très légèrement foxé, est suceptible de produire un vin d'une bonne qualité.

Le *Canada* et le *Brandt* sont deux hybrides que nous avons trouvés dans les collections de MM. Guiraud, Reich, Piola et Lespiault où nous avons pu déguster leurs fruits. Le raisin est entièrement dénué de goût foxé et ressemble un peu aux meilleurs fruits de la vigne française. Ils prennent, comme l'*Othello*, très aisément de bouture, mais sont pour le goût du fruit très supérieurs à celui-ci. Il est vrai de dire qu'ils n'ont pas encore fait suffisamment leurs preuves, n'ayant pas encore été cultivés depuis assez longtemps ni sur d'assez vastes surfaces : mais ils méritent la plus sérieuse attention et doivent être essayés. Malheureusement ils sont assez rares, et il est difficile de s'en procurer.

Trois hybrides blancs nous ont semblé dignes d'être recommandés; ce sont : l'*Elvira*, le *Noah* et le *Triumph*. Les deux premiers, déjà suffisamment connus, sont cultivés sur d'assez vastes étendues. Leurs fruits, légèrement foxés, produiront un vin blanc qui sera surtout fort utile pour la fabrication de l'eau-de-vie. Nous avons dégusté, chez M. Lespiault, à Nérac, une bonne eau-de-vie faite avec du vin d'*Elvira*. La production en est très abondante. Des raisins cueillis sous nos yeux sur un cep d'*Elvira* âgé de trois ans, venu de greffe sur une vigne française âgée de douze ans, ont atteint le poids de 15 kilog. 125. La maturité est hâtive.

Le *Triumph* paraît devoir être plus remarquable encore. La production en sera très probablement plus considérable et le fruit est exempt de tout goût foxé. Il mûrit à peu près à la même époque.

Ce dernier cépage est malheureusement encore assez rare, mais les détenteurs ne manqueront pas de les propager rapidement et par les procédés les plus expéditifs.

De nouvelles recherches sont poursuivies activement en Amérique et en France; nous avons lieu d'espérer qu'elles seront couronnées de succès.

« Ce n'est pas, dit M. Ganzin (¹), le travail d'un jour, c'est une œuvre sérieuse, de longue haleine, qui reste étrangère à la satisfaction des nécessités urgentes du moment. Nous travaillons pour l'avenir; j'en ai le ferme espoir, nous ne travaillerons pas en vain. Et si d'autres fléaux, si ces microscopiques végétations cryptogamiques dont le parasitisme peut devenir redoutable, ne cédaient pas à l'application de nos traitements restés impuissants, peut-être des espèces réfractaires à ces nouveaux ennemis nous fourniraient-elles par l'hybridation le moyen de continuer la précieuse et nationale culture de la vigne. L'homme par la volonté et l'intelligence doit triompher — soit qu'il les tourne, soit qu'il les supprime — des obstacles qu'incessamment les forces naturelles font surgir devant lui. »

Culture de la vigne dans les sables.

Dès l'apparition du phylloxera on remarqua que certains terrains paraissaient peu favorables à la propagation de l'insecte, tandis que dans d'autres la marche du fléau était extrêmement rapide, presque foudroyante. — Le temps n'a fait que confirmer cette observation. Aujourd'hui encore on peut voir au milieu d'une contrée entièrement dévastée des surfaces, véritables îlots, hélas! bien peu étendues, épargnées comme par miracle. Les sables possèdent, il est vrai, cette précieuse propriété. Aussi les cultures dans le sable se sont-elles multipliées. On a vu des terrains, précédemment sans valeur, acquérir dans ces dernières années, grâce aux avantages qu'ils offraient pour la culture de la vigne, une valeur relativement considérable.

Comment expliquer cette action répulsive du sable? Dans quelle proportion le sable doit-il entrer dans la composition du sol pour produire cet heureux résultat? Il n'a pas été jusqu'à ce jour possible de répondre d'une façon précise à ces questions, et pourtant cela eût été bien utile pour épargner des mécomptes à ceux qui voudraient entreprendre la culture de la vigne dans les sables.

La Commission n'apporte pas de réponse sur ce point. Elle s'est bornée à constater de nouveau ce qui avait déjà été observé avant elle. Les vignobles établis tant dans les sables du Libournais, chez MM. Piola, Giraud et autres, qu'aux environs d'Aigues-Mortes, chez

(¹) Victor Ganzin, *Revue scientifique*, 30 juillet 1881, p. 143 : *Hybridation artificielle.*

M. Hilarion Gros, etc., présentent à l'œil une très riche végétation qui indique assurément que le phylloxera n'existe pas sur les racines.

Il ne faudrait pas croire pourtant que toutes les vignes des sables soient indemnes. Chez M. Giraud, de Pomerol, la Commission a, sur les indications du propriétaire, constaté les traces du phylloxera en abondance dans une vigne plantée dans un terrain très sablonneux. L'insecte y a fait d'assez grands ravages dans l'année 1880; le mal ne s'est guère aggravé en 1881 après une application de sulfure de carbone.

L'analyse d'échantillons du sol pris au milieu de la tache, faite par M. Falières, de Libourne, dont la compétence est bien connue, a donné les résultats suivants :

Cailloux d'un diamètre supérieur à 1 millimètre.....	8,5
Sable siliceux d'un diamètre inférieur à 1 millimètre .	75,5
Sable calcaire	1
Argile et humus	15
Total..........	100

Il n'est pas sans intérêt de rapprocher ces chiffres de ceux fournis par l'analyse que MM. Boyer et Muntz ont faite en 1878 des sables d'Aigues-Mortes :

Sable siliceux	de 68 à 72 0/0
Sable calcaire et phosphaté	de 16 à 18 —
Argile et humus..........................	de 10 à 15 —

« Aigues-Mortes est situé à quatre kilomètres de la Méditerranée, dans un terrain sablonneux sur lequel s'élèvent de petites dunes en sable littéralement pur qui, après nivellement, forment un sol placé à 1m50 au-dessus du niveau de la mer; le sable est généralement très maigre, mais il est susceptible d'amélioration, surtout quand il n'est pas trop salé et qu'il repose sur un fond d'eau douce qui maintient pendant l'été une bienfaisante fraîcheur.

» Autrefois, on y cultivait la garance, et peu à peu on y introduisit quelques pièces de vignes qui formaient, il y a quinze ans, une étendue de 80 hectares environ. La culture exigeait de grands fumages, les terrains étaient sans valeur : ils se vendaient parfois 150 francs l'hectare; ils valent aujourd'hui de 5,000 à 6,000 francs plantés en vigne.

» Il y a neuf ou dix ans, frappés de voir la résistance des anciennes vignes d'Aigues-Mortes, les viticulteurs y transportèrent leurs cépages du pays, afin de les conserver et de les retrouver lorsque le moment de la reconstitution serait arrivé. Ces premiers essais ayant pleinement réussi, on a planté en grand, et aujourd'hui on convertit en vignes tous les sables qui en sont susceptibles.

» Les premières années de plantation sont difficiles; le vent violent de la mer et surtout le mistral sont de grands ennemis; ils enlèvent le sable et déracinent les pieds. Pour obvier à cet inconvénient, on couvre le sol d'un paillage de jonc qu'on enterre légèrement.

» La vigne y pousse d'abord assez faiblement; mais, grâce à des fumages répétés, grâce aussi à la fraîcheur du sable en été, elle atteint au bout de quatre à cinq ans une vigueur superbe, se charge de raisins magnifiques et produit des récoltes de 80 à 100 hectolitres à l'hectare, qui se vendent de 20 à 22 francs l'un. Tels sont les superbes résultats que nous avons vus dans la propriété de M. Hilarion Gros, au Mas de Corbières, à Aigues-Mortes.

» Le sable de dune, celui qui n'a reçu encore aucune culture, est littéralement pur, et c'est à celui-là que s'applique ce que nous venons de dire.

» Le sable où on a cultivé la garance est beaucoup plus fertile; la vigne y pousse mieux et ne se fume que tous les trois ou quatre ans. Si le terrain contient du sel en excès, il devient mauvais pour la viticulture; car lorsque, par suite de différentes circonstances atmosphériques, ce sel remonte à la surface du sol, il foudroie les ceps qui se trouvent sur ces fonds salés.

» Nous avons vu à Aigues-Mortes des vignes de vingt-cinq ans qui n'ont pas la moindre tache phylloxerique et qui sont luxuriantes; les nouvelles plantations ont dix ans ([1]). »

Ce que disait notre collègue M. Paul Skawinski en 1878, si exactement et en si excellents termes, est encore vrai aujourd'hui. Les vignes n'ont pas chancelé. Encouragé par ce succès, M. Hilarion Gros défriche et nivelle chaque année de nouvelles landes pour y planter des vignes qui sont riches de promesses.

La Commission a également visité, toujours dans les sables, non loin d'Aigues-Mortes, le vaste domaine de Saint-Jean, à M. de Roussel. Ce domaine, qui comprenait plus de 1,000 hectares autrefois en friches ou plantés de pins pignons, a été en partie défriché, soit par M. de Roussel qui a planté déjà près de

---

([1]) *Notes d'un voyage en Languedoc et en Provence*, par MM. William et Édouard Lawton, de Ferrand et Paul Skawinski.

200 hectares, soit par ceux qui ont acquis de lui à un prix assez élevé diverses parcelles.

La vigne, jeune encore, prospère très bien dans les endroits qui ont été nivelés avec soin et bien fumés. Il n'en est pas de même dans les parties où le nivellement a été mal fait. Les surfaces un peu hautes offrent aux yeux une végétation assez chétive, par suite peut-être de l'absence d'humidité, alors que dans les parties basses, partant plus fraîches, la végétation est plus vigoureuse.

Nous avons, là aussi, constaté la présence du phylloxera dans les endroits où, par suite de l'existence de l'argile, la terre devenait plus forte. On voit aussi, dans les sables, des places où la vigne est morte; mais il ne faut pas s'y méprendre, un examen même superficiel suffit pour convaincre bien vite qu'elle n'a succombé que sous l'action du sel marin, très abondant dans ce sol autrefois couvert par la mer.

La Commission a aussi admiré la magnifique et uniforme végétation des vignes plantées près d'Aigues-Mortes, le long du canal de Beaucaire, appartenant à M. Aguillon, maire d'Aigues-Mortes, et à M. Philippe. Plantées dans un terrain bien nivelé et bien fumé, elles peuvent fournir une production qu'on n'évalue pas à moins de 150 à 200 hectolitres à l'hectare. La présence du phylloxera n'y a pas encore été signalée.

Aux portes d'Aigues-Mortes, au contraire, la Commission, invitée par M. Gibelin à examiner une vigne dépérissant par places dans un sol sablonneux, n'a pas eu de peine à trouver de nombreux insectes sur plusieurs souches déjà chancelantes. La constitution du sol ne nous est pas connue, l'analyse n'en ayant pas été faite, mais il nous a paru renfermer à l'œil plus de 60 0/0 de sable.

Tel est le résumé, que nous nous sommes efforcés de faire aussi fidèle que possible, des travaux et des constatations de votre Commission. L'importance et la difficulté de notre tâche ont été constamment présentes à notre esprit.

Puisse ce modeste mais consciencieux travail donner quelque espoir à ceux qui voient tous les jours avec douleur dépérir leur vignoble. Puisse-t-il leur suggérer la pensée d'imiter, ne fût-ce qu'à titre d'essai et sur de petites surfaces, les exemples que nous avons signalés. Il y va de la fortune des pays viticoles, aujourd'hui si compromise.

Si les espérances que nous avons fondées ne sont pas décevantes, la France, grâce à un suprême effort, dont nous mesurons toute l'étendue, peut envisager l'avenir avec confiance; elle ne sera plus menacée de voir tarir dans sa production vinicole l'une des sources les plus importantes de sa richesse publique et privée. Ceux qui par leur exemple auront tracé la voie, auront le mérite d'avoir concouru dans la mesure de leurs forces à la prospérité et à la grandeur économique du pays.

CONCLUSIONS

La vigne française succombe partout sous les atteintes du phylloxera, quand elle n'est pas soumise aux traitements de la submersion ou des insecticides, quelle que soit la nature du sol, sauf pourtant dans les terrains extrêmement sablonneux.

Les engrais les plus énergiques et les cultures les plus perfectionnées peuvent retarder quelque peu la destruction de la vigne, sans parvenir pourtant à l'empêcher.

Sable. — Les terrains sablonneux, dans certaines conditions d'humidité données, peuvent opposer un obstacle insurmontable à la propagation du phylloxera; mais pour qu'il en soit ainsi, il faut que le sable entre dans la composition du sol pour une proportion très considérable. La présence de l'insecte a été constatée en très grande quantité dans divers sols renfermant 75 0/0 de sable et 8 0/0 de petits cailloux.

Résistance des vignes américaines.—Les vignes américaines, quelles que soient les variétés, possèdent au contraire, à des degrés divers, une résistance relative, pouvant aller même jusqu'à l'immunité. Elles doivent être considérées comme un moyen sûr de reconstituer le vignoble.

Adaptation. — Il importe, dans le choix des cépages américains à cultiver dans chaque région, de tenir grand compte de l'adaptation en prenant en sérieuse considération le climat, l'état hygrométrique de l'air, la nature et l'état du sol, l'exposition, etc.

Porte-greffes. — Les vignes américaines doivent, surtout dans la Gironde, être plus spécialement utilisées comme porte-greffes, pour permettre de produire la même qualité de vin que par le passé.

Les meilleurs porte-greffes sont le *Riparia* ou ses diverses variétés et le *York's-Madeira;* ces deux cépages peuvent pratiquement être considérés comme indemnes.

Greffage. — Le greffage de vignes françaises sur racines américaines nous paraît un moyen maintenant assuré de reconstituer nos vignobles.

La greffe faite sur sujets en place est celle qui donne le plus vite les meilleurs résultats, et doit être pratiquée quand elle réussit en proportion suffisante. Dans le Midi, faite en *fente pleine* sur sujets d'un an, elle a donné des réussites variant de 60 à 95 0/0.

Dans la Gironde, la greffe sur place paraît avoir en général imparfaitement réussi. On semble devoir lui préférer la greffe sur table, faite sur racinés, et remise en pépinière.

Les greffes se font généralement à l'anglaise et en *fente pleine* sur sujets d'un an.

Vu les bons résultats obtenus dans le Midi, la greffe en *fente pleine* simple, expéditive, pratique en un mot, mérite d'être employée en Gironde.

La plantation immédiate des greffes faites sur table, avant la reprise en pépinière, donne des résultats incomplets.

La greffe de bouture sur bouture donne un nombre trop restreint de réussites et des racines insuffisantes pour être pratiquée utilement par le propriétaire.

Les vignes greffées produisent plus tôt, peut-être même produiront-elles en plus grande quantité.

Ligature et enduits. — La ligature se fait généralement avec du raphia légèrement sulfaté ou avec de la ficelle. L'argile humide est le meilleur de tous les enduits.

Producteurs directs. — Certains cépages américains donnent en quantité suffisante un vin net de goût qui peut être introduit avec avantage dans les vins ordinaires de notre région.

Les meilleurs producteurs directs sont l'*Herbemont* et le *Jacquez.*

L'*Herbemont* paraît être le plant de choix de la région du Sud-Ouest; sa végétation y est plus vigoureuse que dans le Midi. La feuille est saine et à peu près exempte de toute végétation cryptogamique. Les fruits sont abondants, ne coulent pas, font un vin supérieur en qualité, mais inférieur en couleur et alcool à celui du *Jacquez.*

Le *Jacquez*, resplendissant dans le Midi, a assez généralement souffert, cette année, dans le Sud-Ouest de l'anthracnose et du mildew.

Le *Norton's-Virginia* et le *Cynthiana*, qu'il est difficile de distinguer, végètent également très bien dans certains terrains de la région, produisent un vin de bonne qualité et de rare coloration. Ils pourront être cultivés quoique produisant insuffisamment, à cause de la coloration intense.

Le *Black-July*, non encore cultivé en grand, donne en quantité suffisante un raisin d'un rouge brillant et sans goût foxé. Il rendra probablement des services comme producteur direct.

Le *Cunningham* mûrit tardivement.

Hybrides. — Parmi les hybrides, on doit signaler plus particulièrement l'*Othello*, le *Brandt* et le *Canada* pour les vins rouges; l'*Elvira*, le *Noah* et le *Triumph* pour les vins blancs.

Les Membres de la Commission :

MM. LESPIAULT, *Président.*

PIOLA, *Vice-Président.*

L. GACHASSIN-LAFITE, *Secrétaire, Rapporteur.*

J. DAUREL,
ESCARPIT,
MILLARDET,
Paul SKAWINSKI, ⟩ *Membres.*
FROIDEFOND,
DELBRUCK,
LADONNE,

RAPPORT

DE LA

COMMISSION SPÉCIALE

chargée d'examiner les questions n'entrant pas dans le cadre des Rapports précédents,

au nom d'une Commission

Composée de MM. Micé, *Président, Rapporteur;* Bernède, *Vice-Président;* Labrunie, *Secrétaire;* le professeur Pérez, *Secrétaire adjoint;* R. Dezeimeris, A. Ladonne, de Ferrand et Skawinski père, *Membres.*

Comme vous le savez, Messieurs, la *Commission spéciale,* instituée par le Comité d'organisation du Congrès, avait pour devoir de donner suite à toutes les communications reçues d'avance et ne rentrant ni dans les attributions de la *Commission de la submersion, du sulfure de carbone et des sulfo-carbonates,* ni dans celles de la *Commission des vignes américaines et des sables.*

Les deux groupes dont je viens de rappeler les noms devaient préparer la discussion des points pratiques de la question phylloxérique, de ceux tout au moins qui ont définitivement attiré l'attention des viticulteurs, et, pour laisser à cette discussion le maximum de temps, nous, Commission complémentaire, nous étions chargés de juger, et de juger en dernier ressort, les travaux étrangers à ces points pratiques de haute notabilité. Notre rapport, après lecture en séance, n'était susceptible d'aucune discussion au sujet de ses conclusions; ce rapport devait être le seul travail répondant à la partie du programme libellée : *Autres points de la question phylloxérique,* et notre omnipotence était telle que, si les articles 26 et 27 du Règlement nous donnaient des raisons (remèdes secrets, vues de l'esprit) pour éliminer divers travaux, l'article 28 nous permettait de procéder, au besoin, à ces éliminations sans fournir de raisons (celles-ci étant susceptibles de nuire à la considération intellectuelle des personnes qu'elles pourraient viser).

C'est avec la conscience de la gravité de notre mission, — mission qui, vis-à-vis de quelques-uns, nous substituait au Congrès même, en ne permettant aux auteurs d'idées nouvelles de soutenir celles-ci que devant nous, — que nous avons abordé le volumineux dossier mis en nos mains par le Secrétariat. Nous avons opéré un premier triage à la suite duquel certaines communications ont été admises au bénéfice de l'audition de leurs auteurs. Ceux-ci, dûment convoqués, ont pu fournir des explications complémentaires dans une séance qui leur a été spécialement consacrée. Le tamisage définitif a été ensuite accompli.

Nous avons observé toutes les prescriptions du Règlement, à une seule près : c'est celle concernant la date du dépôt des mémoires. Il était si grave d'empêcher des personnes venues de loin et ne connaissant qu'imparfaitement les clauses et conditions du Congrès de prendre la parole dans nos grandes assises, qu'il nous a semblé équitable de leur permettre, au moins, de s'expliquer devant la *Commission spéciale*. Celle-ci s'est donc, jusqu'au dernier moment, déclarée en permanence, et il y a eu bureau ouvert pour tous les écrits, toutes les propositions envoyées au Congrès, jusques et y compris la veille du jour de la présentation du rapport.

Quatre-vingt-huit communications nous ont été adressées. Voici le sort que nos votes leur ont assigné :

6 ont été éliminées comme parlant du traitement insecticide d'autres plantes que la vigne et ne justifiant pas même toujours, d'une façon sérieuse, l'efficacité de ce traitement;

19 ont eu à subir l'application de l'article 26 du Règlement (article concernant les méthodes tenues secrètes ou incomplètement exposées);

38 ont été mises de côté en vertu de l'article 27, le traitement qu'elles avaient pour but d'exposer n'étant nullement justifié par l'expérience ou ne l'étant pas suffisamment;

6 contrevenaient à la fois à l'article 26 et à l'article 27;

2 signalaient des vérités vieilles comme la viticulture en nous disant que la fumure est utile aux vignes, et que des vignes bien fumées sont moins endommageables par le phylloxera que des vignes laissées sans engrais;

1 (Une seule! vous voyez, Messieurs, que nous n'avons pas abusé de notre pouvoir discrétionnaire) a été éliminée en vertu de la latitude laissée à la Commission par les articles 28 et 29;

Enfin 16 communications vont être, avec plus ou moins de détail, portées à votre connaissance.

Voici la classification que nous croyons devoir établir dans ces 16 communications :

Pathologie générale de la vigne	1
Procédés se rapprochant plus ou moins de la submersion	2
Engrais (marin, humain)	2
Agent souterrain à mode d'action spécial (poudre Garros)	1
Insecticides pour traitement souterrain :	
Cité malgré l'article 26.......................... 1	
Cités malgré plus ou moins de dérogation à l'art. 27.. 5	8
Remplissant toutes les conditions voulues par le Règlement.. 2	
Méthode de traitement aérien.......................	1
Insecticide administré à l'intérieur.................	1

TOTAL égal...   16

§ I. — Pathologie générale de la vigne.

Un ancien professeur d'école agronomique autrichienne, M. Przécizewski, a fait en Vaucluse, pendant plus de deux ans, des observations et des expériences. Il a trouvé des racines et des feuilles de vigne qu'un contact de 2 ou 3 jours avec l'eau n'altère point et qui ne troublent pas la limpidité de celle-ci, — et des racines et des feuilles qui, au contraire, dans les mêmes conditions, cèdent à l'eau une substance jaunâtre (que l'eau de chaux transforme en précipité jaune), pendant que la couleur verte et l'opacité des feuilles font place, sur un plus ou moins grand nombre de points, à des taches jaunes à peu près translucides. Les nodosités des racines et les galles des feuilles, détachées, se comportent comme les derniers organes appendiculaires signalés, et les feuilles à galles laissées entières montrent constamment, à la suite de l'immersion et autour de chaque excroissance, une zone devenue jaune et par réflexion et par transmission. Voilà des faits positifs, des faits qui ont été reproduits devant nous.

L'altération par la pluie permet de même de faire dans les feuilles deux catégories, l'eau du ciel se comportant comme les eaux courantes ou comme l'eau distillée. L'auteur nomme *hydrophobes* les pieds ainsi profondément modifiés dans leurs feuilles par les eaux météoriques ou autres.

L'*hydrophobie* n'est ni un caractère d'espèce, ni un caractère de race, ni un signe certain de phylloxération actuelle. Mais elle serait, selon l'auteur, un signe de phylloxération prochaine.

C'est là une affirmation dont les preuves ne sont pas, selon nous, dans les mémoires de M. Przécizewski, pas plus dans celui qu'il a écrit à notre intention que dans celui qu'il a fait insérer dans les numéros des 30 septembre, 7, 14 et 21 octobre 1880 du *Progrès agricole et industriel d'Avignon* (ancien *Progrès séricicole de Valréas*). Du reste, ce n'est pas le seul écart du domaine expérimental auquel se livre l'ancien professeur autrichien : il a sur la nature des nodosités, sur celle des galles, sur les relations de ces excroissances avec le phylloxera, sur la théorie enfin de la maladie phylloxérique (théorie de phylloxera-effet dite *théorie de l'humus vivant*), des opinions que nous avons jugées tout aussi aventurées. Mais la conclusion pratique qui se dégage de tout cela n'a rien que de très recommandable, puisqu'elle consiste dans la prescription d'engrais potassiques (et spécialement de carbonate de potasse), engrais qui seront toujours un utile adjuvant.

Nous ne pouvions omettre de signaler à l'attention publique le fait curieux mis en lumière par M. Przécizewski, tout en ajoutant qu'il convient maintenant d'en rechercher la cause par des études méthodiquement dirigées.

§ II. — Procédés se rapprochant plus ou moins de la submersion.

1° M. Babin, *Obstacles à l'écoulement de l'eau fluviale.* — Sur un vignoble quelque peu incliné qu'il possède à Saint-Martin-de-Sescas, près Caudrot (Gironde), M. Babin a ménagé régulièrement un millier de trous par hectare, trous destinés à retenir un peu partout les eaux pluviales. La confection de ces fosses, capables de loger chacune une cinquantaine de litres de liquide, coûte environ 25 francs par hectare. Ce simple traitement, combiné avec de bonnes façons et de fortes fumures, aurait suffi, selon l'auteur, pour amener une grande amélioration dans l'état des vignes, depuis longtemps ravagées par le phylloxera.

2° M. Jules Maistre, *Irrigations d'été ou Système de l'eau en abondance et en profondeur.* — A Villeneuvette, près Clermont-l'Hérault, localité dans laquelle les ceps sont à une distance de 1^m50 dans tous les sens, M. Jules Maistre a fait creuser, au milieu de chacun des carrés constitués par 4 pieds, des fosses de 0^m40 un peu dans tous les sens, desservies par des rigoles dont la plus haute reçoit l'eau qui a été employée dans son usine de drap et fait écouler successivement cette eau sur tous les points du vignoble. Pour éviter l'évaporation de l'eau des fosses, il les recouvre de brindilles et frondaisons empruntées à ses garrigues, formant, avec ces paquets végétaux, des fagots liés qui bouchent à peu près exactement chacun des trous. Il fait circuler l'eau dans tout le système une trentaine de fois par an, c'est-à-dire une fois par semaine environ pendant la saison chaude, et il a ainsi relevé un vignoble très phylloxéré qui lui donne, depuis plusieurs années, de beaux revenus. Quand les obturateurs végétaux sont décomposés, on les remplace, en rejetant leurs débris au pied des souches, et, pendant que la souche profonde a amené le développement des racines assez basses, ces débris poussent à la formation des racines superficielles.

M. Maistre appelle son système, bien différent de la submersion, système de l'*irrigation* ou de l'*eau en abondance et en profondeur*.

M. l'inspecteur général Dupeyrat, spécialement envoyé à Villeneuvette par M. le Ministre de l'agriculture, aurait été très satisfait des résultats constatés là.

M. Maistre, avons-nous dit, emploie sur sa vigne, de préférence, l'eau qui a servi à son usine, particulièrement le résidu du lavage des laines. Le nom qu'il donne à sa méthode prouve qu'il ne fait pas grande attention à cette circonstance : nous rappelant les quantités de potasse qui existent dans le suint, nous pensons que cette fréquente circulation de *la dominante de la vigne* dans le vignoble n'est pas indifférente au résultat signalé.

§ III. — Engrais.

1º *Société des engrais et amendements marins.* — M. Garlandat, ingénieur-directeur de la Société des engrais et amendements marins, a appelé notre attention sur les diverses compositions réalisables avec les sables coquilliers des grèves, les crassats des fonds et les herbes échouées des plages. Pour faciliter les transports de ses compositions et de leurs matières premières, le chemin de fer de l'État les a admises au bénéfice du demi-tarif, et les Compagnies étudient cette question de réduction. Si elles la résolvent favorablement, les engrais marins circuleront en tous sens à raison de 0 fr. 015 à 0 fr. 025 la tonne et le kilomètre. La Société alors établira ses fabriques sur 20 ou 25 points (bien échelonnés) du littoral.

Les *fucus* contiennent, selon les espèces, 0,02 à 0,05 d'azote, 0,03 à 0,045 de potasse, 0,03 à 0,06 de chaux, 0,0086 à 0,0098 d'acide phosphorique. Les sables coquilliers agiront surtout à titre d'amendements. Les vases marines ont, en moyenne, 0,004 d'azote organique. Les débris de poissons, particulièrement ceux des squales que la Société pourrait acheter aux fabriques d'huile de foie, sont, en outre, à recommander à M. Garlandat.

Nous manquons de renseignements sur la composition des divers engrais que se propose de faire la Société, ainsi que sur les prix qu'elle établira pour chacun d'eux. Malgré cela, nous croyons devoir encourager tous les efforts ayant pour objet la restitution au sol des richesses enlevées par les produits vendus, et, comme les engrais marins (engrais potassiques) conviennent particulièrement à la vigne, comme il est logique de ramener de la mer aux terres les principes qui ont été conduits des terres à la mer, nous saluons, à ses débuts, une Société qui nous fera bénéficier de ce qu'on a appelé avec raison l'*inépuisable nourricerie,* une Société qui fournira à quantité de viticulteurs un précieux adjuvant du traitement insecticide.

2° *Engrais humain employé frais.* — Notre honorable collègue du Comité, M. Régis, ancien président de la Société d'Agriculture de la Gironde, a plusieurs fois appelé l'attention publique sur les bons effets de la *matière fécale humaine employée en vert* (engrais Moreau et Cⁱᵉ). Quoique personnellement édifiés à ce sujet, nous avons voulu donner au Congrès des renseignements tout actuels sur cette affaire, et trois d'entre nous, MM. Régis, Ladonne et Micé, se sont, dans ce but, le 8 octobre dernier, transportés dans l'Entre-deux-Mers, centre habituel d'utilisation de cette sorte de résidu de la ville de Bordeaux. Nous avons visité le vignoble de M. Miquel-Paris, à Quinsac, et celui de Mᵐᵉ veuve Journu, à Lignan, laissant de côté le domaine de M. Régis, à Carignan, puisque son propriétaire faisait partie de la Sous-Commission.

Voici le mode d'emploi du mélange liquide retiré des fosses, aujourd'hui presque toutes étanches, des maisons de notre ville : on creuse au pied de chaque cep une cavité capable de contenir aisément 9 et 10 litres de produit, et on y met l'engrais avec un arrosoir qui sert à la fois de mesureur et de moyen de transport de la tonne à chaque vigne. On fait cette opération soit en hiver, soit après la floraison ; on évite de la pratiquer au printemps pour ne pas hâter la fécondation et pour se donner ainsi plus sûrement la chance de la voir s'opérer en saison sèche. Au début, quand il s'agit de remonter des vignes très affaiblies, deux traitements peuvent intervenir dans la même année; mais un seul suffit ensuite. L'innocuité de la substance pour la plante est complète; la gêne pour les opérateurs, moindre qu'on ne pourrait le penser; l'influence exercée sur le bouquet et le goût du vin, inappréciable, comme nous nous en sommes assurés en dégustant les vins de l'année chez Mme Journu, en dégustant les vins de plusieurs années (et notamment le vin nouveau, produit là deux ou trois mois seulement après le traitement des vignes) chez M. Miquel-Paris. La coulure n'est nullement influencée par l'opération, quand celle-ci se fait bien aux moments plus haut indiqués; à égale nature de cépages, ce redoutable accident ne s'est pas montré plus intense chez M. Miquel-Paris que chez ses voisins.

M. Régis évalue comme il suit les dépenses exigées par l'emploi de ce traitement :

Un hectare de vignes de palus contient généralement, dit-il, dans la Gironde 2,400 pieds, et un hectare de vignes de côtes 3,600; moyenne : 3,000. Ces 3,000 pieds exigent, à raison de 9 litres par pied, 27,000 litres de liquide, et, comme celui-ci vaut 4 fr. les 1,000 litres, il y a, de ce chef, par hectare, une dépense de. . . . . .F. 108 »

Transport en cuves, par chemin de fer, à une distance moyenne entre celles des deux propriétés visitées. . . . . 27 »

Transport de la gare au vignoble, calculé sur une distance moyenne de 5 kilomètres, chaque charrette (dont le coût est de 10 fr. par jour) portant 7 barriques bordelaises pleines, soit 1,600 litres, et faisant deux voyages par jour, ci. . . . . 85 »

Usure du matériel. . . . . 5 »

3,000 cuvettes au pied des vignes, à 1 fr. le cent. . . . 30 »

Transport dans les vignes et épandage :

21 hommes, à 2 fr. l'un . . . . F. 42 » ⎫
21 litres de vin, à 0 fr. 40. . . . . . . 8 40 ⎭ 50 40

Fermeture des 3,000 cuvettes, à 0 fr. 50 le cent. . . . 15 »

TOTAL. . . . . F. 320 40

Il est évident qu'avec le puissant engrais qui nous occupe, toute autre fumure est inutile ; mais, malgré le travail opéré au pied des souches, le nombre des façons ne saurait être diminué, l'engrais humain mixte poussant fort à l'herbe.

La lutte contre le phylloxera est ici indirecte ; c'est en rendant les vignes extrêmement fortes qu'agit l'engrais Moreau ; il n'est que peu ou point insecticide, ainsi que nous nous en sommes assurés, dans notre course, chez Mme Journu en examinant les racines des vignes traitées il y a deux ans, chez M. Miquel-Paris en interrogeant le chevelu de ceps opérés depuis deux mois au plus.

Nous n'avons rien vu, jusqu'à ce jour, qui fût plus capable que l'engrais humain de remonter promptement des vignes à végétation extrêmement déprimée par la phylloxération. Si la méthode a quelque inconvénient, c'est probablement celui de pousser trop au bois, pas assez aux fruits ; nous n'en savons rien cependant (c'est une simple crainte que nous émettons), car les deux ou trois années qui viennent de s'écouler sont de celles sur lesquelles (vu les gelées d'hiver et de printemps, vu la coulure, la grêle) on ne peut baser le chiffre moyen de la production des vignobles de l'Entre-deux-Mers. — Il serait, dans tous les cas, par l'apport d'engrais complémentaires riches en phosphates et en potasse, facile de parer à cet inconvénient et d'avoir ainsi des vignes à la fois splendides comme végétation et comme production.

M. Mouillefert nous disait avant-hier, à propos du sulfo-carbonate de potasse, que, quand il ne suffisait pas à enrichir le sol, on devait recourir à des engrais de prompte assimilation, les engrais chimiques par exemple. Ce n'est pas parce qu'ils sont chimiques ou minéraux que ces engrais conviennent à un être épuisé comme l'est la vigne phylloxérée ; c'est parce qu'ils sont solubles, et, à ce titre, l'engrais humain employé en vert, quoique organique, est encore très vraisemblablement supérieur à ceux recommandés par l'honorable professeur de Grignon.

L'engrais dont nous nous occupons ne constitue pas une bien abondante ressource pour la viticulture ; mais, partout où il est utilisable, c'est-à-dire dans le voisinage des villes, ce serait une faute de ne pas l'employer. Aujourd'hui, du reste, l'Administration municipale de Bordeaux veille de plus en plus à la transformation des anciennes fosses à fond perdu en fosses étanches, chaque propriétaire est obligé de faire vidanger bien plus fréquemment, et le produit ainsi obtenu est plus abondant qu'autrefois. En revanche, et à égale imperméabilité des parois des fosses, ce produit ne vaut pas, agricolement parlant, ce qu'il valait jadis, à cause du délaiement produit par l'eau de la ville, eau qui, de nos jours, est partout distribuée avec abondance.

Si les villes fournissent ce puissant engrais aux campagnes, celles-ci, à leur tour, rendent aux premières le service de les débarrasser d'une substance dont la manipulation et la manutention dans les faubourgs sont la source de graves inconvénients.

§ IV. — Agent souterrain à mode d'action spécial.

La *poudre-Garros* est pour nous, Bordelais, une vieille connaissance. Les *Annales de la Société d'Agriculture de la Gironde* sont, à partir de 1877, remplis de rapports sur ses effets et sur la substance ou les substances auxquelles ils doivent être attribués. Il a été démontré qu'elle *américanise* (selon l'heureuse expression de M. Millardet, je crois) les racines des vignes françaises, amenant chez elles une astriction qu'a microscopiquement démontrée M. Froidefond et, comme conséquence, une cicatrisation des piqûres du phylloxera, cicatrisation qui empêche l'invasion de ces piqûres par le champignon spécial qu'a fait connaître l'honorable professeur de botanique de notre Faculté des sciences. C'est particulièrement au sulfate de cuivre (d'après les études de M. Laborde, de Blaye) que doit être attribuée l'action du mélange; aussi s'explique-t-on son insuccès relatif dans les sols calcaires, car il y a alors une double décomposition qui amène le cuivre à l'état de sel insoluble, c'est-à-dire non astringent.

Mais ce n'est pas seulement dans les sols à carbonate de chaux qu'échoue le mélange Garros; dans diverses natures de terrains il est tantôt efficace et tantôt inactif. Un de nos collègues du Conseil consultatif, l'honorable M. Falières, a recherché la cause de cette variation dans les effets : il a soumis à l'analyse chimique divers échantillons de terres de vignobles dont on avait observé la tenue en présence du mélange anti-phylloxérique, et il a trouvé, ce qu'explique parfaitement la grande solubilité des sels cuivriques dans les sels ammoniacaux, il a trouvé que, dans les sols démunis d'alcali volatil, l'élément vitriol bleu est décomposé par l'élément chaux, de sorte qu'on ne trouve pas de cuivre dans le produit de la lixiviation de la terre, tandis que la portion soluble de celle-ci contient du cuivre dans les sols possédant de l'ammoniaque. Ce cuivre contracte sans doute combinaison avec le tissu des nodosités et celui des radicelles, *tannant* en quelque sorte ces éléments organiques, car on ne le rencontre jamais dans la sève de la vigne.

La conclusion pratique qui se dégage des études de notre honorable collègue, c'est qu'il sera généralement avantageux de joindre des fumiers ou du sulfate d'ammoniaque au mélange préconisé par M. Garros. Malheureusement les engrais ammoniacaux sont de ceux qui remontent à la surface du sol et, pour les vignes en général, pour les vignes phylloxérées en particulier, il serait bon de pousser à la production de racines profondes par l'emploi d'azote nitrique. C'est ce qu'a déjà essayé de réaliser l'honorable inventeur, en ajoutant aux anciens composants de sa poudre une certaine quantité de nitrate de potasse. Nous sommes malheureusement dépourvus de renseignements sur les effets de cette *nouvelle poudre Garros*.

§ V. — Insecticides pour traitement souterrain.

1° *Insecticide cité malgré l'article 26 du Règlement.* — *L'huile* dite *mozambique,* ou l'huile anti-phylloxérique de M. ALEXIS ROUX, de Marseille, est un remède secret : nous avons, au moins, vainement parcouru, sans pouvoir en trouver la composition, et la note qui nous a été envoyée à son sujet par M. le Dʳ Adrien Sicard, et la brochure de 80 pages in-8° qui a été publiée sur son compte par M. Bouzon-Boyer, vétérinaire, et 20 numéros de la *Revendication,* journal de Marseille, qui semble avoir pris à tâche de la faire adopter puisqu'il contient chaque semaine un article qui lui est consacré.

Elle est formée d'huile de poisson et de diverses huiles végétales dans lesquelles on a fait digérer, à une température spéciale, « des racines et plantes vénéneuses anthelminthiques ». Quelles sont ces racines et plantes entières? On ne le dit pas.

Nous aurions pu, en conséquence, appliquer au remède de M. Roux l'art. 26 de notre Règlement. Si nous ne l'avons pas fait, c'est parce qu'il s'agit ici d'un procédé qui, malgré les réticences dont sa nature est l'objet, a réussi à acquérir une grande notoriété locale; quantité de propriétaires l'ont adopté tout autour de Marseille et déclarent s'en être fort bien trouvés; la Société d'Horticulture des Bouches-du-Rhône a fait visiter ces propriétés par une Commission, et le rapport de celle-ci a fait accorder à M. Roux une

médaille d'argent de 1ʳᵉ classe; le Comité central d'études et de
vigilance du département, saisi de la question, a chargé du même
examen le professeur Heckel et le Dʳ Sicard, et ces Messieurs ont
aussi conclu très favorablement.

Le mode d'application est très simple : on déchausse assez profondément en hiver, on enduit au pinceau toute la partie qui
restera dans la terre (en mettant un léger excès de liquide sur
celle-ci), et on rechausse. L'opération se fait en janvier ou en février;
un seul de ces traitements suffit pour l'année.

Les résultats sont : une vigueur exceptionnelle de la végétation,
et une moindre phylloxération des racines.

Un litre, qui coûte 2 fr., suffit à 100 ou 200 pieds, — 100 ou
200 selon l'âge et, par conséquent, la grosseur. Si on le désire,
M. Roux traite à forfait à raison de 0 fr. 075 le pied de vigne. L'huile
mozambique est brevetée.

2° *Insecticides cités malgré plus ou moins de dérogation à l'article 27.*
— Nous comprenons sous ce titre trois modes d'administration
du gaz sulfureux et deux modes de production dans le sol du gaz
sulfhydrique; ces deux gaz, on le sait, sont des insecticides
puissants.

(*a*) M. MOULINE, de Valz-les-Bains, propose d'employer l'acide
sulfureux sous forme d'un produit préparable par chacun sur place,
produit qu'il nomme *charbon soufré*, qui mériterait mieux le nom
de *charbon sulfurosé* et qui n'est que du charbon de bois auquel on
a fait absorber le gaz toxique. Le charbon est susceptible d'absorber
de ce gaz dans ses pores et, d'après de Saussure, jusqu'à 65 fois
son volume.

On réunit en hiver, au croisement de deux allées du vignoble
par exemple, tous les produits (débris de vignes et d'échalas) de la
taille, et le charbon sulfurosé qui a pu servir l'année précédente;
on en fait des tas recouverts de terre, rappelant les **meules** de la
carbonisation des forêts; on ménage seulement au centre la place
d'un petit fourneau en pierres sèches, fourneau qu'on recouvre
d'une grille en fonte et qu'on peut alimenter du dehors; on met
alors le feu au bois et dès qu'on juge la carbonisation suffisamment
avancée, on allume du soufre en canon dans le petit fourneau.
Le gaz sulfureux produit éteint le bois en combustion et est
rapidement absorbé par le charbon qui vient d'être formé, pendant le refroidissement de celui-ci. Quand ce refroidissement

est complet, on détruit la meule, on en répand tous les produits (terre, cendres, charbon sulfurosé) dans les vignes, et l'on donne immédiatement un labour profond.

Le gaz sulfureux ne tarde pas à se dégager des pores du charbon. Ce dégagement est lent, mais l'acide qu'il fournit s'étend tout autour à une grande distance. M. Pictet, de Genève, a prouvé, en effet, que le gaz qui nous occupe est exceptionnellement diffusible, en mettant dans une masse de ce gaz un ballon en caoutchouc plein d'air et constatant bientôt que ce ballon augmente de volume, au point de se briser, par l'endosmose de l'atmosphère sulfureuse. La petite quantité d'acide sulfureux que la diffusibilité du gaz ne dégagera pas sera tôt ou tard dissoute par l'eau de pluie et entraînée vers les racines inférieures.

A l'exposition qui précède vous avez reconnu, Messieurs, des idées émanant d'un homme instruit et doué d'un esprit pratique. M. Mouline déclare loyalement qu'il n'a aucune preuve positive de l'efficacité de son moyen et que, dans des questions aussi complexes que celle du phylloxera, la pratique seule peut établir si un procédé, aussi vraisemblable qu'il soit, est véritablement bon ou mauvais. Malgré cette assertion, ou plutôt à cause de la modération d'esprit dont elle est la preuve, nous croyons devoir recommander, comme réalisable sans frais d'installation, l'essai du procédé rationnel de M. Mouline.

(b) M. CHABROL, de Lunel, propose de faire, en tuiles creuses ou sous forme de toit maçonné à deux versants, un drainage entre les rangs de vigne, avec tuyau d'échappement à un bout du vignoble et avec cavité couverte par un cône en tôle à l'autre bout; on introduit du soufre enflammé dans cette dernière cavité et on y injecte par un soufflet de forge l'air nécessaire à la combustion.

Un essai de ce système, fait sur les divers insectes d'un champ ordinaire, en aurait prouvé l'efficacité; après trois traitements de cet ordre, opérés à un mois de distance les uns des autres, il aurait été, à ce qu'il paraît, très difficile de rencontrer des insectes vivants dans le sol.

L'auteur évalue son drainage à 0 fr. 12 ou 0 fr. 13 le mètre courant, pense que la canalisation durera 15 à 20 ans, et peut prouver que 2 heures et une dépense totale de 3 à 4 fr. (soit 12 fr. au plus pour trois opérations) suffisent, après ce drainage, pour le traitement d'un hectare.

Tout en communiquant ce procédé, et sans vouloir trancher ici aucune question de priorité, nous rappellerons que, — dans le deuxième des rapports adressés à M. le Préfet de la Gironde, sur la question phylloxérique, par l'un de nous (qui était alors président de la Société d'Agriculture de Bordeaux), — ce mode d'administration du gaz sulfureux a été signalé comme imaginé séparément par deux membres de la docte Compagnie, M. Halty et M. Duluc (voir *Ann. de la Soc. d'Agr.*, 1877, p. 441).

(*c*) Nous avons décidé de porter également à la connaissance du Congrès un moyen fort ingénieux de confier au sol des gaz et des fumées; c'est celui qui consiste dans l'emploi de la *charrue-fourgon-chaudière* de M. FUSÉLIER, d'Angoulême. Au devant d'une charrue, et portée sur son axe, se trouve une chaudière à deux étages dont l'inférieur est un foyer ordinaire et le supérieur une grille à combustion; cette boîte supérieure est terminée par un tube qui s'incurve aussitôt pour aboutir au sol entre le soc et le versoir, de sorte que les produits gazeux et volatils provenant des combustions et lancés dans le sillon tracé sont aussitôt recouverts de terre. Chaque étage de la chaudière est desservi par une porte latérale. M. Fusélier brûle le plus souvent des herbes dans son appareil: rien n'empêcherait d'y brûler du soufre ou des pyrites.

Avec la fumée des herbes l'auteur aurait traité des vignes bien malades et aurait obtenu d'elles, dès la première année, une certaine récolte. Deux jardiniers et un cultivateur des Ardennes attestent le bon fonctionnement de l'appareil. En employant les herbes sèches et profitant des *façons* de la vigne, on n'aurait, pour chaque labourage, qu'une dépense supplémentaire de 2 francs par hectare. Voilà les quelques raisons qui ont permis à la *Commission spéciale* de prêter attention à l'instrument Fusélier.

(*d*) M. Boué, de Meilhan (Lot-et-Garonne), préconise un mélange de parties égales de sulfure de potassium, de soufre, de cendres de bois et de chaux. Dans les terrains calcaires, on n'emploiera, de ces deux derniers corps, que les cendres; on n'usera que de la chaux, au contraire, sans addition de cendres, dans les sols privés de cette base; et, si un seul de ces deux corps intervient, on en emploiera une quantité double. Les adjuvants du sulfure (soufre et cendre ou chaux) ont pour objet, selon l'auteur, de retarder la décomposition du corps principal. M. Boué donne au mélange qu'il a imaginé le nom d'*Engrais anti-phylloxérique et rénovateur des vignes*.

On emploie, au moment du rechaussage (en mai), de 50 à 100 grammes (selon le degré de la maladie) du mélange ci-dessus par chaque pied de vigne. Au prix de 40 francs les 100 kilog. pour le sulfure, la dépense à faire pour appliquer la méthode Boué est de 0 fr. 02 par pied, soit 100 francs par hectare de 5,000 pieds. Le prix est évidemment moindre s'il s'agit d'une simple préservation.

M. Boué, par son traitement, a obtenu de belles reconstitutions de vignes françaises, mais ne s'est pas assez occupé de voir ce qu'est devenue la phylloxération des racines.

L'auteur réclame la priorité de l'emploi du sulfure de potassium, déclarant que c'est dans l'hiver de 1880 qu'il a eu l'idée de son application. Cette date seule condamne la prétention de celui qui la fournit. D'abord, le sulfure de potassium est médiatement appliqué au traitement de la maladie phylloxérique depuis qu'on se sert, dans ce but, du sulfo-carbonate de potasse, dont il est un des générateurs. Mais il y a longtemps aussi qu'il est l'objet d'applications directes : il a été un des premiers remèdes qui se soient montrés sur cette terre classique du Mas de Las Sorres, qui fut le premier et longtemps le seul des champs d'expériences officiels. On sait les services qu'il a rendus quand son action a été combinée avec celle de fumures abondantes. Ces services sont tels qu'ils ont particulièrement frappé l'attention de M. Michel Fermaud, le propriétaire du Mas, — que c'est là ce que ce viticulteur pratique a retenu de tous les essais dont il était plus que personne à même de constater les résultats, — si bien que pendant fort longtemps il n'a pas traité autrement les vignes qui lui restaient. Deux fabriques de sulfure de potassium, qui toutes les deux ont présenté leur produit à notre Exposition phylloxérique, fonctionnent depuis quelques années et ont assez de clients pour réaliser des bénéfices sérieux, du chef de cette fabrication.

Le sulfure de potassium agit évidemment en se décomposant lentement : sous l'influence de l'humidité et de l'acide carbonique du sol, il dégage assez d'hydrogène sulfuré pour maintenir à un chiffre modéré la population phylloxérique des racines, et il laisse à la disposition de la vigne un précieux résidu de carbonate de potasse.

(e) M. Eymaël, de Liège, a songé à produire en terre un dégagement un peu plus marqué de gaz sulfhydrique. Il a proposé d'utiliser dans ce but la réaction d'un sulfure alcalin et du sulfate d'alumine sous l'influence de l'eau, réaction qui donne naissance à de l'hydrate d'alumine, à un sulfate alcalin et à de l'hydrogène sulfuré. On devra généralement employer le sulfure de potassium;

ce n'est que dans les terrains où la potasse serait abondante qu'on pourrait recourir au sulfure de sodium, dont le prix est moindre. La dépense par le fait des produits chimiques est de 0 fr. 04 par pied; la main-d'œuvre et l'eau sont en sus.

L'inconvénient probable de ce système sera la grande quantité d'eau qu'il exige. En faisant l'incorporation des deux éléments réagissants au moment où le baromètre baisse, où l'hygromètre monte, mieux encore dès qu'on est avisé par l'Amérique de la prochaine arrivée d'une tempête devant affecter les côtes de France, on pourra obvier à cet inconvénient.

3° *Insecticides remplissant toutes les conditions voulues par le Règlement.*

(*a*) *Garou.* — M. ROUSTAN, membre d'une des Commissions de vigilance des Alpes-Maritimes, préconise comme insecticide la poudre (âcre, vésicante, vénéneuse en effet) du *garou* ou *sain-bois* (*Daphne Gnidium*), plante qui abonde dans les bois de son pays. On hache les rameaux et les racines, on les arrose avec de l'urine et de l'eau de lessive, et on laisse fermenter une semaine environ. Le traitement se fait vers le 20 mai : on enfouit au pied de chaque cep un demi-kilogramme environ de l'insecticide-engrais. Voici la dépense pour 500 pieds :

Daphne coupé dans les bois environnants et transporté au vignoble ....F.	4 »
Hachage de la plante et transport de l'eau de lessive et de l'urine...	2 »
Valeur intrinsèque de cette eau de lessive et de cette urine..	2 »
Main-d'œuvre pour l'enfouissement au pied de 500 ceps..	2 »
TOTAL.. ....F.	10 »

Le procédé revient donc à 0 fr. 02 par pied.

M. Roustan avait fait un premier essai sur 12 vignes phylloxérées. Mais, comme, le lendemain de l'emploi du garou, ces vignes ont été officiellement traitées par le sulfure de carbone, il n'a pas voulu, malgré la plus grande vigueur montrée par les ceps soumis aux deux traitements, conclure d'après cette épreuve. De nouveaux essais, faits en 1881 sur 500 vignes (dont une centaine, et sur deux rangs, subissait un commencement d'invasion), lui ont permis de constater « la disparition totale du phylloxera, une végétation luxuriante et une fructification prodigieuse. »

Il y a, dans cette communication d'un conseiller officiel de l'État en matière phylloxérique, toutes les conditions de vraisemblable efficacité, de détails suffisants, d'économie et de résultats rationnellement constatés, que peut exiger, pour un *laissez-passer,* une Commission comme la nôtre. Aussi signalons-nous à l'attention un insecticide-engrais susceptible de rendre quelques services dans des circonstances particulières.

(*b*) *Sulfurage.* — M. Vigié, de Marseille, désigne sous ce nom une opération qui consiste à lancer souterrainement, au pied de chaque cep, du gaz sulfureux chaud. Il appelle *sulfurateur* l'instrument qui sert à cette opération.

Le sulfurateur consiste en un soufflet avec allonges aux bras et brûleur en fer à la bouche. En outre de son orifice d'adaptation et de l'orifice opposé, le brûleur porte sur une paroi une ouverture en entonnoir destinée à l'introduction du soufre. Le soufre dont on se sert est le soufre sublimé; il est contenu dans une boîte attachée à la ceinture de l'opérateur, boîte munie d'une petite cuillère rappelant celle des thuriféraires d'églises. La fleur de soufre tombe sur un petit grillage intérieur, qui la maintient au beau milieu du courant d'air. Le tuyau qui, dans le brûleur, continue celui du soufflet, débouche à un point assez convenablement choisi pour qu'il y ait, à l'orifice latéral, aspiration de l'air extérieur plutôt que refoulement de l'air injecté : cette aspiration se produit par un mécanisme analogue à celui de l'aspiration de l'air par les trompes d'eau des laboratoires de chimie; l'appareil Vigié est une sorte de *trompe gazeuse.*

Il faut un peu chauffer le brûleur pour allumer le premier soufre : la combustion continue ensuite par les additions successives de *fleurs.* La cuillère contient 2 à 3 grammes de ces *fleurs* : c'est la dose qui convient pour chaque pied de vigne.

Pour pouvoir introduire profondément le gaz sulfureux, M. Vigié se sert d'un pal plein qui fait un trou oblique conduisant au-dessous de l'axe de la plante, et il met dans ce trou, suivant la consistance du sol, soit un demi-canal en terre cuite, soit un tube de ferblanc. Il va sans dire que le nombre de ces tubes ou demi-canaux est restreint, qu'ils s'enlèvent à l'arrière de l'opérateur pour être portés en avant.

Le sulfurage de chaque pied dure habituellement une minute; il pourrait être prolongé plus longtemps sans inconvénient, mais cela a paru inutile. Si l'on souffle fortement et assez longtemps, on peut faire sortir l'acide sulfureux du sol à une dizaine de mètres du point d'injection. Deux ou trois sulfurages par an seront nécessaires dans les premières années de traitement d'une vigne très malade.

Le sulfurage est une méthode modérément insecticide : pratiqué pendant quatre ans de suite sur les mêmes vignes, il n'y a pas entièrement détruit le phylloxera; mais il ajoute à son action léthifère pour les animaux du sol, une action excitante sur la végétation, dont on s'est rendu compte en opérant comparativement sur deux lots de vignes saines. Il est, en outre, selon son inventeur, souverain contre l'oïdium. Il a paru à M. Dumas assez digne d'intérêt pour que l'illustre secrétaire perpétuel ait décidé l'Académie des Sciences à donner 500 francs à M. Vigié en vue de l'agrandissement de son champ d'expériences de Marseille.

§ VI. — Méthode de traitement aérien.

M. Maurin, de Toulouse, afin de rompre le cycle des reproductions de l'insecte, recommande le brossage des ceps malpropres avec sa *bergeronnette artificielle* (instrument muni d'une brosse rude, d'une brosse molle, d'une lame à pointe pour curer les fentes du bois), le badigeonnage avec son savon soluble à base phénilique, et enfin l'obturation du collet. Ce sont là des soins hygiéniques, qui sont à recommander sinon comme traitement unique (puisque, malheureusement, dans la pratique, les vraisemblables inductions de M. Balbiani n'ont point encore été confirmées), du moins comme adjuvant du traitement souterrain.

§ VII. — Insecticide administré à l'intérieur.

Empoisonnement de la sève par de l'eau phéniquée. — M. le docteur Mandon, professeur à l'École de médecine de Limoges, a constaté : 1° qu'une solution aqueuse de phénol du commerce, au 500ᵐᵉ, tue instantanément le phylloxera; 2° que cette liqueur insecticide est absorbée par la vigne, pendant toute la saison de circulation de la sève, si on la met en rapport avec la couche sous-corticale, ainsi que le prouvent et la saveur de tous les organes de la vigne pendant un mois environ après l'inoculation, et les propriétés insecticides de ces organes broyés, ensemble ou séparément, pendant cette même période de temps; 3° que la vigne ne souffre nullement de cette intoxication de sa sève, et que, pourvu que l'injection d'eau phéniquée ait cessé un mois avant la cueillette, le raisin ne possède aucun goût particulier.

C'est sur ces faits que M. Mandon a basé sa méthode de traitement : il n'a inventé ni l'emploi de l'eau phéniquée comme insecticide (emploi connu depuis longtemps), ni l'inoculation séveuse (pratiquée avant lui pour l'essence de térébenthine par M. Combe d'Alma, et pour le foie de soufre par M. Ponsard). Mais il nous paraît pouvoir revendiquer avec raison la réunion des deux choses, c'est-à-dire l'inoculation séveuse de l'eau phéniquée.

Il pratique cette opération avec un petit entonnoir en ferblanc, un peu plus grand qu'un éteignoir, dont l'orifice de sortie (orifice très petit) est situé latéralement à un demi-centimètre de la pointe. Cet entonnoir doit être planté obliquement dans la souche, jusqu'à l'orifice inclusivement, et cette opération s'exécute à l'aide d'un petit maillet. On laisse sans inconvénient l'entonnoir en place jusqu'à la disparition de son contenu, celui-ci étant peu volatil.

La sève phénolée empoisonne le phylloxera de deux façons : 1° par sa transsudation un peu par tous les points, lors des *pleurs* de la vigne; 2° par son passage dans la trompe de l'insecte lorsque après avoir piqué la racine (forme radicicole) ou les feuilles (forme gallicole) il en aspire le suc. Les phylloxeras tués par elle sont en même temps momifiés, de sorte que leurs cadavres entiers, ou les anneaux détachés qui constituaient le corps de l'insecte, se conservent presque indéfiniment.

La sève phénolée empoisonne aussi les œufs de phylloxeras, mais, bien entendu, par un seul des modes ci-dessus indiqués, par la transsudation; ces œufs, de jaune soufre qu'ils étaient (comme l'insecte), deviennent brun acajou quand ils sont mouillés par la sève en question.

Le système dont il s'agit a l'avantage de pouvoir se pratiquer à n'importe quelle époque de la végétation active, et aussi celui de n'être pas influencé dans ses effets par la nature du sol ou du milieu.

Le succès le plus complet a couronné l'application de la méthode du docteur Mandon au vignoble de M. Pineau, à Argenton. Les bons effets obtenus là et, du reste, toutes les expériences de l'honorable professeur, ont été confirmés par M. Barny, son collègue à l'École de médecine de Limoges; ils l'ont été également par

M. Vassilière, professeur d'agriculture du département de la Haute-Vienne, qui est maintenant directeur de l'École de Grand-Jouan et par l'intermédiaire indirect duquel nous est parvenue la communication de l'honorable praticien.

Tels sont, Messieurs, les mémoires ou procédés que la *Commission spéciale* a cru devoir porter seuls à la connaissance du Congrès. Après avoir suivi un ordre méthodique dans leur exposition, nous vous dirons quel est, dans notre pensée, leur ordre hiérarchique d'importance; nous placerons en première ligne :

Comme prompt moyen de salut pour les vignes agonisantes et moyen d'entretien des vignes ressuscitées, l'emploi à l'état frais des excréments humains mixtes;

Comme moyens moins actifs de pratiquer la viticulture malgré le phylloxera, l'emploi du sulfate de cuivre dans les terres peu ou point calcaires, l'emploi de la poudre Garros associée au fumier ou à des engrais ammoniacaux, l'emploi du sulfurage Vigié;

Enfin, comme moyen insecticide, l'inoculation de l'eau phéniquée au $1/500^{me}$.

Voilà ce qui doit rester surtout, et encore sous la réserve de constatations nouvelles pour les deux derniers procédés, du dossier de 88 communications que nous avons dépouillé. La *Commission spéciale* espère, Messieurs, que vous apprécierez et le libéralisme et la réserve qu'elle a déployés dans l'accomplissement de sa mission.

Les Membres de la Commission :

MM. MICÉ, *Président, Rapporteur;*
BERNÈDE, *Vice-Président;*
LABRUNIE, *Secrétaire;*
PÉREZ, *Secrétaire adjoint;*
R. DEZEIMERIS,
A. LADONNE,
DE FERRAND,   *Membres.*
SKAWINSKI père,

CONGRÈS

Procès-verbal de la séance du lundi 10 Octobre 1881 (matin).

Présidence de M. A. LALANDE.

L'assemblée du Congrès consacre par acclamation les précédents accomplis; notamment les nominations du Comité d'organisation en ce qui concerne le Président et les Vice-Présidents d'honneur; le Président, les Vice-Présidents, le Secrétaire général, le Secrétaire, le Trésorier, les Membres du Comité, les Membres des Commissions nommées et les Secrétaires rédacteurs des procès-verbaux des séances, qui sont confirmés dans les mêmes fonctions pour le Congrès lui-même.

DISCOURS DE M. A. LALANDE

MESSIEURS,

J'ai l'honneur de prendre la parole devant vous comme président du Comité d'organisation de ce Congrès, Comité composé de délégués de la Chambre de commerce de Bordeaux, du Conseil général de la Gironde, du Conseil municipal de Bordeaux et des Sociétés d'Agriculture et d'Horticulture de la Gironde, qui en avaient pris l'initiative.

C'est en leur nom que je prie tous ceux qui ont bien voulu y prendre part d'agréer nos remerciements. Un grand nombre sont venus de parties très éloignées de la France, de divers pays étrangers et même de contrées extrêmement lointaines, puisque nous avons l'honneur de voir dans cette assistance des délégués des États-Unis, de l'Australie et du Cap de Bonne-Espérance.

Nous éprouvions avant tout, Messieurs, le besoin de vous adresser ces remerciements; mais en avons-nous le droit? Sans doute, nous devons être singulièrement flattés que notre voix ait été entendue et que vous ayez bien voulu répondre à notre appel; mais assurément, si nous avons l'honneur de voir dans cette enceinte tant d'hommes éminents, soit dans la science, soit par leur expérience pratique, c'est parce qu'ils ont pensé qu'il s'agissait dans ce Congrès de travailler à une grande œuvre d'intérêt public! Ils ont apprécié, comme nous, que l'invasion des vignobles de l'Europe par le phylloxera est une des plus grandes calamités qui ait jamais frappé l'agriculture.

Pour la France, en particulier, c'est un immense désastre, et il en résulte une de ces situations qui commandent les efforts, l'énergie, le dévouement de tous les hommes de cœur et d'intelligence qui savent comprendre l'intérêt public et les devoirs qu'il impose. Ce sont, nous ne saurions en douter, des considérations de cette nature qui ont amené ici tant d'hommes éminents. Honneur à eux!

Si nous vous avons auprès de nous, Messieurs, c'est aussi parce que vous avez eu la conviction que ce Congrès n'avait en vue que de chercher et de constater les meilleurs moyens de combattre le fléau qui nous ruine. — Ce but eût certainement été manqué si nous avions préparé ce Congrès et si nous l'abordions aujourd'hui autrement qu'avec la seule intention de rechercher la vérité et de la faire connaître!

Il est donc, je l'espère, superflu de vous dire que la plus complète impartialité, l'absence la plus entière d'idées préconçues, nous ont animés et ont constamment dirigé nos travaux. Notre seul but a été de contribuer, si cela nous est possible, au salut de la viticulture, et nous espérons que la marche de ce Congrès prouvera, s'il en était besoin, que nous n'avons eu d'avance aucun parti pris en faveur de tel ou tel système.

Le plus simple sentiment du devoir nous l'eût défendu; mais nous avons eu d'autant moins à nous en défendre, que nous avons eu la conviction, dès le début, que pour lutter contre le terrible fléau, il y avait à employer les trois principaux moyens que la science et la pratique ont indiqués jusqu'ici, et dont les avantages ont pu être constatés :

1º La submersion là où elle est possible ;

2º Les insecticides, dont l'efficacité est reconnue pour défendre les vignobles encore existants ;

3º Les vignes américaines à racines résistantes, pour reconstituer les vignobles détruits.

Nous sommes profondément convaincus que ces trois moyens peuvent être employés avec succès ; que, selon les cas, l'un d'eux doit être préféré aux deux autres, et qu'ils offrent à la viticulture de précieux moyens de défense et de lutte victorieuse.

Telle est, Messieurs, notre opinion, que nous n'hésitons pas à exprimer ; mais nous ne la formulons que sous la réserve du contrôle et des appréciations des hommes si compétents qui se trouvent dans cette assemblée. Nous n'avons point eu, en effet, la prétention de vous apporter des solutions toutes faites, mais seulement de collaborer avec vous, de contribuer pour notre part à la solution du grand problème qui est posé devant nous.

Pour trouver cette solution, de bien grands et de bien nombreux efforts ont été faits depuis quelques années par les hommes de science animés du noble désir d'être utiles à leurs concitoyens, ou par d'habiles viticulteurs, dirigés soit par le sentiment légitime de leurs intérêts, soit encore par l'espoir de travailler au bien général.

A cet égard nous considérons comme un devoir de signaler à la reconnaissance publique M. le baron THÉNARD, qui, le premier, a indiqué le sulfure de carbone comme moyen insecticide à employer ; celui de M. DUMAS, l'illustre secrétaire perpétuel de l'Académie des Sciences, qui a indiqué le sulfo-carbonate ; et après eux, M. BALBIANI, M. BOITEAU, pour leurs recherches au sujet de l'œuf d'hiver ; M. PLANCHON, M. LICHTENSTEIN, M. CORNU et plusieurs autres hommes éminents qui ont apporté dans la lutte contre le terrible fléau, le précieux concours de leurs lumières.

Constater avec autant d'exactitude que possible les résultats acquis, les vérités certaines ; les porter à la connaissance du public, enfin attirer sur les moyens possibles de défense l'attention d'un trop grand nombre de viticulteurs qui laissent périr leurs héritages sans rien tenter pour les défendre, parce qu'ils sont dans le doute ; en un mot, produire le plus possible de lumière dans cette grande question, tel a été le but spécial de ce Congrès.

C'est là un but si considérable et si grand, que nous aurions dû le considérer comme au-dessus de nos forces ; mais en faisant appel aux hommes éminents de tous les pays qui se sont occupés de la question et qui ont acquis la plus grande compétence, nous avons eu la confiance de voir ce Congrès devenir un faisceau de lumières d'où pourraient sortir pour la viticulture la plus grande somme possible de connaissances pratiques que comporte aujourd'hui l'état de la question.

Ces connaissances pratiques sont le résumé, l'ensemble des faits certains, constatés par l'expérience; car les conseils même les plus éclairés de la science n'acquièrent de valeur réelle que lorsque la pratique et l'expérience ont démontré qu'ils pouvaient être suivis avec avantage.

Afin de contribuer, pour notre part, à atteindre le but que le Congrès se propose, nous avons constitué, comme l'indiquait notre programme, trois Commissions principales :

1° La Commission du sulfure de carbone, du sulfo-carbonate et de la submersion;

2° La Commission des vignes américaines et des sables;

3° Une Commission, que nous avons nommée *Commission spéciale,* qui a été chargée d'examiner les divers moyens de défense, et les diverses propositions qui ne rentraient pas dans la sphère particulière des deux premières Commissions.

La Commission des vignes américaines et celle des insecticides et de la submersion ont consacré chacune plus de quinze jours à visiter ce qu'il y avait de plus important, de plus intéressant à voir à ce sujet dans le département de la Gironde d'abord, dans le midi de la France ensuite.

Ces visites leur ont été singulièrement facilitées par l'obligeance empressée, l'extrême bienveillance qu'ils ont rencontrées auprès des viticulteurs et des savants qui s'occupent le plus activement de la question du phylloxera; nous tenons à adresser à cet égard nos plus vifs remerciements à MM. Guiraud, Lugol, Comy, Im-Thurn, de Nîmes; à Mme la duchesse de Fitz-James, à MM. Gaston Bazille, Cazalis, Planchon, Pagézy, Lichtenstein, Vialla, Saintpierre, Foëx, Leenhardt, de Montpellier; à MM. Reich, Jaussan et Teyssonnière, de Béziers; à MM. Giraud, de Pomerol, et Piola, de Saint-Émilion.

Les résultats des travaux de nos trois Commissions ont été consignés dans trois rapports séparés, qui sont imprimés et vont être livrés à la publicité.

Conformément aux indications de notre programme, les résumés de ces rapports seront verbalement exposés au Congrès; mais les rapports eux-mêmes feront partie du volume qui contiendra le compte-rendu général de nos séances.

Sans vouloir anticiper sur ces communications, qu'il me soit permis de dire que les divers résultats constatés sont de nature à donner les plus sérieux motifs d'espérance.

D'abord, en ce qui concerne les insecticides, des résultats heureux, satisfaisants, très remarquables, ont été constatés comme ayant été obtenus, soit de l'emploi du sulfo-carbonate, soit de l'emploi du sulfure de carbone.

Mais la vérité nous oblige à signaler en même temps les côtés faibles de ces deux insecticides, si précieux d'ailleurs.

Le sulfo-carbonate a contre lui la trop grande dépense qu'il occasionne, d'où résulte qu'il n'est pratiquement employable aujourd'hui que dans les vignobles qui rapportent beaucoup, soit par la qualité et le prix, soit par la grande quantité de leurs produits.

De là vient que le sulfo-carbonate n'a été jusqu'ici appliqué que dans de faibles proportions.

Cette forte dépense, comme vous le savez, Messieurs, a deux causes : le prix du sulfo-carbonate, et la très grande quantité d'eau que son emploi exige et dont le transport est très coûteux. Par l'emploi de moyens mécaniques habilement conçus, on est parvenu à atténuer déjà beaucoup la dépense qu'occasionne la très grande quantité d'eau qu'exige l'emploi du sulfo-carbonate.

On peut espérer que l'emploi de ces moyens se généralisera, qu'ils pourront même être perfectionnés, et que d'un autre côté le sulfo-carbonate fabriqué sur une grande échelle et livré aux viticulteurs au prix coûtant, s'il est possible, soit par le Gouvernement, soit par les Syndicats, deviendra d'un emploi infiniment moins onéreux.

Au moyen de ces diverses économies, on peut espérer que l'usage du sulfo-carbonate deviendra à la portée d'un beaucoup plus grand nombre de cultivateurs, et que son usage se généralisera davantage.

Le sulfure de carbone offre sur le sulfo-carbonate l'avantage considérable d'une très grande économie. Aussi son emploi a-t-il été beaucoup plus général; mais le sulfure de carbone présente, lui aussi, des côtés faibles que nous ne saurions passer sous silence.

Ce serait nier l'évidence que de ne pas reconnaître les beaux résultats obtenus dans beaucoup de cas par le sulfure de carbone.

Il suffit d'avoir vu, comme nous, les vignes de M. Jaussan à

Baboulet, près de Béziers, en 1880 ; celles de plusieurs autres propriétaires dans le même arrondissement, à la même époque ; celles de M. Giraud et de M. Henry Greloud, à Pomerol ; celles de la ferme-école de Machorre (près La Réole), habilement dirigée par M. Couraud ; celles de M. Dumay, à Villegouge (près Fronsac), pour acquérir la certitude que le sulfure de carbone peut produire de grands et très heureux effets.

Nous avons pu voir notamment les vignes de M. Giraud présenter un superbe aspect de végétation, alors que les vignes limitrophes, qui n'avaient pas été traitées, étaient mortes ou mourantes ([1]).

Mais à côté de ces bons et beaux résultats, il faut reconnaître aussi que les effets du sulfure de carbone n'ont pas toujours été également satisfaisants.

Ils peuvent varier suivant la nature, le plus ou moins de profondeur et de perméabilité des terrains, selon leur plus ou moins grande aptitude à permettre la diffusion du sulfure ; ils peuvent varier encore selon la diversité des saisons et des températures. De très grands froids, de très grandes pluies, survenant tout à coup après les applications du sulfure, peuvent présenter des inconvénients sérieux et avoir des conséquences fâcheuses.

C'est ce qui est arrivé malheureusement chez M. Jaussan, qui, après avoir obtenu pendant plusieurs années des résultats si beaux, si éclatants, et qui paraissaient si concluants en 1879 et 1880, a eu, en 1881, quelques échecs occasionnés par des pluies diluviennes et des froids exceptionnels, survenus après l'application de ses traitements.

Mais faut-il pour cela se décourager ? M. Jaussan ne le pense pas et donne l'exemple d'une énergique persévérance. Il pense au contraire, et on doit penser avec lui, qu'il y a encore des progrès à faire dans l'application du sulfure de carbone pour éviter ou atténuer les accidents qui se sont produits, tout en reconnaissant qu'il est peut-être des cas, heureusement rares, où ces accidents ne sauraient être complètement évités, de même qu'on ne peut éviter la grêle, la gelée, etc.

Les bons effets de la submersion des vignes sont de plus en plus

---

([1]) Nous devons rappeler ici avec gratitude pour les soins donnés par eux dans le département de la Gironde, dans la lutte contre le phylloxera, les noms de MM. de Lapparent et Couannon, inspecteurs de l'agriculture, délégués régionaux, et celui de M. Artigue, délégué départemental, qui a déployé le plus grand zèle dans l'accomplissement de sa mission.

confirmés et éclatants. Un très grand nombre de vignobles de la Gironde et d'ailleurs, que le phylloxera avait attaqués de la manière la plus grave et menaçait d'une complète destruction, ont été rapidement ramenés à un état magnifique de végétation et de production.

C'est un devoir imposé par la reconnaissance de rappeler que cette belle et si féconde découverte des effets de la submersion pour lutter contre le phylloxera est due à M. Faucon, propriétaire à Gravezon (Bouches-du-Rhône). Il mérite d'être proclamé un des grands bienfaiteurs de la viticulture.

Enfin, Messieurs, il me reste à parler des cépages américains qui attirent aujourd'hui à un si haut degré l'attention de la viticulture. Vous entendrez sur cet important sujet des communications du plus haut intérêt, émanant des hommes les plus compétents qui viendront confirmer les observations faites par notre Commission des vignes américaines.

Nous sommes heureux de penser et de dire qu'il faut voir dans les vignes américaines un des moyens de salut les plus puissants pour lutter contre le phylloxera, moyen qui paraît parfaitement efficace, et le seul qu'il soit rationnel d'employer dans les vignobles complètement détruits, qu'il s'agit de reconstituer. Aujourd'hui, les exemples abondent pour prouver que certains cépages américains, tels que le *Jacquez* et plusieurs autres, peuvent, dans une certaine mesure, être employés avec avantage pour la production directe, et sont doués d'une complète résistance contre les atteintes du phylloxera.

Des vignes de cette nature, ayant jusqu'à dix et douze années d'existence, présentant l'aspect de la plus belle végétation, alors que dans les mêmes terrains les vignes françaises sont complètement détruites, fournissent à cet égard d'éclatantes démonstrations.

Mais le principal emploi des vignes américaines paraît devoir être de servir de porte-greffe, afin de conserver les précieuses et incomparables qualités de nos vins français. De vastes vignobles existent aujourd'hui en Languedoc, composés de vignes américaines greffées avec des cépages français, et présentant une abondance de production complètement égale à celle des cépages français eux-mêmes.

Je n'en citerai qu'un exemple : notre Commission a visité en Languedoc des vignes d'*Aramon* greffées sur cépages américains qui ont fourni cette année une production d'environ 330 hectolitres par hectare. Le rapport de notre Commission mentionne des faits nombreux relatifs aux vignes américaines employées comme porte-greffes.

Il est intéressant et instructif d'interroger tous ces faits pour prendre des décisions relatives aux meilleurs porte-greffes à employer d'une manière générale; c'est le *Riparia* qui paraît devoir être préféré.

Je m'abstiendrai de parler de cet important sujet avec plus de détails, car il sera traité devant vous d'une manière complète; mais je dois cependant dire ici que les cépages américains, qui présentent de si grands avantages, exigeront de la part des viticulteurs des soins attentifs, de patientes recherches, pour adapter à leurs terrains divers les cépages spéciaux qui conviennent le mieux, en raison de la nature du sol, de sa situation, de son degré d'humidité, etc., etc.

Je ne puis parler, Messieurs, des vignes américaines sans mentionner les noms des hommes qui ont le plus contribué, soit par leurs études, soit par leurs expériences pratiques, à démontrer les avantages que pourraient nous présenter les vignes américaines.

Je nommerai donc avec reconnaissance dans la Gironde, M. Laliman, de Bordeaux, qui a été le premier à signaler la résistance des vignes américaines; M. Piola, de Saint-Émilion; M. Delbruck, à Langoiran; M. Ladonne, à Bassens; M. Sursol, à Lormont, etc.

A Montpellier et à Nîmes, M. Gaston Bazille, M. Planchon, M. L. Guiraud, M. Lichtenstein, M. Vialla, M. Pagézy, M. Leenhardt, MM. Saintpierre, Foëx, Lugol, M. de Turenne, M. Reich, M. Im-Thurn; M. Champin, dans la Drôme (près Montélimart); M. Lespiault, à Nérac, et bien d'autres qu'il serait trop long d'énumérer.

Mais ce n'est pas seulement à ces hommes distingués, Messieurs, que nous devons exprimer notre gratitude. Nous devons l'adresser aussi à deux dames non moins éminentes: à Mme Ponsot, de Pomerol, qui, plus que personne dans la Gironde, s'est livrée avec tant de zèle et d'intelligence à la culture des vignes américaines; et à Mme la duchesse de Fitz-James, dans le Gard, qui, plus que personne en France, s'est livrée sur une immense échelle à la culture des vignes américaines.

Elle a déployé dans cette œuvre si importante une énergie, un courage, une intelligence au-dessus de tout éloge. Son exemple aura immensément contribué à inspirer la confiance dans ce puissant moyen de rétablir la fortune vinicole de la France.

Je crois être votre interprète, Messieurs, en disant ici : Honneur et reconnaissance à Mme la duchesse de Fitz-James! *(Bravos et applaudissements prolongés.)*

Les désastres causés à la France seule par le phylloxera doivent être évalués au moins à cinq milliards et menacent de coûter à notre pays infiniment davantage.

Il faut sans doute supporter avec résignation, une résignation courageuse, ces désastres que l'on n'a pas pu ou que l'on n'a pas su éviter; mais il y a lieu d'espérer aujourd'hui qu'avec du temps et à force d'énergie, de patience, de persévérance, d'efforts intelligents, il sera possible de ramener à sa prospérité primitive cette immense source de richesse pour la France et tant d'autres pays : la viti- culture.

La submersion, là où elle est possible; les insecticides habilement employés pour conserver la portion de nos vignes qui ne sont pas encore détruites; les vignes américaines, pour reconstituer les vignobles disparus, telles sont nos trois branches de salut.

Nous aimons à espérer qu'il sortira de ce Congrès des enseigne- ments précieux relativement à ce qu'on peut obtenir de ces trois moyens de défense.

Nous l'espérons, Messieurs, par suite des lumières que vous nous apportez; mais permettez-nous de le dire, nous l'espérons encore par une autre raison.

Les Congrès internationaux phylloxériques se multiplient en France, en Suisse, en Italie, en Espagne.

Ils prouvent que partout on sent le besoin de réunir les forces de tous, de connaître et d'échanger les idées de tous, de s'instruire exactement de ce qui se passe en tous lieux au sujet de la grande question qui nous occupe. On sent le besoin d'une action commune et d'un effort général pour lutter contre le terrible fléau.

Eh bien! Messieurs, ce sentiment nous paraît profondément juste : il répond à une pensée qui peut être extrêmement féconde, qui est venue à l'esprit de plusieurs de ceux qui s'occupent le plus de la question du phylloxera. Elle fera, je crois, l'objet d'une propo- sition de la part d'un des honorables délégués étrangers qui sont présents dans cette assemblée.

Il s'agirait de la formation d'une Ligue internationale contre le phylloxera. Mais je n'entrerai pas dans plus de détails à ce sujet :

ils vous seront fournis par l'auteur de la proposition qui sera soumise à votre examen.

L'homme, Messieurs, est constamment aux prises dans ses efforts, pour assurer son bien-être ou même ses moyens d'existence, avec des obstacles sans cesse renaissants. Mais pour vaincre ces obstacles, la Providence l'a pourvu des moyens nécessaires.

Ces moyens sont : le travail et l'intelligence. — Ce n'est qu'à force de travail, de patience, de persévérance que nous pourrons vaincre dans cette grande lutte contre le phylloxera. — Mais nous vaincrons; nous sortirons victorieux de cette lutte si nous réunissons pour cela les efforts et l'intelligence des hommes d'élite de tous les pays!

C'est cette confiance qui nous a inspiré la pensée de convoquer ce Congrès. Encore une fois, Messieurs, nous vous remercions d'avoir répondu à notre appel et d'être venus nous apporter l'inappréciable concours de votre expérience et de vos lumières.

Ce discours est très applaudi.

La parole est donnée aux délégués étrangers.

Don Ramon-Torrès Muñoz de Luna, délégué espagnol, annonce que lorsqu'on traitera des vignes américaines, il soutiendra la thèse qu'il a défendue précédemment à Montpellier et à Madrid. Le phylloxera n'est pas la cause de la maladie, il n'est qu'un effet de cette maladie. Telle est sa conviction. C'est à la science qu'il faut demander la solution de ce problème.

M. Lichtenstein, délégué du Congrès phylloxérique de Sarragosse, offre, en l'absence de M. le comte de las Almenas et en son nom, le compte-rendu des séances de ce Congrès.

Le phylloxera, dit-il, a commencé ses ravages dans la province de Malaga; mais on espère l'arrêter par une ligne de défense établie sur les hautes montagnes qui entourent ce pays. En Catalogne le mal est plus grave; l'insecte s'avance toujours vers le sud en franchissant la ceinture sanitaire qu'on lui oppose. En Aragon il n'a pas encore paru.

M. José Arevalo y Bacoa, professeur d'histoire naturelle à Valence, salue, en espagnol, les Membres du Congrès et prie M. Micé, professeur à la Faculté de médecine de Bordeaux, de donner connaissance à l'assemblée de ses observations.

Les faits relatés par M. J. Arevalo y Bacca, dit M. Micé, ont déjà été mentionnés par tous ceux qui ont écrit sur le phylloxera. Cependant il n'est pas sans intérêt de constater avec l'auteur que la propagation phylloxérique s'opère, en Espagne, dans le sens inverse des vents dominants de la contrée infestée. Ce fait a déjà été remarqué dans d'autres pays. M. Arevalo pense que si nous ne savons pas soigner la vigne malade, c'est peut-être parce que nous ne la connaissons pas suffisamment quand elle jouit de toute sa santé. Il se plaint du défaut de centralisation des travaux phylloxériques et, pour y remédier, propose au Congrès de constituer une vaste association ampélographique, avec mission de défendre la vigne contre tous ses ennemis. Pour compléter son œuvre de protection, cette ligue internationale devrait également s'occuper de l'écoulement des produits vinicoles.

L'assemblée charge M. le Président du Congrès de nommer une Commission afin d'examiner le projet de M. Arevalo.

Un rapport sera présenté à ce sujet dans la dernière séance du Congrès.

M. le Président invite l'assemblée à visiter l'Exposition phylloxérique.

La séance est levée.

S. COUPERIE,

Secrétaire général de la Société d'Agriculture de la Gironde.

Procès-verbal de la séance du lundi 10 octobre 1881 (après-midi).

Présidence de M. A. LALANDE.

Au nom de la Commission d'organisation, M. le Président propose à l'assemblée de nommer Vice-Présidents d'honneur les délégués des puissances étrangères près du Congrès :

Vice-Présidents d'honneur français.

MM. DAMPIERRE (le marquis de), président de la Société des Agriculteurs de France.

BAZILLE (Gaston), sénateur de l'Hérault.

CAZE, vice-président de la Société d'encouragement à l'agriculture.

BARRAL, secrétaire perpétuel de la Société nationale d'Agriculture de France.

Vice-Présidents d'honneur étrangers.

MM. MUÑOZ DE LUNA (Don Ramon-Torrès), professeur à l'Université de Madrid, délégué du gouvernement espagnol.

MULLÉ (le Dr Jules), vice-président de la Société I. R. d'Agriculture en Styrie, conseiller de Sa Majesté I. R. Apostolique, membre de la Commission supérieure du phylloxera en Styrie, délégué du gouvernement autrichien.

ROOSEVELT, consul des Etats-Unis à Bordeaux, délégué du gouvernement des Etats-Unis.

SALOMON (Alexandre), chimiste du Jardin impérial de Nikita, délégué du gouvernement russe.

TRIMEN, délégué de la colonie du cap de Bonne-Espérance.

THISELTON-DYER (T.), délégué des colonies d'Australie.

RODRIGUES DE MORAES.

Ces propositions sont adoptées.

M. le PRÉSIDENT soumet au vote de l'assemblée une liste de membres du Congrès appelés à composer une Commission chargée d'examiner la proposition de M. José Arevalo y Bacca, relative à la création d'une Association vinicole ampélographique internationale.

Sont désignés :

MM. LALANDE (Armand), président du Congrès.
RUEDA (le baron de), délégué du Portugal.
LUNA (de), délégué de l'Espagne.
LICHTENSTEIN, délégué de l'Espagne et du département de l'Hérault.
RÉGIS, de la Gironde.
JOBERT, professeur à la Faculté de Dijon.
VIALLA, de Montpellier.
BENDER.
FALIÈRES, de Libourne.
MICÉ, de Bordeaux.
RICHIER, président de la Société d'Agriculture de la Gironde.
PULLIAT, du Rhône.
CAZALIS, directeur du *Messager agricole du Midi*.

M. le PRÉSIDENT prie MM. les Vice-Présidents d'honneur de venir prendre place auprès du Bureau.

M. Jules MULLÉ, délégué de la Société d'Agriculture de Styrie, donne des renseignements sur l'état de l'invasion phylloxérique en Autriche.

Le phylloxera n'a révélé jusqu'à ce jour sa présence que dans trois provinces seulement de la Basse-Autriche.

Il a été vu pour la première fois en 1872, dans le jardin de l'École de viticulture de Klosternenbourg, près Vienne. On a attribué cette invasion à la présence de vignes américaines dans les cultures de l'école. La parcelle malade a été désinfectée en 1873

avec du sulfure de carbone employé à haute dose : elle a été plantée
en tabac. Les feuilles de tabac ont été couvertes de phylloxeras
ailés. L'invasion occupe actuellement 150 hectares dans ce premier
foyer. Le traitement au sulfure de carbone, à la dose de 40 grammes
par mètre carré, en deux applications, n'a pas donné de résultats
encourageants.

Un foyer phylloxérique de 22 hectares a été observé en Istrie,
l'an dernier; d'autres points contaminés ont été signalés cette
année dans la même région et désinfectés par des applications
énergiques de sulfure de carbone.

Le phylloxera a fait aussi une apparition en Styrie au mois
d'août 1880. L'infection est venue de la province de Croatie, où
elle a été portée par des ceps français. Partout où un foyer
phylloxérique se révèle dans la Basse-Autriche, il est désinfecté par
le sulfure de carbone à haute dose.

L'état phylloxérique de la Hongrie est beaucoup plus grave. La
présence de l'insecte y a été constatée dans presque toutes les
contrées viticoles.

M. LAJEUNIE entretient le Congrès des travaux effectués dans le
département de la Charente pour lutter contre le phylloxera.

Il rappelle que c'est à Cognac qu'ont été faites les premières
études sur les sulfo-carbonates. De là est partie l'impulsion donnée
aux applications de cet insecticide par MM. les Délégués de
l'Académie. Il cite le vignoble de M. Moullon, président du Tribunal
de commerce de Cognac, où les sulfo-carbonates appliqués sur les
indications de M. Mouillefert ont produit les meilleurs résultats.
Ce vignoble est encore en parfait état de végétation. Partout les
résultats n'ont pas été aussi encourageants; les terrains peu profonds
et légers se sont montrés réfractaires. C'est en 1875, à la session
d'avril, que M. Maurice Richard est venu appeler l'attention du
Conseil général sur le danger qui menaçait la contrée.

A la session suivante, une Commission fut élue par le Conseil
général. Cette Commission s'adjoignit M. Boutin aîné, délégué
de l'Académie, qui fit procéder à de nombreuses applications de
sulfo-carbonates sous différentes formes.

En présence des insuccès nombreux, il parut nécessaire de chercher d'autres moyens de défense. La Commission avait envoyé dans
le Languedoc et la Provence, dans le courant de cette même année
1875, des délégués chargés d'étudier les insecticides et les vignes

américaines. De cette étude résulta la conviction qu'il fallait expérimenter l'adaptation des vignes américaines dans les divers sols de la Charente. Des boutures furent distribuées en 1875 dans toutes les parties du département. Peu à peu des propriétaires se décidèrent à faire personnellement des achats. Des pépinières ont été créées par la Société d'Agriculture, par un groupe de propriétaires de Blanzac et par le Comité de Cognac. Cela constitue un ensemble de plantations qui suffit actuellement aux études.

L'étude a été d'abord tentée par la Commission du phylloxera du Conseil général à l'aide des maires, et par la Société d'Agriculture à l'aide de ses membres répartis dans le département. Les renseignements ainsi recueillis restaient fort incomplets par suite de l'incompétence de la plupart des déposants. Il fallut recourir à un agent spécial, viticulteur de profession et connaissant bien les cépages américains. Cet agent reçut la mission de parcourir les vignobles du département où se trouvaient des ceps américains et de remplir des cadres où devaient être inscrits : la nature du sol et du sous-sol, les variétés de cépages, l'âge des plants, leur note de végétation et de fructification. Les notes étaient *très bien, bien, assez bien, passable* et *mal.*

Ce sont les résultats de la dernière enquête faite dans ces conditions que résume en quelques mots M. Lajeunie.

Des chiffres contenus aux tableaux statistiques, il résulte que dans la Charente, les observations ont été faites sur 124,000 ceps, composant 900 lots.

Onze cépages ont été spécialement observés dans les terrains ainsi classés : humides, calcaires, argilo-calcaires, calcaires secs, crayeux ou sablonneux ou de landes.

Le *Clinton* et le *Taylor* ne réussissent pas dans les terrains humides, les *Riparia* prospèrent partout, le *Jacquez* admet les terrains de moyenne fraîcheur, mais il prospère surtout dans les terres d'alluvion. Ce cépage est atteint de la coulure et de l'anthracnose. Il diminue de vigueur en avançant en âge, même là où il avait réussi au début.

Le *Solonis* vient, comme les *Riparia*, un peu partout ; cependant les terrains humides lui conviennent moins qu'aux *Riparia*.

L'*Herbemont* se comporte assez bien dans les terrains qui ne sont ni trop secs ni trop humides. Il fructifie abondamment.

Le *York* accepte les terrains calcaires, à la condition qu'ils soient féconds et profonds.

En résumé, les seuls porte-greffes : les *Riparia* sélectionnés et les *Solonis* ne donnent aucune déception. Là paraît être l'avenir de la viticulture charentaise.

La greffe sur américains conservera à la Charente ses produits renommés.

M. Lajeunie ajoute que la greffe de la vigne française sur vigne américaine fortifie considérablement le porte-greffe exotique. Il termine en émettant le vœu que le Congrès élise une Commission chargée de faire une grande enquête sur l'adaptation des cépages américains dans tout le vignoble français. Il convie tous les hommes dévoués à poursuivre leurs recherches dans le sens qu'ils jugent le meilleur, sans esprit de lutte contre ceux qui suivent une voie différente pour atteindre un but commun, le salut de la viticulture.

M. le Dr MÉNUDIER a l'intention d'entretenir le Congrès des cépages américains lorsque cette question viendra à l'ordre du jour des séances, mais puisqu'il vient d'être parlé des vignes américaines plantées dans les départements de la Charente, il prie M. le Président de donner la parole à M. Calvet, qui lira un rapport fait au nom de la Commission d'études du Comité départemental de vigilance, pour la Charente-Inférieure.

M. CALVET donne lecture d'un travail rapportant les constatations faites sur les divers points du département de la Charente-Inférieure, pendant les mois d'août et de septembre 1881 et qui autorisent la Commission à formuler les conclusions suivantes :

1° Le vignoble français sera irrémédiablement perdu dans la Charente-Inférieure d'ici à peu d'années;

2° Les moyens de défense connus, submersion, insecticides, sont rendus impossibles par les conditions locales, sauf exceptions sans importance.

3° Il y a lieu d'appuyer le vœu deux fois émis à l'unanimité par le Conseil général de la Charente-Inférieure, savoir que le Parlement, modifiant la loi du 2 août 1879, permette au Gouvernement de subventionner les syndicats de cépages américains.

4° Enfin, il importerait d'instituer un champ d'expériences à la ferme-école départementale pour l'étude des divers systèmes de culture des cépages américains et des détails nouveaux de leur application, selon les exigences locales, en particulier pour la greffe, pour l'adaptation des greffons et des porte-greffes et pour la taille.

M. le Dr MÉNUDIER ajoute que les conclusions émises au nom de la Commission du Conseil général sont les mêmes que celles de la Commission de vigilance, mais il proteste contre les lignes du rapport qui disent que le vignoble français sera irrémédiablement perdu, avant peu d'années, dans le département de la Charente-Inférieure. Il espère prouver le contraire dans une des prochaines séances.

M. de MALAFOSSE, représentant de la Société d'Agriculture de la Haute-Garonne, donne lecture du travail suivant, qui étudie les rapports existant entre l'intensité de l'invasion phylloxérique et la nature des terrains :

« La reproduction de tout être vivant étant subordonnée aux obstacles que peut lui offrir la nature, ce serait ici traiter une question banale que de montrer de quelle manière le phylloxera subit cette loi générale et, suivant les lieux et les climats, possède une très grande facilité de reproduction ou bien voit souvent sa fécondité arrêtée par les éléments du milieu où il vit.

» Il me paraît que dans la lutte soutenue aujourd'hui contre cet insecte on n'a pas tiré assez parti de cet allié naturel, de cet ensemble de circonstances qui, à tel endroit ou à telle époque, faisait plus que la main de l'homme pour enrayer la multiplication du puceron. Les causes qui peuvent agir contre lui sont complexes et je comprends la difficulté d'une classification méthodique sur l'élément exact qui, dans tel ou tel terrain, favorise au contraire l'invasion ennemie. Il y a là cependant une voie ouverte à une défense partielle si l'on veut, mais qui peut avoir une grande utilité dans bien des endroits.

» L'immunité presque absolue dont jouissent les vignes plantées dans les sables d'Aygues-Mortes est là pour exemple. Sans avoir une telle immunité, bien d'autres terrains doivent offrir une gradation entre ce point extrême de sécurité et les désespérantes garriques du Midi ou les craies de la Charente.

» L'utilité pratique de renseignements sur l'aide trouvé pour la défense dans le terrain même de la lutte est incontestable. Dans certains sols où la reproduction de l'insecte est limitée, la vigne peut vivre avec de simples palliatifs ou des engrais spéciaux, ou du moins prolonger beaucoup son existence. Dans d'autres un traitement insecticide *tous les deux ans* suffit pour la sauver et permet alors cette dépense pour les vignes à production moyenne.

» Dans mes expériences personnelles comme dans mes voyages dans les pays phylloxérés, j'ai noté bien des faits sur ce sujet. Mais je n'ai pas la prétention d'apporter la lumière sur cette question. Qu'on me passe le mot, je viens ici demander devant un concours de viticulteurs de tous pays une enquête où je ne puis apporter qu'une déposition de témoin.

» En effet, un sujet pareil ne peut être, je ne dirai pas élucidé, mais même étudié qu'avec une généralité d'observations que je comparerai aux observations météorologiques pour l'étude des phénomènes atmosphériques.

» La Commission supérieure, qui a partout des correspondants ou des agents, pourrait leur demander ces renseignements. Les commissions départementales pourraient étendre leurs investigations en s'informant des remarques faites par les propriétaires phylloxérés ou les lutteurs de la contrée qu'ils habitent.

» Ces renseignements seraient faciles à obtenir; c'est leur concentration et leur classification qui ne pourrait être faite que par des Commissions spéciales et qui présenteraient des difficultés.

» Je ne voudrais pas avoir l'air de me poser ici en docteur, en disant sur quels points devrait porter cette enquête pour en tirer des résultats. Toutefois, étudiant (et pour cause, car je suis phylloxéré) cette question depuis plusieurs années, je crois pouvoir jeter ici quelques jalons.

» Trois points pourraient servir de base pour remarquer l'intensité de l'invasion :

» 1° Le nombre relatif d'insectes trouvés sur les souches aux diverses phases de la vie du phylloxera. Ce n'est pas un chiffre à poser, mais trois ou quatre degrés d'intensité d'invasion à classer.

» 2° Le temps qu'une vigne résiste sans signes apparents de faiblesse. Ceci est, je le sais, relatif à sa vigueur et aux soins donnés. Toutefois on peut faire avec discernement et à l'aide de comparaisons des observations très utiles.

» 3° Enfin, et ceci est essentiel, le temps qu'après un traitement insecticide bien fait, une vigne passe sans être envahie en entier.

» Il y aurait à noter au sujet du terrain où ces remarques seraient faites, le côté géologique, le côté de la constitution ou des éléments mécaniques du sol, et le côté agricole ou cultural.

» Une autre observation importante, et que l'on néglige trop, ce me semble, c'est l'observation du sous-sol, qui règle non seulement l'écoulement ou la stagnation des eaux, mais encore met souvent un obstacle radical à la descente du phylloxera sur le racines qui y plongent.

» Je pourrais faire le relevé d'un certain nombre de faits observés à ce sujet; mais ce n'est pas ici, je crois, le moment de s'étendre, dans un Congrès où tant de savants ont à faire connaître leurs études ou leurs découvertes.

» On pourra m'objecter que pour étudier dans chaque terrain les éléments nuisibles à la fécondité du phylloxera, il faudra entrer dans des détails minutieux; morceler souvent dans cette analyse des vignobles en sections très diverses. Cela est vrai; mais on s'attache peut-être trop exclusivement dans les études phylloxériques aux idées générales, et à ce qui peut relever la grande production vinicole.

» Je voudrais attirer l'attention sur l'intérêt de cette étude pour les petits ou moyens propriétaires.

» Parlant ici pour les départements de la Haute-Garonne et du Tarn, où la vigne n'occupe qu'une partie des cultures, départements où l'invasion avance d'une manière si inégale, je n'appuie pas les réflexions que je viens d'émettre, sur des hypothèses. Bien des exemples les plus divers sur la variabilité des ravages du phylloxera et l'effet des remèdes se voient dans ces contrées où notre ennemi fait, qu'on me passe le mot, tant de zigzags.

» Il y a surtout une différence radicale entre l'invasion des plaines à terrain siliceux et celle des coteaux calcaires.

» Réunis ici, Messieurs, en grandes assises et attentifs à toute voie de défense, une voix, pour si faible qu'elle soit, peut être entendue.

» Si l'idée que j'émets sur l'étude de cette question pouvait germer, elle serait, je crois, bien utile aux pays faiblement envahis, à terrains variables, où la lutte est possible.

» Et d'ailleurs, ne pourrait-on, en découvrant quel est l'élément naturel qui arrête dans tel ou tel terrain la fécondité du phylloxera, tirer de cet élément même un remède général facilement applicable?

» Ces vignes abandonnées et qui reverdissent tout à coup (sans ressusciter néanmoins, car je n'admets pas un anéantissement de notre ennemi), ne vous indiquent-elles pas qu'en venant à certains moments en aide à la nature on pourrait les ramener?

» Quoi qu'il en soit, trop de liens relient entre eux les investigateurs du monde entomologique et les lutteurs agricoles pour qu'on ne cherche pas à colliger des renseignements qui, épars, n'apportent que confusion, et qui, réunis ou classés, peuvent jeter une grande lumière sur la défense de nos vignobles. »

M. Falières entretient l'assemblée au nom de la Commission du Congrès relative au traitement des vignes par la submersion. Il sera bref et n'entrera pas dans les détails de la question dont l'étude est faite dans le rapport de la Commission, rapport déjà publié.

Il définit, avec M. Faucon, une bonne submersion : celle qui prive l'insecte de toute communication avec l'air extérieur.

L'efficacité des traitements par la submersion n'est pas contestable, elle est écrite éloquemment dans toutes les vignes submergées depuis plusieurs années sur les bords de nos cours d'eau.

Quelques points particuliers de la question ont éveillé dans la Gironde la sollicitude de la Commission.

Elle s'est demandé si les eaux limoneuses étaient suffisantes pour assurer la fertilité des vignes traitées. La Commission a constaté que les dépôts limoneux étaient plus favorables à la végétation qu'à la fructification de la plante; de là le conseil d'ajouter au traitement par la submersion une certaine quantité de potasse et d'acide phosphorique.

La Commission a remarqué aussi dans les vignes submergées de la Gironde, que les cépages à bois tendre, comme le *Malbec*, étaient plus sujets à la coulure que ceux à bois dur, tels que le *Mansin*, le *Verdot* et le *Cabernet* dont la fructification était meilleure.

Le traitement par la submersion peut-il être suspendu? Les submersionnistes ont pensé, malgré l'avis contraire de M. Faucon, le maître en la matière, qu'il était possible de suspendre la submersion lorsque les vignes avaient repris leur végétation normale; mais des faits observés par la Commission dans le département de la Gironde chez MM. de Meynot et de Vassal n'autorisent pas à concevoir cette espérance.

M. Falières termine sa communication en donnant lecture des conclusions contenues dans le rapport de la Commission.

M. le Secrétaire général du Congrès lit un mémoire de M. de Leybardie sur les travaux de submersion de son vignoble de Montferrand.

M. Chenu-Lafitte donne son approbation aux conclusions du rapport de la Commission de la submersion, mais il ajoute qu'ayant submergé son vignoble depuis cinq ans, pendant une durée de cinquante à soixante jours, tous les ans, l'état de merveilleuse végétation de ses vignes l'a autorisé à en suspendre la submersion cette année sur une étendue de quarante hectares. Il espère pouvoir suspendre à l'avenir le traitement de son vignoble pendant une année sur trois.

M. Prades, de Bédarrieux (Hérault), demande à exposer ses observations particulières sur la submersion, et s'exprime en ces termes :

« Messieurs,

» Je ne m'attendais pas à l'honneur de prendre la parole aujourd'hui devant vous, et si je me hasarde à vous faire part de mes observations malgré mon inhabileté dans l'art de bien dire, c'est que je crois qu'il est de votre intérêt que je signale ici, en toute sincérité, mes échecs dans la submersion.

» Je ne saurais, d'après une cruelle expérience, partager les idées optimistes de l'honorable préopinant. Je suis, en effet, obligé d'affirmer que le système de la submersion, comme tous nos autres moyens de défense contre le phylloxera, ne présente pas un remède certain.

» Sans parler des ennuis de toute sorte que ce traitement entraîne, et qui ne seraient pas mentionnés si le succès était toujours assuré, la submersion présente tout d'abord un inconvénient considérable : c'est celui qu'on ne puisse savoir si les conditions seront favorables dans un terrain donné, que lorsque l'on aura fait tous les frais pour son installation. Que seraient, en effet, et l'agrégation et le tassement du sol, et l'impossibilité de son ameublissement et la gêne des cultures, si l'on parvenait à se débarrasser du phylloxera, si l'on pouvait maintenir les souches en santé ?

» Je devine l'objection prête à m'être opposée, que je puis avoir mal fait le traitement. Eh bien ! non, Messieurs; si vous me connaissiez mieux, vous n'auriez pas ce doute, car je suis peut-être trop minutieux.

» La première dépense d'installation faite, la submersion ne me coûte rien, toute la rivière d'Orb est à ma disposition, la solidité de mon aménagement me permet de laisser l'eau dans mes planches tout le temps que je veux.

» Mon terrain était en prairies, je l'ai remanié pour en faire des vignes submersibles, en 1877. La première submersion date de l'année 1877-1878 et, en fumant mes jeunes souches d'un an, je m'aperçus, dès la première année (avril 1878) de la présence du phylloxera. La deuxième submersion (1879) fut également impuissante à le détruire et la récolte, qui était de toute beauté (3me feuille), ne put mûrir. Comme d'habitude, en pareil cas, nous accusâmes les quelques grains de grêle tombés en juillet. En décembre 1880, j'ai submergé trente-deux jours, un accident m'ayant interrompu. Nous avons trouvé, en janvier, avec mon ami M. Jaussan, quelques phylloxeras vivants, ce que nous pouvions justement attribuer à l'insuffisance dans la durée de notre première submersion ; aussi, en janvier, février et mars ai-je repris le traitement pendant cinquante-trois jours bien consécutifs. Après ce temps et en avril, les insectes étaient nombreux, j'en ai trouvé de très dégourdis, d'un jaune clair : nouveau bain de dix jours seulement pour ne pas compromettre la végétation. En juin, submersion de trois jours, ainsi qu'en juillet, trois jours de plus ; et enfin, en août, submersion de vingt-quatre heures. Malgré ces diverses opérations, l'insecte a toujours survécu, quelques souches ont repris, mais un grand nombre est dans un piteux état.

» Cent deux jours, comme l'on voit, n'ont pu me débarrasser de l'insecte ; l'épaisseur de la couche d'eau serait-elle donc insuffisante ? Sur les points les plus hauts elle dépasse 12 centimètres et doit avoir une moyenne de 20 centimètres environ. D'ailleurs, ce qui me confirme dans l'idée que quelques centimètres de plus ne changent guère le résultat, c'est que les parties sur lesquelles l'insecte a été d'abord découvert, et sur lesquelles je ne crois jamais l'avoir entièrement détruit, sont celles où l'épaisseur d'eau est la plus forte : la couche a bien, dans cet endroit, 50 centimètres. J'ai dit que quelques centimètres d'épaisseur de plus ne changent guère le résultat. En effet, les racines placées à 1 mètre de profondeur, par exemple, supportent 1^{m}15 de pression, lorsque la couche d'eau est de 15 centimètres au-dessus du sol. Elles n'éprouveront en plus de pression que la quantité peu considérable de centimètres que vous n'ajouterez qu'au prix des plus grandes difficultés, si vous voulez augmenter pratiquement l'épaisseur de la couche.

» En présence de l'inégalité des résultats que je connais, j'ai cherché à me rendre compte des effets de l'asphyxie du phylloxera au moyen de l'eau.

» Dans une carafe pleine, j'ai plongé des racines couvertes d'insectes : Quelques points argentés indiquaient des parties sur lesquelles l'air était demeuré adhérent. J'espérais qu'un certain séjour permettrait à ce gaz de remonter en s'extravasant; mais, à ma grande surprise, je vis le lendemain une infinité de petits globules qui adhéraient non seulement aux racines mais aussi sur le fil de fer, qui servait à les maintenir au fond de l'eau.

» Je m'expliquai alors que cet air était celui qui avait été tenu en dissolution par l'eau à une certaine température et qui pouvait s'en être échappé par le refroidissement nocturne. Je soumets ici cette remarque pour que les savants puissent vérifier le fait, et en déduire des observations utiles.

» Je ne pense pas que le phylloxera submergé puisse vivre de l'air que l'eau peut prendre en suspension, et qui s'en échappe aussi facilement qu'il y est entré, par le mouvement. Il doit surtout vivre par celui que l'eau contenait en dissolution et qu'elle abandonne dans certaines circonstances. Dans le plus grand nombre de cas il doit vivre encore par l'air qui reste emprisonné par l'eau elle-même, lorsqu'il s'est établi, faute d'issues, un certain équilibre. Ces petites chambres moléculaires à air me paraissent devoir se rencontrer d'autant plus nombreuses, que le terrain est plus compacte. Il me semblerait bien difficile de déterminer les conditions que l'on devrait désirer pour être assuré d'un bon résultat.

» Suivant la nature des terres, l'air déposé par l'eau, ou celui qu'elles contenaient, doit mettre plus ou moins de temps à sortir. Dans mes submersions faites pendant les gelées, il m'a semblé voir au moyen de l'immense cloche formée par la nappe de glace survenue dans une nuit, qu'il s'était dégagé dans cet espace de temps d'autant moins de bulles d'air, contenues au-dessous de la glace, que le moment de l'observation était éloigné du commencement de la submersion. Je crois pouvoir conclure de mes remarques nombreuses que la durée de la submersion doit être relative à la nature du terrain et relative aussi à l'époque à laquelle elle est pratiquée par rapport à l'activité du phylloxera; que s'il était possible d'augmenter considérablement la pression par l'épaisseur de la couche d'eau, l'on n'aurait pas besoin de tant la prolonger; et qu'enfin il est des natures de sol où la submersion est impuissante pratiquement à donner de bons résultats.

» J'espère être parvenu à expliquer suffisamment ma pensée, pour n'arrêter personne dans l'essai d'un moyen excellent dans la plupart des cas, mais pour avoir suffisamment conseillé la prudence à ceux qui auraient de grands sacrifices à faire, sans être assurés du succès.

» Gardons-nous du découragement comme d'un engouement irréfléchi. Dans la submersion l'absolu n'existe pas.

» Je supplie les savants d'appliquer leur intelligence à l'observation des faits qu'il est si important d'élucider, ils nous traceront des règles raisonnées où l'incertain n'aura point de place. »

Sur l'indication de M. Prades que son terrain est argilo-calcaire et aussi d'alluvion, que le sous-sol est formé par un banc irrégulier de calcaire stratifié, dont les fentes ou assises sont garnies d'argile, que l'eau ne peut séjourner plus de vingt-quatre heures si la submersion n'est alimentée, l'honorable M. Reich attribue son insuccès à l'air que l'eau apporte an phylloxera en s'infiltrant. M. Prades répond ce qui suit :

« Il semblait, en établissant mon installation, que j'aurais un jour à répondre à l'objection qui m'est faite en ce moment, par mon honorable ami M. Reich.

» J'ai été excessif dans toutes mes précautions d'établissement. Quoique ce soit par le trop plein que mes bassins s'alimentent de l'un à l'autre, l'eau ne traverse jamais une planche pour se rendre directement dans l'autre en y tombant.

» Mes bassins se remplissent tous par le bas; le déversoir est contigu à l'entrée, de telle manière que l'eau est absolument dormante dans mes planches et que le manquant ou vide qui résulte de l'imbibition ou de l'évaporation, est constamment et insensiblement remplacé de proche en proche.

» Cette précaution fut prise pour éviter toute cause de dégât par les courants, plus que pour éviter l'entraînement direct de l'air en suspension dans l'eau, ce qui m'a paru toujours une impossibilité. D'ailleurs en admettant que par le fait de l'imbibition l'air dût être apporté au phylloxera, il devrait bien se trouver des points dans l'immense échiquier formé par une vigne, où cette imbibition ne se produirait pas. Le terrain perméable peut ne pas être tel qu'un crible régulièrement disposé; il suffit d'un ou de quelques points ne tenant pas l'eau pour que le niveau ne puisse plus être maintenu sans alimentation constante. Cette observation m'expliquerait que la fertilité de mon terrain ne soit en rien diminuée par les masses d'eau que j'emploie et qui au lieu de le laver dans toutes ses parties, doivent au contraire l'enrichir des principes fertilisants qu'elles contiennent. »

Sur la demande si l'eau dont se sert M. Prades est riche ou non, si elle est trouble ou claire, il répond :

« Je n'ai pas fait analyser l'eau dont je me sers dans son état ordinaire de limpidité, je la crois excellente par les bons effets que les arrosages copieux me donnaient, lorsque ma terre était en prairie naturelle.

» Mes voisins employant du fumier mais peu d'eau, n'avaient pas plus de foin que moi, qui arrosais toute l'année en interrompant souvent mes arrosages, mais pour les reprendre aussitôt, et toujours abondants. Je me trouvais très bien de suivre les nouveaux principes agricoles, qui conseillent de tirer le fumier de la prairie, et non de le lui donner. Elle le recevait, en matières organiques par les arrosages, lorsque l'eau de l'Orb devient trouble accidentellement, et elle les recevrait encore, en principes minéraux par les arrosages à l'eau claire, car la présence de ces derniers n'a pas toujours pour conséquence de troubler la limpidité de l'eau.

» Telles sont, Messieurs, les observations dont j'ai cru devoir vous faire part, non en savant mais en praticien ; je désire ardemment qu'elles puissent vous être utiles. »

M. le Dr REICH, délégué des submersionnistes du Sud-Ouest, explique les raisons de l'insuccès des submersions de M. Prades. Ce mode de traitement n'est efficace que dans les terrains compactes qui n'exigent pas plus de 30 à 35,000 mètres cubes d'eau par hectare. Dans l'arrondissement d'Arles la submersion se fait sur 3,000 hectares environ. Là où le sous-sol est sablonneux, par conséquent très perméable, le traitement échoue, la vigne meurt à la troisième année, tandis que la submersion réussit merveilleusement ailleurs, sur des sous-sols plus denses.

M. PRADES rappelle ses explications sur la canalisation de ses submersions, qui ne permet pas à l'eau de se charger d'air plus que si elle était stagnante.

M. DE LONGUERUE demande qu'il soit fait une analyse du terrain de M. Chenu-Lafitte, afin de constater les différences qui peuvent exister dans la composition du sol après plusieurs submersions.

M. le PRÉSIDENT demande à M. Chenu-Lafitte s'il a trouvé des phylloxeras dans les vignes qu'il n'a pas submergées cette année.

M. CHENU-LAFITTE a constaté la présence de l'insecte dans ces vignes, mais il l'a trouvé aussi dans les parcelles submergées avec le plus de soin depuis cinq ans. Partout du reste, ajoute-t-il, les submersions ont donné de bons résultats dans la Gironde, et l'orateur ajoute que si le phylloxera disparaissait, il reviendrait de temps en temps à la pratique de la submersion afin d'enrichir son sol par les matières fertilisantes contenues dans les eaux limoneuses de notre grand fleuve.

Il regrette les communications de M. Prades, dont l'insuccès est une exception et qui peuvent décourager quelques viticulteurs encore indécis.

M. Chenu-Lafitte a fait dans ses vignes submergées des applications de potasse, d'acide phosphorique et de superphosphate à doses diverses, mais il ne peut encore faire connaître les résultats de ces amendements.

Contrairement à M. Falières, il n'attribue pas à la submersion la coulure des vignes à bois tendre. Il fait remarquer que dans le Blayais, le *Malbec* et le *Teinturier* coulent depuis plusieurs années sous les influences atmosphériques.

M. DE LONGUERUE insiste sur l'analyse des terres submergées où la vigne pousse vigoureusement. Il croit que le salut des vignes sera dû à l'acide phosphorique, qui donne de la fermeté aux racines et de la dureté aux radicelles et les met à l'abri des piqûres du phylloxera. Il pense que l'analyse découvrira cet élément de défense dans les sols submergés.

M. CHENU-LAFITTE répond que, simple viticulteur praticien, il a plus de confiance dans l'observation des faits que dans l'analyse de son sol par la chimie. Il a suspendu la submersion cette année sur une partie de son vignoble, mais il la reprendra l'an prochain. Il n'a du reste la pensée de suspendre la submersion qu'une année sur trois, si ses vignes ne manifestent aucun affaiblissement après la suspension de traitement qu'il a expérimentée cette année.

M. FALIÈRES ne croit pas que l'analyse découvre des changements appréciables dans la composition des terrains submergés ; il attribue le dépérissement signalé dans son rapport sur les vignes de MM. de Meynot et de Vassal aux atteintes du phylloxera qui a pullulé pendant l'année de suspension de submersion. L'orateur pense que l'insuccès des submersions de M. Prades, de Bédarrieux, est dû au renouvellement continuel de l'eau, apportant toujours de l'air qui a permis au phylloxera de vivre.

M. PLANCHON signale des différences entre l'efficacité des submersions pendant les différentes époques de traitement. Voici les résultats d'expériences de laboratoire. Des phylloxeras placés dans un verre d'eau pendant l'hiver, ont vécu 23 jours, tandis qu'en saison chaude, après un temps très court, ils deviennent hydropiques, prennent une couleur blanchâtre et meurent.

M. CHENU-LAFITTE attribue le dépérissement des vignes de MM. de Meynot et de Vassal à cette circonstance qu'ils ont suspendu leur submersion après un traitement incomplet. L'un de ces viticulteurs l'autorise à dire à la tribune qu'il lui a toujours été impossible de submerger quelques parcelles élevées de son vignoble. L'orateur pense, de ce fait, qu'il est imprudent de suspendre même une seule année toute submersion qui n'a pas toujours été complète et faite selon les principes établis par M. Faucon, l'éminent maître en la matière, auquel il est heureux d'adresser, en présence de ce grand Congrès, ses sentiments de gratitude personnelle et d'admiration pour les immenses services qu'il a rendus à la viticulture.

- M. le Dr MÉNUDIER cite un fait qui pourrait expliquer l'insuccès de M. Prades : Des vignes placées sur les bords de la Charente ont été inondées par les eaux claires et courantes du fleuve, par suite d'une crue accidentelle. Après cette submersion forcée et prolongée, les phylloxeras étaient aussi nombreux qu'avant l'inondation.

M. DE LUNA cite des observations de laboratoire qui lui ont permis de constater que le phylloxera meurt très promptement dans de l'eau non aérée.

M. DE LONGUERUE insiste encore sur une analyse à faire des sols soumis à la submersion.

M. BARRAL fait observer qu'il ne faut pas demander à la science plus qu'elle ne peut donner. Dans l'état actuel de la chimie, l'analyse réclamée par l'honorable préopinant ne peut conduire à aucun résultat appréciable. Ce que la science peut indiquer, ce sont les éléments adjuvants qu'il serait bon d'ajouter à la pratique de la submersion. Elle conseille d'apporter dans les vignes traitées, de la potasse et de l'acide phosphorique. C'est, du reste, la pratique annuelle de M. Faucon. L'éminent secrétaire perpétuel de la Société nationale d'Agriculture de France ajoute que toute bonne submersion doit être faite avec de l'eau stagnante. L'eau qui court est chargée d'oxygène et ne tue pas.

Le second effet de l'eau est de porter des matières fertilisantes. J'ai écouté, dit-il, avec intérêt, les excellentes observations de M. Chenu-Lafitte ; il a fait de la meilleure des sciences, de la science expérimentale basée sur l'observation judicieuse des faits.

M. Counord combat la proposition d'analyse des terres faite par M. de Longuerue ; il donne ensuite quelques indications sur les qualités que doit posséder une machine destinée à actionner les pompes pour les submersions. Il recommande particulièrement d'acheter de préférence, même dans un but d'économie bien entendue, les machines les plus perfectionnées, qui coûtent par conséquent le plus cher, mais dont le travail revient à meilleur marché.

J. GUÉNANT,

Secrétaire adjoint de la Société d'Agriculture de la Gironde.

Procès-verbal de la séance du mardi 11 octobre 1881 (matin).

Présidence de M. A. LALANDE.

La séance est ouverte à neuf heures.

M. Falières, rapporteur de la Commission chargée de l'étude des traitements anti-phylloxériques par le sulfure de carbone et les sulfo-carbonates, fait connaître à l'assemblée le résumé de son rapport inséré aux travaux préliminaires page 49.

M. Ménudier, de Saintes, expose les faits dont il a été témoin dans son département. La faculté insecticide du sulfure de carbone, dit-il, est très grande ; cependant on ne peut espérer détruire complètement tous les phylloxeras, même en employant de fortes doses de sulfure, aussi ne doit-on pas dépasser celle de 200 kilog. par hectare. Ses observations portent sur le mode d'emploi de cet agent, sur les conditions qui assurent le rétablissement de la vigne et sur celles qui font rejeter cet insecticide comme étant impuissant ou nuisible.

On réussit dans une terre arable, un peu humide, perméable et d'une profondeur de 30 centimètres au moins. Dans les terres calcaires et superficielles on échoue toujours. Dans ces terrains, en effet, la vigne n'émet que très lentement de nouvelles racines qui sont bientôt détruites par les phylloxeras. Les traitements doivent avoir lieu depuis la fin de novembre jusqu'en avril; ils seront accompagnés de fumures abondantes.

M. Ménudier a suspendu ses traitements en 1880, sa vigne n'a pas dépéri; il pense donc que son exemple peut être imité et que les traitements annuels ne sont pas indispensables.

Cette conduite lui paraît même sage en envisageant l'avenir, car la vigne pourrait bien ne pas toujours s'accommoder du régime auquel on la soumet. Aussi ne saurait-il partager la manière de voir de ceux qui plantent avec l'intention de défendre leurs vignes par le sulfure de carbone. Il ne sera donc pas aussi affirmatif que la Commission dont M. Falières a été le rapporteur.

Les badigeonnages à l'huile lourde employés comme adjuvants lui ont donné des résultats désastreux; il préfère l'écorcement des souches en février.

D'après l'orateur, la dépense par hectare doit être établie comme suit :

Pour 200 kilog. sulfure de carbone................F.	150
Pour engrais...	150
Soit ensemble.............F.	300

de laquelle somme il convient de déduire 100 fr. accordés à titre de subvention par le gouvernement.

Pour éviter les accidents, M. Ménudier recommande de déposer le sulfure de carbone à l'air libre, sous des hangars et non dans les appartements. Il fait l'éloge du pal Gastine.

Le manque d'eau ne lui a pas permis d'essayer les traitements au sulfo-carbonate de potassium.

La séance est levée.

S. COUPERIE,
Secrétaire général de la Société d'Agriculture de la Gironde.

Procès-verbal de la séance du mardi 11 Octobre 1881 (après-midi).

Présidence de M. A. LALANDE.

M. GUÉNANT, secrétaire rédacteur du Congrès, donne lecture du procès-verbal de la séance de la veille. — Il est adopté.

Après cette lecture, M. le PRÉSIDENT propose que dorénavant, afin de ne pas enlever le temps aux orateurs, les procès-verbaux ne soient plus lus en séance du Congrès, mais en séances spéciales tenues par le Comité d'organisation. — Cette proposition est acceptée par le Congrès.

Il propose ensuite que, vu le nombre d'orateurs inscrits pour prendre la parole, on tienne une séance de nuit, dont l'ouverture est fixée à huit heures et demie. — Le Congrès accepte.

M. DE MARSILLAC, propriétaire à Bourg, vient entretenir le Congrès des succès obtenus par l'emploi rationnel du sulfure de carbone dans le traitement de ses vignes phylloxérées.

Ce vignoble, atteint par le phylloxera en 1876, était largement contaminé en 1878, époque à laquelle M. de Marsillac commença le traitement des points attaqués. Dans le courant du rigoureux hiver de 1879, il appliqua un traitement réitéré à tout le vignoble dont la végétation lui avait paru fortement amoindrie pendant l'été. Au printemps, il fit faire un nouveau traitement simple.

La première pousse eut peu de développement, mais les feuilles reverdirent au mois d'août et le système radiculaire se reconstitua merveilleusement. Enfin, en 1880, le vignoble reçut un nouveau traitement simple; aujourd'hui la vigne est en parfait état, son bois a parfaitement mûri et atteint son développement normal. La végétation souterraine est magnifique et, malgré la présence de nombreux insectes qui ont fait leur apparition au mois de mai de cette année, les radicelles profondes sont dans un état de santé et de préservation absolues.

Il reste donc acquis pour M. de Marsillac que les parties de son vignoble, encore vigoureuses en 1879, ont été absolument préservées de la contagion dès le premier traitement, et qu'il a suffi de trois traitements annuels pour rétablir presque complètement les ceps les plus malades.

Pour répondre à ceux qui accusent le sulfure de carbone d'avoir des effets stérilisants, M. de Marsillac cite une vigne en joualles, où

il a obtenu, avec des fumures très restreintes, un rendement en blé
de 23 0/0. Quant à la récolte de vin, elle a été, malgré la grêle,
supérieure à celle de ses voisins.

M. de Marsillac ne croit donc pas que le sulfure de carbone
stérilise le sol et la vigne. Il trouve également absurde le reproche
qu'on fait à cet insecticide, de produire la carie des os et l'impuissance.

M. de Marsillac s'occupe ensuite des cas de mortalité qui ont
accompagné les traitements par le sulfure.

Les membres du Syndicat, dont M. de Marsillac est le président,
ont traité 200 hectares avec une dose de 14 à 16 grammes de sulfure par mètre carré en quatre injections faites à 0^m40 des ceps
plantés à 1^m33 de distance : on n'a eu à regretter que de rares
accidents de mortalité. Cependant deux propriétaires ayant traité
dans un sol argileux non ressuyé ont éprouvé de graves mécomptes.

Pour l'honorable orateur, il reste démontré que les traitements
n'offrent aucun danger dans les terrains secs ou bien ressuyés, et
que la vigne supporte d'autant moins les vapeurs de sulfure qu'elle
est plus affaiblie par le phylloxera ; enfin que des doses énormes de
sulfure ne font nullement souffrir un pied vigoureux ; et que la dose
applicable peut impunément augmenter avec le degré de régéné-
rescence du vignoble.

C'est par refroidissement, ajoute M. de Marsillac, que le sulfure
de carbone produit ses effets désastreux sur les vignes traitées
dans de mauvaises conditions.

La volatilisation du sulfure occasionne un abaissement considérable de température. A la suite d'un contact trop immédiat et trop
prolongé des racines avec les vapeurs de sulfure, l'eau qu'elles
contiennent se congèle et désorganise les tissus, par l'effet de la
dilatation. De là, perturbation dans l'organisme de la plante, qui
est en raison directe de la vigueur ou de la faiblesse du sujet.

Les feuilles étant non seulement le laboratoire dans les cellules
desquelles se décomposent l'acide carbonique, les nitrates et où se
forment les hydrates de carbone et les albuminoïdes, mais encore le
magasin naturel où la plante puise toutes les substances nécessaires à
son développement, les racines ne peuvent s'*accroître* et par conséquent se *reconstituer* qu'autant qu'elles utilisent les principes élaborés
par les feuilles et, dès lors, il est facile de comprendre que plus la
végétation est belle, plus les racines auront la facilité de reconstituer leurs plaies rapidement. Un cep, je le répète, dont le système

radiculaire est abondant, ne souffre nullement d'une dose ordinaire de sulfure, car si quelques racines se trouvent endommagées, les autres suffisent amplement à l'absorption des liquides utiles à son existence ; mais il n'en saurait être de même pour un sujet qui, malgré une végétation extérieure assez belle, n'aurait, pour puiser dans le sol sa nourriture, qu'une racine plus ou moins avariée. Il est évident que, dans ces conditions, la congélation, arrêtant complètement les phénomènes vitaux de l'endosmose et de la diffusion, entraînera, du même coup, l'anéantissement passager de la plante.

Les effets produits, dans le cas du traitement d'hiver, sont, quoique moins tangibles, absolument identiques à ceux que je viens de décrire. En effet, toutes les parties ligneuses de la plante, gardant en dépôt les principes immédiats parmi lesquels on trouve l'amidon qui se transforme, au début de la végétation, en glucose et cellulose pour former les jeunes bourgeons, ceux-ci croîtront évidemment jusqu'à l'épuisement complet de cette réserve de latex ; ils jauniront ensuite et se dessécheront même jusqu'au jour plus ou moins éloigné, suivant la faiblesse du pied, où les racines étant cicatrisées la végétation repartira d'une manière normale sous l'influence de l'attraction capillaire.

Quant aux ceps dont la végétation extérieure et souterraine est au dernier degré de dépérissement, ils meurent simplement d'épuisement, car ils ne sauraient être atteints, faute de racines, par les vapeurs sulfo-carboniques, du moins dans un traitement normal.

Cette théorie me paraît d'autant plus rationnelle que, loin de l'amoindrir, la pratique vient, au contraire, corroborer ces observations, car il est démontré, à cette heure, que les vignes légèrement affaiblies sont les plus éprouvées et que la mortalité sévit avec une plus grande intensité dans la circonférence de la tache que dans le foyer lui-même.

En résumé, il est acquis qu'un vignoble pris au début de l'invasion est absolument sauvé dès le premier traitement dans toute espèce de terrains, et qu'il faut un laps de temps qui varie entre deux et quatre ans, suivant la fertilité du sol, l'abondance des fumures, la nature des cépages et le degré de la maladie, pour le reconstituer complètement.

J'ai remarqué, en outre, que les *Cabernets* et les gros cépages se reconstituent avec une très grande rapidité, tandis que le *Merlot* et le *Malbec* sont très lents à se rétablir ; le mildew lui-même, dont

13

j'ai constaté la présence dans le Bourgeais, depuis l'an dernier, sévit aussi avec une intensité plus grande sur ces deux derniers cépages; mais j'estime que le climat de la Gironde dont les étés sont chauds et peu humides ou humides et froids suivant les années, nous préservera, à l'instar de la Californie, de ce nouveau et terrible fléau.

M. JAUSSAN s'occupe ensuite des accidents attribués à l'emploi du sulfure de carbone dans l'arrondissement de Béziers, à la suite des traitements faits pendant la campagne 1880-81; de leur importance réelle, et des moyens d'y remédier.

Des accidents sont survenus cette année dans des vignobles de l'arrondissement de Béziers, à la suite des traitements faits par le sulfure de carbone.

Ces accidents ont été diversement appréciés, un peu sévèrement peut-être, et j'ai cru, dit l'orateur, qu'il pouvait ne pas être sans intérêt d'en rechercher ici les causes; quelle en était l'importance réelle et s'il y avait possibilité d'en empêcher le retour.

Ce n'est point, en effet, en fermant les yeux que l'on peut éviter le danger, mais au contraire en le regardant bien en face; un examen sérieux, sincère surtout, peut nous fournir le moyen de le conjurer.

Le sulfure de carbone est aujourd'hui trop connu pour que je vous en parle longuement. Conseillé par M. le baron Thénard, son efficacité indiscutable fut démontrée à la suite des expériences faites par MM. Maxime Cornu et Mouillefert, au laboratoire de Cognac, sous la présidence de l'éminent M. Dumas, et son mode d'emploi pratique recherché et trouvé dans des conditions toutes différentes de sol, de cépage, de climat par l'Association viticole de Libourne d'un côté, par la Commission P.-L.-M. de l'autre.

Je ne vous nommerai pas, Messieurs, ces hommes si énergiques, si vaillants, qui ont poursuivi avec tant de zèle ces études, ces travaux si remarquables; leurs noms, j'en suis certain, sont présents à votre mémoire. Je ne les nommerai pas, je craindrais de blesser leur modestie qui n'a d'égale que leur mérite; mais je crois de mon devoir, tant en mon nom personnel qu'au nom des viticulteurs qui, suivant leurs conseils si sages, si désintéressés surtout, auront pu conserver ce bien si précieux; je crois de mon devoir, dis-je, de leur en exprimer mes sentiments de reconnaissance.

Ces recherches portèrent leurs fruits, et ceux dont les vignobles n'avaient pas été foudroyés dès la première heure, purent avoir l'espérance de les conserver et d'empêcher de se tarir cette source de la fortune publique et privée.

Les effets obtenus par le sulfure de carbone, dans les conditions qui avaient été déterminées et prescrites, furent si évidents que malgré le discrédit dont il était frappé, à la suite de quelques essais infructueux, son emploi prit des proportions considérables et progressives.

En 1879, il s'était traité dans notre arrondissement 350 hectares par 8 propriétaires.

En 1880, l'amélioration remarquée en décida un plus grand nombre, et les encouragements donnés par l'État à ceux qui se grouperaient en syndicat achevèrent l'œuvre. Un syndicat se forma et réunit 115 propriétaires traitant 1,351 hectares répartis en 28 communes.

Les résultats obtenus purent alors être encore mieux appréciés, se manifestant sur un plus grand nombre de points. Le mode d'emploi, ces pratiques nouvelles qui semblaient présenter des obstacles insurmontables, ne furent pas considérées comme tels; aussi le syndicat formé pour la campagne 1880-81 réunit-il 435 propriétaires traitant 4,298 hectares, répartis en 53 communes.

L'examen des listes de souscription est très intéressant, car il en ressort bien clairement combien la lumière s'était faite. La vulgarisation d'un procédé est bien évidemment démontrée par le nombre de ceux qui ont recours à lui.

Le tableau suivant en facilitera l'appréciation :

CATÉGORIES des surfaces traitées.	NOMBRE de souscripteurs.	HECTARES TRAITÉS
De 40 hect. et au-dessus	29	1,666
De 39 à 20.	36	975
De 19 à 10.	53	682
De 9 à 5.	65 ⎱ 317	395 ⎱ 975
De 4 et au-dessous.	252 ⎰	580 ⎰
	435	4,298

Et si nous réunissons les deux dernières catégories de 9 hectares et au-dessous, qui représentent bien les traitements exécutés par le propriétaire et le cultivateur, nous nous trouvons en présence de 317 propriétaires traitant 975 hectares. Trois quarts environ du nombre des souscripteurs ne traitent que le quart de la totalité des surfaces syndiquées. Quoi de plus typique!

La campagne anti-phylloxérique de 1881 commença avec un entrain inouï avec 435 souscripteurs pour 4,298 hectares.

Que craindre, en effet? Jusqu'à ce jour rien de fâcheux n'avait été signalé, ou à de si rares exceptions qu'on n'avait pas cru devoir en tenir compte. Nous avions employé impunément, dans toutes les conditions possibles, les doses les plus élevées de sulfure de carbone sans éprouver aucun dommage, et nous en étions arrivés à dire: si vous hésitez entre deux doses, prenez la plus forte. Théoriquement, nous savions bien pourtant qu'il était dangereux de l'employer quand le sol était trop humide, quand la vigne entrait en végétation. Mais ces craintes nous paraissaient chimériques, l'expérience n'étant pas encore venue confirmer la théorie.

Nous étions donc pleins de sécurité, lorsqu'au réveil de la végétation qui se faisait assez vigoureusement, quoique un peu irrégulière, certaines parties restèrent en retard, *endormies,* disions-nous. Mais cela ne nous préoccupait guère; l'explication en paraissait logique en invoquant l'extrême humidité de l'hiver, le peu de chaleur du printemps. D'ailleurs ces retardataires présentaient des bourgeons gros et trapus, indice de vigueur et de santé. Mais vers la fin d'avril, alors que les vignes auraient dû pousser normalement, ces points *endormis* persistèrent dans leur état. Bon nombre de souches moururent, d'autres végétèrent encore, mais arrivées à 0^m05, 0^m10, 0^m15, les jeunes pampres se flétrirent et se desséchèrent comme à la suite d'une gelée. Les racines coupées perpendiculairement à leur axe ne présentaient pas de symptômes de décomposition, mais bien un commencement de dessiccation.

On ne trouvait que peu ou point d'insectes tant sur ces points-là qu'aux environs.

Ces accidents s'étaient invariablement produits :

Dans les terres fortes se fendillant en été ;

Dans les terrains argileux à sous-sol compact et peu profond ;

Dans ceux qui forment légèrement cuvette et qui se ressuient difficilement.

Ils paraissaient correspondre aux traitements faits pendant les périodes de pluie qui sont tombées du 1er novembre au 30 avril;

A ceux qui avaient été faits pendant la montée de la sève.

Le *Carignan* paraissait avoir été plus impressionné que les autres cépages.

La mortalité ou l'état maladif des ceps paraissait plus ou moins considérable suivant que les diverses conditions se trouvaient plus ou moins réunies, plus ou moins accentuées.

L'émotion produite par cet état de choses fut extrêmement vive, cela se comprend sans peine. Les illusions que l'on avait caressées s'étaient évanouies; là où l'on avait cru trouver le salut on ne trouvait que la misère; on semblait même se complaire dans cette désolation et en exagérer l'importance; et comme à tout événement fâcheux, il faut trouver une cause, qu'une fois cette cause trouvée, le mal paraît amoindri, on ne fut pas long à trouver : le sulfure de carbone était la cause de tout le mal qui s'était manifesté.

Néanmoins, l'effarement de la première heure un peu calmé, il fut possible de constater que dans certaines natures de sol, à côté de vignes traitées complètement foudroyées, il en était d'autres non traitées contiguës à ces premières et foudroyées tout aussi complètement; que dans certaines vignes où l'on avait graduellement diminué les doses de sulfure de carbone, les parties traitées à petite dose n'avaient été nullement altérées, alors que celles qui en avaient reçu de plus considérables étaient sérieusement atteintes ; que là où, par une sorte d'intuition, on avait abaissé le dosage, qu'on s'était abstenu de traiter quand le sol était trop mouillé, les accidents signalés ne s'étaient pas produits.

Je crus devoir me livrer à une enquête tant auprès des propriétaires de nos contrées, qu'auprès de ceux qui dans d'autres régions, l'Ardèche, le Rhône, la Gironde, la Loire, l'Isère, traitant depuis plusieurs années, pouvaient me donner l'appui de leur vieille expérience.

Lorsque je vous aurai nommé M. Thiolières de l'Isle, dont le vignoble est le seul debout au coteau de l'Ermitage, M. de Pravieux, à Saint-Laurent-du-Pape, M. Giraud, à Libourne, M. Elisée Nicolas, à Bazourges, M. Vincendon Dumoulin, à Saint-Marcelin, vous apprécierez, je pense, que je ne pouvais mieux m'adresser.

Leur avis unanime fut que la cause de ces accidents ne pouvait être que l'*extrême humidité du sol,* qui avait empêché le sulfure de carbone de se diffuser et qui, le maintenant en contact prolongé avec les racines, soit à l'état de vapeur, soit à l'état de dissolution dans l'eau, avait produit sur elles un effet inattendu.

Avec ce point de repère, l'enquête me devint bien facile : tout vint confirmer ce qui m'avait été indiqué avec tant de bienveillance et de précision.

L'hiver 1880-81 a été extrêmement pluvieux, décembre seul fut absolument sec. Novembre, janvier, février et mars nous ont donné 587 millimètres d'eau, soit la chute d'eau d'une année moyenne.

Du 17 au 24 janvier, après une chute de 95 millimètres, nous eûmes de la neige et une gelée à glace qui se maintint pendant une semaine de — 4° à — 6°; température anormale pour nos régions.

Le printemps jusqu'au 10 juin fut très froid.

Les principaux accidents signalés correspondaient aux traitements faits à ces époques; et de l'ensemble des faits qu'il me fut donné de constater, il en résulta pour moi la conviction qu'ils ne pouvaient être attribués qu'à l'*excès d'humidité du sol,* et de plus, *à une gelée, à une répercussion de sève* passée inaperçue : *le tout exagéré par la présence et l'action du sulfure de carbone.*

Que si le sulfure de carbone n'était pas absolument innocent de ces désastres, il n'en était pas la cause réellement effective et dominante.

Que dans quelques cas, dans les sols argileux et profonds où il est en quelque sorte emprisonné, il n'ait pas produit tout l'effet attendu et désiré, cela se peut; que dans d'autres sols argileux aussi, mais à sous-sol compact et peu profond, les vapeurs accumulées sur les racines, toutes en surface, car elles n'ont pu traverser cette couche imperméable, elles aient amené une mortalité plus ou moins considérable, c'est possible encore, probable même; mais à mon avis, cela indiquerait seulement que nous l'avons mal employé et que nous devons aviser.

Il m'a été facile de constater chez moi les effets de la gelée à glace.

L'hiver de 1879-80 avait été très rigoureux, le thermomètre était descendu jusqu'à 12°. Beaucoup de souches ne poussèrent que faiblement, d'autres furent complètement tuées. Un vieux *Carignan* et quelques *Aramon* furent plus particulièrement éprouvés ; coursons et troncs éclatés longitudinalement, et, chose bizarre, cette mortalité, qui n'était pas générale, se manifestait tantôt sur des pieds isolés, tantôt sur une série de ceps en ligne et dans des directions différentes.

Je fis recéper à 0m10 au-dessous du niveau du sol tout ce qui avait un peu de vie ; presque tout a repoussé, les vides sont comblés, beaucoup de ces pieds ont donné cette année plusieurs beaux raisins.

A la suite des froids de 1881, les mêmes faits se sont reproduits; souches mortes ou très affaiblies, tant isolées qu'en lignes, coursons et troncs fendus : recépage, repousse vigoureuse; et preuve indéniable de gelée, beaucoup de bourgeons repoussant du contre-bourgeon ou du vieux bois.

Ce qui a été partiel chez moi, l'a été chez d'autres d'une façon générale.

Au domaine de la Courtade, situé dans une plaine formée d'anciens étangs, à sol très compact et très sujet aux gelées tant hivernales que printanières, toutes les vignes de plaine ont été radicalement tuées; mais à côté de ces vignes dont elles ne sont séparées que par un fossé de 0m50, il en est d'autres non traitées tout aussi belles l'an dernier que les premières et qui ont été tout aussi radicalement tuées.

On peut donc affirmer, comme me le disait M. Thiolières de l'Isle, que les vignes de la Courtade sont mortes *quoique* et *non parce que* traitées.

Dans la même région, M. Rousset, président du Tribunal de commerce, avait traité en 1880 ses vignes par le sulfo-carbonate de potassium ; il en avait obtenu un résultat très satisfaisant, sa récolte avait été de 3,000 hectolitres. Cette année, par suite de circonstances particulières, il n'a pu traiter; ses vignes sont mortes comme celles de la Courtade. Il a glané 300 ou 400 hectolitres.

Ces désastres ne peuvent donc évidemment être attribués qu'à des causes indépendantes du sulfure de carbone. Il ne peut pas en être accusé.

Dans d'autres cas où les circonstances fâcheuses étaient moins aiguës, son action s'est manifestée par une sorte de stupéfaction plus ou moins prolongée du cep allant quelquefois jusqu'à la mort, mais en général diminuant graduellement d'intensité pour arriver à l'état de santé le plus complet.

Chez M. Marius Crouzet, une magnifique vigne de 7 hectares paraissait complètement perdue; elle avait été traitée pendant les pluies; aujourd'hui elle est splendide, sauf quelques points affaiblis sur lesquels chaque jour l'on constate des souches considérées comme mortes, repoussant soit du pied soit des bras.

M. Pierre Bauton, cultivateur, a traité sa vigne le 3 avril ; il commença par employer, comme l'année dernière, 70 grammes par pied, soit 30 grammes par mètre carré. Le lendemain il remarqua que toutes les souches traitées la veille se flétrissaient; il réduisit la dose à 60 grammes; un résultat analogue se produisit, mais bien moins intense; il diminua encore le dosage et le porta à 35 grammes, soit 15 grammes par mètre carré.

A partir de ce moment, plus d'accidents.

Quinze jours après, la partie traitée à 50 grammes était aussi belle que celle qui n'en avait reçu que 35.

Le 5 juin, tout était également beau, sauf trente souches dans la partie traitée à 70 grammes et que l'on considérait comme perdues.

Aujourd'hui, il n'y en a plus que trois.

Dans les terrains argileux à sous-sol peu profond, nous constatons les mêmes cas de destruction et en même temps d'amélioration progressive. Là où la couche d'argile ou de roc est de profondeur variable, la mortalité est plus grande, suivant qu'elle se rapproche du niveau du sol; insignifiante ou nulle quand elle s'en éloigne. La couleur du sol délimite d'ailleurs parfaitement les effets signalés.

Je viens de décrire les accidents que nous avons éprouvés et les circonstances dans lesquelles ils se sont produits; je vais tâcher d'en apprécier l'importance.

A la température anormale des premiers jours de juin avait succédé une chaleur régulière, mais nos vignes, impressionnées par les circonstances fâcheuses que nous avions subies, ne présentaient pas leur bel aspect accoutumé. Les travaux de culture s'étaient très mal faits, dans un sol piétiné pendant les pluies d'hiver et durci par les violents vents du Nord qui vinrent après. Un nombre prodigieux d'escargots vint assaillir les bourgeons naissants, et dans certaines localités, une invasion de pyrales, comme nous n'en avions pas vu depuis longtemps, porta à nos vignes le dernier coup.

Fin juin, l'ensemble du vignoble était on ne peut plus triste, et je comprends très bien qu'on ait pu le considérer comme perdu.

Dans mes notes journalières je trouve, en date du 15 juin :

« La récolte est fortement compromise par la pyrale. Je ne l'avais » jamais vue sévir avec autant d'intensité. Les feuilles se dessèchent » et tombent grillées; l'aspect du vignoble est affreux. »

Juillet, août et septembre ont été très beaux, mais sans pluie, pas plus que mai et juin; quelques ondées auraient été cependant bien utiles pour satisfaire nos vignes convalescentes et leur donner un peu de vigueur.

Malgré cela, on put constater qu'une fois débarrassée de ces nouveaux ennemis, escargots, pyrale, elles émettaient des bourgeons frais, pleins de santé; de semaine en semaine, l'amélioration se produisait constante, régulière, alors que les vignes abandonnées sans défense commençaient à pâlir et à prendre la teinte et la forme caractéristique des vignes phylloxérées.

Aujourd'hui, les vignes traitées, quel que soit leur degré d'affaiblissement, se détachent en vert sombre sur celles qui ne l'ont pas été. Aucune d'elles ne présente le cachet phylloxérique.

Je crois, par conséquent, pouvoir en conclure que si dans certains cas le sulfure de carbone a été préjudiciable à la vigne; il a néanmoins produit l'effet demandé, sur lequel nous comptions; il a débarrassé le précieux arbuste de son parasite, ou tout au moins il en a détruit assez pour lui permettre de végéter normalement.

Serait-il possible de préciser par des chiffres l'importance des dommages occasionnés?

Des détails très exacts ne s'obtiennent pas aisément. Nous nous trouvons d'ailleurs en présence de la récolte de 1880, qui fut exceptionnellement abondante et qui, par conséquent, peut impressionner les appréciations.

Mais il est une base que l'on pourrait adopter et qui serait, je crois, assez logique : ce serait de prendre l'évaluation de la récolte des vignes considérées comme indemnes et ce qu'elle a été réellement; puis la comparer à la récolte estimée et réelle de celles qui, atteintes par le fléau, sont traitées depuis plusieurs années.

J'appliquerai cette base à mon vignoble.

La récolte 1881 sur les vignes indemnes a été de 20 à 30 0/0 au-dessous des évaluations premières.

J'estimais avant la vendange ma récolte à 5,000 hectolitres; j'ai eu seulement 4,050 hectolitres; différence: 950 hectolitres, qui représentent bien 20 0/0 au-dessous de mon estimation.

La comparaison avec les récoltes antérieures me donne le même résultat. L'année 1878 fut, comme conditions climatériques, identique à 1881. Répercussion de sève le 9 mars, sécheresse sans exemple. Ma récolte fut de 64 hectolitres à l'hectare. Celle de 1881 a été de 50ʰ60. Différence : 14 hectolitres à l'hectare, que l'on peut bien attribuer à la pyrale. Ainsi donc, malgré deux ans de plus de phylloxera, j'aurais eu dans des conditions similaires la même récolte qu'en 1878.

Un autre fait que je tiens à vous citer est encore bien probant en faveur du peu d'importance des accidents, de l'effet favorable du sulfure de carbone.

Une personne de vos contrées, d'une compétence indiscutable, qui pendant trois années consécutives a visité mes vignes, les appréciait il y a quelques jours à peine de la manière suivante : « Je trouve » vos vignes moins fougueuses que l'an dernier. Quant aux affai- » blissements partiels qui se sont produits, j'en attribue trois quarts » aux causes accidentelles, qu'il est bien facile de constater, et un » quart au phylloxera. »

Le déficit sur mon évaluation étant 950 hectolitres, c'est le quart, 250 hectolitres, que m'aurait enlevé le phylloxera.

C'est bien peu, si l'on considère surtout que c'est au mois d'octobre 1877 que le phylloxera a été constaté sur mon vignoble.

Mais si je ne puis vous donner des chiffres plus nombreux et plus précis, je puis vous faire connaître l'opinion d'un grand nombre de viticulteurs qui ont employé le sulfure de carbone.

En ma qualité de Président du Syndicat de notre arrondissement, j'ai envoyé à tous nos souscripteurs un questionnaire dans lequel sont résumées les diverses phases par lesquelles ont pu passer leurs vignes. Nul n'ayant intérêt à altérer la vérité, j'ai pensé que ce ne pouvait être que son expression la plus sincère qui en résulterait.

Evidemment si leur déception a été grande, ils ne persisteront pas dans la voie qu'ils ont suivie; mais, par contre, s'ils y persistent, quoiqu'il ait pu arriver, c'est qu'ils considèrent les accidents comme absolument négligeables, qu'ils ont foi dans l'avenir.

Tous nos syndiqués n'ont pas répondu à notre appel; on est très occupé à ses décuvaisons, on est un peu paresseux. Beaucoup sont de très petits cultivateurs, peu lettrés quelquefois ou croyant que leur avis ne concernant que de petites surfaces ne peut avoir aucune importance.

Il m'en est cependant à cette heure parvenu 85. Ce nombre sera, je l'espère, suffisant pour permettre d'en tirer des conclusions.

8 ont renoncé à la lutte.

3 traitent pour la première fois des vignobles atteints ostensible-ment depuis 1877. Ils n'accusent pas le sulfure, mais le phylloxera (nos 71, 63, 41). L'un d'eux, no 41, n'a pas eu d'accidents, mais le mal n'a pas été enrayé.

No 27 dit que le mal est plus fort que le remède.

No 26 n'a pas éprouvé d'accidents sur certaines vignes parce qu'il n'a pas plu longtemps après le traitement. Le bois sera suffisamment aoûté, les raisins mûrissent. Il ne continuera pas pourtant à traiter.

13 sont indécis. Ils verront. Traiteront probablement. Ils ne peuvent se prononcer encore. Tous constatent néanmoins que les vignes voisines non traitées sont bien inférieures aux leurs. Tous, excepté 4, reconnaissent que le bois sera suffisamment aoûté pour espérer une bonne taille et que les raisins sont arrivés à parfaite maturité !

N° 45 ajoute : Je suis étonné du rendement que j'obtiendrai.

N° 33 n'a éprouvé d'accident visible que sur un *Carignan.*

Ils sont unanimes à considérer l'*excès d'humidité* comme la cause du mal.

64 continueront.

Tous sont pleinement affirmatifs, ils reprendront sans hésiter leurs traitements à la campagne prochaine. Quelques observations très instructives se présentent au cours de ces réponses; je vous en signalerai rapidement quelques-unes.

Nᵒˢ 25 et 42 constatent que presque toutes les souches qu'ils croyaient mortes sont des *Carignans.*

N° 37 pense que ses vignes étaient perdues, et qu'il n'y a que demi-mal.

N° 36 conclut que lorsqu'on n'obtient pas de résultat, c'est que la vigne est trop malade; que dans aucun cas le sulfure ne peut faire du mal.

N° 35, que dans la plupart des souches considérées comme absolument mortes, aujourd'hui beaucoup repoussent du pied; chez les autres la vigueur augmente.

N° 62 a douté un moment de l'efficacité du sulfure, mais sa confiance n'a jamais été sérieusement ébranlée; aujourd'hui il connaît la cause du mal, il lui semble facile de l'éviter à l'avenir.

N° 23 a été attaqué des premiers; aujourd'hui, quant à ses vignes comparées aux voisines, on peut dire: Venez voir, sauf deux exceptions.

Nᵒˢ 60, 42, 12 n'ont pas eu d'accidents. Ils ont traité par tous les temps à 15 grammes par mètre carré. Les voisins du numéro 12 font des céréales depuis trois ans. Lui a eu de belles récoltes et a rétabli des points d'attaque.

N° 64 est envahi depuis 1875. L'amélioration acquise par les traitements antérieurs lui paraît être retardée d'un an au moins dans les meilleures conditions; de deux ans dans les moyennes et de trois dans les pires.

N° 65 exprime à peu près la même pensée. Il a un sol généralement compact. Il n'a pas éprouvé d'accidents là où il est plus
souple et plus profond. Il a été surpris de voir des vignes qui
s'étaient refaites après trois ans de traitement, être revenues à leur
état maladif du début. Mais il aura une bonne taille, les raisins
ont mûri, les feuilles sont très vertes.

N° 73 dit: Aujourd'hui il est pour moi bien avéré que les froids
de l'hiver et ceux du mois de juin ont produit *une double répercussion de sève* qui a causé un mal immense. Il importe d'ajouter que
la pyrale n'a pas joué un moindre rôle dans l'arrêt stupéfiant de la
végétation. Je crois rester au-dessous de la vérité en évaluant aux
deux tiers de la récolte perdue la part revenant à l'action de la pyrale.

N° 82, traitant pour la première année, continuera pour sauver le
peu qui lui reste.

Je ne poursuivrai pas plus loin ces extraits, je vous citerai seulement tout au long deux lettres qui me parviennent à la dernière
heure et qui m'ont paru résumer la situation avec une grande
clarté et une grande précision.

Lorsque votre Commission des insecticides vint dans nos contrées
pour voir par elle-même ce qui avait été fait, les résultats obtenus,
ce que vous connaissez déjà par le rapport si impartial, si lumineux
qui vous a été présenté, je lui avais signalé comme digne de son
attention une agglomération de trois domaines représentant une
superficie de 200 hectares envahis et traités depuis trois ans, et
sur lesquels le sulfure de carbone avait produit les meilleurs effets.

Malgré tout son désir, il est une borne que ne peuvent dépasser
les forces humaines, et votre Commission qui depuis plusieurs
jours parcourait nos routes poudreuses et brûlantes, dut renoncer à
cette dernière excursion. Elle me pria de demander en son nom
aux propriétaires de ce groupe une notice détaillée de ce qui s'était
passé dans leurs domaines.

J'ai tenu à vous soumettre ces appréciations, car elles sont très
concluantes venant d'une pareille source. Si en justice la valeur
d'un témoignage est en raison de l'intelligence, de la moralité du
témoin, il n'est pas possible d'en présenter de meilleurs, qui remplissent mieux les conditions acquises.

M. le comte de Villeneuve, au domaine de Viargue, empêché de
m'écrire, présent au Congrès, me disait ce matin encore: « Au mois
de mai je croyais avoir tout au plus 1,000 hectolitres de vin, et j'ai
eu pleine récolte sur mes 60 hectares. »

M. Émile Sahuc m'écrit : « Voici quel est mon sentiment sur les effets qu'a produits le sulfure de carbone dans mon vignoble, qui est composé de 90 hectares traités pour la troisième année.

» J'ai commencé le traitement le 1ᵉʳ novembre, et j'ai employé 26 à 27 grammes par mètre carré en injections de 10 grammes. Les *Aramon* traités à cette époque n'ont pas éprouvé d'accidents, la végétation est belle et la récolte a été très abondante. Dans les *Aramon* traités après les pluies, il y a eu quelques accidents, quelques souches mortes, d'autres retardées, principalement dans les endroits formant *conque* et où les eaux séjournent. Ces accidents sont réparés en grande partie, les souches qui n'avaient pas poussé fin juin ont repris et la taille sera suffisante. Ils ont donné une bonne récolte.

» Quant aux *Carignans*, c'est bien différent. Ici, des accidents nombreux et graves; surtout dans les parties basses où les eaux séjournent. Ces vignes étaient, à la fin de juin, presque sans pousses. Dans le courant de juillet, elles ont un peu repris; aujourd'hui elles ont poussé assez *pour que les craintes que j'avais aient à peu près disparu*, mais la production a été mauvaise et tout au plus la moitié d'une récolte ordinaire. Je dois ajouter que ces vignes ont été envahies par les escargots et la pyrale, et que c'est une des causes du peu de récolte qu'elles ont donné. Telle est mon appréciation exacte. »

M. Joseph Chuchet, à son tour, m'écrit le 5 octobre : « Après avoir visité mes vignes et m'être rendu un compte exact de leur état et de leur *production*, voici ce que je pense de la situation et des accidents qui nous intéressent :

» Je suis convaincu aujourd'hui que les accidents produits par l'emploi du sulfure de carbone sont dus à deux causes distinctes. Voici, en effet, ce qui s'est passé dans mon vignoble :

» Le traitement, commencé le 16 novembre 1880, j'ai traité d'abord tous mes *Aramon*, sauf celui de la Fouasse, et une partie de mes *Carignans* et *Terrets-Bourrets*. Malgré la pluie abondante de cet hiver, toutes celles de mes vignes qui avaient un écoulement facile n'ont éprouvé aucun accident. Une seule, l'*Aramon* de la Périère, dont le sous-sol est purement argileux, et forme cuvette, a reçu des atteintes : au mois de juin, sur 4,700 souches, il y en avait 250 mortes. Quelques-unes ont repoussé sur pied. Dans tout le restant de la vigne la récolte a été splendide; seulement, les ceps sont un peu moins longs que l'année dernière. La couleur est, à l'heure où j'écris, d'un vert admirable. Donc, dans un ensemble de 50,000 pieds, je compte 250 cas de mortalité, et seulement dans une terre où l'eau est stagnante. C'est, par conséquent, à la stagnation des eaux que je suis en droit d'attribuer cette première série d'accidents.

» La seconde partie de mes vignes traitées consistait en *Carignans* et l'*Aramon* de la Fouasse, qui n'étaient que peu phylloxérés. C'est de fin mars à fin mai que, presque à contre-cœur, je me décidai à l'entreprendre. La montée de la sève était en pleine vigueur, aussi mes vignes s'en sont-elles ressenties. Dans l'*Aramon* de la Fouasse les bourgeons, après avoir atteint un développement de 0^m10 à 0^m15, se desséchèrent totalement du jour au lendemain (environ 400 pieds sur 14,000). Le restant de la vigne est très vert et m'a donné un rendement supérieur à celui de l'année dernière. Les souches mortes reprennent du pied, mais en petite quantité. Je vais les enlever et les remplacer par des *Jacquez,* que je sulfurerai comme le restant. Dans les *Carignans,* 1,000 souches au moins sont mortes, 2,000 très affaiblies, mais vertes et ayant mûri leurs raisins; le reste très vert, bien en fruit, mais avec des sarments très courts. Les radicelles sont en bon état. Je puis espérer, l'an prochain, les remettre en bois. Quant aux souches mortes, je continuerai à les remplacer par des *Jacquez* sulfurés.

» J'estime donc que le traitement par le sulfure de carbone au moment où les vignes sont en sève, m'a fait beaucoup plus de mal que celui opéré dans les terres humides. La raison de cette seconde série d'accidents me paraît être celle-ci : sous l'influence du refroidissement produit par l'évaporation rapide du sulfure de carbone, évaporation d'autant plus prompte que la terre en avril était ressuyée et réchauffée, les canaux conducteurs gonflés de sève ont vu leurs cellules éclater et se déchirer par l'augmentation du volume de la sève glacée. En d'autres termes, il s'est produit une répercussion de sève qui n'a pas permis aux bourgeons de se développer, faute de canaux conducteurs.

» Cette année, je sulfurerai tout mon vignoble, mais en prenant les précautions qui ressortent des appréciations précédentes, et étant donné l'état de mes vignes, j'espère avoir une belle récolte. Dans tous les cas, je puis affirmer le fait suivant : mon vignoble se compose de terres éparses disséminées dans une circonférence de deux kilomètres autour de mon habitation, et partout mes vignes sont de beaucoup les plus belles et les plus vigoureuses. Elles n'ont encore perdu aucune feuille, elles sont d'un vert splendide.

» Mes voisins, qui n'ont pas sulfuré, ont, au contraire, à cette heure, leurs vignes jaunes, flétries, souffreteuses.

» La pyrale n'a pas exercé d'action sur mes vignes, j'avais eu le temps de les passer toutes à la cloche. Les vignes de mes voisins en ont souffert beaucoup. »

Ainsi donc, pour me résumer : la cause des accidents survenus est bien déterminée : *Extrême humidité du sol, sa nature argileuse, sa configuration, qui ne permet pas aux eaux de s'écouler, une gelée, une répercussion de sève.*

Leur importance, qui paraissait considérable au début, s'est bien amoindrie, *les craintes que l'on avait ont à peu près disparu.*

Nous n'avons donc pas à nous en préoccuper outre mesure. Nous avons tout au plus perdu une partie, nous gagnerons la revanche ; les succès antérieurs nous permettent de l'affirmer.

Les moyens d'ailleurs nous sont tout indiqués pour parer à ces éventualités fâcheuses. Les Questionnaires nous montrent la voie à suivre; il y a unanimité à conseiller la diminution du dosage, à ne pas dépasser 200 kilogrammes par hectare si on ne fait qu'un seul traitement et 300 kilogrammes si l'on fait le traitement réitéré; à ne pas traiter quand le sol est trop humide, à multiplier le nombre d'injections dans les terrains argileux.

Comme me le disait M. Thiolières de l'Isle, *dans de pareils terrains le procédé serait insuffisant par suite de l'obstacle mécanique opposé à l'expansion de l'insecticide; il faudrait l'aider de travaux propres à faciliter cette diffusion, ou choisir le moment favorable que ce terrain pourrait présenter.*

Il faudra tenir compte, enfin, d'une foule de circonstances qui nous semblaient futiles et que M. Élisée Nicolas formulait avec tant de justesse quand il m'écrivait : *Il faudra proportionner le dosage à l'épaisseur de la couche végétale, à la perméabilité du sol, à son état hygrométrique, aux chances de pluie à survenir pendant les opérations, sans oublier l'âge et la force de la vigne.*

Un de nos collègues, M. Jules Pastre, propriétaire à Autignac, a complété son questionnaire par une communication des plus intéressantes et qui aurait pu remplacer tout ce que je viens de vous exposer à ce sujet. J'en prendrai seulement ses conclusions, qui seront aussi les miennes.

1° Ne traiter que quand l'état phylloxérique des vignes n'est pas trop grave ;

2° Traiter pendant l'hiver et avec une température normale (suspendre lorsque le thermomètre est trop bas);

3° Ne pas traiter lors de la montée de la sève;

4° Ne traiter que les vignes bien ressuyées;

5° Multiplier le nombre de trous et diminuer les doses lorsque la vigne est plantée dans une terre compacte et que l'invasion phylloxérique est ancienne;

6° Donner de bonnes fumures avec addition de sels potassiques;

7° Surveiller l'état phylloxérique. Si après deux ans de traitement les insectes sont peu nombreux, injecter le sulfure de carbone à doses très réduites, afin de ne pas compromettre la vigueur des racines ou des radicelles de nouvelle formation.

Enfin, Messieurs, comme M. J. Pastre, je vous dirai : Nous avons à notre disposition une arme on peut dire infaillible, mais d'une énergie extrême. Elle a les défauts de ses qualités, ces défauts nous les connaissons maintenant; en redoublant de soins et de vigilance, nous sommes certains de conserver nos vignobles un temps plus ou moins long que personne ne peut déterminer. Et si nos efforts sont vains, nous tomberons sur la brèche avec la conviction profonde d'avoir fait notre devoir, d'avoir fait tout ce qu'il était humainement possible de faire, pour nous, pour les autres.

M. Prosper DE LAFITTE ([1]) explique une méthode pour la conduite des traitements au sulfure de carbone. L'objet de cette méthode est de placer les trous sur le terrain aussi régulièrement qu'on pourrait le faire sur le papier.

L'idée mère de la méthode est celle-ci : quand on place les trous d'injection en prenant les ceps pour points de repère, ces ceps sont généralement mal alignés, à des distances fort inégales, et on a des inégalités correspondantes dans l'espacement des trous. Telle parcelle de terrain en renferme un moins grand nombre que telle autre parcelle d'égale étendue. Cependant, lorsqu'on vérifie plus tard les traitements, on trouve les insectes tout aussi rares là où les trous sont à la distance la plus grande. Cette plus grande distance est donc bonne en elle-même, et on pourrait l'adopter partout si on était sûr de ne la dépasser nulle part. C'est ce que la nouvelle méthode permet de faire. De plus, elle permet de placer les trous rigoureusement en *quinconces*, et l'auteur montre que, de ce chef

([1]) Voir à la fin du volume le travail *in-extenso* de M. Prosper de Lafitte.

seul, on peut en réduire le nombre parfois de plus du quart, sans
diminuer l'énergie toxique du traitement.

C'est, en somme, une réduction d'un tiers au moins dans le nombre des trous d'injection et une économie correspondante dans le
coût du traitement, tout en conservant le même effet insecticide.
M. de Lafitte explique qu'on peut prendre pour mesure de cette puissance toxique le rayon du cercle circonscrit au triangle dont les sommets sont trois trous d'injection voisins, rayon qu'il nomme *rayon virtuel* du sulfure de carbone. Deux traitements pratiqués ainsi sur des
vignes différentes sont, de plus, rigoureusement identiques au point
de vue du sulfure de carbone, pourvu que le nombre des trous soit
le même, et cela permettra d'étudier l'influence du sol, ce que l'on
ne peut généralement pas faire aujourd'hui, parce que cette action
est masquée par les différences inhérentes aux traitements eux-
mêmes quand le mode de plantations de la vigne change.

M. de Lafitte a réuni, dans des tableaux qui ont été distribués aux
membres du Congrès, toutes les données dont la connaissance est
nécessaire pour pratiquer ce traitement. Après avoir montré l'usage
de ces tableaux, l'orateur explique, au moyen de quelques exemples,
le manuel opératoire qui est très simple et est fondé sur l'emploi
comme instrument caractéristique, d'une chaîne analogue à la
chaîne d'arpenteur.

M. le Dr Micé dépose un mémoire de M. Terrel des Chênes, qui
s'occupe de la solution pratique de la question du phylloxera. —
On trouvera à la fin de ce volume ce mémoire avec ceux qui n'ont
pas été lus en séance.

M. du Puy-Montbrun, professeur départemental d'agriculture
dans le Tarn, croit que pour hâter la solution des divers problèmes
soulevés par l'état du vignoble en France, tout comme en Europe,
il serait utile que de tous les points où la vigne est cultivée, il arri-
vât des détails sur les accidents divers de végétation qui se manifestent dans la vie du précieux arbuste.

Ces notes, quelque peu volumineuses qu'elles fussent, quelques
redites qu'elles donnent, seraient d'une grande utilité. Il y a souvent
profit aux redites, elles prouvent la multiplicité d'observations, elles
complètent la lumière sur le point étudié, elles se donnent l'une à
l'autre de la valeur. Dans une certaine mesure on pourrait dire
qu'il n'y a pas de petites observations en ce qui touche la culture
de nos plantes, de nos arbustes. L'observation exacte est si difficile

à prendre qu'une grande bienveillance est due à celui qui le communique.

C'est à ce titre-là que je prends la parole.

Le département du Tarn doit avoir été envahi par le phylloxera vers 1874. Ce n'est qu'en juin 1879 que sur deux points à la fois le parasite fut signalé.

Des arrêts de végétation, des dépressions affectant une forme particulière avaient appelé l'attention de quelques viticulteurs. Cependant cette forme de cuvette par laquelle dans un vignoble se marque la présence du puceron, se retrouve souvent dans nos cultures, amenée par un défaut d'assainissement, par une préparation incomplète du sol qui doit être un vignoble.

Ici on s'assura vite et aisément que c'était par une cause autre que la vigne présentait cet aspect de dépérissement.

On se demanda d'abord comment l'aphidien avait été élire domicile là, sur un des points culminants du département, dans un sol calcaire à l'excès, sur des arbustes à végétation déjà faible par le peu de profondeur du sol, la sécheresse des longs mois d'été; ailleurs dans un lieu plus bas, à sol argilo-siliceux, très peu riche en calcaire, plus profond, plus frais.

L'un et l'autre points attaqués se trouvaient loin de toute route fréquentée; on ne signalait ni apports de plants de vigne, ni arrivages de vins des pays déjà infestés.

Quelques arbres ont pu être plantés. On mêle à la vigne, dans les usages du pays, un certain nombre d'arbres à fruits, des pruniers notamment. En est-il venu, par échange entre pépiniéristes, de la Haute-Garonne, où dans une pépinière on avait déjà signalé des vignes phylloxérées?

Rien de fixe, de précis, pour indiquer comment l'invasion a eu lieu, comment le puceron a été importé.

L'arrivée est constatée sur deux points distants l'un de l'autre de plus de 40 kilom., sans relations commerciales bien marquées. Nous sommes aussi peu avancés pour expliquer son mode de diffusion.

Les premières taches furent bientôt suivies de la découverte de nouvelles; des foyers principaux avaient jailli de très nombreuses étincelles.

On chercha d'abord à s'expliquer si le phylloxera avait un choix marqué pour telle ou telle résidence; les questions d'altitude lui paraissaient indifférentes; haut et bas des vallées, coteaux et vallons présentaient des signes d'envahissement simultané.

Un fait nous parut un instant apporter quelques indices, se présenter assez souvent pour nous donner comme une loi de la marche de l'insecte.

Les premières taches affectaient des vignes succédant à des bois à essence de chêne dont la destruction ne remontait pas très haut : les débris de l'arbre enlevé se retrouvaient assez souvent dans les fouilles pratiquées pour les recherches.

Les vignes les premières atteintes, si elles n'avaient pas pris la place d'un bois, se trouvaient tout au moins dans leur voisinage : elles étaient à l'orée du bois. Une note, souvent prise, nous disait que lorsque la vigne se trouvait dans ces conditions, la tache, au lieu d'affecter la forme circulaire, suivait une ligne parallèle à la rangée de vieux chênes destinés à préserver ces vignes, haut placées, contre les gelées tardives du printemps.

A mesure que nous constations de nouvelles taches, nous abandonnions nos premières idées sur les préférences de l'insecte. Il se trouve en beaucoup de points où, de mémoire d'homme, essence de chêne a disparu. S'il a envahi de préférence les sols calcaires, on le trouve encore dans des sols tenaces, se fendillant cependant en été. Quelques bonds, signalés dans son mode de propagation, n'ont peut-être pas d'autre explication.

Je n'oserais vous parler de l'application du sulfure de carbone ; il semble que tout a été dit et bien dit sur le mode de faire et d'agir avec cet insecticide.

Si je me hasarde à en parler encore, c'est que hier le professeur d'une Université étrangère, avec l'appui d'un nom hautement placé dans l'étude des sciences naturelles, vous disait que l'étude de la vigne devait être reprise à nouveau ; que nous ne tenions pas assez compte dans les pratiques de nos cultures des conditions de vie de l'arbuste ; dans nos modes d'opérer, nous oublions l'organographie de l'ampélidée. Nous n'avons pas su tenir compte des modifications que l'habitat actuel de la vigne lui crée, comparée à la station d'où, par étapes, nous l'avons enlevée.

La culture de la vigne est ancienne. Noé la cultivait bien ; il savait faire des vins riches en alcool : il savait moins se préserver de ses effets.

L'histoire de l'application du sulfure de carbone est moins ancienne. Celui qui me précédait à cette tribune, vous exposait, il y a quelques secondes, avec l'autorité qui s'attache à son dire, avec la précision qui accompagne ses communications, comment, dans la manœuvre des pals, il était possible de faire mieux, au point de vue de là diffusion et de l'économie.

J'ose à peine insister sur cette communication de M. Prosper de Lafitte, car la précision avec laquelle il a parlé fera ressortir le défaut de ma note.

Le mode de traitement suivi et uniquement pratiqué dans ma région est celui indiqué par les agents de l'État, sous l'indication première des ingénieurs d'une puissante Compagnie, qui a voulu multiplier sous une forme nouvelle les services qu'elle rend à l'État.

En ce qui concerne la recherche de l'insecte, le noviciat avait été court. Nos ouvriers avaient une puissance de coup d'œil qui leur faisait vite découvrir le puceron à toutes ses périodes de développement.

L'habileté n'était pas aussi grande quant à l'application de l'insecticide. On avait une tendance à exagérer les doses. On ne surveillait pas assez le jeu du pal. La force de destruction de l'agent n'était pas mesurée à sa juste valeur, surtout au point de vue de la végétation.

L'insecte venait d'être découvert : c'était à un essaimage que l'on devait l'invasion; il importait d'arrêter un essaimage nouveau, qui couvrirait d'un réseau destructeur toute la région. On marcha vite, avec peu d'expérience : époque de la végétation, températures maxima, sols que les cultures pratiquées trop vite après les grandes pluies de l'hiver rendaient d'un accès difficile à l'homme et aux pals, tout contribua à gêner l'opération.

On fit périr beaucoup de souches : les populations se soulevèrent. Les répressions furent nulles ou molles. Nouvel échec pour ceux qui voulaient sauver le vignoble tarnois. Entre ces multiples obstacles, est-il sorti un enseignement qui puisse apporter règle et profit pour l'avenir?

L'intervention de l'Administration ne peut être utile que tout autant qu'elle sera ornée d'un pouvoir dictatorial s'étendant à toutes cultures de la vigne sur laquelle elle étend ses faveurs, sous une forme quelconque. Une vigne, située à l'entrée du plus grand vignoble du Tarn, est envahie par le phylloxera : la tache paraît isolée; on ne trouve autour d'elle et assez loin aucun insecte; arrêter l'invasion, coûte que coûte, est œuvre importante, utile. Tous efforts sont déployés; on ne s'arrête pas aux prix les plus élevés : le nombre d'insectes est diminué. Six mois après, on peut constater au début de la végétation des radicelles qui se reforment... Quelques nodosités semblent même n'avoir pas entraîné la mort, la pourriture des radicelles qui les portaient : une injection nouvelle est arrêtée et exécutée. Le propriétaire, malgré l'avis donné d'attendre huit jours au moins avant d'ouvrir son sol par un labour, de favoriser ainsi la diffusion aérienne et inutile de l'insecticide, n'écoutera aucun conseil; le sol est favorable au passage de la charrue : elle passera. L'opération fut manquée : le vignoble est fortement atteint.

Si l'Administration n'avait appliqué le sulfure de carbone qu'investie de pouvoirs suffisants pour mener son œuvre à bien, on eût peut-être ralenti la marche de l'insecte : le dernier succès en est l'indice.

Inutile de dire que tout conseil comme fumure fut rejeté.

Dans un autre foyer, très intense, l'application du sulfure à dose d'extinction a réussi à arrêter pendant un an l'extension de la tache. Deux visites successives minutieuses, pratiquées autour de ce premier point dont les souches avaient en grande partie péri, n'ont amené la découverte que de très rares pucerons.

Si l'action du sulfure n'avait pas été isolée, si d'autres efforts s'étaient groupés autour de ce premier, quels résultats n'eussent pas été atteints!

Ici, comme partout, on peut mesurer l'intensité de l'invasion à la plus ou moins grande proportion de calcaire qui se trouve dans le sol.

Dans les parties à sol peu profond et calcaire, la vigne a disparu ou tend à disparaître. Lorsque l'argile arrive donnant plus de fraîcheur à la vigne, plus de vigueur à la végétation, l'agonie semble être moins longue.

Il est peu d'espoir à conserver sur le vignoble du Tarn, à moins d'une découverte nouvelle qui, seule, isolée, assurera à la vigne l'existence.

Les vignes s'étaient étendues dans la région, autant par le revenu qu'elles donnaient que parce que, dans l'esprit de beaucoup, elles offraient le milieu d'une culture extensive qui convenait à nos cultivateurs.

Ce n'est point par les lois de la culture extensive que doit être régi le vignoble, mais bien par celles d'une culture tout opposée.

Telle est, si je puis ainsi dire, la photographie, non artistique, du vignoble du Tarn à l'heure actuelle.

La parole est donnée à M. GÉRAUD, de Bergerac.

« MESSIEURS,

» En prenant la parole après les orateurs qui ont traité, avec une incontestable autorité, les questions à l'ordre du jour, je n'ai d'autre but que de vous parler de la situation, au point de vue du phylloxera, des vignobles de la Dordogne, et en particulier de celui de Bergerac, dont l'importance vous est bien connue, et dont il n'a pas encore été question au Congrès.

» La présence du phylloxera fut constatée pour la première fois dans le vignoble de Bergerac dans l'été de 1875; il existait certainement sur certains points depuis plusieurs années, mais on ne s'en doutait généralement pas. Il n'y avait, du reste, à cette époque que des taches peu nombreuses, fort restreintes et qu'il a été, par suite, facile de traiter et d'éteindre. Malheureusement aucun des moyens employés aujourd'hui pour le traitement des vignes phylloxérées n'étaient assez connus alors pour qu'on se décidât à les appliquer, et le fléau étendit librement ses ravages. Ce ne fut guère qu'en 1878, que quelques essais timides furent tentés pour la défense de nos vignobles. En 1879 et en 1880, ces essais furent continués sur une échelle un peu plus considérable chaque année, et trois syndicats furent formés pour le traitement par le sulfure de carbone, et par le sulfo-carbonate de potassium. La plus importante de ces associations syndicales, dont je fais partie, a traité en 1879 environ 40 hectares, et en 1880, 115 hectares par le sulfure de carbone. Ce chiffre sera considérablement dépassé dans la campagne prochaine, et plusieurs centaines d'hectares seront certainement traitées par les différents membres de ce Syndicat.

» Les résultats obtenus ont été généralement satisfaisants, mais beaucoup de propriétaires ayant traité pour la première fois pendant la campagne de 1880-1881, on ne peut encore les constater partout d'une manière précise. Ils sont considérables sur nos propriétés situées dans la Côte de Montbazillac, au lieu dit Le Fagé. Certains points de notre vignoble ont été, en effet, déjà traités trois fois, et environ 7 hectares ont reçu deux traitements. Dans les parties traitées, le relèvement est très sensible, à telle enseigne que les bois de taille sont, cette année, en moyenne, de la grosseur de l'index, tandis que l'an dernier ils étaient à peine gros comme un tuyau de plume, ainsi qu'on peut s'en convaincre en examinant deux paquets de sarments, l'un de *Jurançon*, l'autre de *Noir de Pressac*, qui font partie de notre exposition, dans la section des insecticides. Dans certaines parties du vignoble, où le mal était évidemment très récent, l'effet produit a été tel, même dès le premier traitement, qu'il était difficile à la fin de l'été de retrouver les foyers traités.

» Malheureusement les propriétaires qui se sont décidés à traiter leurs vignes sont encore en grande minorité, et le mal a fait déjà des ravages incalculables. Dans les côtes de Bergerac et de Montbazillac, dans une grande partie de la région vinicole dite l'Inigeac, la plupart des vignes sont arrivées au dernier degré de dépérissement, et ne sont plus en état de fructifier.

» Une quatrième association syndicale s'est formée en 1880 dans le vignoble assez important de Rouffignac, dans l'arrondissement de Sarlat. Environ 15 hectares y ont été traités par le sulfure de carbone. En dehors de ces quatre syndicats, il n'a été fait dans la Dordogne que des tentatives isolées et peu considérables.

» Permettez-moi maintenant, Messieurs, d'appeler votre attention sur une observation personnelle. Nous avons remarqué cette année dans notre vignoble du Fagé, que le relèvement avait été visiblement plus considérable dans certaines parties où l'on n'avait pas levé le cavaillon, et où l'on s'était borné, après les premiers labours, à travailler la terre autour du pied, de façon à respecter les jeunes racines qui s'étaient fermées au collet du cep ou un peu au-dessous. Il me paraît utile de procéder de la sorte, au moins dans les deux premières années de traitement, et je me permets de vous engager à le faire dans les vignobles où l'opération du décavaillonnage est en usage; je crois que l'on ne peut que s'en bien trouver.

» Avant de terminer, je tiens à m'élever contre une erreur assez généralement répandue, et qui, dans nos contrées, a empêché un grand nombre de propriétaires d'employer le sulfure de carbone contre le phylloxera; je veux parler des craintes qu'ont manifestées certaines personnes au sujet des inconvénients qui peuvent résulter de l'emploi de cet insecticide, au point de vue de la santé des ouvriers. Eh bien! Messieurs, je puis vous le dire en toute sincérité, ces craintes n'ont aucun fondement. Ni les ouvriers qui sont employés à la fabrication du sulfure de carbone, ni ceux qui en font usage pour le traitement des vignes phylloxérées, n'ont à en souffrir en aucune façon, et ne peuvent en être incommodés même très légèrement. Ce qui a donné lieu à cette croyance, c'est que les ouvriers employés à la fabrication des objets en caoutchouc vulcanisé, éprouvent fréquemment des accidents graves, paralysie des membres inférieurs, perte de la faculté procréatrice; mais cela tient à ce qu'ils sont obligés de manipuler à l'air libre des quantités considérables de sulfure de carbone et qu'ils vivent, par suite, dans une atmosphère de vapeurs délétères. Mais rien de semblable ne se produit lorsqu'on traite des vignes phylloxérées, et, je le répète en terminant, nos vignerons peuvent sans crainte employer à cet usage le sulfure de carbone, ils n'auront nullement à en souffrir. »

M. Mouillefert prend la parole en ces termes :

« Messieurs,

» En prenant la parole, mon but est de vous résumer, sommairement, les faits les plus importants de la question du traitement des vignes par le sulfo-carbonate de potassium, et notamment les résultats qui se dégagent de la dernière campagne.

» La question doit être examinée aux cinq principaux points de vue que voici :

» 1° De l'état actuel de la question sulfo-carbonate ;

» 2° De l'efficacité ;

» 3° De l'exécution de l'opération ;

» 4° Du prix de revient des traitements ;

» 5° De la manière dont la question doit être envisagée par les propriétaires.

» I. *État actuel de la question sulfo-carbonate.* — La campagne de 1880-1881 a, comme les précédentes, marqué un pas de plus en avant dans la grande question de la défense du vignoble français, au moyen du sulfo-carbonate de potassium proposé par l'illustre M. J.-B. Dumas, et montré que les espérances que nous avions fondées dès le début sur cet insecticide, se sont réalisées de point en point, avec le temps. Son succès s'accentue d'année en année et se manifeste, comme tous les événements durables, par un progrès continu.

» En effet, pour ne parler que des opérations de la Société nationale contre le phylloxera, que nous avons plus particulièrement suivies, 173 propriétaires ont eu, cette année, recours à cette institution pour le traitement de leurs vignes, dont :

2 ayant 4 années de traitement.
8 — 3 — —
45 — 2 — —
118 — 1 — —

» On a traité, à forfait, 1,138 hectares 47 ares, comprenant 4,944,330 souches réparties entre vingt syndicats subventionnés par le gouvernement. Le traitement de cette superficie a absorbé 393,478 kilog. de sulfo-carbonate, soit environ 350 kilog. par hectare et 80 grammes par souche.

» La Société a, en outre, traité 25 hectares en prêtant ses appareils et livré à 71 propriétaires, dont une quarantaine de nouveaux, 48,409 kilog. de sulfo-carbonate, qui représentent environ de quoi traiter 140 hectares et 595,000 souches, soit donc un total général, traité par l'intermédiaire de la Société, de :

Superficie, 1,163 hectares ou .... 5,540,330 souches.
Quantité de sulfo-carbonate employée ...... 412,788 kilog.
Nombre de propriétaires traités 244

Soit près de 50 fois la quantité de l'année 1878, première année de fondation de la Société. Ce qui démontre, par cela même, l'espoir que les viticulteurs fondent de plus en plus sur le remède en question.

» II. *L'efficacité.* — L'honorable rapporteur de la Commission des insecticides, M. Falières, a singulièrement simplifié ma tâche, ce matin, lorsqu'il est venu vous rendre compte dans son remarquable rapport des résultats obtenus avec le sulfo-carbonate, qu'il avait constatés avec ses collègues. L'efficacité du sulfo-carbonate de potassium ne saurait être désormais contestée, tant elle est établie sur des faits solides. D'accord, sur le fond, avec la Commission, je veux seulement présenter quelques observations sur cet important point de la question.

» En m'appuyant sur les résultats obtenus dans les traitements réguliers les plus anciens, faits chez M. Marès, à Launac; Moullon, à Cognac; Teissonnière, à la Provenquière; et sur les domaines de la Société nationale contre le phylloxera dans la Gironde, il en ressort, de la façon la plus nette :

» 1° Que non seulement le sulfo-carbonate de potassium est efficace, mais encore qu'il peut maintenir une *vigne régénérée indéfiniment en pleine prospérité, c'est-à-dire, ce qui est extrêmement important, que son action est durable;*

» 2° Que contrairement à certaines théories qui ont été émises, un peu trop à la légère, le sulfo-carbonate de potassium, au lieu d'être un stérilisant, est une substance fertilisante de premier ordre;

» 3° Que les vignes les plus âgées, comme les plus jeunes, *peuvent être régénérées, quel que soit le degré de maladie, ce qu'attestent les traitements effectués sur les domaines de la Société,* où des vignes âgées de plus de cent ans et à tronc détérioré au dernier point, ont été ramenées à la prospérité.

» Toutefois, il est juste de dire que les vignes jeunes ou d'âge moyen, toutes conditions étant égales d'ailleurs, se régénèrent d'une manière générale plus rapidement et plus uniformément que celles âgées; *mais, je le répète, en y insistant : en principe, il n'y a pas de cep, aussi malade soit-il, qui ne puisse être ramené à la prospérité au moyen du sulfo-carbonate de potassium.*

» 4° Il ressort aussi des traitements effectués depuis sept ans, dans toutes les circonstances, avec le sulfo-carbonate de potassium, qu'en principe il n'y a plus de terrains réfractaires à la régénération. Nous avons, dans nos nombreux traitements, des exemples qui établissent nettement que, même sur les plus mauvais, *si l'on fait ce qu'exigent les circonstances,* on peut se défendre et ramener à la prospérité les vignes les plus affaiblies.

» CONCLUSION. — Les faits actuellement acquis nous permettent de dire comme conclusion, sur cet important chapitre de l'efficacité, abstraction faite de toutes autres considérations, *que le sulfo-carbonate de potassium est assez puissant pour combattre, dans tous les cas qui peuvent se présenter, la maladie de la vigne causée par le phylloxera.*

» III. *Application du sulfo-carbonate de potassium. — Exécution de l'opération. — Principes.* — Le meilleur moyen d'appliquer le sulfo-carbonate étant de le diluer dans une certaine quantité d'eau de manière à enfermer une solution que l'on verse au pied des ceps, dans des cuvettes ou excavations faites *ad hoc,* pendant plusieurs années, comme on le sait, la nécessité de se procurer partout, en quantité voulue et à pied d'œuvre cet élément véhiculant, rendait l'application du sulfo-carbonate à peu près impossible pour la plupart des vignobles, tant du côté de la possibilité de l'opération que du prix de revient.

» Grâce au système mécanique que nous avons inventé, en collaboration avec M. Félix Hembert, et que met en œuvre la Société nationale contre le phylloxera, propriétaire des brevets, ce côté de la question peut être aussi considéré comme résolu. On peut maintenant avoir l'eau à pied d'œuvre en quantité voulue et à très bas prix. Les appareils de la Société, que l'on peut voir actuellement fonctionner aux environs de Bordeaux (notamment chez M. Duffour, au château Smith, près La Brède), attestent la véracité de cette assertion, ainsi que les nombreux traitements effectués à forfait depuis quelques années par la Société, dans la région ou dans le Midi, et où l'on a eu souvent à propulser l'eau à près de 4,000 mètres et à l'élever à plus de 150 mètres d'altitude au-dessus de la prise.

C'est ainsi qu'une opération comme celle de Mancey, en 1875, qui a coûté près de 4,000 fr. l'hectare, pourrait être faite aujourd'hui pour 350 fr., soit plus de 12 fois moins, ce qui prouve le chemin parcouru dans cette voie.

» En un mot la solution de l'application pratique du sulfo-carbonate à tous les vignobles est donc en principe, comme en fait, également résolue.

» Quant à la manière d'effectuer le traitement au sulfo-carbonate, elle peut être ainsi résumée :

» En principe les traitements sont faits conformément aux exigences des circonstances qui se présentent; mais, pratiquement, on peut les grouper en deux catégories : les traitements *culturaux* ou d'*entretien* et les *traitements régénérateurs*.

» Les premiers, qui comprennent une plus faible dose de sulfo-carbonate, 300 à 450 kilog. à l'hectare, ou une solution au 1/333e à 1/400e s'appliquent aux vignes non encore trop malades, qui ne sont pas encore trop affaiblies, ou aux vignes tout à fait à la dernière extrémité, que l'on veut régénérer, et où deux traitements dans la même année sont nécessaires.

» Les traitements régénérateurs se composent d'une plus forte dose de sulfo-carbonate, 600 à 800 kilogrammes à l'hectare ou une solution au titre de 1/225e au titre de 1/275e, en moyenne 1/250e. Ces solutions étant plus énergiques, laissent échapper beaucoup moins d'insectes que les premières, et leur portée insecticide s'étend davantage en dehors des parties imbibées dans le sens de la profondeur et dans le sens radial; en un mot, le milieu où doivent vivre les racines se trouve mieux purgé de parasites.

» Ces traitements conviennent aux vignes entièrement envahies, aux taches de vignobles pris au début de l'invasion, aux terrains pauvres, secs, calcaires ou crayeux, où la défense est difficile, et où, par conséquent, la maladie a beaucoup de force, ainsi qu'à toutes vignes affaiblies que l'on veut régénérer avec un seul traitement annuel.

» Toutefois, en hiver, lorsque le sol est humide, que la solution sulfo-carbonatée n'est pas absorbée, qu'elle peut séjourner six à douze heures dans les cuvettes sur les racines, il est prudent de ne pas dépasser le titre de 1/300e à 1/333e. Autrement, on s'exposerait, dans certains cas, à affecter les racines et la base des souches, et même à amener la mort de la plante.

» Lorsque l'absorption se fait bien, ces solutions ne présentent aucun danger, même en été, où nous sommes arrivés à les employer au titre de 1/100ᵉ sans accident. De même nous avons vu des boutures, plantées en mai, reprendre parfaitement, après avoir été immergées, pendant huit heures, dans une solution au 1/108ᵉ; ce qui démontre l'innocuité du sulfo-carbonate de potassium.

» Il va sans dire que, dans tous les cas, pour connaître la quantité de sulfo-carbonate à mettre par souche, il suffit de diviser les quantités indiquées ci-dessus par le nombre effectif de ceps qui se trouvent complantés sur l'hectare ou les 10,000 mètres carrés de superficie.

» Quant à la quantité d'eau, dans les traitements culturaux ou d'entretien, elle a varié, suivant le mode de plantation, de 100 à 150 mètres cubes par hectare ou de 15 à 30 litres par souche (quelquefois, comme dans les palus du Bordelais où il n'y a que 2,400 pieds à l'hectare, on a mis jusqu'à 40 et 50 litres).

» Dans les traitements régénérateurs, les quantités d'eau ont varié de 125 mètres cubes à 180 et même 200, soit, suivant le mode de plantation, de 20 à 40 litres par cep. Une partie de cette eau, 5 ou 10 litres, était versée à l'état pur, dans les cuvettes, après absorption de la solution sulfo-carbonatée, afin de maintenir le plus longtemps possible les émanations toxiques dans le sol, dans le voisinage des racines, fait extrêmement important pour la valeur des traitements.

» Pour ce qui est des résultats obtenus avec cette manière de faire, M. le rapporteur Falières vous les a fait connaître et je les ai résumés plus haut. Les faits qui se sont produits, pour ne parler que des traitements les plus anciens, sur les domaines de la Société, aux environs de Sainte-Foy-la-Grande, chez M. Moullon, à Cognac; chez M. Marès, à Launac, et à la Provenquière chez M. Teissonnière, me dispensent d'entrer dans les détails à cet égard. Il est, de plus, probable que les honorables propriétaires dont je viens de citer les noms viendront eux-mêmes ici vous dire, dans l'intérêt général de la viticulture, ce qui s'est passé chex eux.

» IV. *Prix de revient des traitements au sulfo-carbonate.* — Les questions de l'efficacité et de la possibilité de l'opération, qui priment toutes les autres, étant élucidées, j'arrive maintenant à celle du prix de revient qui, elle aussi, comme on le sait, est également de première importance. Ici il m'est facile d'être bref et clair, car les faits abondent, et on ne discute pas des chiffres. J'ai le regret

de me séparer ici des honorables membres de la Commission des
insecticides. Les prix de traitement avec le sulfo-carbonate sont
heureusement beaucoup moins élevés que ceux indiqués dans le
rapport de ces Messieurs. En m'appuyant sur les 173 traitements
à forfait par la Société nationale contre le phylloxera, et qui
comprennent, nous l'avons vu plus haut, une superficie de près de
1,200 hectares, il en ressort que la moyenne générale, pour le
Sud-Ouest, traitement régénérateur compris, a été, d'après les
sommes payées par les propriétaires, de 345 fr. pour 517 hect. et
de 327 fr. pour la région du Midi sur près de 630 hect., soit une
moyenne générale de 335 fr. environ, aulieu de 500 fr. comme le
dit M. le Rapporteur de la Commission; souvent même, comme il est
facile de s'en rendre compte en parcourant les listes publiées dans
mon rapport sur la campagne de 1881, le prix de traitement est
descendu au-dessous de 200 fr. sans, dans aucun cas, atteindre 600 fr.

» Il est vrai que l'on a parlé de diverses autres dépenses accessoires,
notamment de la construction des cuvettes, mais cette opération
est le plus souvent une façon culturale que l'on fait habituellement
dans beaucoup de contrées, et qui ne doit, par conséquent, pas être
imputable au traitement.

» En tous cas, dans les circonstances très rares où elle est néces-
sitée par le traitement, elle est très minime et ne dépasse pas au
maximum, même dans le Médoc, où il y a jusqu'à 10,000 pieds à
l'hectare, plus de 30 fr., et, ailleurs, 8 à 12 fr. C'est donc, comme
on le voit, une dépense parfaitement insignifiante et qui a même sa
valeur au point de vue cultural par l'ameublissement du sol qu'elle
apporte au bas de la souche.

» Quant à la fumure, elle ne doit pas être non plus confondue
avec la dépense du traitement; elle doit être considérée, par le
propriétaire, comme toutes autres dépenses faites sur sa propriété,
dans l'intérêt de sa culture; suivant qu'il la fera ou ne la fera pas,
sa vigne sera vigoureuse ou chétive, de même quand il laboura ou
ne labourera pas sa terre; mais dans tous les cas, dans les traitements, ce n'est qu'un adjuvant du sulfo-carbonate, qui a sans doute
sa valeur, mais qui n'est pas indispensable pour obtenir de bons
résultats.

» La bonne culture et les irrigations aident également l'action
du traitement, mais il ne vient cependant à l'idée de personne
de confondre leurs dépenses avec celles du traitement.

» La vérité est que, grâce aux appareils mécaniques de la Société nationale contre le phylloxera, qui entreprend les traitements à forfait avec un personnel exercé et au courant des bonnes méthodes, qui cède ou vend un droit de licence de ses brevets à des conditions très modiques, ainsi que des chantiers de traitement de la force voulue, à tous les propriétaires isolés ou groupés, de même qu'aux syndicats, aux communes et aux entrepreneurs qui en font la demande, le sulfo-carbonate est aujourd'hui avantageusement applicable à la presque totalité des vignes françaises, à des prix parfaitement abordables, surtout si l'on tient compte de la valeur de l'engrais que le remède apporte avec lui (100 à 150 fr. par hectare) et quelquefois même de l'eau de dilution ainsi que des prix actuels des produits de la vigne. Mais il y a mieux, au fur et à mesure que les propriétaires se grouperont pour offrir de plus grandes surfaces à traiter et que des usines se créeront pour fabriquer le produit insecticide à meilleur marché, les prix actuels baisseront encore dans de très fortes proportions.

» V. *Comment la question des traitements doit être envisagée.* — Après huit années d'études non interrompues de cette grande question du phylloxera et pour laquelle l'enseignement de l'École nationale d'agriculture de Grignon, qui comprend l'ensemble des sciences agricoles, m'avait déjà préparé, je crois, sans fausse modestie comme sans prétention, avoir acquis, par l'observation des nombreux faits dont j'ai été témoin et que j'ai chaque fois analysés autant qu'il m'a été possible de le faire, un certain droit à la confiance des viticulteurs, d'autant plus que jusqu'ici, et c'est peut-être la seule chose dont j'oserai me flatter, mes appréciations sont restées les mêmes depuis le début de mes études de la question, et que chaque année a apporté son contingent de faits appuyant la justesse de ma manière de voir, en même temps que sa sincérité.

» En terminant cette communication, qu'il me soit donc permis de donner aux nombreux viticulteurs qui m'entendent, menacés ou attaqués du phylloxera, les conseils suivants déduits de mes études et de mes observations sur la question.

» 1° *Epoque de la maladie où il faut commencer le traitement.* — Il ne faut pas attendre pour commencer les opérations de défense que tout le vignoble soit envahi; il est du plus grand intérêt, pour le propriétaire, qu'il traite dès qu'il se voit menacé, ou tout au moins dès l'apparition des premières taches, et qu'il opère dès ce moment, sans hésiter, sur toute la surface. En agissant ainsi, *on retarde l'in-*

vasion générale du vignoble; le traitement coûte moins cher, parce qu'il faut moins de sulfo-carbonate et pas d'engrais spéciaux; on n'a pas d'interruption dans les revenus, et l'on a des récoltes pour payer les frais du traitement, qui peuvent être plus belles qu'avant la maladie, parce que le sulfo-carbonatage joue aussi le rôle, dans ces conditions, d'une excellente fumure. Tandis que si l'on attend, pour commencer les traitements, que tout le vignoble soit envahi et même affaibli, au lieu d'un traitement d'entretien il faudra un traitement régénérateur, qui est plus coûteux; il y aura interruption dans les revenus, et l'on n'aura pas, ou qu'insuffisamment, de récolte pour payer le remède; voilà qui est clair et net, ce que cependant la très grande majorité des propriétaires ne semble pas comprendre; beaucoup ne peuvent se faire à l'idée que lorsque le mal apparaît extérieurement il est dans leur vignoble depuis longtemps.

» 2° *Avantage qu'il y a à ne pas économiser le sulfo-carbonate dans les traitements.* — Quand, par insouciance de l'avenir, par incurie ou par diverses causes on a laissé gagner du terrain au mal, il ne faut pas économiser le sulfo-carbonate lors des premiers traitements; les frais généraux d'application étant les mêmes pour les faibles doses que pour les fortes, eu égard aux qualités de ce produit, plus on en mettra (jusqu'à la limite de la dose nuisible qui est toujours très éloignée de la dose strictement utile), mieux on combattra efficacement le mal, et plus tôt les souches affaiblies seront rétablies dans leur ancienne vigueur.

» 3° *Heureuse combinaison du sulfo-carbonate avec l'emploi des engrais rapidement assimilables.* — Bien que le sulfo-carbonate soit capable à lui seul de combattre sous toutes les formes et à tous les états la maladie causée par le phylloxera, son action est avantageusement secondée par la fumure et la bonne culture.

» Les engrais qui conviennent le mieux sont ceux à assimilation rapide, tels que : sulfate de potasse, chlorure de potassium, nitrate de potasse, nitrate de soude, sulfate d'ammoniaque, le phosphate de chaux à l'état de cendres d'os ou de superphosphate naturel de chaux rendu assimilable, ainsi que le guano et le phospho-guano [1]. En effet, il faut à la vigne phylloxérée, pendant les trois ou quatre mois (avril, mai, juin et juillet) que le traitement la débarrasse des es parasites, une copieuse nourriture, pour que sa végétation acquière la force vive nécessaire qui lui permettra d'amener sa récolte à bien,

[1] Nous employons de préférence, par parties égales, un mélange de 3 à 400 kilog. de nitrate de potasse et de sulfate d'ammoniaque avec 150 à 200 kilog. de superphosphate à 17-18 degrés acide phosphorique.

et d'emmagasiner des réserves nutritives pour l'année suivante, malgré la réinvasion inévitable de la fin de l'été.

» Les fumiers de ferme, les engrais organiques à décomposition lente, conviennent plus spécialement aux vignes non encore phylloxérées; appliqués à des vignes malades, ils sont quelquefois nuisibles, en rendant, en été, le sol trop poreux, trop sec, ce qui empêche le développement du nouveau chevelu, et facilite la circulation du phylloxera dans le milieu où vivent les racines. Il faudrait tout au moins, en pareil cas, les appliquer avant l'hiver, et s'il s'agit de fumier de ferme, l'employer toujours très décomposé. Si ensuite, au moment du traitement, on peut les compléter par des engrais chimiques, dont on pourra alors diminuer la dose, on obtiendra un excellent résultat.

» 4º La *bonne culture* est aussi un adjuvant puissant du sulfo-carbonatage; il est indispensable qu'après le traitement on donne les labours et les façons culturales voulues pour tenir le sol meuble et dépourvu de végétation adventive; dans ces conditions, le chevelu qui constitue l'ensemble des organes absorbants de la plante, se développe abondamment et, dans le cas de vignes à régénérer, le système radiculaire se reconstitue rapidement. Au contraire, en négligeant ces importants travaux, l'action du remède est fortement entravée et ne donne pas tout ce qu'on est en droit d'attendre.

» 5º La *bonne confection des cuvettes* destinées à recevoir la solution sulfo-carbonatée est de première importance; c'est d'elle, on peut le dire, que dépend en grande partie le succès du remède; elles doivent être toujours faites à fond bien horizontal, et assez larges pour que tout l'ensemble du système radiculaire soit imprégné par le liquide insecticide; autant que possible elles doivent aussi être faites de manière à ce que les intervalles ou séparations entre elles soient assez minces, pour que tout le milieu où il peut y avoir des racines et des phylloxeras soit traversé par la solution sulfo-carbonatée; il n'est pas jusqu'aux crevasses et aux trous de taupes dont il faille se méfier et que l'on doit soigneusement boucher avant la mise du liquide.

» 6º *Il faut bien se méfier des mauvaises fabrications de sulfo-carbonate.* — L'efficacité du sulfo-carbonate est absolument certaine, mais pour cela il faut deux conditions essentielles : qu'il soit appliqué suivant une bonne méthode, *qu'il faut savoir approprier à chaque cas particulier,* ce qui exige de grandes connaissances générales, et une expérience consommée, et que ce produit soit de *bonne qualité,* qu'il ait été *bien fabriqué.* Aussi, comme il est en ce moment très en vogue et très recherché, une foule d'industriels plus ou moins scrupuleux vont, sans doute, en offrir aux intéressés; notre devoir est de leur conseiller de se méfier de ces offres, qui peuvent causer le plus grand tort à la viticulture en faisant naître des insuccès qui ne manqueraient pas de discréditer le véritable remède et, par suite, de porter le découragement, déjà si grand, dans la défense du vignoble français en augmentant l'apathie des propriétaires.

» 7° *Vignes que l'on doit régénérer.* — Pendant plusieurs années, nous avons été indécis au sujet de savoir s'il était préférable d'arracher les vignes trop affaiblies, et de les remplacer par de nouvelles plantations après quelques années de culture, que de les régénérer. Aujourd'hui, par les nombreux faits dont nous avons été témoins, nous inclinons nettement pour la régénération, tout au moins pour la région du Sud-Ouest. D'après les remarquables résultats obtenus sur les domaines de la Société, et dans ses traitements à forfait, il n'y a pas de doute à avoir : *les vignes les plus affaiblies peuvent être ramenées à la prospérité après quelques années de traitement; il n'y a pas d'exception à cet égard, si l'on fait l'opération suivant ce qu'exigent les circonstances* (dose de sulfo-carbonate suffisante, emploi d'engrais chimiques et bonne culture). C'est, suivant les cas, une dépense de 1,000 à 1,500 fr. par hectare pour trois années, de laquelle il convient de défalquer la valeur des trois récoltes dont la deuxième et la troisième ont déjà une grande valeur, la dernière surtout, qui dans beaucoup de cas peut, d'un seul coup, faire rentrer le propriétaire dans ses avances, puisqu'elle peut être normale. Mais ce n'est pas tout, de ce fait on a redonné au capital sa valeur primitive et de pleine production, tandis qu'en arrachant et en plantant de nouveau on perd d'abord les deux ou trois années qui sont nécessaires pour approprier le sol, ensuite cinq ou six autres pour arriver à la pleine production, soit près de dix ans de perdus, pendant lesquels il aura fallu supporter les frais d'appropriation, les frais de culture et les frais de traitement, sans aucune compensation appréciable. De plus, les jeunes vignes se défendent plus difficilement contre la maladie que les vieilles, et ne donnent pas d'aussi bon vin.

» Je le répète, cette manière de procéder convient tout particulièrement au Sud-Ouest (Bordelais, Médoc, Charentes) où les régénérations se font rapidement et sont certaines, et où les jeunes plantations ne donnent guère de récoltes rémunératrices avant cinq ou six ans.

» Mais pour le Midi, où la maladie est plus puissante, tout en admettant aussi la même solution, il faudrait cependant un peu plus de circonspection et tenir compte que les nouvelles plantations produisent plus tôt que dans le Sud-Ouest.

» En résumé, mon opinion est, sur cette importante question, qu'il est, dans la très grande majorité des cas, plus avantageux de régénérer les vieilles vignes que de les remplacer par de nouvelles plantations.

» 8° *Nécessité de se défendre. — Avantages que l'on en retire.* — Quand on a l'occasion de causer, comme nous l'avons, avec les viticulteurs des principales contrées phylloxérées, on est tout d'abord frappé de l'indifférence ou de l'insouciance de certains d'entre eux, et, au contraire, de la bonne volonté de certains autres de défendre leur propriété.

» Aux premiers il n'y a rien à dire, c'est de laisser faire les événements qui se chargeront de leur donner la dure leçon qu'ils méritent; c'est donc aux seconds que nous nous adresserons; à ceux-ci nous dirons : Si vous n'avez pas encore une foi suffisante dans les moyens que l'on vous propose ou dont vous entendez parler, informez-vous auparavant de vous décider, visitez les vignobles où l'on vous signale des résultats bien nets; voyez par vous-mêmes et méfiez-vous des *on-dit* et tout particulièrement des avocats de village, des charlatans et des ignorants de toute catégorie, et fiez-vous, au contraire, un peu plus aux hommes de savoir qui ont bien étudié la question, qui ont les connaissances voulues pour cela, et qui ont naturellement l'esprit d'observation plus développé que d'autres.

» Une fois que votre enquête sera terminée, que vous serez bien convaincus qu'il y a un ou *des* moyens de combattre le terrible fléau de la viticulture, vous arriverez naturellement à cette fameuse question du *doit* et *avoir*, c'est-à-dire à vous demander si vos moyens vous permettent de faire la dépense. C'est cependant une question bien simple et qui paraît bien embrouillée. Procédons par élimination :

» Si vos moyens ne vous permettent pas de faire la dépense, c'est évidemment un grand malheur que votre crédit peut seul réparer; si, au contraire, même en traitant dès le début de la maladie, la production de votre vigne ne peut supporter les frais du traitement, il vous faudra soigneusement en examiner la cause, vous assurer si elle provient de la mauvaise qualité du sol, des faibles rendements, ou du peu de valeur des produits. Le premier cas est plus grave, parce que précisément dans ces situations la défense est plus difficile qu'ailleurs, et le traitement y coûte plus cher; il est malheureusement à craindre que vous ne soyez obligés d'abandonner la culture de la vigne sur ces terrains.

» S'il s'agit du deuxième cas, il vous faut examiner si, avec une meilleure culture, vous ne pourriez pas augmenter la production, tout en évitant le cercle vicieux dans lequel tournent beaucoup de viticulteurs, *dont les vignes ne produisent pas assez parce qu'ils ne peuvent rien faire pour elles, et qui ne peuvent rien faire pour elles parce qu'elles ne produisent pas assez;* il ne faudrait pas attendre que ce soit la vigne qui commençât, surtout en présence du phylloxera, où la culture de cette précieuse plante devra être désormais intensive ou ne pas être, c'est-à-dire faite dans les meilleurs sols et donner de forts rendements, ce qui naturellement nécessitera de gros capitaux. Quant au troisième cas, beaucoup de propriétaires raisonnent encore comme si le phylloxera n'avait pas apporté de profonds changements dans la valeur et le commerce des vins; ils ne voient pas que la marche sans cesse envahissante du mal, dont rien dans l'état actuel de nos connaissances ne permet de prévoir la fin, que l'insouciance ou l'incurie de la plupart des producteurs de vin et les progrès naturels du bien-être général, suffiront toujours pour maintenir les hauts prix actuels des produits de la vigne.

» La vérité est que vous n'avez aucune crainte à avoir de ce côté, vous pourrez franchement compter sur les prix actuels. Cela étant, il vous sera ensuite facile de vous rendre compte qu'entre les prix du vin d'avant l'invasion phylloxérique et ceux d'aujourd'hui, il y a toujours un écart considérable dépassant de beaucoup la valeur des traitements et qui ne fera qu'augmenter avec le temps. C'est ainsi que nous connaissons déjà bon nombre de propriétaires qui, malgré le traitement, retirent de leurs vignes un revenu net très supérieur à ce qu'il était avant la maladie; de sorte que *pour eux, comme pour ceux qui les imiteront,* le phylloxera n'a donc été et ne sera qu'une évolution heureuse, tout en restant une effroyable calamité pour ceux qui ne veulent ou ne peuvent rien faire. »

M. Courrègelongue,
Secrétaire adjoint de la Société d'Agriculture de la Gironde.

Procès-verbal de la séance du mardi 11 octobre 1881 (soir).

Présidence de M. A. LALANDE.

M. Martineau, chimiste à l'usine de la Pointe-des-Baleines, île de Ré (Charente-Inférieure), a la parole.

« M. Martineau abrègera ce qu'il avait à dire sur le sulfo-carbonate de potassium, M. Falières ayant prévu dans son rapport les objections de l'honorable préopinant qui trouve le prix de revient de cet insecticide beaucoup trop élevé pour les vignobles ne produisant pas de vin fin, car le sulfo-carbonate de potassium n'est pas un engrais proprement dit, et son emploi exige des fumures additionnelles.

» M. Martineau préconise le sulfo-carbonate de calcium et les engrais de varechs. Le sulfo-carbonate de calcium a la même propriété insecticide que le sulfo-carbonate de potassium et il offre l'avantage de ne pas exiger la quantité d'eau qu'il est nécessaire d'employer pour la diffusion du sulfo-carbonate de potassium. Il est plus économique pour le propriétaire, car selon la distance il ne revient qu'à 25 ou 30 fr. les 100 kilog. et contient de 8 à 9 de sulfure de carbone de plus. Il a été employé avec succès chez MM. Duchatel, à Mirambeau ; Seguin, au Joyau, par Mirambeau ; Duquenel, domaine des Cheminées ; Baudelens, à la Forêt, par Taillebourg ; Chateauneuf, à Saint-Bonnet ; Morineau, à Bararcot, par Champagnole ; Toulouse, à Trébuchet, par Nieul-le-Virouil, etc., etc.

» Dans les terrains humides, en employant le sulfo-carbonate de calcium à l'aide d'un avant-pal ou d'une simple barre, on peut se passer d'eau. Dans tous les cas cinq litres d'eau par cep lui ont donné de bons résultats.

» Il demande au Congrès que sa communication soit envoyée à la Commission supérieure du phylloxera, à M. le Ministre de l'agriculture et du commerce pour faire faire l'expérience du sulfo-carbonate de calcium et d'accorder à cet insecticide le même patronage qu'elle donne au sulfo-carbonate de potassium.

» A l'action du sulfo-carbonate de calcium il ajoute les engrais de varechs, herbes marines riches en sels de potasse et qui sont un excellent engrais pour la vigne. Ces engrais de varechs employés depuis de longues années ont une mauvaise réputation, on dit qu'ils donnent un goût détestable au vin. Les engrais de varechs sont des produits riches en sulfure et qui ne donnent pas plus de goût au vin que le sulfure de carbone, de potassium ou les sulfo-carbonates. Il y a quelques minutes, M. Foëx, le savant professeur de l'École d'agriculture de Montpellier, lui disait : Alors que l'on cultivait la vigne à Frontignan, elle était largement fumée avec les varechs qu'à grands frais on allait chercher à Cette.

» Il ajoutait : L'engrais de varechs, pas plus que la gadoue, n'a d'action sur le parfum du vin.

» Aujourd'hui où la demande des sels de potasse est supérieure à l'offre, les sels de potasse ont beaucoup augmenté. Le chlorure de potassium, qui valait de 16 à 17 fr. les 100 kilog. vaut aujourd'hui 26 fr. Cette augmentation dit assez à la viticulture qu'elle aura économie à employer les produits que nous offre la mer, produits qui renferment non seulement des sels de potasse, mais encore de l'azote, de l'acide phosphorique, et contribuent par un mouvement d'entraînement à nitrifier la terre.

Sur la demande de M. le Président, si ce sulfo-carbonate de calcium n'est pas plus dangereux que le sulfo-carbonate de potassium ? M. Martineau répond négativement.

M. le Dr Ménudier fait remarquer que la Commission supérieure du phylloxera ne condamne point le sulfo-carbonate de calcium ; elle a dit « les *sulfo-carbonates alcalins* » et pas autre chose.

M. Marès, en sa qualité de membre de la Commission supérieure du phylloxera, croit devoir dire que la Commission supérieure du phylloxera n'a pas adopté le sulfo-carbonate de calcium, parce que cet insecticide ne présente pas des garanties de composition suffisantes. En outre, les applications qui en ont été faites, à diverses reprises, par la Commission officielle de las Sorres, n'ont donné que des résultats négatifs.

M. Marès ajoute qu'il n'a de parti pris pour aucun des modes de traitement susceptibles de détruire le phylloxera ; il pense qu'il faut faire tous les efforts possibles pour combattre cet insecte, mais il faut aussi que les modes recommandés officiellement offrent des chances de succès.

Passant à la question du sulfo-carbonate de potassium, il dit qu'il l'emploie depuis que M. Dumas a proposé les sulfo-carbonates, et il distingue les circonstances dans lesquelles son application peut présenter des résultats avantageux, de celles où ils seraient onéreux :

il y a des cas où le phylloxera ne peut être utilement combattu par les insecticides. Sur les coteaux, à petite production et à faible résistance par exemple, la dépense dépasserait de beaucoup le rendement de la vigne. Il en est de même pour les vignes trop vieilles ou trop attaquées.

Les insecticides, sulfure de carbone et sulfo-carbonate de potasse, ajoute M. Marès, ne donnent des résultats que dans des conditions déterminées. Si elles ne sont pas remplies, on échoue, et c'est faute de les connaître qu'on en a fait tant d'applications infructueuses. L'an dernier, au Congrès de Lyon, il a essayé de tracer les règles que comporte leur emploi : il va les résumer en quelques mots. Les conditions nécessaires au succès des insecticides sont :

1º Que leur *diffusion* puisse s'opérer dans le sol où l'on opère ;

2º Que le traitement s'étende à toute la surface de la vigne attaquée ;

3º Que la vigne à traiter soit encore dans un état de végétation suffisant ;

4º Qu'on soutienne par des engrais appropriés les vignes en traitement.

Il faut nécessairement la diffusion des insecticides dans le sol pour obtenir d'eux des résultats ; or lorsque le sol est trop sec, fendillé, la diffusion ne se fait pas. Il en est de même lorsqu'il est trop saturé d'eau par de longues pluies. La première condition pour la diffusion d'insecticides gazeux, comme ceux en question, est d'avoir un sol homogène, et pour cela il faut avoir un sol dans un état d'humidité convenable.

Jusqu'à présent, de tous les insecticides proposés, le sulfo-carbonate de potassium dissous dans l'eau, dans les proportions de 1/300ᵉ à 1/500ᵉ, est celui qui remplit le mieux les conditions énumérées plus haut. Le sulfure de carbone liquide, et le sulfo-carbonate de potassium ne sont d'ailleurs que des modes d'emploi différents, d'un même toxique, le sulfure de carbone.

M. Marès rappelle ensuite que c'est à la science qu'on doit la découverte des deux insecticides employés aujourd'hui au traitement des vignes phylloxérées. M. le baron Paul Thénard est le premier qui proposa, en 1869, à Bordeaux, le sulfure de carbone, lors de la visite de la Commission du phylloxera des Agriculteurs de France, et qu'il en fit la première application chez M. le Dʳ Chaigneau.

Ces premiers essais ne furent pas heureux, mais les beaux travaux de MM. Max Cornu, Mouillefert et Marion, de la Cⁱᵉ Paris, Lyon et

Méditerranée, sont venus justifier la valeur comme insecticide du sulfure de carbone.

M. Dumas, un des savants les plus illustres de notre temps, proposa ensuite les sulfo-carbonates alcalins et terreux, principalement le sulfo-carbonate de potassium qui réunit les propriétés des meilleurs insecticides et d'un engrais. Toutes les expériences ont prouvé que l'emploi du sulfo-carbonate de potassium donne les résultats les meilleurs et les plus sûrs. Il est préférable à celui du sulfure de carbone, parce qu'il ménage davantage la vigne et n'expose à aucun accident; l'action de ce dernier est trop forte : c'est un poison violent qui peut être nuisible à la vigne, surtout quand on l'emploie au début de la végétation ou dans des sols trop mouillés ou lorsque l'injection atteint la souche du cep. Le sulfo-carbonate de potassium n'offre pas ce danger, comme il ne contient que 15 0/0 de son poids de sulfure de carbone, les doses de ce dernier diffusées autour du cep sont toujours en quantités réduites, et quand elles sont diffusées par les traitements en profondeur, selon la méthode indiquée par M. Marès, les résultats sont d'autant plus sûrs. Ainsi, employé à la dose de 60 grammes par cep dissous dans 30 litres d'eau, soit de 250 kilogrammes de sulfo-carbonate par hectare et de 120 mètres cubes d'eau, la vigne s'est reconstituée d'une manière remarquable.

Mais, ajoute M. Marès, il ne faut pas employer les insecticides sur des vignes mourantes; il faut que la vigne soit encore assez vigoureuse si l'on veut obtenir des résultats par ce mode de traitement. Il ajoute que plutôt on opère, plus les résultats sont avantageux et satisfaisants. Cette proposition est évidente, car il faut trois années de traitements consécutifs pour remettre à production une vigne malade et déprimée, tandis que les applications faites au début de l'invasion en paralysent les mauvais effets, et maintiennent la végétation. Plus le sol et le climat sont secs, plus les ravages du phylloxera sont rapides et redoutables. C'est pour cette raison que les départements méditerranéens du Languedoc si exposés aux longues et brûlantes sécheresses de l'été, réclament avec tant d'insistance et comme un moyen indispensable de salut, une forte dérivation des eaux du Rhône qui se perdent inutilement à la mer, et qui leur fournirait d'abondantes eaux d'irrigation et de submersion.

Il faut traiter toute la surface de la vigne, dit M. Marès, autrement le phylloxera se change de place et vient vivre sur les points non traités qu'il détruit plus facilement. Le même fait se produit pour la submersion. Enfin, il faut des engrais, car lorsque l'insecte attaque une vigne, il produit chez elle un véritable état de maladie. A la perte des racines, se joint un trouble profond dans sa végétation, et des lésions tellement graves que les fonctions du système radiculaire ne s'accomplissent plus. Il faut alors l'impressionner par un agent qui, tout en détruisant l'insecte, agisse aussi comme un médicament. Le sulfo-carbonate de potassium contient ce médicament, qui est un de ses produits de décomposition, le sulfure de potassium, et le contient sous une forme très diffusée par l'eau de dissolution, et en même temps très assimilable. Or, pour la reconstitution des vignes malades les engrais les plus assimilables sont les meilleurs, c'est un point sur lequel le rapport de la Commission a insisté avec beaucoup de raison.

M. Marès cite, parmi les traitements qu'il a faits au sulfo-carbonate de potassium dans son vignoble de Launac, l'exemple de cinq hectares de vignes, âgées de dix-huit à vingt ans, que le phylloxera avait réduites à une très faible végétation en 1878. Ces vignes sont aujourd'hui en pleine reconstitution. Voici la progression qu'elles ont suivie dans leur production :

En 1878...... 154 comportes de raisin ([1]).
En 1879...... 300   —   —
En 1880...... 531   —   —
En 1881...... 908   —   —

Les frais faits sont largement couverts : ce traitement lui a coûté 400 francs par hectare, plus les engrais. Il a été appliqué avec l'outillage de MM. Hembert et Mouillefert — Le terrain est un dépôt silico-calcaire assez souple.

Il a aussi employé des sels ammoniacaux avec succès

50 grammes de sulfate d'ammoniaque,
et 50 grammes de sulfure de potassium.

Soit, 100 grammes de mélange par cep, espacé à 1m50 en tout sens.

En terminant, M. Marès signale les résultats remarquables obtenus par le sulfure de potassium sur une foule de points et notamment au Mas de las Sorres, terrain devenu célèbre par les expériences de la Commission officielle du phylloxera dans l'Hérault. On l'applique

_____

([1]) La comporte de raisin pèse environ 90 kilogrammes.

à raison de 100 grammes par cep, complanté à raison de 4,000 à l'hectare, soit 400 kilog. par hectare. On pulvérise grossièrement le sulfure et on le répand autour du cep déchaussé. Son action est beaucoup plus énergique quand il est accompagné d'un apport de fumier de ferme.

Revenant sur les avantages de l'emploi du sulfo-carbonate de potassium dissous dans l'eau, comme insecticide, il cite le traitement des vignes en sols rocheux, dans lesquels il conserve des vignes attaquées depuis huit ans. Ces sols ne peuvent pas être perforés par les pals au moyen desquels on applique le sulfure de carbone, et les vignes ne peuvent y être conservées que par le sulfo-carbonate de potassium dilué dans l'eau. M. Marès pense que partout où se trouvent des vignes à grands vins ou à grands produits à protéger contre le phylloxera, l'emploi du sulfo-carbonate de potassium est indiqué et qu'il se généralisera. Les terrains assez profonds, souples, siliceux, sablonneux, et assez frais, sont ceux où il donne les résultats les plus rapides et les meilleurs.

M. le Président demande à M. Marès l'opinion qu'il a des badigeonnages.

M. Marès répond que les badigeonnages ont été expérimentés au Mas de las Sorres sans succès, et qu'il en a fait faire lui-même chez lui plusieurs qui n'ont pas réussi : il a essayé le badigeonnage fait soit à la chaux, soit avec de l'eau contenant 50 0/0 de sulfo-carbonate de potassium, et le décorticage avec le gant Sabaté. Aucun ne lui a réussi.

M. Valéry-Mayet, professeur à l'École d'agriculture de Montpellier, délégué de l'Académie des Sciences, fait la communication suivante :

« M. Falières nous a déclaré ce matin que les badigeonnages dirigés contre l'œuf d'hiver dans la Gironde avaient semblé inefficaces; M. Marès vient de nous dire qu'aux environs de Montpellier il les avait essayés lui-même et que les résultats avaient été nuls. De là à conclure que ce traitement doit être abandonné il n'y a pas loin.

» A mon avis, Messieurs, cet abandon serait une chose très fâcheuse.

» Il ne faut pas oublier que, d'après les admirables études de M. Balbiani, la ponte des sexués est le point de départ de toutes les métamorphoses de l'insecte, que sa fécondité va toujours en s'affaiblissant jusqu'à une nouvelle apparition de sexués, et que si la destruction de l'œuf d'hiver était partout assurée, le phylloxera disparaîtrait.

» Mais si je suis partisan du badigeonnage, je ne le suis pas à la façon de ceux qui l'appliquent à toutes les souches. L'œuf fécondé n'est pas déposé sur tous les ceps indifféremment. Il se trouve dans des quartiers bien délimités, de préférence sur les vignes américaines, et certainement les souches traitées dont nous ont parlé MM. Falières et Marès n'en recélaient pas sous leurs écorces.

» Il faut chercher l'œuf d'hiver, non pas sur le tronc du cep, mais sur les bois de deux ans et de trois ans, plus rarement sur ce dernier. Il faut de plus choisir exclusivement des souches qui ont habituellement des galles sur les feuilles en été.

» Permettez-moi de vous dire, Messieurs, que je suis jusqu'à présent le seul qui ait trouvé l'œuf d'hiver en Languedoc; je puis donc traiter la question avec une certaine compétence.

» Depuis quatre ans je cherchais en vain, à côté même des endroits propices, sur des vignes françaises et américaines, et beaucoup de savants cherchaient avec moi. — Je puis citer MM. Planchon, Lichtenstein, Marès, Boïteau et Henneguy.

» Les gallicoles, d'après M. Balbiani, provenant toujours des œufs d'hiver, il était logique de penser que là où il y a chaque année beaucoup de galles sur les feuilles, il y a chaque année aussi sur le même point des pontes nombreuses d'œufs fécondés.

» C'est cette confiance, cette foi, je pourrais dire, dans les observations de M. Balbiani qui m'a amené du premier coup, sur le premier sarment examiné dans ces conditions-là, à la découverte de l'œuf d'hiver.

» Restait à savoir si ce qui est vrai à Montpellier l'est aussi dans l'Ouest. Je suis venu ici cet été, Messieurs, j'y suis venu à plusieurs reprises, et j'ai visité de nombreux points du vignoble. Partout il m'a été répondu que les galles s'observent habituellement sur le même point, bien souvent sur les mêmes souches et généralement sur les vignes américaines. Je vous citerai des noms, des noms connus de tous. M. Laliman a trois pieds de vigne chaque année couverts de galles; à Langon, chez M. Couraud, directeur de la ferme-école de Machorre, il y a une ligne de *Riparia* qui est dans le même cas. A Libourne, j'ai vu Mme Ponsot. Elle m'a montré une rangée de *Riparia* portant aussi des galles chaque été. M. Piola ne m'a pas laissé achever ma phrase. Il m'a immédiatement conduit auprès d'un groupe de *Cornucopia* toujours tellement couverts de galles qu'il veut les faire arracher cet hiver. Enfin, Messieurs, j'ai été chez M. Boiteau, l'homme auquel il faut s'adresser ici quand on veut avoir des renseignements sur l'œuf d'hiver. M. Boiteau m'a dit tout de suite qu'il partageait ma manière de voir et qu'à ses yeux les galles pendant l'été sur les feuilles et les œufs fécondés sous les écorces en hiver étaient deux choses connexes. Il a même ajouté que tous les œufs d'hiver trouvés par lui l'avaient été dans ces conditions-là. Je n'avais pas besoin d'aller plus loin, ma conviction était faite. Il est donc bien certain qu'à Bordeaux comme à Montpellier les galles peuvent servir de points de repère pour atteindre l'œuf fécondé.

» Je prévois des objections, Messieurs; mais je crois être en mesure d'y répondre.

» D'abord il y a des ceps isolés qui ont des galles une année et n'en ont pas les années suivantes. C'est vrai; nous en avons quelquefois à l'Ecole d'agriculture de Montpellier, où nous n'avons pas de ces lieux d'élection que je viens de signaler. Ce sont des pontes égarées qui échapperont sans doute toujours aux traitements; mais l'important est d'atteindre les foyers d'infection.

» On me dira encore : Vous ne trouvez pas de galles sur les plants français, leur écorce ne reçoit donc jamais la ponte des sexués ! A cela je répondrai : Les plants français portent parfois des œufs d'hiver; mais rarement. M. de Lafitte de Lajoannenque (Lot-et-Garonne) a trouvé des galles sur des *Cabernets* et des *Touzans* avant l'introduction des plants américains dans sa commune; M. Boiteau m'a montré des galles initiales sur du *Chasselas*, du *Cabernet* et sur une feuille de vigne sauvage cueillie dans une haie. Je dis des galles initiales, c'est-à-dire qui, se trouvant isolées sur la première feuille éclose au printemps, proviennent à coup sûr d'un phylloxera issu de l'œuf d'hiver.

» Il est très vrai qu'entre deux carrés de vigne, les unes françaises, les autres américaines, l'insecte ailé choisit toujours ces dernières pour fonder sa colonie. Le nombre des quartiers à œufs d'hiver va ainsi crescendo avec les plantations américaines. Est-ce un mal? Je ne le crois pas. Les pontes sur plants français ont été jusqu'à présent observées éparses dans les vignes, les plants américains semblent au contraire nous les présenter groupées sur un même point où nous pouvons les atteindre. La vigne américaine nous a amené le mal, elle nous a apporté aussi le remède. Dans les pays complètement dévastés, comme Montpellier, il n'y a qu'elle de possible, la submersion mise à part; mais dans les régions qui ont encore les trois quarts de leurs vignes françaises, il faut lutter pour conserver nos cépages le plus longtemps possible. Nous pouvons enrayer sérieusement l'invasion. N'oublions pas qu'une seule récolte gagnée représente des millions.

» Un dernier mot, Messieurs, au sujet de l'arrachage des feuilles portant des galles. Je considère ce soin comme fort utile, je vais vous dire pourquoi.

» Bien que vieil entomologiste déjà, je n'étais pas encore entré dans la lice quand l'histoire du phylloxera a été faite et quand la belle découverte de l'œuf d'hiver par M. Balbiani a fermé le cycle de ses métamorphoses. Mes études jusque-là avaient été dirigées d'un autre côté. Si j'avais eu à nommer les différentes formes sous lesquelles l'ennemi de nos vignes apparaît, j'aurais appelé le Sexué forme *régénératrice,* l'Ailé forme *colonisatrice,* le Radicicole forme *dévastatrice* et le Gallicole forme *multiplicatrice.*

» C'est en effet le Gallicole, insecte inoffensif en apparence, qui contribue le plus à l'effroyable multiplication du phylloxera. Une femelle gallicole issue de l'œuf d'hiver a pondu à la fin de mai environ 500 œufs. Les 500 jeunes qui en sortent jouissant de la parthénogénèse, ont produit fin juin 250,000 descendants, et si nous calculons le chiffre de la troisième génération nous arrivons au nombre énorme de 62 milliards 500 millions. Il y a cinq générations dans l'année, quelquefois six; en continuant les calculs nous alignerions des chiffres sur toute la largeur d'une feuille de papier-ministre. Tous les phylloxeras qui ne se fixent pas aux feuilles vont aux racines; les premières descentes commencent en juin, d'après les observations de M. Perez, professeur à la Faculté des sciences de Bordeaux, et les premiers froids de l'automne y envoient tout ce qui reste. Il faut par conséquent arracher les feuilles couvertes de galles avant le 20 juin.

» Je conclus donc à la possibilité de connaître d'avance par la présence habituelle des galles sur les feuilles, quelles sont les souches susceptibles de porter l'œuf d'hiver. La destruction de ce dernier devient ainsi possible.

» J'ajoute : détruisez aussi les feuilles portant des galles, parce qu'elles sont les foyers de grande multiplication de l'insecte.

» Ces deux opérations très pratiques serviront de complément aux traitements dirigés contre l'aptère des racines par le sulfure de carbone ou les sulfo-carbonates. »

M. Marès ne veut pas laisser passer l'intéressante communication de M. Valéry-Mayet sans citer une observation qu'il a faite sur une de ses pépinières de *Riparia*. Cette pépinière, placée sur un défoncement de vigne morte récemment du phylloxera, n'a pas paru attaquée la première année (1879); elle a été éclaircie par moitié en 1880, mais elle contenait encore environ six pieds de vigne par mètre carré de terrain; dans ces conditions, les feuilles des points les plus faibles de la pépinière se sont couvertes de galles phylloxériques, tandis que les racines étaient très peu attaquées. En 1881, après avoir enlevé la plupart des sujets de la pépinière et n'y avoir conservé que des ceps espacés à 1m20 sur 2m40, les galles phylloxériques se sont montrées nombreuses, mais les racines ont été fort peu attaquées et la végétation des ceps reste vigoureuse. Des ceps français âgés d'une vingtaine d'années, derniers restes de l'ancienne vigne et répartis autour de la pépinière au contact des *Riparia*, se sont rétablis d'eux-mêmes, sans traitement, de l'année 1879 à l'année 1881. Ils ont encore des phylloxeras sur leurs racines, mais en nombre trop petit pour empêcher un développement à peu près normal.

Ces observations, qui durent depuis trois années, prouvent que la phylloxération gallicole des feuilles n'entraîne pas nécessairement la phylloxération complète des racines, et que les cépages français peuvent vivre parfois au contact de certaines espèces américaines sur les racines desquelles le phylloxera ne se multiplie pas.

M. le comte DE LA VERGNE a la parole et s'exprime en ces termes :

« MESSIEURS,

» Les orateurs qui m'ont précédé à cette tribune ne vous ont pas démontré péremptoirement l'efficacité soit du sulfure de carbone, soit du sulfo-carbonate de potassium. Les expériences sur lesquelles sont assises les convictions qu'ils ont exprimées devant vous ne sont pas des expériences pures, correctes, rigoureusement scientifiques.

» Ils vous ont dit, en effet, que pour assurer le succès du sulfurage et du sulfo-carbonatage, il fallait leur associer l'emploi d'engrais énergiques et des labours répétés. De sorte qu'à l'heure présente, vous attribuez au sulfure et au sulfo-carbonate une part seulement dans les améliorations obtenues; vous considérez l'action salutaire du traitement recommandé comme la résultante des actions réunies de tous les éléments qui le constituent, et vous êtes effrayés de la dépense et des impossibilités qu'entraîneraient, lorsque la pratique deviendrait générale, la cherté des substances et la pénurie des bras.

» Je viens essayer de détruire, ou tout au moins d'atténuer dans vos esprits les préoccupations pénibles qu'on y a suscitées.

» En 1875, je pris l'initiative d'une expérimentation méthodique ayant pour but de mettre en lumière, une fois pour toutes, l'efficacité ou l'impuissance du sulfo-carbonate de potassium et, par suite, du sulfure de carbone pur.

» Au mois de juin de cette année-là, le phylloxera fut découvert en Médoc pour la première fois. Le jour même où je faisais cette triste découverte, je l'annonçais par un télégramme à M. le Ministre de l'agriculture, en le priant de vouloir bien autoriser son délégué, M. Mouillefert, qui commençait alors la propagande qu'il a menée si énergiquement, à sulfo-carbonater la phylloxérière que je lui signalais. Après quatre jours d'actives démarches, j'eus la satisfaction de voir, réunis à Ludon, M. Dumas, qui dirigeait l'opération, M. Mouillefert qui en surveillait l'exécution, et, comme témoins, M. le Préfet de la Gironde, le Conseil général représenté par son éminent vice-président, M. le sénateur Hubert-Delisle, les présidents et les secrétaires de nos principales associations agricoles, les municipalités de Ludon et de Macau et un grand nombre de viticulteurs.

» Je suis heureux d'apercevoir dans cette enceinte l'opérateur lui-même et la plupart de ses honorables témoins.

» Ce premier essai contre le plus grand des fléaux que la vigne ait à subir, avait tous les caractères d'un acte de défense publique, puisque le gouvernement, l'administration départementale, la science et la viticulture y étaient représentés.

» La tache à traiter avait 16 ares d'étendue. Elle comprenait dans son périmètre des ceps mourants, des ceps malades à divers degrés, des ceps qui, ne paraissant pas malades, avaient néanmoins des phylloxeras et, à la suite de ces derniers, des ceps qui ne paraissaient pas phylloxérés.

» Le sol, préalablement ameubli et uni, fut divisé en carrés d'un mètre de côté; chacun de ces compartiments était encadré de bourrelets de terre minces et bas. Il fut versé dans chacun d'eux quatre arrosoirs d'eau d'une capacité de 12 litres environ. L'avant-dernier versé contenait, en mélange avec l'eau, le sulfo-carbonate, à la dose de 50 grammes.

» Je publiai dans les journaux toutes les circonstances de cette première opération, comme j'ai publié depuis celles des opérations qui l'ont suivie.

» Deux mois plus tard, à la pousse d'août, on constatait, aux feuilles et aux radicelles, une amélioration. On ne trouvait vivants que de rares phylloxeras.

» Cette expérimentation, commencée en 1875 sur un vignoble contigu au mien, a été continuée dans mes vignes de Morange, dès 1876, et jusqu'à ce jour. Là, je n'ai jamais associé au sulfo-carbonate ni engrais ni amendements, ni cultures exceptionnelles. Le sol de mon vignoble n'a jamais été naturellement ni artificiellement immergé ni submergé. L'expérience est pure et démontre péremptoirement l'efficacité de l'insecticide que j'ai employé; les Commissions compétentes et les praticiens distingués qui ont souvent visité mon vignoble l'ont jugée concluante. Notre Commission des insecticides la proclame telle dans les rapports qu'elle vient de vous faire. Notre honorable Président, qui a vu ces jours-ci mes vignes pour la seconde fois, peut vous dire si leur état ne confirme pas de tous points l'appréciation avantageuse que j'ai l'honneur d'exprimer devant vous.

» Je n'avais à Morange qu'une tache en 1876, j'en ai six aujourd'hui. Elles sont toutes maintenues dans leurs limites premières. Les ceps qui, bien que phylloxérés, ne paraissaient pas encore être malades, ne le sont pas devenus. Les ceps qui étaient malades à divers degrés se sont ou entièrement rétablis ou sensiblement améliorés, selon leur état primitif et la durée de leur traitement.

» J'ai modifié le mode d'application du sulfo-carbonate d'abord adopté. Pour avoir l'eau à bon marché, j'ai mis à profit les pluies d'hiver en leur laissant le temps de mouiller profondément le sol et de remplir les fossés et réservoirs où je devais puiser pour faire la dissolution. J'ai préparé la terre en l'ameublissant et l'unissant un peu avant l'époque des pluies, de sorte que la dissolution de sulfo-carbonate, plus pesante d'ailleurs que l'eau, suit rapidement les voies que l'eau du ciel lui a préparées et va se mélanger avec elle à toutes les profondeurs où elle descend.

» Il s'est répandu dans ces derniers temps une erreur que je crois très utile de combattre. On dit que le sulfure de carbone et le sulfo-carbonate appauvrissent la terre et rendent nécessaire un surcroît d'engrais et de culture.

» Si les vapeurs sulfo-carboniques appauvrissaient le sol, elles ne constitueraient pas une atmosphère assez durable pour être insecticide, puisqu'elles se combineraient chimiquement avec des substances alimentaires qu'elles rendraient inassimilables à la vigne. En d'autres termes, si le sulfure de carbone affamait la plante, elle ne tuerait pas l'insecte.

» Sans doute, si, au moment du traitement insecticide, les ceps ont le système radiculaire gravement altéré par le phylloxera, il convient d'en hâter la reconstitution par des engrais et des labours exceptionnels, tout comme s'ils avaient été mis dans ce malheureux état par toute autre cause de maladie. Mais les ceps, qui bien que phylloxérés ne sont pas encore devenus malades et ceux, à la suite, qui n'ont pas encore le phylloxera, peuvent se passer d'engrais jusqu'à ce que leur tour d'en recevoir soit ramené par la rotation des fumures. Ils peuvent d'autant mieux attendre que s'ils sont sulfo-carbonatés, ils reçoivent du sulfo-carbonate lui-même une substance alimentaire d'une valeur incontestée.

» Je comprends que la Compagnie que dirige M. Mouillefert ait associé au sulfo-carbonatage de ses vignes des engrais énergiques et des cultures exceptionnelles, sans distinction des ceps qui se portaient bien et de ceux qui étaient malades. Ces vignes étant destinées en quelque sorte à servir de prospectus, il convenait de les amener le plus rapidement possible à un état prospère.

» Mais il faut se garder d'ériger des expédients en règle; on détournerait infailliblement d'une pratique de salut les propriétaires qu'effraient justement des dépenses exagérées.

» Il en est de même de l'eau. Il ne faut pas laisser croire qu'il soit si souvent impossible d'en réunir une quantité suffisante pour l'application du sulfo-carbonate. Je suis persuadé que dans toute la région du Sud-Ouest, il serait moins difficile qu'on ne le pense d'obtenir à très bon marché l'eau nécessaire au sulfo-carbonatage, bien qu'il en faille une grande quantité. En Médoc, par exemple, où la marée emplit les fossés des palus et où, dans les graves, la nappe d'eau souterraine s'élève souvent, en hiver, jusqu'à la superficie du sol, on ne manquera pas d'eau pour sulfo-carbonater les vignes, soit qu'on la puise, comme je l'ai toujours fait, au moyen d'une pompe dans les fossés des palus, ou dans des puits instantanés en pays de graves. L'été, j'ai pu obtenir de l'eau à bon marché en employant une pompe, et M. Mouillefert, en adoptant mon procédé, qu'il a grandement perfectionné et généralisé, nous a montré quels services il pouvait rendre.

» J'ai victorieusement attaqué par le sulfo-carbonate le phylloxera qui s'établit dans le système radiculaire, et par un badigeonnage celui qui vit et se reproduit sur le bas de la tige, depuis les racines supérieures jusqu'au point où le chaussage ramène la terre. Ce badigeonnage est utile pour étouffer un foyer de reproduction d'où le phylloxera radiculaire envahit ou réenvahit progressivement les racines après le sulfurage et après la submersion. J'ai fait la découverte de ces sortes de foyers en 1874, j'en ai beaucoup parlé et beaucoup écrit. Il a été depuis l'objet d'un très bon mémoire de M. Plumeau.

» On demande pour le sulfo-carbonate de calcium une partie des subventions accordées au sulfure de carbone pur et au sulfo-carbonate de potassium. A mon avis, il ne faut rien subventionner.

» Contentons-nous de demander au Gouvernement qu'il encourage, par tous les moyens en son pouvoir, la production et la circulation, au meilleur marché possible, du sulfure de carbone et des sulfo-carbonates alcalins.

» Je me réserve de formuler ces vœux devant vous en temps utile.

» Avant de m'éloigner de cette tribune, je vous demande la permission de rappeler à votre souvenir reconnaissant trois hommes dont les noms, si le sulfurage des vignes tient ses promesses, ne sauraient être oubliés dans l'histoire du sulfure de carbone considéré comme insecticide. Ce sont Doyère, Monestier et Alliès. Doyère est le premier qui ait démontré pratiquement les propriétés insecticides du sulfure de carbone.

» Monestier, le premier, se servant d'un pal pour introduire dans le sol le sulfure de carbone, a ramené sur cet insecticide l'attention de la viticulture qui en avait été détournée par le désastre causé sur les onze ceps légendaires de Floirac par le premier essai de M. Thénard.

» On n'a pas oublié la tentative d'abord heureuse de MM. Monestier, Léautaud et d'Orthoman, qui fut annoncée au monde viticole par M. G. Bazille avec cet enthousiasme qui caractérise sa parole si sympathique.

» M. Alliès a fait faire un pas décisif au sulfurage en employant le sulfure de carbone au moyen d'un pal ingénieux de son invention et à petites doses. C'est lui qui a créé la méthode actuelle, que la Compagnie du chemin de fer de Paris à Lyon et à la Méditerranée propage.

» Nous avons exprimé, tout à l'heure, notre reconnaissance pour des hommes et des Compagnies illustres. N'oublions pas les pionniers modestes qui ont été pour tous les véritables initiateurs dans la voie douloureuse du salut où nous devons marcher résolûment. »

M. le baron de MENDONÇA, consul du Portugal, parlant au nom du délégué de ce pays, communique au Congrès ce qui suit :

« MESSIEURS,

» Permettez-moi d'avoir l'honneur de, au nom de Messieurs les Délégués du Portugal, vous remercier de votre bienveillant accueil et d'avoir bien voulu inviter notre pays à prendre part à vos travaux.

» M. le vicomte de Villars d'Allen, président du Comité phylloxérique du Portugal, s'est trouvé malheureusement malade et alité depuis son arrivée dans votre charmante ville, et malgré qu'il se trouve ici présent, grâce à son infatigable énergie et dévouement à la cause qui nous réunit; cependant sa maladie lui ayant attaqué la gorge, il se trouve dans l'impossibilité de vous adresser lui-même la parole sans risquer un accident fatal que certainement nous aurions à regretter. M. le baron de Rueda, vice-président du Comité phylloxérique du Portugal, ainsi que M. Manuel do Carmo Rodrigues de Moraes, ingénieur agronome, inspecteur général des travaux pour combattre le phylloxera en Portugal, malgré qu'ils se trouvent présents et comprennent votre bel idiome, n'ayant pas cependant la pratique de s'exprimer en français, m'ont fait tous les trois l'honneur de me confier, comme consul de Portugal à Bordeaux, la mission d'être leur interprète vis-à-vis le Congrès.

» Donc, et dans l'accomplissement d'une pareille mission et au nom individuel de M. de Moraes, j'ai à vous informer que cet agronome déclare qu'il se présente et vient ici dans le but principal pour écouter les leçons des savants et praticiens réunis au Congrès. Mais comme de la comparaison des différents faits qui certainement seront annoncés dans ce Congrès il doit résulter de pouvoir connaître quel sera le meilleur chemin à suivre pour combattre l'ennemi de la plus forte richesse des pays viticoles, il s'astreindra purement et simplement à vous informer des faits qu'on a observés en Portugal.

» En 1878 le gouvernement de S. M. T. F. ordonna de commencer à traiter les lieux envahis par le phylloxera. A l'automne de cette même année on a employé toutes les matières qu'à l'époque on présentait comme insecticides, et en même temps on a semé des pépins et planté des boutures de toutes les espèces de cépages américains qu'on a pu se procurer.

» Pendant la période de l'année 1879, on a reconnu que les vignes traitées par les insecticides autres que le sulfure de carbone et le sulfo-carbonate de potassium ont conservé leurs racines aussi couvertes de phylloxera qu'avant le traitement, et que, tout au contraire, celles qui avaient été traitées par le sulfure de carbone et par le sulfo-carbonate de potassium avaient les racines parfaitement dégagées du phylloxera, ceci quelques jours après l'application de ces matières, et ce ne fut que vers la fin du mois de juillet qu'on a trouvé quelques insectes sur les racines des vignes plus malades et plus fortement attaquées avant ce traitement.

» En outre on a observé que les frais de l'application du sulfure de carbone, quoique assez considérables, étaient cependant inférieurs à ceux de l'application de tout autre insecticide y compris le sulfo-carbonate de potassium, parce que l'emploi de cette dernière matière était impossible dans la région du Douro, où les vignobles qui produisent le fameux vin de liqueur de Porto, se trouvent pour ainsi dire comme suspendus sur les pentes rapides de ces montagnes si fortement accidentées sur les rives de l'Adour, ce qui rendrait très difficile sinon presque impossible d'y faire monter l'eau. Il faut ajouter que les vignes traitées par le sulfure de carbone présentaient à la fin de septembre les feuilles vertes, tandis que les autres soignées par d'autres insecticides avaient le feuillage jaune et tombant avant la saison.

» Ces faits ont décidé la Commission du Portugal à prêter toute son attention au sulfure de carbone.

» En 1880 ces faits se sont répétés. Cependant dans les propriétés soumises aux soins des travaux officiels, les vignes se sont présentées considérablement améliorées. — En 1881 les propriétés confiées aux soins de la Commission se sont tellement améliorées que dans un vignoble où la récolte n'a produit que 11 hectolitres en 1880 on estime qu'elle produira 55 hectolitres, c'est-à-dire cinq fois plus, et la même proportion de production s'observe dans les autres propriétés également soumises à la Commission. Ce phénomène ne se produit que sur les parties des vignobles qui ont été soignées depuis 1878.

» Il est à remarquer qu'autour de ces propriétés des vignes se trouvent détruites par le phylloxera, malgré qu'elles se portaient mieux que celles qui ont été soignées quand ont commencé les travaux. Il est encore à remarquer que les frais d'application ont baissé chaque année au fur et mesure que les ouvriers devenaient plus habiles à la besogne, et que la quantité du sulfure de carbone diminue, les trous d'injection étant plus espacés. Dans les travaux du dernier printemps on s'est aperçu qu'aux doses de 20 grammes par mètre carré on fait disparaître presque tous les phylloxeras.

» Ces faits ont déterminé la Commission à conseiller aux agriculteurs l'emploi de ce puissant insecticide pour être appliqué aux vignes dont les racines ne sont pas encore pourries. Toutefois la Commission n'a pas mis de côté les vignes américaines et les recommande pour replanter les vignobles détruits.

» La Commission ne peut s'abstenir de dire que chez quelques agriculteurs 'le sulfure de carbone n'a pas été convenablement appliqué et qu'en conséquence les résultats ont été tout autres.

» La bonne application du sulfure de carbone couronne toujours les efforts de ceux qui ne se découragent pas faute de réussir la première année.

» En conséquence de ce que je viens d'exposer et de toutes les autres études, la Commission a adopté les conclusions du rapport de M. l'ingénieur agronome Rodrigues de Moraes, inspecteur général du service phylloxérique du Portugal, qui se résument comme suit :

» 1º Dans les régions supposées indemnes il convient d'éviter l'introduction des vignes provenant des lieux phylloxérés ; on doit exercer une grande surveillance.

» 2º Si dans une région il y a un petit nombre de cépages attaqués, on doit les traiter énergiquement et par les procédés d'extinction les plus efficaces.

» 3º Dans les endroits infectés, ne conserver que les cépages résistants à l'insecte. Pour augmenter la résistance il convient de faire une bonne culture et une fumure abondante. Pour les vignes à planter ne choisir que des espèces reconnues résistantes et planter profondément.

» 4º Dans les régions déjà perdues il faut arracher et bien préparer son terrain ; ensuite, replanter en cépages résistants.

» 5º On doit, sans hésitation, adopter la culture donnant les meilleurs résultats en laissant de côté la pratique habituelle. »

M. Jules Maistre, de Villeneuvette (Hérault), dit que sous le climat du Midi le sulfure de carbone n'est pas suffisant pour sauver la vigne européenne et lui faire produire des récoltes; il en est de même du sulfo-carbonate de potassium.

Pour obtenir un bon résultat, il faut joindre, à un seul traitement par an au sulfo-carbonate, plusieurs arrosages suivant que l'été est plus ou moins sec.

M. Mouillefert nous a dit ce soir que le traitement au sulfo-carbonate exige l'emploi d'engrais chimiques et de cultures très soignées.

Mais s'il ne pleut pas en été, ni les fumures ni les cultures ne peuvent faire pousser des racines nouvelles.

De telle sorte que si le sulfo fait périr le phylloxera, il n'en est pas moins vrai que non seulement des racines nouvelles ne peuvent pas pousser, mais de plus les racines anciennes disparaissent elles-mêmes sous les attaques des insectes qui reviennent en été.

Voici la manière dont nous conseillons d'opérer :

Faire un traitement en mars ou mieux en avril ou mai, qui coûtera 200 fr. par hectare, puis arroser trois ou quatre fois en été et même en automne.

Si on n'agit pas ainsi, il sera nécessaire, sous le climat du Midi de la France, de faire deux traitements coûtant de 450 à 500 fr. et de plus on n'arrivera pas à prendre dans les fonds ordinaires le dessus sur le phylloxera.

Enfin, nous soutenons qu'à Villeneuvette, par l'eau seule, appliquée souvent et en profondeur, nous arrivons à sauver nos vignes, et cela avec une dépense qui ne s'élève pas à plus de 400 fr., tous les frais de fumure, culture et arrosage compris.

Nous prions le Congrès de Bordeaux de vouloir bien envoyer à Villeneuvette une Commission pour examiner les vignes traitées par l'eau.

M. L. ROUSSANNE, chef de division à la mairie de Bordeaux, soumet à l'appréciation du Congrès l'étude suivante, qu'il intitule : *Le phylloxera, les insecticides et l'état physique du sol.*

Dans son discours d'inauguration, M. le Président du Congrès a fait ressortir la divergence des résultats de l'emploi des insecticides, particulièrement du sulfure de carbone. Certains opérateurs ont obtenu un succès complet et persistant, d'autres ont tué instantanément leurs vignes et, entre ces deux extrêmes, le bien et le mal ont été constatés à tous les degrés intermédiaires. La contradiction existe, non seulement entre des opérateurs et des terrains différents, mais elle se produit sur le même sol et dans les mains de la même personne. M. le Président a rappelé l'exemple de ce cultivateur du Midi qui, après avoir complètement restauré ses vignes par un traitement de trois années, a failli, cette année même, éprouver un irréparable échec.

La conclusion à tirer de l'exposé de M. le Président est que ces divergences, pas plus que l'immunité des vignes plantées dans les terrains de sable, ne peuvent être expliquées, dans l'état actuel de la science.

On trouve, dans le rapport si complet, présenté par M. Falières, au nom de la Commission générale des insecticides, les mêmes constatations et les mêmes conclusions : L'emploi du sulfure de carbone donne des résultats différents sur le même sol et dans les mêmes mains, sans que cette différence puisse être expliquée; les terrains de sable sont indemnes.

Les mêmes contradictions résultent de nos observations personnelles. Nous avons vu l'un des membres les plus actifs, les plus intelligents de la Société d'Agriculture tuer instantanément dix ou douze mille pieds de vigne, par une seule injection de sulfure de carbone; nous avons vu d'autres opérateurs obtenir des succès divers, et l'un d'eux qui réunit les connaissances pratiques d'un agriculteur de père en fils à la haute instruction des ingénieurs de l'École centrale, a éprouvé l'accident que nous allons décrire. Cet ingénieur, qui emploie le sulfure de carbone selon les procédés préconisés par la Compagnie Paris-Lyon-Méditerranée, a restauré ses vignes par un traitement de plusieurs années. En 1880, il a fait, dans le courant de l'été, une injection de sulfure de carbone et cela sans accident, jusqu'au moment où, une averse ayant *battu* la surface du sol, les vignes de la dernière pièce traitée ont manifesté les symptômes d'un empoisonnement imminent. Cependant ces vignes ont résisté; mais leur végétation a été suspendue, les sarments ont cessé de s'allonger et cet arrêt a persisté pendant toute la saison. Un phénomène, en apparence contradictoire, s'est produit : le feuillage de la vigne compromise a pris une couleur *vert sombre* tellement intense qu'il faisait tache au milieu du feuillage des autres vignes.

Cette observation et d'autres que nous avons eu occasion de faire nous ont mis sur la voie de l'explication, vainement cherchée jusqu'ici, des divergences plus haut rappelées. Cette explication, nous la trouvons dans les *différents états physiques du sol et des plantes au moment de l'application du sulfure.*

Sol : *Compacité; Plasticité; Imperméabilité.* — Le sol peut être compact et plastique. Il devient alors imperméable aux gaz, et le sulfure de carbone qu'on y injecte s'y trouve emprisonné jusqu'à ce que le sol ait changé d'état. C'est le cas de nos terrains argileux.

Dilatabilité; Contractilité. — Sous l'influence de l'humidité, les sols argileux ont la propriété de dilater, de se gonfler. Ils exercent alors des poussées énormes et de là proviennent les éboulements qui se manifestent dans les talus des tranchées pratiquées dans les terrains de ce genre et quelquefois les catastrophe telles que celle qui vient de frapper un pays voisin et ami.

Fissilité. — Sous l'influence de la sécheresse, les terrains argileux deviennent *fissiles;* c'est-à-dire qu'ils ont la propriété de fissurer, de se fendre en tous sens. L'action de la sécheresse se faisant alors sentir à la surface, c'est là que les fissures commencent et elles vont, de proche en proche, à mesure de l'évaporation qu'elles facilitent, jusqu'à une profondeur qui peut atteindre plusieurs mètres. Injecter le sulfure de carbone dans un terrain ainsi fissuré, c'est-à-dire mis en communication directe avec l'atmosphère par de nombreuses fentes, c'est s'exposer à faire une dépense inutile, à moins que, par un labour superficiel très léger, on n'oblitère l'orifice des fissures.

Fissures; oblitération; avantage; danger. — Cette oblitération, en empêchant la fuite instantanée de la vapeur de sulfure dans l'atmosphère, l'oblige à se diffuser dans le sol et à produire son effet toxique; mais il peut en résulter de graves accidents, si le retrait du sol s'est produit, comme nous l'expliquerons plus tard, autour du système radiculaire de la vigne. A un moment donné, tout ce système peut se trouver enveloppé d'un bain de vapeur de sulfure et subir une asphyxie totale ou partielle. Une pluie *battante* peut produire un effet semblable en *mastiquant,* en quelque sorte, l'orifice superficiel des fissures et en emprisonnant la vapeur de sulfure dans le sol, plus sûrement encore que ne peuvent le faire un labour superficiel ou un binage.

Porosité; perméabilité. — Certains terrains, tels que les *terres franches* et les *sables* sont, en même temps, poreux et perméables. Ils ne sont pas fissiles, mais ils diffèrent d'une manière essentielle, à notre point de vue, en ce sens que la terre franche est susceptible de *tenir en motte,* de garder la forme qu'on lui donne, tandis que le sable n'a pas cette propriété.

Les terrains calcaires de la Gironde sont aussi poreux et perméables, à un degré qui se mesure par la proportion d'argile qu'ils contiennent.

Par leur nature même, les terrains poreux et perméables sont les mieux disposés pour l'emploi du sulfure de carbone, et c'est dans ces terrains qu'on a obtenu et qu'on obtiendra, nous le croyons, les résultats les plus faciles et les meilleurs.

Sable : son immunité. — Nous venons de dire qu'entre les terres franches et les sables, il y avait une différence essentielle en ce que les premières gardent la forme qu'on leur donne; tandis qu'il n'en est pas de même pour le sable. En effet, le sable diffère de tous les autres terrains en ce qu'il n'est ni compact, ni plastique, ni imperméable, ni dilatable, ni contractile, ni fissile. Son caractère propre est d'être *ébouleux,* et c'est là pour nous la cause et l'explication de ce fait, aujourd'hui généralement reconnu, *que le phylloxera est impuissant contre les vignes plantées dans les terrains sablonneux.* Nous croyons pouvoir en faire la démonstration et nous l'essaierons en traitant de l'allure des racines dans les différents terrains.

État du sol; variations. — A moins qu'ils ne soient noyés, les sols perméables le sont toujours; mais il n'en est pas de même des sols argileux qui passent d'une imperméabilité absolue à un état contraire excessif par suite de leur fissilité. Au printemps, au début de la végétation, les terres argileuses, gorgées d'eau, ont éprouvé leur gonflement hygrométrique. Toutes les fissures sont fermées, ainsi que les vides formés par le retrait de la terre autour des racines des plantes. C'est à ce moment que s'exerce cette poussée des terres qui produit les éboulements dont nous avons déjà parlé. Mais le beau temps s'établit, la chaleur solaire exerce son action, une évaporation active dessèche la surface, la rend poreuse, puis fissile. Les fentes, les gerçures se déclarent, facilitent l'évaporation et l'augmentent, en même temps que l'évaporation provoque l'accroissement des fissures. Il y a là une transformation successive et réciproque des causes en effets et des effets en causes, qui conduit nos sols argileux à cet état de perméabilité excessif et cependant imparfait que nous constatons à l'automne et qui persiste jusqu'au moment où les pluies viennent l'humecter, pour le ramener à l'état compact et imperméable du printemps qui a été notre point de départ.

Nous avons dit que la perméabilité estivale des terrains argileux était imparfaite. Ceci a besoin d'être expliqué : les terrains parfaitement perméables dont le type est le sable, le sont dans toutes leurs parties, à un degré à peu près égal. Chaque grain est séparé de ses voisins par des espaces vides et les liquides, ainsi que les gaz, peuvent traverser la masse dans toutes les directions. Il n'en est pas

de même de la terre argileuse : si fissurée qu'elle soit, il reste
toujours entre les fissures des masses plus ou moins volumineuses
qui demeurent imperméables. On pourrait la comparer à une
maçonnerie à pierres sèches. La diffusion des gaz s'y fait par les
joints sans que les moellons qui la composent soient pénétrés. Au
lieu de l'action lente et régulière qui se produit dans les terrains
poreux, on n'obtient qu'une action rapide, incomplète et quelquefois,
trop souvent peut-être, une fuite instantanée des gaz insecticides.
C'est là le grand inconvénient des terrains *fissiles*.

Plantes-Racines : *États successifs des racines*. — Si nous
suivons les changements successifs de l'état des racines pendant le
cycle de l'année, comme nous l'avons fait pour la terre, nous
constatons les phases ci-après :

Prédominance de l'alimentation; pléthore. — Avant le début de la
végétation, les racines de la vigne, comme toutes les autres parties
de la plante, sont gorgées de sève. Si nous faisons une incision dans
une quelconque de ces parties, la sève jaillit en quelque sorte sous
le couteau : *la vigne pleure*. La pression qu'exerce la sève est relativement énorme. Tous les traités élémentaires de botanique ou de
physiologie végétale reproduisent cette expérience d'un des pères
de la science, qui consiste à trancher un cep de vigne, à le coiffer
d'un manchon imperméable et à le mettre en communication avec
un tube barométrique. La pression de la sève chasse le mercure à
un mètre de hauteur, c'est-à-dire qu'elle est équivalente à une fois et
un quart la pression atmosphérique. Si l'on considère que cette
pression s'exerce, de la part des racines contre la terre, en même
temps que la terre, gorgée d'eau, est à son maximum de gonflement
et de pression, on est disposé à admettre cette assertion de divers
observateurs : que le phylloxera des racines est détruit tous les
hivers et qu'il y a réinvasion chaque année. Comment, en effet, le
corps mou et inconsistant de l'aphidien résisterait-il à une pression
qui suffit pour disloquer les rochers et les constructions les plus
solides, lorsque les racines parviennent à s'insinuer dans leurs
joints.

Équilibre; prédominance de l'évaporation. — Quand la végétation
s'établit, l'absorption et l'évaporation des parties aériennes de la
vigne mettent fin à cet état de pléthore. A la prédominance de
l'absorption des racines, succède un état d'équilibre et, plus tard,
la prédominance de l'évaporation. Le sol se desséchant de plus en

plus, sous l'influence des chaleurs de l'été, il arrive un moment où les racines les plus superficielles cessent de pourvoir à l'alimentation de la plante. Les divers étages de racines sont successivement réduits à cet état d'impuissance relative et temporaire, et la vigne n'est plus nourrie que par les racines les plus profondes placées dans une situation ou dans un milieu qui leur permet d'échapper à l'action de la sécheresse.

Ralentissement de la végétation; maturation. — C'est alors que se manifestent les phénomènes de la maturité des fruits et, plus tard, de celle du bois. Tous les viticulteurs les connaissent et nous n'avons pas à nous y arrêter plus longuement.

Racines; relations avec leur gaine de terre. — Il est cependant un de ces phénomènes que nous devons relever, c'est là un des objets principaux de notre travail.

Période de pression. — Nous avons vu qu'au printemps et pendant une partie de l'hiver, les racines, gorgées de sève, remplissent leur *gaine* de terre; nous avons vu également que la terre, saturée d'eau, était à son maximum de dilatation. Nous avons vu qu'au début de la végétation, la terre d'une part et les racines de l'autre exercent mutuellement et réciproquement une pression et nous avons pu, même, nous faire une idée de la mesure de cette pression. Dans son action, il s'établit un contact étroit, intime, et nous avons pressenti que le phylloxera souterrain pouvait être anéanti par la puissance de cette presse hydraulique. Mais sous l'action simultanée et concomitante de la végétation d'une part et du retrait de la terre de l'autre, les racines se dégonflent, leur gaîne de terre tend à s'élargir.

Période de contact. — A ce moment, la pression cesse, il y a seulement contact entre les racines et leur gaîne de terre.

Cette période, de très courte durée, atteint les différentes parties des racines, graduellement, successivement, à commencer par les parties les plus élevées, selon leur situation en profondeur, au fur et à mesure de la diminution de l'humidité du sol et du retrait qui en résulte.

Période de non-contact. — Elle est suivie de la période de *non-contact*, pendant laquelle la continuation de l'amincissement des racines et du retrait de leur gaîne de terre, détermine la formation d'un *vide* entre les deux. A la fin de la saison, ce vide est assez large pour permettre que l'on imprime à la racine qu'il contient, des mouvements sensibles. Nous l'avons vérifié dans des terres

suffisamment durcies pour que la possibilité du mouvement ne
pût être attribuée à une déformation de la gaîne, provenant
du mouvement lui-même. Du reste, nous avons plusieurs fois
constaté que l'écorce brune des petites racines adhérait à la gaîne,
tandis que la racine elle-même, de couleur claire, était libre dans
sa propre écorce.

Vide péri-radiculaire. — Ce vide péri-radiculaire constitue le
réseau des *grandes routes du phylloxera.* C'est par là que les pucerons
rassemblés l'hiver au collet des souches, se répandent au printemps, descendant le long des racines au fur et à mesure que le
chemin est ouvert; c'est par là que les sujets provenant de l'œuf
d'hiver peuvent rejoindre les racines; c'est par là enfin que le
phylloxera gallicole peut ajouter ses contingents aux légions de ses
congénères. Ce vide péri-radiculaire mérite donc bien cette qualifi-
cation de grande route du phylloxera. Partout où il peut se
produire, le phylloxera domine; là où il n'est pas possible, le phylloxera est impuissant.

Immunité des sables. — En cela réside la cause de l'immunité
des vignes plantées dans les terrains sablonneux. En étudiant
la nature et les allures des divers terrains, nous avons constaté
que le sable différait de tous les autres en ce qu'il était toujours
meuble et *ébouleux.* Alors que les argiles et même les terres franches
se moulent sur les racines et en gardent l'empreinte, le sable
suit les racines dans leurs évolutions. Il se foule pour leur faire
place quand elles gonflent; mais il retombe à mesure qu'elles
diminuent, de sorte que, dans le sable, le *vide péri-radiculaire*
ne peut se produire. La terre, exempte de fissures, reste impéné-
trable au phylloxera, contre lequel la vigne se trouve garantie de
la manière la plus efficace.

Immunité des vignes chaussées de sable. — Nous n'hésitons pas à
attribuer cette propriété du sable, reconnue par tous les observateurs, à sa *mobilité*, qui empêche la formation du *vide péri-radiculaire.*
Si quelque doute pouvait s'élever à ce sujet, il nous suffirait de
rappeler le succès obtenu par un propriétaire de la Camargue,
qui a sauvé ses vignes en enlevant la terre autour des ceps, de
manière à former une cuvette, et en les rechaussant avec du sable
maigre et coulant. Ici encore la *mobilité* du sable a empêché,
au moins à la surface, la formation du *vide péri-radiculaire* et la
vigne a été préservée.

Immunité des vignes dans les cours pavées. — L'explication de cette immunité est la même : Le *vide péri-radiculaire* ne peut se former, au moins à la surface, et, le phylloxera ne pouvant arriver jusqu'aux racines, la vigne se trouve préservée.

Nous croyons avoir établi l'importance du rôle du *vide péri-radiculaire* que nous n'avons pas craint de qualifier de *grande route du phylloxera*. Cette étude ne serait pas complète si nous ne traitions des relations entre ce vide et les fissures du sol et de leur influence sur la différence de l'action des insecticides.

Les fissures et les racines. — Les racines de la vigne, pour se développer, empruntent volontiers les fissures du sol. Dans nos vignobles rocheux, les éboulements ou l'exploitation des pierres nous montrent leurs fissures pleines de racines et de radicelles. Il en est de même dans les sols non rocheux mais fissiles. Nous avons eu bien souvent l'occasion de le constater; mais nous avons pu nous rendre compte des relations entre les fissures et les racines et réciproquement, de la manière la plus nette, dans les circonstances que nous allons citer.

A Fargues de Créon, sur nos coteaux de l'Entre-deux-Mers, dans la propriété de cet agriculteur-ingénieur dont nous avons parlé à propos de l'emploi du sulfure de carbone, le penchant d'un coteau est formé d'un sable très fin agglutiné par quelques centièmes d'argile jaune. Cet amas est exploité comme sable à bâtir. La petite proportion d'argile que contient ce sable lui donne assez de consistance pour qu'il se maintienne sur les parois verticales de la fouille dont la profondeur atteint sept à huit mètres. Il a toutes les allures d'une roche cristalline; c'est-à-dire qu'il est divisé, par des fissures sensiblement régulières, verticales, en prismes qui affectent des angles uniformes.

A mesure que l'exploitation ou les intempéries font ébouler les parois de la fouille, l'éboulement qui a toujours lieu selon les failles ou les fissures dont le terrain, éminemment fissile, est pénétré, met à découvert de nouvelles parois, tapissées des *arborisations*, souvent très étendues, formées *dans les fissures* par les racines et les radicelles de la vigne dont le terrain est complanté. On y suit facilement les diverses périodes de la progression des racines. C'est d'abord la racine d'hiver, peu divisée, dont les divisions prennent une direction quelconque. Elle s'est développée dans un sol uniforme, dont les fissures ont disparu par suite du gonflement hivernal; puis la racine du printemps, à peu près semblable mais plus divisée; enfin la racine d'été qui affecte la forme d'une *arborisation plate, en éventail, semblable à celle des plantes conservées dans un herbier.* Ce changement est dû à la formation des *fissures,* sous l'influence de l'évaporation du sol et de l'aspiration des racines. Là où une fissure doit se former, il y a nécessairement une diminution de la cohésion de la terre, une félure, qui détermine les radicelles nouvelles à s'y établir à cause de la moindre résistance. L'absorption de ces radicelles diminuant le degré d'humidité, sollicite la félure à se changer en fissure, et ainsi, de proche en proche, l'allongement des racines provoque celui des fissures et réciproquement, jusqu'à ce que l'épuisement de l'humidité détermine la suspension de la végétation.

Dans les terrains fissiles, il arrive donc un moment où le vide péri-radiculaire se transforme en fissure et peut se trouver en communication directe avec tout ou partie du réseau de fissures environnant. Si l'on considère que chaque petite racine peut se terminer par cet éventail de radicelles, logées dans une fissure et que toutes ces fissures peuvent se trouver en relation, soit directement par leurs communications propres, soit par l'intermédiaire du canal péri-radiculaire des grosses racines, on comprend qu'une action quelconque, une émanation gazeuse, par exemple, exercée dans une fissure, se fasse sentir dans toutes les fissures d'un certain rayon, affecte toutes les radicelles établies dans ces fissures et détermine l'asphyxie instantanée de la vigne.

Ces changements successifs dans l'état du sol et dans les relations du sol avec les racines nous paraissent pouvoir fournir l'explication des différences constatées dans les résultats de l'emploi des insecticides et particulièrement du sulfure de carbone. Nous pensons qu'en tenant compte, mieux qu'on ne l'a fait jusqu'ici, de l'*état physique du sol,* on évitera les mécomptes inexpliqués et qu'on assurera un succès plus constant de ces opérations coûteuses.

CONCLUSION. — Nous n'avons pas de conclusions à poser ; nous nous bornons à appeler l'attention des intéressés sur une donnée très importante méconnue ou négligée du problème de la préservation ou de la guérison des vignes. Nous nous estimerons heureux si, en provoquant de nouvelles investigations dans une voie inexplorée, nous pouvons contribuer à la réalisation du but du Congrès : *Le salut de nos vignobles.*

La séance est levée à onze heures.

A. VÈNE,

Secrétaire de la Commission des Vignes à la Société
d'Agriculture de la Gironde.

Procès-verbal de la séance du mercredi 12 octobre 1881 (matin).

M. Léon GACHASSIN-LAFITE est appelé à la tribune pour rendre compte des travaux de la Commission des vignes américaines, dont il a été le secrétaire rapporteur.

Notre mission, dit-il, n'eût pu être remplie avant l'ouverture de ce Congrès, si nous avions visité toutes les cultures importantes de vignes américaines qui ont été signalées à l'attention de la Commission. Les cépages américains, en effet, dont la valeur comme producteurs directs ou comme porte-greffes résistant au phylloxera a été l'objet de tant de controverses et de suspicions, se rencontrent aujourd'hui un peu partout, même dans les milieux d'où les excluaient les mesures administratives. Après les années d'épreuves, même de persécutions, elles s'approchent du jour du triomphe. Aussi, émet-il le vœu que la Commission supérieure du phylloxera qui a été un peu sévère, peut-être même exclusive à l'endroit des vignes américaines, veuille bien lui réserver une part des faveurs qu'elle prodigue aux insecticides.

Les visites de la Commission ont compris deux régions, le Midi et la Gironde.

Elle a commencé son voyage d'études par les départements du Midi, où elle savait trouver les champs d'expériences les plus vastes, les plus nombreux, les éléments d'instruction les plus divers, les plus complets. Elle n'a pas été trompée dans ses espérances, car elle a rencontré partout dans le Midi des renseignements intéressants et l'accueil le plus obligeant. Cependant elle se montrerait ingrate envers un des viticulteurs girondins les plus méritants dans la question, si elle ne rappelait pas que le premier signal de la résistance des vignes américaines, le premier cri d'espérance a été poussé ici, dans la Gironde, par M. Laliman.

M. Gachassin-Lafite poursuit l'exposé de son rapport. Il fait connaître les vignobles qui ont été, dans le Midi et dans la Gironde, les champs d'étude de la Commission. Il indique les cépages qui prospèrent dans l'une et l'autre région, comme producteurs directs ou comme porte-greffes ; il étudie les divers greffages et termine par la lecture des conclusions de la Commission dont il a été l'éloquent rapporteur.

M. Gaston BAZILLE prend la parole en ces termes :

« MESSIEURS,

» L'honorable rapporteur de la Commission des vignes américaines, M. Gachassin-Lafite, vient de dresser un acte d'accusation véritable contre la Commission supérieure du Phylloxera; qu'il me permette de le lui dire, il a été bien sévère.

» J'ai l'honneur de faire partie de la Commission supérieure, et je dois protester contre des reproches qui me paraissent injustes. La majorité de la Commission est peu sympathique, il est vrai, aux cépages américains, elle se montre assez difficile pour en permettre l'introduction dans les départements qui ne les cultivent pas encore, mais on ne peut blâmer cet excès de prudence. Quelques mois de retard ne peuvent causer un bien grand préjudice aux intéressés; il ne faut pas qu'on puisse jamais accuser une commission officielle d'avoir, par défaut de surveillance, laissé pénétrer le phylloxera dans des vignobles qui n'étaient pas encore attaqués.

» Toutes les fois, d'ailleurs, qu'un Comice agricole d'un département et le Conseil général, bien mieux placés pour apprécier les circonstances locales que la Commission supérieure qui siège à Paris, demandent l'autorisation de planter des vignes américaines, cette autorisation ne se fait pas attendre.

» On m'a demandé à plusieurs reprises, depuis l'ouverture du Congrès, à quel moment on pouvait, sans danger, introduire dans un de nos départements viticoles les cépages américains. Il est assez difficile de prononcer *à priori*.

» Il serait évidemment dangereux d'introduire dans une région encore indemne des plants américains racinés, qui pourraient porter sur leurs racines des phylloxeras adultes ou des œufs; mais l'introduction des simples sarments me paraît à peu près inoffensive; nous n'avons jamais vu, en hiver, de phylloxera sur les sarments. Par excès de précaution, je pense néanmoins qu'on doit empêcher l'apport même des sarments dans un vignoble non encore envahi. Mais quand une fois les points d'attaque sont nombreux, quand les vignes phylloxérées d'un arrondissement se comptent par centaines d'hectares, il n'y a plus aucun inconvénient à laisser les portes grandes ouvertes. Les plants américains ne créent pas le phylloxera de toute pièce, et les simples boutures dont les racines pourraient plus tard être piquées, n'ont pas la singulière propriété d'introduire dans une région un insecte qu'elles ne portent pas avec elles.

» Nous savons que les lapins aiment beaucoup les choux ; cependant, quand un jardinier plante un carré de choux dans son jardin, si ces choux sont plus tard mangés par des lapins, certainement ces lapins sont venus du dehors et n'avaient pas été apportés par le jardinier en même temps que ses choux. Il n'en est pas autrement pour le phylloxera. Voilà ma réponse aux demandes qui m'ont été adressées.

» Messieurs, ce n'est pas la première fois que des viticulteurs se réunissent à Bordeaux pour étudier la question qui nous préoccupe si fort aujourd'hui. Déjà, en juillet 1869, il y a douze ans, une Commission nombreuse déléguée par la Société des Agriculteurs de France, dont je suis heureux de voir sûr cette estrade l'honorable président, M. le marquis de Dampierre, vint à Bordeaux sous la présidence de M. le vicomte de La Loyère ; beaucoup de ceux qui composaient alors cette commission sont encore aujourd'hui dans cette enceinte : MM. de La Vergne, Cazalis, Lichtenstein, Marès, Planchon, Vialla, moi-même ; nous n'avons point oublié l'accueil si cordial qui nous fut fait alors par la Société d'Agriculture de la Gironde, notre réception au château de Cantemerle et chez M. Meller ; aujourd'hui nous retrouvons les mêmes sympathies, le même accueil affectueux. Il en est toujours ainsi dans votre charmante ville.

» En 1869, on ne savait pas encore grand'chose sur le phylloxera, votre belle région était à peine contaminée ; nous vîmes cependant l'insecte dans l'enclos de M. le docteur Chaigneau à La Bastide ; nos recherches dans les palus de Ludon et dans les vignes du Médoc, à Cantemerle, furent, très heureusement, absolument infructueuses.

» Les travaux de la Commission ne restèrent cependant pas sans résultat : M. le baron Thénard fit les premiers essais avec le sulfure de carbone, et le rapport si complet de M. Vialla exposa tout ce qu'on avait appris jusqu'à ce moment sur la nouvelle maladie. On trouve même dans ce rapport cette idée que j'avais émise, sans pouvoir encore l'appuyer sur des faits, qu'il serait possible vraisemblablement de sauver nos vieilles vignes, en les greffant sur des sujets à l'abri du phylloxera et pris comme la vigne vierge, par exemple, dans la famille des Ampélidées ou des Cissus. Nous ne connaissions pas encore l'immunité des cépages du Nouveau-Monde. Elle nous fut indiquée quelques mois plus tard au Congrès de Beaune par votre compatriote M. Laliman, qui est bien, sans conteste, le premier en France à avoir parlé de la résistance des cépages américains.

» Depuis lors, que de désastres, que de ruines accumulées ! Le phylloxera, auquel on croyait à peine en 1869, a envahi tous les vignobles des Alpes à l'Océan, et à peu près en entier aussi de la Méditerranée à la Loire. Un rapport officiel présenté en décembre 1880 à la Commission supérieure, par l'honorable M. Tisserand, directeur général du ministère de l'agriculture, constate que 500,000 hect. de vignes sont complètement détruits par le phylloxera et 500,000 plus ou moins fortement atteints; c'est à très peu près la moitié du vignoble français. La production moyenne du vin en France est tombée de 60 millions d'hectolitres à moins de 30 millions.

» Les vignobles étrangers ont moins de mal que les nôtres, mais ils sont presque tous envahis. L'Espagne et le Portugal ont un mal déjà sérieux; l'Italie a des points d'attaque au nord et au midi; la Sicile est surtout gravement atteinte; l'Autriche-Hongrie compte plusieurs milliers d'hectares détruits. En Suisse, en Allemagne, on lutte non sans succès contre le phylloxera, que l'on retrouve encore jusqu'à Chypre et en Crimée.

» Nous n'avons certes pas à nous réjouir ou à prendre notre mal plus en patience, en songeant que nous ne sommes pas seuls à souffrir. Aujourd'hui, toutes les nations sont solidaires; les souffrances des unes se font sentir chez les autres; et nous sommes bien heureux, dans les années de pénurie, que les produits étrangers puissent entrer chez nous sans rencontrer des barrières infranchissables.

» On dit parfois que cette question du phylloxera est très obscure; elle ne m'a jamais paru telle; quand on n'a pas pris une fausse piste, quand on a reconnu, ce qui est la vérité, que le phylloxera est bien la seule et unique cause du mal, tout est simple et très clair.

» Détruisons le phylloxera si nous le pouvons, ou faisons vivre nos vignes malgré lui : voilà tout le secret.

» La submersion, partout où elle est possible, donne de bons résultats; il en est de même de la plantation de nos anciens cépages dans les sols franchement sablonneux, surtout s'ils sont frais : voilà deux points hors de contestation; inutile d'insister.

» Ce ne sont malheureusement que des exceptions; pour l'ensemble de nos vignobles nous devons recourir aux insecticides ou à la plantation des cépages américains résistants.

» Après des milliers d'expériences restées sans résultat, après des essais infructueux des procédés les plus baroques nés des imaginations surexcitées par l'appât d'une prime de 300,000 fr., il ne reste vraiment de sérieux, en fait d'insecticides, que le sulfure de carbone et le sulfo-carbonate de potasse. C'est à M. le baron Thénard que revient l'honneur, ainsi que je l'ai dit, d'avoir fait le premier, aux

portes de Bordeaux, une expérience avec le sulfure de carbone. Les
doses trop fortes, employées d'une façon quelque peu primitive,
avaient fait le plus grand mal à la vigne ; les essais furent abandonnés pendant plusieurs années. Ils avaient été presque oubliés,
quand ils furent repris en juillet 1873, près de Montpellier, par
MM. Monestier, Lieutaud et d'Ortoman ; plus tard, sous l'impulsion
de l'éminent directeur de la Compagnie Paris-Lyon-Méditerranée,
M. Talabot, le sulfure fut étudié à nouveau et employé par
MM. Marion, Crolas, Gastine, Catta, etc., avec des instruments plus
perfectionnés. Le sulfo-carbonate, qui exige malheureusement
l'emploi d'une grande quantité d'eau, fut indiqué par M. Dumas,
l'illustre secrétaire perpétuel de l'Académie des Sciences.

» Les plants américains, dont la résistance au phylloxera se
confirmait de plus en plus d'une année à l'autre, eurent aussi des
adeptes convaincus ; savants et praticiens étaient d'accord pour les
recommander. Nous avons donc à l'heure actuelle deux écoles en
présence : les sulfuristes et les partisans des vignes américaines ; je
suis de ces derniers et depuis longtemps déjà.

» Ne croyez pas cependant, Messieurs, que je vienne ici élever
autel contre autel, et proscrire les sulfures au nom des cépages
américains. Non certes, nous n'avons pas trop de deux moyens pour
défendre ou refaire nos vignes ; il n'y a pas en présence deux camps
ennemis, mais des deux côtés des hommes animés des meilleures
intentions, et qui n'ont qu'un seul but : empêcher la ruine de nos
vignerons. La conciliation, vous le voyez, est bien facile.

» J'accepte pleinement comme exactes, comme étant le résultat des
recherches les plus consciencieuses, les conclusions de la Commission
bordelaise des insecticides. Oui, le sulfure, le sulfo-carbonate, ont
remis la vigne en bon état et ont assuré de belles récoltes aux
propriétaires qui les ont employés avec intelligence. Mais ici,
comme pour la submersion, et de l'aveu même de la Commission
dont M. Falières a été l'habile rapporteur, les circonstances dans
lesquelles le sulfure peut être employé avec succès, sont tout à fait
exceptionnelles.

« Il ne faudrait pas tenter l'emploi du sulfure dans les terres
» pauvres, calcaires, superficielles.... l'assistance régulière au moyen
» d'engrais est un complément indispensable des traitements insec-
» ticides, même dans les terres fertiles par elles-mêmes.

» La période de régénération dure en moyenne trois années pour
» les vignes fortement attaquées, le traitement insecticide doit être

» répété tous les ans. » Telles sont textuellement quelques-unes des conclusions de la Commission.

» D'après M. Falières, l'honorable rapporteur, la dépense en insecticides, main-d'œuvre et engrais varie, suivant les circonstances, de 300 à 1,000 fr. par hectare.

» Il est inutile d'insister; ces quelques lignes suffisent parfaitement pour constater que dans la très grande majorité des sols et des conditions où la vigne est cultivée, il est impossible d'employer les sulfures et qu'il faut forcément recourir à la vigne américaine.

» La séparation se fait par la force des choses; ira-t-on sulfurer les vignes dans les terrains calcaires et si peu profonds pour la plupart des deux Charentes? Les coteaux du Lot-et-Garonne, du Tarn-et-Garonne, toutes les vignes à petite production pourront-elles supporter des dépenses aussi fortes? Proposerait-on sérieusement de replanter 500,000 hectares de vignes déjà détruits par le phylloxera, avec la perspective de sulfurer à perpétuité? Les engrais, la main-d'œuvre nous manqueraient à coup sûr, pour une pareille entreprise.

» La Commission, avec raison, n'a pas caché les échecs, les insuccès possibles. Chacun sait que l'hiver dernier, à Béziers notamment, des vignes ont beaucoup souffert après les applications de sulfure. La Commission dit que ces accidents paraissent avoir pour cause une imbibition excessive, par les eaux pluviales, des terrains fortement argileux, pendant la période des applications, ou *immédiatement après*.

» Ces derniers mots sont bien faits pour inspirer aux propriétaires de vives appréhensions. On peut bien attendre pour employer les sulfures que le sol humide soit ressuyé, mais qui donc peut empêcher la pluie de mouiller fortement le sol, le lendemain de l'opération? Il y a là de terribles dangers; on comprend que les vignerons ne s'y exposent pas de gaîté de cœur, surtout quand ils ont sous la main un moyen bien plus simple, plus pratique, moins coûteux : la plantation et le greffage des vignes américaines.

» Il est un autre point où je m'associe entièrement aux conclusions de la Commission, c'est lorsqu'elle dit que dans l'état d'envahissement général du vignoble français, les traitements dits *d'extinction* sont presque toujours mortels à la plante et n'empêchent pas la propagation du fléau.

» J'ai plusieurs fois soutenu cette thèse au sein de la Commission supérieure; je comprends que l'administration ne veuille pas rester les bras croisés en présence du mal qui grandit d'une année à l'autre; j'ai voté les crédits qu'on nous a demandés, mais je ne me fais aucune illusion; je crains, au contraire, qu'on ne s'en fasse beaucoup trop dans les sphères officielles.

» L'exemple de Prégny aux portes de Genève est souvent cité. Il est vrai que sur ce point, par des traitements énergiques et fort coûteux, on a pu enrayer le mal sinon l'éteindre. Une surveillance incessante n'empêche cependant pas les taches détruites de se reproduire sur d'autres points.

» Mais à Prégny la vigne, envahie par l'imprudence d'un jardinier qui avait importé en Suisse quelques ceps pris dans des serres en Angleterre, était isolée, loin de toute autre région contaminée; on pouvait dire : morte la bête, mort le venin.

» Mais en France où trouver des conditions aussi favorables? Nulle part; ainsi dans l'Aude, dans les Pyrénées-Orientales, à l'Ile d'Oléron, non loin des parcelles les premières envahies et traitées énergiquement, se trouvent d'immenses foyers d'infection, dont les essaimages répandent partout des millions d'insectes ailés. C'est une véritable armée en marche, lançant au loin ses éclaireurs et son avant-garde. On a beau en détruire, il en reste à peu près autant, et la tache d'huile s'agrandit quoi qu'on fasse.

» Ceci n'est point de la théorie; malgré les affirmations souvent trop optimistes des comités de vigilance, des délégués régionaux, nul n'ignore qu'à l'heure actuelle le département des Pyrénées-Orientales est partout envahi. Dans l'Aude, je fais appel aux viti-culteurs du département qui peuvent se trouver dans cette enceinte, il n'est peut-être plus une commune de l'arrondissement de Narbonne qui ne soit plus ou moins atteinte. On peut avec raison redouter un désastre à bref délai.

» On avait aussi espéré éteindre la tache de Chézel dans le Puy-de-Dôme; insignifiante dans le principe, quand on a voulu y regar-der de près, on a trouvé plus de 35 hectares envahis. Il en est ainsi partout, nous sommes débordés.

» Qu'on ne se fasse donc plus d'illusions; il n'est pas plus possible en France de détruire tous les phylloxeras, qu'il ne serait possible de détruire les mouches.

» L'administration supérieure accorde de larges subventions aux syndicats qui se forment de divers côtés pour traiter leurs vignes par les insecticides; je ne blâme pas ces encouragements; j'ai voté les crédits, je les voterai encore s'il y a lieu. Je ne puis cependant m'empêcher de regretter que presque toutes les faveurs aillent d'un côté et bien peu de l'autre.

» Les propriétaires qui veulent reconstituer leurs vignes au moyen de cépages américains, agissent à leurs risques et périls, et à leurs frais. D'humbles vignerons à peu près ruinés par le phylloxera, et à qui manque souvent la première mise de fonds pour se procurer quelques centaines de sarments des variétés les plus résistantes ne touchent pas un centime de l'État et ne voient pas sans étonnement subventionner seuls les syndicats formés pour l'emploi du sulfure. De grands propriétaires bien avisés, récoltant encore pour cent ou deux cent mille francs de vin, forment entre eux un syndicat, profitent ainsi du bénéfice de la loi, et touchent pour leur part des indemnités de plusieurs milliers de francs.

» On peut désirer que la balance soit tenue d'une main plus égale.

» L'administration paraît compter pour enrayer le mal sur la destruction de l'œuf d'hiver du phylloxera; sur ce point encore, je crains qu'on se fasse d'étranges illusions. Certes la découverte de l'œuf d'hiver est d'un haut intérêt scientifique; elle fait honneur à M. Boiteau; elle est d'une importance capitale pour l'étude biologique de l'insecte. J'admire comme tout le monde les travaux de MM. Balbiani, Lichtenstein, Planchon, Valéry-Mayet, mais dans la pratique la découverte de l'œuf d'hiver est loin d'avoir la même importance.

» En voici, ce me semble, une preuve certaine : avant que le phylloxera ne vînt ruiner le Bas-Languedoc, nos vignes étaient souvent attaquées par la pyrale.

» Nous nous défendions de plusieurs manières.

» L'ébouillantage des souches, indiqué il y a près d'un demi-siècle, par Raclet, l'intelligent vigneron du Beaujolais, nous rendait de précieux services, mais ne réussissait pas toujours. Ce sont des femmes ou des jeunes filles payées à la journée, qui vont, armées d'une cafetière en fer blanc à long goulot, prendre l'eau bouillante aux petites chaudières ambulantes.

» Certains esprits mal faits assurent que les jeunes femmes, peut-être aussi les plus âgées, causent volontiers entre elles; l'habitude n'était pas toujours perdue; par fois l'eau bouillante de la chaudière, gardée trop longtemps dans la cafetière, dans les moments où la conversation était le plus animée, n'avait plus la chaleur suffisante quand elle était versée sur la souche. La petite chenille en était quitte pour un bain inoffensif.

» Nous avons alors brûlé du soufre dans une cloche en zinc ou en bois recouvrant nos souches, assez basses, vous le savez ; d'autres, et je suis du nombre, ont eu aussi recours au badigeonnage des tiges, avec divers liquides insecticides.

» Grâce à l'emploi de ces divers moyens, nous nous débarrassions assez bien des pyrales, et sauvions nos récoltes. Le phylloxera arrive et avec lui l'œuf d'hiver, les traitements sont continués, la pyrale est toujours détruite, mais ni l'eau bouillante, ni les vapeurs sulfureuses, ni le badigeonnage n'ont de prise sur l'œuf d'hiver ; le phylloxera se reproduit par millions, et nos vignes périssent. Que pourrait-on tenter de plus ?

» Je tiens de l'honorable M. Bender, président de la Société d'Agriculture du Rhône, que des faits absolument pareils à ceux que je viens d'avoir l'honneur de vous exposer, se sont passés dans le Beaujolais.

» Voilà bien des mécomptes, bien des déboires ! Serons-nous donc réduits à voir sur nos sols pierreux, secs, peu profonds ou peu fertiles, disparaître à jamais nos vignes, et assisterons-nous sans nous défendre, le front baissé et l'angoisse au cœur, à notre ruine imminente ? Non, certes, et c'est précisément dans ces tristes circonstances que les cépages américains nous apporteront l'espoir et le salut !

» Quand je suis amené, comme aujourd'hui, à parler des cépages américains, j'éprouve toujours certains scrupules qui m'empêchent d'insister, autant qu'il faudrait le faire peut-être, sur les avantages que présentent ces plants. J'ai compris de bonne heure les difficultés de la lutte par les insecticides. J'ai planté des sarments américains il y a plus de dix ans. En juin 1871, dans un article publié par le *Messager agricole,* si bien dirigé par le docteur Frédéric Cazalis, je conseillais d'arracher les souches de nos vignes dès qu'elles seraient très affaiblies par le phylloxera, pour les remplacer par des plants américains qui seraient ensuite greffés avec nos vieilles espèces si précieuses.

» Cela se fait sur bien des points aujourd'hui ; en 1871, l'idée parut si étrange que divers viticulteurs, qui ont à peu près déjà reconstitué leurs vignobles en employant le moyen que j'indiquai, m'ont avoué qu'ils m'ont cru un moment frappé d'aliénation mentale.

» Bref, j'ai planté des vignes américaines depuis longtemps ; la multiplication est rapide, j'ai eu bientôt plus de plants que je ne pouvais en employer dans mes propres cultures, et, tranchons le mot, je suis un vendeur de plants. Je n'en rougis pas à coup sûr; je me trouve en bonne compagnie, mais je crains toujours qu'on ne m'accuse de prêcher pour ma paroisse, et d'imiter M. Josse, l'orfèvre de Molière.

» Les vendeurs de plants doivent observer une grande réserve et ne pas escompter l'avenir, il faut laisser au temps le soin de résoudre les questions indécises. C'est ce que je fais; je vois sur divers points des plants américains prospères depuis dix-huit et vingt ans; j'en possède en grande culture de très vigoureux depuis huit ou dix ans; chaque année qui s'écoule accroît ma confiance, mais je ne voudrais cependant pas affirmer d'une manière trop absolue la résistance indéfinie des vignes américaines. On me demande assez souvent: Qu'arrivera-t-il dans trente ans? Je réponds nettement que je n'en sais rien; mais le présent est assez beau, les vignes américaines se comportent si bien jusqu'ici, que je me préoccupe assez peu d'un avenir aussi éloigné.

» Tout vendeur de plants que je suis, cela ne m'empêche pas de greffer des américains sur une vaste échelle; depuis deux ans, j'ai greffé plus de 80,000 jeunes tiges, et au printemps prochain, je compte bien en greffer près de cent mille.

» Je ne puis vous parler ici en détail de tous les plants américains que nous cultivons et étudions depuis dix ans; je reste dans les grandes lignes.

» Comme production directe dans le Midi, que j'habite, nous n'avons guère cultivé en grand que le *Jacquez* et l'*Herbemont*, surtout le *Jacquez* qui donne un vin très noir, très alcoolique même dans les sols fertiles; je l'ai appelé le Roussillon de la plaine. Sur les terres sèches il pousse vigoureusement, mais ses grains petits, à peau épaisse, donnent peu de jus.

» Le *Cunningham*, le *Black-July* fournissent comme le *Jacquez* et l'*Herbemont* des vins alcooliques exempts du goût foxé; mais la maturité tardive du premier, le peu de produits du second, se sont opposés à l'extension de leur culture. Dans le Midi, le *Jacquez* prime tout.

» Des semis de divers cépages américains, surtout du semis d'*Æstivalis* ont été faits par plusieurs viticulteurs; je suis du nombre. Nous arriverons peut-être ainsi à obtenir quelque variété précieuse; il y a déjà des réussites encourageantes.

» Comme porte-greffes, après bien des essais, des tâtonnements,

l'expérience nous a indiqué aujourd'hui quels sont, pour le Midi
du moins, les plants que nous devons préférer.

» Si vous me permettez de vous parler de ma pratique personnelle, j'emploie comme porte-greffes les quatre plants suivants :
Riparia, Solonis, York's-Madeira, Vialla; je crois ces quatre variétés
très résistantes, appropriées à la plupart des sols; je n'en aurais
qu'une seule à ma disposition, je n'hésiterais pas à l'employer partout. Pouvant choisir et utiliser chacun de ces quatre cépages
suivant les circonstances, je préfère le *Solonis* pour les terrains frais,
humides, exposés à garder l'eau en hiver; il s'accommode même
des sols un peu salés sur le bord des étangs; le *York's-Madeira,* au
contraire, doit se placer dans les terrains les plus secs, les plus
arides; évidemment, il n'y acquerra pas de très grandes dimensions,
mais c'est en somme celui qui se comporte le mieux dans ces circonstances défavorables. Je plante le *Riparia,* surtout la variété de
las Sorres, et le *Vialla,* dans les terres moyennes, ils y acquièrent
une admirable vigueur.

» C'est, à mon avis, principalement comme porte-greffes que les
cépages américains doivent jouer un rôle utile, surtout dans les
régions à vins fins.

» La Gironde doit à tout prix conserver ses *Cabernets,* la Bourgogne le *Pinot,* les côtes du Rhône la *Petite-Syrha;* chaque région
doit produire les vins qui ont fait sa réputation et sa richesse. Le
greffage nous permettra de conserver nos anciens cépages si
précieux. Le greffage est aujourd'hui une question à l'ordre du
jour; partout on en comprend l'importance; les si intéressantes
publications de Mme Ponsot, de MM. Champin, Baltet, d'autres que
j'oublie peut-être, sont la preuve de cette préoccupation des viticulteurs.

» On n'est pas encore entièrement d'accord sur le meilleur
système à suivre. Faut-il mettre en place, en grande culture, le
sarment américain et le greffer après un ou deux ans de plantation?
Doit-on adopter la greffe-bouture, ou greffer sur table des plants qui
ne seront définitivement mis en place qu'après une nouvelle année
de pépinière?

» La greffe-bouture n'a pas répondu aux espérances qu'elle avait
fait d'abord concevoir; on l'a assez généralement abandonnée.
Quant aux autres systèmes, ils ont chacun des partisans; je ne me
charge pas de prononcer.

» Je dirai seulement que dans ma pratique je mets en place des plants racinés et que je les greffe l'année suivante; ce système m'a donné de bons résultats, c'est, à mon avis, celui qui permet la reconstitution la plus rapide du vignoble. Je puis vous en donner un exemple : en décembre 1879, j'ai arraché des vignes très attaquées par le phylloxera; après un défoncement à la charrue et une fumure, j'ai replanté en américains, trois mois après, en mars 1880. C'est une opération critiquable, j'en conviens, au point de vue théorique. Il eût mieux valu semer en luzerne ou en sainfoin, et ne revenir à la vigne que plus tard; mais sous notre climat si sec, si brûlant de l'Hérault, la production des fourrages ou des céréales est bien précaire. On peut dire à bon droit dans notre région : Hors de la vigne, point de salut !

» J'ai donc replanté trois mois après l'arrachage, en mars 1880; cette année, au mois d'avril 1881, j'ai greffé ces jeunes tiges américaines d'un an; l'opération a généralement bien réussi; les sarments ont tous au moins un mètre de long et souvent deux mètres. Il y avait même par ci par là quelques grappes. La première année, la greffe ne donne guère que du bois; mais l'année suivante on a une récolte pleine ou peu s'en faut. Je suis à peu près certain d'avoir en septembre 1882, sur mes vignes greffées, cent hectolitres à l'hectare. Vous le voyez, Messieurs, en moins de trois ans, on peut par la plantation et le greffage des plants américains avoir des vignes entièrement reconstituées et en plein produit; on n'a perdu que deux récoltes.

» Il n'y a plus dès lors qu'à cultiver les vignes greffées, comme nous cultivons les anciennes; pas de soins exceptionnels, pas de travaux minutieux et chers, auxquels sont astreints à *perpétuité* les vignerons qui emploient les sulfures. La fumure annuelle si coûteuse n'est plus une nécessité; nous fumons quand nous voulons, ou plutôt quand nous pouvons.

» Pour un esprit non prévenu, le parallèle à coup sûr est entièrement en faveur des vignes reconstituées à l'aide des cépages américains.

» Quelle est la greffe que nous devons employer? A mon avis, la plus simple, la plus facile : la vieille greffe en fente. Ne troublons pas l'esprit du vigneron, ne l'effrayons pas, en lui proposant ou lui indiquant tout au moins une foule de greffes nouvelles, plus ou moins ingénieuses, mais au milieu desquelles il ne peut se reconnaître. Qu'il emploie la greffe dont il s'est toujours servi, sinon sur ses vignes qu'il n'a peut-être pas greffées, mais sur les arbres fruitiers de son jardin, simplifions sa tâche. Que lui parle-t-on de raphia, pour ligature; ce mot nouveau l'étonne : beaucoup sont venus me conter leur perplexité; le raphia? 'qu'est-ce ✦donc, Monsieur? où le trouver? Eh ! mon ami, laissez donc le raphia où il est; il n'est point nécessaire; achetez tout simplement pour lier vos jeunes tiges greffées, cinq sacs de bonne ficelle chez l'épicier du coin.

» Les conférences, les essais pratiques de greffage, organisés depuis trois ans par les soins de la Société d'Agriculture de l'Hérault, à l'École de la Gaillarde près Montpellier, ont vulgarisé ces vérités.

» Tout le monde à peu près sait aujourd'hui greffer la vigne dans notre département; c'est une opération bien plus facile que la taille, elle n'exige qu'un peu d'attention et une certaine adresse de la main bien .vite acquise. La taille, au contraire, est une opération compliquée, où le jugement, l'expérience acquise, jouent forcément le premier rôle; il faut parfois des années pour apprendre à bien tailler une souche; il faut cinq minutes pour apprendre à la greffer. La main est un admirable instrument, qui vaut mieux, selon moi, et surtout pour la greffe en place, qu'un des outils ingénieux que l'on a proposés.

» Depuis trois ans j'ai fait greffer bien des milliers de jeunes tiges américaines; j'ai employé tout simplement pour ce travail les journaliers du village voisin, intelligents à coup sûr, mais dont plusieurs n'avaient jamais employé leur serpette, ou même leur vulgaire couteau, à fendre par le milieu une jeune tige de la grosseur du doigt. Ils ont vite été au fait, et mes greffes ont bien réussi.

» La dépense n'est pas considérable; le greffage d'une centaine de jeunes tiges américaines, d'un ou deux ans de plantation, coûte en moyenne trois francs, tous frais compris. Il n'y a pas de quoi effrayer; aussi ne s'effraye-t-on pas, et dans l'Hérault, dans le Gard, l'opération marche bon train. Certainement nous aurons reconstitué la plus grande partie de nos vignes, qu'on proscrira encore dans bien des régions, et surtout dans bien des journaux, au nom des principes, les cépages américains.

» L'impulsion est donnée, elle ne s'arrêtera plus. S'il avait fallu un dernier encouragement pour la plantation des vignes améri-caines, ce coup de fouet eût été donné par ce qui se passe depuis six semaines dans le Bas Languedoc.

» Dans la seconde quinzaine du mois d'août, on a vu arriver dans les gares des centaines et des milliers de corbeilles pleines de chasselas ou de cinsaut, raisins de table excellents, provenant de souches greffées sur américains. Un mois plus tard, au milieu de septembre, les passants étonnés voyaient circuler sur nos routes bon nombre de charrettes portant des raisins à la cuve. Nous n'avons pas vendangé comme les années précédentes, dans de modestes paniers, ou dans quelques rares cornues, nos raisins de *Jacquez*. Bon nombre de propriétaires ont remis à neuf leurs vieux tombereaux de vendange, *les pastières* dans le langage du pays, espèce de maie à pétrir, longues de plus de 2^{m}50, larges en proportion et qui contiennent de 16 à 1800 kilog. de raisins; les vendangeurs s'émerveillaient eux-mêmes de cette fécondité.

» Ce n'est pas tout encore; huit jours après la mise en cuve de nos *Jacquez*, au moment du décuvage, les courtiers, les négociants en vin sont venus dans nos chais. Ils ne font pas de la sentimentalité ceux-là, en faveur de la vigne américaine. Ils dégustent le vin qui coule de nos foudres : « Belle couleur, disent-ils, un peu de » rudesse, beaucoup d'alcool; c'est un bon vin de coupage; quel » prix en demandez-vous? »

» Le propriétaire hésitait quelque peu; il vendait son vin d'*Aramon* de 22 à 25 fr. l'hectolitre; il était assez embarrassé pour formuler une demande; 50 fr. l'hectolitre, dit-il enfin presque étonné de son audace. C'est vendu, lui répond-on. Le second, voyant ce prix si facilement accepté, demande 55 fr., un troisième 60 fr. et l'on m'assure aujourd'hui qu'on a vendu même à 70 francs.

» Que voulez-vous de plus? des *pastières* pleines, du vin à 70 fr. l'hectolitre; la cause est gagnée, et l'on n'aura plus beau jeu à nous parler du sulfure.

» Je souhaite vivement que les efforts faits pour conserver les vignes françaises par les insecticides donnent de bons résultats; il serait désolant que tant de travail, tant d'argent, eussent été dépensés en pure perte. Je crains cependant qu'on n'ait pris le chemin le plus long et que, dans la plupart des cas, on ne soit obligé, après bien des tâtonnements, d'en venir, comme nous l'avons fait, aux vignes américaines.

» A ce propos, je ne sais par quel rapprochement étrange, bizarre, les tentatives successives de nos vignerons pour sauver leurs vignes phylloxérées me remettent en mémoire une des œuvres si piquantes de notre immortel fabuliste, de Lafontaine. Il ne s'agit pas précisément d'une de ses fables qu'on lit et qu'on relit avec tant

de plaisir, mais bien d'une de ses productions à l'allure plus verte
et plus gauloise, qu'on ne laisse pas traîner sur la table dans son
salon, mais que certainement presque tous nous avons feuilletée
de temps à autre.

» Rassurez-vous, Mesdames, Messieurs, le conte auquel je fais
allusion est un de ceux qu'on peut citer pour sa retenue, et la mère
pourrait en permettre la lecture à sa fille.

» Il s'agit d'un paysan qui avait offensé son seigneur, et vous
vous en souvenez peut-être, avait été condamné à payer cent louis
en réparation de l'offense. Le pauvre diable proteste, gémit, dit
qu'il n'a pas d'argent, et le maître dans un moment de bonne
humeur lui laisse le choix : payer, manger douze gousses d'ail
sans boire, ou recevoir trente coups de bâton. L'ail n'était pas fait
pour effrayer notre campagnard, méridional peut-être, il en avait
assez souvent mangé pour que quelques gousses de plus ou de
moins ne fussent pas pour lui une affaire. Il avale tant bien que
mal les deux premières gousses, à la quatrième, la bouche en feu,
hors de lui, il demande instamment à boire et se soumet à la
bastonnade.

» Un estafier s'approche et lui assène rudement sur les épaules de
vigoureux coups de bâton ; après quelques instants le patient crie,
se démène, il n'en peut plus, il va mourir ; il se décide à dénouer
les cordons de sa bourse, et le seigneur, goguenardant, empoche les
cent écus.

» Notre paysan eût bien mieux fait, à coup sûr, de commencer
par la fin.

» Eh bien ! Messieurs, je voudrais épargner à la grande majorité
de nos vignerons les gousses d'ail et les coups de bâton ; qu'ils
commencent aussi par la fin, et quand leurs vignes seront sérieusement atteintes par le phylloxera, qu'ils recourent de suite et
d'emblée aux cépages américains. »

M. VIALLA, président de la Société d'Agriculture de l'Hérault,
prend la parole en ces termes :

« MESSIEURS,

» Je n'avais pas l'intention de prendre la parole après M. G. Bazille,
qui vous a si bien fait connaître l'état où se trouve la question des
vignes américaines dans l'Hérault. Mais je suis appelé à cette
tribune par une inexactitude qui a échappé au rapporteur de la

Commission, que vous venez d'entendre. M. Gachassin-Lafite, rappelant les puissants efforts qui ont été faits dans l'Hérault pour l'étude et pour la propagation du greffage des vignes américaines, en a fait honneur à l'École d'agriculture de Montpellier, à son directeur M. Saintpierre, et à un de ses professeurs les plus distingués M. Foëx. Personne ne sait mieux que moi tout ce que nous devons à l'École d'agriculture de Montpellier, à son directeur et à M. Foëx; mais « il faut rendre à César ce qui appartient à César, » et la grande impulsion donnée chez nous à l'étude et à la propagation du greffage des vignes américaines est due à la Société centrale d'Agriculture de l'Hérault. Depuis quelque temps, cette Société organise de grandes réunions annuelles qui comptent à peu près autant d'auditeurs qu'il y en a dans cette enceinte, et qui ont pour objet l'étude du greffage et d'autres questions concernant la culture des vignes américaines. Ces discussions théoriques sont accompagnées de démonstrations pratiques destinées à faire connaître aux ouvriers agricoles l'art de greffer les vignes, et ce double enseignement est complété par des expositions de vins, de sarments, de produits et d'instruments propres au greffage. Ces grandes réunions ont lieu, il est vrai, à l'École d'agriculture; la part qu'y prennent M. Saintpierre et M. Foëx est très considérable, et je suis heureux de pouvoir leur rendre hommage dans cette enceinte; mais le mérite en revient à la Société centrale d'Agriculture de l'Hérault. Le Bureau en a du reste les preuves en mains. J'ai eu l'honneur d'envoyer à M. le Président quelques exemplaires des dernières publications émanant de ces réunions pour en faire hommage au Congrès au nom de cette Société, et il est facile de voir sur la couverture que la revendication que j'exerce repose sur un droit incontestable et absolu.

» Je crois devoir rappeler à ce sujet que l'intervention active de la Société d'Agriculture de l'Hérault dans la question des vignes américaines ne date pas d'aujourd'hui. C'est à elle, c'est à son initiative qu'on doit la mission de M. Planchon aux États-Unis. C'est elle qui l'a proposée, demandée, organisée, et elle en a supporté les frais par moitié avec l'État. Or, on s'en souvient partout, la question des vignes américaines n'était au début que confusion et obscurité; et ce ne fut qu'après le voyage de M. Planchon que la lumière commença à se faire.

» Puisque j'ai été appelé contre mon attente à cette tribune, permettez-moi de dire quelques mots en courant sur certains points

soulevés par M. Gachassin-Lafite. Le *Jacquez*, a-t-il dit, est le grand
cépage de production directe dans le Midi ; chez nous il ne réussit
pas, c'est l'*Herbemont* qui paraît destiné à le remplacer dans nos
vignes. Ce dernier cépage, si vigoureux chez nous, est en général
jaune et peu développé dans l'Hérault, et par une anomalie que
je n'ai pas pu m'expliquer, il s'y comporte beaucoup moins bien
que dans le Gard.

» Toutes ces observations sont fort justes et les différences constatées sur la végétation de l'*Herbemont* dans le Gard et dans l'Hérault
sont faciles à expliquer : elles ne dépendent que d'une question
de terrain, d'une question d'adaptation. La ville de Nîmes est
entourée, surtout du côté du Sud, par une grande étendue de terres
cailouteuses et siliceuses, rougeâtres et par conséquent ferrugineuses, appartenant au terrain que les géologues appellent le
Diluvium Alpin, parce que les vastes dépôts qui le composent ont
été entraînés dans les temps anciens par de grands courants d'eau
descendus des Alpes. Dans ces terrains, toutes les vignes américaines réussissent en ce sens qu'elles s'y portent bien, mais elles
n'y sont pas toujours vigoureuses, parce que la fertilité n'est pas
toujours suffisante dans ces milieux. L'*Herbemont* y réussit à
merveille ; voilà pourquoi la Commission l'a trouvé si prospère
dans le département du Gard.

» Dans les environs de Montpellier, ce sont les terrains argilo-
calcaires qui dominent ; ils sont en général peu favorables à
l'*Herbemont*. Il y a pourtant sur plusieurs points voisins de cette
ville des terrains appartenant au *Diluvium Alpin* dont nous venons
de parler, et les *Herbemont* qu'on y trouve ne sont pas moins beaux
que ceux du Gard. C'est donc une simple question de terrain et
d'adaptation au sol.

» L'*Herbemont* est du reste chez nous un cépage fort difficile à cultiver. Les terres calcaréo-siliceuses et ferrugineuses sont celles qui
lui conviennent le plus ; il réussit encore assez bien dans certains
terrains argileux comme ceux de l'École d'agriculture de Montpellier. Mais il ne réussit pas dans tous. Quand il est placé dans
des conditions qui lui conviennent, il peut prendre un développement magnifique ; il est, en plus, un porte-greffe excellent. Chez
moi, l'*Herbemont* se comporte d'une manière médiocre, il est un
peu jaune et pas trop développé, et néanmoins, toutes les fois que
je l'ai greffé, il m'a donné de fort beaux résultats.

» Puisque je suis en train de vous parler des porte-greffes, permettez-moi de vous dire qu'on se préoccupe fort peu aujourd'hui dans l'Hérault du phylloxera et de la résistance des vignes américaines. On est fixé sur celles qui résistent ; tout le monde les connaît, et on s'applique surtout à rechercher celles qui sont susceptibles de réussir dans chaque genre de terrain. Quand je dis qu'on se préoccupe fort peu chez nous du phylloxera relativement aux vignes américaines, je parle de l'immense majorité des viticulteurs ; car c'est dans l'Hérault qu'on a dit pour la première fois qu'il ne fallait planter que les cépages n'ayant point de phylloxeras ou n'en ayant que très peu.

» Le porte-greffe le plus recherché et, à tout prendre, le meilleur, c'est certainement le *Riparia*, et s'il fallait en choisir un d'une manière générale, c'est à lui qu'il faudrait s'adresser. Je crois pourtant qu'il est un peu surfait en ce moment et j'ai entendu dans ces derniers temps quelques plaintes assez vives s'élever contre lui.

» L'*York's-Madeira* est peu apprécié ; il n'est pas, en général, assez vigoureux ; mais il est robuste, peu difficile en fait de terrains et il résiste beaucoup à la *chlorose*. Je pense et j'ai toujours pensé qu'il pourrait rendre des services dans les terrains de qualité inférieure qui ne peuvent pas porter des cépages meilleurs.

» La *Vitis-Solonis* aime les terrains frais et craint, sous notre climat, les terres exposées à la sécheresse et à la chaleur. Chez nous, il y en a beaucoup dans ce cas.

» La *Vialla* est un excellent cépage, un porte-greffe de premier ordre, mais il ne réussit pas dans tous les terrains.

» Le *Taylor*, qui a été tant attaqué, rend chez nous de grands services dans certaines circonstances. Mme la duchesse de Fitz-James, dont personne ne contestera la compétence en cette matière, me disait, il y a quelques jours, qu'elle se proposait d'en planter beaucoup. M. Pagézy, le doyen de nos viticulteurs, me disait récemment à peu près la même chose. Que vous dirai-je encore : dans les environs de Montpellier, une des plus belles vignes connues a été greffée sur des *Clinton*. Ce cépage, que je n'aime pas, que je ne conseille à personne et qui est si difficile en fait de terrains, rend des services quand il est placé dans des conditions favorables. Le *Concord* lui-même donne de bons résultats dans les terres siliceuses et ferrugineuses dont j'ai parlé plus haut ; et je connais de très habiles viticulteurs qui en ont planté, qui en plantent et qui veulent en planter encore à l'avenir.

» Tout ceci nous montre qu'il ne faut pas être exclusif et que les cépages américains peuvent nous rendre, par leurs variétés et par leurs diverses aptitudes, des services signalés.

» Comme cépage de production directe, il n'y a encore chez nous que le *Jacquez*. L'*Herbemont* réussit trop rarement, mais il donne un vin fin et distingué; le *Cunningham* mûrit difficilement et trop tard, le vin qu'il produit manque de couleur. Le *Norton* et le *Cynthiana*, plus difficiles encore que l'*Herbemont* en fait de terrains, donnent au contraire des produits extrêmement colorés. J'ai vu une bouteille de vin produite par ces deux cépages et mélangée avec deux bouteilles d'eau donner au colorimètre autant de couleur qu'un fort beau Roussillon. Je n'oserais pas parler de ce résultat extraordinaire si je ne pouvais pas m'appuyer sur l'autorité de nombreux témoins, qui l'ont constaté avec moi.

» En fait de greffage, les systèmes qui paraissent prévaloir chez nous ne sont pas nombreux; on en compte trois : la fente latérale appliquée sur un seul côté du porte-greffe; la fente pleine, portant sur tout le diamètre du porte-greffe et exigeant par conséquent un greffon d'égale grosseur; et la double fente anglaise, que tout le monde connaît. Toutes ces manières de greffer sont bonnes, pourvu qu'elles soient bien exécutées.

» Mais il est une question dont on se préoccupe beaucoup chez nous : on demande s'il faut greffer les vignes à un an, à deux ans ou plus tard. En attendant que l'expérience se soit prononcée d'une manière définitive, voici, ce me semble, ce qu'on peut dire sur cette question : les greffes réussissent d'autant plus que les pieds sont plus jeunes. Dans une vigne d'un an, on a moins de manquants que dans une vigne de deux ans, et ainsi de suite. Mais quand on greffe une vigne, on l'affaiblit, et un pied greffé très jeune s'empare moins vite du sol et se développe plus lentement qu'une vigne greffée plus âgée. Quand, au contraire, on greffe plus tard, la vigne a eu le temps d'occuper vigoureusement le sol par l'extension de ses racines, elle a plus de force et le greffon prend bien plus de développement. Il y a donc des avantages des deux côtés, et c'est à chaque viticulteur à choisir, suivant les circonstances où il se trouve. Tout le monde pense, en général, qu'il faut greffer de bonne heure et on n'hésite que sur un seul point : on se demande s'il faut greffer les vignes à un an ou bien à deux ans. Je dois ajouter que dans les vignes arrivées à leur deuxième ou troisième année, on ne peut pas employer toujours tous les genres de greffes. La greffe en fente pleine et la double fente anglaise deviennent ordinairement impossibles à cause de la grosseur des pieds des porte-greffes.

» On a parlé tout à l'heure des greffes-boutures et on a paru les condamner, je ne partage pas cette opinion. J'en fais depuis longtemps et je crois qu'elles peuvent rendre de grands services. On peut les faire sur simples boutures non enracinées, sarment sur sarment; mais leur reprise, dans ce cas, est tellement difficile qu'il faut abandonner ce mode d'opérer. Mais il n'en est pas de même pour les greffes faites sur sarments enracinés; non seulement elles réussissent à merveille, mais on peut les planter en plein champ dès que l'opération du greffage est faite. Il est inutile de les remettre en pépinière, ce serait une perte de temps inutile. Mais leur développement est lent et il faut leur venir en aide par de bonnes fumures. Les greffes-boutures sur plants enracinés pourront rendre de grands services, notamment pour remplacer dans les vignes greffées les pieds qui n'auront pas pris. Je ne m'étendrai pas sur ce sujet un peu minutieux, reconnaissant d'ailleurs que les greffages ordinaires sur pied, d'un an ou de deux ans, sont appelés à jouer le principal rôle dans le département de l'Hérault.

» Avec les cépages américains dont nous disposons, avec nos modes actuels de greffage, je crois que nous sommes en mesure de replanter dans l'Hérault au moins la moitié de nos anciennes vignes. Quand je dis la moitié, je n'ai pas l'intention de fixer d'une manière exacte l'étendue des vignes que nous pouvons reconstituer. Je veux dire par là qu'il y a chez nous des terrains qui seront assez difficiles à planter avec nos ressources actuelles. Je signalerai particulièrement parmi eux les marnes blanches, les argiles maigres, les sables stériles et secs. Mais la science agricole n'a pas dit son dernier mot, et l'avenir nous réserve, certainement, de nouveaux progrès. D'après moi, rien n'est plus propre pour les favoriser que les grandes réunions agricoles, que les Congrès. »

J. Guénant, *secrétaire*.

Procès-verbal de la séance du mercredi 12 octobre 1881 (après-midi).

Présidence de M. A. LALANDE.

M. Prosper de Lafitte demande à rectifier une erreur commise la veille par MM. Valéry-Mayet et H. Marès, et encore ce matin par M. G. Bazille. M. Boiteau a trouvé le lieu où l'*ailé* dépose ses œufs; mais

la découverte de l'*œuf d'hiver* appartient à M. Balbiani. M. Boiteau
nous l'a appris lui-même avec une loyauté parfaite. L'orateur s'ap-
prêtait à citer un passage écrit par M. Boiteau; il s'est abstenu
devant cette déclaration que le fait est bien connu à Bordeaux.

M. de Lafitte a prouvé maintes fois qu'il n'est pas un adversaire des
vignes américaines, mais on fait de ces vignes un éloge qui lui semble dépasser la mesure, et il croit devoir dire : Vous allez trop loin!

On a fait de nombreuses enquêtes sur ces cépages ; les divers
rapports qu'on peut lire laissent une impression très variable, une
incertitude très grande. Le mieux qu'on puisse faire, c'est d'étudier,
chacun chez soi, ces nouvelles plantes.

M. de Lafitte explique comment cette étude a été instituée dans
le département du Lot-et-Garonne. On a pris pour base et instrument
de ces recherches l'École primaire. Une collection des meilleurs
cépages connus est placée dans le jardin ou la cour de l'école.
149 de ces établissements sont déjà pourvus, et ce nombre sera porté
à 500 au moins cette année, si on trouve assez de parties prenantes.
Les avantages qu'on attend de cette méthode sont les suivants :

1° Ce n'est plus le viticulteur qui vient, parfois de fort loin, chercher une pépinière centrale, pour y étudier les nouvelles plantes,
c'est la pépinière qui va trouver le viticulteur tout près de chez lui.

2° Les enfants, merveilleusement doués pour cet apprentissage
des yeux, voient ces cépages toute l'année, apprennent à les connaître,
portent ensuite cet enseignement dans leurs familles, familles de
paysans pour la plupart, et qu'il serait à peu près impossible
d'atteindre par une autre voie.

3° Ces collections se trouvent placées, par la force même des
choses, dans tous les terrains qu'on peut rencontrer dans le départe-
tement tout entier et dans toutes les conditions que peut exiger une
étude complète de l'*adaptation*.

4° Nous aurons par l'instituteur un jugement éclairé, impartial
sur la tenue de chaque espèce; des renseignements certains sur la
composition chimique et les caractères physiques du sol; sur les
soins culturaux, les engrais, etc., qu'on aura donnés. Et cela, non
seulement pour les pieds cultivés à l'école même, mais pour toutes
les plantations-filles situées dans le rayon de l'école, parce que le
maître trouvera chez ses élèves les éléments de l'enquête la plus
sûre, la plus étendue.

5° Le Comité central, en rapprochant tous ces témoignages,
pourra établir le dossier de chaque espèce ou variété, de manière à

résoudre le problème de l'*adaptation* pour le département tout entier.

6° Enfin, ces collections seront dans les mains de l'instituteur un matériel scolaire permettant d'instruire l'élève de tout ce qu'il a intérêt à savoir de ces nouvelles vignes, en particulier l'art de les greffer.

Dans cette voie, la solution complète du problème n'est plus qu'une question de temps et de correspondance. Le Comité central lui-même a pu établir ses pépinières et ses plantations dans l'enclos de l'École normale primaire, où le bienveillant concours du directeur, le dévouement du professeur d'agriculture et l'empressement des élèves rendent sa tâche aussi agréable que facile. Ces jeunes gens, devenus maîtres à leur tour, quitteront l'école parfaitement familiarisés avec la question du phylloxera tout entière.

Combien de temps durera l'étude entreprise sur cette vaste échelle? Comme à mesure qu'un cépage s'effondre, il en surgit trois ou quatre autres pour prendre sa place, et que ces remplaçants éventuels sont, dès à présent, au nombre de plusieurs milliers en Amérique, il est certain qu'elle durera autant que le phylloxera! Le Comité central s'efforcera de tenir toutes ces petites collections et la sienne propre au courant des découvertes nouvelles, avec le sincère et ardent désir qu'un traitement nouveau, et applicable partout, vienne ouvrir un nouveau champ à son activité.

On a proposé, pour l'étude *pratique de l'adaptation* une méthode bien plus simple; on dit : Plantez sur une parcelle de la terre destinée au nouveau vignoble quelques pieds des plants divers que vous avez en vue; vous choisirez celui qui y viendra le mieux. C'est une illusion : le cépage qui se montre le plus vigoureux au début n'est nullement, par cela seul, le plus résistant. Après trois ou quatre ans, l'ordre primitif pour la beauté de la végétation peut être complètement changé. C'est ce que M. le Dr Despetis nous apprend pour quelques variétés de *Riparia*. A procéder ainsi vous risquez, non seulement de ne pas prendre le cépage le plus convenable, mais d'en choisir un qui ne vaille rien. C'est qu'il y a à considérer une question de résistance, encore bien peu connue. Pour des espèces ou variétés nouvelles, il faudra par cette méthode dix ans pour savoir si elles résisteront dix ans, vingt ans pour savoir si elles résisteront vingt ans, et ainsi de suite. C'est impraticable!

C'est cependant la méthode de l'avenir, c'est-à-dire celle qu'il faudra suivre pour faire un choix entre les cépages expérimentés à l'avance et bien connus. Il suffira de les comparer, dans le terrain en expérience, non plus les uns avec les autres, mais chacun avec lui-même, c'est-à-dire avec ce qu'on saura déjà de sa tenue dans les sols qui lui conviennent. C'est dire que cette méthode suppose le problème déjà résolu, et il n'y a pas aujourd'hui un cépage pour lequel il le soit complètement; plusieurs donnent des espérances, aucun une certitude.

Le rapport de la Commission sera un document à consulter, non une solution. Puis, quand on visite un vignoble pour la première fois, reconnaissant par les états qui ont précédé celui qu'on a sous les yeux, on peut complètement se méprendre sur la situation vraie. On cite, par exemple, pour leur beauté, les vignes américaines de la Gaillarde. Pour moi, dit M. de Lafitte, j'y considère la situation comme fort inquiétante. J'ai visité ces vignes trois années consécutives. Il s'agit du vignoble qu'on a sous les yeux lorsqu'on regarde de la terrasse, le dos tourné au bâtiment de l'École. On voit : à l'extrémité, à droite, un carré de *Jacquez;* à côté, un carré d'*Aramon* greffés sur *Taylor;* à la suite, un carré de *Cunningham;* à la suite enfin, un carré d'*Herbemont.* En 1879, on marchait très difficilement dans ce vignoble à cause de la végétation des vignes. De la terrasse de l'École on apercevait un amas de feuilles, la terre nulle part. En 1880, la circulation était déjà plus facile, mais du même lieu, de la terrasse, on ne voyait encore que des feuilles : le sol restait absolument caché. Toutes ces magnifiques plantes avaient pour soutiens des échalas de 2 mètres environ de hauteur. Eh bien! cette année, en 1881, cette situation est complètement changée : les échalas sont supprimés, sauf sur quelques parcelles où la végétation s'est assez bien maintenue. Partout ailleurs, les sarments courent sur le sol, et cependant ne réussissent nulle part à le couvrir. On circule au milieu de tout cela aussi aisément que dans les allées d'un parterre. Du chemin qui longe le vignoble, tous les pieds paraissent isolés, le sol nu les entoure de partout.

Il y a donc là comme un point de repère matériel indépendant de toute appréciation personnelle.

Il m'a semblé que les *Aramon* greffés sur *Taylor,* ajoute M. de Lafitte, étaient en voie de dépérissement; les *Herbemont* ne se présentent pas mieux. Ce qui m'a surtout frappé, c'est un affaiblissement très net du *Jacquez,* sur un demi-cercle dont le diamètre longe les *Aramon.* C'est tout à fait l'aspect d'une tache à son début.

D'après l'orateur, l'*Herbemont* est trop vanté par la Commission. « A las Sorres, l'*Herbemont* jaunit, dit le rapport : la vérité est que ces *Herbemont* sont au dernier degré de la chlorose et du rabou-

grissement. Chez M. Vialla, les *Aramon* greffés sur *Herbemont* sont
bien; mais le rapport ne dit pas que ces *Herbemont* venaient mal
avant d'être greffés. Insistons sur ce fait, qui est très intéressant à un
autre point de vue. Une citation : « M. Vialla a greffé de l'*Aramon*
sur des *Herbemont* plus que chlorosés : l'essai a réussi et l'*Aramon*
est très vert; il y a amélioration sensible dans la vie de la souche.
Les feuilles jouent un rôle important dans la vie du végétal; plus
elles évaporent et plus la nutrition est active; il suffit de faire
respirer l'*Herbemont* par la végétation luxuriante de l'*Aramon* pour
donner de la force à ce cépage.... » (Conférences de Montpellier des
14 et 15 mars, présidées par M. Vialla lui-même; rapport officiel
de M. Bréheret, page 30, en bas.) Voilà une réaction très nette du
greffon sur le porte-greffe, et on en a d'autres exemples. Ici le
porte-greffe s'en trouve bien : en sera-t-il de même quand on
associera d'autres espèces?

La Commission ne semble pas avoir connu l'histoire de ces
Herbemont. Ce qu'elle semble avoir ignoré partout, puisqu'elle n'en
parle point, ce sont les procédés de culture employés dans les
vignobles qu'elle a visités : façons, engrais, insecticides même.
Ces éléments ont sur les résultats obtenus une influence si considérable, que pour qui ne les connaît pas il n'y a pas d'appréciation
exacte possible. Ainsi, on pourrait donner tous les caractères de la
résistance aux cépages les plus fragiles, par exemple des *Aramon*,
comme il arrive à las Sorres, chez M. Michel Fermaud.

Abordant un autre ordre d'idées, M. de Lafitte cite des chiffres
d'après le compte-rendu de la session dernière de la Commission
supérieure du phylloxera. Ces chiffres sont vivement contestés par
quelques membres; l'assemblée devient tumultueuse, et le temps
accordé par le règlement à chaque orateur étant écoulé, M. de Lafitte
s'arrête...

Voici, communiqué par lui-même, ce qui lui restait à dire :

Je voulais appeler l'attention sur la lacune la plus regrettable, à
mon avis, que j'aie remarquée dans le rapport. La Commission des
traitements a commencé par faire ressortir leur mérite, qui va
jusqu'à sauver la vigne bien traitée; mais ensuite elle insiste avec
les plus grands détails sur ce qu'il en a coûté pour la sauver, sans se
dissimuler que cette seconde partie du rapport est comme la néga-
tion de la première; nous avons trois remèdes excellents: seulement le plus souvent nous ne pouvons en employer aucun, parce

qu'ils coûtent trop cher! La Commission des vignes américaines nous montre bien, elle aussi, trop bien même, que nous n'avons que l'embarras du choix pour reconstituer nos vignes détruites; mais elle oublie absolument de dire ce qu'il en coûte pour le faire. La transformation, cependant, ne se fait pas pour rien : coût du plant, façon de la terre, plantation, greffage s'il y a lieu, remplacement des manquants, frais en culture en attendant la première récolte, récoltes perdues des premières années, il sera sage de faire figurer tous ces frais dans un devis sérieux avant de commencer. Mais plusieurs de ces opérations sont les mêmes que celles qu'on a toujours faites pour planter une vigne! — Sans doute; mais quand on plantait une vigne autrefois, on savait la chose faite pour trente, cinquante, quatre-vingts ans et plus; c'était un capital confié à la terre. Mais aujourd'hui, combien d'années durera la vigne créée avec des plants américains? Tout ce que je sais, c'est que ce n'est pas à ceux qui vendent ces plants qu'il faut poser la question.

Conclusions : les vignes américaines offrent, non une certitude, mais une chance très sérieuse que tout homme sage doit mettre de son côté en préparant chez lui, à l'avance et à peu de frais, ce qu'il lui faudra de ces cépages pour le renouvellement de son vignoble; s'en tenir aux cépages réputés les meilleurs au moment où on achète, la première et plus essentielle règle de l'*adaptation* étant d'écarter résolûment tous les autres.

Quant à ceux qui cultivent industriellement ces cépages, ils ne demandent pas et n'ont pas besoin de conseils : ne pas accepter sans examen tous les conseils qu'eux-mêmes pourraient donner.

M. R. DE LUNA, représentant de l'Espagne, recommande de fumer énergiquement le sol pour nourrir la vigne et lui permettre de lutter contre le phylloxera. Il y a, dit-il, une loi naturelle qui ordonne de rendre à la terre ce qu'elle a donné. Il est partisan des insecticides, mais l'emploi des insecticides, sans l'application des fumures abondantes et bien entendues, ne serait qu'un traitement provisoire, sans effet durable.

Voici la formule de l'engrais qu'il conseille pour le rétablissement des vignes malades :

50 0/0 de fumier frais d'étable ou l'équivalent en azote.
25 0/0 de superphosphate de chaux soluble.
25 0/0 de carbonate de potasse et encore mieux l'équivalent en cendres de sarment.

M. LALIMAN remercie le rapporteur de la Commission des vignes américaines des paroles élogieuses dont il l'a honoré; mais il demande à rectifier les appréciations du rapporteur relatives au *Solonis* et au *Jacquez*. M. Gachassin-Lafite a dit que les racines du *Solonis* étaient couvertes de phylloxera. M. Laliman proteste contre cette assertion erronée, car d'après sa longue expérience de la culture du *Solonis,* ce cépage, dont il a été le propagateur, nourrit au contraire très peu de phylloxeras sur ses racines. Il peut en appeler aux études de M. Millardet, sur cette vigne remarquablement résistante. Quant au reproche adressé au *Jacquez* d'être sujet à l'anthracnose et au mildew, il peut affirmer que les ceps qu'il possède sur son domaine de la Touratte depuis plus de dix-huit ans, ne sont atteints ni par l'une ni par l'autre de ces productions cryptogamiques.

M. PLANCHON ne vient pas entretenir le Congrès des vignes américaines; on voudra bien l'excuser de ne pas traiter cette question sur laquelle il a eu l'occasion de faire connaître si souvent sa pensée. Il veut parler seulement des vignes asiatiques et des vignes africaines; il fait la communication suivante :

« Un amateur de grand mérite, M. Alphonse Lavallée, possesseur éclairé du plus bel *arboretum* de France, a proposé de greffer nos vignes françaises sur les vignes qu'il appelle vignes asiatiques et qu'il sait très bien comprendre à la fois de vraies vignes (*Vitis,* à corolle en capuchon) et des *Ampelopsis* dont la vigne vierge commune est le type le plus connu. C'est justement sur la vigne vierge que M. Gaston Bazille avait jeté les yeux, lorsque, sans connaître la résistance des vignes américaines, il émit le premier l'idée de greffer nos cépages d'Europe sur sujets inattaquables ou résistant au phylloxera. C'est sur son conseil que dès le mois de juillet et août 1869 je mis en bocal des racines de vigne vierge au contact de radicelles de vigne française couvertes de phylloxeras. Le résultat de l'expérience du 29 juillet fut négatif : celui de l'expérience du 7 août n'aboutit qu'à la formation à l'extrémité de quelques radicelles de vigne vierge de renflements en toupie, mais sans que les phylloxeras s'y fussent fixés, et sans que j'eusse même pu les voir piquer les racines. Tout me portait donc à croire à l'immunité de ces racines et par conséquent à la valeur de la plante comme porte-greffe. Mais il restait à constater la possibilité de greffer notre vigne sur cet *Ampelopsis* grimpant. Or, sur ce point, toutes les tentatives à moi connues ont échoué, et l'échec se comprend très bien si l'on compare la structure du bois et de l'écorce de nos vignes avec celle de la vigne vierge. De ce côté donc, pas d'espoir.

» Restent les *Ampelopsis* du Japon et de la Chine, notamment les *Ampelopsis inconstans, heterophylla, aconitifolia, serjaniæfolia, humulifolia,* etc., toutes plantes essentiellement ornementales, mais dont le bois ne s'accorde pas non plus en structure avec le bois de nos vignes, si bien qu'aucun mariage par la greffe n'a pu s'opérer entre les deux types *Vitis* vrais et *Ampelopsis*.

» On conçoit au contraire parfaitement que la greffe réussisse entre nos cépages et deux vrais *Vitis* du Japon, l'un *Vitis ficifolia,* Bunge (*V. Thunbergii* et *Sieboldii* des jardins), l'autre connue sous le nom de *Yeddo* et qui ressemble à une vigne européenne. Malheureusement je dois encore, de ce côté, renverser des espérances et des illusions; car, ainsi que M. Foëx l'avait soupçonné d'après la structure de leurs racines, ces deux cépages cultivés chez feu le regretté M. de Lunaret, y ont succombé de la manière la plus évidente aux atteintes du phylloxera.

» Sera-t-on plus heureux avec les ampélidées de l'Afrique qu'avec celles de l'Asie? Les vignes du Soudan, autour desquelles s'est fait tant de bruit, tiendront-elles les promesses dont se berçait leur infortuné découvreur et importateur, feu Th. Lécard? Je ne puis parler qu'avec respect d'un homme mort à la peine, dans la poursuite d'une conquête qui lui paraissait assurée et dont son enthousiasme lui masquait, sans doute, l'échec à peu près certain. Poursuivi d'une idée fixe, Lécard n'avait pas compris, sans doute, toutes les dificultés de ce qu'il appelle l'*acclimatation* de ses vignes *à racines de dahlia*. Mais ne s'est-on pas trop pressé d'opposer à cet essai de naturalisation ou de culture en Europe une fin de non-recevoir absolue, tirée de la différence du climat, alternativement sec et humide, mais toujours chaud de l'Afrique tropicale, et du climat chaud en été, humide et froid en hiver, de notre Europe, même méridionale? Un fait, en tout cas, est venu me prouver que l'on n'a pas toujours le droit de conclure des notions générales du climat aux cas particuliers qui rompent avec ces règles trop absolues. Je veux parler de la découverte d'une ampélidée nouvelle, mon *Cissus Rocheana,* qui, provenant de l'intérieur de Sierra-Leone, non loin des sources du Niger, a pu néanmoins supporter en plein air, près de Marseille, six hivers, dont les deux derniers très rigoureux.

» Ce *Cissus,* il est vrai, perd ses feuilles par l'effet du froid, au moins sous notre climat. Comment se comporteront à cet égard les vignes Lécart? L'expérience seule pourra l'apprendre. Les quatre espèces que j'ai élevées de semis, dans le Jardin des plantes de Montpellier, ont été tenues en serre chaude et n'ont pris, de juin à fin septembre, qu'un faible développement (le *Vitis Lecardii*, par exemple, environ 15 centimètres avec 6 feuilles seulement). Votre compatriote, M. Daurel, qui les a semées de meilleure heure et les a mises tout l'été en pleine terre, va vous dire comment elles s'y sont comportées. Pour moi, sans vous imposer la fatigue d'entendre l'exposé des caractères de ces plantes, je me contenterai de constater que leurs prétendues racines tubéreuses sont des tubérosités souterraines appartenant au système caulinaire et se formant, à l'origine, par l'hypertrophie de la partie de la tigelle (vulgairement et impropre- ment *radicule*) qui se trouve au-dessous des cotylédons [1].

» Par les caractères de leur inflorescence et de leurs fleurs, les vignes de Lécard forment un groupe naturel que j'ai appelé *Ampe- locissus,* pour indiquer le passage que ces ampelidées établissent entre les vignes proprement dites à cinq pétales, réunis en capu- chon, et les *Cissus* à quatre pétales étalés en croix. Pour ce qui concerne nos vignobles européens, j'ai peu d'espoir dans l'avenir des vignes Lécard; mais rien n'empêcherait ces vignes à raisins comestibles et vinifiables de se prêter à la culture dans les pays à climats tropicaux ou subtropicaux d'où la vigne européenne est exclue. »

M. Joseph DAUREL, secrétaire du Congrès, nommé par l'éminent professeur de la Faculté de Montpellier comme ayant semé les pépins de vigne apportés par M. Lécard, remercie M. Planchon d'avoir fait appel à sa faible expérience. Mais il est heureux d'abor- der la tribune du Congrès pour rendre un hommage public de reconnaissance au savant M. Planchon, le *Dumas* de la science botanique et viticole. (Les paroles de M. Daurel excitent dans l'as- semblée de chaleureux applaudissements.)

Il continue en racontant que sur sept graines des précieuses vignes reçues de M. Lécard, à son arrivée à Bordeaux, cinq ont germé après avoir été stratifiées dans du sable, où elles sont restées jusqu'au mois de mars. A cette époque, elles ont été semées sous

---

[1] Depuis que ceci a été dit, j'ai pu m'assurer, en déterrant les tubercules de mes vignes Lécard, que chez une, au moins, la *Vitis Faidherbii*, une racine adventive s'est renflée en un tubercule pareil au tubercule produit par le renflement de l'axe hypostylé. Les tubercules de ces plantes peuvent donc appartenir au système caulinaire et au système radiculaire.

châssis; au bout d'un mois une des graines a montré ses feuilles en tout semblables à celles de notre vigne, puis quatre autres ont levé à quelques jours d'intervalle, mais toutes n'avaient pas la même vigueur.

Une de ces vignes est morte d'accident, les autres ont été transplantées vers le 15 mai contre un mur exposé au plein midi. Il a été reconnu depuis que c'était une faute, car ces pieds ont eu à supporter une chaleur qui a dépassé, pendant quelques jours, 40 degrés, ce qui a beaucoup nui à leur développement; puisque M. Lécard a dit que, dans le Soudan, ces vignes poussaient à l'ombre, sous bois, et dans une atmosphère humide. Cette année deux de ces vignes ont obtenu six feuilles alternes et atteint 45 centimètres de hauteur. Actuellement, la tige qui est annuelle, est desséchée depuis quelques jours; mais la coupe de son bois va être étudiée par un savant professeur de botanique de la Faculté de médecine de Bordeaux, pour savoir si elle est composée des mêmes éléments que notre vigne. Vers la fin d'octobre, les tubercules de cette précieuse plante seront buttés en pleine terre ou rentrés en orangerie.

M. Daurel espère que l'année prochaine, à la deuxième pousse, si cette plante fructifie, l'honorable M. Planchon voudra bien en étudier les fruits.

M. le Dr MÉNUDIER n'exposera pas de considérations générales sur les vignes américaines. Il ne vient signaler que des faits observés dans un département voisin, celui de la Charente-Inférieure, et qui, à cause de cela, peuvent intéresser les viticulteurs de la Gironde.

Il cultive depuis quelques années des vignes américaines et entre autres, depuis sept ans, des *Jacquez* dont il a examiné les racines il y a encore peu de jours. Elles portaient quelques phylloxeras, mais l'épiderme seulement de l'écorce était atteint, l'axe central de la racine restant très sain.

La Charente-Inférieure a adopté quatre porte-greffes :

1° Les *Riparia,* qui se font remarquer partout dans le département par leur magnifique végétation, excepté dans un terrain excessivement calcaire où il ne périt pas, mais pousse mal. Les *Riparia* sont presque indemnes du phylloxera. Les *Cordifolia* sauvages jouissent, en Charente, de la même immunité, mais nous savons combien ce cépage est difficile à la bouturation.

2° Le *Solonis*. M. le Dr Ménudier ne partage pas, à l'égard de ce cépage, l'appréciation de M. Gaston Bazille, qui lui reproche de ne pas vivre dans les terrains secs. L'orateur connaît des *Solonis* superbes dans les craies-tufeau de son département.

3° Le *Vialla*, qui prospère dans tous les terrains et résiste bien au phylloxera.

4° L'*York's-Madeira*, qui est en parfaite santé dans les terres sèches et de fertilité moyenne.

Le *Taylor* et le *Clinton* succombent sous les atteintes du phylloxera et disparaissent du département.

La production du *Jacquez* peut être évaluée, en Charente, à 30 hectolitres à l'hectare. Le vin en est très coloré et il a pesé 11° d'alcool en 1879, 13° en 1880, 12° en 1881. C'est un très beau vin de coupage.

Le *Cynthiana* donne un vin très noir et riche en sucre, mais n'aime pas les terrains trop chauds.

La greffe préférée est la greffe en fente faite sur place. On remplace les manquants par des plants greffés en pépinière.

Les greffes faites, cette année, sur le domaine du Plaud-Chermignac, appartenant au Dr Ménudier, et portant sur plusieurs milliers de sujets, ont donné, en moyenne, une reprise de 85 sur 100.

M. Douysset rappelle qu'au Congrès phylloxérique réuni à Bordeaux en 1876, il était venu affirmer la résistance des vignes américaines, particulièrement du *Jacquez*. Cette résistance, alors discutée, n'est plus mise en doute aujourd'hui et il regarde les cépages américains comme le seul agent pratique de reconstitution des vignobles atteints. En effet, dit-il, la destruction de l'œuf d'hiver, l'emploi du sulfure de carbone et des sulfo-carbonates, n'ont pas tenu toutes les promesses de leurs vulgarisateurs, tandis que les vignes américaines de M. Borty, de Roquemaure, ont vu succomber autour d'elles, depuis seize ans, sous les atteintes du phylloxera, trois plantations successives de vignes françaises. M. Douysset est propriétaire d'un vignoble où il a planté 50,000 pieds de *Jacquez* dans des terres argilo-calcaires.

La première année, la pousse a été mauvaise; la seconde année, la jeune plante a été attaquée par le phylloxera, cela a été une année d'épreuve.

La troisième année, la plantation a été belle malgré la présence du phylloxera.

La quatrième année, les phylloxeras ont été plus rares et la vigne magnifique.

Et cette année, malgré une sécheresse extrême et des chaleurs torrides, chaque souche a donné une moyenne de 3 kilog. et demi de raisins, c'est-à-dire que la production de l'hectare s'est élevée à 78 hectolitres.

En ce qui a rapport à l'adaptation des différents cépages, l'orateur appelle cépages absolument résistants ceux qui prospèrent et résistent dans presque tous les sols, comme les *Riparia*, l'*York*, le *Jacquez*, le *Vialla*, et cépages relativement résistants ceux qui, comme l'*Herbemont*, le *Solonis*, le *Taylor*, le *Clinton*, exigent des milieux particuliers pour développer leur végétation. Il conseille deux systèmes pour refaire rapidement un vignoble :

1° Planter en grande culture des producteurs directs et les greffer si les produits ne sont pas suffisamment rémunérateurs;

2° Greffer sur place en pépinière et transporter ensuite en grande culture.

M. Alfred Bouscaren vient donner quelques renseignements sur la reconstitution du domaine du Terral, près Montpellier. Ce domaine, d'une étendue de 90 hectares, produisait de 6,000 à 7,000 hectolitres de vin avant l'invasion du phylloxera. Situé presque tout en coteaux, il possède des natures de sol très variées.

Les premières vignes américaines plantées en 1875, *Clinton* et *Concord*, ont succombé après deux ans de culture. Elles ont été remplacées par des *Herbemont, Cunningham* et *Taylor*. Les *Taylor*, greffés en raisins de table, ont donné cette année, après trois ans de greffage, un produit d'un franc par souche. Le *Jacquez* a été planté au Terral en 1877. Il a produit en 1881 soixante hectolitres à l'hectare. Des *Riparia* plantés en 1878 ont été greffés en 1879 et en 1880, et portent de superbes greffes d'*Aramon*.

Les plantations de vignes américaines du domaine du Terral s'étendent sur 35 hectares et vont occuper 50 hectares en 1882.

M. Bouscaren termine en disant que le département de l'Hérault devra le retour de sa prospérité à la culture des vignes américaines.

M. Charles Lasserre, de Port-Sainte-Marie, lit un mémoire traitant de l'adaptation de certaines vignes américaines aux terrains du département de Lot-et-Garonne.

« Les terrains du département de Lot-et-Garonne appartiennent en presque totalité à la période tertiaire. L'ensemble est constitué par une série de petites vallées ; le flanc des collines est généralement composé d'argile calcaire reposant sur une couche imperméable. Les sources apparentes ou cachées y sont si multipliées qu'il serait difficile de parcourir 500 mètres sans en découvrir une ; le sommet des collines est généralement couronné par un banc de calcaire qui supporte lui-même une couche de terre argileuse ou silico-alumineuse qu'on désigne vulgairement par les noms de *bouvée* ou de *boulbène*.

» A part les plateaux et les vallées de la Garonne et du Lot, on peut considérer la plupart des terrains de ce département comme humides et froids ; le *tussilage*, le *gouet*, et l'*agrostis stolonifère* y pullulent.

» Voyons comment les vignes américaines se comportent dans ces milieux ?

» Je commençai mes premières plantations pendant l'hiver 1876-1877. Dès 1878, j'observai que dans des sols très froids, où croît le tussilage, des *Clintons*, des *Taylors* et des *Vialla* ne prospéraient guère dès le mois de mai, ils étaient atteints de la chlorose, avec brûlure des feuilles et rabougrissement. Mon premier mouvement fut de croire à une forte attaque du phylloxera, mais les racines d'une foule de plants que je fis arracher, étaient relativement si développées et si intactes que je fus contraint d'attribuer ce rabougrissement à une autre cause qu'aux piqûres de l'insecte.

» En 1879, j'eus l'occasion de planter un défrichement de prairie, à mi-coteau, près d'une fontaine, terrain alors indemne du phylloxera, en *Taylor, Vialla, Solonis, Cunningham, Cordifolia* vrai. Tous ces cépages jaunirent, les *Solonis* exceptés ; mais vers le mois de juillet la chlorose subit un temps d'arrêt, et le sommet des pampres se couronna d'une belle verdure. La cause était trouvée, c'était l'eau et la fraîcheur du sous-sol qui provoquaient cette maladie.

» Drainer cette pièce pour aller chercher la couche d'eau à deux ou trois mètres de profondeur, eût été très dispendieux ; mieux valait tâter le terrain et voir si quelque variété ne pouvait pas s'y complaire. J'ai fait l'expérience en vingt endroits différents en y intercalant les cépages qui suivent : *Taylor, Vialla, York, Riparia-Fabre, Solonis, Cunningham, Jacquez, Herbemont, Cordifolia* vrai (du Jardin botanique de Bordeaux). Dans ces terrains froids tous ces cépages ont chlorosé, les *Solonis* exceptés. Le *Cordifolia* sur lequel je fondais de grandes espérances est arrivé au dernier degré de rabougrissement, tandis que dans des terrains très sains il poussait avec une fougue inouïe. Quant au *Riparia*, il est de toutes les variétés celle qui s'est montrée la plus sensible à la chlorose. De longues lignes de 200 mètres en terrain froid, et d'autres en terrain très fertile, très profond, très sain, où prospèrent le tabac et le blé, ont jauni jusqu'au mois de juillet, au point de me donner de l'inquiétude sur leur avenir. Cependant, ils se trouvaient placés entre des lignes de français non phylloxérés encore, à côté de *Solonis* et de *Vialla* couverts, ainsi que les ceps indigènes, de la plus belle verdure.

» Je poussai mes investigations jusque chez mes voisins à plusieurs kilomètres à la ronde, et je puis affirmer que partout j'ai vu les *Riparia* jaunes comme citron jusqu'au mois de juillet. A partir de cette époque, le prolongement des sarments s'est opéré dans de bonnes conditions, avec beaucoup de vigueur, de telle sorte qu'à la fin de l'été les plantations présentaient l'aspect d'une vigne panachée, jaune à la base, vert-sombre au sommet.

» J'ai fait constater ces faits-là par une foule de visiteurs intelligents dont je pourrais citer les noms; tous ont reconnu véridiques les observations dont je vous fais part, et aucun d'eux, du mois de mai à la fin de l'été, n'a pu découvrir sur des milliers de pieds de *Solonis* de tout âge *une seule feuille malade.*

» Il me semble qu'on a trop vanté ces *Riparia* sans les bien connaître et sans les avoir longuement expérimentés. Ils sont, dit-on, très résistants; je le veux bien, mais à quoi servira cette résistance s'ils chlorosent? or, qui dit jaunisse, dit coulure. Je puis affirmer aussi, par une longue expérience, que la chlorose du sujet se transmet invariablement au greffon.

» Au reste, je ne suis pas le premier à signaler ces cas de jaunisse; j'en trouve l'accentuation dans un extrait du compte-rendu de la Commission supérieure de phylloxera, session 1880, publié par le ministère de l'agriculture. Dans cette brochure, sortie des presses de l'Imprimerie nationale, on lit page 52 : Rapport de l'École d'agriculture de Montpellier, article *Riparia;*

« On a été amené à les classer en quatre catégories, au point de » vue de la vigueur et des chances de chlorose :

» 1° Les *tomenteux* les plus vigoureux, dans le terrain des » collections;

» 2° Les *glabres* d'un bon développement, assez rustiques;

» 3° Les *glabres* à feuilles épaisses qui semblent les plus résistants » au jaunissement;

» 4° Et enfin les *Riparia* à petites feuilles, généralement rabou-
» gris et fréquemment atteints par la plus dangereuse forme de la
» chlorose. »

» Voilà les noms de *Riparia* et de jaunisse constamment accouplés, non par moi, mais par l'École de Montpellier.

» Faut-il, en présence de ces faits, répudier ce cépage? — Loin de
là. — Mais il faut l'observer et s'en méfier jusqu'à ce que, semblable
à certains de ses congénères, il ait derrière lui un passé d'une
dizaine d'années.

» Disons-le ici en deux mots, mais bien haut, parce que nous
devons toute la vérité au public viticole. Comment le simple
vigneron se défendra-t-il des marchands de *Riparia*, dans ce dédale
de *tomenteux* et de *glabres*, de *luisants* et de *ternes,* de *soyeux* et de
veloutés, de *violets* et de *verts,* de *jaunes* et de *chamois*, car vous ne
l'ignorez pas, Messieurs, il y en a de toutes les couleurs et pour
tous les goûts; comment, dis-je, le vigneron se défendra-t-il de
ceux qui jaunissent un peu et de ceux qui, comme le n° 4 de la
Gaillarde, arrivent fréquemment au dernier degré de rabougrissement?

» Il y a deux ans, le Dr Despetis écrivait dans le *Messager
agricole* : « La vigne *Solonis* se fait admirablement dans les argiles
» rouges et profondes, — fer et profondeur du sol, telles sont les
» conditions dans lesquelles elle ne trouve pas de rivales parmi ses
» congénères du Nouveau-Monde. »

» Voilà cinq étés révolus que j'observe cette variété dans les
terrains les plus phylloxérés du monde. Jusqu'à ce jour elle a bravé
partout le phylloxera, l'humidité, la sécheresse et les chaleurs
tropicales de 1881, chez moi comme chez mes voisins, sans mildew,
sans anthracnose et sans trace de chlorose. Je crois donc pouvoir,
fort de deux années d'expériences de plus, répéter les paroles du
Dr Despetis et dire :

» Dans le Lot-et-Garonne la vigne *Solonis* n'a pas encore trouvé
de *rivales* parmi ses congénères du Nouveau-Monde.

» A propos de l'adaptation et de la chlorose, je désire, Messieurs,
appeler votre attention sur le rapport officiel de la Société d'Agriculture de l'Hérault, publié dans les comptes-rendus de la Commission supérieure du phylloxera (1880). — On y signale des faits
tellement contradictoires avec tout ce que je vois depuis cinq ans
autour de moi et dans des foyers phylloxériques contemporains de
celui de las Sorres, que je serais heureux de provoquer, de la part

des membres de cette Société présents au Congrès, quelques explications dans l'intérêt de la viticulture aux abois. A chaque page de
ce rapport, je lis les mots de « jaunisse » mainte fois répétés. *Cynthiana, Norton, Jacquez, Cunningham, Herbemont,* etc., chlorosent à
qui mieux mieux, et cette affection est attribuée à l'influence
phylloxérique. Cependant, veuillez bien remarquer que chez les
Jacquez la jaunisse a presque entièrement disparu après les chaleurs
de l'été, juste au moment de la réinvasion du mois d'août, c'est-à-
dire à l'époque de la plus forte pullulation de l'insecte. Il me semble
que le contraire aurait dû arriver et que ces *Jacquez,* au lieu de
reprendre vigueur, auraient dû s'affaisser..

» Je possède par hasard ces mêmes cépages ; les uns, dans un
terrain neuf indemne de phylloxera, terrain froid dont j'ai parlé,
situé auprès de la fontaine. Les seconds vivent depuis 1876 dans
un sol profond, sain et au milieu de vignes françaises mortes et
mourantes où pampres et racines s'entrelacent. Je puis affirmer
qu'aucun d'eux n'a donné le moindre signe de chlorose et de
défaillance. Les *Herbemont* et les *Cunningham* sont véritablement
splendides, tandis que les mêmes cépages, dans le sol froid de la
prairie défrichée près de la fontaine, chlorosent quoique en terrain
neuf jusqu'au rabougrissement.

» Je me demande donc, et je demande à Messieurs de l'Hérault,
si le sous-sol de las Sorres ne serait pas humide et froid et si
cette chlorose ne doit pas être plutôt attribuée au terrain qu'au
phylloxera.

» Le même Rapport, page 71, dit : « Le *Riparia* croisant ses
» racines avec divers cépages éminemment phylloxérés, s'est
» montré en 1880, comme en 1879, comme en 1878, complètement
» indemne de phylloxera. »

» Messieurs, les *Riparia* ne jouissent pas du même avantage sous
le climat girondin, car M. Valéry-Mayet, dans la première quinzaine
de juin dernier, trouvait chez M. de Saint-Quentin, à Blanquefort
en Médoc, le phylloxera sur des souches de *Riparia.* Le premier
coup de pioche, écrit-il, donné au pied de la souche indiquée,
révéla la présence de l'insecte en masses énormes, sur les racines.
M. Valéry-Mayet signale encore chez Mme Ponsot, chez M. Couraud,
deux rangées de *Riparia* offrant des galles, ainsi que le *Riparia*
sauvage de M. Laliman.

» Mais une observation qui renverse toutes les faibles données
que je possède sur le phylloxera et la physiologie végétale, est

celle-ci : « Un fait curieux qui s'est déjà manifesté dès cette première
» année de greffe, qui est la seconde de la plantation du sujet
» américain, c'est que sur les espèces indemnes *York* et *Riparia,*
» on ne trouve pas encore de phylloxeras, même sur les racines des
» greffons, lorsque ceux-ci en ont poussé, tandis qu'elles en sont
» couvertes sur les greffons placés sur *Taylor, Clinton, Cunningham,*
» *Jacquez,* et que leurs extrémités sont déjà pourries. » Ce qui semblerait indiquer que le sujet *Riparia* transmet aux racines du
greffon français une immunité complète. C'est ce dont je doute ;
je dirai plus, c'est ce que je ne crois pas, parce que, dans les
mêmes conditions, j'ai toujours vu les radicelles attaquées, quel
que fût le porte-greffe.

» J'ai donc l'honneur de prier de nouveau MM. les Membres de
la Société d'Agriculture de l'Hérault de vouloir bien nous fournir
l'explication de ce phénomène, que le rapport qualifie avec juste
raison de *curieux.*

» J'appelle encore votre attention sur le rapport officiel de
l'École d'agriculture de Montpellier, inséré dans les comptes-rendus
de la Commission supérieure du phylloxera. Là, sous le même ciel,
les résultats sont contradictoires : tandis qu'au champ d'expériences
de la Société d'Agriculture, le *Jacquez,* le *Cunningham,* le *Solonis,* etc.,
jaunissent et faiblissent, à l'École de la Gaillarde c'est le contraire
qui se produit. On lit page 52 : « 1º Le *Jacquez,* le *Cunningham,* le
» *Black-July* y conservent le premier rang ; 2º le *Solonis,* qui est
» une race remarquable que l'on sépare usuellement des *Riparia,*
» bien que sujette à des coups de soleil, continue à se montrer
» résistante et vigoureuse. »

» Je vais terminer, Messieurs, en lançant ma dernière pierre à la
tête des *Riparia ;* c'est M. Robin qui me fournira le pavé.

» Tous ceux qui s'occupent de viticulture américaine connaissent un article du Dr Despetis, intitulé : *Une maladie des*
Riparia dans la région lyonnaise. Des hectares de ce cépage y
sont morts. — De quoi? On n'en sait trop rien ; le Dr Despetis,
rassuré par l'examen des racines, concluait en disant : « De loin,
c'est quelque chose, et de près, ce n'est rien. » — Mais, chose
digne de remarque, c'est que personne, depuis deux ans, n'a
répliqué ; cet article est tombé dans l'oubli comme ces écrits
fantaisistes auxquels on n'attache aucune importance. Cependant,
l'honorable Dr Despetis n'est pas le premier venu dans la viticulture américaniste ?

» Quoi qu'il en soit, voici ce que M. Robin, interrogé par moi
à ce sujet, a bien voulu me répondre :

« Lapeyrouse-Mornay, 1er octobre 1881.

» CHER MONSIEUR LASSERRE,

» Vous m'excuserez de ne pas avoir répondu de suite à votre lettre du
» 24 septembre ; je relève d'une longue et grave maladie et ce n'est pas sans
» un certain effort que je puis écrire même aujourd'hui.

» Les *Riparia* sauvages cultivés par moi en grand et dans des conditions
» diverses m'ont donné la déception la plus complète et la plus inattendue.
» Voici quelques détails : Il y a cinq ans que je plantai environ 1,500 *Riparia*
» dans mes meilleures terres, là où toutes les vignes françaises étaient
» superbes en leur temps et où aujourd'hui toutes les vignes américaines,
» même les *Labrusca*, *Isabelle*, *Catawba*, *Diana*, etc., même les hybrides
» *Rulander*, *Eumelan*, etc., dépassent encore leurs devancières. Dans ces
» terres, les *Riparia* se maintiennent sur certains points, pendant que sur
» d'autres ils faiblissent et même périssent. Très peu sensible les années
» précédentes, le mal s'est considérablement aggravé cette dernière saison,
» et s'il ne s'arrête, c'en est fait de mes *Riparia* et, notez-le bien, *d'eux seuls*.
» Toutes les autres vignes, à l'exception cependant de l'*Elvira* qui périt au
» bout de quatre ou cinq ans, ne laissent *absolument rien à désirer*. Ces
» *Riparia* sont tantôt par groupes, tantôt isolés, et disposés sur une surface
» de 7 hectares.

» Dans l'hiver de 1878-1879 (c'est le cas le plus remarquable), je plantai
» une pièce de 8 hectares, moitié en *Riparia* et moitié en *Solonis*, *York's-*
» *Madeira*, *Vialla*, en ayant soin d'alterner chaque ligne de *Riparia* avec une
» ligne d'une de ces variétés. Ici le terrain est médiocre, mais très sain et
» très favorable à la vigne, puisqu'il y avait avant le phylloxera des *Gamays*
» (vigne délicate et de courte durée) qui avaient plus de cinquante ans et
» qui n'en étaient pas moins vigoureux. Ces *Riparia,* comme tous les autres
» plants, étaient tous des sujets de choix pris dans ma propre pépinière et
» marqués d'avance.

» La première année (1879), les *Riparia* dépassèrent toutes mes espérances;
» ils firent des pousses de 5 à 8 mètres, laissant bien loin derrière eux les
» trois associés, cependant bien vigoureux, que je leur avais donnés. Je fus
» tellement satisfait que, pendant l'hiver de 1879-1880, je remplaçai par des
» *Riparia*, toujours très sévèrement choisis, tous les *Solonis*, *Vialla* et *York*
» qui laissaient tant soit peu à désirer. Au printemps de 1880 je remarquai
» avec stupéfaction, je puis le dire, que, pendant que tout poussait, les *Riparia*
» seuls poussaient mal ou ne poussaient pas du tout. J'accusais l'hiver et
» bien d'autres choses aussi innocentes du cas, lorsque M. Reich m'apprit

» que ses *Riparia* (et ceux-là avaient cinq ans) allaient très mal [1]. En exami-
» nant attentivement ceux de ma première plantation, je constatai l'état
» maladif de beaucoup d'entre eux.

» Cette année 1881, c'est bien pire. Des lignes entières, notamment celles
» en bordure tout autour de la pièce et qui ne peuvent être travaillées que
» d'un côté, ont disparu. Dans toutes les autres, des vides ou des dépres-
» sions. — Que le mal persiste un ou deux ans, des 20,000 *Riparia* plantés
» là il n'en restera pas un seul.

» Heureusement que dans mes autres terres toutes les autres vignes se
» comportent à merveille : les *York,* là comme ailleurs, sont remarquables
» par l'uniformité de leur végétation.

» Maintenant quel est le mal de mes *Riparia?* Beaucoup de savants, plus
» encore de viticulteurs, les ont vus, sans que personne ait pu le carac-
» tériser. — Champignon, disent les uns; anthracnose, pourriture, disent
» les autres. Ce qui paraît certain, c'est que le phylloxera n'y est pour rien.
» Lorsqu'on arrache un plant, on le trouve avec tout son système radiculaire
» entier, sans pousses ou presque sans pousses nouvelles : les racines ne
» fonctionnent pas.

» Pour moi, le *Riparia* est une vigne à laquelle, au moins dans ma région,
» l'adaptation fait complètement défaut. Ceux qui le prônent ici n'en ont vu
» que dans leurs jardins ou dans des terres cultivées comme des jardins. Je
» les attends dans les terrains de leurs anciennes vignes.

» Vous pouvez faire de cette lettre l'usage que vous voudrez; les faits que
» je signale sont d'une exactitude que chacun peut venir contrôler. Seulement,
» et je vous prie de remarquer que j'insiste sur ce point, je n'y attache
» d'importance que pour les régions où ces faits se produisent. Les *Riparia*
» peuvent être et sont, paraît-il, d'excellents plants dans beaucoup de
» vignobles; mais, pour nous, ils ne valent absolument rien, à moins que la
» maladie qui les tue ne vienne à disparaître, ce que je désire sans l'espérer.

» Il y a quatre ans, un viticulteur de votre région m'envoya un *Riparia*
» *nouveau.* Ce *Riparia* était un *Solonis,* qui est aujourd'hui splendide. Ayant
» fait connaître son erreur à cette personne, elle m'adressa très gracieuse-
» ment l'année suivante dix vrais *Riparia nouveaux.* — Ils sont en complète
» dégringolade, ainsi que ceux de la collection X..., et ceux-là, notez-le bien,
» dans mes bonnes terres. »

» Messieurs, je reprends la parole pour résumer en deux mots ce
que j'ai eu l'honneur de vous exposer et conclure que :

» 1° Dans les terrains froids du Lot-et-Garonne, tous les américains
souffrent, le *Solonis* excepté;

[1] M. Robin habite la Drôme et M. Reich les Bouches-du-Rhône. — La Commission des
vignes américaines du Congrès de Bordeaux signale dans son rapport la défaillance des
Riparia de M. Reich et l'attribue à l'influence du sel marin. Pourquoi le chlorure de sodium
serait-il funeste aux *Riparia* et point aux autres cépages?

» 2° Qu'il paraît prudent de se méfier du *Riparia;*

» 3° Que le *Solonis*, le *Vialla* et l'*York*, dont nous connaissons la tenue depuis longtemps, doivent provisoirement lui être préférés. »

J. GUÉNANT,
Secrétaire adjoint de la Société d'Agriculture de la Gironde.

Procès-verbal de la séance du mercredi 12 octobre 1881 (soir).

Présidence de M. A. LALANDE.

M. JULIAN dit que la commune de Maguelonne (Hérault) se livrait avantageusement depuis nombre d'années à la culture du *Chasselas*, lorsque son vignoble fut attaqué en 1871 par le phylloxera et détruit presque entièrement en 1873.

M. Planchon était de retour de sa mission en Amérique, et il conseillait en ce moment la culture du *Taylor*. M. Julian n'hésita pas à suivre le conseil de l'honorable professeur. Il fit arracher quatre hectares de vignes phylloxérées qui furent replantées en *Taylor* sans aucune préparation du sol, en mettant dans un même trou creusé à la barre, une bouture américaine et une bouture française. La vigne française a succombé, tandis que les plants de *Taylor*, greffés en *Chasselas*, n'ont pas cessé de donner chaque année, jusqu'à présent, une abondante récolte.

L'orateur a continué ses plantations de vignes américaines, et il a reconstitué les trois quarts de son vignoble.

Il cultive le *Jacquez* pour la production directe et en est très satisfait, le *Riparia* et le *Taylor* comme porte-greffes.

Il plante le *Taylor* dans les terres fraîches et fertiles, les *Riparia* dans les autres terrains.

M. le Dr DESPETIS, délégué du Comice agricole de Béziers, fait la communication suivante :

« MESSIEURS,

» Plusieurs des personnes présentes m'ont témoigné le désir de me voir répondre à quelques-unes des assertions qui ont été émises dans le cours de la dernière séance sur le compte des vignes américaines. J'étais venu au Congrès de Bordeaux pour traiter devant vous un point particulier de l'étude pratique de ces vignes, celle de la sélection appliquée au *Riparia*, et non pour revenir d'une façon quelconque sur l'histoire générale de ces cépages; je crois cependant qu'il est nécessaire de le faire, et je vais l'essayer aussi brièvement que possible et en laissant de côté tout détail superflu, par suite du court espace de temps que le grand nombre de personnes que nous avons encore à entendre met à la disposition de chaque orateur.

» En fait de vignes américaines, on ne doit pas sortir, dans une réunion comme celle-ci, du domaine des faits généraux, on doit surtout se mettre en garde contre la tendance que nous avons si fortement en France, et qui consiste à généraliser de suite et d'après des résultats tirés de faits isolés ou entièrement localisés.

» Or, quand on a voulu planter des vignes américaines en France, on a trop oublié que nous avions affaire à des vignes fort différentes des nôtres, habituées à vivre dans des milieux et sous un climat entièrement différents de ceux au milieu desquels nous les placions. En un mot, qu'il s'agissait, non de remplacer simplement nos vignes par d'autres vignes, mais de procéder à l'acclimatement de plantes étrangères et soumises, par conséquent, à toutes les causes d'insuccès qui peuvent gêner l'acclimatement d'un végétal quelconque que l'on transporte de son milieu naturel dans une région totalement différente.

» L'acclimatement d'un végétal est l'effet d'une série de phénomènes des plus complexes, dont le résultat final est la possibilité pour la plante de vivre, de se développer, de fructifier et de se reproduire sans changement appréciable dans son mode de végétation et comme si elle n'avait jamais quitté son habitat naturel.

» Les conditions qui peuvent s'opposer entièrement au but que l'on se propose d'atteindre ou seulement en gêner plus ou moins considérablement l'exécution sont très nombreuses, et leurs combinaisons multiples donnent des résultats d'une variabilité infinie. On doit tenir compte de la chaleur, de la lumière, de l'humidité de l'air et du sol, de l'altitude de l'exposition, etc., etc., pour ne citer que quelques-unes des conditions du milieu extérieur. On doit se rappeler surtout que le végétal, fixé au sol par ses racines, doit trouver aisément sa nourriture à sa portée et pour ainsi dire toute préparée dans le sol au milieu duquel on le plante. Enfin, il faut aussi songer que les ennemis des plantes, les insectes surtout, peuvent gêner ou même empêcher complètement le développement de la plante, témoin le doryphora pour la pomme de terre et le phylloxera pour la vigne.

» A-t-on, au début des plantations, tenu compte de toutes ces choses? Pas le moins du monde. On s'est tout simplement figuré qu'il suffisait de prendre une bouture de vigne américaine, de la mettre à la place d'une vigne française, et l'on s'est croisé les bras ou à peu près en se figurant avoir résolu le problème; et l'on s'étonne après cela qu'il y ait eu des insuccès! une seule chose m'eût grandement étonné, c'est que les insuccès ne se fussent pas produits.

» Les vignes américaines, si on les envisage d'une façon générale, résistent toutes, ou plutôt sont toutes susceptibles de résister au phylloxera. Je dis qu'une vigne résiste quand, placée depuis sept à huit ans dans un milieu bien infesté, et à côté de vignes françaises détruites plusieurs fois de suite par l'insecte, elle ne présente au bout de ce temps aucun signe d'affaiblissement. J'ai étudié près de 300 variétés de vignes américaines et je n'en connais pas une seule bien pure de tout mélange de sang européen, dont je n'aie pu voir quelque part des pieds splendides de vigueur et dans les conditions précitées; toutes constituent donc pour moi des vignes résistantes, puisque toutes peuvent résister. Dans la pratique, on doit cependant faire des différences, et l'on doit seulement choisir et employer celles qui paraissent devoir résister partout.

» M. Foëx nous a appris par ses études sur les racines des vignes européennes et américaines que la résistance des dernières était due à la constitution propre de leurs racines, à la densité considérable de leurs tissus, aux faibles dimensions des cellules qui les composent, et à la difficulté des échanges de cellule à cellule.

» Ces propriétés n'existent pas au même degré dans toutes les vignes américaines, de là comme une sorte d'échelle de résistance qui va presque du degré le plus faible à la résistance presque absolue. L'insecte sait de lui-même faire ces différences. En effet tandis que sur certaines variétés, on en trouve de grandes quantités, que sur ces mêmes variétés, les lésions, nodosités et tubérosités sont nombreuses, et que les lésions peuvent, dans certains cas, entraîner rapidement à leur suite la destruction de la racine par suite de la propagation de la pourriture jusqu'au centre des faisceaux fibro-vasculaires; sur d'autres variétés au contraire, les insectes sont excessivement rares (j'ai une variété de *Riparia* sur laquelle je n'ai jamais pu depuis quatre ans rencontrer ni un insecte ni une trace quelconque de son passage), et les lésions produites sont toujours superficielles et sans aucune espèce de gravité; on ne les rencontre que sur les racines de faible dimension et de formation pour ainsi dire récente, et dans ce cas-là, par suite des propriétés de ces tissus si denses, la pourriture marchant très lentement, la cicatrisation se fait au-dessous de la nodosité, avant que la destruction n'ait pu pénétrer profondément et la racine n'est pas détruite.

» Or, la vigne française meurt, non parce que la piqûre produit une déperdition de sève, mais parce que cette piqûre amène à la suite et dans un temps relativement très court la destruction complète de la racine; la vigne américaine dans laquelle la racine se reconstitue très vite, ou bien ne présente au bout de peu de jours aucune trace du passage de l'ennemi, résiste au phylloxera parce qu'elle conserve son système radiculaire intact ou à peu près intact. Nous devons néanmoins donner évidemment la préférence à celles de ces vignes qui souffrent le moins de la présence de l'insecte, afin de mettre de notre côté les plus grandes chances de réussite.

» Une question des plus importantes dans l'étude des vignes américaines est celle de l'adaptation de ces vignes tant à nos sols qu'à nos climats, et cette question à l'étude depuis quatre ans ne trouvera peut-être sa solution définitive pour chacun de nous, que dans des études préliminaires sur une petite échelle pour chaque nature de terrain.

» Quand on visite des plantations de vignes américaines, on se trouve en présence de trois états bien différents sous le rapport du développement, et sur la description desquels il est nécessaire de s'arrêter un instant.

» En premier lieu, toutes ou presque toutes ces vignes sont atteintes de chlorose, et l'atteinte peut aller jusqu'au rabougrissement le plus complet et à la mort. Les feuilles sont jaunes, sèchent rapidement sur les bords d'abord, puis en entier, et se détachent; les petites feuilles qui se développent à l'aisselle des rameaux sont atteintes rapidement à leur tour et subissent le même sort; les sarments sont mollasses comme du caoutchouc et ne s'aoûtent pas. La vigne se rabougrit et meurt dans un temps assez court.

» Cet état n'est dû qu'à un manque absolu d'adaptation, il est comme je l'ai signalé en 1878, le résultat d'une nutrition insuffisante. Les vignes américaines peuvent toutes ou presque toutes le présenter dans des circonstances données et cela avec ou sans phylloxera sur les racines; mais l'insecte n'y est pour rien, et ce qui le prouve c'est que si avant que les vignes n'aient trop souffert, on les transporte dans un terrain mieux approprié à leurs besoins, on les voit revenir rapidement à la santé. Dans ces conditions défavorables elles sont fatalement condamnées à périr à courte échéance. Les terrains où on constate le plus souvent cette chlorose, sont les terrains blanchâtres privés de fer, et ce sont surtout ces faits qui ont conduit à faire accorder à la présence du fer dans le sol une grande influence sur la végétation des vignes américaines.

» Disons cependant que certaines variétés paraissent bien moins sujettes à la chlorose que les autres, et constatons avec satisfaction que c'est dans la série des vignes qui portent généralement peu d'insectes sur leurs racines que nous trouvons celles qui paraissent le moins affectées par les influences défavorables.

» Dans d'autres plantations, à côté de certaines variétés splendides de développement, et dont la végétation ne présente aucun arrêt depuis le printemps jusqu'aux premières gelées, nous en voyons d'autres qui, après des promesses brillantes, après être parties très vigoureusement au début, s'arrêtent presque complètement dès le début des chaleurs sèches de l'été, ne poussent plus et aoûtent leur bois et perdent leurs feuilles de bonne heure. Mais ici pas de chlorose, la vigne reste verte, elle grossit assez lentement il est vrai et devient plus vigoureuse avec l'âge, et des pluies survenant au mois de juin produisent un nouveau départ de la végétation. Les variétés qui ont d'habitude beaucoup de phylloxeras sur leurs racines et dont les racines souffrent des piqûres de l'insecte, présentent *seules* cet arrêt de leur végétation, et on ne le constate généralement que dans les terrains secs, peu profonds ou compacts et se fendillant l'été et dans les régions à périodes estivales éminemment sèches.

» L'examen du système radiculaire en donne l'explication; ces mêmes variétés à insectes nombreux, ont à ce moment leurs radicelles de nouvelle formation détruites par l'insecte, et les conditions dans lesquelles elles se trouvent placées ne leur permettant pas de les renouveler rapidement, elles se trouvent privées de bouches absorbantes au moment où elles en auraient le plus besoin pour suffire à l'évaporation exagérée du système aérien et naturellement leur développement s'arrête; mais elles ne meurent pas, elles résistent bien à l'insecte, car tous les ans le même phénomène se reproduit. Ces vignes continuent à se développer, mais plus lentement que les autres variétés auxquelles leur système radiculaire à peu près intact permet, même dans les cas défavorables, un développement de végétation des plus luxuriants, et si le phylloxera la gêne, c'est surtout le défaut d'humidité du sol qui en est la première cause. Ces vignes ne meurent pas, malgré cette crise annuelle, donc elles résistent dans un terrain frais. Elles renouvellent leurs radicelles avant même que l'insecte n'ait pu les détruire. Et il y a lieu alors d'être effrayé, quand on se rend compte du fabuleux travail de Pénélope souterrain auquel se livrent certaines de ces variétés à phylloxera, telles que le *Taylor*, quand elles se trouvent placées dans un sol frais, meuble, en un mot favorable à l'émission des racines. Elles s'y comportent alors parfaitement, et, malgré la présence de quantités énormes de phylloxeras, ce travail de reconstitution radicellaire de tous les jours n'affecte en rien le développement du système aérien, qui devient d'une exubérance extraordinaire. Dans la pratique cependant, je ne dirai pas qu'on doit donner la préférence aux autres variétés, j'affirmerai qu'on doit s'en servir exclusivement.

» Enfin, dans d'autres conditions, toutes les vignes américaines atteignent leur développement normal, malgré la présence de l'insecte en plus ou moins grande quantité sur les racines, suivant les variétés; elles ne présentent plus, sous le rapport de la végétation, que les différences qui tiennent à leur constitution propre, et ce n'est bien réellement que par l'examen des racines que l'on constate la présence de l'ennemi, les fouilles seules permettent, en effet, d'en affirmer l'existence.

» Il résulte bien, suivant moi, de cette étude que, si toutes ou presque toutes les vignes américaines résistent ou sont susceptibles de résister au phylloxera dans des conditions données, il n'y en a pas moins un choix à faire parmi elles ; que ce choix est d'une grande importance, et que c'est surtout aux variétés qui portent d'habitude peu d'insectes sur leurs racines et chez lesquelles les lésions, quand elles existent, n'offrent jamais de gravité réelle, que doit s'adresser le viticulteur désireux de renouveler son vignoble. Seules, ces variétés lui offrent de réelles garanties pour l'avenir, et c'est sur elles qu'il devra essayer de résoudre chez lui le problème de l'adaptation par des essais nombreux et faits sur une petite échelle. La solution, soyez-en sûrs, ne sera pas longue à obtenir : dès la deuxième année souvent, dès la troisième à coup sûr, les résultats s'accuseront d'une façon telle, que chacun pourra alors marcher rapidement et avec toute la sécurité désirable.

» Les vignes américaines doivent ensuite être étudiées au point de vue des ressources qu'elles peuvent nous donner soit par elles-mêmes *(producteurs directs)*, soit par le secours que leurs racines apportent à nos excellentes et anciennes variétés *(porte-greffes)*.

» Laissant entièrement de côté, vu le peu de temps dont je dispose, quelques variétés méritantes encore à l'étude, nous pouvons dire que peu de variétés de ces vignes possèdent des qualités telles qu'on puisse les recommander pour la culture directe. L'influence du climat, d'ailleurs, devient ici presque prépondérante et c'est lui qui doit à peu près entièrement fixer le choix de l'agriculteur.

» Parmi ces producteurs directs, nous devons citer en première ligne le *Jacquez*. Ce cépage donne, dans toute la région méditerranéenne, des résultats tellement remarquables, que l'on peut affirmer que, le phylloxera vînt-il à disparaître, ce cépage resterait dans nos cultures, ne fût-ce qu'à titre de teinturier. Il améliorera d'une façon remarquable la qualité des vins de consommation que nous produisions avant le désastre, et que nous continuerons à produire par le greffage de nos variétés à forte production sur racines américaines résistantes, et sa bonne tenue générale, sa vigueur et sa production expliquent suffisamment la vogue dont il jouit dans toute cette région.

» Dans la Gironde et dans toutes les parties à climat humide de la région du Sud-Ouest, l'anthracnose, à laquelle il est fort sujet, le rendra de peu d'utilité, à moins que des études et des expériences en cours d'exécution, il ne sorte un moyen sûr de combattre cette redoutable maladie; et dans le Nord, le Beaujolais, par exemple, la même affection et le défaut de maturité limiteront aussi beaucoup le champ de son emploi. Mais ce sont là des résultats localisés qui n'enlèvent rien de sa valeur à ce cépage remarquable, et c'est être de mauvaise foi que de se servir de ces faits comme d'une arme contre l'emploi des vignes américaines. Quoi qu'on dise et quoi qu'on fasse, les viticulteurs du Midi renonceront difficilement au *Jacquez*.

» Si ce cépage ne peut du moins jusqu'à présent être employé dans le Sud-Ouest, il en est un autre qui vient assez mal dans le Midi, et qui se comporte au contraire fort bien dans la Gironde : c'est l'*Herbemont*. Il s'y montre en effet à peu près exempt de mildew et d'anthracnose et y produit en assez grande abondance un vin moins coloré et moins alcoolique que celui du *Jacquez*, mais meilleur et beaucoup plus fin. Il est réellement utilisable dans le Sud-Ouest pour la production des vins communs.

» Enfin, si nous nous transportons plus au Nord, dans la région du Beaujolais, ou dans les parties élevées de la Drôme, les viticulteurs trouveront encore dans les vignes américaines des cépages capables de leur donner comme producteurs directs de réelles satisfactions, mais c'est aux *æstivalis* dits rouillés, *Norton's* et *Cynthiana* par exemple, qu'ils devront s'adresser. Ils en retireront avec une production sinon très abondante, au moins assez satisfaisante, des vins francs de goût, d'un titre alcoolique élevé et d'une puissance de coloration des plus remarquables. Ce dernier exemple fait ressortir de la manière la plus évidente l'influence du climat. Ces cépages viennent généralement fort mal dans le Midi, et quand ils y atteignent un certain développement, ils se mettent tard à fruit, et leurs fruits y mûrissent avec une certaine difficulté; c'est tout le contraire qui se produit dans la Drôme et dans le Beaujolais, dont le climat plus froid est cependant bien moins approprié à la culture de la vigne que celui de la région méditerranéenne. Mais si nous nous reportons à ce qui se passe aux États-Unis, nous voyons que le *Norton's* et le *Cynthiana* sont cultivés seulement dans le Nord, climat froid et humide; l'*Herbemont* au Centre et au Sud, climat relativement chaud et humide, et que le *Jacquez* ne réussit que dans l'extrême Sud, au Texas, climat chaud et sec. La tenue de ces mêmes vignes dans les différentes régions viticoles de la France est venue nous rappeler qu'en fait d'acclimatement les questions de milieu ont, comme je le disais au début, une importance réelle.

» Si, comme vous le voyez, les vignes américaines peuvent rendre quelques services comme production directe, il n'en est pas moins certain que c'est surtout comme porte-greffes qu'elles nous rendront les services les plus importants. Le Midi n'abandonnera pas certainement ses cépages à grande production : la Gironde et la Bourgogne conserveront à tout prix leurs cépages fins. C'était d'ailleurs à la suite d'expériences pratiques plus que séculaires que chaque région avait choisi les cépages qui faisaient sa fortune et sa réputation vinicole, et la greffe sur racines américaines résistantes nous permettra non seulement de conserver ces précieuses variétés avec toutes leurs qualités, mais encore de ne rien changer aux conditions de culture spéciales à chaque région et dont une longue pratique avait démontré l'excellence et l'efficacité.

» Ici les considérations sur la résistance développées déjà reprennent le premier rang, et l'adaptation au sol toute son importance. En fait de porte-greffe, en effet, la vigueur absolue et dans toute l'acception du mot est la première qualité à rechercher.

» Quelles sont donc les vignes sur lesquelles doit se porter le choix du viticulteur? Trois constituent des variétés distinctes, ce sont le *Solonis*, l'*York's-Madeira* et le *Vialla*; les autres constituent deux groupes bien accusés, comprenant chacun un grand nombre de variétés parmi lesquelles il y a un choix et un véritable triage à effectuer.

» Occupons-nous d'abord des premières, puis nous passerons à l'étude des deux groupes en question et dont l'un, celui des *Riparia*, devait faire à lui seul le sujet de la communication pour laquelle j'avais demandé l'honneur d'une inscription sur la liste des orateurs du Congrès.

» Du *Solonis*, du *York* et du *Vialla*, je dirai peu de chose. Leur résistance est hors de toute contestation, et l'honneur de l'avoir signalée le premier appartient tout entier à M. Laliman.

» Le *Solonis* est une vigne d'une vigueur remarquable et se montre de plus un excellent porte-greffe. Il est en outre, sous le rapport du terrain, beaucoup moins difficile que l'on ne l'a dit, et ne craint réellement trop que les terrains peu profonds. Il paraît être avec certains *Riparia* le seul cépage qui pourra être employé dans les coteaux calcaires des Charentes. Il est peu sujet à la chlorose, ne craint pas les terres noyées, et constitue un type unique, ce qui assure la régularité des vignes reconstituées avec ce cépage.

» Sa résistance est de premier ordre et incontestable, et bien que dans certaines circonstances, et quand il souffre légèrement du terrain, il soit plus atteint par l'insecte que l'*York's-Madeira* et la plupart des *Riparia*, quand il se trouve dans des terres qui lui conviennent réellement, telles que celles de M. Robin dans la Drôme, il n'a pas alors d'insectes sur les racines. C'est évidemment un *Riparia* sinon type, du moins fort légèrement hybride. M. Millardet lui trouve une certaine dose de sang de *Rupestris*.

» L'*York's-Madeira* qui existe en France (collection de la Dorée) depuis de longues années est aussi un hybride. Il est d'un développement moins luxuriant que celui des autres porte-greffes à recommander, mais on doit le ranger à côté des meilleurs *Riparia* sous le rapport du nombre des insectes. Il n'en porte que tout à fait exceptionnellement et les lésions sont toujours des plus superficielles. Bien qu'il craigne les terres blanches, où il se chlorose quelquefois, il est doué d'une résistance remarquable à la sécheresse et ne pousse vigoureusement qu'avec les chaleurs de juin. Il reprend assez bien de bouture et nourrit vigoureusement les greffons qu'on lui fait supporter : c'est une vigne de première valeur.

» Le *Vialla*, lui, est un enfant de la Gironde; c'est un semis obtenu par M. Laliman, et un hybride certain. Il meurt souvent dès la première année dans certains terrains marneux blanchâtres, mais se comporte admirablement dans les terres rouges même très arides. Il a moins besoin de chaleur que les deux cépages précédents pour acquérir tout son développement et pourra être sans inconvénient cultivé beaucoup plus au nord. C'est un porte-greffe remarquable qui se soude admirablement avec la plupart de nos variétés européennes et m'a donné sous ce rapport les plus beaux résultats, surtout comme porte-greffe de l'*Alicante-Bouschet*.

» Il est un peu plus fréquenté par l'insecte que les autres cépages que je recommande, mais infiniment moins que la plupart des autres vignes américaines; sa résistance est aujourd'hui bien démontrée et c'est encore là un cépage à recommander. Mais il faut bien le distinguer du *Franklin* avec lequel on l'a confondu pendant quelques années, et auquel il est bien supérieur sous tous les rapports.

» Les *Rupestris* forment un groupe composé de variétés excessivement voisines, et qui ne diffèrent que par des nuances. D'une façon générale on peut dire que les formes femelles sont beaucoup moins rustiques que les formes mâles. Leurs racines ne portent que rarement des traces du passage de l'insecte et certaines variétés, du moins jusqu'à présent, peuvent être considérées comme indemnes. Ces vignes paraissent surtout affectionner les terrains pierreux. Elles reprennent bien de bouture, grossissent assez vite du pied et portent très bien la greffe; certaines formes paraissent redouter les terrains bas et gardant l'eau : ce sont certainement des vignes à ne pas négliger.

» Nous n'avons plus maintenant à nous occuper que des *Riparia*. Ce fut au mois d'octobre 1877 que le regretté M. Fabre, de Saint-Clément, dans une courte note publiée dans le *Journal d'Agriculture pratique*, attira, pour la première fois, l'attention des viticulteurs sur les propriétés si remarquables de résistance offertes chez lui par une vigne sauvage des États-Unis appartenant au groupe des *Riparia* et dont il possédait quelques exemplaires. Cette vigne, d'après le propriétaire de Saint-Clément, possédait des racines toutes spéciales sur lesquelles l'insecte ne se rencontrait pas et paraissait, d'après la force de sa végétation et sa facilité de reprise au bouturage, devoir constituer un porte-greffe des plus remarquables.

» L'attention de la partie du public vinicole qui depuis quelques années ne voyait déjà plus le salut que dans la vigne américaine, au moins pour une très grande partie de la région culturale de la vigne, fut vivement frappée par cette communication, et de fortes quantités de *Riparia* ou *Cordifolia* sauvages furent immédiatement demandées aux pépiniéristes des États-Unis.

» Les essais ultérieurs ont démontré que les prévisions de M. Fabre étaient entièrement fondées, et aujourd'hui on peut affirmer que si les vignes américaines sont appelées à relever les ruines dont elles sont très probablement la cause première, les *Riparia* sauvages auront à leur actif la plus grande part dans la reconstitution des vignobles déjà détruits ou qui sont à la veille de l'être.

» A cette époque, les causes réelles de la résistance des vignes américaines étaient entièrement ignorées, et M. Fabre attribuait l'immunité si remarquable offerte par ses *Riparia* non pas à la constitution propre de leurs racines, mais à la façon dont ces racines se comportaient et se logeaient dans les profondeurs du sol.

» Dans une visite que j'eus l'honneur de lui faire quelques mois avant la publication de sa note, il voulut bien me faire part de ses idées à ce sujet : il attribuait aux *Riparia* comme deux systèmes radiculaires distincts : l'un traçant presque à la surface du sol, l'autre plongeant profondément, et c'était dans cette disposition qu'il croyait spéciale à cette vigne qu'il plaçait la cause de la résistance si remarquable offerte par les vignes de ce groupe.

» A ce dernier point de vue, M. Fabre était dans l'erreur, ainsi qu'au sujet de l'immunité absolue qui, d'après lui, était l'apanage de cette vigne. Nous savons aujourd'hui que les *Riparia* doivent leur résistance si remarquable à la constitution propre et à la rapidité de lignification de leurs racines, et M. Millardet, professeur à la Faculté des sciences de Bordeaux, annonçait, dès le mois de novembre de la même année 1877, que le *Riparia* de Saint-Clément n'était pas entièrement indemne, comme le croyait M. Fabre; mais il ajoutait, que s'il portait quelquefois de rares nodosités, ces nodosités et les lésions qu'elles entraînaient à leur suite étaient toujours superficielles et ne pourraient probablement, dans aucun cas, apporter le moindre obstacle au développement de cette espèce de vignes; mais si M. Fabre s'était trompé sur les causes réelles de la résistance de ses *Riparia,* ce n'en est pas moins à lui que nous sommes redevables des premières recherches sur ces vignes d'élite; sa note de septembre 1877 a été le point de départ de tous les essais, de toutes les études faites depuis cette époque, et, au début de cette communication, c'était un devoir pour moi de le proclamer hautement.

» Confondus d'abord avec les *Cordifolia* sauvages, dont ils sont aujourd'hui bien distincts tant au point de vue des caractères botaniques que des propriétés qu'ils présentent au point de vue agricole, les *Riparia* forment aujourd'hui un groupe botanique qui a des caractères propres bien accusés; ils constituent une famille bien tranchée à ajouter à celles dont on reconnaît aujourd'hui l'existence aux États-Unis.

» Ils furent, dès le début, l'objet d'un grand engouement, et c'est probablement par millions qu'il faudrait compter aujourd'hui les pieds qui existent déjà dans tout le midi de la France. Cet engouement, vous en conviendrez, était bien justifié : développement et vigueur des plus remarquables, adaptation presque sans difficultés, grande facilité de reprise de bouture et de greffe; et, en outre, absence presque complète d'insectes sur les racines, malgré les voisinages les plus compromettants; c'était là un ensemble de caractères qu'aucune autre vigne américaine ne pouvait se flatter de posséder, du moins au même degré, et ce fut pour ainsi dire par acclamation que fut acceptée au Congrès de Montpellier la proposition faite par M. Henri Marès, de désigner en signe de reconnaissance et de regrets le *Riparia* dit *Riparia-Michaux-type* sous le nom de *Riparia-Fabre.*

» Le mal est que le *Riparia-Michaux-type* n'existe pas, du moins la description de Michaux s'applique d'une façon absolue à toutes les formes de *Riparia.* Il existe, en outre, à Saint-Clément comme dans toutes les plantations de *Riparia* importés, une foule de variétés de *Riparia* bien différentes sous le rapport des aptitudes; en un mot, le *Riparia-Fabre* n'a pas d'existence légale, et cette désignation ne s'applique à rien de distinct. Le témoignage de reconnaissance voté par le Congrès de Montpellier ne doit cependant pas disparaître; mais il doit s'appliquer à quelque chose de bien caractérisé, et, quand j'aurai terminé les études sur la sélection des *Riparia* auxquelles je me livre depuis quatre ans, je me propose de désigner sous le nom de *Riparia-Fabre* une des variétés qui me paraîtront le plus recommandables. Au début, en effet, on disait *le Riparia,* c'était *les Riparia* qu'il fallait dire ; et, quand on songe que de toutes les familles de vignes américaines, celle des *Riparia* est celle dont l'aire de dispersion est la plus étendue, et qu'on trouve des *Riparia* partout, depuis la région des Grands-Lacs jusqu'à la pointe sud de la Floride, depuis les Andes jusqu'aux bords de l'Océan, on comprend l'utilité de ce pluriel. Car ces vignes, que l'on croyait une seule espèce de vignes, composent en réalité un groupe aussi nombreux comme variétés qu'il peut en exister de pieds sur une surface énorme et où l'on en trouve partout.

» Les *Riparia* sauvages, qu'ils poussent sur les coteaux les plus arides ou sur les bords noyés des grands fleuves, qu'ils proviennent des plaines relativement froides du Nord ou des sables brûlants du Texas et des lagunes de la Floride, sont tous le produit de semis accidentels. Chacun naît avec des qualités propres, tant au point de vue de la vigueur qu'au point de vue des aptitudes, et, bien que nous puissions admettre que par suite des nécessités de la lutte pour l'existence nous n'ayons guère reçu, en France, que des variétés assez rustiques pour avoir pu surmonter de grandes difficultés, il n'en est pas moins certain que nous avons reçu sous ce nom commun des vignes bien différentes sous le rapport de leurs exigences et de leurs propriétés particulières ; de là l'explication de ces louanges et de ces reproches, de là ce contraste que l'on constate, et ce fait de pieds d'un développement si remarquable et qui, une fois greffés, donnent des récoltes tellement au-dessus de ce que nous pouvions espérer, qu'elles sont presque traitées de fables par les personnes qui n'ont pas été à même de les constater, et de ces pieds chétifs, délicats, paraissant souffrir de tout, et que leur faible développement dans la plupart des terrains rend non seulement inutilisables, mais doit faire exclure soigneusement de toute nouvelle plantation.

» Les différences de vigueur sont telles que dans des plantations du même âge, trois ans par exemple, on trouve tous les degrés de développement depuis le tronc d'un centimètre de diamètre et les pousses de 0m80 à 1 mètre, jusqu'au tronc de 4 à 5 centimètres et aux sarments de 8 et 10 mètres de long.

» Les greffes accusent exactement et présentent tout à fait ces différences de développement et j'ai pu bien souvent, rien que sur les caractères de la végétation extérieure, affirmer *à priori* le greffage sur une mauvaise variété, fait dont l'existence d'un rejet me permettait fréquemment de fournir la preuve immédiate.

» Outre l'inconvénient qu'il y a à avoir des vignes en plein plantées de vignes si différentes sous le rapport de la vigueur, comme cette dernière qualité est après la résistance la première à rechercher chez un porte-greffe, il est facile de comprendre l'avantage qu'il y a pour un viticulteur à n'employer exclusivement que les variétés de premier ordre comme développement. Sur les variétés délicates ou faibles, généralement le tronc ne se développe que lentement, le greffon prend au contraire un développement considérable et ces souches en goupillon ne doivent inspirer qu'une confiance fort médiocre pour l'avenir.

» Quant à la résistance, elle n'est point douteuse pour tout *Riparia* sauvage pur. Sur toutes les formes, et bien qu'il y en ait quelques-unes sur lesquelles l'insecte se rencontre plus abondamment et plus fréquemment, le phylloxera est toujours fort rare, et les lésions, toujours superficielles, ne se retrouvent guère que sur les radicelles les plus ténues et les plus fines et n'offrent jamais de gravité sérieuse. Il n'y en a pas moins matière à une première sélection sous ce rapport, certaines formes qui ne sont presque jamais atteintes et qu'on peut considérer comme à peu près indemnes devant, à vigueur et à bonne tenue égales, avoir évidemment la préférence.

» On peut d'ailleurs, au point de vue des racines, diviser les *Riparia* en trois groupes distincts, et l'examen du système radiculaire du plant d'un an lorsqu'on lève la pépinière, offre cet avantage qu'il donne déjà quelques indications sur les aptitudes culturales de la variété. Il est bien entendu que les indications que je donne touchant ce groupe des *Riparia* n'ont absolument rien d'absolu, et que si elles embrassent la généralité des faits observés, je n'ai nullement la prétention qu'elles s'adresseront à la totalité, en un mot qu'il ne pourra pas y avoir quelques exceptions aux règles générales que je suis en train de chercher à établir.

» En premier lieu, nous avons affaire à des racines peu nombreuses, courtes, coniques, se divisant comme celles des vignes européennes, portant peu de chevelu, à épiderme rougeâtre, tantôt sèches, très dures, fibreuses, généralement indemnes, ou assez épaisses et presque charnues (dans ce cas l'insecte s'y montre assez fréquemment). Ce sont là en un mot des racines de plantes à développement lent, et c'est surtout dans ce groupe que l'on rencontre les variétés les plus faibles, les plus délicates et craignant surtout la sécheresse, et à moins qu'elles ne montrent une aptitude particulière pour certains terrains gardant longtemps l'humidité, elles sont généralement à rejeter.

» En deuxième lieu nous avons affaire à un système radiculaire tout spécial: Ce sont des racines très nombreuses, droites, sans ramification, presque sans chevelu, formant comme une crinière de cheval qui sort de toutes les fissures de l'écorce; elles sont minces, longues, rigides, tenaces et de couleur généralement jaune clair. C'est là le groupe que les ouvriers de Mme Ponsot ont si pittoresquement désigné sous le nom de *racines ficelles*. On n'y constate que rarement le passage d'un insecte isolé, et c'est surtout dans ces variétés à racines ficelles que l'on trouve ces formes de *Riparia* tellement rustiques qu'on a pu conseiller les *Riparia* comme les vignes par excellence des terrains secs.

» Enfin on trouve un troisième groupe à racines pour ainsi dire intermédiaires entre les deux autres, mais offrant un chevelu excessivement abondant et qui a toutes les apparences d'une perruque; la couleur des racines est généralement assez foncée. Ce sont surtout ces formes qui prennent dans les terrains frais et meubles un grand développement que la constitution de leur système radiculaire ne leur permet d'atteindre que fort difficilement dans les terrains secs. On constate assez fréquemment sur ces variétés l'existence de nodosités peu nombreuses sur les extrémités des fibrilles du chevelu.

» Si l'on se rappelle en outre que les variétés à sarments pubescents n'atteignent aussi tout leur développement que dans les terrains frais et meubles, et que c'est surtout dans les formes à sarments glabres qu'il faut aller chercher les *Riparia* de terres sèches, il y a là un ensemble de caractères pouvant déjà fournir quelques indications utiles, bien que, comme je l'ai déjà fait observer, il n'y ait rien d'absolu dans les faits que je signale.

» Certaines variétés font peu de sarments, mais les font très gros, et sans branches latérales très développées; chez d'autres, au contraire, malgré de fort grosses pousses maîtresses, les branches latérales prennent un remarquable développement, d'autres variétés ont une profusion de sarments à diamètre moyen et des troncs très développés; enfin quelques variétés très rustiques ont un développement de végétation, et un système aérien à demi érigé qui n'est nullement en rapport avec la croissance excessivement rapide du tronc.

» Les premières sont précieuses pour les greffes-boutures, ou la greffe des racinés sur la table; les autres offrent au contraire de grands avantages pour la greffe sur place.

» A vigueur égale et à même constitution du système radiculaire, on doit donner la préférence aux variétés à moelle étroite. En boutures greffées elles réussissent mieux, et quand on les plante directement pour la greffe sur place, elles souffrent beaucoup moins des hales du printemps, et l'on n'a pas aussi souvent avec ces dernières la dessiccation de toute la partie de la tige hors de terre du côté opposé au bourgeon, que l'on rencontre assez fréquemment sur les variétés à moelle large, et qui rend alors la greffe sur place assez difficile à exécuter sur pieds de un à deux ans.

» Les feuilles bien peignées, c'est-à-dire offrant sur les nervures du côté inférieur de la feuille ces rangées de poils raides très visibles à l'œil nu et auxquels j'ai donné le nom de *peigne,* sont aussi très généralement un bon signe de rusticité. Les variétés peu peignées paraissent beaucoup plus sensibles aux gelées du printemps, aux sécheresses de l'été, et perdent leurs feuilles beaucoup plus tôt.

» On doit donner la préférence aux feuilles épaisses, comme vernies, vert foncé, qui tiennent tard à la souche, au moins pour les terrains secs. Les grandes feuilles minces, membraneuses, appartiennent surtout aux formes de terrain frais. La grandeur des feuilles n'a d'ailleurs qu'une importance secondaire, et est souvent le résultat de la richesse du sol. Les formes réellement à grandes feuilles sont fort rares et je n'en connais qu'un fort petit nombre.

» La couleur du bois a peu d'importance et dans les variétés dites à bois rouge, rouge dont les nuances peuvent d'ailleurs varier à l'infini, il y a énormément de variétés mauvaises et médiocres, par la raison toute simple que cette couleur est de beaucoup la plus fréquente de toutes au moment de l'aoûtement du bois. Cependant les variétés vigoureuses et à bois rouge bien accusé doivent être rangées parmi les meilleures.

» On doit accorder au contraire une certaine importance à la nature des écorces. D'une façon générale on doit choisir les bois à écorces bien lisses et polies, comme vernies, et ne pas trop se fier aux écorces cannelées, bien que quelques-unes des formes les plus vigoureuses possèdent des écorces de cette nature. Les écorces très épaisses, et comme verruqueuses ou tachetées sur le bas des sarments maîtres, ne constituent pas non plus une mauvaise indication.

» En somme, on trouve ordinairement, dans les plantations primitives de *Riparia,* une faible quantité de formes de premier ordre, un assez grand nombre de variétés de deuxième ordre que l'on peut classer comme bonnes, et suivant les plantations, une pro-

portion plus ou moins forte, souvent très considérable, de variétés
très médiocres ou même tout à fait mauvaises.

» J'ai essayé d'arriver à une description méthodique des formes
que je croyais pouvoir regarder comme les meilleures; malgré une
étude des plus attentives, et à l'exemple de mes amis du Var,
MM. Davin et Ganzin, j'ai été obligé d'y renoncer, n'ayant pu
réussir à trouver un ensemble de caractères botaniques assez tran-
chés pour me permettre d'arriver à une description simple, pratique
et à la portée des viticulteurs.

» J'ai essayé de me rabattre sur les groupes, et je n'ai pu non
plus, quoique certains de ces groupes présentent assez d'uniformité
dans le développement, arriver à un classement utile; partout, en
effet, je me suis heurté à ces différences considérables de vigueur
des différentes formes, aggravées encore dans certains cas par la
question de l'adaptation.

» J'ai dû me borner à la sélection sur le terrain; en choisissant
seulement des variétés vigoureuses, en sélectionnant parmi ces
dernières celles dont les racines offraient au microscope les signes
d'une lignification des plus rapides, et en les changeant une ou
deux fois de terrain, je suis arrivé par des éliminations successives
à avoir dans mes plantations de *Riparia* une régularité des plus
remarquables. J'aurais beaucoup désiré mener de front l'étude de
l'adaptation de ces différentes variétés aux différents sols; et cette
question a une grande importance, car dans certaines argiles grises
du département de l'Hérault, il n'y a guère qu'une seule variété à
gros sarments violets qui se comporte tout à fait bien, mais ces
études demandaient des voyages fréquents et par conséquent de
fortes dépenses.

» Considérant cependant combien la solution de cette question
était d'intérêt général, j'ai pensé à demander un permis de circulation valable pendant quelques mois et pour ce but bien déterminé;
j'ai le regret de dire qu'il m'a été répondu par la Compagnie de chemins de fer à laquelle je me suis adressé, que le conseil d'administration n'autorisait la délivrance de ces permis qu'aux personnes qui
s'occupaient du sulfure de carbone, et je n'ai pas été plus heureux
dans mes tentatives pour arriver au ministère de l'agriculture. Les
études que je poursuivais et dont la solution eût été ainsi fort
avancée, me paraissaient cependant offrir un assez grand intérêt
pour la masse des viticulteurs, pour que la demande que j'adressais
reçût un meilleur accueil.

» Je dois ajouter que, dès ma première communication à ce sujet au Congrès de Nîmes, plusieurs viticulteurs, et parmi eux je citerai l'honorable président de la Société d'Agriculture de l'Hérault, M. Vialla, frappés de l'importance des faits que je signalais, ont fait chez eux des éliminations sévères, et sont arrivés à des résultats satisfaisants à tous les points de vue. Je dois remercier surtout M. Vialla qui m'a beaucoup encouragé à continuer les études entreprises et dont les appréciations favorables auront peut-être contribué beaucoup à m'empêcher de les abandonner.

» Quoi qu'il en soit, j'en suis à ma troisième sélection, et j'en ai encore deux à faire pour arriver à la connaissance complète des aptitudes propres et spéciales qui me permettront de mettre en tête de ligne un petit nombre, dix ou douze au plus, de variétés bien déterminées. Faudrait-il conclure de tout ce que je viens de dire que chaque viticulteur qui voudra planter des *Riparia* sera obligé de se livrer à des études et à des essais aussi longs et aussi coûteux? Heureusement et certainement non. Les variétés de premier ordre sont très rares et ne seront mulipliées suffisamment que dans quelques années, et elles se multiplieront toutes seules, car tous ceux qui en auront quelques pieds les garderont et les multiplieront avec soin; mais les variétés simplement bonnes, celles qu'on peut ranger dans la deuxième catégorie, sont assez nombreuses, et elles sont toutes plus que suffisamment vigoureuses pour donner des greffes splendides de développement et de fructification, et si en se basant sur les quelques indications que je viens de donner, on prend quelques précautions à la portée de tout le monde, on arrivera certainement à de bons résultats et dans tous les cas on n'aura pas de mécomptes.

» Ces précautions consistent à ne planter, ou à n'acheter que les boutures de pieds marqués à l'avance, choisis parmi les plus vigoureux de la plantation, et prises autant que possible dans un terrain de fertilité moyenne ; puis, comme une adaptation manquée pourrait venir gêner l'expérience, ne jamais fixer son choix sur une seule variété, mais en choisir un certain nombre (huit ou dix par exemple) parmi lesquelles il sera facile dès la deuxième année d'en éliminer un certain nombre pour ne conserver pour la multiplication que les deux ou trois formes les plus vigoureuses, et dont les caractères comme grosseur du bois ou du pied s'accorderont le mieux avec les intentions ou les préférences du viticulteur au point de vue du système de greffage adopté. En agissant ainsi, on n'arrivera peut-être pas à la perfection que je cherche à obtenir, mais à coup sûr on évitera les mécomptes; on obtiendra certainement de fort belles vignes et c'est là l'essentiel.

» En résumé, Messieurs, étant donné que les *Riparia* et les *Rupestris* bien choisis, le *Yorks'-Madeira,* le *Solonis* et le *Vialla* sont et de beaucoup les vignes américaines qui, à tous les points de vue, peuvent être regardées comme les meilleurs porte-greffes, c'est sur celle de ces vignes qui viendra le mieux chez lui que chaque agriculteur doit fixer son choix, et je crois que dans l'état actuel de nos connaissances sur la question, on peut affirmer que ces essais préliminaires une fois faits, et ils demandent deux ans tout au plus, la reconstitution d'un vignoble n'est plus qu'une question de temps et d'argent. »

M. ALLIEN, conseiller général de l'Hérault et maire de la commune de Saint-Georges, entretient le Congrès des travaux exécutés par cette commune pour la défense et la reconstitution de son vignoble.

C'est en 1871 que le phylloxera fit son apparition à Saint-Georges. Tous les produits chimiques alors recommandés comme insecticides furent immédiatement employés contre l'insecte, sans donner le moindre résultat avantageux. Les habitants de Saint-Georges tournèrent alors leurs regards sur les vignes américaines.

Le *Clinton,* vanté à l'époque, fut greffé sur souches françaises, afin de produire promptement des boutures qui furent utilisées. On planta en même temps du *Taylor.* Toutes ces vignes, greffées à la deuxième ou troisième année de plantation, ont donné jusqu'à présent des récoltes au moins égales à celles que produisaient autrefois les ceps francs de pied.

En 1877 commencèrent les plantations de *Vialla* dans les terrains calcaires et secs où le *Clinton* et le *Taylor* ne prospéraient pas. Le *Vialla* vient partout magnifique et reçoit avec sûreté la greffe de nos vignes.

Les plantations les plus importantes avaient été faites en *Clinton* et en *Taylor,* mais le *Jacquez* ayant été plus recommandé, les vignerons de Saint-Georges greffèrent avec ce cépage plusieurs hectares de *Clinton* et de *Taylor,* afin d'avoir à meilleur compte un bois précieux. Ces greffes ne prirent que dans la proportion de 50 0/0 au plus. Le *Jacquez* réussit bien à Saint-Georges, comme producteur direct.

Depuis trois ans, les plantations les plus nombreuses se font en

Riparia. Ce cépage jouit d'un grand nombre d'avantages. Il s'adapte avec succès à tous les terrains; il possède une végétation toujours supérieure à tous ses congénères, dans le même milieu; sa reprise de bouture est assurée, et il ne laisse rien à désirer comme porte-greffe. Il donne à la variété française greffée une exubérante végétation et une production abondante, allant jusqu'à 18 kilogrammes de raisins par souche.

D'une manière générale, le greffage réussit à Saint-Georges dans la proportion de 85 à 95 0/0 sur vignes de deux ans, et presque complètement sur vignes d'un an. Ce dernier mode de greffage paraît donc préférable, puisqu'il donne le plus grand nombre de reprises; mais lorsqu'il est pratiqué sur des plants faibles, en terrain sec, on obtient rarement des soudures parfaites. La greffe en fente est la greffe préférée pour les sujets de deux ans et au-dessus. La greffe anglaise, la greffe Champin, et même la greffe en fente, sont employées sur les sujets d'un an.

L'orateur rend compte d'expériences d'adaptation faites par un viticulteur distingué de la commune de Saint-Georges.

1º Dans les terrains siliceux-ferrugineux, les plants les plus vigoureux sont :

Les *Riparia*, le *Vialla*, l'*Oporto*.

Le *Solonis* souffre de la chaleur et perd ses feuilles de bonne heure.

L'*York's-Madeira* est toujours en bonne santé, mais de faible végétation.

Le *Jacquez* et l'*Herbemont* prospèrent.

Le *Rupestris* a une belle végétation, mais il est loin d'égaler la vigueur du *Riparia*.

Le *Clinton* et le *Taylor*, quoique moins beaux que leurs congénères, résistent cependant au phylloxera.

Les greffes les plus vigoureuses sont sur *Riparia, Vialla, Oporto*; les plus faibles, sur *Herbemont*.

2º Dans les terrains calcaires très secs, les *Riparia, Vialla, Oporto, Jacquez*, sont seuls vigoureux; toutes les autres variétés restent faibles.

L'*York's-Madeira* et le *Rupestris* conservent cependant leur verdeur mais ne donnent que des pousses faibles.

Les diverses variétés américaines plantées dans la commune de Saint-Georges s'étendent sur 150 hectares environ. Les greffes sur cépages américains sont toutes prospères. Elles ont produit, cette année, environ 350 hectolitres de vin. On pense que cette production atteindra 1,000 hectolitres en 1882.

L'ensemble de ces observations prouve que les vignes américaines peuvent servir à la reconstitution du vignoble détruit et que le greffage est un moyen sûr et pratique de conserver nos vignes et la qualité de leurs produits.

L'orateur termine en demandant :

1° L'abrogation de la loi qui porte des entraves à la libre circulation des plants,

Ou, du moins, des mesures administratives désignant le plus de points possible où les cépages américains seront autorisés;

2° Le dégrèvement de tout ou partie de l'impôt foncier, pendant deux ans, en faveur des propriétaires qui justifieront de plantations américaines, ou bien des subventions comme aux syndicats des submersíonnistes ou de ceux qui emploient les insecticides patronnés par le gouvernement;

3° La création de pépinières importantes pour étudier les questions d'adaptation et faciliter la reconstitution de la petite propriété.

M. Piola dépose sur le bureau du Président une étude sur la greffe par le Dr Davin, de Pignans (Var).

M. Piola donne quelques renseignements sur les vignes américaines cultivées dans la Gironde.

Les *Riparia* y sont partout magnifiques. Les variétés à bois rouge, glabre ou tomenteux sont les préférées.

L'*York* prospère dans les sols très calcaires. C'est un porte-greffe précieux pour certaines régions de la Gironde.

Le *Jacquez* est très sujet à l'anthracnose et au mildew. On peut combattre efficacement l'anthracnose par des soufrages répétés d'un mélange de soufre et de chaux.

L'*Herbemont* vient bien dans les coteaux argilo-calcaires, mais ne mûrit pas son fruit dans les terrains d'alluvion.

M. Piola cite quelques hybrides qu'il a expérimentés et qui donnent les plus belles espérances :

L'*Othello* et le *Black-Defiance* (raisins noirs); l'*Elvira* et le *Triumph* (raisins blancs).

Il a remarqué que les raisins des vignes greffées sur américains ont plus de glucose que ceux des ceps francs de pied.

M. Bisseuil, député de la Charente-Inférieure, se présente au nom de M. Xambeu, professeur de chimie au collège de Saintes, qui a été empêché d'assister à la séance. — Il remet, au nom de ce savant, une note contenant le résultat de recherches et d'analyses relatives aux qualités des vins provenant des cépages américains cultivés dans l'arrondissement de Saintes.

Essais sur les Moûts

provenant de vignes américaines plantées dans la Charente-Inférieure (arr. de Saintes).

NOM DU CÉPAGE	ORIGINE		QUANTITÉ DE SUCRE en grammes par litre de moût obtenue en			ALCOOL °/₀ en volume Moyenne de 1880	Observations
			1879	1880	1881		
La Folle.	du pays (Char.-Inf.).		85	142	180	8,2 °/₀	Cépage phylloxéré.
La Folle.	id.		92	»	»		
La Folle-Blanche.	greffée sur *Riparia*.		»	165	164		N'a rien perdu de sa qualité.
Quercy.	greffé sur *Riparia*.		»	122	»	9 °/₀	
Aramon.	greffé sur cépage améric.		»	»	187		
Cabernet.	greffé sur *Riparia*.		»	»	175		
Jacquez.	américaine, pépin départ.		122	206	202		Bonne qualité, très riche en couleur.
Jacquez.	id.	Chermignac.	208	218	160	12,6 °/₀	
Jacquez.	id.	Saintes.	120	188	210		
Cunningham.	id.	P.	»	178	210		Lie abondante.
Cunningham.	id.	M. Ménudier.	160	192	»	11 °/₀	
Herbemont.	id.	M. Boutin.	»	174	164		
Herbemont.	id.	M.	115	171	»	10,8 °/₀	
Rulander.	id.	P.	»	177	194		Lie abondante.
Rulander.	id.	M.	»	204	»	11 °/₀	
Elvira.	id.	M. Verneuil.	120	»	»		
Elvira.	id.	B.	»	»	170		
Norton's-Virginia	id.	P.	120	220	188		Très riche en sucre et en couleur.
Norton's-Virginia	id.	M.	»	»	188	13 °/₀	
Norton's-Virginia	id.	B.	»	»	195		Lie abondante.
York's-Madeira.	id.	P.	»	180	217		
Cornucopia.	id.	B.	»	119	208		
Elsimburg.	id.	B.	»	174	160		Lie abondante.
Eumelan.	id.	B.	»	213	»		

La récolte des vins provenant de cépages américains cultivés dans la Charente-Inférieure n'est pas encore abondante; elle suffit déjà pour déterminer la qualité de ces vins et des alcools que l'on pourrait en retirer.

Cette question est importante pour le commerce des eaux-de-vie des Charentes.

Le tableau ci-joint donne la valeur en sucre des différents cépages; la comparaison est facile avec la *Folle-Blanche*, cépage autrefois le plus répandu dans les Charentes, qui donnait les bonnes eaux-de-vie et qui, suivant les conditions climatériques annuelles, contenait par litre de moût une quantité variant de 160 à 220 grammes.

Je dois constater la grande quantité de lie que donnent les moûts provenant de cépages américains (matière azotée dissoute et matière azotée qui accompagne les cellules).

Observations. — 1° Sur la *Folle-Blanche*, greffée sur *Riparia* : le raisin n'a rien perdu de sa qualité.

2° Sur les *Quercy, Aramon, Cabernet*, greffés sur cépages américains : le raisin est bon, sans modification appréciable.

3° Sur les *Jacquez* : la différence en sucre résulte de la maturité des raisins, de la vigueur et de l'exposition des ceps. — Dans un terrain aéré, les grappes sont mieux fournies.

4° Sur le *Cunningham* : le raisin mûrit tard et difficilement; le vin est bon et abondant. C'est un cépage excellent comme production directe et comme porte-greffe dans les terrains bien orientés.

5° Sur l'*Herbemont* : dans nos contrées, ce cépage réussit dans les sols calcaires; il a un bois dur et donne des grappes longues.

6° Sur le *Rulander* : raisin petit et à grain serré.

7° Sur l'*Elvira* : ce cépage est encore à mieux examiner.

8° Sur le *Norton's-Virginia* : se développe très bien dans les terrains calcaires, ne réussit pas dans les terrains humides et prend alors une teinte jaune; les raisins sont de moyenne grandeur. Le vin a bon goût; il est plus riche en couleur que le *Jacquez*; il est noir comme le vin du Roussillon. Ce cépage semble donner de bonnes espérances.

9° Sur l'*York's-Madeira* : vin foxé.

10° Sur le *Cornucopia* : raisins sucrés agréables au goût.

11° Sur l'*Elsimburg* et sur l'*Eumelan* : grappes bien fournies, raisins excellents.

CONCLUSIONS. — 1° La *Folle-Blanche*, greffée sur *Riparia*, donnera un vin identique à celui qui était autrefois récolté dans les Charentes et qui produisent les meilleures eaux-de-vie.

2° Les *Quercy, Aramon*... greffés sur cépages américains, fourniront des vins comparables à ceux appelés vins rouges de Saintonge.

3° Les *Jacquez*, les *Norton's-Virginia* donnent des vins fortement colorés qui pourront être utilisés dans la consommation et surtout dans le commerce.

4° Les *Herbemont, Cunningham, Elvira* produisent des vins agréables, mais dont les alcools diffèrent beaucoup de ceux de la *Folle*.

5° Les *Cornucopia, Elsimburg, Eumelan* semblent mériter l'examen des amateurs de bons raisins de table.

M. PRADES, de Bédarieux (Hérault), donne lecture du travail suivant, intitulé : *Essai de monographie sur la greffe en fente anglaise :*

« Au milieu d'une assemblée d'hommes si supérieurs, il faut qu'un humble praticien soit bien persuadé de l'utilité de ses observations, pour qu'il ose, refoulant le sentiment de crainte qui l'envahit, aborder un sujet que tant de voix autorisées pourraient traiter plus éloquemment.

» Bien convaincu de mon insuffisance, je n'ai pas la prétention d'épuiser l'importante et vaste étude du greffage. Ce n'est ni en qualité de savant, ni en qualité d'orateur, que je me présente devant vous, et après m'être recommandé à votre indulgence, en raison de la sincérité de mes efforts, je n'essaierai de traiter cette question que pour vous dire seulement ce que l'expérience m'en a appris.

» Désireux d'être pratique avant tout, je ne m'occuperai que de la greffe à laquelle la grande culture doit déjà d'encourageants résultats; celle qu'un de nos habiles maîtres a classée dans le groupe des greffes par rameaux détachés, et qui est désignée : *greffe en fente anglaise.*

» La greffe en fente anglaise est tellement connue, elle a été si bien vulgarisée depuis quelques années, qu'il est presque inutile d'en donner la description. Les esprits superficiels et craignant l'étude se complaisent dans l'idée qu'elle ne nous cache plus de secrets ; mais les praticiens judicieux, les esprits réellement observateurs ne trouveront aucun détail oiseux ou insignifiant, car ils sont persuadés de la nécessité des recherches jusqu'au jour où, par une méthode raisonnée, le résultat de cette opération délicate sera devenu certain.

» Mon intention, dans cet entretien, est de signaler les principaux motifs d'insuccès dans la greffe en général, ainsi que les causes de mauvaises soudures, particulièrement dans la greffe en fente anglaise. Je m'excuserai de vous dire bien des choses que vous savez mieux que moi, en vous faisant part des procédés pratiques qui résultent de mes observations.

» Si j'avais à donner la définition de la greffe en elle-même, je croirais être exact en disant qu'elle est le résultat de l'effort indépendant et simultané de deux végétaux à besoins semblables, pour cicatriser leurs plaies, mises en contact.

» L'utilité que nous devons retirer de cette faculté d'union, exige qu'une méthode intelligente intervienne pour aider la nature dans l'accomplissement de son œuvre; de plus, nous n'obtiendrons la bonne constitution des individus greffés que par les moyens qui assureront une cicatrisation ou soudure parfaite.

» La cause la plus ordinaire d'insuccès dans la greffe provient du dessèchement du greffon, de sa mort, avant qu'il ait pu se mettre en relations avec les racines du porte-greffe. Sa vitalité est d'autant plus grande, il se maintient d'autant plus longtemps que son bois a été mieux constitué.

» L'émission de la matière utriculaire qui forme le premier élément de la soudure, dans la greffe, ou le point de départ de la racine dans la bouture, est en rapport de l'aoûtement. L'aoûtement a des degrés; quoiqu'il soit impossible de les distinguer, je suis pourtant convaincu que tel degré de maturité du bois qui suffirait à la reprise dans un cas déterminé, pourrait ne pas suffire dans un autre.

» L'aspect de la bouture et du greffon est le même pendant la période critique, où tous deux vivent sur leur réserve de sève. Cet état peut se prolonger en raison des circonstances, car la matière utriculaire ne peut se former que sous l'influence d'une certaine élévation de température.

» Indépendamment de ces causes, il est encore une condition de réussite qui dépend du sujet; c'est la reprise de son activité en temps utile, pour ne pas laisser mourir de faim le greffon le mieux constitué.

» L'étêtement au moment du greffage fait éprouver, même aux jeunes ceps, un temps d'arrêt plus ou moins prolongé, suivant les circonstances. Ce retard est ordinairement en rapport du développement que présentait la végétation. La souche décapitée en plein mouvement de sève éprouve une telle perturbation dans toute son économie, qu'elle peut en mourir. Dans le cas très ordinaire de simple retard, si les circonstances ont fait que le greffon se soit développé isolément, comme il est presque inévitable, le principe essentiel qui nous recommande l'emploi de greffons moins avancés en végétation que les sujets, est formellement transgressé.

» Pour nous y conformer de fait, j'ai cru devoir recommander deux moyens bien pratiques, la faible autorité de ma voix a pu les empêcher d'arriver à la plupart d'entre vous; mais l'expérience en a déjà confirmé l'efficacité dans plusieurs endroits. Ces moyens sont: la décapitation préalable du sujet, à sève entièrement endormie, et la conservation des greffons dans le sable absolument sec, jusqu'au moment où la reprise de la souche amputée se manifeste ou devient probable. J'ai observé sur des souches sapées d'avance, que j'ai persisté à ne pas greffer pour attendre l'apparition des bourgeons, que l'émission du tissu de soudure peut avoir lieu, indépendamment de la présence de ces derniers. Le prolongement de cette condition a entraîné la mort de la souche par asphyxie, tandis que l'insertion du greffon, qui lui aurait fourni à propos les bourgeons qu'elle n'avait pu parvenir à émettre, l'aurait très certainement sauvée.

» Si l'on ne recherchait dans la greffe que l'association pour peu de temps des deux végétaux qui la constituent, l'on pourrait dire que les méthodes adoptées, les systèmes, la malfaçon même, jusqu'à un certain point, sont de peu d'importance, et que son succès dépend surtout des influences extérieures, ou des circonstances dans lesquelles l'opération a eu lieu; mais le but du greffeur doit être d'obtenir un résultat durable. Une cicatrisation parfaite assurera à la vigne greffée sur la vigne une existence égale à celle qu'elle pourrait avoir étant franche de pied.

» La soudure ou cicatrisation parfaite est celle qui renferme, comme dans un étui, les parties de bois constitué, qui ont été tranchées à tout jamais lors de l'opération du greffage.

» L'on sait que la communication du porte-greffe et du greffon ne peut avoir lieu que par la formation de la matière utriculaire, que cette matière ne peut se souder aux tissus anciens, et qu'elle ne se développe qu'entre le liber et l'aubier, d'où résulte la nécessité de mettre les écorces en contact. Mieux que toute autre, la greffe en fente anglaise, avec des biseaux d'égale grandeur, assure le contact le plus parfait des écorces, ainsi que le recouvrement le plus rapide des sections.

» Dès que les nouvelles cellules, à l'état le plus primitif, se sont rencontrées (c'est le seul état des tissus où la cicatrisation soit possible), elles servent de trait d'union, et la vie commune commence. Il est dès lors facile de suivre le développement du nouveau bois constituant une enveloppe dans laquelle il enferme l'ancien.

» L'accroissement de la soudure est en rapport de l'importance des échanges qui ont eu lieu entre la tige et les racines. Sa lignification s'opère, comme dans toute formation de bois, par le dépôt successif de nouvelles couches concentriques, d'où il résulte que la partie greffée tend à s'identifier avec le tronc, et que dans le cas de soudure parfaite la cicatrisation ne laisserait bientôt aucune trace si le développement des deux bois, réunis par la greffe, était absolument le même.

» La plupart des mauvaises soudures sont causées par le dessèchement des vaisseaux séveux, sur les sections, pendant le temps plus ou moins long de l'inactivité végétale qui suit l'exécution de la greffe.

» Une observation dont on n'a pas suffisamment tenu compte, dans les divers modes de greffage appliqués à la vigne, est celle relative au dessèchement rapide des tissus qui forment son bois. Cette fâcheuse disposition qui lui est particulière augmente singulièrement la difficulté de sa cicatrisation; elle nous oblige à de plus grands soins, pour obtenir des soudures parfaites.

» La perfection d'une soudure dépend, en effet, de la formation simultanée de la matière utriculaire sur tous les points correspondants des lèvres des deux sections. — Lorsque par suite du dessèchement cette matière fait défaut sur une partie, le tissu de soudure est obligé de franchir un espace plus ou moins grand pour aller se joindre à d'autre tissu en formation. Plus la rencontre se fait attendre, et moins il y a de chances de bonne soudure, car la matière utriculaire perd sa faculté d'union en se lignifiant. Le dessèchement d'une languette augmente encore plus la difficulté d'une bonne union.

» Dans le cas d'une cicatrisation imparfaite, on voit le tissu de soudure s'accumuler en excroissances arrondies; il pénètre quelquefois *en bouche-trou* entre les aubiers, avec lesquels *il ne peut faire corps*. Son développement aveugle produit souvent l'écartement des languettes extérieures, malgré la ligature, tandis que les parties voisines font effort pour recouvrir le tout.

» L'on a attribué la difformité des soudures au peu d'affinité de certains cépages réunis par la greffe; quoique je n'aie pas de preuve à opposer à cette observation insuffisamment encore établie par les faits, je crois que les difformités d'une greffe proviennent plutôt de l'inégalité de développement de la matière utriculaire sur la greffe et le greffon, et du manque de simultanéité dans son apparition sur tous leurs points correspondants.

» C'est en maintenant la vitalité des languettes par leur épaisseur relative, la fraîcheur des coupes par leur parfaite adhérence, que nous obtiendrons le développement régulier et simultané du tissu de soudure, condition certaine d'une cicatrisation uniforme.

» Il résulte de la disposition même de la greffe en fente anglaise, telle qu'elle est le plus ordinairement pratiquée, l'impossibilité matérielle de réunir ces deux conditions au point où la vigne les réclame; car, de tous les végétaux greffés, c'est celui qui est le plus sensible à toute cause de dessèchement des tissus.

» Examinez attentivement une greffe en fente anglaise : si les biseaux sont allongés, qu'ils représentent, par exemple, un angle de dix degrés, les languettes seront disposées au dessèchement par leur peu d'épaisseur. Si les biseaux, au contraire, ont été faits courts, qu'ils correspondent à un angle de quinze degrés, les languettes moins amincies s'opposeront à une parfaite adhérence des coupes, raison de leur moins grande flexibilité.

» Pour concilier deux conditions qui semblent s'exclure, et adapter la meilleure des greffes à la nature particulière du bois de la vigne, la plus légère modification portée dans son exécution ordinaire suffit.

» Au lieu de pratiquer la fente verticale, partant du tiers environ de la hauteur du biseau, l'on n'a qu'à rapprocher du milieu du biseau l'entrée de cette fente, en la pratiquant à quelques millimètres seulement au-dessus du centre, ce qui diminuera de beaucoup sa profondeur. Autrement dit : pour conserver à toutes les parties du biseau la vitalité qui pourrait résulter de leur épaisseur, en même temps que de leur adhérence, je conseille une coche de 4 à 7 millimètres, suivant la grosseur du bois, en remplacement de la fente, dont la profondeur était quelquefois de plus de 2 centimètres.

» L'emmanchement moins grand qui résulte de cette disposition, ne diminue pas la solidité de la greffe; car, à tension égale du lien, cette solidité est, en raison de l'adhérence des surfaces, exactement mise en contact sur le plus de points possible.

» Si l'on considère, avant de la ligaturer, la greffe à faible emmanchement, l'on verra que l'extrémité des deux biseaux, qui est la partie la plus riche en matière utriculaire, plaque et adhère naturellement. Il est facile de voir, au contraire, que la pénétration des languettes intérieures, en forme de coins, dispose l'extrémité des biseaux à un écartement proportionnel avec l'emmanchement.

» L'adhérence parfaite de chacune des parties du porte-greffe et du greffon conserve la fraîcheur des coupes, parce qu'elle s'oppose puissamment à l'évaporation de la sève qui aurait lieu dans les vides, si petits qu'ils fussent. L'assemblage mathématique de tous les points résulte donc de trois conditions également essentielles :

» Une égale grosseur dans les bois, assure la similitude des biseaux en large.

» La même inclinaison des coupes procure dans ce cas la similitude en longueur.

» Enfin, le peu de profondeur de l'entaille s'oppose à l'existence du moindre vide entre les surfaces.

» Les soudures imparfaites disposent le greffon à s'enraciner en diminuant ses moyens de communication avec les organes nourriciers du porte-greffe, et l'enracinement du greffon est une des causes les plus sérieuses d'échec dont il me reste à vous entretenir. Que d'insuccès il a produits! que de déceptions il causera encore! Je voudrais pouvoir mettre sous vos yeux quelques-unes de mes greffes, mortes au milieu d'autres greffes splendides. Je voudrais, pour ne laisser aucune place au doute, vous montrer l'état des porte-greffes qui, dans certains cas, ont repoussé peu de jours après en dessous de la partie française foudroyée, tandis que dans certains autres cas où ils avaient été privés peu à peu de toute relation extérieure, je pourrais vous les faire voir entièrement séparés depuis longtemps et morts étouffés sous le greffon, qui vivait seul. Témoins de ces faits significatifs, vous seriez certainement convaincus que les racines du porte-greffe sont amoindries et peuvent être détruites par le développement des racines du greffon, de même qu'il est incontestable que le libre développement des drageons du sujet supprimerait fatalement les rameaux émis par la tige greffée.

» Une greffe affranchie n'est plus une greffe ; elle devient un plan raciné, dans de mauvaises conditions, à cause de la position superficielle des racines. Le porte-greffe qui ne reçoit pas toute la sève élaborée par les feuilles, s'affaiblit graduellement, et finit par mourir.

» Si la mauvaise soudure entraîne l'enracinement du greffon, il est des cas, où c'est au contraire le développement des bourgeons rhizogènes, toujours en abondance, sur le tissu de cicatrisation, qui ruine la soudure. Un greffon qui émet des racines, n'a pas en effet de motif pour se souder, puisqu'il peut se suffire.

» Pour nous donner toute sécurité, lorsque la greffe est cicatrisée, elle doit se trouver entièrement hors de terre. L'on voit d'ailleurs dans cette condition le porte-greffe grossir davantage et se mieux proportionner au développement du greffon.

» Cest surtout au début, peu de jours après le greffage, alors que la matière utriculaire du sujet n'est pas encore formée, et que cependant le greffon est sollicité de vivre, par les influences qu'il éprouve, que le développement de ses racines risque le plus de compromettre la soudure.

» Avant de réduire les chances de l'enracinement par la diminution de la hauteur du fort buttage que l'on avait été obligé de faire, afin de préserver le greffon du dessèchement, il faut être assuré que la relation des deux parties de la greffe existe. L'on est toutefois obligé de conserver une certaine épaisseur de terre sur la soudure, pour protéger ses tissus, si sensibles à l'évaporation.

» Le lien dont j'ai eu l'heureuse idée, possède le précieux avantage de s'opposer au développement des racines, et de conserver la fraîcheur aux coupes par son exacte application, plus que toute autre matière isolante.

» Depuis que la question du greffage est devenue une de mes plus grandes préoccupations, j'ai pu juger de l'importance du rôle de la ligature. Les unes se pourrissent avant d'avoir rempli leur but; l'action trop prolongée des autres détermine leur pénétration profonde, par le développement du tissu de soudure, au-dessus d'elles. Tel est l'inconvénient de toute ligature filiforme, imputrescible.

» Le débridement n'est pas pratique, parce qu'il ne peut avoir lieu, à la même époque, sur chaque greffe. Les accidents qu'il occasionne sont d'ailleurs aussi nombreux que ceux qui proviennent de l'étranglement.

» La ligature en caoutchouc, découpée en bandes larges de quinze millimètres, enveloppant absolument toute la greffe, par des spirales qui se recouvrent en partie, s'est opposée au développement des racines et m'a donné les plus beaux résultats qu'il soit possible de souhaiter. La ligature pleine en caoutchouc forme une gaîne élastique, dans laquelle le tissu de soudure se développe sans excroissances, comme dans un moule. L'imputrescibilité de cette matière est telle, qu'on peut faire servir le même lien plusieurs fois, à moins que l'on ne préfère s'en débarrasser en le laissant quelques jours au contact de l'air.

» J'ai eu l'honneur, l'année dernière, de soumettre mon système de ligature au comice de Béziers, en appelant greffe emmaillottée celle à laquelle il donne lieu. Certains de mes honorables collègues, qui ont procédé en suivant mes indications, ont parfaitement réussi; d'autres ont tellement exagéré la tension, qu'ils ont été obligés de couper le lien au bout de quelque temps, pour ne pas perdre entièrement leurs greffes, à la suite d'un étranglement absolu.

» Lorsque l'on connaît la manière dont se forme le bois, ou la soudure dans la greffe, il est facile de comprendre que l'on ne puisse pas épuiser jusqu'au dernier degré la faculté d'expansibilité du caoutchouc sans rendre toute cicatrisation impossible. D'ailleurs, plus on use inutilement de cette élasticité, plus on diminue l'avantage que possède cette matière.

» Le serrement dans la ligature n'a pas d'autre but que celui d'assurer le contact. Les points qui supportent cette action indispensable sont ceux sur lesquels la cicatrisation est le plus en retard : obtenir la solidité nécessaire et ne gêner sur aucune partie le développement de la matière utriculaire, est bien, je crois, ce qu'il faut désirer. La ligature en caoutchouc large réalise ces conditions qui semblaient s'exclure. En effet, la compression est non seulement en raison de la tension du lien, mais elle est aussi en raison de la surface que le lien embrasse. Il est évident qu'à tension égale une ligature en caoutchouc de 15 millimètres de large donnera quinze fois plus de solidité qu'une ligature de un millimètre. Il résulte de cela qu'une tension uniforme sur tous les points de la greffe, tout en pouvant demeurer relativement très faible et ne pas gêner le développement des tissus par son action, sera celle qui, en même temps, assurera la plus grande adhérence.

» Les faits d'ailleurs ont confirmé cette bien simple théorie; ils ont prouvé l'excellence de ce système, lorsqu'il a été convenablement appliqué.

» La longueur ou la largeur du lien en caoutchouc plat doit varier avec la grosseur des bois à réunir, afin que, dans le but de recouvrir toute la partie greffée, l'on ne soit pas porté à donner plus de tension qu'il ne convient.

» Grâce à la coupe en biseau des extrémités du lien, ce qui lui donne la forme d'un losange allongé, l'on attache rapidement, et sans perte de matière; le premier et le dernier tour, destinés à retenir les extrémités, doivent seuls être tendus.

» Les autres tours, pour former une gaîne élastique, devront être simplement rendus adhérents par une tension bien moindre. On reconnaît que le serrement est suffisant, lorsqu'en passant le doigt sur les spirales, dans le sens et dans la longueur du plan, on soulève la bandelette sans effort.

» Pour arrêter le dernier bec du lien en le passant sous le dernier tour, j'avais imaginé des pinces particulières; l'un de mes ouvriers, à l'intelligence duquel j'aime à rendre hommage, m'a montré que celles d'Adam sont bien préférables. Il ne s'agit, en effet, que de passer le dernier tour sur l'ongle du pouce qui maintient le plant, engager l'extrémité du lien sous ce même doigt, et en pliant la dernière phalange, le dernier tour du lien tombe naturellement sur son extrémité. Il faut moins de temps pour faire cette opération que pour la décrire, puisqu'une personne attache sur table plus de 120 liens à l'heure.

» Le prix de revient varie avec la longueur et l'épaisseur des ligatures, le caoutchouc s'achetant au poids.

» La maison Franco-Américaine, à Saint-Denis, fournit le caoutchouc galvanisé, dit *feuille anglaise,* coupée en rubans de 15 millimètres, au prix de 18 francs le kilogramme. Un petit instrument, de mon invention, me permet de tailler à la longueur désirée mille liens environ à l'heure.

» Les liens de 7 centimètres de long, très suffisants pour les bois de 8 millimètres (je ne conseille pas de greffer les bois inférieurs à cette dimension), reviennent à 4 fr. 90 c. le mille, soit 5 francs le mille en chiffre rond.

» Le caoutchouc dit *feuille française,* sans doute à cause de sa faible épaisseur, ne s'est pas opposé au développement des racines. Le revêtement de la greffe au moyen de la feuille d'étain que j'avais essayé dans le même but, ne m'a donné aucun résultat, par suite des nombreuses déchirures qui ont suivi le grossissement du bois.

» Tel est, Messieurs, l'exposé sincère des petites connaissances que six années d'étude ont pu me fournir, sur la greffe en général, et sur la greffe en fente anglaise en particulier. Je résumerai ce que je viens d'avoir l'honneur de vous soumettre en disant : que l'opération du greffage doit être considérée comme le résultat d'une cicatrisation accidentelle, et qu'il faut tenir compte, pour en assurer le succès, des conditions physiologiques de l'existence de la souche, ainsi que de la nature particulière de son bois; que demander à un greffeur ou à une machine le rendement en quantité au détriment de l'observation de tout ce qui peut assurer la vigueur future des greffes, serait de la pure folie; car, dans le greffage surtout, la quantité ne saurait compenser la qualité.

» Ceux qui ont été les plus heureux dans le résultat de leurs essais, trouveront peut-être que j'exagère l'importance des moindres pratiques. Qu'ils me permettent de les mettre en garde contre les dangers d'un premier succès, toujours plus à redouter que les conséquences d'un essai malheureux. Sans doute, l'admirable vigueur de la vigne peut, dans certaines occasions, rendre nos soins superflus, mais c'est surtout dans les cas difficiles, dépendant de circonstances inconnues, que notre intervention doit heureusement influencer le résultat.

» Je ne serai certainement pas contredit dans l'affirmation que le greffage, en vue de la reconstitution du vignoble, ne peut plus être considéré au point de vue d'autrefois; j'ose même ajouter que les nouvelles nécessités, qui aujourd'hui en font la profonde différence, doivent lui faire atteindre son plus haut degré de perfection. Nous obtiendrons facilement ce résultat, si nous dégageons nos pratiques de tout empirisme, et si nous les mettons d'accord avec les connaissances acquises, par une laborieuse observation.

» En signalant les moyens de vaincre certaines difficultés, j'espère vous avoir fait partager ma confiance dans l'avenir, plutôt qu'avoir créé de nouvelles hésitations.

» Demeurer inactif serait le pire de tout; agir au mieux est toujours bien agir. Courage donc et confiance dans une œuvre dont le patriotisme n'est point absent, puisqu'elle nous assure la conservation de nos admirables cépages, et des crûs qui sont une des gloires de notre chère France! Dieu bénira nos efforts, car il écoute toujours la prière du travail. »

J. GUÉNANT,
Secrétaire adjoint de la Société d'Agriculture de la Gironde.

Procès-verbal de la séance du jeudi 13 octobre 1881 (matin).

Présidence de M. A. LALANDE.

La parole est à M. LICHTENSTEIN, qui se présente aujourd'hui en qualité de délégué du royaume italien. Il y a en Italie, dit-il, cinq provinces attaquées par le phylloxera: Côme, Milan, Port-Maurice et deux autres en Sicile; en tout soixante hectares de vignes contaminées où l'on fait une guerre à outrance au phylloxera à l'aide du sulfure de carbone. Les cépages américains sont de la part du gouvernement italien l'objet d'une attention particulière. L'*York's-*

Madeira se plante beaucoup et le gouvernement distribue gratuitement des boutures; il donne aussi 120 kilos de graines de cépages américains par mois; il distribue également des primes aux propriétaires qui constituent des vignobles avec ces cépages. Dans l'île de Monte-Cristo on a planté cent cinquante mille pieds de vignes américaines; de là sont pris les plants distribués dans les autres parties de la Toscane.

Pour l'honorable préopinant, les sulfo-carbonates ne sont pas assez sûrs. Dans les vignes américaines, au contraire, il y a mille succès pour trois insuccès dans l'Hérault seulement. Il ne voit de salut pour les départements du Midi de la France que dans la plantation des vignes d'Amérique.

M. TEISSONNIÈRE, vice-président de la Chambre de commerce de Paris, n'a pas de parti pris: Nous avons besoin de tous les moyens, dit-il, pour défendre les vignes qui sont encore vivantes. Les réussites par les insecticides, dans l'Hérault, se chiffrent par centaines d'hectares. Il a été frappé par le succès de M. Moullon, à Cognac. Il a comparé les effets du sulfure de carbone par ses voisins et il a jugé par ses propres expériences de la valeur du sulfocarbonate de potassium. Aussi il n'hésite pas à appuyer les conclusions du rapport de M. Falières: avant de songer à toucher aux cépages bénis du Médoc, il faut les défendre par les insecticides.

M. LASSERRE, de Port-Sainte-Marie, entretient le Congrès des divers modes de greffage, lui soumet un instrument pour faire la greffe anglaise et lit le mémoire suivant intitulé: *la Greffe anglaise à l'épingle; instrument pour l'exécuter.*

« J'ai l'honneur de soumettre à l'appréciation du Congrès:

» 1º Un petit instrument destiné à faire mathématiquement la greffe anglaise simple ou double aussi facilement à terre que sur la table. J'en ai donné la description dans le journal *la Vigne américaine*, nº de mai 1877: il consiste en un simple tube de roseau pareil à celui-ci. Ce petit instrument a le grand avantage de ne coûter absolument rien, l'inventeur ne ferait pas fortune avec lui; il peut être fabriqué en deux minutes par le premier vigneron venu. Voici la manière de s'en servir....

» 2º Un perfectionnement de la greffe anglaise simple, qui m'a été suggéré par un désir de mon très honoré collègue et compatriote M. Prosper de Lafitte.

» J'extrais d'une dissertation sur le greffage et la soudure, qu'il a publiée dans le *Journal de l'Agriculture*, paragraphe IV, n° d'avril et mai 1881, la phrase suivante :

« La greffe en fente simple serait la perfection absolue si on » savait maintenir une parfaite adhérence des biseaux par une » bonne ligature qui permît, avec l'aide d'un bon tuteur, de » traverser sans accident la première année. On se pourrait mettre » à deux pour la faire : un enfant tenant les bois et une femme » liant, et on y pourrait consacrer tout le temps qu'on économise » en ne faisant pas les fentes qui sont une œuvre d'art. »

» Il m'a suffi, pour résoudre le problème posé, d'une pointe d'épingle, qu'on plante perpendiculairement à l'axe du cylindre formé par les deux biseaux accouplés, laquelle les traverse de part en part ; en un mot, c'est tout simplement une greffe clouée : elle est inébranlable, et voici la manière de l'exécuter. »

M. CHENU-LAFITTE prend la parole en ces termes :

« MESSIEURS,

» Je demande au Congrès de lui présenter quelques observations sur la culture directe des vignes américaines dans la Gironde ; sur la possibilité de greffer en grande culture nos vignes françaises sur racines américaines, et enfin de lui faire connaître les résultats déplorables que m'a donnés la culture du *Jacquez*.

» Permettez-moi, Messieurs, de vous dire avant tout que, pour les quelques appréciations que je vais avoir l'honneur de vous exposer, je me place exclusivement au point de vue du viticulteur de la Gironde.

» Dans cet ordre d'idées, je m'élève de toutes mes forces contre la culture directe des vignes américaines, qui arriverait en peu d'années à transformer et à perdre le caractère inimitable de nos vins de Bordeaux, qu'il faut conserver à tout prix et par tous les moyens. En effet, les vins les plus inférieurs de notre département ne constituent pas, à proprement parler, des vins communs, car, bien soignés, ils se conservent indéfiniment et prennent toujours de la qualité en vieillissant.

» Par la culture directe des vignes américaines, nous arriverions non seulement à perdre le mérite de nos vins, mais aussi à nous placer en concurrence défavorable avec le Midi, l'Espagne et l'Italie, qui produiront toujours des vins de coupages plus alcooliques et à meilleur compte que nous.

» Laissez-moi en passant, Messieurs, vous citer un fait qui m'est personnel, et qui vous prouvera à quel point il est intéressant de choisir et de cultiver, même dans les cépages de la Gironde, ceux qui produisent les meilleurs vins. Je suis propriétaire d'un vignoble à la pointe du Bec-d'Ambès. Les vins autrefois y étaient inférieurs, ils étaient même d'une vente assez difficile, mais depuis que j'y ai introduit les bons cépages du pays, ces vins ont acquis beaucoup de qualité et le commerce sait le reconnaître en me payant des prix rémunérateurs. Le même résultat, Messieurs, a été obtenu dans ma propriété de Mille-Secousses, où je ne plante que les cépages fins du Médoc.

(M. le PRÉSIDENT se lève et s'empresse de reconnaître que les faits annoncés par M. Chenu-Lafitte sont parfaitement exacts.)

» Vous comprendrez maintenant, Messieurs, que celui qui attache une aussi grande importance au choix des cépages, qui ne cultive que les meilleures variétés, soit l'ennemi déclaré de la culture directe des vignes américaines.

» Aussi est-ce avec peine que j'ai entendu hier, à cette tribune, un des grands et des meilleurs viticulteurs de ce pays, propriétaire d'un premier crû de Saint-Émilion, fort apprécié du reste et à juste titre, conseiller la culture directe du *Jacquez*, de l'*Herbemont*, de l'*Elvira*, etc., etc.

» Ces indications sont d'autant plus dangereuses, que le propriétaire dont le vignoble aura été détruit par le phylloxera voudra retrouver au plus vite sa production et se préoccupera peu de la qualité. Il fera de la culture directe et il commettra une grande faute, car tous les cépages américains sous notre climat produisent peu, mûrissent en général fort mal et fournissent toujours des vins plus ou moins défectueux. Voilà l'écueil qu'on doit éviter et dont il faut qu'on soit prévenu !

» Il est donc indispensable de recourir au greffage sur racines américaines résistantes pour reconstituer nos vignobles détruits. M. Gaston Bazille, avec sa grande autorité dans cette question, vous disait, il y a quelques jours : « Nous cultivons dans le Midi le » *Jacquez*, parce qu'il s'y comporte bien, mais nous conservons surtout » et avant tout par le greffage nos précieux producteurs : l'*Aramon* » et le *Carignane*. La chose est facile, il ne faut que vouloir. »

» J'ai fait moi-même, Messieurs, cette expérience sur plus d'un hectare. Elle a pleinement réussi, et j'affirme que le greffage est possible, facile même en grande culture.

» En 1877, j'ai planté 3,300 racinés américains espacés de 2^m35 en tous sens. En mai 1879, ils ont été greffés sur place en *Cabernet* par les vignerons ordinaires de la propriété. La greffe a été buttée simplement avec de la terre ameublie. Sur 3,300 greffes, il y a eu 92 insuccès, pas un de plus.

» Cette année la récolte, sur ces 3,300 pieds, a été de 67 hectolitres. Le vin était excellent, parfaitement identique à celui qui provenait de vignes françaises de même variété non greffée.

» Je dois ajouter à l'actif de la racine américaine, que cette vigne française greffée a été la plus fructifère de tout le vignoble : les raisins nombreux et très développés étaient mieux nourris et plus juteux que ceux des autres vignes non greffées, de même âge et de même espèce.

» Ce sont là des faits certains que tout le monde a pu constater chez moi.

» Du reste, Messieurs, partout où j'ai planté des vignes françaises greffées sur américains, elles ont toujours dépassé en vigueur et en production les vignes françaises de même âge. Cette expérience a été faite sur une certaine étendue et dans les trois parties bien distinctes de mon vignoble. Partout les résultats ont été les mêmes.

» Conservons donc nos précieux cépages, ne faisons pas des vins américains ; c'est le meilleur moyen de défendre et de soutenir le pavillon de la Gironde, qui est aussi celui de la France viticole !

» Quelques mots maintenant, Messieurs, sur la façon dont végète le *Jacquez* sous notre climat.

» D'abord et avant tout, je tiens à exprimer ici hautement mes sentiments de sympathie et d'estime pour l'honorable M. Laliman. J'ai le regret de ne pas partager son admiration pour le *Jacquez,* même pour le sien, et je dois expliquer ici quelles en sont les raisons. Il y en a plusieurs :

» M. Laliman disait, hier, ce mot charmant : « Ne faisons pas de mode en fait de cépages américains. » — Je lui répondrai aujourd'hui : Ne faisons pas surtout de partialité, et ne soutenons pas quand même que nos fils sont des enfants vertueux !

» En 1875, Messieurs, malgré toute ma confiance dans le grand maître, M. Faucon, je n'avais pas eu encore la preuve des résultats merveilleux de la submersion, et alors, sur les conseils du regretté M. Fabre, de Saint-Clément, j'ai créé une pépinière de 20,000 américains et j'ai acheté en même temps à M. Laliman 1,000 plants de son *Jacquez*. Il est bon de noter que tous mes *Jacquez* absolument viennent de chez lui; je n'en ai jamais reçu un seul d'autre part.

» Ces 1,000 *Jacquez* ont été greffés sur 1,000 jeunes pieds français très vigoureux, afin d'activer la production du bois, qui à ce moment avait une grande valeur ou plutôt se vendait fort cher. C'était alors un cépage rare; rien ne lui a été refusé chez moi, la culture la plus soignée, les soins les plus assidus lui ont été prodigués; il a été, je peux le dire, véritablement entouré de sollicitude.

» Les greffes ont repris dans une proportion satisfaisante.

» En 1879, ces *Jacquez* étaient si beaux, si vigoureux, que j'en étais émerveillé et que tout le cercle de mes amis venait les admirer! Je ne voyais, je ne rêvais plus que *Jacquez*; c'était l'avenir et la consolation de la viticulture menacée; mais, depuis, quel contraste et que de chutes!

» Les déceptions sont arrivées; la coulure chaque année, l'anthracnose toujours, et enfin le mildew! Quant à la production, elle n'a plus existé qu'à l'état de souvenir.

» Enfin l'été dernier, des amis, membres du Comité de vigilance de Blaye, me firent le plaisir de visiter mon vignoble. Ils le parcoururent dans tous les sens pendant plusieurs heures et trouvèrent partout les vignes en magnifique état; mais avant de nous séparer, ils me demandèrent de leur montrer mes *Jacquez*!

» A première vue, ils constatèrent que tous les pieds étaient non seulement envahis par l'anthracnose, mais aussi par le mildew. Tous les français avoisinants étaient aussi atteints, beaucoup moins cependant.

» Je fus, Messieurs, et vous le comprendrez aisément, très impressionné de la présence de ce nouvel ennemi au milieu d'un beau vignoble de 100 hectares parfaitement sain et reconstitué par six années de submersion!

» Le lendemain, j'allai voir une plantation de *Merlot,* au milieu de laquelle il y avait 3 pieds de *Jacquez* égarés. Tous trois étaient couverts de mildew; les branches des pieds français enlacées dans les pampres des *Jacquez* étaient *mildewesées*. Les pieds voisins étaient aussi atteints, mais ceux plus éloignés ne l'étaient pas encore. Puis, dans une jeune plantation de *Jacquez,* d'environ un hectare, tous les pieds, sans exception, étaient attaqués; les feuilles étaient blanches de *mildew;* toute la partie inférieure

de la feuille était envahie, tandis que des *Solonis* et 5 hectares
de jeunes *Cabernets*, placés tout autour, étaient parfaitement sains.

» En présence de ces faits graves et concluants contre le *Jacquez*,
j'ai fait immédiatement, le jour même, couper au ras de terre
1,500 *Jacquez* environ, que je compte greffer ce printemps en
cépages français.

» M. Millardet, auquel je suis allé demander son avis sur cette
exécution, peut-être trop prompte, m'a répondu que j'avais fait, au
contraire, un acte sage et prudent et qu'à la ferme de Machorre,
d'où il venait, il avait aussi constaté la présence du mildew sur
les *Jacquez*.

» Le jour même, je suis allé chez M. Laliman, où j'ai trouvé
comme toujours le plus cordial accueil. Tous les *Jacquez* étaient, je
dois le dire, en très bel état. Il y avait bien par-ci par-là quelques
traces de mildew, mais fort peu, et, en les voyant, j'ai un instant
regretté l'exécution que j'avais faite.

» Il y a là, Messieurs, une particularité bien étrange et inexpli-
cable. Est-ce, comme le disait M. Gachassin-Lafite dans son
rapport, un sentiment de reconnaissance du *Jacquez* pour son
protecteur, ou bien en est-il du *Jacquez* comme de ces enfants
délicats, qui, dans leur famille, vivent en bonne santé, mais qui
deviennent maladifs et prennent la fièvre dès qu'ils quittent le toit
paternel? Je l'ignore, mais le fait est bizarre et mérite d'être
signalé.

» Depuis cette visite, j'ai eu le plaisir de voir, en compagnie de
M. Laliman lui-même et de quelques amis, plusieurs vignobles de
la Gironde où la vigne américaine est cultivée : chez Mme Ponsot,
chez M. Gachassin-Lafite, chez M. Mazeau, chez M. Jean-Jean, à
Saint-Émilion, partout nous avons dû constater que le *Jacquez*
végétait mal et qu'il était complètement anthracnosé et envahi par
le mildew.

» M. Laliman, qui est ici présent, peut me contredire si les faits
que j'avance sont inexacts ou seulement exagérés.

» M. Mazeau, qui habite Saint-Philippe-d'Aiguille, un des points les
plus élevés du département, causant à Libourne avec la Commission
de la Société d'Agriculture de la Gironde, chargée de visiter les
vignes américaines, disait : « Je me suis défait de tous mes *Jacquez*;
» il ne m'en reste plus que quelques pieds. Je ne veux plus en
» cultiver ni en vendre, car c'est, à mon avis, un cépage à récuser. »
Il avait raison.

» Ce sont là, Messieurs, des choses qu'il faut que vous sachiez, car ici on doit dire tout ce que l'on pense et tout ce que l'on sait.

'» Partout, on a pu constater sur le *Jacquez* les mêmes infirmités, l'anthracnose et le *mildew* : chez MM. Gilbert, à Blaye ; Plumeau, à Comps ; Guiard, à Bourg ; Hubert-Delisle, au château du Bouilh ; Duthil, à Morinat ; de Paty, à Saint-Vincent, et chez beaucoup d'autres encore.

» A Mille-Secousses, mes *Jacquez*, coupés en juillet, m'ont donné des repousses en août. Ces nouvelles feuilles, à peine épanouies, ont été couvertes de *mildew*, et, l'anthracnose se mettant de la partie, ces malheureuses feuilles ont été crispées et défigurées en quelques jours. C'est là de la récidive au premier chef.

» Je vous cite, en ce qui me concerne, des faits précis et indiscutables qui résultent d'une expérimentation de six ans, faite sur une certaine étendue, contrôlée avec soin et impartialité.

» Avant de vous apporter ici ces observations, qui ont certainement un intérêt pour beaucoup de viticulteurs, je me suis entouré, depuis l'ouverture du Congrès, de renseignements que j'ai puisés aux meilleures sources, et tous, sans exception, corroborent ce que j'ai constaté.

» M. Gaston Bazille, M. Marès, M. le Dr Cazalis sont d'avis que le *Jacquez* est le cépage de l'extrême Midi ; M. Planchon dit qu'au dessus de Valence il ne réussit pas ; M. Robin a dû l'abandonner ; M. Pulliat ne le cultive plus, tant il est sujet à l'anthracnose. M. Reich, de l'Armeillière, m'affirmait aussi que ses correspondants d'Amérique lui écrivaient il y a déjà quelques années : « Nous ne » vous envoyons pas de *Jacquez* parce qu'ici il meurt des attaques » de l'anthracnose et du *mildew*. » Enfin, Mme la duchesse de Fitz-James me disait avant-hier, ici même, que le *Jacquez* était le cépage du pays de l'olivier.

» Eh bien, Messieurs ! nous connaissons tous les olives comme hors d'œuvre, mais jamais pas un de nous n'a songé à cultiver l'olivier dans la Gironde.

» Le *Jacquez* peut donc être dans les climats chauds un cépage à recommander ; dans notre département au contraire il végète mal et périclite après s'être montré d'abord très vigoureux.

» Comme porte-greffe il ne vaut pas davantage, car il reprend difficilement de bouture et M. Laliman lui-même le classe au deuxième rang comme résistance.

» Le *Jacquez* est donc véritablement pour notre pays un cépage à rejeter.

» Quant à moi, j'ai le droit d'être sévère à son égard, car il a failli à toutes ses promesses; mais j'ai surtout le devoir de prévenir les viticulteurs de la Gironde et de leur dire: Conservez vos ressources pour traiter vos vignes par la submersion partout où elle est praticable, par le sulfure ou le sulfo-carbonate, si du moins elles ne sont pas trop phylloxérées. Greffez nos cépages français sur racines américaines résistantes pour reconstituer vos vignes détruites; mais ne faites dans aucun cas de culture directe et consignez le *Jacquez* à la porte de vos vignobles. »

M. LALIMAN a la parole pour lire le travail suivant, ayant pour titre : *De la résistance de certaines vignes exotiques basée sur la prétendue origine américaine du Vastatrix.*

« Je considère les Congrès phylloxériques comme une série d'études sur toutes les questions qui se rattachent au phylloxera. Ce qui a été dit dans l'un doit être contrôlé dans l'autre, et ce qui est nouveau, doit servir de jalons pour fixer dans les prochains Congrès l'étude et l'attention des observateurs.

» Si la rapidité des débats du Congrès de Bordeaux m'a empêché de produire ma conférence, j'aurai du moins l'avantage de joindre au profit de ce qu'on y a dit le profit que j'ai pu retirer, il y a un an, aux Congrès de Lyon et de Saragosse.

» Le phylloxera *vastatrix* est américain et ne fait qu'un avec le phylloxera *gallicole;* c'est sur ce syllabus que j'ai moi-même professé ([1]), que reposent les arguments en apparence les plus saisissants, sur lesquels on base la résistance de *toutes les vignes américaines en Amérique et en Europe.* L'origine et la résistance ne font donc qu'une *seule et même chose,* et tous les auteurs établissent la résistance des vignes américaines en Amérique depuis la création du monde, précisément en démontrant que si elles n'étaient pas *résistantes,* elles auraient toutes disparu, le *vastatrix* ayant toujours fréquenté leurs racines. De là est née cette théorie de l'introduction du phylloxera par les vignes américaines, et cette autre théorie non moins erronée de la résistance de toutes les vignes américaines. Sans entrer dans les divers motifs qui m'ont fait déserter ces

---

([1]) En 1869, j'ai le premier envoyé à la Société Linnéenne de Bordeaux des galles phylloxériques que je venais de découvrir, et j'ai eu le tort d'avancer que c'était le même insecte que le *vastatrix.*

croyances (ce que je développe dans mes diverses études phylloxériques) (¹), je crois devoir rappeler qu'au Congrès de Lyon un célèbre
pépiniériste du Missouri, M. Meissner, a déclaré qu'on ne faisait pas
attention en Amérique au phylloxera, parce que toutes les vignes
américaines résistaient à ses piqûres. J'ai dû naturellement protester et lire un article du *Messager politique du Midi,* dans lequel
l'honorable M. Lichtenstein combattait sévèrement en 1875 ces
affirmations si risquées : se basant précisément sur la fragilité des
Concord et même des *Clinton,* qui avaient déjà subi des échecs
mortels dans l'Hérault, où ils avaient été expédiés par millions,
précisément sur l'affirmation des doctrines éphémères avancées par
l'éminent M. Riley, et par ses dociles disciples MM. Bush et
Meissner.

» L'éminent M. Gaston Bazille a déclaré aussi en 1874, devant les
agriculteurs de France, « que sur onze espèces de vignes que lui
» recommandait et que lui avait envoyées M. Riley, et parmi lesquelles
» figuraient les *Concord,* les *Clinton,* les *Yves,* les *Hartefort,* les
» *Rentz,* les *Taylor,* les *Wilder,* les *Goëthe,* deux variétés seulement,
» les *Warren* et les *Cunningham* avaient résisté chez lui; les autres
» étaient mortes. » M. Meissner déclare du reste, dans son propre
catalogue, que le *Catawba,* le *Goëthe,* le *Maxatawney* et divers
autres cépages meurent en Amérique, ce qui est contraire à ses
affirmations du Congrès de Lyon, mais conforme à sa lettre
adressée à la maison Beyssac, de Bordeaux, en 1875, dans
laquelle il dit : « Je ne vous envoie pas le *Concord,* parce qu'il
» ne résiste pas au phylloxera. » M. Riley lui-même, lors d'un de
ses derniers voyages à Montpellier, a déclaré devant la Société
d'Agriculture de cette ville qu'il s'est trompé sur le *Concord,* qui
aujourd'hui succombe en Amérique, tué par le *vastatrix.* Le rapport
de M. Vimont fait en 1880, au nom de la Commission internationale,
dit, page 469 : « Les *Clinton* et les *Concord* ont dépéri dans les
» propriétés des apôtres les plus fervents des vignes américaines,
chez MM. Lichtenstein et Planchon, de Montpellier, ainsi que chez
M. Perre, chez M. Villion; chez M. Reich l'*Yves-Seedling* a fait de
même. » Le journal *la Vigne américaine* n'indique-t-il pas, dans un de
ses derniers numéros (contrairement à ses habitudes), comme non
résistants, des cépages américains qui meurent aujourd'hui en
France comme aux États-Unis? Parmi ces cépages, le savant M. Foëx

(¹) *Etudes sur les études phylloxériques.* — Librairie, rue Jacob, à Paris; et Féret et
fils, libraires, à Bordeaux.

fait figurer le *Louisiana* (¹) ! Il serait trop long de rassembler ici tous les documents d'origine américaine ou européenne, qui sapent à jamais la résistance d'une multitude de vignes américaines très recommandées, soit dans le nouveau, soit dans l'ancien continent. Dès lors, pourquoi ces cépages ne mouraient-ils pas anciennement aux États-Unis? C'est que le *Pemphygus*, qu'on dit être le *phylloxera vastatrix*, et qui fut découvert au Texas en 1834, par Berlandier, n'était pas en réalité le cruel et vorace *vastatrix* d'aujourd'hui. Il n'aurait pas, en effet, attendu quarante-sept ans pour commencer à exterminer chez le célèbre viticulteur Onderdonck les vignes françaises et américaines que M. Laurent et bien d'autres cultivent en toute sécurité au Texas et dans les Florides, l'*Isabelle*, les *Concord*, ainsi que les *Catawba*, et autres *Labrusca*, qui leur donnent encore jusqu'à deux récoltes par an.

» Aujourd'hui, dans certaines parties du Texas, tout est changé : depuis sept ans, le *vastatrix* y a fait invasion comme en Europe, et là où il existe, toutes les vignes meurent, aussi bien les *Concord* que les vignes d'Europe. Quant aux *Rulander*, aux *Cynthiana*, aux *Norton*, ils ne vivent plus dans cette contrée. Je dis cette contrée, parce que le Texas étant plus grand en étendue que la France, il n'est pas surprenant que ces mêmes cépages soient cultivés encore sans faiblir chez M. Régulestein, près San-Antonio. M. Georges Caen m'écrivait encore, le 14 juillet 1881, que le phylloxera n'avait pas du tout fait son apparition dans cette partie du Texas où on y cultive encore des masses de vignes européennes.

» La République Argentine, le Mexique, le Pérou et le Chili (²) sont dans le même cas, puisque dans ces États on ne cultive que des vignes européennes.

» Le phylloxera se conduit donc exactement aux États-Unis comme en Europe; là où il s'établit, il tue la plupart des vignes américaines. Cela est si vrai, que dans la *Gaceta agricola de Madrid* le Dr Parker, de New-York, écrit : « Trompés par les mauvaises » indications de personnes intéressées qui nous ont trop recommandé » de planter certains cépages américains, nos viticulteurs vont être » forcés d'arracher un million d'acres de vignes, sur deux millions » que nous cultivons. »

(¹) Le *Louisiana* est pourtant un *æstivalis*, donc il y a des *æstivalis* résistants et d'autres qui ne le sont pas.

(²) Dans le Brésil, on cultive des vignes d'Europe, beaucoup d'*Isabelle*, et l'on n'a pas de phylloxera, bien que l'on parle du phylloxera brésilien comme d'une réalité.

» En Californie, même conduite. Depuis six ans, le phylloxera ravage la. Sonoma, la Sonora, los Angelos, etc.; il y tue à toute vitesse non seulement les ceps espagnols qu'avaient importés les Pères de la Mission, il y a deux cents ans, mais encore les vignes américaines que leur avait recommandées, il y a peu d'années, le professeur Riley, et dont la liste figure dans un document officiel, le *Report of the Board of Regents, de l'Université of Californica* (année 1881). Parmi les premiers cépages qu'il recommandait, M. Riley fait figurer le *Concord,* oubliant sans doute sa confession, dont j'ai parlé plus haut, faite devant la Société d'Agriculture de l'Hérault; en seconde ligne, il plaçait le *Clinton,* et enfin le *Rentz,* le *Taylor,* le *Cynthiana,* etc. Mais, chose étonnante, il ne leur recommandait nullement le *Riparia sauvage,* dont les Français sont si friands ! Est-il donc étonnant si les cépages susdits ont succombé dans l'Eldorado et si les documents officiels américains nous apprennent que même les vignes tirées des bois sont aussi éphémères depuis l'invasion du *vastatrix* que les vieilles vignes d'Europe ! Pour rendre ma thèse claire et évidente, je dois bien faire remarquer que le *vastatrix* n'existe point dans tous les États de l'Amérique du Nord, contrairement aux déclarations du savant professeur de Montpellier, M. Planchon. J'en ai en main la preuve, par la déclaration de son ami et solidaire collaborateur, M. Riley, qui déclarait naguère devant la Société d'Agriculture du Missouri, « qu'il avait » en vain cherché le *vastatrix* chez M. Berkmans, d'Augusta, qui » ne l'avait pas et ne l'avait jamais eu. »

» Si, aux Congrès de Lyon et de Saragosse, des faits semblables ont été niés, bien qu'établis sur des preuves irrécusables; si, depuis lors, les lettres et les documents imprévus sont venus les corroborer; si, dernièrement, Husmann donnait la liste d'une quantité de vignes mourant aujourd'hui en Amérique, alors que ces vignes y vivaient anciennement; si le journal *la Vigne américaine* (à qui il sera beaucoup pardonné, puisqu'il a tant aimé) non seulement les exécute depuis quelque temps, mais encore a laissé enterrer le *Solonis* au profit de l'éphémère *Clinton* (dans un des derniers articles publiés), c'est que sans doute la question de vigueur et de résistance des vignes américaines est à réviser de par la logique du journal *la Vigne américaine,* et surtout par la logique des faits.

» En présence de cette cacophonie, il est juste de rappeler qu'au Congrès de Bordeaux, M. Lasserre, du Port-Sainte-Marie, s'est révolté contre cette prétention intransigeante à l'égard de l'invulnérabilité des *Riparia* que l'on a si fort exaltés, et a cru devoir affirmer que, dans le Lot-et-Garonne, ils faisaient triste figure à côté des *Solonis* ([1]). M. de Saint-Quentin, de la Gironde, M. Reich, des Bouches-du-Rhône, ont certifié la même chose, et même ce dernier a affirmé que le *Solonis* dépassait de beaucoup chez lui les *Riparia*. M. Gourdin, du Gard, écrit la même chose. Le Congrès de Lyon, comme le rapport de M. Vimont parlant au nom de la Commission internationale, ont déclaré : que les *Solonis* et les *Vialla* étaient supérieurs aux *Riparia*, arrachés par milliers dans le Rhône. Aussi, au milieu de cet horrible mélange d'os et de chairs meurtries, a-t-on été surpris du coup de massue porté aux *Jacquez*, avec une dextérité toute prestidigitatrice, par un aimable viticulteur girondin. La consigne était, comme on le voit, d'exécuter la plupart des vignes américaines qui m'ont fait découvrir la résistance ; oubliant que si l'on enterrait les plus résistants, les nouveaux cépages à la mode ne dureraient guère plus que ce que durent nos printemps.

» C'est au milieu de ces contradictions que M. Larroque, de Montpellier, a pu annoncer au Congrès que la plupart des vignes américaines ([2]) succombaient actuellement en Amérique. Ces affirmations si dissemblables exigent, on le voit, des enquêtes qui nous révèleront, espérons-le, la vérité ; car la question des vignes américaines résistantes a besoin d'être épurée. Cela est si indispensable que les membres du Congrès siégeant à Washington viennent de

([1]) Comment comprendre que l'éminent M. Robin qui, dans sa lettre à M. Lasserre, convient que tous les *Riparia quelconques* meurent dans tous les sols chez lui, dans la Drôme, soit du spleen, soit d'autres maladies; comment admettre, dis-je, que lui, rédacteur et fondateur du journal *la Vigne américaine*, il ne puisse imprimer dans son journal la *vérité* sur cette vigne? Ce sont de ces mystères inexplicables. Je renvoie le lecteur à la conférence de M. Lasserre; au *Journal de Barral*, de 1875, dans lequel M. Pulliat avait jeté le premier cri d'alarme contre les *Riparia;* au *Journal d'Agriculture* de Lecouteux, février 1878, dans lequel le professeur Millardet signale, conjointement avec une personne des environs de Libourne, des milliers de nodosités sur les racines de *Riparia-Fabre;* au *Journal de Barcelone,* octobre 1881, dans lequel l'ingénieur Rubio signale la mortalité de tous ses *Riparia* essayés en Catalogne; à M. Reich, de l'Armeillière (Bouches-du-Rhône); à MM. Gaillard et Bender, du Rhône; enfin à M. Riley, qui exclut de la liste des vignes résistantes qu'il recommande à ses concitoyens des États-Unis précisément les *Riparia*, qu'il trouve bons pour nous seuls.

Il y a donc témérité à médire contre les vignes résistantes que j'ai le premier indiquées au Congrès de Beaune en 1869 comme notre planche de salut; et les *Riparia*, trop vite mis à la mode, doivent encore rester à l'étude. S'il y en a de bons, il y a une grande sélection à faire parmi les trois cents variétés connues, dont plusieurs passent de vie à trépas avec la vélocité d'un éclair.

([2]) Ces vignes sont les *Concord*, les *Clinton*, les *Yves*, les *Rulander*, etc., que l'on nous signalait comme des hercules, et qui meurent aujourd'hui en Amérique.

voter deux millions pour pouvoir défendre au moyen d'insecticides leurs vignes dites *résistantes* qui meurent dans leur patrie. C'est pourquoi des fabriques de sulfo sont installées, tant en Californie, que dans les autres États de l'Union. En vérité, les Américains sont bien riches, s'ils se passent ces fantaisies uniquement pour faire pièce aux Européens, qui les accusent de leur avoir envoyé le phylloxera tandis qu'eux se contentent de nous soupçonner du même méfait!

» J'annexe ici quelques documents officiels et privés, méthode unique de savoir la vérité, puisqu'on peut les contrôler, méthode qui, pourtant, a été qualifiée de fallacieuse au Congrès de Saragosse! Peut-on cependant en trouver une meilleure?

» L'illustre professeur Husmann, du Missouri, contrairement aux affirmations de MM. Riley, Bush et Meissner, a déclaré, dans son livre *la Viticulture américaine,* « ne pouvoir être d'accord avec les » écrivains qui affirment que les maladies de la vigne ne sont pas à » redouter pour son pays; il les croit au contraire formidables, » notamment pour les *Labrusca,* les *Hybrides Rogers,* etc. Il ajoute » que depuis quelque temps, dans des districts entiers, on aban- » donne aux États-Unis la culture de la vigne. »

» Onderdonck, le père de la viticulture dans le Texas, m'écrit de Mission Waley en 1880 et 1881. « Le climat du Texas est excellent » pour les vignes européennes: mais à cause du phylloxera, depuis » huit ans, on a dans certains districts abandonné leur culture. » Toutefois au nord du Texas on en cultive encore. » Dans son cata- logue il dit que depuis quelques années il perd ses *Labrusca,* qui jadis lui donnaient deux récoltes par an, notamment les *Concord,* les *Isabelle,* et ses *Æstivalis* du Nord, tels que *Rulander, Cynthiana,* etc., meurent aujourd'hui chez lui tandis qu'anciennement ils vivaient fort bien.

» Le Dr Schutzé, viticulteur distingué de Wespoint, et vice- président de la Société d'Agriculture d'Atlanta, m'écrit en 1880 et 1881, « que depuis trois ans il perd ses vignes américaines, qui suc- » combent aux attaques du phylloxera. « Envoyez-moi, dit-il, vos » vignes résistantes pour nous sauver! Le phylloxera des galles est » américain, mais celui des racines est européen, je suis entière- » ment de votre avis sur ce point. » Et de fait, pourquoi le premier insecte était-il si inoffensif pour les Américains, jusqu'à ces dernières années, puisqu'ils n'en parlaient que comme d'une curiosité? — La réalité de ces faits m'est confirmée le 16 juin

1879 par M. Berkmans lui-même. Il rejette la méthode d'information employée par l'éminent professeur de Montpellier, M. Planchon, alors qu'il glorifiait son collaborateur, M. Riley, qui naguère avait recommandé si chaudement les *Labrusca*, les *Concord*, les *Clinton*, dans les termes suivants : « M. Laliman croyait pouvoir » induire que les *Labrusca* seraient voués à une même mort ; mieux » instruit par des observations faites dans le Missouri, je rectifie » ces données et je cite comme résistants les *Concord*, etc. » Qu'on demande aux Californiens, compatriotes de M. Riley, qui ont essayé de son protectorat, s'ils veulent récidiver avec les *Concord* le salut de leurs vignobles ?

» Aussi, lisons-nous dans les publications françaises *autorisées :* » Aucun plan américain ne réussit en Californie, » et dans les recueils américains ces mêmes faits sont également proclamés. L'heure approche donc où, malgré l'ostracisme dont est victime le vigneron de La Touratte dans son pays, les Américains eux-mêmes trouveront le salut de leurs vignobles dans la propagation des cinq ou six variétés de vignes qu'il a eu la gloire de signaler le premier, comme résistantes, au Congrès de Beaune en 1869. Elles seront, selon l'expression espagnole, la planche de salut de la viticulture universelle. Ces variétés sont toujours le *York's-Madeira*, le *Solonis*, le *Vialla*, le *Gaston-Bazille*, l'*Herbemont*, le *Dumas*, le véritable *Jacquez* ([1]). A ce sujet, la lettre ci-annexée de M. Berkmans prouve si j'en impose, lorsque je dis : Il y a *Jacquez* et *Jacquez*.

» Après l'article qui a paru dans la *Revue des Deux-Mondes*, en juin 1880, dans lequel Mme la duchesse de Fitz-James rééditait l'histoire du *Jacquez* miraculeux de M. Borty, qui, depuis vingt ans, résistait chez lui au *vastatrix*, j'écrivis à M. Berkmans pour savoir s'il était vrai qu'il eût envoyé à M. Borty des vignes américaines, antérieurement à celles qu'il m'avait fait parvenir. Le 23 juillet, M. Berkmans me répondit :

« Je suis étonné de l'assertion de M. Borty, qui ne m'a jamais » demandé de vignes. Vous êtes le seul auquel j'aie jamais envoyé

([1]) Je n'exclus pas de ce beau rôle une partie des 300 variétés de *Riparia* connues, quoique M. Riley ne les recommande pas à ses *compatriotes;* mais il ne faut pas oublier que M. Artigue a cru devoir parler du *Riparia* en citant sur ce cépage l'opinion d'une de mes premières élèves. « Il y a trois ans, a-t-il dit, que Mme Ponsot a recommandé d'opérer la » sélection des *Riparia* d'après l'aspect des racines. » C'est là une question de priorité que je tiens à établir. MM. Reich, Pulliat et Despetis en ayant dit autant, je conclus avec le Congrès de Lyon, que les *Riparia* doivent être très sélectionnés avant d'être recommandés au public.

» du plant de vrai *Jacquez* ([1]), car, après cet envoi, j'ai détruit les
» six pieds que je possédais, et depuis je ne suis jamais parvenu
» à me procurer la vraie variété. Mes plants provenaient de chez
» M. de Caradeuc, d'Aïken (Caroline du Sud), mais l'armée du
» général Sherman ayant campé sur ses propriétés, tout son
» vignoble a été détruit. Les plants que j'ai reçus depuis du Texas
» (d'Onderdonck) se sont trouvés être du *Lenoir*. Comme je l'ai
» souvent déclaré, si je voulais me procurer du vrai *Jacquez*, je me
» verrais forcé de vous en faire la demande. »

» A la suite de cette lettre, on trouve des affirmations sur la
non-existence du phylloxera chez M. Berkmans en 1881, ainsi
qu'une protestation contre l'origine américaine du *vastatrix* et
contre le rôle qu'on veut faire jouer à M. Berkmans, relativement
à l'envoi du phylloxera en Europe, alors qu'il n'en a même pas
en 1881 ([2]).

» Je crois que si j'ai été si malmené par mes accusateurs, le
moment de la réhabilitation approche : le phylloxera parricide
tuant en Amérique les vignes indigènes, mais c'est mon acquitte-
ment en cassation. C'est pourtant sur cette doctrine erronée
que repose en France l'origine européenne de l'insecte. Dès lors,
en présence des faits révélés en Amérique, pourquoi ne pas
raisonner d'une autre façon? Étudions donc, et que les Congrès
servent à compléter, d'année en année, nos études phylloxériques
encore très inachevées, on le voit.

» *Étude des sèves de la vigne.* — On a beaucoup ri lorsque le
premier je signalais cette année 1881, soit à l'Académie des

([1]) Lorsqu'au Congrès de Bordeaux je déclarais à M. Pulliat qu'il se trompait et
que jamais Berkmans ne lui avait envoyé de *Jacquez*, comme il le croyait et
l'assurait, j'étais certain du fait.

([2]) M. Pulliat, de Chiroubles (Rhône), a déclaré devant le Congrès qu'il avait reçu de
M. Berkmans du vrai *Jacquez*. C'est, comme on le voit, une erreur de sa part, et
Mme Ponsot écrivait de Saint-Clément, le 18 juillet 1876, que les *Jacquez* qu'avait reçus
Mme la duchesse de Fitz-James de M. Douysset, étaient de quatre variétés différentes
dont pas une n'était du vrai *Jacquez*. De plus, M. Pulliat m'a envoyé le jugement qui
condamne un calomniateur qui avait dit que M. Pulliat avait empesté de phylloxeras
le Beaujolais, avec les vignes américaines qu'il avait reçues de M. Berkmans. Or, j'ai
en main la déclaration de M. Riley qui prouve : que M. Berkmans n'a et n'a jamais
eu de phylloxera; donc il n'a pas pu lui envoyer ce qu'il n'avait pas, et ce qu'il
n'a pas même en 1881. Je suis heureux d'avoir pu, par ces documents, aider à
l'éminent ampélographe Pulliat à gagner son procès, et aider à déraciner l'idée que
M. Borty, du Gard, M. Planchon et moi, avions pu phylloxérer trois départements,
parce que nous avions reçu des vignes d'une contrée américaine qui, d'après
Riley, n'a jamais possédé le *vastatrix*.

Sciences, soit à la Société nationale d'Agriculture, soit à la Société d'Agriculture de la Gironde, la nécessité d'étudier les sèves des vignes. Néanmoins les chimistes, MM. Gallion et Boutin, ont bien voulu analyser ces produits; je les en remercie cordialement.

» A ce sujet, je crois fort qu'un docteur-médecin ou un pharmacien pourrait découvrir dans les sèves des propriétés hygiéniques et salutaires. Pour moi, je ne suis qu'un observateur obstiné; aussi, conservant jusqu'au moment de l'Exposition de notre Congrès des sèves de vignes, j'ai pu constater que celles des cépages les plus résistants, tels que le *Solonis,* le *Vialla,* etc., conservaient une limpidité parfaite, tandis que celles provenant de cépages non résistants, comme les *Malbec,* les *Chasselas,* etc., devenaient troubles et laiteuses. Si ce phénomène se confirme, on aurait peut-être là un point de départ, pouvant servir de base à des études comparatives indiquant le degré de faiblesse des divers cépages. J'ai donc exposé, pour la première fois, diverses sèves pendant le Congrès, espérant ouvrir une nouvelle voie à l'étude de la maladie de la vigne. — J'espère aussi qu'il en sera de même relativement à l'huile provenant des pépins américains. Cette huile résiste sans se congeler à un froid de 16 degrés. Cette propriété pourrait, ce me semble, être d'une grande utilité, surtout en mécanique ([1]).

» *L'adaptation du sol.* — Anciennement un cépage français, s'il ne se convenait pas dans le sol dans lequel on le plantait, restait simplement infertile, mais il ne mourait pas pour cela. Aujourd'hui on déclare que, dans des conditions analogues, les ceps américains dits résistants meurent. Ce fait, s'il était exact, les classerait comme vitalité à un degré inférieur à nos cépages européens. Malheureusement ce sont les protecteurs des vignes américaines, qui avancent ces choses. Tâchons de les contrôler. — Avant l'invasion phylloxérique, j'avais planté des *Clinton* et des *Concord* sur un plateau à sol marneux; — j'en avais planté aussi dans un sol paludéen. A l'invasion phylloxérique que s'est-il produit? Le phylloxera a tué mes *Clinton* et mes *Concord,* dans l'un et l'autre sol. Ils avaient cependant fructifié pendant douze ans; le sol leur convenait donc antérieurement à l'invasion phylloxérique; ils meurent après et on nous dit : c'est le terrain qui ne leur convient pas! Comment? cette même terre, qui n'a jamais été ferrugineuse, aurait donc perdu le principe ferrugineux qu'elle n'a jamais eu et qu'on

([1]) Ne pas oublier que toutes les huiles connues se congèlent à trois degrés au-dessous de zéro.

indique aujourd'hui comme indispensable à la vie des deux cépages sus-nommés? Mais on oublie que les Américains, qui savent mieux que nous choisir leur terrain, et qui dans leurs traités sont unanimes à certifier que les *Clinton* en particulier s'accommodent surtout des terrains pauvres, perdent, dans certaines contrées nouvellement envahies, leurs *Clinton* et leurs *Concord!* Dès lors, que signifie l'adaptation? puisqu'avant l'apparition du fléau, ces cépages végétaient et fructifiaient magnifiquement, et quand le phylloxera a eu envahi la contrée, les mêmes cépages se sont étiolés et sont morts, et ce phénomène se produit aussi bien dans les États de l'ancienne Union, qu'au Texas, en Californie, comme en France.

» Les vignes exotiques résistantes doivent vivre partout où une vigne française a vécu; car si elles mouraient, c'est qu'elles seraient inférieures comme vitalité à nos anciennes races. Mais alors, pourquoi protéger ces intruses qui, sur un même domaine, pourraient vivre à droite mais non à gauche, selon les veines de terre plus ou moins variables qu'elles rencontreraient? Ici, on pourrait provigner; plus loin, la chose ne serait pas possible; vraiment, nos pauvres vignerons en deviendraient fous. — L'adaptation du sol ne peut donc pas être admise, car elle nous conduirait de déceptions en déceptions. Les viticulteurs doivent donc avec raison chercher les vignes exotiques, qui peut-être ne seront pas *fructifères* dans tous les sols, mais qui résisteront partout où une vigne française a pu vivre. Ce sont les vignes qui, depuis dix-huit ans, luttent avec succès chez moi contre le phylloxera. On les préfèrera avec d'autant plus de raison, qu'on a ainsi sous la main le certain (du moins relatif). On n'ira donc pas courir après l'incertain ([1]).

» *La greffe-soudure en vert ou en vieux bois.* — Dans le but d'éviter l'oïdium, il y a déjà plus de vingt ans, je greffai des vignes françaises sur ceps américains. J'employai soit la méthode en fente, soit la méthode dite *par approche.* Voici textuellement ce que j'écrivis à cette époque dans un opuscule intitulé: *Coup d'œil agricole.* — *Cépages et vins américains,* et qui a paru chez Baudry, éditeur à Paris, en 1859. « En greffant la vigne française sur souches américaines, nous arriverons à combattre victorieusement l'oïdium. » Je recommandai la greffe *par approche,* et on trouvera dans les *Annales du Congrès scientifique,* tenu à Bordeaux à cette époque,

---

([1]) Les *York,* les *Vialla,* les *Solonis* résistent depuis dix-huit ans aux piqûres du phylloxera. Le *Jacquez,* le *Long,* le *Dumas,* l'*Elsemboro,* le *Gaston-Bazille,* l'*Elsimburgii,* le *Warren* font de même.

la preuve indéniable de mes affirmations. Plus tard, en mai et septembre 1869, c'est-à-dire avant le Congrès de Beaune, je récidivai mes recommandations avec plus de force dans le but d'arracher nos vignes aux étreintes du phylloxera. Ces recommandations furent insérées dans le journal *La Guienne,* dans le *Journal de Viticulture pratique* de Lesourd, et dans le *Messager politique du Midi.* Enfin, au Congrès de Beaune, octobre 1869, j'apportai des *Vialla,* des *Solonis,* des *Gaston-Bazille,* des *York,* qu'à cette époque je nommais : espèce de *Clinton.* J'affirmais alors que le salut de nos vignes était dans ces cépages, et ceux qui contestaient mes affirmations ne me *répondaient que par leur incrédulité.* Aujourd'hui, on prétend que je ne suis pas admis au banquet des greffeurs. Mais ceux qui tiennent ce langage oublient donc que je possède chez moi des greffes de ceps français sur racines américaines depuis plus de vingt ans! Ce sont des monuments qui plaident éloquemment en ma faveur.

» Cela dit, je déclare que toutes les greffes sont bonnes, lorsqu'elles réussissent. Je les encourage toutes; mais pas une n'étant préventive, je donne la préférence à ma greffe *par approche.* D'abord, parce que c'est la nature qui nous l'enseigne, et ensuite, parce que c'est la seule qui peut préventivement sauver nos vignobles, tandis que toutes les autres ne peuvent servir qu'à les reconstituer lorsqu'ils sont détruits. Ce petit *rien* est *tout* pour un vigneron attentif.

» Supposez, en effet, que votre vigne puisse un jour être atteinte par le phylloxera, vous avez tout le temps de planter dans les interlignes un cep résistant et d'appliquer, la même année ou l'année suivante, un sarment français herbacé dessus, sarment dont on aura enlevé l'épiderme sur un côté aussi, afin de l'appliquer sur une souche américaine dont on aura enlevé la peau sur une largeur égale à la branche française, ou sur une longueur de 5 centimètres environ. On aura soin que les libers correspondent bien, et on attachera avec un raphia. Cette greffe peut se faire entre branches herbacées, ou en appliquant une branche herbacée française sur un vieux bois américain, depuis la fin de mai à la fin septembre. Entre vieux bois, on peut la pratiquer avant ou au moment où la sève monte.

» On comprend que lorsque l'ennemi arrive, la défense est préparée. L'insecte peut bien tuer le pied français, mais il renaît aussitôt de ses cendres, puisqu'il est déjà transporté sur les invulnérables racines américaines. Dès lors, plus de récoltes perdues. On passe d'une récolte à une autre, sans perte de temps; je dis plus, avec bénéfice, car tout praticien sait que la greffe non seulement favorise la production, mais encore fait éviter la coulure, cette plaie de certains cépages français.

» Cette même greffe perd son caractère préventif lorsqu'il s'agit de remplacer une vigne morte, mais elle offre encore de précieux avantages. — Si on veut planter à nouveau un vignoble, on prend deux sujets enracinés, un cep français et un cep américain. On enlève pareillement les deux épidermes juste au-dessus des racines, c'est-à-dire dans la partie qui doit être sous terre, on attache avec un raphia ou une ficelle et on plante. Dès lors les ceps se soudent forcément dès qu'ils poussent. Or, comme le phylloxera mettra au moins deux ans à détruire la racine française, la soudure aura le temps d'être complète et les tiges françaises seront ainsi transportées sur racines américaines. On pourra même la seconde année greffer encore les tiges extérieures des deux cépages, ce qui doublera la greffe et donnera un nouveau point d'attache au cépage français. L'instrument à employer est un simple canif. Une femme ou même un enfant peut aussi bien greffer qu'un homme. On a pu critiquer ce procédé, mais qu'on interroge M. Destremx et on verra qu'il tient en haute estime ma greffe par approche qu'il pratique en grand.

» La greffe par approche permet aussi l'application de plusieurs variétés de vignes sur une même souche. Dès l'année suivante où la greffe a été faite, on peut sevrer les branches de leur mère et la jonction est souvent si complète qu'on ne peut reconnaître les points de contact. La greffe-soudure par approche est donc à mon avis la greffe par excellence, puisque seule elle est préventive et ajoute à ce mérite les qualités des autres greffes.

» *Vins américains.* — *Eau-de-vie américaine.* — Le *Jacquez* continue depuis dix-huit ans à prospérer chez moi, sans redouter ni oïdium, ni mildew, ni phylloxera. Son vin est peut-être plus coloré que celui du *York* et du *Vialla,* mais sa vendange n'offre pas les mêmes ressources. Sa couleur gît en effet dans son jus et non dans sa pulpe; aussi, tandis que je puis obtenir cinq ou six couleurs en passant des vins blancs ou des vins de sucre sur les râpes du *York* et du *Vialla,* je n'obtiens que deux colorations sur les râpes de *Jacquez.*

» Quant à la couleur du *Solonis* et du *Gaston-Bazille,* elle est aussi sombre que les ondes du Ténare. La pâte colorée de cette vendange formera un nougat colorant qui, délayé sept et huit fois, fera encore un vin noir sans rival.

» L'eau-de-vie provenant de vins américains me satisfait de plus en plus. Ce produit a obtenu, je dois le rappeler, la première mention honorable ministérielle au concours d'Angoulême. Il y a donc lieu d'étudier surtout l'eau-de-vie provenant du *Delaware*, cépage productif donnant un bon vin.

» *Semis.* — J'ai traité plusieurs fois cette question. Je n'en dirai ici que quelques mots. Les *Solonis, Riparia, York, Vialla* sont les seuls cépages dont les semis donnent des types à peu près identiques au type primitif. Les semis des autres variétés produisent des types complètement disparates, pour la plupart stériles et en général moins vigoureux et moins résistants au phylloxera que les pieds-mères. Ainsi, avec des pépins de raisins noirs, jai obtenu des cépages à fruits blancs et avec des pépins de raisins blancs, j'ai obtenu des cépages à fruits noirs.

» *Biologie.* — On connaît si peu les mœurs du *vastatrix*, que l'entomologiste Hildgard, de l'Université de San-Francisco, écrit que non seulement on ne trouve pas de phylloxera des galles en Californie, mais qu'on n'y rencontre pas non plus l'œuf d'hiver. La postérité du phylloxera s'y multiplie cependant à l'infini comme en Hongrie, en Italie, en Portugal, en Espagne, c'est-à-dire là où on n'a jamais trouvé ni galles, ni œuf d'hiver. C'est, sans doute, pour cela que la Commission supérieure met en campagne le jeune et savant entomologiste, M. Henneguy, chargé de trouver le nœud gordien phylloxérique.

» *Les cannibales du phylloxera.* — On s'étonne, dans les Congrès, de ne pas entendre traiter cette question, la science affirmant qu'il y a plusieurs insectes qui dévorent le phylloxera. En première ligne, on cite le *Tyroglyphus phylloxeræ*, que M. Riley avait découvert en Amérique, et qui vidait par succion le *vastatrix*. Qu'est devenu cet insecte? Aurait-il donc été vidé ou dévoré à son tour? — Les documents officiels de provenance sicilienne nous affirment qu'un autre *Acarus*, nommé *Hopophlora*, fait une guerre si acharnée au phylloxera en Sicile, que le fléau n'occasionne aucun mal aux vignobles. Pourquoi ne hopophlorerions-nous pas nos vignobles? Ce serait peut-être notre salut.

» Des savants français et autrichiens ont également annoncé à l'Académie, qu'en inoculant le *vastatrix* avec certain mycélium, tel que celui qui extermine les mouches d'une façon si alarmante à Givors (Rhône), on détruirait aussi l'aphidien de la vigne. — La persistance que l'on met à nous annoncer ces bonnes nouvelles, mériterait, ce me semble, plus d'égards. On devrait, dans les Congrès, se tenir au courant des essais et des travaux relatifs à cette question si importante, patronnée, du reste, par la science.

» *Extension du fléau.* — Bien qu'en Espagne on ne trouve pas une galle phylloxérique, comme je l'ai déjà dit, l'extension du fléau est telle, que 25,000 hectares sont reconnus contaminés dans la seule province de Gérona. Dans le Lampourdan, l'extension est aussi considérable qu'en Andalousie.

» Quant aux Suisses, qui croyaient avoir éteint le fléau, ils commencent à comprendre qu'ils ont simplement anéanti eux-mêmes leurs illusions. La Hongrie est dans le même cas, les taches sont aujourd'hui aux quatre coins du royaume.

» MM. Husmann, de Beaulieu, Berkmans, Schutzé, Parker, avouent que le *vastatrix* fait aujourd'hui des progrès considérables et menace les États-Unis de la destruction complète de leurs vignobles. La preuve, est du reste, dans les subsides considérables votés par le gouvernement américain : deux millions pour combattre le *vastatrix !*

» La Russie elle-même n'est pas à l'abri du destructeur; mais ce n'est point dans le jardin de Nikita, où l'on cultive des vignes américaines depuis quinze ans, que l'insecte a débuté, c'est à plus de 120 kilomètres de cet établissement qu'il s'est montré.

» En Italie, où des communes entières sont plantées depuis plus de trente ans en cépages américains, pas une seule de ces vignes n'est attaquée par le *vastatrix.*

» L'Australie, le Cap, Malte, etc., préoccupent aujourd'hui le gouvernement anglais, et, bien qu'on accuse l'Angleterre d'avoir possédé l'insecte avant le continent européen, elle le connaît si peu qu'elle demande elle-même des renseignements à la France. Le procédé du jardinier Malcolm, on s'en souvient, guérissait la vigne avec un simple brossage. Ce procédé nous a éblouis, mais n'a nullement paru sérieux aux Anglais, qui l'ont abandonné.

» Tels sont les faits que j'ai recueillis. Ils feront plus pour la recherche de la vérité que les doctrines écloses dans les cabinets scientifiques. Puissent les Congrès être réellement utiles en publiant, le plus possible, leurs comptes-rendus afin de répandre la lumière phylloxérique. Jusqu'ici, tous les investigateurs indépendants étaient traités de fallacieux et mis impitoyablement de côté, tandis qu'ils n'étaient que des chercheurs sincères, des observateurs minutieux et des contrôleurs sévères d'assertions trop souvent erronées qui ont fait un roman de l'histoire du phylloxera, et un second de l'histoire des vignes américaines, bravant depuis des milliers d'années le phylloxera jusqu'à nos jours où ces titans sont devenus (sauf cinq ou six exceptions) des pygmées! Donc le Congrès de Saragosse avait raison lorsque, par la bouche du comte de Las Almenas, il déclarait : « En fait de phylloxera, nous en sommes » encore à l'enfance de l'art. »

M. PULLIAT réplique à M. Laliman qu'il n'a jamais reçu de *Jacquez* que de chez M. Berkmans.

M. LALIMAN répond qu'il a des lettres de M. Berkmans, qu'il produira, qui disent le contraire. Il y a encore chez lui, ajoute-t-il, du *Jacquez* avec leurs fruits. Que l'on vienne le voir; là, on se convaincra qu'il résiste au mildew et au phylloxera depuis vingt ans; et quant au mildew, il est aujourd'hui en Afrique et ailleurs, là où il n'y a pas de vignes américaines.

M. PULLIAT constate que les *Jacquez* de M. Berkmans étaient absolument les mêmes que ceux de M. Laliman, et M. CHENU-LAFITTE répète que tous les *Jacquez* qui sont chez lui viennent de chez M. Laliman.

M. PLANCHON dit qu'il a envoyé à M. Pulliat ce que M. Laliman lui avait envoyé.

M. DE LARROQUE, de Béziers, a la parole. Il est surpris que M. Planchon n'ait rien dit des vignes américaines, lui qui a été en Amérique pour les étudier. Il proteste contre l'approbation de M. Lichtenstein relative à ces cépages, parce que les Américains ont planté beaucoup de vignes depuis sept ans et que, néanmoins, ils ont récolté en 1880 cinq mille gallons de moins qu'en 1873. — La vigne américaine, dit-il, est tuée en Amérique par le phylloxera à mesure qu'on augmente les plantations. Il ne sait pas les cépages qui y meurent, aussi il voudrait qu'une enquête fût faite dans ce pays pour savoir d'une manière exacte les noms des cépages qui y vivent et ceux des variétés qui y meurent. Il n'est pas l'ennemi des vignes américaines, mais il voudrait connaître la vérité avant de conseiller la reconstitution en grand des vignobles par ces sortes de vignes, — car on ne peut nier que les Américains établissent des usines de sulfo-carbonate et de sulfure de carbone pour injecter leurs vignobles de la Californie, et on submerge aussi dans ce pays.

M. le PRÉSIDENT appuie le vœu d'une enquête demandée par M. de Larroque et prie de le formuler par écrit.

Sur l'objection d'un membre que les cépages cultivés en Californie sont européens, M. de Larroque réplique qu'il n'ignore pas que des plants européens sont cultivés en Californie et que le phylloxera y est. Le point noir, dit-il, le voici : aux États-Unis il y a rivalité, et l'ardeur des plantations de vignes dans ce pays est très grande; l'Amérique nous étudie, et il faut faire attention de ne pas nous laisser prendre ce que nous faisons.

M. PLANCHON répond à M. de Larroque:

« En parlant des vignes asiatiques et des vignes du Soudan, j'ai usé du droit de choisir mon sujet et je n'ai nullement abandonné les vignes américaines que je savais devoir être suffisamment défendues. La résistance générale de ces vignes ne fait pas doute: seulement j'ai toujours dit et écrit que cette résistance est relative: car s'il s'agit d'immunité absolue, comme dans le cas où le phylloxera n'est pas même présent, le mot résistance n'a plus de sens. On ne résiste pas à un ennemi absent.

» Le principal problème à résoudre pour la culture des vignes américaines en Europe est le choix des cépages suivant les terrains. Or, ce n'est pas en Amérique que cette question complexe veut être étudiée : c'est sur le terrain même où chacun doit planter. Il est des terrains, tels que le Diluvium Alpin du Midi où tous les cépages viennent bien, même le *Clinton* et le *Concord* qui souffrent ou dépérissent en d'autres sols. Est-ce en Amérique qu'on aurait pu constater ce fait ?

» Que la viticulture californienne aux prises avec le phylloxera emploie la submersion et les insecticides, quoi d'étonnant! Ne sait-on pas que les vignobles de Californie sont tous constitués par des plants d'origine européenne ?

» Dire que les vignes américaines meurent du phylloxera en Amérique, c'est aller contre l'évidence des faits. Les grands ennemis de la viticulture aux États-Unis sont le rot et le mildew. Le phylloxera n'agit guère que sur les *Hybrides* et sur des cépages du groupe des *Labrusca* (le *Catawba*, l'*Isabelle* par exemple). Encore est-il vrai de dire ce que j'ai souvent répété: le moins résistant des cépages américains est encore plus résistant que tous les cépages d'Europe. »

M. GÉRAUD, de Bergerac, parle contre les plants américains au point de vue de l'avenir des vins de la Gironde. Il s'étendrait plus qu'il ne va le faire sur ce sujet, si divers viticulteurs dont l'expérience est bien connue, entre autres l'honorable M. Chenu-

Lafitte, ne venaient de protester contre la culture des cépages américains pour la production directe du vin. Mais il croit que, même en pratiquant le greffage, l'emploi des plants américains dans la Gironde serait défavorable, par suite de ce que l'extrême vigueur du porte-greffe amènerait évidemment un développement anormal du sujet français. Il en résulterait la nécessité de modifier le système de plantation et de taille en usage dans nos vignobles, ce qui porterait sensiblement atteinte à la qualité des vins. On n'ignore pas, en effet, que des vignes trop vigoureuses ne donnent pas un produit d'aussi bonne qualité que celles de moyenne végétation.

Mais la pratique du greffage sur plants américains serait encore dangereuse dans nos contrées à un autre point de vue. En effet, si bas que l'on place la greffe, — et il y a évidemment une limite extrême, — on serait exposé à ce qu'à la suite de froids rigoureux, comme ceux des 9 et 16 janvier de l'année courante, le cep ne soit gelé jusqu'au-dessous de la greffe. Il en résulterait des inconvénients dont la gravité n'échappera à personne, nécessité d'attendre un an pour pouvoir greffer de nouveau sur les repousses du porte-greffe, chances d'insuccès de cette longue et délicate opération, dépense considérable, et, même dans le cas de la plus complète réussite, perte de plusieurs années de production.

Pour ces divers motifs, l'orateur croit devoir recommander aux viticulteurs de la Gironde et surtout aux propriétaires de vins fins, la plus grande prudence dans l'emploi des plants américains. Tous les moyens doivent, à son avis, être tentés, de préférence à celui-là, pour la reconstitution des vignobles déjà détruits, et quant à ceux qui existent encore, il faut les conserver même au prix de sacrifices considérables.

M. GAILLARD, propriétaire et horticulteur à Brugnais (Rhône), réplique : « Le phylloxera disparaîtrait, dit-il, que je ne planterais pas désormais de vignes françaises sans les greffer sur américaines, tellement sont importants les avantages qu'on en retire : 1° fertilité plus grande (j'ai récolté cette année, sur des vignes greffées boutures sur boutures et plantées il y a vingt-huit mois, de 5 à 6 kilogrammes de raisins par souche. J'ai fait constater ces résultats par toute la presse lyonnaise); 2° maturité plus hâtive et enfin résistance complète des racines aux gelées d'hiver (l'hiver rigoureux de 1879-1880 a détruit ou fortement endommagé la presque totalité des vignobles par suite de l'absence des neiges. Mes vignes, greffées en avril 1879 sur *Vialla, Solonis, Oporto* et *Riparia sauvages* n'ont eu, l'année suivante, aucune racine atteinte par la gelée).

» Pour étudier la résistance comparative des vignes américaines, j'ai planté, il y a six ans (dans de simples trous de 0,70 centimètres cubes, au milieu d'un vignoble fortement atteint, à distance de 2 mètres en tous sens et sans défoncement), une collection de vignes américaines (*Solonis, Taylor, Oporto, Vialla, Elvira, Delaware, York's-Madeira, Cunningham, Riparia sauvages, Jacquez, Clinton, Noah, Black-Pearl, Herbemont, Alvery, Cornucopia, Eumelan, Cynthiana, Concord, Rulander,* etc.

» Le terrain est en pente, humide en bas, très sec en haut et de nature granitique.

» Les *Solonis, Oporto, Vialla, York's-Madeira, Black-Pearl, Cunningham, Noah, Jacquez, Cynthiana,* sont partout remarquables de vigueur au milieu des souches françaises actuellement mortes ou mourantes.

» Les *Riparia sauvages* ont une très belle végétation dans la partie inférieure humide, mais dans la partie supérieure aride et sèche ils laissent beaucoup à désirer.

» Ce cas, ajouté à plusieurs autres que je pourrais citer, vient à l'encontre de la séduisante théorie exposée par quelques viticulteurs éminents, théorie qui consiste à donner la préférence comme porte-greffe aux *Riparia sauvages* et aux *York's-Madeira,* parce qu'ils n'ont, disent-ils, que très peu de phylloxeras aux racines.

» Pour mon compte, dans mon sol, peu m'importe la quantité de phylloxeras aux racines d'une variété bon porte-greffe; si elle y végète bien, je la préfère de beaucoup à telle ou telle autre, s'appelât-elle *York's-Madeira* ou *Riparia-Ficelle,* végétant mal, bien qu'ayant peu ou pas de phylloxera aux racines.

» Pour ne parler que de la soudure et de la fertilité, les porte-greffes qui m'ont donné les meilleurs résultats sont, par ordre de mérite : *Vialla, Oporto, York's-Madeira, Solonis* et *Elvira.*

» Certains *Riparia sauvages,* une fois greffés, restent petits au-dessous du point de greffage, et souvent le greffon, comme dans l'échantillon que vous avez sous les yeux, forme un bourrelet assez considérable, tandis que dans cet autre spécimen greffé sur *Vialla,* vous pouvez voir que le point de soudure est presque imperceptible.

» D'ailleurs, en arboriculture cette différence entre le greffon et le sujet se produit pour le poirier greffé sur cognassier de semis, ainsi que pour le pêcher et l'abricotier greffés sur pruniers de semis également.

» C'est à cet inconvénient auquel on obvie en cherchant et en propageant par boutures et marcottes ensuite, soit des variétés de cognassiers, soit des variétés de pruniers porte-greffes faisant, une fois greffés, *bon ménage* avec leurs greffons. C'est à ce même inconvénient, auquel on remédiera aussi en agissant vis-à-vis des *Riparia sauvages* comme vis-à-vis des cognassiers, c'est-à-dire en faisant la sélection et, pour la faire, voici le moyen pratique que je propose :

» Si les *Riparia sauvages* réussissent généralement bien dans votre sol, plantez-les et greffez-les indistinctement d'abord. Ils produiront tous plus ou moins.

» A la deuxième année de fructification, choisissez les pieds greffés les plus vigoureux, les plus fertiles et ayant les bourrelets les moins apparents. A l'automne, sacrifiez la partie française de ces pieds, laissez pousser les sauvageons et multipliez-les exclusivement pour vos plantations futures. Par ce moyen vous aurez atteint deux buts : vous aurez trouvé les variétés porte-greffes qui s'adaptent le mieux à votre terrain ou à un terrain similaire et qui feront toujours bon ménage avec les variétés de vignes françaises que vous cultivez. Vous obtiendrez, enfin, une végétation et une production uniformes dans vos vignobles.

» Voilà, Messieurs, les observations sommaires que j'avais à vous exposer. »

M. NARDY, horticulteur à Hyères (Var), lit le mémoire suivant:

« Dans le département du Var à qui convient bien particulièrement le nom de *pays de la soif*, le phylloxéra a produit très vite la destruction des vignes françaises. Faute d'eau, presque partout, le sulfo-carbonate de potassium n'a pu et ne saurait être appliqué pour prolonger la vie de quelques vignobles. Le sulfure de carbone a été employé sur les sols les plus divers, et *nulle part*, peut-être cela tient-il surtout à la longue et persistante sécheresse des saisons estivales, il n'a pu conserver les vignes. Entre les nombreux propriétaires qui peuvent être nommés comme ayant employé le sulfure de carbone avec la plus grande attention et la plus grande persévérance, il faut citer M. Meunier, grand propriétaire à La Garde, près Toulon. Ses vignes, très connues parmi les plus belles et les plus productives du Var, sont mortes ou en train de mourir, et le propriétaire les remplace actuellement par les cépages américains aux racines résistantes au phylloxera.

» Dans le Var, ces cépages, et entre autres le *Jacquez* à production directe et le *Riparia* comme porte-greffe, ont acquis une renommée surabondamment justifiée. Le *Jacquez*, qui donne chez M. Raymond Aurran, à la Décapris, près Hyères, et sur des sols d'alluvion de grande richesse et relativement frais, la végétation phénoménale et les récoltes superbes dont l'honorable rapporteur de la Commission des vignes américaines a entretenu le Congrès, se comporte admirablement sur les terrains secs. De nombreux vignobles et surtout ceux de MM. Aguillon, à Signes; Latty, à Carqueiranne, près Hyères; le Dr E. Vidal, au Pellegrin, près Hyères aussi; le Dr Davin, à Pignans, etc., vignobles tous situés sur terrains absolument secs, présentent des *Jacquez* de haute résistance sans mildew, et fournissant déjà de belles récoltes dont le vin atteint des prix très rémunérateurs.

» Le *Jacquez* est donc à recommander dans tous les départements des bords méditerranéens.

» Le département du Var doit à MM. E. Vidal et Latty, nommés ci-dessus, la connaissance et la propagation d'un mode de multiplication du *Jacquez* et de reconstitution de vignobles aussi prompte que peu coûteuse. Nous ne saurions trop signaler et recommander ce mode.

» Sur un vignoble atteint du phylloxera, *quoique déjà bien malade même*, et des ceps étant déjà morts sur les lignes, on recèpe à 8, 10 centimètres au-dessous de la surface du sol, en janvier, février (dans le Var) et on greffe en fente en *Jacquez*.

» Il est rare que les greffes ne donnent dès la même année quelques fruits. La végétation de ces greffes est *toujours bonne*. Le cep malade a été réduit d'une grande surface aérienne à nourrir, et, de plus, l'apport sur lui et l'identification avec lui, par la greffe, d'une variété de grande vigueur, tout cela contribue à faire cette bonne végétation qui semble d'abord peu explicable.

» Pendant l'hiver qui suit cette reprise et végétation de la greffe, il est procédé à un profond provignage qui produit deux résultats essentiels : la reconstitution complète de toutes les lignes du vignoble, et l'obligation remplie dès l'année qui suit par tous les ceps de ce vignoble, ceps provignés, de s'affranchir absolument en se constituant des racines propres et résistantes. Ces ceps donnent aussi dès cette même année une convenable récolte.

» La même opération, greffé sur ceps français et provignage pour obtenir reconstitution immédiate du vignoble en ceps américains, résistants et affranchis, peut être faite avec le *Riparia*, le meilleur des cépages américains porte-greffes pour terrains secs. Ce *Riparia* est à son tour greffé l'année même du provignage ou l'année suivante.

» Pour reconstituer les vignobles que le phylloxera a amenés aux portes de la mort, et qu'il faudrait bientôt arracher pour les remplacer par de nouvelles plantations, le moyen qui vient d'être indiqué d'après les superbes réussites de MM. Vidal et Latty *est assurément des plus recommandables tant pour son excellence intrinsèque que pour ses prompts résultats et le peu de frais qu'il exige.*

» Chez le même M. Latty, une plantation de boutures de *Jacquez* de 70 centimètres de longueur faite cette année même, si chaude, en la quantité de *12,500*, en place et sur terre très sèche, a donné une reprise de 95 pour 100. Cette excellente reprise, inaccoutumée chez le *Jacquez*, doit être attribuée à deux causes : la longueur enterrée des boutures et le couchage horizontal de 25 centimètres de leur partie inférieure au fond de la fosse de plantation.

» La plantation en longues boutures doit donc être très préconisée pour le *Jacquez*.

» M. Nardy expose qu'en Amérique, en 1876, des vignerons de Californie lui ont dit que le phylloxera endommageait chez eux leurs vignes *toutes européennes*. Il appuie de toutes ses forces, et comme praticien, et aussi comme connaissant le sol et le climat des États-Unis, le vœu émis par l'honorable M. Larroque, de Béziers, de voir le Gouvernement français ordonner des études *scientifiques et pratiques*, faites en Amérique *par des savants et des praticiens réunis*, études portant sur les vignes américaines résistantes au phylloxera, sauvages et cultivées, et éclairant mieux la culture française sur les qualités et les exigences de toutes.

» Ces études apporteraient certainement un aide puissant, presque indispensable, à l'utile sélection des cépages américains déjà commencée en France. »

M. Jules MAISTRE, de Villeneuvette (Hérault), dépose ce qui suit sur la *question des vignes* :

« La conclusion de la communication de M. le Dr Despetis du 12 octobre au Congrès de Bordeaux est que, lorsque le sol convient aux vignes américaines, ces vignes ne sont pas détruites par le phylloxera ;

» Et qu'il faut être très prudent lorsque nous conseillons de planter des vignes américaines.

» Nous prenons texte de cette communication, pour dire qu'il est facile de s'entendre entre les partisans des vignes étrangères et des vignes indigènes.

» Toutes les fois que la vigne française sera placée dans de bonnes conditions, cette vigne vivra, malgré le phylloxera, de même que la vigne américaine vit malgré l'insecte.

» Ainsi, à Villeneuvette, nous conservons la vigne européenne depuis quatre ans, en traitant les vignes par l'eau environ tous les quinze jours.

» Et cependant nous retrouvons des phylloxeras sur les racines.

» Il faut donc renverser l'ancienne théorie, théorie que nous croyions abandonnée depuis le Congrès de Saragosse, et que nous retrouvons dans le programme du Congrès de Bordeaux.

» Cette théorie consiste à dire : que si on ne parvient pas à faire périr tous les phylloxeras, il faut arriver forcément aux vignes américaines, comme étant la seule planche de salut.

» Étudions les principaux procédés :

» 1° La submersion a rendu et rendra encore de grands services; mais elle absorbe trop d'eau (de 40,000 à 60,000 mètres cubes par hectare et par an), quand, par l'irrigation, il est facile de conserver la vigne française avec 10 ou 12,000 mètres cubes;

» 2° Par les sables, tels que ceux des bords de la mer, la vigne peut vivre, et ici encore c'est par la manière dont l'eau agit dans les sables que la vigne peut vivre.

» Une terre sablonneuse ne perd presque rien par l'évaporation, et toute l'eau contenue dans le sol sera donc employée à faire vivre la vigne.

» Pour nous, si les sables conservent la vigne, cela tient, non à sa nature, mais tout simplement à l'humidité qui est conservée dans le sous-sol; ce qui permet aux racines de prendre une très grande vigueur.

» En résumé, soit par la submersion, soit par les sables, on arrive à mettre les racines dans les meilleures conditions pour résister aux attaques de l'insecte.

» Dès l'instant que nous n'avons pas à nous préoccuper des moyens de faire périr le phylloxera, il est facile de savoir ce qu'il faut ajouter à notre sol, en dehors du travail et du fumier.

» Or, ce qui lui manque, dans la région du Midi, *c'est l'eau.*

» L'eau donne une très grande vigueur aux racines; elles sont de plus en plus nombreuses, et en même temps le milieu où l'on place la vigne empêche le phylloxera de se reproduire en abondance. Mais la théorie n'est rien; une pratique de quatre ans nous prouve que la vigne française, traitée par l'eau, donne des produits très avantageux.

» Ainsi une vigne, âgée de dix ans, malade depuis 1876, et traitée depuis quatre ans par l'eau, produit chaque année de 1,150 à 1,200 francs en raisins de table.

» La dépense en fumier, travail et arrosage, ne coûte pas plus de 400 à 450 francs par an.

» Nous aurions mauvaise grâce, après avoir fait l'éloge de la submersion, des sables, des insecticides, tels que le sulfure de carbone et surtout du sulfo-carbonate, et enfin des irrigations, de ne rien dire des vignes américaines.

» Oui, les vignes américaines résistent au phylloxera; mais ceux qui vantent le plus les vignes américaines sont les premiers à reconnaître que, dans certains terrains, elles donnent des résultats négatifs. Il faut donc être très prudent lorsqu'on conseille la plantation des vignes étrangères.

» Mais nous allons plus loin :

» Pour nous, au-dessus du phylloxera, il y a la sécheresse.

» Si nous sommes dans le faux, et nous voudrions y être dans cette circonstance, qu'on nous combatte.

» Si au contraire nous sommes dans le vrai, on voudra bien reconnaître que rien n'est plus dangereux que de chercher à couvrir de nouveau la surface de notre région de vignes américaines ou de vignes françaises.

» Car, ainsi que nous avons cherché à le prouver dans une brochure sur l'influence des forêts et des cultures sur le climat; la *culture exagérée* de la *vigne* rend la sécherese plus *intense*.

» Comme conclusion, nous demandons aux membres du Congrès de Bordeaux d'appuyer de tous leurs efforts la création des canaux, qui *seuls* peuvent donner la richesse à la région du midi de la France et sans lesquels nos malheureuses populations seront amenées à s'expatrier de plus en plus.

» Je me résume donc : je ne suis pas l'ennemi des vignes américaines, mais je crois qu'on a le tort de trop insister pour prouver à nos cultivateurs que leur meilleur salut est de ce côté.

» Le salut est dans des cultures variées qui ne peuvent être productives que tout autant que nous pourrons disposer d'une plus grande masse d'eau. »

M. CALVET, des Augers (Charente-Inférieure), lit le mémoire suivant :

« Il est des conditions culturales et économiques dans lesquelles les viticulteurs les plus autorisés admettent l'impossibilité de défendre les vignes françaises phylloxérées par les insecticides appliqués *aux ceps mêmes*. Peut-on du moins arracher encore quelques récoltes à l'agonie de la vigne? oui; pour trois ou quatre ans, à l'aide du *provignage* avec application d'engrais actifs et de solutions insecticides à la boucle des provins.

» Tout vigneron sait faire un provin, et comprendra comment, dès la première année, le raisin se portera sur la latte provignée et mûrira grâce à la sève produite par l'enracinement superficiel et adventif émis au printemps; comment, pour les deux ou trois années suivantes, jusqu'à épuisement absolu du cep, il sera facile de détruire le parasite qui pullulera infailliblement sur les racines du provin.

» Pour cette destruction, un litre de solution de sulfo-carbonate, par exemple, suffira, la fosse du provin et le cube de son enracinement actif ne dépassant pas 1 décimètre. La condition d'application facile du procédé est l'existence, sur la souche, d'un sarment de 1 mètre environ, longueur suffisante pour la mise en terre de l'extrémité de la latte. Si le cep est élevé, on peut établir une butte de terre pour recevoir le provin.

» Les frais de culture de la vigne sont réduits à l'établissement des buttes ou des fosses à provin, selon les cas, et au nettoiement du sol; toute culture profonde devient inutile, la *souche* n'ayant à peu près plus de racines.

» La quantité d'engrais chimique à employer est de 50 grammes de sels potassiques, approximativement, valant 1 centime par provin; quant à l'insecticide, il ne coûtera pas, achat et application compris, plus de 1 centime aussi, soit au total 2 centimes.

» L'insecticide peut être indifféremment *sulfure de potassium*, sulfo-carbonate de potassium ou de calcium. Les applications de ce procédé, faites dans la Charente-Inférieure, ont soutenu depuis trois ans la récolte, pour les deux tiers environ, dans des parcelles phylloxérées depuis 1872 et dont les souches sont privées de leur enracinement presque en entier. »

M. P.-A. LABRUNIE, président et rapporteur du jury des vins américains et des vins français sur racines américaines, communique de vive voix, à l'assemblée, les impressions du jury pendant la longue dégustation des vins exposés à l'Alhambra ([1]). Cette dégustation a été dans son ensemble des plus intéressantes. Les vins de *Jacquez* et d'*Herbemont* ont tout d'abord fixé l'attention : le premier, par son corps et sa couleur; le deuxième, par sa finesse et son plus ou moins d'analogie avec les petits vins de la Gironde. Le jury a été tout particulièrement frappé par la saveur d'un vin de *Jacquez* récolté sur les coteaux de Saint-Émilion ; et il s'est posé la question, laissant à l'avenir le soin de la résoudre, de savoir quelle pourrait être l'influence des divers terroirs du Bordelais sur les vins de cépages américains producteurs directs, et notamment sur ceux de l'*Herbemont* et du *Jacquez*.

Quant aux vins français produits par des vignes greffées sur racines américaines, ils ont paru présenter leur caractère ordinaire.

Malheureusement, le jury a constaté, avec infiniment de regret, que beaucoup d'échantillons de vins soumis à sa dégustation étaient plus ou moins altérés, soit par suite du voyage fait dans de mauvaises conditions, soit par suite d'une fermentation incomplète en ce qui concerne les vins de cette année que l'on avait prématurément décuvés pour les apporter au Congrès en temps utile. De plus, beaucoup de ces vins avaient été faits en si petites quantités qu'ils avaient dû perdre beaucoup de leur qualité.

Il est résulté de ces diverses circonstances qu'un classement équitable devenait impossible, et par ce motif le jury n'a pas cru devoir attribuer aux vins de l'Exposition des médailles et des mentions particulières.

Mais, si aucune récompense n'a pu être accordée à tels ou tels vins présentés par des exposants que recommandait leur notoriété, le jury s'est montré disposé à encourager les efforts tentés pour agrandir le champ de l'expérience, au moyen des espèces les plus variées, dont témoignait la collection la plus importante de l'Exposition. A ce titre, suivant sa délibération, il vient proposer au Congrès de décerner à son auteur, M. Piola, de Saint-Émilion, une médaille d'or.

Les conclusions du rapport sont adoptées par le Congrès.

([1]) Le jury se composait de MM. P.-A. Labrunie, *président et rapporteur;* Couperie, *secrétaire;* Lanoire, Fourcade, Delbrück, P. Dubois, Merman et Ed. Lawton.

Procès-verbal de la séance du jeudi 13 octobre (après-midi)

Présidence de M. A. LALANDE.

M. N. Noble, avocat, délégué de la Société d'Agriculture, d'Horticulture et d'Acclimatation du Var, à Toulon, s'exprime en ces termes :

« Mesdames, Messieurs,

» Je ne me décide à prendre la parole que parce que je représente une Société de plus de six cents membres; que beaucoup de départements ont témoigné devant vous de leurs expériences, et qu'il me paraît utile que le Var vous dise à son tour ce qu'il a fait.

» Je vous déclare d'abord ceci : Vous voulez, dans la Gironde, conserver vos cépages à tout prix; vous avez raison. Il est impossible de se faire à l'idée de perdre vos grands crûs, ni les crûs de le Bourgogne ou de la Champagne. Nous aussi, qui nous préoccupons de la production directe par les vignes américaines, nous voulons sauver nos cépages, quelque modestes qu'ils soient.

» Mais comment sauver nos cépages?

» Le Var a essayé de tous les moyens; il a fait du badigeonnage; il a employé tous les insecticides, ainsi que le sulfure de carbone : on a d'abord prétendu que si le sulfure de carbone n'avait pas efficacement agi, c'est qu'il avait été maladroitement administré. On a eu recours aux procédés et aux ouvriers de la Compagnie P.-L.-M. On n'a pas été plus heureux; les vignes ont péri.

» Un de nos plus intelligents viticulteurs, M. Meunier, propriétaire au Pradet, près Toulon, a sulfuré dans les meilleures conditions; il a arraché les trois quarts de ses vignes pour les remplacer par des vignes américaines. Il n'a réussi qu'à sauver pendant cinq ans ses récoltes. Il a été reconnu que nos terrains n'étaient pas assez diffusibles, qu'ils étaient tantôt trop secs, et tantôt trop humides. Quant au sulfo-carbonate de potassium, il exige de l'eau et nous n'avons pas d'eau. Encore moins avons-nous de l'eau pour submerger. Chez nous la vigne européenne est absolument perdue, sans que nous puissions avoir recours à aucun procédé pour la sauver directement. Et quel que soit le mérite des insecticides, ils ne valent pas mieux pour nous qu'une bourse d'or entre les mains d'un voyageur mourant tout seul de faim et de soif dans un désert.

» Il ne nous restait plus que les vignes américaines. Elles ont réussi dans le Var, en pleins champs phylloxérés, et une sélection s'est déjà faite au moins dans les grandes lignes. Leur résistance n'est plus mise en discussion, et l'expérience a pleinemont confirmé les données de la science.

» Ainsi, les rapports que vous avez entendus vous ont entretenus des domaines de MM. Aguillon (Chibron) et Raymond Aurran (La Décapris). M. Aguillon a vaincu la nature à force d'énergie, d'intelligence et d'héroïsme; quant à M. Aurran, sans doute il a rencontré dans le sol de sa propriété un auxiliaire; mais on lui fait tort en le jugeant comme s'il devait tout à la fécondité du sol, et nous le savons d'autant mieux, nous, que nous avons vu les soins qu'il donne à ses cultures, et les fumures et engrais qu'il leur prodigue. On récolte chez nous directement du vin des vignes américaines.

» Aussi ne nous effrayerait-on pas en nous parlant d'échecs des vignes américaines en Amérique. Nous savons très bien qu'il n'y a rien d'absolu; il n'y a rien à ce sujet à ajouter à ce qu'a si bien dit l'honorable M. Planchon. Il me sera permis à ce sujet de rectifier une citation extraite de la brochure de Mme de Fitz-James. Cette citation est inexacte en ce sens qu'elle est incomplète. Il semblerait que Mme la duchesse reconnaît qu'en Amérique toutes les vignes américaines sont malades, tandis qu'elle constate la résistance de tous les types purs comme les *Æstivalis* et les *Riparia;* elle n'a parlé que de la fragilité des hybrides.

» Et nous considérons comme inutile une enquête en Amérique. Sans doute, nous voterons cette enquête, seulement pour rendre hommage au talent avec lequel elle a été demandée; mais elle est impossible et ne pourra jamais être concluante, à cause de l'immensité d'étendue de l'Amérique, de l'infinie variété de son climat, de son sol, etc. Avant qu'une pareille enquête soit terminée, tout sera dit en Europe.

» Nous sommes donc pleins d'espoir. A côté de la production directe, surtout par le *Jacquez,* nous avons le greffage des greffons français sur *Riparia* et même sur *Jacquez.* »

M. Noble cite les expériences de MM. Ganzin, Estournel, Isnard, Latty, Dr Davin, Paul Saurin, Pellicot, etc., et les siennes. Il considère la greffe comme un grand moyen de conservation des cépages français, moyen qui sert de trait d'union entre les cépages américains et les insecticides.

M. Bernède, horticulteur à Bordeaux, engage les viticulteurs à adopter les cépages américains pour reconstituer les vignobles phylloxérés. Il insiste particulièrement sur la nécessité de créer dans chaque exploitation une pépinière de vignes américaines, où l'on pourra étudier à l'aise les variétés les plus résistantes, et produire des sujets dans les meilleures conditions possible pour la plantation.

M. Aubert, de Saint-Sauvant (Charente-Inférieure), commence la lecture d'un mémoire, dont les conclusions se résument dans le vœu suivant :

« Considérant que le gouvernement de la République étend sa sollicitude à tout ce qui touche de près ou de loin aux intérêts moraux et matériels du pays ; considérant que pour combattre le phylloxera, il a ouvert de puissants crédits applicables aux canalisations, irrigations, submersions, insecticides, et qu'il ne saurait être exclusif dans le moyen de sauver nos vignobles, le Congrès émet le vœu que les cépages américains dont l'importance est appréciée depuis dix ans soient mis, quant aux subventions accordées par l'État, sur le pied d'égalité des insecticides, sulfure de carbone, sulfo-carbonates, et que des syndicats soient créés pour en propager rapidement les meilleures variétés sur tout le territoire approprié à la viticulture. »

M. le Président approuve ce vœu et propose qu'il soit renvoyé à la Commission spéciale, pour être examiné et de nouveau soumis à l'approbation du Congrès.

M. Despetis entretient ensuite le Congrès du greffage :

« Messieurs,

» L'étude de la greffe prend tous les jours une importance plus considérable, et, sans entrer ici dans aucun détail superflu, on peut dire qu'il est aujourd'hui démontré que la greffe sur place des vignes européennes sur vignes américaines donnant des réussites d'autant plus nombreuses qu'on opère sur des plants plus jeunes, la greffe sur vignes de un à deux ans paraît être celle qui sera employée dans le plus grand nombre des cas.

» Elle offre, en sus des réussites beaucoup plus nombreuses, réussites qui dans l'Hérault du moins ont souvent dépassé 95 0/0 de succès, l'avantage de permettre d'obtenir des greffes pleines, c'est-à-dire avec soudure complète des deux côtés du greffon, et donne, dès la deuxième année du greffage, une tige continue sur laquelle il n'existe aucune plaie béante qui puisse devenir le point de départ de pourritures ou de caries dangereuses, sur laquelle il est souvent fort difficile de reconnaître au bout de quelques années le point où a porté l'opération, autrement que par la couleur ou l'aspect différent des écorces.

» Des différents et si nombreux procédés qui ont été proposés pour cette greffe hâtive, deux seulement, par suite du grand nombre d'applications qui en ont été faites, sont restées en présence : ce sont la greffe à fente anglaise double et la greffe en fente simple.

» La première offre une certaine difficulté d'exécution, demande des ouvriers assez exercés ; elle donne souvent, quand elle n'est pas exécutée avec toute la perfection désirable, des résultats assez défectueux. Elle présente de la part du greffon une plus grande tendance à l'émission des racines, ce qui oblige à une plus grande surveillance, et quoique une bonne greffe en fente anglaise bien réussie soit certainement supérieure à une greffe en fente pleine, ce résultat s'obtient assez rarement dans la pratique pour qu'étant données ses difficultés plus grandes d'exécution, un assez grand nombre de viticulteurs, et je suis du nombre, donnent la préférence à la greffe en fente simple, mais à la greffe dite en fente pleine, c'est-à-dire en s'efforçant d'obtenir la soudure des deux côtés par la mise en place de greffons d'un diamètre convenablement choisi.

» Après pas mal de tâtonnements et d'essais infructueux, j'ai apporté à l'ancien procédé en usage une legère modification, qui en fait un procédé tout nouveau, et à laquelle j'attribue les résultats remarquables que j'obtiens depuis deux ans et qui vous ont été signalés par M. le Rapporteur de la Commission des vignes américaines du Congrès de Bordeaux.

» Voici en quoi consiste cette modification :

» Opérant sur des plants de un ou deux ans au plus, un sécateur pour décapiter le sujet et un couteau pour le fendre, couteau qui, s'il est bien affilé, peut en même temps servir à tailler le greffon, constituent tout l'arsenal nécessaire.

» Autrefois, quand on greffait en fente simple, on coupait la souche le plus haut possible au-dessus d'un nœud, afin d'avoir au-dessous un espace aussi long que possible où les fibres du tronc fussent bien droites et offrissent une section bien nette ; puis, l'on fendait le pied à peu près dans la même longueur que la longueur présumée du greffon.

» Dans ces conditions, sur un plant de un ou deux ans, les languettes produites par la fente n'ont aucune élasticité, aucune tendance à serrer le greffon par elles-mêmes, et il faut y remédier par une ligature faite avec soin ; de plus, la fente est presque toujours plus longue que le biseau du greffon, et il existe ainsi, au-dessous de la pointe de ce dernier, un espace vide qui, par suite du grossissement rapide de la greffe, n'a aucune tendance à se fermer. Enfin, le moindre faux mouvement quand on met le greffon en place, surtout quand la fente est un peu courte, fait éclater le porte-greffe jusqu'au bourgeon qui est au-dessous de la section. C'est une greffe manquée qu'il faut reprendre plus bas, ce qui n'est pas toujours possible, parce que la greffe serait alors placée trop au-dessous de la surface du sol. Cela constitue une perte de temps d'un an au moins. Ce sont là de grands et nombreux inconvénients auxquels j'ai cherché à remédier, et qui m'auraient fait renoncer à cette greffe si simple, si je n'avais trouvé le moyen de les éviter entièrement.

» En modifiant légèrement le mode d'opérer en usage, je suis arrivé à un procédé qui n'a plus aucun des désavantages que je viens de signaler et qui est d'une exécution presque mathématique, de sorte qu'il est d'un apprentissage des plus faciles.

» Voici comment il faut opérer : On cherche, en déchaussant très légèrement le plant à greffer, le nœud le plus rapproché du sol ; autant que possible, il faut le prendre au niveau de la surface ou à 1 ou 2 centimètres au-dessus. Par suite de la nécessité d'éviter absolument l'émission des racines, et afin que mes greffes, une fois soudées, résistent mieux aux vents violents de notre région, je préfère le choisir un peu au-dessus du sol, 1 ou 2 centimètres au plus, et je fais faire toutes mes nouvelles plantations de façon à en avoir toujours un bourgeon dans cette situation. Puis, l'expérience m'ayant démontré que les greffes courtes étaient celles qui donnaient les meilleures soudures (2 centimètres environ me paraissent la longueur convenable), avec le sécateur je coupe le plant à greffer non pas *au-dessous* du nœud, mais à 2 centimètres environ *au-dessus*. Plaçant alors le tranchant du couteau bien au milieu et perpendiculairement au-dessus de la surface de section, je fais la fente au moyen de deux à trois coups légers appliqués au moyen du sécateur sur le dos de la lame du couteau, mais je ne donne à la fente, et en ceci consiste presque toute l'importance de la modification au vieux procédé, je ne donne, dis-je, à la fente que *la moitié environ* de la longueur du mérithalle que j'ai laissée au-dessus du nœud, soit un centimètre ou un centimètre et quart.

» Je choisis alors un greffon non pas de dimensions exactement identiques, comme il est absolument nécessaire de le faire pour la greffe en fente anglaise, mais un greffon d'un diamètre un petit peu plus fort, ayant environ 1/2 millimètre de plus de diamètre que le diamètre du sujet. Dès qu'on a fait quelques-unes de ces greffes, on juge facilement quel est l'excédant de diamètre nécessaire qu'il faut avoir pour obtenir la fente pleine, c'est-à-dire avec juxtaposition exacte du cambium des deux côtés et sur toutes les lignes de section. Je le répète, le greffon doit être un peu plus fort que le sujet. Cela fait, le greffon est taillé non plus en forme de coin et sur un des côtés du bois comme on le faisait généralement avant, mais en biseau plein des deux côtés et sur le milieu de la moelle, ce qui laisse généralement un vide à la pointe et par conséquent deux extrémités susceptibles de se rapprocher par la pression des doigts. Ces extrémités ne doivent pas non plus être trop minces ou trop effilées afin qu'elles offrent une certaine résistance.

» Ceci fait, le porte-greffe est saisi entre le pouce et l'index de la main gauche, qui doivent s'appliquer sur les deux côtés de la fente et servir de guide au greffon, la pointe de ce dernier est introduite dans la fente et une fois qu'elle est arrivée au fond de la fente primitivement faite, l'index de la main droite posé sur un des côtés du biseau, à mi-hauteur environ, pour servir comme de point d'arrêt et éviter une introduction trop brusque, il faut pousser lentement et sans secousses ; il n'est pas besoin d'employer une grande force. Sous l'influence de cette pression douce, le greffon écarte les fibres du bois, et se fait de lui-même sa place, la fente continue à se faire d'elle-même, et le greffon s'arrête quand il est arrivé sur le nœud. Ce n'est que quand on agit trop brusquement ou trop fortement que l'on fait éclater le nœud, et après 8 ou 10 minutes d'exercice, cela n'arrive plus que très rarement. Les languettes de la pointe du greffon, comprimées entre le pouce et l'index de la main gauche, ont suivi toutes les sinuosités du bois, se trouvent prises et comprimées dans l'extrémité de la fente, et les cambiums se trouvent parfaitement en contact sur toute l'étendue de la greffe, en bas par le rapprochement de ces languettes, en haut, et quoique par l'ouverture de la fente on ait légèrement augmenté le diamètre du sujet, le contact est aussi complet justement à cause de ce léger excédant de diamètre du greffon sur lequel j'ai insisté au début. On obtient ainsi une juxta-position exacte et complète du cambium des deux côtés et sur toute l'étendue des quatre lignes de contact.

» Les extrémités divisées du sujet, ainsi rapprochées du nœud, acquièrent par suite de ce rapprochement une asez forte élasticité, et le greffon est ainsi assez fortement retenu ; deux tours de raphia non sulfaté afin qu'il ne dure que le temps nécessaire, et un simple nœud, achèvent le contact s'il n'est pas bien obtenu des parties supérieures de la greffe et lui donnent une solidité suffisante pour que le greffon ne puisse plus facilement basculer et déranger ainsi la perfection des contacts obtenue.

» La pointe du greffon se trouve solidement saisie, elle est toujours ou presque toujours un peu en dedans, et n'a plus de tendance à émettre des racines ; de plus, le cambium est toujours un peu contus vers ces pointes, l'extravasation séveuse qui est le début de la soudure s'y fait très vite, et mes greffes sont toujours bien soudées et fermées à la pointe, ce qui arrivait rarement par l'ancien procédé.

» Je ne me sers d'engluement d'aucune espèce, pas même d'argile délayée, mais je butte haut et *surtout très large*, les buttes larges constituant pour moi une des meilleures conditions de la réussite.

» C'est bien là un procédé des plus simples, pratique par conséquent, à la portée de tout le monde, et exigeant à peine quelques minutes d'apprentissage ; les résultats qu'il m'a donnés depuis deux ans sont remarquables sous tous les rapports, les quelques personnes qui l'ont employé sur mes indications ont obtenu exactement les mêmes résultats que moi, et ces résultats, je crois pouvoir les attribuer au procédé et non à l'opérateur, ce qui n'était pas le cas avec l'ancienne méthode.

» J'ajouterai aussi que depuis que je l'ai signalé pour la première fois, une foule de personnes semblent aussi avoir l'intention de l'avoir inventé, ce qui à mon avis ne serait pas une trop mauvaise note pour le procédé.

» Je réclame complètement, sinon la priorité de l'exécution, au moins la priorité de la description, car dans aucun traité de greffage ou dans aucune des publications dont j'ai pu prendre connaissance, je n'ai rien trouvé qui eût aucun rapport avec cette fente sur le nœud, n'arrivant pas même jusqu'au nœud et cette obligation pour le greffon de faire sa jauge lui-même. Je me crois donc fondé à l'appeler mon procédé et à lui donner mon nom.

» On peut aussi s'en servir, et je l'emploie journellement, soit sur plants de deux ans très forts, soit sur plants de trois ou quatre ans; mais il n'est alors possible d'obtenir le contact que d'un seul côté, et l'on n'a plus la fente pleine.

» Dans ces cas-là, le greffage est toujours assez solidement fixé pour qu'on n'ait plus besoin de ligatures, mais comme les greffes se soudent rapidement et grossissent par conséquent assez vite, comme en outre les porte-greffes américains ont une forte tendance à émettre des bourgeons de tissu cellulaire cicatriciel de toutes les surfaces de section, j'obtiens encore assez souvent la greffe pleine malgré la différence de diamètre du porte-greffe et du greffon employé.

» Il me reste encore quelques minutes sur le temps accordé aujourd'hui à chaque orateur; permettez-moi d'en profiter pour aborder un point des traitements insecticides par le sulfo-carbonate de potassium, qui me paraît avoir une grande importance pour l'avenir des vignes ainsi traitées.

» On vous a dit que l'emploi du sulfo-carbonate de potassium avait besoin, pour donner tout ce qu'il peut donner, d'être aidé par des fumures énergiques et promptement assimilables, et on vous a conseillé les engrais chimiques.

» Je reconnais, avec les propagateurs de ce système de défense, que pour les traitements régénérateurs surtout, cette nécessité s'impose et qu'il est impossible de l'éviter; mais une fois la régénération obtenue ou en bonne voie d'être obtenue, puisqu'il paraît qu'on y arrive rapidement, l'emploi continu et conseillé des engrais chimiques me paraît gros de dangers pour l'avenir, et je crois qu'il faut au contraire avoir recours non plus aux engrais chimiques, mais aux engrais organiques, au fumier de ferme surtout.

» Les traitements au sulfo-carbonate de potassium introduiront alors dans le sol des doses de potasse infiniment plus considérables que celles qui sont enlevées par les récoltes; or les sels de potasse exercent sur l'humus et les matières humiques une action dissolvante énergique, qui contribue bien, au début, au relèvement de la végétation, mais qui permet aussi aux eaux de pluies d'entraîner ces matières rendues solubles hors des terres ou dans les profondeurs du sol. Les engrais chimiques contribuent à épuiser cette réserve d'humus.

» Or, il ne faut pas l'oublier, toute terre sans humus est une terre entièrement stérile, où l'herbe ne pousse même pas, et j'entrevois dans le conseil qui vous a été donné de grands dangers pour l'avenir. Je crois qu'il est prudent, quand on traitera par le sulfo-carbonate de potassium et une fois les régénérations promises obtenues, de ne pas suivre trop à la lettre les indications de la méthode, et de revenir souvent aux engrais organiques, et surtout au fumier de ferme qui est sans contredit le plus parfait de tous. »

M. SALOMON, représentant de la Russie, communique au Congrès quelques faits intéressants sur l'état phylloxérique des vignes russes :

« Il n'est pas indispensable, comme on l'a avancé, dit l'honorable orateur, de faire des applications de phosphates et de sels de potasse après la submersion; car, en Crimée, on submerge depuis longtemps chaque année, pendant l'hiver, des vignobles avec des eaux limpides, sans phénomène apparent de l'appauvrissement du sol.

» Le phylloxera, ajoute M. Salomon, a été importé en Russie par M. Bayersky avec des plants allemands venant d'Erfurt.

» Le Ministre de l'agriculture nomma immédiatement une Commission de défense, et S. M. l'Empereur désigna M. le baron Korf pour la diriger et prendre toutes les mesures nécessaires pour combattre le fléau à son début.

» Dans ces différentes opérations, c'est le procédé suisse qui fut adopté.

» On fit d'énergiques applications de sulfo-carbonates, on arracha les vignes et on désinfecta le sol avec de la chaux provenant d'une usine à gaz. — Plus tard, on se servit du sulfure de carbone pour désinfecter d'une manière plus radicale et plus certaine.

» La dépense, pour traiter ainsi dix hectares, s'est élevée à 190,000 roubles. »

M. SABATÉ, propriétaire à Cadarsac (Gironde), répond aux dernières paroles du discours de M. Gaston Bazille, prononcé dans une des séances du 12 octobre.

« MESSIEURS,

» J'ai le grand regret d'avoir à exprimer ma surprise sur les dernières paroles du discours, d'hier matin, de l'honorable sénateur et de l'éminent viticulteur de l'Hérault, M. Gaston Bazille.

» Il nous a dit que les badigeonnages et autres traitements, préventifs ou curatifs, n'avaient produit aucun résultat efficace dans sa région et que la vigne américaine lui apparaissait comme la principale consolation et le rapide salut de la viticulture.

» Je ne suis pas de son avis.

» Je pense, je crois, je sais qu'avec des traitements préventifs d'abord, l'écorçage des ceps et le chaulage des feuilles avec de la chaux vive en poudre, jetée au soufflet pendant la rosée du matin, on peut atteindre la destruction des œufs d'hiver, ainsi que des jeunes insectes naissants provenant des œufs d'hiver épargnés, oubliés par l'écorçage. — Deux opérations peu coûteuses, qui se font facilement et qui doivent être faites annuellement.

» Oui, je sais par expérience que généralement les badigeonnages n'ont produit qu'un mauvais effet, surtout quand on les a faits avec les huiles, car toutes les huiles ferment les pores du bois vert ou sec.

» J'ai essayé tous les traitements et dès la première heure, et je peux *affirmer* qu'avec le sulfo-carbonate de potassium et le sulfure de carbone, employés à temps, la vigne française, comme toute autre vigne, peut être sauvée et conservée.

» Il ne faut pas demander au sulfure de carbone plus qu'il ne peut produire. Il ne peut produire que l'asphyxie du phylloxera dans son rayon d'action souterrain; il ne peut pas régénérer la vigne à lui tout seul, — il faut avec lui et en même temps donner à la vigne des engrais fertilisants pour ranimer sa végétation. Moi, je donne de préférence des composts, des terreaux faits avec des détritus de bois, de végétaux, d'herbes quelconques, de terres de toute nature, des sulfates de fer, de soude, de potasse et de chaux.

» Les engrais chimiques n'ont pas produit chez moi les bons effets que j'en avais espérés.

» Les fumiers de ferme, pour étendre sur les racines de la vigne, après un déchaussage des ceps, sont plutôt contraires que favorables à sa végétation; pour qu'ils produisent un excellent effet, il faut les étendre en novembre sur la superficie du sol; les pluies d'hiver apportent alors sur les racines de la vigne tout ce qu'ils possèdent de principes fertilisants : l'ammoniaque, l'azote, le phosphate de chaux, de potasse, etc., etc.

» J'aurais volontiers donné la préférence au sulfo-carbonate de potassium, qui apporte avec lui un principe fertilisant très incontestable, si son emploi n'avait pas exigé une si énorme quantité d'eau souvent impossible à se procurer, et si sa dépense totale n'avait pas été au-dessus de mes forces.

Ah! si, comme me l'avait fait espérer un instant, dans l'intimité de son cabinet, notre illustre et grand maître M. Dumas, nous avions pu obtenir du sulfo-carbonate de potassium *en poudre,* au prix de 22 à 23 fr. le 100 kilogrammes, nous nous serions tous sauvés facilement... Mais cela ne fut pas possible.

» Mais, vous le voyez, Messieurs, il reste acquis qu'il est possible de sauver nos vignes avec les moyens que nous avons : ils ne nous manquent pas !

» Ceux qui n'ont pas voulu se défendre, n'ont qu'à faire leur *meâ culpâ!* c'est de leur faute.

» Un des premiers dans la lutte, avec courage et persévérance, encourageant les autres, j'affirme que toutes les vignes peuvent vivre et fructifier avec le phylloxera et malgré lui. Il suffit d'en détruire le plus possible annuellement par tous les moyens que nous avons à notre disposition. »

M. DE LA GRÈZE, de Pau, a la parole :

« Où en est à cette date et à l'heure qu'il est la question phylloxérique ?

» Voilà l'interrogation qui vient se poser dans l'esprit de tous, entre l'apport du passé et l'espérance de l'avenir.

» Tout le monde, aujourd'hui, est d'accord sur certains points; tout le monde n'est pas d'accord sur certains autres; personne enfin ne s'est occupé jusqu'ici efficacement de plusieurs points qui ont leur importance.

» Nous, nous reconnaissons que la marche du fléau ne s'arrête pas et que pas un pays de vignobles ne peut se flatter d'un lendemain; nous nous inclinons tous devant l'évidence des résultats obtenus par la submersion pratiquée dans les conditions voulues; nous admettons aussi, en faisant toutes les réserves nécessaires, les bon effets des insecticides, surtout des insecticides *persistants,* employés non seulement curativement mais surtout *préventivement.*

» Par contre, nous ne sommes pas d'accord notamment sur la question des vignes américaines.

» La vigne américaine a encore actuellement et ses partisans infatigables et ses adversaires déclarés; d'où il semblerait qu'on en peut conclure qu'elle n'a pas encore fait suffisamment ses preuves.

» On ne s'est pas entendu davantage sur ce point, cependant si grave, de savoir quelle est l'origine et quelles sont les causes de la maladie. Sur ce terrain-là chacun garde son opinion, si tant est qu'il en ait une, et beaucoup n'en ont pas; mais aucun débat public, aucune controverse sérieuse, aucune voix autorisée n'ont encore émis une opinion qui soit acceptée sans conteste.

» D'où vient le phylloxera?

» Pourquoi est-il venu ?

» Voilà ce que l'on ne sait pas et ce que, il faut bien en convenir, on n'a pas assez cherché à savoir.

» Il fut un temps où, pour tout le monde, le phylloxera *vastatrix* venait d'Amérique après avoir passé par la pépinière d'un savant ampélographe bordelais dont vous connaissez tous les ramarquables travaux, qui ont rendu et rendent encore chaque jour à la viticulture des services de premier ordre.

» Or, M. Laliman a prouvé de la façon la plus péremptoire que le phylloxera *vastatrix* existait en Europe avant l'introduction dans le vieux monde de cépages américains. L'éminent M. Planchon en doutait-il quand il disait en 1865 :

« Le phylloxera existait (en Europe) dans le passé ; les maux » qu'il produit aujourd'hui tiennent à des conditions encore indé- » terminées de cause et de climats. ».

» Remarquez, en passant, que ces causes indéterminées en 1869 le sont encore aujourd'hui, ainsi que j'en exprimais le regret tout à l'heure.

» M. Dubreuil, consul de France à Larnaka, affirmait en 1877, dans un document officiel, que « le phylloxera attaqua les vignes » de Chypre dès 1859. » Si cette affirmation est digne de foi, les vignes américaines ne seraient pour rien dans cette première des premières invasions.

» Enfin, les Américains, eux-mêmes, dénient l'origine américaine du phylloxera.

» Le journal *Farmer and Gardener*, du 25 novembre 1873, affirme qu'il a été importé de France. Dans le *The Cultivator*, dans le *Telegraph Agricultural*, dans le *Comty Gentleman*, dans l'*Ithaca Daily Journal*, de janvier 1878, des articles de plusieurs viticulteurs renommés, entre autres du docteur Parker, disent, à propos du phylloxera :

« Il y a deux insectes en Amérique : l'un, le phylloxera *vastatrix*, » qui est européen; l'autre, le phylloxera des feuilles, qui est » américain. »

» Nous laissons aux entomologistes érudits, qui ne manquent pas dans notre pays, le soin de s'occuper encore, comme ils l'ont fait déjà, du *Pemphygus vitifoliæ* de Fitch, de poursuivre l'étude des mœurs du puceron *vastatrix* et de surprendre les secrets de l'œuf d'hiver.

» Assignons à nos recherches des limites précises, et demandons-nous encore quelle peut être la cause du redoutable fléau qui sévit sur nos vignes.

» On le sait, il a été soutenu que le phylloxera était la conséquence de la maladie des vignes, et que le puceron *vastatrix* respectait les vignes bien portantes; on a dû renoncer à soutenir cette assertion quand on a vu que les vignobles de la plus belle apparence disparaissaient à leur tour comme les autres.

» On a prétendu, d'un autre côté, que la terre était épuisée et que son appauvrissement était la cause du peu de résistance de l'arbuste aux attaques de son ennemi; cette opinion n'a pas tenu devant l'échec des expériences faites en des terrains vierges.

» On a dit enfin, et c'est, je crois, cette thèse qui réunit le plus de suffrages, que le phylloxera est la cause unique de la maladie de la vigne.

» Bien. Mais quelle est alors la cause du phylloxera? Quelle est la *cause* de la *cause?*

» Ceux qui mettent ainsi tout au compte du phylloxera, sans se demander par quel prodige de sobriété il n'est devenu que si tard la *cause* de la ruine de nos vignobles, pourraient bien ajouter, pour rester logiques, justes et complets, que l'oïdium, le mildew, le pourridié, etc., etc., peuvent compter parmi les *causes* de la maladie de la vigne.

» Quant à nous, nous avouons que cette explication ne nous suffit pas, et que nous tiendrions à savoir avant tout quelle est la cause qui fait que nos vignes, alors qu'elles étaient autrefois saines et fécondes, sont, depuis quelques années, en butte à toutes les infirmités, à tous les fléaux.

» Aussi, Messieurs, ai-je pris le parti de venir vous poser nettement la question.

» Ils sont nombreux, dans cette enceinte, les éminents viticulteurs pour qui je professe autant d'admiration que d'estime personnelle; je soumets la question à leurs savantes recherches, n'ambitionnant, quant à moi, d'autre mérite que celui de la leur avoir clairement soumise.

» En ce qui me concerne, d'ailleurs, mon opinion est faite, je dois le dire; et je puis ajouter qu'elle est basée sur les études et les observations les plus consciencieuses; elle s'appuie, en outre, sur des faits positifs et concluants.

» Je le déclare donc, je suis et demeure absolument convaincu que si la vigne européenne se voit chaque année assaillie par une infirmité nouvelle, que si elle est dévorée par la vermine, rongée par l'anthracnose, écorchée vive par le peronospora, moisie par le pourridié et même glacée jusqu'aux moelles par la gelée, cela vient de ce que la vigne d'Europe est trop vieille.

» Son tempérament est usé; elle n'est plus aujourd'hui, et depuis plusieurs siècles peut-être, qu'un vieillard caduc qui se débat contre les sinistres avant-coureurs d'une fin prochaine.

» Je sais ce que vous allez me dire; vous allez me citer des plants européens qui vous paraissent vigoureux et qui donnent encore de magnifiques récoltes. Je vois souvent dans mon jardin de vieux fruitiers refleurir en automne et cela fait toujours la joie des yeux, mais cela ne satisfait en rien la raison. Que vos plants vigoureux d'*Aramon* ou autres vous donnent toujours des satisfactions, je vous en félicite et j'espère bien, somme toute, vous féliciter quelque temps encore; cependant, vous le savez comme moi, votre *Aramon*, vos plants à belle apparence, ne vivent et ne produisent que grâce aux soins dont vous les entourez, aux remèdes que vous leur donnez, grâce aux engrais régénérateurs, aux insecticides de toutes sortes, au soufrage, à la submersion; mais, ne vous y trompez pas, vous ne refaites pas, à l'aide de ces soins et traitements, le tempérament de votre vigne; vous lui procurez simplement un état de santé moyenne satisfaisant et qui vous suffit.

» Eh bien! disons-le bien haut, ces résultats n'ont pas le don de nous contenter; nous ne voyons qu'une satisfaction immédiate, personnelle, disons le mot, étroite là où nous voudrions voir le salut définitif, là où nous voudrions voir le retour assuré pour tous de l'ancienne prospérité vinicole.

» Si je vivais dans la pieuse antiquité et si je voyais ma mère nourrice ployer sous le faix des ans et des infirmités, je ne me contenterais pas pour elle de recourir à l'onguent de l'apothicaire, je l'enverrais se baigner au matin dans la fontaine de Jouvence.

» Nos vignes sont dégénérées; elles sont épuisées par l'âge, la culture et la taille. Il faut les régénérer, les rajeunir en revenant aux types primitifs, soit en recourant aux vignes sauvages euro-

péennes ou américaines (nous ne faisons pas d'exclusion systéma-
tique), et encore en abandonnant, s'il le faut, les divers modes de
taille qui, depuis des siècles, ne sont qu'une succession ininter-
rompue de mutilations absolument contraires à la nature de
l'arbuste, en adoptant enfin la culture et la taille à long bois : la
chaintre qui, à notre avis, est la plus rationnelle.

» Et que nos vignerons n'aillent pas s'imaginer qu'ils ont
une vigne jeune, quand ils viennent de la planter de bouture :
leur bouture n'est qu'un membre amputé d'une souche malade
et décrépite. D'après notre grand maître, le regretté Dr Guyot,
la vigne n'est d'ailleurs faite pour se reproduire ni de provins
ni de boutures.

» Les vignes du Clos-Vougeot datent du xiie siècle ; elles sont
provignées chaque année, ainsi que cela se fait dans beaucoup
de vignobles; mais qu'est-ce que le provignage, sinon l'allongement
de la plante-mère? qu'est-ce que la bouture, sinon l'allongement
encore de la plante-mère, sinon une partie du tout malade et
affaibli, détachée avant sa plantation?

» Cette opinion de la dégénérescence de la vigne d'Europe n'est
d'ailleurs pas nouvelle, vous le savez tous, Messieurs.

» Un savant ampélographe d'Alsace, M. Chr. Oberlin, raconte
que, dans une conférence faite il y a plus de trente ans, le recteur
Sittel, d'Aschaffenburg, auteur d'une *Flora Germaniæ,* a déjà fait
ressortir la haute importance de cette question; et voici textuellement les assertions de ce savant, communiquées à M. Oberlin.
L'opinion que nous allons placer sous vos yeux, tant par le savoir
de celui dont elle émane que par son ancienneté, — trente ans, —
mérite qu'on s'y arrête; elle est d'ailleurs d'un diagnostic remarquable et véritablement prophétique :

« La reproduction artificielle et les soins culturaux des végétaux
» présentent un côté désavantageux, attendu que tout écart des lois
» de la nature a pour conséquence d'épuiser peu à peu la plante et
» de la perdre.

» C'est avec une affliction profonde que je vois que les vignobles
» de l'Europe commencent de trahir leur grand âge; déjà l'on
» remarque, par-ci, par-là, des traces évidentes de l'épuisement
» de la force vitale de la plante. Des végétations cryptogamiques se
» montrent, et il n'est pas douteux que, dans un avenir plus ou
» moins rapproché, la vigne ne succombe aux attaques des parasites
» végétaux et animaux de toute nature.

» Le vigneron se trouvera contraint, pour rajeunir les vignes,
» d'avoir recours à la vigne sauvage, ainsi que cela s'est fait dans
» l'origine, et de créer une nouvelle génération. »

» M. Oberlin, quant à lui, ne cache pas sa conviction; ses
recherches, ses observations l'ont amené à faire, le 13 janvier
dernier, devant la Société libre d'Agriculture et de Viticulture
de Ribeauvillé dont il est le secrétaire, une profession de foi aussi
savante que catégorique.

» Pour lui, il n'y a plus de doute possible : la vigne est à bout de
forces et c'est son état de sénilité qui attire sur elle tous les maux
qui vont bientôt l'achever. Le salut, à son avis, est dans la vigne
sauvage. La vigne sauvage n'est pas rare en Alsace, elle abonde
sur les deux rives du Rhin, de Bâle jusqu'à Mannheim; en France,
on la trouve dans les bassins des différents fleuves, entre autres sur
les bords de la Saône. On rencontre aussi la *Vitis sylvestris* sur les
bords du Danube, en Autriche; dans le bassin de l'Adige en Tyrol,
en Italie, en Portugal, en Espagne.

» Clemente Roxas, auteur d'un ouvrage classique sur les cépages
espagnols, est persuadé que les vignes des bois représentent toutes
des types primitifs.

» Déjà en 1857, l'ampélographe Brommer pensait à régénérer la
vigne par la vigne sauvage; il y a trente ans, il réunissait une
petite collection de ces vignes dans son jardin; plusieurs pieds sont
encore là; ils ont été cultivés et taillés depuis. Comme *qualité*, il y
a des variétés de vignes sauvages qui sont mauvaises, il y en a de
bonnes, il y en a de *très bonnes*.

» Comme *quantité* ou *production*, il y a des variétés stériles,
d'autres moyennement fertiles, quelques-unes qui produisent des
quantités de raisins *fabuleuses*.

« J'ai trouvé, dit M. Chr. Oberlin, dans une forêt du duché de
» Bade, dans les environs de Carlsruhe, sur un érable, un pied à
» fruit noir, portant, en 1880, au moins un demi-hectolitre de
» raisin. »

« Plusieurs des variétés déjà découvertes, ajoute ce savant viti-
» culteur, pourraient être introduites directement dans la culture. »

» Si vous êtes curieux de savoir comment cet infatigable chercheur, dont l'opinion est pour nous d'un grand poids, est parvenu
à reconnaître la vertu des vignes sauvages, nous vous dirons que
c'est par induction et par le rapprochement de certains phénomènes
d'analogie, qu'il est arrivé à ce résultat.

» Une observation des plus curieuses a mis M. Oberlin sur la voie de la vérité, voie déjà tracée d'ailleurs, mais qui, paraît-il, lui était inconnue. M. Oberlin remarqua que pas une vigne sauvage n'avait succombé au funeste hiver de 1879, tandis que tous les cépages européens étaient mortellement atteints par la gelée. Le thermomètre était descendu en Alsace à 23 et 27 degrés dans la plaine, et les vignes sauvages n'avaient aucunement souffert de cette température anormale.

» On sait que les vignes américaines qui résistent le mieux au phylloxera, sont en même temps celles qui résistent le mieux aux fortes gelées, aux températures les plus basses.

» Frappé de cette coïncidence, M. Oberlin se demanda si les vignes sauvages ne résistaient pas au phylloxera tout comme les vignes américaines résistent à la gelée.

» Ses études et ses recherches portèrent sur cette donnée et il arriva bientôt à obtenir la certitude, appuyée sur des preuves nombreuses, que les vignes sauvages, qui toutes résistent aux froids les plus vifs, résistent également au phylloxera, à l'oïdium, ainsi qu'à toutes les maladies auxquelles les vieilles vignes d'Europe épuisées sont sujettes.

» Ceux qui, parmi vous, Messieurs, ont étudié de plus près les vignes américaines, n'auraient pas de peine à démontrer que les vignes du nouveau-monde les plus résistantes sont justement celles qui se rapprochent le plus de l'*état sauvage* et du type primitif. Une dissertation sur ce sujet nous entraînerait trop loin, en ce qui nous concerne.

» La vigne sauvage doit résister aux diverses maladies qui s'attaquent aux vignes de culture ancienne, non seulement parce qu'elle est restée à l'état primitif et qu'elle se trouve dans toutes les conditions naturelles voulues pour végéter vigoureuse, saine, vivace, — qualités qui sont assurément les meilleures garanties de résistance, — mais aussi pour d'autres raisons qu'il est bon de rappeler.

» Les vignes sauvages sont insensibles aux attaques du phylloxera parce qu'elles possèdent un chevelu de radicelles prodigieusement abondant, lequel chevelu se renouvelle sans cesse sur le vigoureux et luxuriant réseau de racines qui pénètre et se développe dans les profondeurs du sol, en sorte que le chevelu, détruit par une cause accidentelle quelconque, renaît aussitôt avec une expansion merveilleuse.

» Il paraît constaté, en outre, que la sève des vignes nouvelles renferme une plus grande proportion de potasse, ainsi qu'une matière résineuse, particulière aux racines, laquelle, loin de tenter la voracité du puceron, le repousse au contraire.

» On répond à cela que la potasse, notamment, est puisée dans le sol par les racines et qu'il n'y a pas de raison pour que les racines des vignes anciennes ne puisent pas les mêmes éléments dans le même sol.

» C'est là qu'est l'erreur.

» La vigne ancienne, affaiblie, épuisée et usée par la culture et la taille, n'a plus la force nécessaire pour absorber en quantités suffisantes les éléments qui lui conviennent ; ses tissus sont relâchés et n'obtiennent plus de la terre les éléments de santé qu'ils lui demandent trop faiblement et trop imparfaitement.

» Revenons donc à la vigne sauvage, c'était la vigne de Noé, ou recourons, si vous l'aimez mieux, aux semis pour rajeunir nos plants trop civilisés en les *ressauvagissant*, c'est-à-dire en leur rendant la jeunesse et, avec la jeunesse, la force de résistance. M. le chimiste Rohart écrivait, en 1875, en parlant des vignes de semis : « Il n'y a » guère là qu'une idée, mais on aurait grand tort de ne pas l'exa- » miner attentivement. »

» Aujourd'hui, il y a plus qu'une idée : il y a un grand pas de fait, car on peut dire que la question est sérieusement à l'étude. Plusieurs viticulteurs et savants s'en sont occupés et s'en occupent ; il serait à désirer que de l'étude elle passât enfin dans la pratique générale et que la *question* ne fît plus *question*.

» M. Joigneaux, dès 1874, abordait déjà ce sujet dans le *Journal d'Agriculture pratique* et, plus récemment, M. le Dr Blankenhorn, dont le nom est connu de tous, ici, a pu affirmer qu'il avait obtenu, de semis, des variétés qui résistent incontestablement au phylloxera.

» Déjà, depuis plusieurs années, M. le comte Henriquez d'Areopare, agronome du gouvernement portugais, s'occupe aussi de la vigne sylvestre au point de vue de la résistance. Ce savant a découvert, en Guinée, une vigne sylvestre à laquelle il a donné son nom.

» Il est arrivé à acclimater complètement ce cépage en Portugal, et on le considère comme un *producteur direct* excellent. Son fruit est noir, abondant et pas mauvais.

» Je sais bien que M. Laliman ne s'est pas montré absolument satisfait de certains semis faits par lui ; mais les cépages obtenus ainsi n'étaient encore qu'à leur première génération en retour, et son expérience ne pouvait, dès lors, être considérée comme concluante; M. Laliman, au surplus, déclare qu'il n'est pas « opposé aux vignes de semis ». Nous enregistrons ce précieux aveu.

» M. Millardet, dans le *Journal d'Agriculture pratique* du 13 février 1879 et du 15 mai suivant, préconise les semis de vignes sauvages originaires de la vallée du Mississipi comme donnant des portegreffes « d'une résistance assurée ».

» Le *Moniteur vinicole* du 29 janvier dernier cite enfin des exemples de résistance remarquable au phylloxera d'un plant cultivé actuellement dans l'Isère et dans la Drôme. Or, ce plant *français*, passé dans la culture, et qui se nomme l'*Étraire*, était sauvage encore il y a soixante-quinze ans. Il serait trop long de citer tous les exemples véritablement concluants qui sont à notre connaissance.

» On sait qu'en Amérique même, on se livre aux expériences les plus curieuses de semis et d'hybridations artificielles, et l'on connaît les variétés obtenues dans l'Hérault par M. Bouschet de Bernard.

» Dans un long article, paru au mois d'août dernier dans la *Revue antiphylloxérique internationale* qui se publie en Autriche, M. Champin se fait le propagateur des vignes de semis et fait très intelligemment ressortir les bons résultats qu'on en doit obtenir.

» Cela ne fait plus de doute, à nos yeux du moins; on commence à recourir aux semis, parce qu'on a reconnu que les vignes de semis étaient plus résistantes. Or, elles ne sont plus résistantes que parce qu'elles ramènent la plante vers son état primitif, qui est l'*état sauvage*.

» Plus un plant se rapproche de cet état, plus il est vigoureux, sain et résistant; si le plant est entièrement sauvage, il n'a plus rien à redouter des fléaux et des maux qui sont la ruine de nos vignobles.

» C'est ce qui nous fait dire, avec une conviction absolue, que : « La vigne du passé est aussi la vigne de l'avenir. »

M. de La Grèze conclut, en terminant, à ce que le Congrès de Bordeaux soit le point de départ, pour nos ampélographes et viticulteurs français, d'études et d'expériences suivies de la vigne sauvage ou *Vitis sylvestris*.

Il conclut, en outre, à ce que la vigne sauvage française soit expérimentée et que nos variétés françaises soient semées, leurs graines attendues et indéfiniment resemées dans les pépinières des Sociétés d'Agriculture subventionnées par l'État.

M. Millardet, professeur à la Faculté des sciences de Bordeaux, fait l'étude du mildew.

« Les Américains désignent par ce mot *(mildew)* qui, en anglais, signifie moisissure, une maladie de la vigne causée par un champignon microscopique, le *Peronospora viticola* de Berkeley.

» C'est depuis les premiers jours de septembre 1878 seulement que cette maladie a été constatée d'une façon certaine en Europe. J'en faisais la découverte, à la pépinière de la Société d'Agriculture de la Gironde, sur des semis d'*Æstivalis,* en même temps que M. Planchon la reconnaissait sur des feuilles de *Jacquez* qui lui étaient envoyées de Coutras.

» La maladie se présente sous forme de taches blanches, analogues à de petits amas de sucre en poudre, qui occupent la face inférieure des feuilles. C'est à l'extrémité des lobes et des dents principales de ces dernières, ou le long des nervures, que ces taches ont leur siège de prédilection. A l'origine, elles n'ont guère que le diamètre d'une lentille, mais, comme elles s'agrandissent insensiblement, elles arrivent à se rejoindre et quelquefois à recouvrir la plus grande partie de la face inférieure de la feuille.

» A mesure que ces taches s'étendent à la périphérie, elles se mortifient au centre, qui en est la partie la plus ancienne. Cette mortification est surtout apparente et rapide par le vent du Nord et sous l'influence d'un soleil ardent. Le centre des taches se dessèche alors et prend la couleur brune des feuilles mortes.

» On confond quelquefois les jeunes taches *non encore* desséchées de mildiou avec l'*erineum*. Il est cependant facile de distinguer cette dernière affection, qui est sans gravité, aux boursouflures que présente la feuille érinosée dans les points tachés. Ces boursouflures manquent absolument dans le mildiou.

» Rien n'est plus fréquent que de confondre les taches desséchées du mildiou avec celles que produisent les coups de soleil, l'échaudage, le grillage. Les Américains semblent faire souvent cette confusion. Cependant on peut arriver à reconnaître d'une façon à peu près certaine les taches de cette dernière nature aux caractères suivants : — On ne voit aucune efflorescence blanche à la face inférieure des feuilles, ni au pourtour des taches grillées, ni dans leur voisinage. Les taches grillées sont souvent placées d'une manière symétrique relativement à l'axe de la feuille ; elles sont rarement circulaires. Si on en examine un certain nombre avec soin, on reconnaît que dans quelques-unes la face supérieure seule de la feuille a été roussie par l'action du soleil, tandis que l'inférieure a conservé sa couleur verte normale.

» Le mildiou attaque surtout les feuilles, quelquefois les jeunes tiges et même les grappes au moment de la floraison. Plusieurs essais me portent à croire qu'il ne peut pas se développer sur les fruits, au moins à maturité.

» Le champignon végète dans l'intérieur même de la feuille et non à sa surface comme le fait l'oïdium.

» Il possède deux sortes d'organes reproducteurs ou *spores* : ceux d'été (spores d'été, *conidies*) et ceux d'hiver (spores d'hiver, *oospores*).

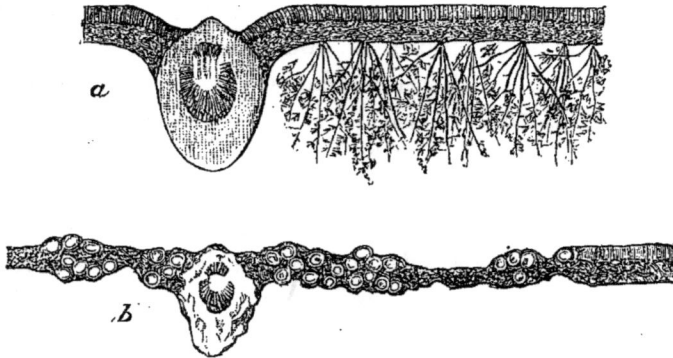

Fig. 1. — Le Mildiou. (Grossissement de 20 diamètres environ.)

a. Coupe verticale d'une feuille tachée de mildiou. — Vers la gauche de la figure, une nervure de grosseur moyenne coupée transversalement. A droite de celle-ci, un fragment de tache de mildiou. On voit les arbuscules du Peronospora qui sortent par groupes à la face inférieure de la feuille.

b. Autre coupe verticale de la feuille en un point desséché. La nervure et le parenchyme sont crispés par la dessiccation. Dans l'intérieur du parenchyme se voient de nombreuses oospores, celles-ci un peu plus abondantes du côté de la face inférieure.

» Les spores d'été sont portées sur des arbuscules très délicats, hauts de un millimètre environ, qui sortent par groupes des stomates, à la face inférieure de la feuille. Ce sont ces arbuscules qui constituent avec leurs spores les taches de mildiou. Les spores d'hiver n'avaient été observées jusqu'ici qu'en Amérique. Je les ai découvertes sur nos cépages européens à la fin de septembre 1880.

» Après un séjour d'une heure et demie dans de l'eau distillée, dans l'eau de pluie ou dans des gouttes de rosée, les spores d'été, ainsi que l'a observé le premier M. Farlow, commencent à émettre des corps agiles ou *zoospores*. Celles-ci se meuvent pendant trois à cinq heures pour s'arrêter après ce temps et émettre des filaments-germes qui pénètrent dans la feuille en perforant son épiderme.

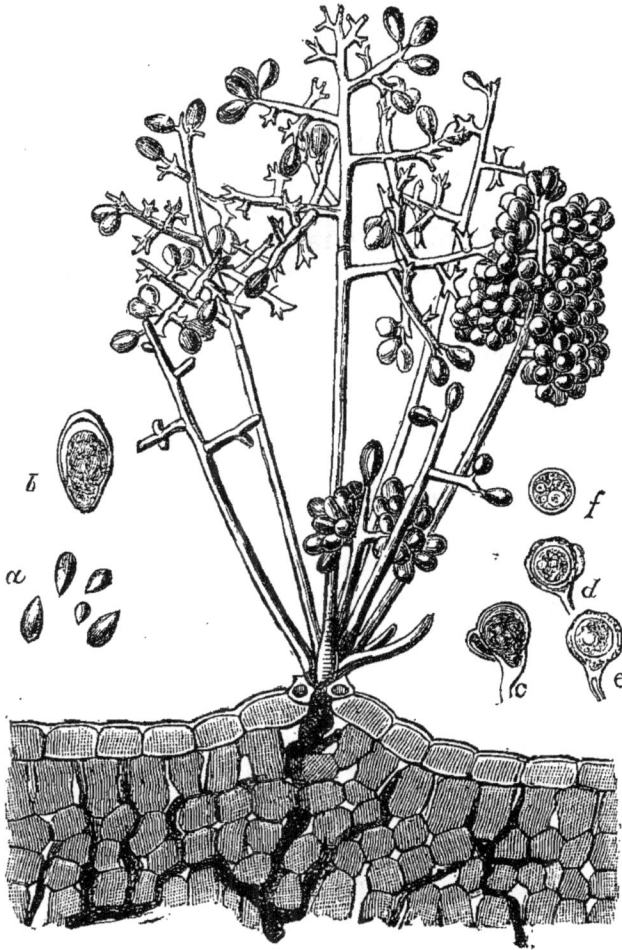

Fig. 2. — Le Mildiou. (Grossissement de 120 diamètres.)

Groupe de réceptacles fructifères dont les plus jeunes sont encore chargés de spores non sexuées, tandis que les plus âgés n'en présentent presque plus. Le plus court de ces réceptacles fructifères porte les spores les plus grosses. A droite, dans le bas, deux réceptacles fructifères très jeunes non encore ramifiés. Ce groupe de réceptacles fructifères sort par un stomate qui fait une légère saillie au dehors. Il est porté par un filament mycélial variqueux et ramifié, logé dans la chambre du stomate. On aperçoit de nombreux filaments de mycélium dans les interstices du parenchyme foliaire.

a. Spores non sexuées de grosseur variée. (Même grossissement.)

b. Une des plus grosses spores, vue à un grossissement presque triple, pour faire voir la papille que présente la grosse extrémité. L'épaisseur de la membrane de la papille a été un peu exagérée. Le contenu de la spore est contracté par la glycérine.

c. Un oogone avec son anthéridie au moment de la fécondation. L'origine de l'anthéridie n'est pas visible dans cette préparation. (Grossissement de 250 diamètres environ.)

d. Oogone avec une anthéridie déformée appliquée contre sa membrane, à droite. La fécondation est opérée et l'oospore constituée dans l'oogone. La surface de l'oogone, irrégulière, ondulée, présente quelques filaments adhérents à son côté gauche. (Même grossissement.)

e. Oogone à membrane ondulée contenant une oospore adulte.

f. Oospore sortie de son oogone. (Même grossissement.)

» Ces phénomènes se passent le plus souvent dans la matinée, à la faveur de la rosée ou du brouillard. Je les ai vus s'accomplir à des températures variées entre 9 et 20 degrés centigrades.

» Je me suis assuré également il y a trois semaines, que trois jours, c'est-à-dire trois fois vingt-quatre heures, suffisent au *Peronospora* pour germer, s'accroître et commencer à fructifier. On peut donc calculer qu'il se produit, lorsque les circonstances sont favorables, au moins une nouvelle génération tous les trois jours.

» Quant aux spores d'hiver, ou oospores, on sait par analogie avec ce qui a lieu chez d'autres *Peronospora* qu'elles servent au parasite à franchir la mauvaise saison ; mais leur développement est encore peu connu. Les feuilles qui les contiennent tombent à terre et pourrissent. Au printemps suivant les oospores entrent en germination. Quel est le sort des germes qu'elles émettent? C'est ce que personne n'a pu dire encore.

» L'humidité et la sécheresse exercent sur le développement du mildiou une influence prépondérante. Pendant le mois de septembre, on trouve durant toute la matinée, dans les gouttes de rosée, des spores en germination et des zoospores. Pendant la pluie et en temps de brouillard, cette production de zoospores dure pendant toute la journée. Il me semble même me rappeler l'avoir observée pendant la nuit. Au contraire, la sécheresse un peu prolongée, l'absence de rosée tuent les conidies. Il m'est arrivé pendant quinze jours au moins, lors de la grande sécheresse du mois de juillet dernier, de ne pouvoir faire germer qu'un centième au plus des conidies; et encore les zoospores produites étaient-elles incapables d'un développement ultérieur. Au contraire, lorsque le temps est favorable, on voit les conidies germer dans une proportion qui peut atteindre 60 0/0.

» Ce n'est pas seulement sur la germination des conidies que l'humidité et la sécheresse exercent leur influence, mais encore sur la production de ces organes et sur l'accroissement du champignon dans l'intérieur de la feuille. Lorsqu'on veut obtenir des conidies fraîches pour des essais de germination, on a l'habitude de placer les feuilles mildiousées dans un vase dont l'air est saturé d'humidité. Sous l'influence de cette dernière, les taches s'agrandissent rapidement, de nouvelles conidies se forment par milliers. C'est même là un procédé très pratique pour reconnaître le mildiou dans les cas douteux. L'inverse se produit lorsqu'on fait passer les feuilles malades d'une atmosphère humide à l'air sec : le développement du parasite est ralenti ou même suspendu ; il ne se forme plus de nouvelles conidies. Le champignon peut même être tué dans l'intérieur de la feuille. De fait, il m'est arrivé plusieurs fois, pendant la sécheresse de cette année, de tenir des feuilles mildiousées dans l'air humide pendant plusieurs jours, sans pouvoir déterminer l'agrandissement d'une seule tache.

» Ces observations expliquent parfaitement la rapidité du développement du parasite pendant les jours pluvieux, sous l'influence du brouillard et des rosées abondantes. Elles nous rendent très bien compte de l'extension considérable qu'a prise la maladie et de sa gravité pendant l'été et l'automne pluvieux de 1880, en même temps que de son peu de développement pendant l'année actuelle.

» On sait qu'aux États-Unis où le mildiou existe de temps immémorial, la vigne européenne ne peut vivre que dans les serres ou sous des abris qui la protègent contre l'eau nécessaire à la germination du parasite. Il est vrai que dans ce pays l'air est beaucoup plus humide et les précipitations aqueuses plus abondantes, pendant la belle saison, que chez nous. Mais, même sous notre climat plus sec, la maladie dont je parle peut causer les plus grands désastres. C'est sous son influence qu'en 1880 la feuille, dans tout le Sud-Ouest, est tombée de deux à quatre semaines avant la récolte. Un grand nombre de propriétaires ont dû vendanger avant la maturité ; et, dans tout l'Ouest et même dans le Midi, le titre alcoolique des vins a été abaissé dans une proportion considérable.

» Trois années ont suffi au mildiou pour se répandre à la surface de l'Europe entière. Déjà même il a causé les plus grands dommages aux vignobles algériens.

» Il faut remarquer qu'en France, la Provence, le Languedoc, le Roussillon et probablement aussi l'Est et le Centre semblent devoir souffrir beaucoup moins de ce nouveau fléau que notre Sud-Ouest. Le climat humide de cette dernière région ne peut manquer de favoriser dans d'énormes proportions le développement du funeste champignon. Tandis, en effet, qu'il ne tombe, année moyenne, d'avril à octobre, que 178 millimètres d'eau à Toulon, il en tombe, pendant le même temps, 385 à Bordeaux. L'année dernière nous en a apporté 499 millimètres durant la même période. En 1866, la précipitation aqueuse de ces six mois a atteint 529 millimètres.

» Comme le mildiou est complètement acclimaté en Europe, qu'il y possède les mêmes moyens de reproduction qu'aux États-Unis, et qu'il apparaît chez nous à la même époque qu'en Amérique [1], il n'y a pas de doute qu'il ne doive y exercer de temps à autre des ravages considérables. Grâce à la sécheresse exceptionnelle de cet été, nous avons pu échapper à sa désastreuse influence; mais que se passera-t-il à l'avenir? C'est, dès aujourd'hui, un fléau formidable qui est suspendu comme une menace permanente sur nos récoltes. — Avons-nous du moins quelques moyens de défense à lui opposer?

» *A priori*, le traitement du mildiou paraît presque impossible. On a vu plus haut, en effet, que ce parasite vit, non pas comme l'oïdium à la surface de la feuille, mais dans son intérieur. Cela fait qu'il n'est guère possible de le détruire sans faire périr la feuille en même temps. Tout ce que l'on peut atteindre, ce sont les organes reproducteurs qui constituent les taches situées à la surface inférieure des feuilles. Mais, lorsque le temps est favorable, il s'en produit de nouveaux chaque nuit. Il faudrait donc traiter chaque matin.

» Cependant il reste quelques espérances.

» En premier lieu, il ne paraît pas impossible de retarder ou d'enrayer la première apparition du parasite à chaque printemps. Je distingue déjà, pour parvenir à ce but, deux moyens. Peut-être y en a-t-il d'autres.

» D'abord, puisque les spores d'hiver servent au champignon à franchir la mauvaise saison (je répète que nous ignorons comment a lieu la réinvasion de chaque printemps), il est vraisemblable qu'en enfouissant avant l'hiver ou en brûlant les feuilles qui contiennent ces spores, on exercerait une action favorable sur la réapparition du cryptogame au commencement de la belle saison.

» En outre, il n'est pas impossible que le traitement de M. Reich, qui réussit pour l'oïdium et l'anthracnose dont les spores d'hiver nous sont inconnues (au moins dans le Sud-Ouest pour l'anthracnose), se montre également efficace contre le mildiou. Il me paraît certain, d'après la marche de l'anthracnose, que ses germes hivernent sur la vigne [2]. Il est probable qu'il en est de même pour l'oïdium,

---

[1] Je l'ai constaté, cette année, dès le 6 juin, dans le Bordelais.

[2] M. Reich, grand propriétaire de Provence (à l'Armeillière, près Arles-sur-Rhône), préserve ses vignes de l'oïdium et de l'anthracnose en les lavant, quinze jours avant que les bourgeons ne commencent à débourrer, avec une solution de sulfate de fer (1 kilog.) dans l'eau (2 litres). Les bourgeons et les bois de taille, aussi bien que la souche, doivent être mouillés par la solution. Le seul inconvénient de l'opération, lequel en réalité est un avantage, consiste dans un retard d'une quinzaine de jours dans l'épanouissement du bourgeon. Je renvoie le lecteur, pour plus de détails, à l'importante communication de M. Reich, p. 387.

d'après l'efficacité du traitement de M. Reich. Pour le mildiou, c'est peut-être aussi la même chose.

» En second lieu, bien que différentes substances caustiques aient été essayées sans succès contre le parasite, pendant sa période de végétation, il n'est pas certain qu'en variant le mode d'application de ces substances, on n'arriverait pas à un résultat favorable, au moins dans les années moins humides. Mme Ponsot, qui a fait, cette année, de nombreux essais dans cette direction, a obtenu des résultats extrêmement encourageants, à l'aide d'un mélange de sulfate de fer en poudre et de plâtre dont je lui avais donné l'idée première. On trouvera plus loin [1] une note qu'elle a bien voulu rédiger, à ma demande, sur ces expériences intéressantes. J'ajouterai que plusieurs personnes qui ont visité le vignoble de Mme Ponsot, à l'occasion de ce Congrès, ont été extrêmement frappées de la netteté du résultat obtenu.

» Quant aux Américains, ils ont essayé de tous les moyens sans résultats notables. En désespoir de cause, ils ont pris le parti de renoncer à tous les cépages les plus sujets à la maladie, pour ne conserver que les plus réfractaires. Tous leurs efforts, depuis vingt années, ont eu pour but la formation de cépages améliorés résistant en premier lieu au mildiou et subsidiairement au phylloxera.

» M. Lespiault [2] nous propose de faire de même. Malheureusement tous nos cépages européens sont sensibles au mildiou, bien que quelques-uns y soient plus sujets que d'autres : il ne peut donc guère être question de faire un choix parmi eux. M. Lespiault se trouve ainsi amené à conseiller chez nous la culture des variétés américaines qui réussissent aux États-Unis.

» J'ai fait remarquer que la plupart de ces cépages sont des hybrides, quelques-uns de notre vigne européenne, et que, s'ils résistent au mildiou chez nous, ce qui est hors de doute, puisqu'ils lui résistent aux États-Unis, il n'est pas certain qu'ils ne succomberont pas au phylloxera. En outre, la plupart produisent des vins plus ou moins foxés. En conséquence, j'ai pensé qu'au lieu d'accepter simplement les cépages américains tels qu'ils sont, nous devons marcher plus avant dans la voie que les viticulteurs des États-Unis nous ont tracée. C'est le croisement avec certaines espèces de vignes sauvages de leur pays qui donne à leurs hybrides

---

[1] Voir la note de Mme Ponsot à la page 383.
[2] Maurice Lespiault, *les Vignes américaines dans le Sud-Ouest de la France;* 1881. Bordeaux, Feret.

un haut degré de résistance au phylloxera et à la plupart des maladies causées par les parasites végétaux (oïdium, mildiou, anthracnose). Faisons comme eux — et je crois que nous pouvons mieux faire : — croisons nos cépages avec ces mêmes espèces. Nous serons ainsi plus certains d'obtenir les hybrides qu'il faut à nos goûts et à notre climat (¹). »

Note de Mme Ponsot sur le traitement du mildiou.

« Les vignes traitées préventivement pour l'anthracnose avec de la chaux vive répandue à la rosée, de la chaux éteinte en poudre, du soufre, de la chaux et du soufre en parties égales, ont été atteintes de l'anthracnose, de l'oïdium et du mildiou comme les vignes non traitées.

» Le même traitement réitéré dans les mêmes rangs, lors de l'apparition de l'anthracnose, a été inutile. Partout, en vieilles vignes ou pépinières, la chaux et le soufre mêlés ont été sans résultat appréciable.

» Les arrosages, le 23 juin, sur le cep *entier* atteint de mildiou, avec un kilogramme de sulfate de fer dans deux litres d'eau, ou un demi-kilogramme pour deux litres, ont détruit les jeunes pousses et attaqué plus ou moins les feuilles; mais les pousses nouvelles ont été parfaitement saines, même à la Pauline dont je n'avais jamais vu les feuilles à l'état normal. — Les arrosages à l'acide sulfurique dilué (1 litre sur 10, qui est la dose indiquée par M. Bouchard, avant la végétation il est vrai), ont détruit le cep.

» Une pépinière de 2,000 *Jacquez* à la deuxième feuille, atteinte du mildiou au milieu de juin, a été traitée le 2 juillet par un mélange de 4 kilog. de sulfate de fer en poudre, avec 20 kilog. de plâtre, qui m'avait été suggéré par M. Millardet. Le succès a été complet et d'autant plus certain que cette pépinière était placée entre deux rangs de jeunes vignes françaises atteintes et non traitées : les jeunes pousses n'ont pas souffert; les taches farineuses ont noirci; les feuilles sont devenues d'un vert intense, et il semblait qu'elles s'étaient épaissies, affermies. Cette pépinière a résisté à la réinvasion de septembre, sauf un petit nombre de jeunes feuilles sur quelques pieds. — Une plantation voisine de

---

(¹) Ces idées se trouvent développées dans ma brochure : *Notes sur les Vignes américaines;* 1881. Bordeaux, Feret, 15, cours de l'Intendance.

Jacquez, à la deuxième et troisième feuille, peu atteinte en juin, très attaquée à la suite des pluies de septembre, traitée le 24 septembre, avec le mélange de sulfate de fer et de plâtre, a été également guérie du mildiou, mais les pousses et les feuilles tendres ont noirci. On pourrait craindre que l'épandage fait à la floraison ou peu après ne soit funeste aux jeunes grappes; il faudrait donc agir avec précaution. Il avait plu violemment quelques heures après l'opération de septembre : le sulfate de fer a donc pu être dissous très promptement; tandis que dans le traitement du 2 juillet, fait par un temps chaud et sec, le sulfate de fer a dû se dissoudre en plusieurs jours, à la rosée.

» Le mélange a été répandu à la main, à la rosée, absolument comme le plâtre sur le trèfle incarnat; et il est à remarquer que cet épandage a guéri toutes les taches quoique les feuilles n'aient pas été écartées ou relevées pour le faire. Je n'ai pas observé si les feuilles abritées étaient atteintes, mais elles devaient l'être comme à toutes les pépinières : elles n'auraient pas été saupoudrées, comme toutes les feuilles exposées à l'air, et la poussière légère répandue dans l'air aurait suffi pour arrêter le mal. Le traitement fait au soufflet pourrait donc suffire. Je ne l'ai pas fait parce que mon plâtre très grossier l'engorgeait.

» Une pépinière dont tous les bois avaient été badigeonnés avec des solutions de sulfate de fer de concentrations diverses a poussé quoique le badigeonnage eût été fait lorsque les sarments étaient en mouvement de sève; d'un autre côté les sarments badigeonnés avec la solution d'acide sulfurique faite à la dose indiquée par M. Bouchard et à demi-dose ont été brûlés. Je crois donc qu'il y a lieu de se méfier de l'acide sulfurique, tout en reconnaissant la différence qu'il y a entre le traitement fait avant ou pendant la végétation. »

M. DE LA GORCE, secrétaire général de la Société nationale d'encouragement à l'Agriculture, annonce que le président de cette Société a donné mission à ses représentants à Bordeaux, de décerner un diplôme d'honneur et une médaille d'or à l'occasion du Congrès.

Cette réunion a décerné à l'unanimité un diplôme d'honneur à la Chambre de commerce de Bordeaux, pour l'initiative qu'elle a prise dans l'intérêt de la viticulture, et pour l'excellente organisation du Congrès.

Elle a décerné une médaille d'or à Mme Ponsot, au domaine des Annereaux, près Libourne (pour travaux individuels et services rendus à la viticulture.)

M. Leenhardt Pommier dépose un mémoire de M. Meissner (voir à la fin du volume).

M. Planchon, professeur à la Faculté de médecine de Montpellier, fait une communication *sur quelques formes de l'anthracnose de la vigne.*

« On confond, sous le nom d'*anthracnose,* des altérations diverses des tissus de la vigne, qui se manifestent extérieurement par des taches noires. Ces taches sont dues à des champignons du groupe des Pyrénomycètes (*Hypoxylées* de De Candolle). Mais, sans recourir à l'examen microscopique, qui peut seul révéler la nature de ces parasites, il est facile de distinguer dans l'anthracnose prise en bloc au moins trois formes principales :

» En premier lieu, la plus répandue de toutes et la mieux connue est celle qu'Esprit Fabre et Dunal, en 1853, ont appelée l'*Anthracnose maculée.* C'est elle qui détermine sur les sarments de la vigne et quelquefois sur les ramifications de la grappe des chancres à bords abrupts, de véritables érosions qui rabougrissent ou dessèchent l'organe attaqué. Le champignon qui cause cette maladie a été nommé par de Bary *Sphaceloma ampelinum.* Cet éminent mycologue en a parfaitement précisé le caractère parasitaire et contagieux sur les tissus vivants de la vigne. Reste à savoir si, comme il le soupçonne et comme l'affirme M. Von Thümen, ce *Sphaceloma* serait un état particulier du *Phoma uvicola,* qui cause sur les grains de raisin des taches circulaires constituant le *Dry Rot* des Américains.

» La seconde forme de l'anthracnose, plus rare que la première, méconnue par la plupart des observateurs, a été nommée par Fabre et Dunal *Anthracnose ponctuée* (1). Ces auteurs en ont décrit les ravages sur les *Carignanes* et les *Clairettes* du Languedoc. Oubliée depuis, je l'ai retrouvée sur des *Riparia,* des *Jacquez,* des *Norton.* Dans les sols qui ne leur conviennent pas, ces cépages présentent sur leurs sarments mal aoûtés de petites pustules saillantes, d'abord rougeâtres ou noirâtres lorsque leur pointe s'élève en cône hors du

---

(1) E. Fabre et F Dunal. *Observations sur les maladies régnantes de la Vigne,* in *Bulletin de la Société centrale d'Agriculture de l'Hérault,* année 1853, in-8°, avec six planches coloriées.

périderme soulevé et adhérent; puis, devenant blanchâtre au centre lorsque, ayant versé au dehors leurs spores, ils ont pris la forme d'un petit cratère.

» J'ai parfaitement reconnu dans ces organismes le *Phoma vitis* de Bonorden, tel que M. Von Thümen l'a décrit ([1]) et tel qu'il l'a publié en nature dans sa collection des cryptogames nuisibles à la vigne.

» Si l'on n'a pas retrouvé plus tôt cette forme d'anthracnose dite *ponctuée,* c'est que, au lieu d'être comme la première très nettement et exclusivement parasite sur les tissus sains, elle semble capable de se développer à la fois et sur les tissus vivants mais languissants, et sur les tissus déjà morts. Il est même difficile de marquer toujours une limite entre ces deux états du *substratum* de la cryptogamie et de décider si elle est vraiment parasite et directement nuisible, ou simplement saprophyte et vivant sur des tissus déjà morts. Sous ce rapport, elle ressemble au *Pourridié* ou mycélium de l'*Agaricus melleus,* vivant à la fois sur des arbres qu'il tue et sur des échalas humides.

» Il importe néanmoins de bien reconnaître le rôle nuisible du *Phoma vitis,* car ce parasitisme rend compte de certains dépérissements de cépages qui, sans cela, demeureraient des énigmes indéchiffrables.

» Une troisième forme de l'anthracnose se caractérise par la manière dont elle déforme, en les chiffonnant, les feuilles de certaines vignes. Tous ceux qui ont cultivé la *Pauline,* sortie du vignoble de M. Laliman, ont pu voir que, en dehors de la période des chaleurs sèches, les feuilles de ce cépage ont leur limbe tout plié et comme frippé en tous sens, et cela par la déviation, en des plans divers, des ramifications des nervures principales ou secondaires ou même des simples veines. A tous les endroits où cette déviation se produit, on voit presque toujours un point noirâtre, tantôt à peine saillant, d'autres fois granuliforme et rappelant l'apparence d'un *Phoma* sans qu'on puisse y distinguer des spores. Sur les rameaux, particulièrement sur les jeunes pousses, ces points se dessinent mieux. Plusieurs deviennent confluents et font crevasser l'épiderme : d'autres, bien isolés, ont tout à fait l'aspect du *Phoma vitis;* mais je n'ai pu y découvrir de spores, bien que j'aie vu chez quelques-uns le fond blanchâtre du petit cratère qui se présente,

---

([1]) Von Thümen, *Die Pilze des Weinstockes.* Wien, 1878, in-8°, p. 32.

après que les spores sont sorties de leur enveloppe générale (*Peridium*).

» L'an dernier, chez M. Gaillard, à Brignais (Rhône), et chez M. Champin, dans la Drôme, j'ai observé en septembre, sur les feuilles de divers *Æstivalis,* des effets de distorsion dus évidemment à la même cause, c'est-à-dire à un champignon parasite pareil à celui de la *Pauline.* Ne pouvant, faute de fructification, déterminer exactement ce champignon, j'appelle, en attendant, *Anthracnose chiffonnée* ou *déformante* la maladie qu'il provoque, en en prenant la caractéristique dans l'action perturbatrice qu'elle exerce sur la direction des nervures et des parties du limbe de la feuille. Bien que les caractères biologiques n'entrent pas ordinairement dans ce qu'on appelle la *diagnose* des espèces, il y a lieu d'en tenir grandement compte dans la définition des êtres vivants. Ainsi, par exemple, le puceron vert du pêcher fait simplement et légèrement bomber les feuilles dont ses légions occupent la surface inférieure, tandis que le puceron noir du même arbre en chiffonne et en cloque tout le limbe. Reste à savoir si les trois formes d'anthracnose ici mentionnées sont causées par trois cryptogames différents ou par le même cryptogame sous trois états différents. Question obscure et qui, pour être résolue, exigera des expérimentations délicates. Mais cette question est d'ordre scientifique : pratiquement, il y avait, m'a-t-il semblé, quelque intérêt à distinguer par des traits faciles à saisir des maladies parasitaires dont plusieurs rendent précaire et presque impossible, à moins de traitements appropriés, la culture de certains cépages dans les stations ou sous les climats trop humides. »

M. REICH prend la parole sur *les effets du sulfate de fer contre les maladies cryptogamiques de la vigne.*

« Il y a déjà quelques années, à l'occasion de la traduction d'une brochure sur l'anthracnose, j'appelais l'attention des viticulteurs sur les effets du sulfate de fer contre cette maladie. Je disais qu'un viticulteur suisse, M. Irhnof, appliquait avec plein succès depuis plus de vingt ans des lavages avec une dissolution de sulfate de fer (1 kilog. dans deux litres d'eau) à ses vignes et qu'il avait toujours réussi à les préserver de cette maladie.

» Depuis la publication de cette notice plusieurs personnes ont essayé d'imiter le viticulteur suisse, et il serait intéressant de connaître tous les résultats obtenus; à ma connaissance, l'effet a été

partout excellent. Mais sachant par expérience combien l'anthracnose est une maladie capricieuse, apparaissant tout à coup quand
on s'y attend le moins et disparaissant souvent quand on croit en
avoir encore pour longtemps, j'ai commencé en 1878 une série
d'expériences comparatives que quelques amis m'engagent à
publier, quoique je sois loin de les considérer comme closes.

» J'ai établi mon champ d'expériences dans une vigne d'*Aramon*
submergée chaque année, du 15 novembre au 15 janvier, et qui se
compose d'environ 70 rangées de 110 souches chacune.

» Les soufrages, les chaulages et les plâtrages ont été répétés
aussi souvent que possible et que le permettait le temps. Commencés
généralement aussitôt après l'entrée en végétation de la vigne,
ils ont été continués le plus souvent jusqu'aux premiers jours
du mois de juillet, époque où la maladie s'arrête généralement
dans nos contrées.

» Il me paraît donc à peu près certain que l'anthracnose est
enrayée par les badigeonnages au sulfate de fer, et la récolte est
d'autant plus assurée que le départ de la végétation des souches
sulfatées se fait 15 à 20 jours après l'époque habituelle, ce qui
préserve la vigne dans beaucoup de cas des effets funestes des
gelées blanches.

» Si ces expériences démontrent l'effet à peu près certain du
sulfate de fer sur l'anthracnose, elles me font espérer que cette
substance agit aussi favorablement contre l'oïdium.

» Déjà, en 1880, je m'étais aperçu que la partie traitée au sulfate
de fer avait été préservée de l'oïdium quoique n'ayant jamais été
soufrée. Pour mieux me rendre compte de ce fait qui aurait pu
s'expliquer à la rigueur par la proximité des rangées soufrées, en
laissant supposer que le vent aurait amené assez de soufre sur les
dix rangées sulfatées pour y détruire l'oïdium, j'ai supprimé cette
année le soufrage dans une vigne de trois hectares traitée au sulfate
de fer et j'ai la satisfaction de constater que l'oïdium ne s'y trouve
nulle part, tandis qu'il ne m'est pas difficile d'en trouver des traces
dans les vignes soufrées déjà quatre fois, mais non sulfatées. »

M. GACHASSIN-LAFITE donne quelques explications sur son rapport
des vignes cultivées dans les sables.

M. MONDIET, professeur au lycée de Bordeaux, a la parole pour
s'occuper des traitements d'extinction et de l'invasion phylloxé-

rique, sur la rive gauche de la Garonne et du degré de résistance des graves sablonneuses.

I

« MESSIEURS,

» Comme les conclusions formulées par le savant rapporteur de la Commission des insecticides auront un très grand retentissement dans toute la France, je me crois obligé de faire des réserves formelles sur une des conclusions, trop absolue, de l'excellent rapport de M. Falières. Il s'agit du traitement dit d'extinction. Je sais que cette question n'intéresse que bien faiblement les membres de ce Congrès, mais elle est très importante pour les départements envahis depuis peu, tels que ceux qui nous séparent de la chaîne des Pyrénées. C'est donc au nom de ces départements que je vous prie de m'accorder pour ce sujet quelques minutes de votre bienveillante attention.

» Un exemple me permettra d'être plus clair et plus concis : l'année dernière nous avons trouvé le phylloxera dans les Landes, sur la rive droite de l'Adour, à 4 ou 5 kilomètres du vignoble de la Chalosse et une dizaine de kilomètres à l'ouest de l'Armagnac. Je dois ajouter que sur un rayon de plusieurs kilomètres, autour de la tache, la surface plantée en vigne n'est qu'une faible fraction de la surface totale.

» Fallait-il dire : la Chalosse est perdue, l'Armagnac est perdu ; le traitement cultural permettra de faire vivre les vignes atteintes en détruisant 90 0/0 des insectes qui sont sur les ceps ; les autres pourront se multiplier, se promener à l'est, au sud, comme bon leur semblera, ou comme le vent les poussera?

» Non, je suis convaincu que M. Falières aurait dit avec nous et avec le Comité central du département : Appliquons le traitement le plus énergique qui soit à notre disposition, le *traitement d'extinction,* non pas tel qu'on l'a essayé trop timidement en France, mais le plus radical que nous connaissions. Faisons deux ou trois traitements de sulfure de carbone à haute dose ; recepons les ceps, brûlons-les ; puis arrachons les souches souterraines et détruisons-les par le feu ; et enfin surveillons attentivement une zone de préservation de cinq kilomètres.

» Il aurait dit avec nous aux viticulteurs de ce département : Sachez sacrifier quatre, cinq hectares, dix au besoin, et vous avez des chances de sauver pour longtemps encore le revenu annuel de dix millions de francs que vous assure votre vignoble.

» Le rapport n'avait certainement en vue que les régions où le vignoble occupe une surface continue, où la vigne est à un seul tenant. Dans ce cas je suis de son avis, et tout à l'heure je ne proposerai pas le traitement d'extinction dans le vignoble de Sauternes, peu atteint cependant. Mais ne découragez pas, je vous en prie, les viticulteurs des départements que j'ai en vue; dites-leur : Luttez et luttez énergiquement à l'exemple de la Suisse. Si vous n'arrêtez pas absolument le fléau, vous en enrayerez considérablement la propagation ; et un retard de dix ans dans l'invasion vous assure un bénéfice de plusieurs centaines de millions.

II

» Je suis maintenant obligé, Messieurs, de m'excuser auprès des personnes étrangères à ce département, puisque je vais parler d'une question locale : « *Mode de propagation du phylloxera sur la rive gauche de la Garonne.* » Cependant, si vous me faites l'honneur de m'écouter quelques instants encore, vous verrez que je suis ramené à une question générale : « *Résistance des sables à la propagation du phylloxera.* » Nous serons reconnaissants à ceux d'entre vous qui viennent des pays depuis longtemps envahis s'ils veulent bien nous aider de leur expérience, afin d'arriver à la découverte de la vérité sur cette question, qui n'a pas encore été élucidée.

» Sur la rive gauche de la Garonne et sur une étendue de 150 kilomètres de longueur et 8 à 10 kilomètres de largeur, nous rencontrons successivement, en partant de la mer : le Médoc, les Graves et le pays de Sauternes. Les observations que je vais vous soumettre se rapportent principalement à la partie qui est en amont de Bordeaux. Là, comme dans le Médoc d'ailleurs, il y a trois natures de terrains : les *palus;* les *terrains forts,* argileux ou argilo-calcaires, de formation tertiaire; les *graves sablonneuses,* mélange de cailloux roulés de l'époque du diluvium et de sable des landes.

» 1° Les palus sont à peu près complètement envahies; mais la lutte y est assez facile, car la submersion avec les eaux limoneuses de la rivière est possible en tous les points de cette première zone.

» 2° Les terrains forts constituent une bande étroite parallèle à la rivière, séparée de celle-ci par les palus, et forment en outre le sol de plusieurs vallées qui s'avancent perpendiculairement à la rivière dans la région des graves sablonneuses. Partout où apparaît le terrain fort, on trouve le phylloxera. Ici, comme à La Brède, l'invasion a été rapide et est générale aujourd'hui; ailleurs, comme à Bommes et Sauternes, l'invasion n'en est qu'à son commencement et la lutte est facile. Pour l'honneur vinicole de la France et la fortune du pays, je me permettrai de dire aux propriétaires, grands et petits, qui produisent le vin de Sauternes, unique au monde : Agissez immédiatement; vous le pouvez, vous le devez; mais il y a urgence ; si vous retardez, il sera trop tard.

» Si dans le reste de la zone des terrains forts, la vigne est plus malade qu'à Sauternes, elle n'est pas détruite, et la lutte par les insecticides est encore possible : soit par l'emploi des sulfo-carbonates, car partout on peut avoir l'eau en suffisante quantité et à une distance peu considérable; soit avec le sulfure de carbone, dont je fais l'expérience depuis cinq années dans un terrain de cette nature.

» Ici, Messieurs, permettez-moi une petite parenthèse. La terre, dans notre pays, est entre les mains de ces paysans-propriétaires qui n'assistent pas aux réunions du Congrès, qui ne lisent même pas les comptes-rendus de ses travaux. Ne croyez-vous pas qu'il serait bon de mettre à profit la réunion dans cette enceinte d'hommes compétents et de publicistes dévoués pour rédiger une sorte de manuel pratique à l'usage des personnes qui appliquent le sulfure de carbone? Ce serait comme un résumé de tout ce qui aurait été écrit et dit jusqu'à ce jour sur cette matière. On peut, en effet, maintenant énoncer des règles simples, précises, incontestées, sur ce mode de traitement; on aurait par là un guide à peu près certain pour la masse des petits propriétaires, qui vous seraient reconnaissants d'avoir songé un peu à eux au milieu de vos savantes discussions.

» 3° Dans la plus grande partie de la région de la rive gauche, le sol est formé de graves sablonneuses. Là, de nombreuses recherches n'ont pas permis de trouver l'insecte. En suivant la limite des terrains forts et des graves sablonneuses, on trouve toujours le phylloxera dans la première nature de terrain; jamais dans la seconde. Si le terrain fort reparaît un peu plus loin, le phylloxera se retrouve avec lui. Par exemple, à un kilomètre environ au nord-ouest de la vallée argileuse de La Brède, on trouve l'insecte à côté des pins, mais dans un terrain fort, séparé de la vallée principale par des graves sablonneuses qui sont indemnes. —

A Bommes, dans une même rège de vigne, on trouve de l'argile et du sable ; le phylloxera est dans la première partie, pas dans la seconde. — Je ne vous citerai plus qu'une expérience faite par beaucoup de propriétaires dans la commune de Portets : ne croyant pas à l'existence du phylloxera, ils avaient continué jusqu'à l'année dernière à garnir leurs vignes de graves avec des plants racinés pris dans les palus phylloxérées. Nous avons examiné ces plants, âgés de trois, quatre, cinq ans, et qui avaient à peine végété au milieu de vignes très belles. Nous avons retrouvé l'insecte sur la plupart d'entre eux ; mais les vieux pieds voisins étaient indemnes, à moins que leurs racines ne vinssent à s'étendre jusqu'à la jeune souche malade ; souvent même, tandis que la partie inférieure du plant était décomposée, des racines jeunes et saines poussaient près du sol, comme si le puceron porté sur les racines du fond n'avait pas pu venir jusqu'à la surface. — Il semble résulter de ces faits que le phylloxera peut vivre dans les graves sablonneuses, mais qu'il ne peut pas s'y propager.

» Je sais bien que le phylloxera se trouve dans les graves sablonneuses du domaine de l'Alouette à Pessac ; mais n'y a-t-il pas été apporté avec des plants racinés venus des palus phylloxérées de Ludon (Médoc) ? Il est aussi dans les graves sablonneuses du plateau de Saint-Corbian, à Saint-Estèphe (Médoc), me dit la personne la mieux renseignée sur l'invasion phylloxérique de la Gironde, M. Artigue, délégué départemental. L'objection est très sérieuse, elle mérite que nous nous y arrêtions quelques instants. Un savant géologue de notre ville, M. Benoît, qui avait été attaché pendant un an ou deux au service phylloxérique du département, a eu l'heureuse idée de faire simultanément et à la même échelle la carte géologique et la carte phylloxérique pour les communes de Saint-Estèphe et de Vertheuil. Ce travail sera publié dans quelques mois ; mais l'auteur a bien voulu me le confier, afin que le Congrès en pût tirer tel parti qu'il jugerait convenable. Sur ces cartes, je trouve que le plateau de Saint-Corbian est surmonté d'une calotte de grave sablonneuse, et que le phylloxera est distribué sur tout le contour de ce plateau aux points d'affleurement des couches calcaires ou argileuses ; il est vrai qu'en un ou deux points de ce contour l'insecte a gagné quelques parcelles dont la surface est formée de graves salbonneuses ; mais le sous-sol est de nature différente et a été mélangé par la culture avec la couche superficielle. En parcourant les notes fournies par ce géologue, d'une compétence incontestée, je ne trouve aucune indication de tache phylloxérique dans les graves sablonneuses *pures*. Et même y en aurait-il (ce que je ne crois pas), je dirais: les viticulteurs de Saint-Corbian n'ont-ils pas l'habitude d'amender chaque année leurs terres du plateau avec des argiles et des tourbes prises dans les vallées qui l'entourent? La nature physique du sol étant changée, on ne pourrait, même dans cette hypothèse, tirer aucune conclusion sur le degré de résistance des graves sablonneuses.

» Les cartes de M. Benoît nous fournissent d'autres renseignements du plus haut intérêt. Le plateau du moulin de Calon, le grand plateau de Saint-Estèphe, le plateau de Vertheuil sont phylloxérés sur *tout leur contour,* partout où affleurent les terrains argileux ou calcaires; tandis qu'*aucune tache* ne paraît sur les plateaux eux-mêmes dans les *graves sablonneuses*. En un point, au centre de l'un de ces plateaux, le terrain argileux reparaît, le phylloxera y pullule, mais en cet endroit seulement des plateaux.

» Tous ces faits ne sembleraient-ils pas dire : Les graves sablonneuses empêchent la propagation du phylloxera? Cependant, telle ne sera pas ma conclusion. Les dernières observations que j'ai eu l'honneur de vous signaler ont un caractère de rigueur scientifique, quoiqu'il y manque un élément très important : la teneur exacte en sable siliceux du sol des plateaux de Saint-Estèphe. Celles qui me sont personnelles ne sont au contraire qu'une simple indication générale. Un travail complet exige que l'on puisse suivre dans toutes les propriétés une limite d'invasion phylloxérique et opérer telles fouilles qu'il conviendra de faire pour une démonstration. Ne faut-il pas, en outre, avoir recours à toute la compétence des hommes spéciaux : géologues, chimistes, etc., pour déterminer exactement les conditions du sol et du sous-sol? Je me contenterai donc de demander au Congrès qu'il veuille bien émettre un vœu tendant à la nomination d'une Commission administrative chargée d'élucider cette importante question.

» De l'avis des Commissions de ce Congrès on peut donner aujourd'hui une conclusion certaine sur les effets de la submersion, des insecticides et sur la reconstitution du vignoble par les cépages américains.

» Demandez donc avec nous une conclusion aussi certaine sur le degré de résistance des sables et des graves sablonneuses. Combien de milliers d'hectares de terrains, couverts de bois aujourd'hui, seraient immédiatement plantés en vignes, si vous affirmiez aux propriétaires la résistance absolue de leur sol ? Par contre aussi, si cette résistance n'est pas réelle, vous laissez à un grand nombre de viticulteurs une fausse sécurité qui leur sera funeste, car la première condition de lutte contre le terrible insecte, c'est la vigilance, c'est l'action énergique et immédiate lors de la première apparition du puceron dans un vignoble.

» Et ne croyez pas que les recherches faites jusqu'à ce jour nous permettent de découvrir cette vérité. Dans un remarquable travail qui a reçu l'approbation de M. le Ministre, M. Desjardins, du Gard, dit : « Ne faire la plantation qu'après s'être assuré que le sol contient 60 0/0 au moins de sable pur, ténu et mobile. » Dans ces conditions, toutes nos graves sablonneuses résisteront! La Commission de ce Congrès qui a fait un rapport sur les vignes américaines et les sables nous apprend de son côté que les sables d'Aigues-Mortes, qui « n'ont pas de phylloxera sur leurs racines, contiennent de 68 à 72 0/0 de sable siliceux »; tandis qu'un peu plus loin. elle ajoute : dans une vigne où le « phylloxera foisonne », chez M. Giraud, à Pomerol, le sol contient 75,5 0/0 de sable siliceux.

» J'ai donc l'honneur, Messieurs, de vous soumettre le projet de vœu suivant :

» Considérant que sur le territoire français, les terrains sablonneux, mélangés ou non de cailloux roulés, occupent une étendue importante;

» Considérant les grands avantages qu'offrirait la culture de la vigne dans les terrains de cette nature, s'il était reconnu que le phylloxera ne peut pas s'y propager;

» Considérant que sur cette question, il n'y a encore aujourd'hui que contradictions et incertitude, et que d'ailleurs l'Administration possède seule tous les moyens de réunir les éléments qui permettront d'arriver à la découverte de la vérité;

    » Le Congrès

» Émet le vœu que par les soins de M. le Ministre de l'agriculture, il soit effectué une carte de l'invasion phylloxérique dans les pays où les sables sont ou envahis ou limitrophes de terrains atteints par l'insecte, avec indication de la nature et de la teneur en sable siliceux du sol et du sous-sol. »

M. Counord, ingénieur, fait l'étude des mesures administratives prises pour arrêter les ravages du phylloxera.

Dans le projet de Code rural déposé au Sénat, un article de loi rend les syndicats obligatoires. — M. Counord propose au Congrès d'émettre le vœu que cet article soit effacé du projet de loi.

Il propose en outre au Congrès de demander que des mesures législatives soient prises, qui donneraient droit aux propriétaires des vignes submersibles n'aboutissant pas à un cours d'eau, de pouvoir pratiquer, sur les héritages qui l'en séparent, les travaux nécessaires à la submersion, en payant une juste et préalable indemnité.

Ces deux vœux sont renvoyés à la Commission spéciale qui les examinera.

M. Micé présente ensuite au Congrès un second mémoire de M. Terrel des Chênes, intitulé : *la Solution économique et financière de la question du phylloxera.* (Voir *Mémoires,* à la suite des séances.)

M. Jaussan répond à M. Lichtenstein qui n'a cité que MM. Marès, Teissonnière et lui, comme ayant réussi à se défendre contre le phylloxera au moyen des insecticides.

Dans le Syndicat que dirige M. Jaussan, 375 propriétaires ont employé le sulfure de carbone et ont obtenu des résultats.

Enfin, en 1880, on a consommé dans cette même contrée 1,100 barriques de sulfure de carbone; il y en aura cette année 14,000 de commandées.

La séance est levée à cinq heures et demie.

M. Courrègelongue,

Secrétaire adjoint de la Société d'Agriculture de la Gironde.

Procès-verbal de la séance du jeudi 13 Octobre 1881 (soir).

Présidence de M. A. LALANDE.

M. de La Roque fait une communication sur le *mildew.* Il n'ajoute rien à ce qu'a déjà dit M. Millardet sur le péril que cette maladie fait courir aux vignobles; mais il y a une circonstance plus grave que M. Millardet n'a pas dite : le *mildew* a été constaté en Algérie au mois de mai dernier, et ce mal inquiète à un tel point les viticulteurs de ce pays qu'un Congrès est en ce moment en permanence pour l'étudier. Ce Congrès a pris déjà quelques décisions. On les trouvera dans le journal *La Vigne française,* numéro du 15 octobre 1881, page 404. De plus, une enquête a été ordonnée par le Gouvernement français. M. Prillieux a été chargé de l'examen de ce nouveau fléau, et il revient en France avec son rapport. — La destruction du *mildew* par le feu est indiquée, ajoute M. de La Roque, et, à cette occasion, il croit devoir rappeler au Congrès l'emploi du « Pyrophore insecticide » de M. Bourbon, et il lit le Mémoire de l'inventeur, dans lequel sont relatés tous les avantages de cet instrument :

« MESSIEURS,

» Depuis longtemps, je suivais comme propriétaire, partant très intéressé dans la question, les progrès incessants du phylloxera et les moyens proposés par les hommes de science pour le détruire. Je compris, après avoir lu attentivement le compte-rendu des études de notre éminent savant M. Balbiani, que les modes de destruction recommandés par la Commission supérieure étaient très incomplets puisqu'ils n'attaquaient que les insectes souterrains en laissant exister l'œuf d'hiver, le fondateur, le régénérateur annuel des colonies souterraines. Cette faute me parut assez grave, c'est ce qui me fit chercher le moyen de compléter le traitement en inventant le Pyrophore insecticide. Le jet de flamme lancé par l'appareil promené sur les écorces du bois mort de la souche en carbonise toute la superficie et détruit tous les animalcules contenus dans cette partie de la souche; en la déchaussant et passant la flamme sur le tronc des racines, on détruit une très grande quantité de phylloxeras souterrains, qui, en hiver, viennent se réfugier en cet endroit.

» Quoique j'eusse fait, à plusieurs reprises, des essais chez moi, et que les résultats obtenus fussent excellents, je ne voulus pas proposer cet appareil et ce mode de destruction sans l'avis préalable d'une personne dont l'appréciation serait indiscutable; à cet effet, je priai feu M. le Dr Paul Massot, alors sénateur, de le confier à un de ses amis.

» M. Faivre, doyen de l'Académie des Sciences de Lyon, voulut bien se charger de cette expérience, et voici la lettre qu'il écrivait le 25 mai 1879 :

« J'ai fait à diverses reprises, en me servant de l'appareil à combustion » gazeuse que vous aviez mis à notre disposition, des observations sur l'effet » que pouvait avoir son emploi.

» S'ex_ ose-t-on, en détruisant les insectes qui s'abritent sous les couches
» de l'écorce, à altérer celle-ci de manière à nuire à la végétation?

» L'examen de l'écorce de diverses pièces et variétés de vignes soumises aux
» effets de la combustion m'a convaincu que les parties les plus essentielles de
» l'éc_rce, au point de vue physiologique, ne sont pas sensiblement altérées.

» Le 24 mars, j'ai soumis à l'examen histologique des écorces qui avaient,
» *pendant deux minutes,* subi dans la même région l'action combustib'e;
» seuls, l'épiderme et le suber étaient entièrement carbonisés; les bourgeons
» étaient demeurés à peu près intacts; leur abondante bourre protectrice offrait
» seulement des signes de dessiccation. La couche herbacée et le liber étaient
» intacts.

» Sur une surface déterminée de l'écorce, j'ai prolongé l'action pendant cinq
» minutes, temps considérable si on le compare à celui qui suffit à détruire les
» organismes animaux que peut renfermer l'écorce.

» Même après ce temps, les bourgeons n'offraient d'altération sensible que
» par les effets de la dessiccation de leur bourre protectrice.

» A l'intérieur de la tige, les effets dus à une combustion maintenue cinq
» minutes, sont plus accusés.

» La dessiccation a déterminé dans la moelle des rayons médullaires, la
» masse de cellules de la base des bourgeons, des fissures marquées.

» Ces effets peuvent être préjudiciables à la végétation, les parties qui ren-
» ferment les réserves alimentaires étant atteintes et altérées; nous ne les
» avons pas vus se produire après une durée de deux minutes seulement.

» En somme, l'observation nous a montré qu'il y avait lieu de redouter les
» altérations internes, nuisibles à la vigne, si l'on maintenait plus de cinq
» minutes sur la même partie de l'écorce l'action comburante.

» Divers sarments, après avoir subi trois minutes environ l'épreuve de la
» combustion le 24 mars, ont été réservés dans le but de savoir comment
» s'effectuerait leur végétation comparativement à celle des sarments intacts.

» Le développement qui s'est produit tardivement cette année sur les vignes,
» ne s'est pas effectué jusqu'ici d'une manière sensiblement différente sur les
» sarments opérés et ceux intacts.

» En somme, les expériences que nous avons pu faire nous autorisent à
» pen er que l'action du gaz, en brûlant, si elle est prolongée de deux à trois
» minutes, sur la même partie de l'écorce, ne nuira pas d'une manière sensible
» à la végétation générale.

» En vous exprimant le regret, Monsieur, de n'avoir pu multiplier davantage
» les expériences, je vous prie de vouloir bien agréer, etc.

» Signé : E. FAIVRE,

» *Doyen de la Faculté des sciences de Lyon.* »

» Fort de l'approbation de M. Faivre, dont le mérite était incontestable, je fis fabriquer quelques appareils afin de faire faire
des expériences sur plusieurs points de la France.

» Un seul, M. Thomas, capitaine du génie, officier de la Légion
d'honneur, propriétaire à Largentière (département de l'Ardèche),

comprit tout ce que l'on pouvait retirer de l'appareil; il m'en
acheta un, l'envoya à son beau-frère M. Payan, également propriétaire, le priant de le mettre en pratique. M. Payan, dont les vignes
étaient dans un piteux état et depuis trois années ne portaient plus
de fruit, flamba ses vignes et celles de son beau-frère; la première
année, elles reprirent une telle vigueur que M. Thomas put
recueillir lui-même quelques grappes de raisin dans un petit
carré : ce fait encouragea M. Payan, qui, pendant trois années
consécutives, fit subir l'opération sur les jeunes plants; ses vignes
se trouvent aujourd'hui régénérées et il n'y a plus de phylloxeras
sur les racines.

» M. le Dr Henneguy, opérateur au Collège de France, délégué
de l'Académie des Sciences, qui a visité les vignes de MM. Thomas
et Payan, a rendu compte au Congrès des vignes françaises tenu à
Clermont-Ferrand, l'année dernière, de l'observation qu'il venait de
faire à Largentière, que des vignes ont été entièrement régénérées
par la destruction de l'œuf d'hiver à l'aide d'un instrument
désigné sous le nom de Pyrophore insecticide, et proposa d'émettre
un vœu pour que les vignes traitées au moyen des insecticides
soient soumises à un traitement pour la destruction de l'œuf
d'hiver.

» Cet œuf d'hiver, si longtemps contesté dans le Midi de la
France, a été trouvé l'année passée dans les Pyrénées-Orientales, et
cette année dans l'Hérault; son existence n'est donc plus niable,
c'est bien lui qui est le fondateur et le régénérateur des colonies
souterraines; disparu, détruit, carbonisé par le Pyrophore insecticide, il ne viendra plus porter chaque année ce contingent
de vitalité si nécessaire aux femelles aptères qui, abandonnées
à elles-mêmes, s'épuiseront par suite de leur abondante reproduction.

» M. Dumas, secrétaire perpétuel de l'Académie des Sciences, au
Congrès de Clermont-Ferrand, conseillait de badigeonner le cep
avec le bitume de Judée; malheureusement cette huile a déjà fait
ses preuves et n'a obtenu qu'un médiocre succès dans le département du Gard.

» M. Boiteau déclare aussi au Congrès de Clermont-Ferrand :
« Que l'œuf d'hiver avait été pris en sérieuse considération lors
» de sa découverte, et par sa destruction on pensait arriver à la
» dégénérescence de l'espèce dans peu d'années. — Les traitements
» opérés dans ce but pendant trois années consécutives n'ont donné

» aucun résultat avantageux. Ces traitements avaient été faits sur
» de larges surfaces et avec beaucoup de soin. La substance employée
» à sa destruction était des plus énergiques et beaucoup de ceps ont
» été atteints et mortifiés dans toute leur partie aérienne. »

» Comme on le voit, avec les badigeonnages on n'a pas réussi, et
par cet échec on a abandonné la poursuite de cet œuf d'hiver qui,
à lui seul, est tout le phylloxera.

» Est-ce à dire qu'il faut renoncer à cette poursuite parce que tel
ou tel procédé n'a pas réussi, et nous contenter des traitements inté-
rieurs qui, quoique bons, nous laissent envahir et n'arrêtent pas la
ruine? Non, Messieurs, c'est en poursuivant par les traitements inté-
rieurs d'une part, et la destruction de l'œuf d'hiver de l'autre, que
nous obtiendrons de sérieux résultats, et c'est pour cela que je vous
propose le concours du Pyrophore insecticide à chaque traitement
que vous ferez.

» Le Pyrophore insecticide est-il appelé à ne rendre à notre
pauvre viticulture que le seul service de détruire l'œuf d'hiver, et
n'aurait-il à son avoir que les vignes de MM. Thomas et Payan?
Non: le département des Bouches-du-Rhône est depuis longtemps
la victime du phylloxera, personne ne l'ignore. Eh bien! voici ce
que l'on m'écrit de Marseille, le 20 juillet 1881:

« Je réponds à votre honorée du 14 courant et aux diverses questions qu'elle
» me pose.

» Les vignes que j'ai brûlées se trouvent en ce moment en superbe position,
» et rappellent tout à fait les vignes de notre pays *avant l'invasion du phyl-*
» *loxera.*

» J'ai commencé le flambage au commencement du mois de mars, et terminé
» à la fin du même mois. La végétation des vignes flambées est très belle,
» les fruits sont très abondants.

» J'ai expérimenté sur deux plantations de vignes, j'ai flambé l'une et laissé
» l'autre: *la vigne brûlée a repris toute sa vigueur, l'autre végète et n'a point*
» *de fruits.*

» J'ai en outre obtenu, par le soufflet Pyrophore, de très bons résultats sur
» des fusains et autres arbres dépérissant par l'abondance des pousses.

» Signé: B. GARIBALDI,

» *homme d'affaires de MM. Magnan frères, et cousins, de Marseille.* »

Certifié conforme:

Signé: P. FABRE
propriétaire à la Penne (Bouches-du-Rhône),
canton d'Aubagne.

» C'est la première année de traitement au Pyrophore insecticide
qu'ont reçu les vignes de MM. Magnan.

» N'est-ce que le phylloxera que nous ayons à combattre ? Non, Messieurs; il nous reste deux autres ennemis aussi terribles que le petit insecte qui nous occupe à si juste raison. L'*anthracnose et le mildew* sont deux sujets de crainte pour le viticulteur. Jusqu'à ce jour, la science est restée muette ou impuissante en présence de ces deux nouveaux venus.

» Voici une lettre adressée à M. Constans, négociant à Limoux (Aude), qui m'a été transmise par ses soins :

« Je déclare qu'ayant fait l'expérience du soufflet Pyrophore sur des souches
» atteintes par l'anthracnose et le mildew, j'ai reconnu que les souches qui
» avaient subi cette opération étaient cette année d'une végétation luxuriante
» à côté des autres qui se meurent.

» J'espère donc que le Pyrophore sera un puissant agent pour enrayer ces
» deux maladies.

» Signé : H. DOMPMARTIN,
» *propriétaire.* »

» Par les faits cités ci-dessus, on voit que sans le concours des insecticides recommandés par la Commission supérieure, le Pyrophore insecticide a obtenu de réels résultats; est-ce à dire qu'à cause de ces faits je doive vous présenter mon appareil comme la seule panacée à laquelle vous deviez avoir recours? Non, Messieurs; en présence du mal, point d'exclusion : le Pyrophore n'est que le complément des insecticides, et c'est à ce titre que j'ai l'honneur de vous le présenter. »

M. de La Roque termine sa communication en ajoutant que le Pyrophore pourrait être utilement employé à détruire le *mildew* en brûlant autour du cep la couche superficielle de la terre, puisqu'il est reconnu que le *mildew* se conserve par les *oospores* pendant l'hiver, en tombant avec les feuilles, pour envahir plus tard, en temps propice, les feuilles des ceps où il exerce ses ravages au printemps et surtout en été.

M. de La Roque lit ensuite le vœu qu'il a formulé à l'occasion de l'enquête en Amérique sur les vignes américaines. Le voici :

« Considérant que les ravages causés par le phylloxera dans les vignes de toute l'Europe n'ont trouvé jusqu'à ce jour que des palliatifs imparfaits ou des moyens de lutte impuissants dans certains terrains;

» Considérant qu'un grand nombre de viticulteurs cherchent dans la culture des cépages américains ou dans le greffage des plants français sur racines américaines un moyen de reconstituer leurs vignobles détruits et qu'il importe de faire le plus de lumière possible sur la durée de certains cépages dits résistants, et sur la nature des terrains où ils végètent en Amérique, leur pays d'origine ;

» Émet le vœu qu'une enquête soit faite en Amérique le plus tôt possible par les soins d'une Commission désignée, soit par le Gouvernement, soit par les Sociétés de la Gironde qui ont pris l'initiative du Congrès (concurremment avec l'enquête qui aura lieu en France), sur toutes les questions de viticulture qui peuvent se rapporter à la durée des cépages résistants ou à leur indemnité, et à la nature des terrains et du climat où ils végètent en Amérique, et qu'il en soit fait un rapport dans le prochain Congrès.»

M. Prosper DE LAFITTE propose un amendement au vœu sur les insecticides, le lit et le remet au Président, pour être examiné et discuté dans la séance de samedi prochain.

M. BOISARD, rapporteur de la Commission des insecticides, lit son rapport et la liste des récompenses accordées par cette Commission.

RAPPORT

SUR

LES INSECTICIDES, LES APPAREILS DE DIFFUSION, LEUR MODE D'EMPLOI

ET SUR

LES ENGRAIS CHIMIQUES

au nom d'une Commission

Composée de MM. F. RÉGIS, *Président;* GAYON, FALIÈRES, F. ARTIGUE
et P. BOISARD, *Rapporteur.*

Chargé, par la Commission, de vous rendre compte du travail auquel elle s'est livrée, nous avons l'honneur de vous présenter le résumé de son examen et les conclusions qu'elle a prises.

Les divers objets exposés et soumis à notre appréciation se divisaient en trois sections :

1º Les insecticides;

2º Les appareils ou instruments qui doivent servir à leur diffusion;

3º Les engrais chimiques.

26

Nous devons dire, tout d'abord, que l'ensemble de cette partie de l'Exposition présentait une réelle importance, et nous regrettons de n'avoir pas eu un plus grand nombre de récompenses à accorder au groupe des exposants dont nous étions chargés d'examiner les produits.

Qu'il nous soit donc permis, avant toute chose, de féliciter toutes les personnes de cette catégorie, qui ont exposé, pour les efforts de travail, d'intelligence et d'ingénieuse recherche accomplis par elles.

Ire Section.

Les Insecticides.

Sulfure de carbone.

Quatre maisons avaient exposé.

Leurs expositions comprenaient :

1º Les matières premières employées dans la fabrication ;

2º Les dessins ou petits modèles des appareils de production et de rectification ;

3º Les vaisseaux pour contenir le produit, le faire voyager et le manipuler sans danger ;

4º Le sulfure de carbone à l'état pur et à l'état impur ;

5º Les instructions sur le mode d'emploi de cet insecticide.

La Commission a examiné avec le plus grand soin les objets soumis à son appréciation, et il n'est que juste de rendre hommage aux courageux et intelligents efforts faits dans l'industrie qui nous occupe.

Elle loue particulièrement les instructions données dans les petites brochures qui traitent du sulfure de carbone et de son mode d'application. Ces instructions, généralement bien données, sont nécessaires et ont, de plus, l'avantage d'aider à la vulgarisation de la science, cette vraie mère de toute bonne et sérieuse pratique.

La Société Marseillaise du sulfure de carbone avait une exposition très remarquable. Du reste, on sait que, jusque dans ces derniers temps, le sulfure de carbone était produit presque exclusivement à Marseille. On peut dire aussi, sans exagération, que M. Édouard Deiss peut être considéré comme le créateur de la fabrication industrielle du sulfure de carbone et qu'à ce titre il mérite les éloges et la reconnaissance des viticulteurs.

Cette Société livre le sulfure de carbone à 35 fr. 50 les 100 kilog. pris à Marseille, et 45 fr. rendus à Bordeaux.

La Commission lui a décerné une médaille d'or.

MM. COUTAUT et AVRIL, propriétaires de l'usine à sulfure de carbone de la Gironde, ont présenté de magnifiques spécimens de matières premières et de produits fabriqués. Leur sulfure de carbone rectifié est le plus limpide que nous ayons vu au concours. Ils le livrent à 45 fr. les 100 kilog. pris à Bordeaux.

La Commission leur a décerné une médaille d'argent.

M. Ch. GÉRAUD, propriétaire de l'usine à sulfure de carbone de l'Alba, à Bergerac (Dordogne), a également présenté de nombreux échantillons de matières premières et de produits fabriqués. Une brochure qui a pour titre : *De l'emploi du sulfure de carbone,* contient des instructions simples et bien rédigées. Elle nous a paru mériter une mention particulière.

L'usine Géraud fournit le sulfure de carbone à raison de 45 fr. les 100 kilog. en gros fûts, et de 47 fr. en petits fûts, pris à Bergerac ou rendus à Libourne et Bordeaux.

La Commission a accordé à M. Géraud une médaille d'argent.

MM. Jules DEISS et C°, fabricants de sulfure de carbone à Marseille, avaient, comme les précédents exposants, présenté des échantillons de matières premières et de produits fabriqués, ainsi que des modèles d'appareils de production réduits.

Cette maison cote aujourd'hui le sulfure de carbone de 35 à 38 fr. les 100 kilog. pris à Marseille.

La Commission décerne à MM. Jules Deiss et C° une médaille d'argent.

Sulfo-carbonates.

L'importance de l'exposition des sulfo-carbonates, sous le rapport des objets exposés, est beaucoup moins grande que celle du sulfure de carbone. Nous n'avons pu examiner que quelques flacons de sulfo-carbonate de potassium et de calcium ; mais l'exposition qui a pour objet l'application du sulfo-carbonate de potassium aux vignes phylloxérées, par le système mécanique et les procédés de MM. Mouillefert et F. Hembert, a attiré toute notre attention. C'est, en effet, un ensemble très remarquable de plans, de dessins, de photographies, de pieds de vigne avant et après le traitement, et, ce qui lui donne encore plus de valeur, ce sont les effets vraiment surprenants obtenus et constatés, sur les lieux d'application, par la Commission spéciale du sulfure de carbone et des sulfo-carbonates, ainsi qu'on le peut voir dans le beau rapport de M. Falières.

Aussi, l'importance des résultats obtenus, dus surtout à la méthode et au perfectionnement des appareils mécaniques, a-t-elle déterminé la Commission à décerner une médaille d'or à la Société de MM. P. Mouillefert et F. Hembert.

MM. Hubert et Martineau, chimistes industriels à la Pointe-des-Baleines (Ile-de-Ré) ont présenté un certain nombre de produits parmi lesquels figuraient :

  Du sulfo-carbonate de potassium ;
  Du sulfo-carbonate de calcium.

Ces Messieurs, à l'aide des produits de la mer, sont arrivés à faire un mono-sulfure de calcium qui sert à fabriquer, soit le sulfo-carbonate de potassium, soit le sulfo-carbonate de calcium.

D'après eux, le sulfo-carbonate de calcium aurait les mêmes propriétés insecticides que celui de potassium. Cette opinion, partagée du reste par un certain nombre de viticulteurs, aurait cependant encore besoin d'être affirmée et corroborée par l'expérience scientifique. Si, à poids égaux, ces deux insecticides produisaient les mêmes résultats, il y aurait un réel avantage économique, pour la viticulture, à employer le sulfo-carbonate de calcium, puisqu'il ne coûte que 20 fr. les 100 kilog., alors que celui de potassium revient à 45 francs.

La Commission a accordé une mention honorable à ces Messieurs et regrette de n'avoir pas pu faire davantage.

Autres insecticides.

M. Lopès-Dias a exposé une teinture insecticide à employer contre les limaçons, loches, chenilles, vers, pucerons, etc.

L'application se fait à la base de la tige de l'arbuste ou de l'arbre au moyen d'un pinceau.

D'après les attestations d'hommes aussi honorables que compétents, tels que MM. J. Daurel, secrétaire général de la Société d'Horticulture de la Gironde; Catros-Gérand, J. Chiapella, baron d'Ezpeletta, etc., ce produit serait un très bon insecticide et produirait d'excellents résultats. Son prix est de 6 fr. 75 le kilog., et avec un kilogramme on peut traiter 1,000 sujets ou souches.

La Commission n'ayant point pu constater les effets annoncés, ne peut que faire mention des attestations ci-dessus indiquées.

Parmi les autres insecticides présentés, les uns ne peuvent pas être appréciés, les autres n'ont point paru présenter des qualités suffisantes à la Commission. Elle a dû s'abstenir d'en faire mention.

Appareils de diffusion et mode d'emploi des insecticides.

La Société LA RÉGÉNÉRATION DES VIGNES, pour l'exploitation brevetée des cubes Rohart, a exposé :

1º Des cubes gélatineux, contenant de 12 à 13 grammes de sulfure de carbone, dont le prix est de 20 fr. le mille;

2º Un pal au moyen duquel on met le cube gélatineux en terre.

Ce mode d'emploi du sulfure de carbone est connu de tout le monde; il a paru, à votre Commission, mériter une distinction, non seulement pour les services qu'il peut rendre à la viticulture, mais encore par ceux qu'il rend et qu'il rendra à l'horticulture et à l'économie domestique pour la conservation des grains.

Nous avons, en conséquence, accordé une médaille de vermeil à la Société *la Régénération des Vignes,* heureux de récompenser en même temps les recherches et les travaux de M. Rohart.

MM. ETIENBLED et Cº, ont présenté :

1º Des capsules gélatineuses au sulfure de carbone;

2º Un pal destiné à introduire dans le sol lesdites capsules, qui contiennent 10 grammes de sulfure de carbone chacune, et qui coûtent 25 fr. le mille.

Ce mode d'emploi, par son dosage certain et apparent, a paru devoir mériter une récompense. Malheureusement le prix élevé de ce procédé sera un obstacle à sa vulgarisation. Cependant il est appelé à rendre de réels services à l'horticulture, aussi la Commission a-t-elle accordé une médaille d'argent à MM. Etienbled et Cº.

M. G. GASTINE a exposé son pal injecteur connu dans tout le Midi et dans une partie du Sud-Ouest. — Son prix est de 50 francs.

M. Ph. Boiteau a également exposé un pal pour l'injection du sulfure de carbone. — Son prix est de 50 francs.

La Commission a trouvé ces deux instruments recommandables et a accordé à chacun des exposants une médaille d'argent.

La Société pour la reconstitution viticole, dont le siège est à Paris, avait exposé un instrument qu'elle nomme : *la sulfureuse,* charrue à distribution automatique de vapeurs de sulfure de carbone dans le sol.

D'après les inventeurs, les avantages de la charrue sulfureuse seraient :

1° La destruction certaine du phylloxera;

2° L'innocuité complète du traitement pour la vigne;

3° Économie de plus de moitié sur la matière première;

4° Économie considérable de main-d'œuvre, le traitement de 50 ares devant se faire facilement en une journée.

La Commission a examiné attentivement l'instrument et reçu les explications qui lui ont été fournies par les représentants de la Société qui l'accompagnaient au Congrès. Elle en a ensuite demandé l'essai.

La sulfureuse fut expérimentée le lendemain dans une pièce de vignes de la Mission, que M. Chiapella, son propriétaire, avait bien voulu mettre, de la façon la plus gracieuse, à la disposition de la Commission.

Le travail, malgré certaines difficultés de terrain et quelques légers accidents, s'est fait dans de bonnes conditions de profondeur et de diffusion du gaz toxique, ainsi que nous avons pu le constater.

La Commission croit qu'il y a là une idée heureuse; que de sérieux résultats ont déjà été obtenus. Elle a, nonobstant, présenté quelques observations de détail aux représentants de la Société, lesquels nous ont affirmé que les modifications indiquées étaient des plus faciles à réaliser. La charrue que l'on a essayée devant nous est des plus remarquables par son travail. Nous croyons qu'elle peut faire faire un grand pas au traitement par le sulfure de carbone.

En conséquence, la Commission a décerné une médaille de vermeil à la Société pour la reconstitution viticole.

M. Jules Laureau, de Kernevel, près Lorient, a exposé un charbon sulfo-carbonique de son invention.

Ce sont des morceaux de charbon de la grosseur d'un bouchon de bouteille ordinaire, dans lesquels on emprisonne du sulfure de carbone et que l'on conserve sous l'eau.

L'idée a paru ingénieuse à la Commission; seulement, des expériences suffisantes manquent, et, d'autre part, l'application de ce moyen demande des réserves au sujet du prix élevé auquel il atteindrait.

M. Charles BOURBON a présenté un instrument qu'il nomme *soufflet pyrophore insecticide*, au moyen duquel il croit pouvoir, par la flamme qu'il produit, détruire radicalement tous les insectes, œufs, cocons, larves et cryptogames nuisibles à la vigne et à l'arboriculture.

Par ce moyen, on aurait raison de l'œuf d'hiver, par conséquent du phylloxera, des larves de pyrale, de l'oïdium et probablement du mildew et de l'anthracnose.

Nous avons examiné et fait essayer cet instrument, qui nous a paru simple et pratique.

Si on peut le manier de façon à éviter le flambage des bourgeons, on pourra, croyons-nous, obtenir de bons résultats en viticulture et en arboriculture.

C'est pour ce motif que la Commission a cru devoir accorder une médaille de bronze à M. C. Bourbon.

M. JOUSSEAUME a exposé un appareil qu'il nomme : *fourneau portatif soufreux*.

Ce petit instrument est d'une grande simplicité de construction.

Il a pour objet la destruction du phylloxera, des chenilles, de la pyrale, de l'oïdium et des autres cryptogames, au moyen de l'acide sulfureux produit dans le fourneau par des copeaux de bois soufrés.

L'idée est simple et peut donner d'utiles résultats. La Commission a décerné une médaille de bronze à M. Jousseaume.

La Commission a considéré que les autres instruments construits pour arriver aux mêmes résultats offraient moins d'avantages que les précédents, elle n'a pas cru devoir les mentionner.

Elle regrette cependant de n'avoir pas pu classer deux instruments qui, quoique exposés, ont échappé à son examen, parce qu'ils sont restés inaperçus au moment de son passage, par suite de l'absence de tout représentant des inventeurs.

L'un de ces instruments est le pal de M. le comte de La Vergne qui a été déjà apprécié dans maintes circonstances. Son prix, bien moins élevé que celui des instruments de même nature, la simplicité de son fonctionnement, dont il est toujours facile de vérifier la régularité, le recommandent aux viticulteurs.

L'autre instrument appelé le sulfurateur Vigié, du nom de son inventeur, est un soufflet à longs manches, à la bouche duquel est vissé un tuyau en fer, ayant à son extrémité un fourneau à brûler le soufre.

Avec cet instrument on peut lancer dans le sol, au pied de chaque cep, des vapeurs brûlantes d'acide sulfureux qui, au dire de l'inventeur, détruisent les phylloxeras, les autres insectes et tous les germes de cryptogames ennemis de la vigne.

Cet instrument, ingénieusement combiné, est accompagné d'un pal d'une grande simplicité, que tout le monde peut fabriquer, et qui est destiné, comme on le comprend facilement, à rendre plus facile l'introduction du tuyau dans le sol.

Sans se prononcer d'une façon affirmative sur le mérite pratique de cet instrument, il a semblé cependant à la Commission qu'il y avait là une idée heureuse et bonne à signaler.

IIe Section.

Engrais chimiques.

La Société Anonyme des produits chimiques agricoles, représentée par MM. H. Joulie et E. Lagache, avait une très remarquable exposition d'engrais variés et de matières premières.

On connaît les beaux travaux de M. Joulie sur les engrais. Ce savant industriel a, l'un des premiers, fait comprendre qu'il ne fallait pas seulement restituer au sol les éléments organiques ; mais bien encore ceux qui appartiennent au règne minéral, tels que le phosphore, la potasse et la chaux que les récoltes enlèvent successivement.

C'est en partant de ce principe et des lois chimiques de la culture que M. Joulie est arrivé à ses formules d'engrais qui rendent à l'agriculture tant de services.

Une brochure, sous forme de catalogue raisonné, vulgarise la chimie agricole, considérée au point de vue des engrais, de la façon la plus heureuse.

La Commission a voulu reconnaître les services rendus à la viticulture par M. Joulie et la Société des produits chimiques agricoles. Elle a, en conséquence, décerné une médaille d'or à cette Société.

M. Alexandre JAILLE, d'Agen, avait aussi un lot d'échantillons d'engrais et de matières premières très digne d'attention.

La réputation de cette importante maison, qui exploite les phosphates du Midi, n'est plus à faire.

La Commission lui a décerné une médaille de vermeil.

MM. HUBERT et MARTINEAU, chimistes, industriels à l'Ile-de-Ré, ont présenté :

1° Un engrais composé de varech et de chaux qui renferme l'azote des varechs et des sels de potasse et de soude.

Sous cette forme, cet engrais peut se transporter économiquement. Son prix est de 50 fr. les 1,000 kilog. rendus à Bordeaux.

2° Du sulfate de potasse.

3° Du chlorure de potassium, que ces Messieurs tirent des varechs.

La Commission a cru devoir mentionner les travaux de MM. Hubert et Martineau, tant à cause de leur valeur intrinsèque qu'en raison de l'origine de leurs matières premières qu'ils tirent toutes de la mer trop peu exploitée, sous ce rapport, jusqu'à ce jour.

Enfin, nous mentionnerons encore l'exposition de la SOCIÉTÉ PARISIENNE DE LA MANUFACTURE DE JAVEL, une des plus anciennes maisons connues.

L'engrais potassique de Stassfurt, dont le prix est peu élevé et qui peut, par conséquent, rendre de réels services à la viticulture.

Les divers engrais présentés par MM. Jules LAUREAU et Cⁱᵉ, au Kernevel, près Lorient (Morbihan), qui méritent d'être essayés.

Tel est, Messieurs, le résumé des appréciations de la Commission.

Nous avons pu constater que d'importants travaux avaient été entrepris dans ces derniers temps, pour fabriquer, dans les meilleures conditions possibles de valeur et d'économie, le sulfure de carbone, les sulfo-carbonates alcalins et les engrais chimiques si peu pratiqués encore et cependant si utiles.

Les recherches les plus ingénieuses et les plus suivies sont faites chaque jour, pour la découverte de nouveaux outils ou pour le perfectionnement de ceux que nous possédons déjà.

Nous les avons signalées.

Espérons donc que ces grands et généreux efforts nous permettront de vaincre les nombreux et redoutables ennemis de nos cultures, et qu'ils aideront à assurer le salut des glorieux vignobles qui doivent rester debout pour la fortune et l'honneur de notre pays.

Les Membres de la Commission :

MM. F. RÉGIS, *Président.*
GAYON.
FALIÈRES.
F. ARTIGUE.
P. BOISARD, *Rapporteur.*

Des circonstances particulières n'ont pas permis à la Commission d'expérimenter le pal de M. de La Vergne et le sulfurateur de M. Vigié ; elle le regrette, parce qu'elle sait pertinemment que ces deux instruments peuvent rendre des services à la viticulture.

M. DELOYNES, rapporteur de la Commission des vignes américaines et des instruments de greffage, lit le rapport suivant.

RAPPORT

fait au nom de la section de la Commission de l'Exposition

chargée d'examiner

LES VIGNES AMÉRICAINES ET LES INSTRUMENTS DE GREFFAGE

Composée de MM. DELOYNES, *Président et Rapporteur,*
DEZEIMERIS, LESPIAULT, BERNÈDE, ESCARPIT, LADONNE, PIOLA, PLANCHON, GUIRAUD,
REICH et VIALLA.

MESSIEURS,

La section de la Commission de l'Exposition chargée d'examiner les vignes américaines et les instruments de greffage nous a chargé de vous rendre compte du résultat de ses travaux. Après les discussions approfondies auxquelles vous avez assisté et que vous avez suivies avec la plus remarquable exactitude, nous ne voulons pas abuser de votre bienveillante attention. A défaut d'autre mérite, notre rapport aura, nous l'espérons, celui d'être court. Comme la mission qui nous était confiée, il se divisera en deux parties et nous vous entretiendrons successivement de l'exposition des vignes américaines et de l'exposition des instruments de greffage.

Mais il est certains exposants dont les produits ne rentrent d'une manière absolue, ni dans l'une ni dans l'autre de ces catégories, et dont pour ce motif nous devons vous parler tout d'abord.

C'est, en premier lieu, l'ÉCOLE NATIONALE D'AGRICULTURE DE MONT-PELLIER, dont l'exposition est aussi instructive que curieuse et inté-ressante. Rien n'a été négligé pour la rendre attrayante. Le passé et le présent s'y disputent l'attention du visiteur, qui peut par lui-même se rendre compte des progrès réalisés. Cette exposition prouve aux personnes les plus prévenues l'utilité de la création de semblables écoles qui gagnent à être connues et qu'une adminis-tration préoccupée des besoins du pays ne manquera certainement pas de multiplier. Cette exposition a été préparée par les soins de M. Foëx et la suite des photographies qui y figurent est due à un véritable artiste, M. Isard, attaché à l'École. Le directeur de cet important établissement a mis son exposition hors concours ; nous voulons cependant récompenser les efforts méritants dont elle est le fruit, en décernant à cette École un diplôme d'honneur.

Je vous citerai en second lieu, dans cette catégorie d'exposants, un savant bien connu dans notre ville. Le premier à la peine, il sait toujours s'effacer en présence des éloges et se dissimule alors au second rang. Nous sommes heureux de pouvoir aujourd'hui le tirer de l'ombre où il se complaît. Vous avez tous admiré les magni-fiques photographies obtenues au microscope solaire. Sans respect pour la modestie de leur auteur, je vous dirai que pour vous les montrer il a appris la photographie et s'est fait photographe ; je vous dirai que ce photographe par occasion a poursuivi pendant plusieurs années la vérification des expériences qui ont servi à démontrer la propagation continue du phylloxera par la génération agame. Nous n'avons été que justes en attribuant une médaille d'or à M. SCHRADER.

Le troisième exposant dont j'ai à vous entretenir est M. PRADES, de Bédarieux. Contrairement aux idées généralement reçues, il pense qu'il faut diminuer les points de contact entre le greffon et le porte-greffe; et il nous a montré sur le vif l'application de sa théorie. Il ne rentrait pas dans notre mission d'en apprécier et d'en discuter la valeur; mais il est de notre devoir de la noter pour la signaler, s'il en est besoin, à l'attention des viticulteurs et les inviter à faire à cet égard les observations qui permettront de se prononcer plus tard en parfaite connaissance de cause. M. Prades s'est depuis plusieurs années distingué par ses travaux, par le nombre et la continuité de ses expériences; il a découvert un procédé nouveau de conservation des boutures. A cet effet, il les dépose à l'intérieur, par exemple dans une cave sèche, dans du sable sec et très fin. Nous aurions été heureux de décerner une médaille d'or à cet intelligent viticulteur, et votre section en a fait la proposition à la Commission générale composée conformément à l'art. 48 du programme. Mais le nombre limité des récompenses mises à notre disposition ne nous a pas permis de réaliser notre projet, et nous avons dû, à notre grand regret, nous contenter d'attribuer à M. Prades une médaille d'argent. Nous sommes d'ailleurs certains que, comme la Commission, il y verra moins une récompense pour le passé qu'un encouragement à poursuivre à l'avenir les études qu'il a si heureusement entreprises.

Nous allons maintenant, Messieurs, vous parler de l'exposition des vignes américaines.

§ I. — Exposition des vignes américaines.

Les sujets fort nombreux que nous avons eus à examiner appartenaient les uns à des propriétaires, les autres à des pépiniéristes. Les considérations qui ont dicté les décisions que nous soumettons avec confiance à votre approbation, ont varié avec la qualité des exposants. Il nous a semblé juste, en effet, quand l'exposant est un propriétaire, de tenir compte de l'étendue de ses cultures et de l'importance de ses plantations de cépages américains employés soit comme producteurs directs soit comme porte-greffes. Ces considérations ne doivent exercer qu'une moindre influence quand il s'agit d'un pépiniériste. Nous vous entretiendrons d'abord des propriétaires.

1° *Propriétaires.* — Deux expositions bien différentes entre elles se sont tout d'abord recommandées à notre attention. Par le mérite des exposants elles nous ont paru l'une et l'autre hors de pair; nous avons cru en conséquence devoir leur faire une place à part.

La première nous est présentée par Mme la duchesse DE FITZ-JAMES, dont nous avons lu avec un vif intérêt les excellents écrits, accueillis avec empressement par l'une des plus importantes de nos revues et dont les travaux ont depuis longtemps été suivis avec la plus légitime impatience par tous les viticulteurs. Infatigable dans ses essais, Mme la duchesse de Fitz-James nous a montré des *Jacquez* magnifiques obtenus par des semis d'yeux. L'idéal de la rapidité serait, nous a-t-elle dit avec l'ardeur d'une conviction réfléchie, de les semer en serre chaude en février, de les faire séjourner à partir de la fin de mars en serre tempérée pour préparer et faciliter leur acclimatation, et de les planter sur place dans le courant du mois de mai. Plus heureuse que bien d'autres, Mme la duchesse de Fitz-James a pu, à la suite de tentatives réitérées et des tâtonnements qui en sont nécessairement inséparables, réaliser son idéal. Je ne veux pas répéter ici les éloges que lui adressait à si juste titre notre éminent Président avec la grande autorité de sa parole. Je me bornerai à dire : Honneur à Mme la duchesse de Fitz-James pour son initiative, pour sa persévérance et pour le dévouement qu'elle met chaque jour au service des intérêts de notre chère patrie.

A côté de Mme la duchesse de Fitz-James qui nous a présenté de si beaux exemplaires de producteurs directs, mais dans un ordre d'idées bien différent, se place l'exposition de Mme PONSOT, qui a surtout employé les plants américains comme porte-greffes. Elle a voulu conserver à nos vins de la Gironde les qualités qui font leur prix et à raison desquelles ils sont recherchés par les consommateurs du monde entier; elle a voulu assurer la perpétuation de nos excellentes variétés. Par ses travaux sur le greffage, elle a mérité la reconnaissance publique.

Ces deux expositions, par l'importance des innovations réalisées, par l'étendue des cultures auxquelles les sujets qui les composent ont été empruntés, nous ont paru hors de pair comme je vous le disais en commençant. Nous avons tenu à donner à ces deux dames un témoignage public des sentiments que nous animent, et tout en les plaçant hors concours, nous avons cru devoir leur décerner également un diplôme d'honneur.

Si nous citons en première ligne des praticiens dont l'œil investigateur observe la nature pour lui dérober ses secrets et chercher un remède contre les insectes destructeurs qui menacent les meilleurs et les plus utiles de ses produits, et dont l'intrépidité ne recule devant aucune tentative, nous ne devons pas non plus oublier le viticulteur éminent qui a eu la gloire de signaler le premier la résistance des vignes américaines. J'ai nommé M. LALIMAN. Ses titres sont trop connus pour qu'il soit besoin de les énumérer. Son exposition nous a prouvé qu'il continue avec persévérance ses études. Vos applaudissements unanimes ratifieront la médaille d'or que le jury lui a attribuée.

M. le comte DE TURENNE, propriétaire à Pignan et Valautres (Hérault), a exposé de remarquables greffes d'*Aramon* sur *Riparia*. La greffe est faite suivant l'âge des porte-greffes tantôt en fente, tantôt à l'anglaise. La réussite est considérable et atteint 95 0/0. Dans cette question qui offre tant de difficultés et qui soulève tant de contestations, il est de notre devoir de constater que pour l'Hérault tout au moins la greffe tardive semble réunir plus d'éléments de succès. Il est inutile d'insister sur la vaste étendue des cultures de M. le comte de Turenne, de vous dire que ses plants greffés couvrent une superficie de 40 hectares. De pareils résultats sont le plus éloquent éloge de l'administration de M. Molinier, régisseur de cette importante propriété. Une médaille d'or sera la juste récompense de ses travaux.

M. BERTRAND, propriétaire à Château-Beaumont-Bassens (Gironde), nous a présenté des greffes faites à l'anglaise sur plants racinés. Ses produits sont magnifiques, et un pied de *Malbec,* greffé sur table cette année, dans les conditions que je viens d'indiquer, a atteint une longueur de près de 3 mètres. Nous lui accordons une médaille de bronze.

M. BOUSCHET DE BERNARD, de Clermont-l'Hérault, dont le nom se rattache à la viticulture par d'importants travaux, obtient une mention très honorable pour une très intéressante collection de greffes faites sur bouture et sur table et plantées immédiatement en pépinière. Il nous a ainsi prouvé qu'il sera digne de continuer les traditions paternelles.

Il nous a également semblé bon de mentionner honorablement l'ÉCOLE NORMALE DE LA SAUVE. Nous avons voulu encourager ainsi les efforts faits pour donner à nos instituteurs des notions pratiques qu'ils seront chargés de répandre dans nos campagnes. Ils y seront appelés à dissiper les préjugés et à combattre la routine si nuisible à l'agriculture.

Nous devons enfin chaleureusement remercier M. LÉPINE, propriétaire à Château-Langlade, commune de Parsac, et M. AURRAN, propriétaire à Hyères (Var), de nous avoir permis par l'apport, le premier, d'un *Herbemont,* et le second, de *Jacquez,* d'apprécier les succès qu'ils ont obtenus en cultivant ces cépages. Nous en avons admiré la vigueur, la luxuriante végétation et la prodigieuse fertilité. Nous sommes heureux de nous associer pleinement aux éloges si mérités que leur a adressés M. Gachassin-Lafite, dans son rapport sur les vignes américaines.

2° *Pépiniéristes.* — Au premier rang, nous avons placé M. RIBEAU, pépiniériste à Lormont. La richesse de sa collection de plants américains, la beauté des sujets greffés qu'il nous a présentés, l'ingénieuse idée qu'il a eue de réunir dans un même pot un sujet français phylloxéré et un *Riparia* pour démontrer que ce dernier reste malgré ce voisinage compromettant indemne des attaques du phylloxera; enfin le nouveau mode de greffage qu'il a imaginé et qui assure d'après lui une réussite constante, nous ont déterminés à le récompenser par une médaille d'or.

L'exposition de M. MAZEAU, de Saint-Philippe-d'Aiguille, nous a paru mériter, par le nombre et la richesse de ses produits, une médaille de vermeil.

M. FONTANEAU, pépiniériste au Carbon-Blanc, obtient, pour ses greffes à l'anglaise faites avec soin et pour la manière intelligente dont il cultive les cépages américains, une médaille d'argent.

Citons enfin M. BLANC, qui nous a apporté de Saint-Hippolyte-du-Gard des spécimens nombreux de ses cultures. Il reçoit une médaille de bronze.

§ II. — Exposition des instruments de greffage.

Sous l'aiguillon de la nécessité, l'attention s'est portée dans ces dernières années sur le greffage des vignes, et de nombreux perfectionnements, qu'il est souvent difficile de juger et d'apprécier, ont été apportés aux instruments destinés à cette délicate opération. N'est-il pas naturel et légitime de vous parler tout d'abord de celui qui a eu le mérite de la découverte? Ceux qui sont venus depuis n'ont fait en réalité que développer l'idée de l'inventeur originaire. Telle a été la pensée de la Commission; elle a placé hors concours M. PETIT, ingénieur civil à Touleune près Langon, et pour lui donner un témoignage public de la reconnaissance que lui a méritée l'ingénieuse invention à laquelle il a attaché son nom, elle lui décerne un diplôme d'honneur.

Mais s'il a été facile de nous mettre d'accord sur ce premier point, il n'en a plus été de même quand nous avons voulu classer les autres instruments que des qualités diverses recommandaient à notre examen. Limités dans nos récompenses par des nécessités budgétaires, nous avons dû nous prononcer sur le mérite relatif de ces instruments, et ce n'est qu'après des expériences répétées et des hésitations qui se sont prolongées jusqu'au dernier moment que nous avons enfin arrêté la classification que nous allons vous faire connaître.

Au premier rang, nous récompensons par une médaille d'or *ex-æquo* deux instruments de mérite bien opposé. L'un permet de faire la greffe à l'anglaise, la greffe à cheval et la greffe en fente; il a l'avantage, par un ingénieux mécanisme, de couper la bouture à droit fil; il multiplie les contacts, comme le demandent beaucoup de greffeurs; la fixité de l'appareil permet à l'homme le plus inexpérimenté de préparer convenablement la greffe; l'opération si délicate du greffage devient une opération en quelque sorte mécanique dans laquelle le rôle de l'intelligence se trouve considérablement restreint. C'est là un incontestable avantage; mais l'appareil est lourd et ne peut servir que pour la greffe sur table. Pour corriger cet inconvénient, l'inventeur a imaginé des tenailles avec lesquelles il peut greffer sur place à l'anglaise et qui lui servent également à greffer les pieds difformes. Le second de ces instruments peut servir pour la greffe à l'anglaise et pour la greffe à cheval; il a également l'avantage de couper le bois à droit fil;

l'appareil est commode et relativement léger; il peut être indifféremment employé pour la greffe sur place et pour la greffe sur table. Enfin, ce dernier appareil ne coûte que 20 fr. tandis que le prix du premier s'élève à 35 et 40 fr.

Entre des instruments si différents, votre Commission n'a pas cru pouvoir prononcer, et elle accorde à M. BALLAN, de Sainte-Croix-du-Mont (Gironde), inventeur du premier, et à M. LEYDIER, de Sablet (Vaucluse), inventeur du second, des médailles d'or.

Les mêmes incertitudes nous ont assaillis quand il s'est agi de choisir l'instrument que nous placerions au second rang, et nous ont déterminés à accorder comme second prix *ex-æquo* des médailles de vermeil à M. BERDAGUER, de Lyon, et à M. DESPUJOLS, de Saint-Philippe-d'Aiguille.

L'appareil de M. Berdaguer, destiné à faire la greffe à l'anglaise, se recommande par son bon marché, par sa simplicité et la rapidité de son opération. L'inventeur nous a en même temps présenté une pince extrêmement ingénieuse pour appliquer sur la greffe un ligateur en caoutchouc, dont nous avons pu constater le succès sur des greffes qui nous ont été soumises.

L'instrument de M. Despujols, destiné à faire la greffe à cheval renversée, se recommande par sa simplicité, par la facilité de son emploi et par les succès qu'il a obtenus et qu'attestent notamment les magnifiques produits exposés par M. Mazeau.

Nous accordons encore à titre de troisième prix *ex-æquo* des médailles d'argent à M. COMY, de Garons près Nîmes (Gard), et à M. GRATREAUD, de Saint-Sulpice-de-Cognac (Charente). Nous avons surtout remarqué le couteau métro-greffe de M. Comy; il donne instantanément la mesure de la bouture, il est dès lors facile de se procurer un greffon de même dimension parmi ceux qui, après avoir été jaugés, ont été déposés dans les cases spéciales d'un panier. Personne n'ignore l'importance qu'il y a à ce que le greffon soit de même diamètre que le sujet; tout le monde peut donc se rendre compte des avantages qu'offre l'invention de M. Comy. L'appareil de M. Gratreaud ne peut être employé que pour la greffe à l'anglaise, soit sur table, soit en place; il nous a paru réunir de bonnes conditions de solidité et de rapidité.

Enfin, Messieurs, nous décernons à M. CASTELBOU, de Puisserguier

(Hérault), une médaille de bronze pour un appareil qui nous a semblé très pratique, qui a l'avantage de ne pas attaquer la moelle, mais dont le prix est assez élevé (28 fr.).

Le hasard, Messieurs, fait singulièrement les choses, et les trois prix *ex-æquo* que nous venons de décerner sont recueillis chacun par un inventeur du Sud-Est et par un inventeur du Sud-Ouest. Dans cette œuvre de défense contre l'ennemi commun, si le Sud-Est a soutenu les premières luttes, le Sud-Ouest ne le cède pas en vaillance à son aîné ; sa part est égale dans le travail, ses études et ses efforts sont couronnés d'un succès identique; nous le constatons avec satisfaction. La généreuse émulation dont l'Exposition nous a donné la preuve, soutiendra nos concurrents d'aujourd'hui dans leurs travaux ultérieurs; il ne faut pas se laisser décourager par quelques insuccès; il faut au contraire continuer avec persévérance le sillon qui a été tracé par Mme la duchesse de Fitz-James dans le Gard et par Mme Ponsot dans la Gironde.

Des instruments pratiques que nous venons de signaler, nous devons rapprocher le traité sur *l'Art de greffer*, que son auteur, M. Ch. BALTET, a offert au Congrès. Il y a un an, M. Ch. Baltet publiait un ouvrage intitulé : *l'Art de greffer*. Cet ouvrage a été, de la part des différentes Sociétés savantes, à l'appréciation desquelles il avait été soumis, l'objet de nombreux rapports qui en constataient tous la valeur tant à raison de la clarté de ses démonstrations qu'à raison de l'importance des instructions qui lui servent en quelque sorte de préambule. Aujourd'hui, M. Baltet nous a remis un travail manuscrit relatif aux cépages américains considérés comme porte-greffes, et aux différents modes de greffage susceptibles d'être employés. Nous y avons remarqué la même précision et la même clarté qui distinguaient *l'Art de greffer*. Les premiers chapitres sont consacrés à l'historique de cette greffe et à la détermination des sujets sur lesquels elle peut réussir. Dans les chapitres suivants, l'auteur précise le but à atteindre par le greffage, il en étudie les différents procédés, il recherche l'époque à laquelle il doit être fait, il traite du choix des sujets, des greffons et des soins à donner après l'opération. Le Congrès remercie M. Baltet de lui avoir réservé la primeur de cette communication ; il ne saurait trop engager l'auteur à hâter la publication de ce nouvel ouvrage et lui décerne une médaille d'argent.

Nous attribuons, enfin, une médaille d'argent à M. FONTENEAU pour l'ingénieuse invention de ses réchauds verticaux, qui faciliteront l'enracinement des boutures et que chacun peut appliquer lui-même à peu près sans aucune dépense.

Messieurs, c'est lé travail que nous venons de récompenser dans ses diverses manifestations. Nous terminerons ce rapport par un énergique appel à votre zèle. L'étude des vignes américaines est loin d'être complète; il est encore des points nombreux sur lesquels plane l'incertitude; leur degré de résistance, au moins pour certains cépages, leur adaptation réclament de nouvelles observations qu'il est nécessaire de poursuivre simultanément sur toute la surface de notre pays. Le greffage soulève aussi bien des doutes : on hésite encore à se prononcer d'une manière absolue sur le meilleur procédé à employer, sur les instruments dont on doit se servir, sur l'époque à laquelle l'opération doit être faite. Votre Commission ne sortira pas de son rôle en vous signalant ces différentes questions, en appelant d'une façon particulière votre attention sur ces points délicats, en vous invitant à faire de nouvelles expériences et en sollicitant de vous des renseignements impartiaux sur les résultats de vos travaux. Par ce moyen seulement nous sortirons victorieux de la lutte contre le redoutable fléau qui menace la fortune publique et les fortunes privées. Au travail donc, Messieurs, pour des observations nouvelles; c'est par le travail, comme l'a si justement dit Proudhon, que l'homme a manifesté sa vaillance. J'ai la certitude que vous répondrez à notre appel; ce que vous avez fait dans le passé répond de ce que vous saurez faire dans l'avenir.

Les Membres de la Commission :

DELOYNES, *Président et Rapporteur.*
DEZEIMERIS.
LESPIAULT.
BERNÈDE.
ESCARPIT.
LADONNE.
PIOLA.
PLANCHON.
GUIRAUD.
REICH.
VIALLA.

M. le Dr Micé, rapporteur de la Commission chargée d'examiner les communications écrites qui ont été envoyées au Congrès, lit son rapport (voir page 144 et suivantes).

M. Amouroux, de Haux (Gironde), lit le mémoire suivant sur l'emploi du sulfure de carbone par les cubes Rohart gélatineux :

« Messieurs,

» Les savants théoriciens, les praticiens distingués qui se sont succédé à cette tribune, ne vous ont pas parlé, il me semble, de l'emploi du sulfure de carbone sous sa forme solidifiée. Je crois qu'il y a là une lacune que j'aurais désiré voir combler par l'un des membres éminents qui composent la Commission des insecticides; mais, puisque ce travail n'a pas été fait, involontairement, sans doute, car je ne puis croire à un oubli calculé, j'ai l'honneur de venir vous exposer, basé sur les résultats de mes travaux, le mode d'emploi du sulfure de carbone ramené à l'état solide.

» Ce moyen, Messieurs, est très sûr, très pratique, très efficace et, j'ose le dire, pas trop cher pour les vignobles qui donnent ou une qualité supérieure, comme en Gironde, ou une quantité considérable, comme dans les départements du Midi.

» J'espère vous le démontrer par les résultats que j'ai personnellement obtenus et par les travaux auxquels se livra, en 1876, l'Association viticole de Libourne.

» Je serai très court, Messieurs, aussi j'espère que vous voudrez bien m'accorder votre indulgence et votre bienveillante attention pendant les dix minutes réglementaires; elles me suffisent.

» Pour obvier aux nombreux dangers qu'offre l'emploi du sulfure de carbone liquide, soit à l'ouvrier, soit à la plante, M. Rohart, connu d'un grand nombre de membres de cette assemblée comme un chimiste distingué et un chercheur infatigable, a eu l'idée d'emprisonner cet insecticide dans de petits morceaux de bois blanc poreux auxquels il a donné le nom de cubes.

» Pour maintenir le liquide dans les cellules de ce bois, M. Rohart ne trouva rien de plus simple et de plus économique qu'une dissolution sirupeuse de silicate de potasse, qui n'est autre chose que du verre soluble dans l'eau, et qui servit à former un verni sur toutes les surfaces extérieures de chaque cube de bois injecté.

» Malgré cela, le sulfure de carbone n'était pas suffisamment retenu dans les temps chauds, car sa vapeur se répand avec une facilité étonnante à mesure que la température s'élève.

» C'est heureux sans doute, en raison des nécessités de la diffusion de ces vapeurs dans des couches souterraines, surtout à l'époque des migrations et des pullulations de l'insecte, mais il fallait tempérer ces ardeurs. A cet effet, M. Rohart, s'inspirant des profondes études d'un jeune savant, M. Georges Simonin, parvint à renfermer le sulfure dans un corps gélatineux au moyen d'un *émulsionnage* énergique de ces deux matières.

» Vous connaissez tous, Messieurs, la gélatine; enfouie dans le sol, elle s'y comporte comme la dépouille d'un animal mort : elle se ramollit, elle se liquéfie, elle coule et passe alors par toutes les phases de la décomposition finale; c'est quand elle est parvenue à cet état qu'elle agit comme engrais.

» La décomposition de la gélatine peut être retardée à volonté, et c'est cette propriété remarquable, que la gélatine ne partage avec aucun autre corps de même nature, qui a été mise à profit par M. Rohart. Il l'a *tannée* extérieurement de manière à lui donner une enveloppe très résistante, et pour cela il a incorporé le sulfure de carbone dans des dissolutions gélatineuses, au moyen d'un puissant débattage mécanique et dans des conditions de température voulue. Le tout est coulé ensuite dans des moules disposés *ad hoc*, puis divisé en petits cubes de 6 centim. de longueur sur 2 centim. carrés environ. (M. Amouroux montre les cubes à l'assemblée.)

» En opérant ainsi, on sait exactement ce que l'on fait, quelle est la quantité de sulfure de carbone incorporée, puisqu'elle a été dosée : il y a donc certitude absolue de régularité.

» Un cube préparé dans ces conditions peut être conservé indéfiniment au contact de l'air, sans éprouver la moindre déperdition en sulfure; il restera inaltérable tant que l'humidité du sol et surtout l'action particulière de celui-ci n'interviendront pas.

» Mes premiers essais ont consisté dans l'enfouissement de cent mille cubes en bois, en février et mars 1877, sur le domaine du Grava, situé à 20 kilom. en amont de Bordeaux, sur les coteaux de la rive droite de la Garonne, et, si vous le désirez, Messieurs, je vous lirai dix lignes de la lettre que j'écrivis, le 25 novembre de la même année, à M. Rohart, constatant les résultats obtenus :

« Château Grava, 25 novembre 1877.

« Je viens de lire dans votre cinquième notice le compte-rendu des » expériences faites au château du Grava; il est à peu près complet, cependant

» on aurait pu faire ressortir davantage les résultats obtenus qui sont
» vraiment étonnants. Ainsi, une seconde application de cubes a été faite du
» 18 juin au 15 juillet, et elle a eu pour effet de détruire les insectes qui
» auraient nui à la pousse du mois d'août, de telle sorte que celle-ci s'est faite
» dans des conditions normales, et a permis à la récolte d'arriver à une
» complète maturité.

» C'est en ce moment-ci qu'il faut voir les vignes phylloxérées et comparer
» entre elles celles qui ont reçu les cubes et celles qui n'en ont pas reçu. Sur
» les dernières, la feuille est complètement tombée et on peut voir aisément
» les sarments à nu. Au contraire, sur les souches traitées, les sarments ont
» poussé pour ainsi dire sur le tronc, et ils ont atteint leur longueur ordinaire
» en donnant des raisins qui ont fait, comme en temps normal, un vin
» délicieux.

» Ce sont là des faits pratiques, des résultats acquis et non des théories,
» et aux incrédules il n'y a plus qu'à dire : *Venez voir et jugez*.

» J'ai eu, il y a quelques jours, la visite de M. Mouillefert, accompagné de
» quelques amis qui préconisent l'emploi des sulfo-carbonates. J'ai fait visiter
» à M. Mouillefert et à ses amis toutes les parties traitées avec les cubes; ils
» ont examiné les pieds de vigne un à un et se sont retirés enchantés de l'effet
» obtenu, vraiment merveilleux. Le soir même de cette visite, dans une
» conférence à Langoiran, M. Mouillefert a avoué à ses nombreux auditeurs
» que les cubes Rohart ont produit au Grava un effet très salutaire, incontes-
» table. »

» En présence de ces succès, j'ai été autorisé par les propriétaires
de ce domaine confié à ma direction, à employer 200,000 cubes en
1878 et le double en 1879. Ces derniers 600,000 cubes étaient des
cubes gélatineux.

» J'ai arrêté le mal, je l'ai vaincu, et la végétation a toujours été
en prospérant.

» Une Commission envoyée sur le vignoble, en 1879, par la
Société d'Agriculture de la Gironde constata les bons effets de ce
traitement, dans un rapport complet dû à la plume élégante de
M. Guénant, l'intelligent et dévoué secrétaire de notre Congrès.

» D'autres Sociétés viticoles et, parmi elles, l'Association de
Libourne en particulier, ont expérimenté sur une grande échelle et
à diverses reprises les cubes Rohart.

» L'Association viticole de Libourne en a constaté le succès dans
de remarquables rapports qui, à mon avis, n'ont pas été assez lus.
Permettez-moi, Messieurs, de vous faire connaître seulement les
conclusions, d'ailleurs très courtes, de ces divers rapports :

» L'Association libournaise, qui compte plusieurs centaines de
membres parmi les viticulteurs de la Gironde, de la Dordogne et
des Charentes, s'est prononcée publiquement par l'organe de son

secrétaire général, M. Falières; nous extrayons les quelques lignes suivantes de ce remarquable rapport :

« Les faits connus nous donnent maintenant la preuve que la » destruction de l'insecte est obtenue dans des conditions pratiques » et économiques qui rendent la lutte possible, dût-elle être » renouvelée tous les ans, comme la submersion...

» De l'aveu de tous ceux qui ont été à même d'en juger, le » procédé Rohart est le seul qui ait donné en Gironde des résultats » complets de destruction du phylloxera souterrain.

» C'est donc bien là une méthode pratique et sûre à l'aide de » laquelle la matière toxique est distribuée dans toutes les parties » de la terre. »

» Eh bien! Messieurs, les hommes éminents qui se sont prononcés avec tant d'énergie, avec tant de conviction et, je n'hésite pas à le dire, avec des aveux aussi sincères, sur les effets du sulfure ainsi employé, ont négligé, je le constate avec regret, de communiquer au Congrès ce mode de traitement.

» Si j'avais à en rechercher les causes, j'ai la certitude que je les découvrirais; mais je craindrais de prouver qu'il n'a pas été fait tous les efforts pour arriver à la vérité et de soulever des discussions orageuses et de bruyantes interruptions qui ne me conviennent pas.

» L'emploi du sulfure par les cubes est d'une facilité incontestable, jamais on ne trouvera un moyen ni moins dangereux ni plus pratique; j'en jette le défi à la science et à toutes les expériences; sous ce rapport les dernières limites sont atteintes.

» Au moyen d'une pince en fer, on fait au pied du cep deux, trois ou quatre trous, selon que l'on veut poser deux, trois ou quatre cubes: ces trous sont placés à égale distance et à 30 centimètres du cep; la profondeur à atteindre est celle du système radiculaire. La place ainsi préparée, les cubes sont déposés dans ces trous que l'on doit fermer immédiatement, en ayant soin de bien tasser la terre qui recouvre le cube. Les trous doivent être perpendiculaires.

» Les meilleures époques d'emploi sont toujours les saisons pluvieuses, parce que l'enfouissement est plus facile et par suite moins coûteux ; parce que encore la pluie est un moyen de dissolution de la gélatine et par conséquent de diffusion des vapeurs de sulfure.

» A 50 ou 60 centimètres de profondeur le sol est généralement toujours assez humide pour assurer le dégagement des vapeurs toxiques. Donc, la gélatine de ces cubes se ramollit et se gonfle au

point de doubler de volume ; alors le sulfure se dégage successivement à l'état de vapeurs très lourdes qui produisent une véritable
submersion gazeuse des plus meurtrières pour l'insecte.

» J'ai employé des cubes gélatineux dans les mois de juin, juillet
et août par une température très élevée et un soleil très ardent, et
toujours après quinze jours d'enfouissement j'ai constaté un commencement de décomposition de la gélatine et d'émanations
sulfureuses.

» Les cubes gélatineux renferment chacun de 12 à 13 grammes
de sulfure ; si donc, comme mon expérience l'indique, il faut
enfouir 3 cubes par pied de vigne, on dépose de 36 à 39 grammes
de sulfure dans les trois trous préalablement perforés.

» Chaque cube coûte 2 centimes ; dans nos contrées on compte
généralement 4,000 ceps à l'hectare. En tenant compte de la nature
du terrain, de l'état atmosphérique et de quelques autres conditions
plus ou moins favorables, un ouvrier, dans une journée de dix
heures, fera en moyenne de 1,000 à 1,200 trous. La pose de ces
cubes et la fermeture des trous par une femme coûtent 1 fr. par
mille ; il résulte de ces données que le traitement par hectare de
vigne revient à 250 fr. environ.

» C'est par ce système, Messieurs, que j'ai sauvé le vignoble
d'une destruction certaine, et lorsque autour du Grava je ne vois
que des cadavres, sur le domaine je n'en trouve pas un, privé de
vie par le phylloxera.

» Si les gelées de janvier 1881 n'avaient été pour notre pays un
vrai désastre, la récolte eût été au moins égale à celle de 1879 qui
atteignit en tonneaux le chiffre de 1874, année qui précéda l'apparition du fléau.

» Pour arriver aux heureux résultats que j'ai eu le bonheur de
vous signaler, je n'ai négligé ni les fumures énergiques, ni le
traitement complet d'une vigne entière, n'aurait-elle eu qu'un seul
foyer, ni même la répétition de ce traitement dans le courant d'une
même année.

» Les terres de nos coteaux, Messieurs, que leur état soit maladif
ou prospère, ont besoin de puissants engrais ; sans cette nourriture
le cultivateur ne peut pas compter sur une récolte, même avec
l'absence du phylloxera.

» Une autre opération que je n'ai jamais négligée et à laquelle je
dois une partie du salut du vignoble, c'est le badigeonnage fait
comme l'a indiqué M. Boiteau, avec des huiles lourdes de goudron et

du carbonate de soude mélangés suivant des quantités déterminées. Cette opération, faite avec soin et prudence, est de la plus haute importance, j'en constate tous les ans l'utilité, je vous affirme la conviction que j'ai de son efficacité.

» Le prix du badigeonnage est fort minime ; j'opère tous les ans trente-cinq hectares de vignes et la dépense totale n'atteint pas 200 fr. pour tout le vignoble.

» Je termine, Messieurs, en remerciant l'honorable Président du Congrès de m'avoir donné la parole un des derniers, parce que j'ai confiance en la sagesse de l'assemblée, sagesse qui me donne la garantie que l'exposé de mes travaux et de mes résultats ne s'égarera pas parmi les écueils qu'il eût rencontrés dans le labyrinthe des vignes américaines. »

M. SEILLAN, conseiller général du Gers, lit la communication suivante sur le *broussin* ou *exostose* de la vigne :

« MESSIEURS,

» L'ordre du jour des séances du Congrès porte votre attention sur les maladies nombreuses qui affectent la vigne.

» Vous venez d'entendre MM. Millardet et Planchon sur l'anthracnose et le mildew. Après les études si profondes de ces éminents professeurs, me sera-t-il permis de vous entretenir pendant quelques instants d'un fléau qui a causé les plus vives préoccupations chez quelques viticulteurs de notre Sud-Ouest ? Je veux parler du *broussin* ou *exostose*. On les rencontre dans tous les vignobles, sur tous les cépages, sans exception, plus souvent dans les vignes des plaines que dans celles des coteaux, plus en celles à taille courte que dans les cépages à taille longue. Il paraît peu connu des principaux intéressés ; les ouvrages d'ampélographie n'en font pas mention. M. Richard Gœthe, directeur du *Verger,* de Grafenburg, près de Drumath (Alsace), a consacré une notice à cette maladie. Il y prouve que ces exostoses sont des tissus morbides provenant de la couche cambiale, lésée par les froids. En Suisse et en Allemagne, cette maladie est désignée sous les noms de *Raude,* — *Kropf,* — *Grind,* — *Schorf.* C'est un ennemi de plus à combattre. Je crois donc faire une œuvre utile en attirant votre attention sur ce fléau. Il importe de définir nettement : 1° quels sont ses caractères distinctifs ; 2° quelle est son origine et par quelles causes il est déterminé, et 3° enfin de rechercher s'il est possible d'atténuer ses désastreux effets.

» I. — Le *broussin* apparaît sur les ceps de vigne sous la forme d'une tumeur ou excroissance blanchâtre, au printemps, — et qui devient ligneuse et bosselée en automne; d'un aspect brun foncé et remplie de nodosités, assez comparable à une loupe ou verrue, on le voit sur le cep même des vignes; il intercepte la marche de la sève, et il amène le dépérissement de la souche.

» Il se montre souvent sous les œuvres, coursons, astes, où la sève ne peut plus se répandre; — les sarments se produisent alors dans le pied, près du sol, au lieu de pousser régulièrement dans les parties élevées. Les fruits disparaissent ou diminuent d'importance, car la vie de l'arbuste est pour ainsi dire arrêtée ou suspendue.

» En un mot, c'est quand la circulation de la sève rencontre un obstacle, — tel qu'un froid tardif et humide, — que le bois est forcé de se renfler et de former des tubérosités. Le *broussin* n'est pas un cryptogame; c'est une extravasation de sève.

» II. — Après cette définition du *broussin* et de ses caractères, recherchons les causes déterminantes de cette maladie.

» Depuis deux ans, les contrées du Sud-Ouest ont subi des hivers très rudes et supporté des abaissements de température considérables.

» Le 9 janvier 1881, le thermomètre a marqué 19 degrés au-dessous de zéro dans la Gironde, et de 11 à 16 dans les autres départements de la région.

» Après cet accident, de très courte durée, il est vrai, mais qui fut néfaste à une foule d'essences arbustives (comme l'hiver 1879-1880), la température du mois de février fut moins sévère, et la taille de la vigne fut commencée. On pouvait déjà constater les effets de la montée de la sève. Vers le 21 mars, des froids très vifs, des pluies accompagnées de grêles fréquentes affectèrent tous les départements sous-pyrénéens. La sève se trouva donc brusquement refoulée dans le cep. Elle ne put pas se répandre par ses organes et porter la vie dans ses rameaux. Survinrent les gelées des 21 et 22 avril. Au mois de juin, des pluies froides ont contrarié la floraison de la vigne et déterminé la coulure.

» Ne doit-on pas attribuer la cause de cet épanchement de sève aux divers accidents météorologiques qui se sont produits depuis quelque temps? Nous sommes porté à le croire. Les traces du mal se rencontrent sur tous les cépages, — sur le *Cabernet*, comme sur l'*Enrageat*, comme sur le *Vesparo* ou *Malbec*.

» Je l'ai observé dans les vignobles du Gers et dans ceux des Landes.

» M. de Montesquiou, président du Comice de Nérac, l'a constaté dans ses propriétés, M. Duvigneau l'a rencontré sur le *Jurançon*, dans la vallée de la Baïse. Une foule de vignerons de Lot-et-Garonne, des Charentes et de la Gironde m'ont déclaré l'avoir remarqué sur leurs vignes, et M. Bentejac, propriétaire à Martillac, canton de La Brède, l'a observé sur tous les cépages du Bordelais.

» L'étude de cette question m'avait déjà vivement préoccupé. Dès le mois de mars dernier, j'adressai à l'éminent Secrétaire perpétuel de la Société centrale d'Agriculture de France (que nous sommes heureux de rencontrer ici) quelques échantillons de sarments et de coursons de vignes, avec prière de les soumettre à l'examen de ses savants collègues de cette Société.

» Sous l'influence de l'hiver, la couleur des sarments était passée de la couleur naturelle au gris foncé, — et les coursons portaient des traces de sève noirâtre, accompagnée d'une cristallisation. — Ces accidents étaient le prélude de la maladie, qui s'est accentuée à la montée de la sève et qui vint occasionner la perte d'un grand nombre de ceps, qu'il faudra remplacer par des repousses venues dans le pied.

» III. — Comment sera-t-il possible d'atténuer les effets désastreux du *broussin* et de prévenir son retour?

» Cette maladie a forcé les ceps de vigne à produire des nodosités au lieu de sarments et de fruits. Il semble donc nécessaire, à l'inspection seule des ceps, de pratiquer une opération chirurgicale. — Il faut enlever toutes les parties atteintes et desséchées et celles qui sont le siège de ces affreuses excroissances. Les ébénistes seuls peuvent rechercher le *broussin* sur l'érable et sur le buis, — tandis que sa présence menace le vigneron dans sa fortune.

» Sur le deuxième point, il est utile de faire recommander la taille de la vigne en deux fois, et aux époques où les froids ne sont plus à craindre, afin d'empêcher le refoulement ou la répercussion de la sève dans le pied.

» On se souvient que notre regretté maître, M. le Dᶜ Guyot, recommandait la *taille tardive*. Les faits lui ont donné raison sous notre climat, où la température est très variable.

» Au milieu de tant d'épreuves, le vigneron doit être armé de courage et accepter les conditions de luttes constantes pour repousser les fléaux indigènes, et bien plus encore peut-être, pour combattre tous ceux qu'il doit à l'importation étrangère. »

M. Joseph OLIVIER, de Bordeaux, entretient le Congrès d'un mélange de sels de mercure et de potassium, de son invention, pour détruire le phylloxera.

M. le comte DE LAMBALLERIE, propriétaire à Chalais, est partisan de la reconstitution des vignobles phylloxérés, par les cépages américains. Le grand nombre d'orateurs inscrits ne lui a point permis de prendre la parole sur les vignes américaines, aux séances précédentes; il n'en a point de regrets, la question ayant été traitée avec une grande compétence par les divers orateurs qui l'ont précédé à la tribune. Il laissera de côté toute discussion théorique, il passera sous silence ses remarques personnelles sur les diverses variétés de cépages américains et se bornera à citer certains faits qui en prouvent l'absolue résistance dans la Charente.

En 1875, ajoute l'orateur, malgré les ravages constatés ailleurs, tous se refusaient à croire que le phylloxera pût atteindre les vignobles de son département, et tous regardèrent comme erroné le rapport, lu au Conseil général, au nom de la Commission du phylloxera, par l'honorable M. Lajeunie, constatant la présence du fléau dans la Charente et signalant comme seule planche de salut la plantation de vignes américaines. Trois ans après, en 1878, les vignes étaient aux trois quarts détruites et elles le sont complètement en ce moment.

Dès 1876, dit encore M. de Lamballerie, M. Lajeunie couvrait de vignes américaines sa propriété des Dougnes. Son voisin, M. de Gérard Lafûte, agissait de même sur sa terre de Labarde. Un agronome distingué, M. le comte de Lestranges, procédait de la même façon et plantait cinquante hectares de vignes étrangères. M. André, député de l'arrondissement de Barbezieux, avec cette intelligence d'élite et cet esprit d'initiative dont il a donné tant de preuves, comprenait toute l'utilité de ces cépages et en organisait une importante plantation. D'autres propriétaires, parmi lesquels se trouve l'orateur, ont suivi cet exemple. Partout les vignes françaises sont mortes et partout aussi les vignes américaines jouissent d'une luxuriante végétation. Les cépages les plus résistants en Charente sont, comme producteurs directs : l'*Herbemont*, et comme porte-greffes : les *Riparia*, puis les *Solonis*, puis les *York's-Madeira*.

L'orateur, dans son département, préfère de beaucoup reconstituer ses vignes par des plantations américaines, que de les traiter, soit par la submersion, soit par les insecticides. Les vins sont très bon marché en Charente; d'où ces modes de traitement, toujours fort dispendieux, n'y sont point praticables, leur prix de revient se trouvant, dans ce département bien entendu, supérieur à la vente de la récolte ramassée sur les vignes ainsi préservées.

En terminant, M. le comte de Lamballerie propose un vœu signé de lui, de M. Bourdier-Lanauve et de M. le comte de Lestranges, demandant le dégrèvement d'impôts : 1° pour toutes les propriétés phylloxérées; 2° pendant trois années, pour toutes les parcelles de terrain plantées en vignes américaines, et développe quelques considérations propres à le faire adopter.

L'examen de ce vœu est renvoyé à la séance du samedi 15 octobre.

Au sujet des subventions à accorder aux planteurs de vignes américaines, M. le comte DE LAMBALLERIE, prenant la parole après M. Prosper de Lafitte, déclare que dans son département des propriétaires plantant des vignes américaines sont aussi dignes d'intérêt que ceux traitant leurs vignobles par les insecticides; ils méritent donc des subventions au même titre que ces derniers. C'est une question d'égalité dont il doit être tenu compte. De plus, la reconstitution des vignobles français ne sera rentrée dans sa phase décisive qu'après la plantation de cépages américains par les petits propriétaires, qui forment l'immense majorité de la nation. Les petits propriétaires entreront dans cette voie d'autant plus vite qu'ils auront reçu des encouragements du Gouvernement. Aussi importe-t-il que le Congrès ne se montre pas hostile à ce qu'une loi établissant les subventions pour tous soit votée par les Chambres.

M. SAINT-ANDRÉ, chef des laboratoires de la station agronomique de Montpellier, communique ce qui suit :

« MESSIEURS,

» Dans presque toutes les réunions où l'on s'est occupé de la résistance des vignes françaises au phylloxera dans des terrains sableux, il a été admis que cette résistance était absolue dès que le sol renfermait plus de 60 0/0 de silice et moins de 12 0/0 de chaux. L'analyse de différentes terres sablonneuses dans lesquelles la vigne prospère et est absolument indemme de phylloxera, montre l'inexactitude de cette assertion. On constate en effet que la vigne succombe sous les attaques du terrible puceron dans des sols contenant 80 et même 82 0/0 de silice, et qu'elle présente des garanties d'indemnité absolue dans des sables contenant de 1 à 35 0/0 de chaux.

» La composition si variable des terres des vignobles dans lesquels le phylloxera ne peut exercer ses ravages, et le petit nombre d'analyses effectuées sur ces mêmes terres, font qu'il est actuellement impossible d'affirmer, d'après l'analyse physique et l'analyse chimique d'un sol, que la vigne y sera ou n'y sera point envahie par le phylloxera. Nous savons seulement que la vigne française résiste au phylloxera dans tous les sols sableux de faible capacité capillaire. Leur résistance diminue dès que cette capacité est supérieure à 30 0'0.

» Les vignes américaines prospèrent encore dans les terres dont la capacité capillaire atteint et même dépasse 40 0/0. Comme pour les vignes indigènes, il est impossible, dans l'état actuel des choses, de fixer une limite précisant exactement la faculté de résistance de la vigne suivant la capacité capillaire du sol.

» Toutefois, comme le rapport inverse observé entre cette propriété physique d'un terrain et l'immunité de la vigne n'a pas encore présenté une exception, il est probable que la simple détermination de cette capacité capillaire pourra renseigner utilement les viticulteurs possédant des terrains sableux. »

M. Jules MAISTRE explique que le sable autour des tiges empêche l'évaporation de l'eau et maintient la végétation par la fraîcheur.

La séance est levée à onze heures.

ALEXANDRE VÈNE,
Secrétaire de la Commission des Vignes à la Société
d'Agriculture de la Gironde.

Procès-verbal de la séance du samedi 15 octobre 1881 (matin).

Présidence de M. A. LALANDE.

M. LARRONDE, au nom de la Société Philomathique, annonce au Congrès qu'une Exposition *universelle* des vins sera ouverte à Bordeaux en juin 1882. Cette exposition vinicole sera comprise dans une exposition générale des produits de l'agriculture et de l'industrie de la France et des Colonies, de l'Espagne et du Portugal.

En rendant universelle l'exposition des vins, la Société Philomathique a pensé faire une œuvre opportune et, d'un grand intérêt,
en rapport avec la riche production et l'important commerce dont
Bordeaux est le centre; utile en même temps au consommateur.
Cette idée s'appuie sur le libre-échange qui est la doctrine économique de la Gironde et de tous les viticulteurs français, doctrine
qui va avoir dans le Parlement un défenseur des plus autorisés dans
la personne de l'éminent Président du Congrès. La Société Philomathique espère que tous les pays producteurs seront représentés
à son Exposition; elle convie les Membres du Congrès à y participer et à venir la visiter l'année prochaine.

M. SCHMITH, vice-consul des États-Unis, à Cognac (Charente),
délégué du gouvernement américain, prononce le discours suivant :

« MONSIEUR LE PRÉSIDENT ET MESSIEURS,

» Quoique délégué du gouvernement des États-Unis au Congrès,
je ne puis guère vous dire ce qui s'est passé aux États-Unis, parce que
depuis de nombreuses années ma résidence officielle est en France.

» Mais je puis vous dire que le phylloxera a envahi les vallées
souriantes de la Californie; comme il le fit il y a déjà dix ans dans
la Charente et récemment dans ce pays-ci.

» Nous qui habitons la Charente, nous savons avec quelle rapidité le mal se propage, à partir du moment où l'insecte fait son
apparition dans les vignes. C'est pourquoi mon gouvernement a
été heureux de m'envoyer, dans l'intérêt des deux mondes, étudier
avec vous les intéressantes questions qui se rattachent à ce fléau
et les moyens de le conjurer.

» Dans le rapport officiel que Son Excellence le Ministre pléni-
potentiaire des États-Unis en France m'a chargé de rédiger, je
m'efforcerai d'être l'interprète fidèle des travaux de personnes aussi
compétentes et d'aussi éminents spécialistes que vous, Messieurs.

» Ce rapport intéressera mon pays, et je me suis étudié depuis
l'ouverture du Congrès à être tout oreilles pour entendre les
savantes discussions qui prennent fin aujourd'hui. »

M. le PRÉSIDENT annonce que le rapport sur les machines élévatoires ne pourra être rédigé que lundi prochain et donne lecture du
vœu suivant de Mme la duchesse de Fitz-James :

« MONSIEUR LE PRÉSIDENT,

» Je n'ai pas accepté la parole que vous m'avez si gracieusement offerte hier, parce que j'ai lu quelque part : « *Taceat mulier,* » — *que la femme se taise.*

» Si vous voulez bien, Monsieur le Président, être mon interprète auprès de l'assemblée, j'aurai la possibilité de suivre cet excellent conseil sans être ingrate, tout en étant, peut-être, utile. — Je vous prie donc de remercier pour moi le Congrès phylloxérique qui m'a si bien reçue, et d'exprimer un vœu en mon nom.

» Je demande qu'il soit organisé *immédiatement,* avant la chute des feuilles, un voyage à prix réduit suivant l'itinéraire déjà suivi par la Commission. — Ce voyage permettrait aux viticulteurs bordelais de se convaincre que le brillant et véridique rapport de M. Gachassin-Lafite n'a rien d'exagéré, et, grâce à ce voyage, la reconstitution des vignobles bordelais daterait de l'an de grâce 1882.

» Veuillez, Monsieur le Président, prendre, dans l'expression de ma reconnaissance, la large part qui vous appartient, et croire à mes sentiments hautement distingués. »

Le Comité d'organisation approuve le vœu émis par Mme la duchesse de Fitz-James : — Excursion dans le Midi, — en tant cependant qu'il soit possible de le réaliser. Une excursion du genre de celle que propose Mme la duchesse de Fitz-James serait instructive et intéressante pour tous les membres du Congrès. — M. le PRÉSIDENT remercie Mme la duchesse de Fitz-James des sentiments qu'elle exprime, et prie les personnes qui voudraient faire ce voyage de se faire inscrire au Secrétariat; si le nombre des adhérents est suffisant, le Comité s'entendra avec la Compagnie du chemin de fer pour organiser un train spécial.

Approuvé.

Vœux de M. Counord,
Conseiller général de la Gironde.

PREMIER VŒU.

« Le Congrès, après délibération, émet le vœu suivant :

» Que contrairement à la disposition contenue dans le projet de » code rural élaboré par le Conseil d'État et déposé sur le bureau du » Sénat pour être soumis à son examen, la loi qui régit les syndicats obligatoires, ne soit pas applicable à ceux ayant pour but de combattre les ravages occasionnés par le phylloxera. »

Ce vœu est adopté.

DEUXIÈME VOEU.

« Le Congrès émet le vœu :
» Que lorsque le passage sur le terrain d'autrui sera utile à un
» ou plusieurs propriétaires, isolés ou réunis en syndicat, pour
» l'établissement, sur ce terrain, de machines, appareils ou canaux
» destinés à amener l'eau nécessaire au traitement des vignes, ce
» passage prévu par la loi des 29 avril-1er mai 1843, dont les termes
» ont été ajoutés à l'article 644 du Code civil, ne puisse être refusé,
» et que les indemnités ou redevances à payer soient réglées aux
» termes de cette loi, que le Congrès désire voir améliorer et main-
» tenir dans le code rural. »

Ce vœu est adopté.

Vœu de M. Miquel-Paris.

« Considérant que la submersion est un moyen certain de combattre le phylloxera ;
» Que par conséquent il y a intérêt à généraliser le plus possible ce mode de défense ;
» Qu'en fait, certaines propriétés susceptibles de recevoir la submersion par leur situation topographique n'ont pu cependant y recourir, parce que n'étant pas immédiatement riveraines des fleuves et autres cours d'eau, il eût fallu au préalable obtenir des propriétaires voisins, riverains proprement dits, l'autorisation de faire passer chez eux les eaux nécessaires à l'opération, ce à quoi ces derniers se sont refusés dans plusieurs cas ;
» Qu'il y a là une atteinte grave à la fortune publique et privée,
» Le Congrès :
» Exprime le vœu qu'il soit promptement remédié à cette lacune
» de la législation, et qu'un projet de loi spécial soit d'urgence
» soumis aux Chambres, en sorte que le bénéfice des nouvelles dispo-
» sitions puisse profiter dès cet hiver aux nombreux intéressés. »

Ce vœu est adopté.

Vœu de M. Prosper de Lafitte,

sur l'œuf d'hiver.

« Considérant :

» D'une part, que les prix de revient des traitements insecticides connus en rendent l'emploi impossible sur d'immenses surfaces plantées en vignes ;

» D'autre part, que c'est par *l'œuf d'hiver* que s'opère la régénération du phylloxera et sa dissémination à de grandes distances ;

» Que l'interprétation impartiale d'observations déjà nombreuses donne l'espoir que la destruction de cet œuf amènerait une atténuation considérable, peut-être la disparition de la maladie ;

» Que le traitement à faire pour le détruire entraîne une dépense assez minime pour que tous les vignobles, à peu près, puissent la supporter ;

» Que, dès lors, l'élucidation complète et définitive de cette question s'impose à notre prévoyance ;

» Qu'il n'y a d'ailleurs aucun inconvénient à la poursuivre, puisque les expériences à faire pour cet objet n'obligeraient à restreindre, dans quelque mesure que ce soit, ni l'emploi des traitements connus ni la culture des vignes américaines, et qu'on ne risque dans cette entreprise qu'un peu de peine et un peu d'argent ;

» Que l'initiative privée est impuissante à vaincre des difficultés qui tiennent ici à l'influence des vignes du voisinage, abandonnées à elles-mêmes, tandis que l'État, grâce aux immenses ressources en hommes et en argent dont il dispose, en pourrait triompher aisément, sans avoir, d'ailleurs, à prendre aucune mesure coercitive contre personne ;

» Qu'en effet, un programme d'expériences remplissant toutes les conditions requises est, dès à présent, facile à formuler ;

» Le Congrès émet le vœu que M. le Ministre de l'agriculture et
» du commerce fasse instituer immédiatement et résolûment tous les
» travaux, toutes les expériences propres à apprendre enfin aux
» viticulteurs ce qu'ils peuvent espérer, pour la défense de leurs
» vignobles, de la destruction totale ou partielle de *l'œuf d'hiver*
» du phylloxera. »

M. le PRÉSIDENT fait observer que le Bureau du Congrès est en dissidence avec M. de Lafitte sur la rédaction des considérants de ce vœu ; il s'associe aux conclusions seulement : les considérants restent personnels à M. de Lafitte.

Le Congrès partage l'opinion de son Président et adopte les conclusions seulement.

M. le comte DE LA VERGNE demande alors la parole et s'exprime ainsi :

« MESSIEURS,

» La question de l'œuf d'hiver a, vous le savez, vivement occupé, pendant deux ans, l'entomologie et la viticulture.

» On crut un moment tenir la solution et, par elle, un moyen d'anéantir à jamais l'espèce phylloxérique.

» Le phylloxera, disait-on, ne peut se perpétuer indéfiniment dans le temps et se propager universellement dans l'espace sans passer par la forme ailée et se régénérer ensuite dans un œuf dont l'incubation s'élabore, suivant les climats, du mois de septembre d'une année au mois de mai de l'année suivante.

» L'habitat de cet œuf nécessaire est sur les ceps, tout au fond des gerçures de l'écorce, dans les bois de deux à dix ans.

» Si, au moyen d'une mixture appropriée dont fait partie l'huile lourde du gaz, on badigeonne ces bois de haut en bas, en partant de celui d'un an et en s'arrêtant au bas de la tige, à quelques centimètres au-dessus de terre, on détruit l'œuf d'hiver et c'en est fait pour toujours du maudit insecte.

» Cet enseignement, quasi officiel puisqu'il est professé par un délégué du Ministère de l'agriculture et de l'Académie des Sciences, est exposé dans une brochure de 1878, accompagnée de vignettes, qu'on trouve encore aujourd'hui chez les principaux libraires.

» De bons esprits se sont complu aux séductions d'une théorie et d'une pratique si simples et si faciles. Qu'en a-t-on retiré ? Qu'en espère-t-on, désormais ? On garde sur elles, depuis deux ans, le plus profond silence. Le premier et seul d'abord, j'ai hasardé quelques critiques.

» J'ai démontré par des faits soigneusement constatés sur mon vignoble de Morange, qu'il ne faut pas confondre le phylloxera des feuilles avec celui des racines, et que ce dernier perpétue ses générations et multiplie ses colonies sans le concours de l'autre.

» Après que M. Balbiani, le savant professeur du Collège de France, l'observateur célèbre auquel nous devons l'étude si complète et si merveilleuse de l'œuf d'hiver du phylloxera du chêne, eut montré à M. Boiteau un œuf d'hiver du phylloxera de la vigne en lui laissant le soin d'en trouver d'autres; après qu'il eut fait éclore dans son cabinet ce premier œuf et qu'il eut décrit l'insecte qui en était sorti, M. Balbiani fut éconduit du champ d'observations où il aurait pu le mieux continuer l'étude qu'il y avait si heureusement commencée, et il n'a plus reparu à Villegouge. Il y a été remplacé par M. Boiteau et par l'Association viticole de Libourne, qui nous ont appris que l'insecte issu de l'œuf d'hiver s'obstinait à monter aux bourgeons, où il produisait des galles, au lieu de descendre et d'aller loger et vivre sous terre. Et tout en est encore là.

» Cependant, personne ne conteste, je crois, l'utilité que pourrait avoir une étude du phylloxera de la vigne, si elle était aussi bien faite et aussi complète que l'est celle du phylloxera du chêne.

» A la dernière session des Agriculteurs de France, M. Louis de La Roque, dont nous aimons tous la parole brave et chaleureuse, et moi, avons proposé le vœu que le Gouvernement fasse reprendre l'étude du phylloxera et qu'il en confie la continuation à des savants d'une compétence reconnue, notamment à M. Balbiani.

» Bien que les questions de personnes soient souvent délicates, la Société des Agriculteurs de France, ne considérant que l'importance du but à atteindre, a, sans discussion, émis ce vœu, que je vous prie, Messieurs, d'émettre à votre tour, afin que sa réalisation ne se fasse plus attendre. »

M. le Président s'associe à la pensée de M. le comte de La Vergne, mais il faut laisser, dit-il, au Gouvernement la liberté de choisir les délégués pour cette étude. — En conséquence le Comité d'organisation propose la formule de ce vœu, comme suit :

« Considérant :

» Que la connaissance exacte des mœurs des insectes nuisibles fournit le plus souvent des indications précieuses sur les moyens à employer pour les détruire,

» Le Congrès émet le vœu :

» Que le Gouvernement fasse poursuivre, dans les vignobles de » la France, les études entomologiques sur le phylloxera. »

Adopté.

Vœu de M. A. Bisseuil.

M. A. BISSEUIL, député de la Charente-Inférieure, a la parole pour une proposition de vœu. Il s'exprime en ces termes :

« MESSIEURS,

» La délégation de la Société nationale d'encouragement à l'Agriculture, accréditée près du Congrès, qui a bien voulu m'inviter à participer à ses travaux, a décidé, dans une récente délibération, qu'elle soumettrait à votre approbation la proposition de vœu suivante :

« Le Congrès,

» Considérant que des désastres sans nombre sont occasionnés par l'invasion et la propagation du phylloxera ;

» Considérant que la viticulture est une des principales branches de la fortune publique ;

» Considérant que le Trésor public est grandement intéressé à la conservation des vignobles attaqués et à la reconstitution des vignes détruites ;

» Considérant que le dégrèvement de l'impôt foncier, frappant les vignobles atteints par le phylloxera, s'impose aux législateurs,

» Émet le vœu :

» 1° Que les pouvoirs publics prennent au plus tôt les mesures » nécessaires pour venir en aide d'une façon aussi efficace que » possible aux viticulteurs atteints par le fléau, non seulement par » l'allocation de secours et subventions, mais aussi au moyen du » dégrèvement de l'impôt foncier afférant aux propriétés envahies ;

» 2° Que l'importance des secours et subventions soit mise en » rapport avec les besoins et les nécessités à satisfaire ;

» 3° Enfin, que le bénéfice de la loi *du 2 août 1879* soit étendu » aux syndicats qui pourraient être constitués en vue de la régéné- » ration des vignobles par les cépages américains, aux communes » et aux départements qui voteraient des subventions dans le même » but. »

» Messieurs, la délégation de la Société Nationale m'a fait l'honnuer de me désigner pour soumettre ce vœu à l'approbation du Congrès.

» Je viens m'acquitter de cette mission, que j'accomplirai avec le laconisme qui m'est imposé par les prescriptions du règlement et par le peu de temps qui nous sépare du terme des délibérations du Congrès.

» D'ailleurs, j'en ai l'espérance, la grande majorité de cette assemblée partage déjà le sentiment de justice qui anime les auteurs de la proposition.

» Il est bien inutile de vous entretenir de nouveau des malheurs occasionnés à notre pays par l'effroyable développement du fléau dévastateur; cette enceinte a retenti depuis huit jours du récit de ces désastres.

» Je ne veux pas pourtant manquer de constater que les travaux du Congrès sont de nature à réveiller l'ardeur des viticulteurs et à faire naître de réelles espérances pour l'avenir.

» Messieurs, lorsque, en France, une infortune imméritée revêt le caractère de calamité publique, et c'est bien à une calamité publique que nous avons affaire, c'est au Trésor public qu'il convient de demander la réparation partielle, équitable des dommages ou des ruines encourus.

» En dehors de quelques secours qui peuvent être accordés dans certains cas, la loi du 2 août 1879 a déterminé le montant des subventions à fournir par l'État aux départements, aux communes qui votent des crédits destinés à aider les viticulteurs et aux particuliers réunis en syndicat en vue de l'application d'un traitement aux vignes atteintes par le phylloxera.

» Mais, Messieurs, ces subventions, pour être accordées, sont soumises à des conditions restrictives qui ne permettent pas d'en profiter à tous les viticulteurs dont les efforts persévérants s'accusent vers le rétablissement ou la reconstitution de leurs vignobles.

» Il faut que le traitement se fasse *suivant l'un des modes approuvés par la Commission supérieure du phylloxera.*

» Or, il est constant que les *modes approuvés,* au moins jusqu'à ce jour, par la Commission supérieure, n'ont été que ceux qui comportaient l'emploi de la submersion ou des insecticides; elle a toujours refusé de donner son approbation au mode de reconstitution des vignobles par l'emploi des cépages américains résistants.

» Les raisons données par la Commission supérieure sont, je ne crains pas de l'affirmer, en opposition, sur ce point, avec les enseignements qui découlent des délibérations du Congrès.

» La cause des cépages américains est gagnée, ou me paraît bien près d'être gagnée devant l'opinion générale des viticulteurs de tous les pays.

» L'exclusivisme pratiqué par la Commission supérieure est donc fâcheuse. Pour la faire changer d'avis, il ne faudra rien moins qu'un vote d'approbation du Congrès pour les efforts tentés par les viticulteurs qui se sont voués à la culture des cépages américains, et un vœu tendant à modifier les dispositions législatives qui paraissent enchaîner dans une certaine mesure la Commission supérieure dans ses résolutions antérieures.

» Je n'ai plus à vous entretenir, Messieurs, que de la portion de notre vœu, relative au dégrèvement de l'impôt foncier afférant aux propriétés envahies par le phylloxera.

» Cette portion du vœu ne semble pas comporter de difficultés; son principe repose sur cette vérité fondamentale que l'impôt foncier n'est qu'un prélèvement au profit du Trésor d'une partie du revenu du sol, et qu'il serait injuste de frapper d'un impôt quelconque une propriété qui, dans bien des cas, ne rapporte plus à son propriétaire.

» Je ne vous parlerai pas des difficultés de détail qui pourront résulter de l'application du principe du dégrèvement de l'impôt ni des précautions qu'il y aura à prendre pour que ce dégrèvement ne soit pas un encouragement donné à la négligence, mais un stimulant pour le travail intelligent. Ces détails, ces précautions s'adressent à la prévoyance du législateur.

» Messieurs, la Société nationale d'encouragement à l'Agriculture a formulé le vœu dont je viens d'avoir l'honneur de vous donner lecture, avec la conviction que sa réalisation serait utile aux grands intérêts de la viticulture en France. Je vous prie, en son nom, de donner à ce vœu la grande autorité qui s'attache à votre approbation. »

M. BISSEUIL, répondant aux orateurs qui ont combattu le vœu relatif au maintien des subventions, s'exprime ainsi :

« MESSIEURS,

» La question à résoudre se pose ainsi : le Congrès émettra-t-il un vœu tendant à demander la suppression de toute subvention de la part de l'État, ou au contraire émettra-t-il un vœu tendant à faire attribuer des subventions à tous les modes de traitement ou de reconstitution des vignobles, ce qui comprend l'emploi des cépages américains expérimentés avec succès dans quelques départements?

» J'ai dit, il y a quelques instants, pourquoi le Congrès me paraissait devoir émettre le second de ces vœux. Permettez-moi d'ajouter quelques arguments nouveaux, en réponse à ceux invoqués par les orateurs qui viennent de développer à cette tribune l'opinion contraire.

» D'abord, j'invoquerai une raison d'équité et de justice distributive. La loi de 1879 a profité depuis sa promulgation à ceux qui en ont demandé l'application. Or, l'envahissement du phylloxera s'effectue progressivement en remontant du Midi vers le Nord. En supprimant pour l'avenir le bénéfice de cette loi, le législateur mettrait les départements récemment envahis et ceux qui pourraient l'être ultérieurement dans une situation d'infériorité. Vous les priveriez d'avantages dont d'autres ont profité jusqu'à ce jour.

» Mais, Messieurs, si la loi était mauvaise, je comprendrais néanmoins qu'on en demandât l'abrogation. Je la crois bonne et suis d'avis seulement qu'elle doit être améliorée, en y introduisant des dispositions qui permettent de faire des subventions une application plus large et mieux entendue.

» On dit que les propriétaires qui appliquent les moyens de défense préconisés, ou les cépages américains, trouvent dans leurs produits une suffisante rémunération.

» Messieurs, les grands et riches propriétaires, ceux qui disposent de territoires et de capitaux considérables, et dont les produits sont d'un prix élevé, pourraient, j'en conviens, se passer de subventions; mais il n'en est pas ainsi pour la moyenne et la petite propriété, qui sont les plus nombreuses et les plus intéressantes : celles-ci ont besoin des subventions de l'État.

» Je suis d'un département où la propriété est très divisée. Je vous assure que la suppression des secours de l'État y serait très préjudiciable à la reconstitution ou à la conservation des vignobles. Ces encouragements ne pourraient être supprimés sans les plus grands dangers pour l'avenir de la viticulture dans les Charentes.

» Enfin, il y a encore un argument sur lequel j'appelle toute votre attention et que je puise dans la loi de 1879 elle-même.

» L'article 5 de cette loi, qui s'occupe dans sa seconde partie de l'organisation des syndicats, porte dans son premier paragraphe une disposition importante, aux termes de laquelle les départements et les communes, qui votent une subvention destinée à aider les propriétaires traitant leurs vignes, font bénéficier ceux-ci d'une subvention égale qui est fournie par l'État.

» Un vote du Congrès, qui repousserait le principe des subventions de l'État, aurait certainement pour effet de supprimer celles des départements ou des communes, qui ne s'imposent, le plus souvent, des sacrifices qu'en vue de faire bénéficier les propriétaires atteints par le fléau et soucieux de leurs intérêts, des ressources spéciales accordées par l'État.

» Permettez-moi de vous dire, Messieurs, que dans de telles conditions un pareil vote de la part du Congrès produirait des effets déplorables, en arrêtant l'essor qui résulte, pour nos populations viticoles, de l'intervention si utile des Conseils généraux et des Conseils municipaux.

» Il faut, dans le grand malheur qui frappe nos intérêts viticoles, savoir encourager tous les efforts. C'est dans cette pensée que je vous prie, Messieurs, de donner votre approbation à notre vœu. »

M. le comte DE LA VERGNE réplique à M. Bisseuil en ces termes :

« MESSIEURS,

» Je ne viens pas faire de la critique rétrospective et blâmer injustement des mesures qui ont eu pour résultat d'inspirer de la confiance dans la submersion, le sulfurage et le sulfo-carbonatage, et d'exciter en plusieurs contrées l'initiative de la défense contre le meurtrier de la vigne.

» Je veux seulement faire remarquer au Congrès que le système des subventions, s'il se prolongeait et s'étendait au delà des circonstances qui en justifient l'application exceptionnelle, ne tarderait pas à revêtir le caractère de l'injustice.

» S'il est vrai, comme on l'a dit unanimement à cette tribune, que le sulfure de carbone, le sulfo-carbonate de potassium et la submersion soient efficaces pour préserver ou guérir les vignes qui existent encore et qu'il y ait des cépages propres à reconstituer les vignobles qui ont été détruits; s'il est vrai, d'un autre côté, que la culture de la vigne soit la plus rémunératrice de toutes les cultures, comment oser demander que des industries, souvent moins productives, contribuent non seulement à la défense, mais encore à l'extension de la viticulture?

» Dans cette ville de Bordeaux, de tout temps adversaire déclarée de la protection et du privilège, ne serait-ce pas oublier nos précédents les plus honorables que de solliciter non seulement le maintien, mais encore l'extension du système des subventions en faveur d'une industrie à laquelle on reconnaît les moyens de redevenir prospère, et cela aux dépens de toutes les autres industries dont quelques-unes n'ont qu'une existence précaire ?

» Sans demander le retrait immédiat des subventions déjà promises, je repousse, au nom de l'équité, le vœu qu'on vous propose d'émettre. »

A l'occasion de ce vœu, une vive discussion s'engage sur la question de savoir si le Gouvernement doit subventionner les insecticides et la reconstitution des vignobles par les vignes américaines.

M. le PRÉSIDENT fait remarquer que le Gouvernement ne dispose que de huit cent mille francs pour encourager les viticulteurs, que cette participation de l'État a déjà produit de bons effets, mais qu'il ne faudrait pas lui demander plus qu'il ne peut donner. — Le Comité maintient les conclusions suivantes de la Commission, rédigées par M. Falières : « Le Congrès émet le vœu que les » subventions de l'État soient accordées aux reconstitutions des » vignobles, faites soit avec des cépages américains résistants, soit » avec des cépages français défendus. »

Après un vote douteux et une nouvelle discussion, le vœu de la Commission est adopté à une forte majorité.

Vœu de M. Arévalo y Bacca.

M. le Dr PLUMEAU, vice-président du Comité d'organisation du Congrès, lit le rapport suivant de la Commission chargée d'étudier le vœu de M. Arévalo y Bacca, l'utilité de former une Société internationale d'ampélographie :

« La Commission désignée par le Congrès pour examiner la proposition de M. José Arévalo y Bacca, délégué de la députation provinciale de Valence, de la Junte provinciale de l'Agriculture, de l'Industrie et du Commerce, et des Sociétés d'Agriculture et d'Économie des *Amis du Pays*, qui avait pour but la création d'une Association ampélographique internationale, s'est réunie à neuf heures du soir, le jeudi, dans les salons de la Chambre de commerce.

» La Commission s'est d'abord demandé si l'Association dont M. Arévalo demandait la création n'existait pas déjà et si, dans ce cas, il était nécessaire de donner suite à sa proposition. M. Pulliat a alors fait observer qu'il existe une Société internationale ampélographique qui semble répondre au désir exprimé par l'honorable délégué espagnol.

» Cette Société a été fondée à Vienne (Autriche) en 1874, lors de l'Exposition universelle, sur l'initiative de M. le comte de Lamberg, délégué du gouvernement italien à l'Exposition de Vienne. Elle a pour but de faciliter, dans le monde entier, l'étude de toutes les variétés de vignes. Elle s'est occupée aussi de toutes les questions qui se rattachent à la culture de la vigne et des maladies dont elle peut être atteinte.

» On peut citer, en effet, indépendamment de nombreuses études d'ampélographie qui font le principal objet des travaux de la Société, les travaux de M. A. Goethe, directeur de l'École de viticulture de Geisenheim, sur l'anthracnose, l'oïdium et le mildew; ceux de M. Muller, professeur à la même École, sur le rôle de la feuille et sur celui de la lumière dans la végétation; les communications de M. Meissner, de Saint-Louis (Missouri), sur les vignes d'Amérique résistant au phylloxera.

» Tous ces travaux sont publiés dans un Bulletin mensuel, rédigé en deux langues : l'allemand et le français, et un Congrès réunit chaque année les membres de l'Association dans une ville des différentes contrées viticoles de l'Europe.

» Ces réunions ont eu lieu : en 1874, à Vérone; en 1875, à Marbourg (Autriche); en 1876, à Colmar (Alsace); en 1877, à Florence (Italie); en 1878, à Genève (Suisse); en 1879, à Buda-Pesth (Hongrie); en 1880, à Geisenheim. Elles sont toujours accompagnées d'une exposition des cépages du pays où se tient la réunion, et, pour donner à cette exposition sa raison d'être et son utilité, la Société tient ses assises annuelles au moment où les vignes sont chargées de fruits.

» Le Congrès apprendra avec regret que la Société avait précisément décidé de tenir sa huitième réunion à Bordeaux à l'époque du Congrès. Mais les circonstances qui ont imposé l'obligation de remettre au 10 octobre la réunion du Congrès, ont fait renoncer la Société à son projet, parce qu'à cette époque les vignes de nos contrées, dépouillées de leurs fruits, ne lui auraient pas permis de faire cette exposition ampélographique, qui aurait, le 29 août, si considérablement augmenté l'attrait de notre intéressante exposition.

» Ces faits ont prouvé à la Commission que la Société, dont M. Arévalo y Bacca demandait la création, existait déjà et qu'il suffisait, pour lui donner satisfaction, d'agrandir le cercle des membres de l'Association déjà formée, et d'étendre celui de ses publications.

» L'honorable délégué espagnol s'est empressé de retirer sa proposition et de la rallier aux conclusions suivantes acceptées par tous les membres de la Commission :

« Considérant que par la nature et l'étendue de ses travaux, par
» la publication de son bulletin mensuel, par ses réunions annuelles
» dans les diverses contrées viticoles de l'Europe et par ses exposi-
» tions, la Société internationale ampélographique, créée à Vienne
» en 1874, répond aux désirs exprimés dans le vœu de M. Arévalo
» y Bacca, et que pour permettre à cette Société d'augmenter les
» services qu'elle rend à la viticulture, il suffit d'augmenter le
» nombre de ses membres;

» La Commission propose :

» 1° D'inviter les membres du Congrès à faire partie de cette
» Association internationale ampélographique;

» 2° De prier le Congrès d'émettre le vœu que la Société tienne
» sa prochaine réunion annuelle dans une ville de France. »

Adopté.

———

M. Dupuy-Montbrun, professeur d'agriculture dans le département du Tarn, se conforme à un désir qu'il a souvent entendu manifester dans diverses réunions agricoles :

« Apportez de chacun des points où la vigne est cultivée en
» France des renseignements, des notes; que tout cultivateur soit
» mis au courant du moindre accident de végétation du précieux
» arbuste; quelque minime que soit le fait, quelque vague, légère
» que soit l'indication, elle peut avoir une valeur, surtout quand
» le viticulteur a recueilli son dire dans des contrées envahies par
» un fléau spécial, serait-il même dès longtemps à l'étude. »

» Dans le département du Tarn, la constatation du phylloxera remonte à 1879; son arrivée dans la contrée avait eu lieu sans doute vers 1876 : l'intensité des premières taches trouvées semble l'indiquer.

» C'est sur les plateaux calcaires élevés que la vigne, par son rabougrissement, indiqua qu'elle était en proie à un mal nouveau ; la forme des taches, souvent en cuvette, ne l'était pas partout.

» Les premiers foyers découverts infestaient des vignes, ou établies sur des bois de chênes anciennement défrichés, de vieux troncs l'indiquaient; ou placées tout au moins dans le voisinage de futaies; souvent même, dans ce dernier cas, la tache suivait les rangées de souches à l'orée du bois, ou de la rangée conservée en bordure. Un instant, on s'est demandé si la nuée colonisatrice, poussée par le vent, ne s'était pas trouvée arrêtée par les arbres.

» La série d'accidents de ce genre n'est pas assez étendue pour que l'on puisse tirer une indication.

» La nature physique du sol, au contraire, peut offrir une indication : plus le sol est calcaire, plus intense a été l'envahissement, extension étendue, accrue par une exposition chaude, par la présence d'éboulis calcaires, comme, dans d'autres sols, par le grand nombre de cailloux roulés.

» Dans nos contrées le vignoble n'est pas continu, il est par parcelles. Chaque cultivateur, chaque centre de culture, d'exploitation, a voulu avoir sa vigne, son vin. Aujourd'hui, et depuis longtemps déjà, on travaille à en faire pour d'autres fins : la vente. Cette division, cet espacement de cultures a ralenti la marche de l'insecte. Les premiers foyers découverts se sont éteints ou à peu près, grâce à la disparition de l'insecte. Des étincelles ont jailli et se laissent entrevoir.

» Dans les sols plus bas, là où ce n'est plus la vigne, mais le vignoble que l'on rencontre, l'attaque a été plus lente, la marche aussi, l'élément calcaire moins abondant, pas de débris calcaires ou peu, peu ou pas de cailloux roulés, plus d'argile. Plus la silice abonde, moins il y a de tâches. On pourrait croire que l'insecte fait de grands bonds pour atteindre ces milieux calcaires ou caillouteux.

» Comment le phylloxera s'est-il implanté dans la région? d'où est-il venu ? Malgré les plus minutieuses recherches, aucun fait ne vient expliquer son apparition; un seul point du département avait reçu quelques *boutures* en vignes américaines : il y a plus de 25 kilomètres entre le lieu où elles végétaient tristement et le foyer le plus récemment constaté.

» La première vigne envahie aurait, suivant une version, reçu des pruniers, plants qui, par des échanges entre pépiniéristes, auraient pu se trouver en contact avec des sujets venant de la Haute-Garonne, où une pépinière de vignes aurait été infestée. Explication très douteuse pour un point, inadmissible pour d'autres. attaques, remontant au moins à la même date, comme début de l'insecte.

» Je n'oserais vous parler du mode de destruction employé, on nous en a entretenus, il est unique : c'est le sulfure de carbone, suivant la marche adoptée par l'Administration. On vous disait naguère, et la communication vous venait d'un savant portugais, qu'il fallait, pour arriver à la solution du problème, étudier la physiologie de la vigne, étudier son mode de vivre, ses habitats. La culture de la vigne remonte à Noé. — L'histoire nous dit qu'il obtenait des vins riches en alcool et dont il ne mesurait pas très bien l'énergie. Le sulfure de carbone n'est pas aussi anciennement employé, aussi je me permets d'en dire un mot.

Le sulfure de carbone a, comme partout montré des inégalités dans les effets. Il a été d'un emploi difficile. Dans les sols calcaires, peu profonds, où il a été injecté tout d'abord, aux doses culturales, il a souvent détruit et l'insecte et l'arbuste.

» Dans les sols moins mobiles, plus profonds, plus siliceux ou argileux, on a pu ralentir la marche de l'insecte. Un foyer même a été éteint. A trois mois d'intervalle et pendant dix-huit mois, je n'ai pu retrouver d'insectes sur les vignes placées à l'entour de cette tache. Comme conclusion, le sulfure de carbone ralentit, ici comme partout, la marche de l'aphidien; il est d'un emploi très délicat.

D'après les travaux exécutés dans le département du Tarn contre l'invasion phylloxérique on peut dire que pour le sulfure de carbone, comme sans nul doute pour les autres insecticides, la mesure pour être utile, doit être générale dans la région infestée. Les efforts isolés quelques soins que l'on y apporte, sont peines et argent perdus, travail inutile. Çà et là, on retrouve des foyers qui avaient échappé aux recherches.

Ici comme partout l'application doit être annuelle, au moins pendant les premières années, plustard on précisera la fréquence des applications. Ici, on a constaté qu'après deux applications à doses culturales faites à quelques jours d'intervale, on ne retrouvait plus d'insectes; un an après l'insecte a reparu en abondance; la vigne abandonnée a elle-même, sans l'aide d'engrais a péri.

» L'art de cultiver la vigne doit encore intervenir; car, il faut qu'il

indique au vigneron le moyen de supporter ces frais et de retirer
du sol les revenus qu'il en attend; il faut que les productions
moyennes actuelles soient dépassées. Il faut tout modifier : en
industrie rurale, les difficultés sont grandes.

» Il faut un effort énergique; le milieu où il doit se produire
est ou a été jusqu'ici rebelle à cet élan. Sous la pression des
circonstances, y aura-t-il changement? L'instruction peut largement y contribuer; ceux qui ont mission de la répandre n'y
mettront d'autres limites que celles qu'il n'est permis à personne
de dépasser.

» Le vignoble du Tarn se compose d'environ 60,000 hectares
de vignes. Des quatre arrondissements, le plus froid, le plus
montagneux, quoique le plus voisin de l'Hérault, est seul indemne,
on le croit du moins.

» Il n'y en a encore que 250 hect. en triste état, dont 50 détruits.

» L'étendue de l'envahissement aurait besoin d'une constatation
nouvelle faite après les chaleurs et les sécheresses dont nous
sortons.

» L'insecte n'a épargné aucun des cépages adoptés; il n'a marqué
de préférence pour aucun. Les vignes vigoureuses comme variété,
de même que celles qui devaient cette végétation à la nature du
sol, ont offert une égale facilité d'attaque. »

Vœu proposé par MM. le comte de Lamballerie, *propriétaire à
Chalais;* **Bourdier-Lanauve,** *président de la Commission départemen-
tale de la Charente, président de la Commission du phylloxera, délégué au
Congrès; et* **le comte de Lestrange,** *de la Loge de Perfonds.*

« Le Congrès émet le vœu:

» 1° Qu'un efficace dégrèvement d'impôts soit assuré désormais
» aux propriétaires dont les vignobles sont détruits par le phylloxera,
» ce dégrèvement n'ayant jusqu'ici été appliqué que dans des limites
» insuffisantes;

» 2° Que, pour favoriser la reconstitution des vignobles dans des
» régions où la vigne française a disparu, un dégrèvement de trois
» années d'impôts soit accordé à toute parcelle de vignoble reconsti-
» tuée en vignes américaines. »

Ce vœu est adopté.

M. le comte DE LESTRANGE propose le vœu suivant que le Comité ne peut accepter :

« J'ai l'honneur de soumettre au Congrès le vœu suivant:

» Que le gouvernement, prenant en considération la ruine des
» millions de petits propriétaires pour lesquels la vigne était la seule
» ressource, veuille bien créer dans les départements phylloxérés des
» pépinières de plants américains qui seront donnés gratuitement
» aux propriétaires payant moins de 50 fr. d'impôt. »

M. le PRÉSIDENT fait remarquer à l'occasion de ce vœu qu'il entre dans la pensée des membres du Congrès de laisser le Gouvernement libre d'appliquer la subvention au mieux possible.

Le Congrès ratifie les paroles de son Président.

Vœu de M. de Luna.

M. DE LUNA propose au Congrès le vœu suivant :

« Considérant qu'on doit faire tous les essais nécessaires, surtout ceux qui sont basés sur des idées rationnelles afin de sauver la viticulture européenne des fléaux qui l'affligent, particulièrement en France, j'ai l'honneur de prier le Congrès international actuel d'approuver la résolution suivante :

» 1° Essayer sur une large échelle la reconstitution du sol
» phylloxéré, en même temps que l'emploi de tous les moyens
» de défense et la replantation des vignes américaines, en faisant
» un large usage des phosphates de chaux assimilables, surtout
» riches en fer, et de sels de potasse bien mêlés au fumier d'étable;

» 2° Dans l'espoir bien fondé, d'après la loi naturelle, d'arriver
» par ces moyens de culture à reconstituer la force primitive du sol
» épuisé, et par conséquent le rendre propice à toute production
» normale, on doit dès à présent former une statistique exacte, dans
» chaque pays, des gisements de ces matières premières, leur com-
» position, leur prix, etc., afin d'arriver un jour à réaliser des traités
» internationaux pour obtenir au plus bas prix ces matières au
» bénéfice de tous les agriculteurs; à cette fin, on doit former une
» collection de ces matières premières, afin que leur nature et leur

» richesse puissent être contrôlées par la Commission générale
» contre le phylloxera. »

Ce vœu est renvoyé au Comité pour être examiné et lui donner
la suite qu'il jugera possible.

Vœu de M. Chenu-Lafitte.

M. CHENU-LAFITTE émet le vœu suivant :

« Considérant qu'il est d'un intérêt général pour nos contrées de
faciliter le plus possible le transport des appareils nécessaires pour
submerger les vignes phylloxérées ;

» Considérant qu'en ce qui concerne le transport de ces appareils,
les tarifs de l'Orléans sont sensiblement plus élevés que ceux des
autres grandes Compagnies, notamment de l'Est et de Paris-Lyon-
Méditerranée :

» M. Chenu-Lafitte propose au Congrès phylloxérique international de Bordeaux d'émettre le vœu que « la Compagnie d'Orléans
» établisse tout au moins ses tarifs sur les mêmes bases que ceux des
» autres grandes Compagnies ci-dessus nommées. »

Adopté.

Vœu de M. le comte de La Vergne.

M. le comte DE LA VERGNE émet le vœu suivant :

« Le Congrès émet le vœu que l'État favorise, par tous les moyens
» en son pouvoir, la production et la circulation, au meilleur marché
» possible, du sulfure de carbone, du sulfure de potassium et des
» sulfo-carbonates alcalins. »

Vœu de M. de La Roque.

M. DE LA ROQUE émet le vœu suivant :

« Le Congrès,

» Considérant que les ravages causés par le phylloxera dans les vignes de toutes les contrées de l'Europe n'ont trouvé jusqu'ici que des palliatifs imparfaits ou des moyens de lutte impuissants dans certains terrains;

» Considérant qu'un grand nombre de viticulteurs cherchent dans la culture des cépages américains un moyen de reconstituer leurs vignobles détruits, et qu'il importe de faire le plus de lumière possible sur la durée de certains cépages dits *résistants* ou *indemnes* et sur la nature des terrains où ils végètent en Amérique, leur pays d'origine :

» Émet le vœu qu'une enquête soit faite en Amérique, le plus tôt
» possible, par les soins d'une Commission désignée soit par le
» Gouvernement, soit par les Sociétés de la Gironde qui ont pris l'ini-
» tiative du Congrès (concurremment avec l'enquête qui aura lieu
» en France), sur toutes les questions de viticulture qui peuvent
» se rapporter à la durée des cépages résistants et à la nature des
» terrains et du climat où ils végètent en Amérique, et qu'il en soit
» rendu compte dans un prochain Congrès. »

Vœu de M. Prades.

M. Prades lit et propose le vœu suivant :

« Messieurs,

» Ce n'est pas un discours de plus que je viens vous faire subir, je désire sténographier seulement des conclusions dans vos intérêts particuliers, qui sont en même temps ceux de mon pays.

» En qualité d'observateur patient, de praticien sans parti pris, je vous affirme que l'absolu n'existe pas dans les divers systèmes proposés. Les bons effets de la submersion, comme ceux des insecticides sont incontestables, *mais relatifs.*

» La résistance des plants américains, d'une manière générale, est également certaine : tout dépend chez ces derniers de l'adaptation. Suivant la nature du terrain, tous les plants recommandés me donnent des effets différents. Puis-je dire que le *Clinton* ne vaut rien? j'ai sur lui, aussi bien que sur les *Solonis,* des greffes de six ans splendides... Puis-je vanter à outrance le *Riparia mélimélo?* j'ai des variétés déplorables, à côté d'autres très vigoureuses.

» Faites analyser votre terrain *par le plant lui-même,* vous saurez ainsi celui qu'il veut nourrir.

» Plantez peu si vous le voulez sur la lisière de votre champ, mais, au nom de vos intérêts, plantez. Vous deviendrez ainsi sûrement votre producteur des plants qui vous conviendront. Vous ne serez pas dupes de ceux qui, trop indiscrètement, viennent vous dire : « Prenez mon ours! »

» La vivacité que chacun apporte à la défense de sa bien-aimée, la vigne, est une preuve de notre amour pour elle. Que cet amour ne nous rende ni aveugles ni exclusifs.

» En terminant, j'émets le vœu que la sollicitude du Gouvernement s'étende sur les cépages américains comme sur les insecticides; ce n'est que justice! »

Vœu proposé par M. A. Pagès-Duport,

Ancien député du Lot.

« Le Congrès phylloxérique de Bordeaux :

» Considérant que les ravages du phylloxera, dans la région du Sud-Ouest, ont détruit une partie des vignes et menacent l'autre partie;

» Considérant que cette épreuve s'aggrave du moment même où le Gouvernement et les Chambres, après la diminution successive de divers impôts, se préoccupent du dégrèvement de l'impôt foncier;

» Considérant qu'il serait injuste de continuer à réclamer une taxe de la part des contribuables frappés dans la source même de leurs revenus, et n'ayant pas même la possibilité, sur un grand nombre de points, d'entreprendre dans leurs terres une autre culture que celle de la vigne;

» Considérant que les dispositions légales, en vertu desquelles le Gouvernement est autorisé à des annulations ou à des modérations d'impôts, ainsi qu'à la distribution de quelques secours aux agriculteurs, sont tout à fait insuffisantes pour alléger les misères profondes qui provoquent dans plusieurs contrées l'émigration des vignerons,

» Émet le vœu :

» Que le premier dégrèvement émanant de l'initiative gouverne-
» mentale ou de l'initiative parlementaire porte sur les propriétés
» phylloxérées, et affranchisse de l'impôt les portions détruites qui

» ne peuvent servir à une autre culture, jusqu'au jour où elles
» seront replantées.

» Émet également le vœu :

» Que des secours utiles soient accordés aux populations dont la
» culture de la vigne constituait le seul moyen d'existence. »

Vœu présenté par la Commission des insecticides.

« Considérant que le sulfure de carbone et le sulfo-carbonate de
potassium, employés dans les conditions déterminées par le rapport
et par la discussion, doivent être considérés comme des moyens sûrs
de conservation et de restauration; que le principal sinon l'unique
motif qui s'oppose à l'emploi de ces moyens de défense réside dans
l'élévation du prix des traitements; qu'il y a lieu de provoquer, le
plus rapidement possible, la diminution des prix de revient à
l'agriculture,

» Le Congrès émet le vœu :

» Que le sulfure de carbone, le sulfo-carbonate de potassium et
» tous autres produits industriels les contenant sous une forme
» applicable à la destruction du phylloxera, soient assimilés aux
» engrais dans les tarifs de transport par chemin de fer ;

» Que les instruments, machines à vapeur, appareils et produits
» servant à la fabrication ou à l'emploi du sulfure de carbone et
» des sulfo-carbonates, jouissent d'un tarif spécial très réduit. »

Vœu de M. Clément Prieur.

Secrétaire général de la Société d'Agriculture, Sciences, Arts et Commerce de la Charente.

« MONSIEUR LE PRÉSIDENT,

» Empêché, pour affaires pressantes, d'assister à la dernière séance
du Congrès, j'ai l'honneur de vous adresser le projet de vœu
ci-après, avec prière de le soumettre à l'appréciation de l'assemblée
de ce jour 15 octobre.

» Il est résulté pour moi, Monsieur le Président, des observations
présentées au Congrès par les viticulteurs les plus éminents et les
plus autorisés, que deux grands moyens de lutte et de protection

nous restent toujours : les *insecticides* et les *cépages américains*. Chacun de ces moyens a ses défenseurs, un peu exclusifs, sans doute, quelquefois passionnés; mais le plus grand nombre, qui juge de sang-froid et sans parti pris, incline visiblement à admettre les deux systèmes, soit concurremment, soit en raison des conditions particulières dans lesquelles il se trouve. Ceci admis, il m'a semblé qu'il y aurait lieu d'insister auprès des pouvoirs publics pour en obtenir, dans la mesure la plus large, un concours actif, libéral et simplifié dans ses moyens.

» En ce qui concerne les cépages américains, leur siège est fait, on peut le dire; ils sont déjà devenus chose lucrative dans les mains de ceux qui les détiennent, l'expérimentation s'en fait partout : ici, à grand renfort de publicité; là, sans bruit, dans le silence de l'observation. La résistance, relative au moins, de certaines espèces est démontrée, et cela suffit. Le reste n'est plus qu'une question d'*adaptation*, et cette question ne peut être résolue que par la pratique. Nos pères ont bien eu à lutter sur cette question d'*adaptation* avec nos vignes françaises, et n'est-ce pas à cette question de l'adaptation que nous devons cette grande variété de nos crûs, ces nuances si tranchées entre les qualités, la couleur et le corps de nos vins, selon qu'ils sont produits par tel ou tel cépage, *toutes choses égales* d'ailleurs? Donc, si un cépage français qui vient ici ne réussit pas là, on se demande pourquoi il en serait autrement de la vigne américaine.

» Je tiens donc comme entendue la question des plants résistants, et leur culture constituant une opération lucrative, je ne me préoccupe pas davantage de leur avenir.

» Mais il reste la question du *sulfure de carbone* et des *sulfo-carbonates de potassium*, ces deux insecticides puissants qui ont fait leurs preuves et dont la cause a été présentée au Congrès avec tant d'éloquence et de conviction. Le traitement par ces agents de destruction de l'insecte est coûteux, et pour ajouter aux difficultés, la petite culture ne sait où les prendre. Que l'on ne me dise pas : on en trouve à Paris, à Bordeaux, etc., voici des adresses, écrivez...; mais cela ne saurait me satisfaire, moi, petit vigneron qui possède un hectare de vignes, quelquefois en cinq ou six pièces, dont une ou deux auraient besoin d'un traitement. Quelle quantité demanderai-je? Cela se *détaille*-t-il?

» Ce sont ces points d'interrogation, ces incertitudes qui nuisent le plus à la vulgarisation des insecticides.

» D'autre part, les syndicats sont difficiles à former. Il faut trouver d'abord l'homme dévoué et convaincu qui en prendra l'initiative, et puis sera-t-il suivi? Combien compte-t-on de syndicats en France? un bien petit nombre; et quels services ont-ils rendus? Je n'en dirai pas davantage sur ce sujet très délicat.

» Je suis d'avis, Monsieur le Président, qu'il y aurait lieu de modifier cette situation, de l'améliorer.

» Le Gouvernement consent des sacrifices en faveur des syndicats; qu'il en consente, et d'énormes s'il le faut, au profit de tous, sans exception. Il y est aussi intéressé que la viticulture elle-même, puisque la vigne a toujours été la vache à lait du fisc.

» Ceci dit, voici comment je proposerais à l'assemblée de rédiger le vœu :

» Le Congrès,

» Considérant que le sulfure de carbone et les sulfo-carbonates de potassium ont rendu des services considérables à la viticulture, au point de vue de la protection des vignobles contre le phylloxera;

» Considérant qu'il importe d'en vulgariser l'usage et le mode d'emploi;

» Attendu que les syndicats n'ont pas produit tout l'effet que l'on était en droit d'en espérer;

» Émet le vœu :

» Que l'État mettra gratuitement à la disposition de tout
» propriétaire de vignes, qui en fera la demande dans les formes à
» déterminer, la quantité de *sulfure de carbone* ou de *sulfo-carbonate*
» *de potassium* qui lui sera nécessaire pour traiter son vignoble;

» Que la même faveur soit accordée à tout particulier ou à toute
» association qui se chargerait d'opérer sur les vignobles d'autrui,
» aux conditions débattues avec les propriétaires;

» Qu'à cet effet, des dépôts de ces insecticides soient établis dans
» tous les chef-lieux d'arrondissement au moins, et que chaque
» livraison soit accompagnée d'une notice qui indique leur mode
» d'emploi respectif. »

» Tel est le vœu que j'ose formuler, Monsieur le Président; s'il était adopté, et bien accueilli en haut lieu, si la voie était ainsi déblayée de tous les *impedimenta* qui ont nui si puissamment jusqu'ici à une lutte énergique et efficace, de nombreux vignobles pourraient être encore protégés ou sauvés. Les cépages américains feraient le reste.

» Veuillez agréer, Monsieur le Président, l'assurance de ma considération très distinguée. »

M. DE LUNA, au nom des délégués étrangers et en son nom personnel, remercie le Président et les membres du Congrès du bienveillant accueil qu'ils ont reçu.

M. DE PERÈRE remercie le Congrès au nom de la Bourgogne.

M. le PRÉSIDENT clôt le Congrès, remercie MM. les Délégués étrangers et français, et répète ce qu'il a dit en ouvrant les travaux de la première séance: « Espérons que nous aurons pu par ce » Congrès atteindre le but que nous nous sommes proposé : le » salut de la viticulture française. »

La séance est levée.

Alexandre VÈNE,
Secrétaire de la Commission des Vignes à la Société
d'Agriculture de la Gironde.

CONCLUSIONS [1]

Cinq moyens de salut pour la viticulture se dégagent des faits produits au Congrès et constatés par les Commissions qu'a instituées le Comité d'organisation. Ce sont :

1° COMME LUTTE DIRECTE,

La *submersion*, pratiquée pendant 40 à 50 jours, surtout dans les vignobles à bois dur et quand l'eau est fournie par un fleuve limoneux apportant un reconstituant nécessaire ;

Un des deux insecticides principaux, sulfo-carbonate de potassium ou sulfure de carbone, *aidé par les engrais,* pour les vignobles situés loin des fleuves et qui ne sont pas encore trop dévastés par le fléau, — moyen un peu coûteux, il est vrai, pour les vignobles de second ordre ;

Un engrais puissant tel que l'*engrais humain mixte.*

2° COMME LUTTE INDIRECTE,

La *reconstitution* du vignoble *en terrains résistants* (sables par exemple) ;

Ou la *reconstitution* du vignoble *en cépages résistants ou sur racines résistantes*, fournis par des espèces américaines dont l'adaptation au milieu aura été établie par une bonne expérimentation préalable. Cette expérimentation devra avoir été faite, — *s'il s'agit d'une production directe*, sans greffage : sur le *Jacquez* (dans le Midi), sur l'*Herbemont*, le *Cynthiana*, le *Black-July*, l'*Elvira* et quelques autres cépages donnant des vins rouges et blancs d'un goût acceptable (faute de mieux) par la grande consommation de vins ordinaires, et peut-être susceptibles de s'améliorer dans les divers sols du pays bordelais ; — *s'il s'agit d'une reconstitution par porte-greffes :* sur des *Riparia* sélectionnés, le *Riparia Solonis*, le

[1] Ces conclusions ont été délibérées par la Commission de publication, conformément à une délégation spéciale à elle donnée par le Comité d'organisation.

York's-Madeira, le *Vialla* et quelques autres cépages, destinés à être greffés avec nos propres vignes françaises.

Il ressort enfin de tout ce qui a été dit au Congrès qu'il y a possibilité de lutter contre le fléau. Mais il faut au viticulteur une grande sagacité dans le choix des moyens, une expérience acquise par des études préalables, et une activité garantissant une surveillance personnelle incessante.

RAPPORT

DU JURY DES MACHINES ÉLÉVATOIRES

Membres du Jury. — Le Comité d'organisation du Congrès phylloxérique de Bordeaux a désigné comme membres du jury des machines élévatoires :

MEMBRES CONSTITUTIFS

MM. AZAM, docteur-médecin, membre délégué du Comité d'organisation.
BOUTIRON, ingénieur des mines.
DARRIET, ingénieur-constructeur.
FARGUE, ingénieur en chef des ponts et chaussées (service maritime du département de la Gironde).
LABAT, ingénieur-constructeur.
LAWTON, membre délégué du Comité d'organisation.
PENELLE, ingénieur-constructeur, directeur de la Société Dyle et Bacalan.
VOLONTAT (de), ingénieur des ponts et chaussées (service maritime du département de la Gironde).

MEMBRES CONSULTATIFS.

MM. ANDRIEU, chef ouvrier à la Société Dyle et Bacalan, à Bordeaux.
COURRIER, chef ouvrier à la Société Dyle et Bacalan, à Bordeaux.
OLANET, chef mécanicien des ateliers de l'Administration des ponts et chaussées (service maritime).

Élection du Bureau. — Convoqués le 6 octobre 1881, les membres du jury se sont constitués en Commission et ont procédé à l'élection du Bureau :

Ont été nommés :

> MM. AZAM, *Président.*
> FARGUE, *Vice-Président,*
> VOLONTAT (de), *Secrétaire-Rapporteur.*

Conditions du concours. — Le jury a aussitôt procédé à l'examen des conditions qu'il convenait d'imposer aux exposants.

Il a été résolu :

1° Que, pour rendre comparables les essais à faire sur les différentes machines élévatoires, le jaugeage des débits aurait lieu par déversoir et qu'à cet effet l'eau élevée serait déversée dans des caisses munies de déversoirs exactement semblables et calibrés, placés à une même hauteur au-dessus du plan d'eau du bassin à flot dans lequel devait se faire l'aspiration ;

2° Que les opérations auraient pour but d'apprécier le rendement des machines élévatoires, et, qu'à cet effet, la machine motrice étant en marche normale et faisant un nombre de tours déterminé, sous une pression déterminée, on mesurerait d'une part la charge d'eau sur le déversoir, la machine actionnant la pompe; d'autre part, le travail développé sur l'arbre, la machine actionnant un frein dynamométrique.

Les conditions du concours ont été portées à la connaissance des exposants par voie de circulaire.

Date des opérations du Jury. — La date fixée pour les opérations du jury, et que faisait connaître aux intéressés la circulaire, était le vendredi 14 octobre.

Mais, par suite de circonstances diverses, un seul exposant s'est trouvé prêt au jour fixé; aussi a-t-il paru au jury qu'il convenait de différer ses opérations et de les remettre au lundi suivant 17 octobre.

Exposants ayant pris part au concours. — Quatre exposants ont pris part au concours.

Les machines élévatoires étaient des pompes centrifuges actionnées par des locomobiles de différents systèmes :

1° *Pompe Gwyne,* actionnée par une locomobile Ransomes, Sins et Head ;

2° *Pompe Aversenq,* actionnée par une locomobile Bergeys (de Libourne), système Compound à condenseur :

3° *Pompe de la Société française de matériel agricole,* actionnée par une locomobile de la même Société ;

4° *Pompe Lawrence,* actionnée par une locomobile Clayton et Shuttleworth ;

Les freins dynamométriques étaient des freins Prony équilibrés.

Opérations du Jury. — Le tableau suivant fait connaître les conditions dans lesquelles se sont faits les essais.

	Pompe GWYNE	Pompe AVERSENQ	Pompe de la SOCIÉTÉ FRANÇAISE de matériel agricole	Pompe LAWRENCE
Diamètre du tuyau des pompes.	0m25	0m25	0m20	0m25
Hauteur du déversoir au-dessus du niveau du bassin........	4.20	4.20	4.20	4.20
Nombre de déversoirs de 0m60 de largeur.................	2	2	1	1
ESSAIS DE LA POMPE / Pression à la chaudière....	70l par pouce car.	7k	5k5	80l
		Vide du condenseur 0.40		
Nombre de tours.........	130	96	120	122
Hauteur de l'eau au-dessus du déversoir	entre 0m22 et 0m23	0.16 à 0.17	0.16 à 0.17	0.30 à 0.31
ESSAIS AU FREIN / Pression à la chaudière....	70l	7k. Vide 0.35	5.25	75
Nombre de tours de la locomobile	130	96	120	122
Longueur du levier	1m50	1m50	1m50	1m50
Poids....	107k	117k	59k	101k
Force en chevaux.........	29	23.5	14.8	25.7

Résultats des opérations du Jury. — Le jury en a déduit les résultats suivants qu'il a présentés au Comité d'organisation.

	Pompe GWYNE	Pompe AVERSENQ	Pompe de la SOCIÉTÉ FRANÇAISE de matériel agricole	Pompe LAWRENCE
Débit des pompes en litres par seconde de temps	229.64	144.26	72.13	181.21
Travail développé sur l'arbre de la machine en chevaux de 75 kilogrammètres	21.1	23.5	14.8	25 7
Rendement pour 100.........	44	34	27	39

MÉMOIRES

ENVOYÉS AU

CONGRÈS INTERNATIONAL PHYLLOXÉRIQUE

DE BORDEAUX

dont la lecture n'a pu être faite

SOLUTION PRATIQUE DE LA QUESTION DU PHYLLOXERA

(1re Communication.)

Par E. TERREL DES CHÊNES.

I

C'est vers la solution pratique du grand problème viticole, posé par la question du phylloxera, que doivent surtout se porter aujourd'hui les efforts des viticulteurs, des économistes et des financiers ; telle est, du moins, la conviction personnelle, à laquelle m'ont conduit des recherches et des observations de plus de treize ans, conviction que je veux essayer de faire partager au Congrès.

Personne, plus que moi, n'estime et n'admire les travaux si patients, si utiles et si recommandables, de tant de savants naturalistes, qui ont étudié et étudient encore les transformations et les mœurs du phylloxera, car c'est sur leurs études que se fondent et se fonderont tous les systèmes, tous les traitements imaginés et proposés en vue du salut de la vigne : pas de succès possible sans cela. Sans doute, dans l'histoire du terrible aphidien, il reste des points obscurs à éclaircir, des détails qui demandent à être précisés ; mais, sans méconnaître le grand intérêt qui s'attache à ces dernières recherches, on peut affirmer que les notions fournies par la science à la pratique sont maintenant suffisantes, et qu'il ne reste plus qu'à les mettre en œuvre judicieusement, avec méthode et avec suite, je dis plus, avec ténacité.

Ce qui importe avant tout, à mon sens, c'est d'en finir, une bonne fois, avec les disputes stériles et regrettables, entre les systèmes de défense et de reconstitution de la vigne, par les insecticides ou par les cépages américains. Le tort qu'ont fait ces disputes à la viticulture française est tel, qu'on se rendrait difficilement compte de son étendue. C'est par cent mille, peut-être, que se chiffre le nombre des vignerons peu éclairés, qui, ne sachant à qui entendre, des partisans passionnés de la vigne américaine ou des insecticides, proclamant, de part et d'autre, que hors de leur église il n'y a pas de salut pour la vigne, ou se croisent les bras et attendent la fin de la dispute, ou imaginent et appliquent des procédés de leur invention, sans aucune efficacité possible. Pendant ce temps arrivent la destruction de leurs vignobles, la ruine et la misère.

Le Congrès de Bordeaux se gardera bien de tomber dans cette ornière, où ont versé plusieurs congrès antérieurs, son programme en fait foi. Il veut, et il voudra jusqu'au bout, maintenir le débat dans la seule voie utile, sûre et féconde ; il proscrira l'exclusivisme d'abord, puis il s'occupera surtout des moyens *pratiques* d'arriver, au plus tôt et avec certitude, au but désiré : le salut de la vigne française.

Je crois fermement que l'esprit de concorde, j'oserai presque dire la doctrine sagement éclectique, qui paraît avoir inspiré les promoteurs du Congrès, pourra donner très prochainement les plus excellents résultats. Cette doctrine est aussi la mienne, et c'est pour cela que je viens apporter mon grain de sable, sinon ma pierre, à l'édifice qu'on va essayer d'élever. J'oserai proposer à l'assemblée de mes collègues en viticulture, à laquelle des devoirs très impérieux ne me permettent pas d'assister, des vœux à émettre et des résolutions à prendre, auxquels je les conjure de vouloir bien accorder leur attention. Si mes propositions, approuvées par le Congrès, se présentaient au Parlement et au Gouvernement revêtues de cette consécration, il n'est guère douteux qu'elles seraient prises en très sérieuse considération, en ce qui concerne les mesures de défense générale à édicter; et en ce qui concerne les moyens pratiques de lutte contre l'insecte; revêtus de la haute autorité du Congrès, s'ils avaient la fortune d'être recommandés par lui, ils seraient du plus grand poids auprès des vignerons et décideraient beaucoup d'ignorants, d'hésitants ou même de récalcitrants, à livrer le bon et décisif combat de délivrance et de salut viticole.

Je m'occuperai d'abord des moyens pratiques; les mesures d'ordre législatif ou administratif, qui paraissent indiquées par les circonstances, feront l'objet d'une autre communication.

II

Le vignoble français, considéré dans sa généralité, aujourd'hui, a des besoins de trois sortes qui sont :

La préservation, pour les parties non encore atteintes;

La défense, pour les vignes atteintes avec plus ou moins de gravité ;

La reconstitution, pour celles qui sont détruites.

Je vais examiner rapidement ces trois points :

Préservation. — Évidemment, elle ne peut être que temporaire et relative; car les mesures les plus énergiques et les plus générales, appliquées dans les vignobles si peu étendus de la Suisse, ont restreint l'invasion du fléau, avec d'énormes frais, sans parvenir à l'empêcher entièrement. Tout le monde convient que les moyens employés par nos voisins de l'Helvétie sont inapplicables dans nos immenses vignobles; c'est donc autre chose qu'il faut chez nous.

La préservation demande, avant tout, la plus stricte surveillance, de la part des viticulteurs, de toutes leurs vignes grandes ou petites, jeunes ou vieilles ; elle exige, en outre, l'examen attentif des moindres symptômes précurseurs, tels que, par exemple, la chute prématurée des feuilles, et même l'accroissement marqué de la production.

Mais il ne suffit pas de surveiller ses propres vignes, si l'on veut les préserver; il faut encore surveiller, autant que possible, celles des voisins, car c'est toujours de là que vient le mal. Et la vigilance n'est pas seulement un devoir individuel, c'est aussi une obligation commune, ou plutôt *commu-*

nale, dans les pays qui ont la bonne fortune de n'avoir pas encore été envahis.

La législation actuelle permet et encourage la formation des syndicats viticoles ; il existe déjà un grand nombre de ces associations, mais elles se sont constituées seulement après l'invasion et en vue de la *défense* des vignes malades, non en vue de la *préservation*.

Je ne crains pas d'être contredit, si j'affirme que les syndicats de préservation sont un moyen bien plus excellent et bien plus nécessaire que les syndicats de défense. Ces syndicats communaux devraient se syndiquer, à leur tour, en des syndicats cantonaux et départementaux de surveillance. Il n'est pas nécessaire d'ajouter que toute vigne présentant, de près ou de loin, quelque symptôme inquiétant, serait examinée, signalée à l'administration, sans le moindre retard, et sans aucune exception motivée par l'espèce, l'âge ou la position des sujets contaminés.

Mais à ce moment commence la défense dont je parle plus loin.

Parmi les moyens culturaux de préservation, il est à peine besoin d'énumérer ceux qui se présentent d'eux-mêmes à l'esprit du viticulteur expérimenté : taille prévoyante, en vue de fortifier l'arbuste et non de l'épuiser par une production immodérée ; fumures larges et régulières, additionnées d'engrais potassiques ; réduction, dans une forte proportion, du nombre de pieds de vigne plantés à l'hectare, etc., etc. En un mot, emploi de tous les moyens capables d'augmenter la vigueur et la rusticité de la vigne.

Le Congrès ne peut assurément pas se faire professeur de viticulture et enseigner des méthodes, ni les démontrer ; mais en donnant place, dans le volume où seront publiés ses travaux, à telle ou telle communication qui lui paraîtra rationnelle, il la recommandera, par cela seul, aux intéressés, il fera par conséquent une chose utile, à n'en pas douter.

Mais ce que le Congrès peut faire avec autorité, et ce que j'ai l'honneur de lui demander ici, c'est une résolution par laquelle *il recommanderait la formation*, dans les heureux pays non encore attaqués, *de syndicats, communaux, cantonaux et départementaux de préservation.*

III

Défense. — Ici se présenterait, naturellement, la fastidieuse et déplorable dispute entre les insecticides et les cépages américains ; je me garderai bien d'y entrer. Je prendrai seulement, parce qu'il le faut, le point de départ de ma discussion, dans un fait absolument avéré.

Un précédent Congrès, tenu à Montpellier, a été mis en demeure, par un délégué espagnol officiel, de faire une déclaration affirmant la résistance absolue de certains plants américains, qui avaient été fortement recommandés à ce Congrès. Il s'y est sagement refusé, sur la proposition de deux de ses membres les plus éminents, disant qu'on pouvait garantir la résistance *actuelle*, mais non la résistance *future*, des espèces en faveur. Voilà le fait qui ne sera pas contesté, je crois.

Que suit-il de là? Que la résistance spontanée indéfinie *n'existe chez aucune espèce ou variété de vigne*. En effet, on n'ose pas l'affirmer, même chez les plants américains les plus vantés pour leur résistance. On ne saurait fonder la défense des vignobles français sur une vertu, seulement temporaire, aux yeux même de ses prôneurs. C'est donc ailleurs qu'il faut trouver la *solution pratique* cherchée.

Un autre fait, non douteux également, c'est que certains cépages sont doués d'une *résistance relative* incontestable et incontestée, ce qui est le propre de beaucoup de cépages américains et d'un petit nombre de variétés françaises de vignes.

On ne conteste pas non plus ce fait, que les vignes traitées, judicieusement et à temps, par les insecticides résistent, pendant un laps de temps plus ou moins long, aux atteintes du fléau.

Enfin, fait également reconnu, les treilles possèdent aussi, sans acception de nature des plants dont elles sont formées, une résistance relative très marquée au fléau ; résistance due, non pas à l'espèce, mais au mode de dressage des sujets.

Il existe ainsi trois sortes de résistances :

Résistance organique, spontanée et relative, de beaucoup de cépages américains et de quelques plants français ;

Résistance communiquée par la conduite de la vigne en treilles, relative aussi ;

Résistance résultant de l'application opportune et persévérante de quelques insecticides.

Aucune de ces propriétés de résistance, prise isolément, n'a encore suffi jusqu'ici, soit à la défense, soit à la reconstitution des vignobles détruits : cela est connu de tous ; mais il ne paraît pas douteux, qu'en les ajoutant les unes aux autres, en les combinant judicieusement, on arrivera à la résistance indéfinie, c'est-à-dire au salut : cela n'a pas été fait jusqu'ici, il est urgent d'y arriver.

C'est de la défense d'un vignoble attaqué que je m'occupe en ce moment.

Comment s'y est-on pris pour combattre l'invasion ? On a eu recours à la source de résistance résultant de l'application des insecticides et des engrais appropriés. On a réussi dans beaucoup de cas, presque autant de fois que les traitements ont été pratiqués avec méthode, avec suite et·opportunité. Mais les frais ont été quelquefois très élevés, et puis il y a eu des insuccès, dont nombre de viticulteurs, trop disposés à se croiser les bras et à tout attendre de la Providence et du Gouvernement, ont fait très grand bruit, en taisant à dessein les fautes commises, le défaut de persévérance, causes les plus fréquentes des échecs subis.

Combattre l'invasion, maintenir les vignobles atteints par la résistance des insecticides, c'est bien, mais ce n'est point assez. Il est mieux, il est plus expédient et plus sûr d'y joindre, outre les engrais requis, la résistance due à un mode de dressement de la vigne le plus rapproché possible de la forme *treille.* Sous cette forme, la vigne atteinte dure dix ans et plus, grâce à la vigueur et à la rusticité plus grandes, qu'elle puise dans l'élongation de ses racines et de ses membres à fruit. En un mot, appliquer aux vignes malades, mais qui sont encore vivantes, le sulfure de carbone ou les sulfo-carbonates, soutenus par les engrais ; tel est le moyen généralement employé, et avec un succès non douteux mais incomplet. Y joindre, dans les vignes pleines, la suppression de la moitié des souches en développant proportionnellement leur arborescence, paraît être un moyen beaucoup plus complet et plus efficace.

Le procédé n'est pas nouveau. Il y a plus de cent vingt ans que Maupin, un praticien et un écrivain viticole bien connu, recommandait, après l'avoir pratiqué heureusement, de combattre l'épuisement des vieilles vignes en les éclaircissant. Le système du Dr J. Guyot repose sur la même théorie ; il a un défaut, toutefois, qui en a entravé le succès ; il veut l'élongation des bois de la vigne sans l'avoir suffisamment éclaircie, ne lui donnant pas, dans le sol et dans l'air, tout l'espace voulu pour lui rendre une part suffisante de sa vigueur et de sa rusticité, perdues dans l'excessif rapprochement et la multiplicité des mutilations annuelles.

Si les viticulteurs, pour défendre leurs vignes attaquées, combinent les deux résistances plus haut démontrées, leur réussite est assurée ; d'autant plus qu'ils obtiendront, en même temps, et des rendements plus élevés, et une économie marquée dans les frais de culture et d'application des insecticides. On ne saurait trop recommander cette méthode, au moins à titre d'essai, aux praticiens viticoles jaloux de sauver leurs vignes.

Dans ma conviction, la forme de la vigne en chaintres, qui n'est autre que la treille palissée horizontalement près de terre, est celle qui convient le mieux à tous les vignobles pendant la crise phylloxérique que nous traversons. On peut sans peine y ramener les vignes pleines et c'est ce que je fais.

Le moyen que j'emploie ne consiste pas dans une taille nouvelle, donnée aux anciennes souches qui s'y prêteraient fort peu. Voici comment j'opère : Tous les quatre ou six mètres, suivant la force et la richesse du sol, je défonce une bande de terre de 1m 30 à 1m 40 de largeur, en enlevant les lignes de souches qui s'y trouvent. Cela fait, au milieu de cette bande, je plante des enracinés de deux ans qui produiront deux ans plus tard, comme dans les vignes en chaintres. Les espaces intermédiaires de ces lignes continueront à être occupés par les vieux ceps, et, défendus par le sulfure de carbone, les engrais requis et l'espacement, ils donneront ainsi des produits jusqu'au moment où le développement des chaintres rendra leur enlèvement nécessaire.

Ainsi se fera la transformation économique de mon vignoble, basée sur la double résistance par les insecticides et par les treilles modifiées ; transformation qui est à la fois une défense et une reconstitution, avec des avantages qui n'échapperont pas à la sagacité des viticulteurs expérimentés.

IV

Reconstitution. — Les vignobles à reconstituer, après leur destruction par le phylloxera, se présentent sous deux conditions distinctes, dont il doit être tenu compte avec soin ; ce sont :

Ou des vignobles renommés par la haute qualité de leurs produits, — les grands vins ;

Ou des vignobles dont les crûs, bien que fort estimables et souvent très bons, doivent être, en même temps et surtout, abondants.

Aux premiers, il importe infiniment de conserver leur caractère et leur goût propres, jusque dans leurs nuances les plus délicates : saveur, arôme, moelle, chair, bouquet, etc., etc., abstraction faite de la quantité produite.

Pour les seconds, dont l'abondance, au moins relative, est la condition essentielle, ces nuances, dans la qualité, deviennent une condition secondaire.

Il suit de là que, dans les vignes, mères des grands vins, on doit garder religieusement les cépages traditionnels, tandis qu'on peut, sans grand inconvénient, en introduire d'autres dans les vignobles où s'impose l'abondance des produits. Ce n'est pas à Bordeaux qu'on méconnaîtra l'importance de ce point de vue de la question ; je vais donc l'examiner d'abord et rechercher le mode de reconstitution qui convient le mieux pour les vignes des grands vins.

Il est bien entendu qu'il ne saurait être question d'introduire de nouveaux cépages à production directe ; celle qui se présente est la question de savoir si l'on se contentera de communiquer aux variétés du pays la double résistance par les insecticides et la forme treilles horizontales, ou bien si l'on recourra, en outre, à la troisième source de résistance, les greffages sur plants relativement résistants, américains ou autres.

Et d'abord, greffera-t-on sur plants américains ?

Je ne mets en doute ni la reprise des greffes, ni la résistance, *actuelle mais non indéfinie,* des espèces recommandées ; j'admettrai même que deux cépages de genre si différent, tels que le *Cabernet* et le *Solonis*, par exemple, le premier modérément vigoureux, le second d'une végétation folle, marieront d'une manière durable leur nature et leurs caractères si opposés. Mais il ne paraît pas possible que la fructification ne soit pas modifiée dans son abondance.

Or, on le sait, une telle modification, c'est l'abaissement inévitable de la qualité générale des grands vins. Qu'on relise Chaptal, et l'on verra que : « Toute cause, quelle qu'elle soit, qui augmente notablement la quantité des » raisins, abaisse, dans la même proportion, la qualité du vin produit. »

Jullien est encore plus affirmatif et plus précis. Il raconte qu'à une époque déjà ancienne, le propriétaire du grand crû de Haut-Brion ayant voulu accroître la quantité de ses récoltes, le crû fut déclassé et abandonné par le commerce. Il ne fallut pas moins de vingt ans pour relever ce vin disqualifié.

Le fait cité par Jullien a ainsi confirmé, pour les grands crûs, le principe posé par Chaptal.

CONCLUSION. — On fera bien de ne pas greffer sur la folle vigne américaine, à arborescence illimitée et déréglée, les fins cépages bordelais, bourguignons, champenois et autres.

Les greffera-t-on sur certains cépages français relativement résistants, tels que l'*Étraire de l'Adhuy*, par exemple, dont je parlerai plus loin? Cela serait plus admissible et plus rationnel, car le génie des espèces qui seraient, dans ce cas, mariées par la greffe, serait moins opposé, tant par la nature et la densité des bois que par l'aptitude végétative. La fructification ne serait pas sensiblement altérée, au détriment de la qualité du vin. Toutefois, ce point est si important, si vital pour les glorieux vignobles des grands vins, que, si une résistance indéfinie, due aux insecticides et à la forme treille horizontale est probable, on doit s'abstenir de recourir à la troisième source de résistance, le greffage sur plants relativement résistants, même non américains.

Eh bien! on peut l'affirmer d'après les faits connus : des vignes sont défendues avec les insecticides, appliqués isolément : des vignes de dix mille à vingt mille pieds à l'hectare. Donc celles qui seront reconstituées en chaintres, à 1,250 pieds à l'hectare, par exemple, et traitées convenablement par les insecticides, sans recours à un racinage étranger aux espèces locales, seront douées d'une résistance indéfinie, sans abaissement sensible de la qualité du vin et avec une très notable économie de frais. Par là, on échappe aussi à l'anxiété du choix des espèces de plants, sur lesquels on aurait à greffer les cépages traditionnels des grands vins.

La méthode est rationnelle : elle repose sur des données expérimentales certaines ; elle mérite donc l'attention des viticulteurs sérieux, à titre de solution pratique, pour la reconstitution des vignobles les plus excellents et les plus renommés.

Arrivant à la reconstitution des vignes qui visent à une abondante production, toute hésitation disparaît, la nécessité d'une haute qualité étant écartée. On ne doit négliger aucune des sources de résistance relative, dont l'ensemble produira la résistance indéfinie ; il faut recourir à la troisième condition ajoutée, dans ce cas, aux deux premières, à la recherche des espèces de vignes relativement résistantes. J'ai suffisamment démontré plus haut les premières conditions, je ne m'occuperai plus que de celle-ci.

Les plants américains sont doués, pour la plupart, d'une résistance relative indéniable ; on sait que le Congrès de Montpellier a refusé d'affirmer la résistance indéfinie des variétés les plus vantées sous ce rapport. Il suit nécessairement de là, que le plus ou moins de résistance actuelle des cépages transatlantiques en faveur perd une grande partie de son importance. Ils se rapprochent ainsi beaucoup des espèces asiatiques ou européennes relativement résistantes, dont ils diffèrent cependant beaucoup par la densité

et le volume de leur bois, ainsi que par leur aptitude végétale et leur
fructification.

Les variétés européennes relativement résistantes — j'en citerai deux, la
Nocera nera, de Sicile, et l'*Étraire de l'Adhuy*, de l'Isère, — n'ont pas donné
des marques de résistance moins signalées que celles des vignes américaines :
je le prouverai plus loin. En outre leur bois, leur végétation, leur fruit, sont
de même nature et de même caractère que ceux de nos vignes françaises : il
y a, sous ce rapport, entre ces cépages, une très grande analogie, sinon
une entière similitude.

Ceci étant donné, étant admis aussi qu'on veuille utiliser la résistance originelle et relative de certains plants, choisira-t-on des plants
américains ou des plants français, soit comme vignes de production directe,
soit comme sujets à greffer?

Rationnellement, et sans vouloir ni proscrire absolument les plants américains, ni combattre les convictions de mes collègues en viticulture qui se sont
voués à leur propagation, ces espèces de vignes paraissent devoir être écartées,
par les raisons très fortes exposées plus haut : la différence très marquée et
même l'opposition qui existent entre la nature et les aptitudes végétales des
vignes américaines et celles des vignes européennes relativement résistantes.

Je ne prétendrai pas que cette différence et cette opposition soient un
empêchement absolu à la réussite du greffage de nos plants indigènes sur
plants américains ; je ne soutiendrai pas non plus l'improbabilité de durée
indéfinie de la bonne végétation. et de la bonne fructification de la tige française sur la racine du sauvage plant américain. Je dirai seulement, et je
pense qu'on ne me contredira pas, qu'il y a certainement là une difficulté à
vaincre, une grosse dépense à faire. Puis, je le demanderai, est-ce bien le cas,
lorsque le viticulteur a tant d'obstacles à vaincre, tant de frais auxquels il
a peine à suffire, est-ce bien le cas de s'en créer de nouveaux, sans nécessité
et comme à plaisir? Poser la question, c'est y répondre.

Maintenant, je me placerai dans l'hypothèse de deux vignobles reconstitués
par le greffage de nos bonnes variétés, ici sur plants américains à végétation
disparate, là sur plants européens à végétation similaire, les uns comme les
autres relativement résistants.

Une grande gelée survient qui détruit l'arborescence aérienne des deux
vignobles et ne laisse subsister que leur arborescence souterraine, les racines.
Que se passe-t-il alors? Les racines poussent de nouveaux jets, qui sont
américains dans l'un des deux vignobles reconstitués, français ou européens
dans l'autre. Il faudra donc greffer à nouveaux frais le vignoble à racine américaine, tandis qu'on pourra garder en l'état le vignoble à racine indigène.

Dira-t-on que cette hypothèse repose sur une exception? Mais l'exception
s'est présentée deux fois en dix ans, pour une grande partie du vignoble
français : dans les hivers de 1870-71 et de 1879-80. Quelle difficulté, quelle
incertitude, quelle dépense dans cette double opération de greffage à intervalles
si rapprochés ! J'en appelle ici à l'expérience des viticulteurs mes collègues.

Ici, plus fortement encore que ci-dessus, la conclusion logique est que les plants américains doivent être écartés, par mesure de prudence et de prévoyance, dans la question de reconstitution des vignobles dont on veut assurer la durée illimitée par la réunion et la combinaison des trois conditions de résistance relative, due aux traitements insecticides, à la treille horizontale et à la nature de certains plants.

Si les plants américains sont écartés pour la reconstitution de nos vignes détruites, quels sont les plants indigènes ou européens, relativement résistants, auxquels recourront les viticulteurs?

V

La *Nocera nera* (Sicile), l'*Etraire de l'Adhuy* (Isère). — J'ai nommé ces deux cépages plus haut, parce que leur résistance relative m'est particulièrement connue, ainsi qu'à beaucoup d'autres viticulteurs; mais je ne doute pas qu'il en existe d'autres, dans les vignobles français et européens, plants de nature et d'aptitude végétale analogues à celles des autres cépages dont furent peuplées les vignes à reconstituer et à armer pour la résistance illimitée.

La *Nocera nera* est un cépage sicilien. Je n'ai trouvé sa description botanique dans aucun ouvrage d'ampélographie, mais voici les caractères que j'ai reconnus sur quelques centaines de pieds de deux ans que jai plantés :

Souche extrêmement vigoureuse (sarments de 3 à 4 mètres, dans un sol maigre et non fumé), plutôt érigée que diffuse ;

Bourgeonnement cotonneux d'abord; les feuilles, en grandissant, conservent le duvet blanc seulement sur la face inférieure, la face supérieure devenant alors glabre et d'un vert pâle, inclinant à la nuance jaune, comme le bois qui ne contracte quelques nuances carminées qu'à l'époque de la maturation; la feuille est d'ailleurs de forme ronde, à lobes peu accusés, excepté le lobe pétiolaire dont les bords sont souvent croisés et bien dentelés ;

La grappe est magnifique, longue, ailée, à graines de seconde grosseur, un peu ovalaires — 12^{mm} sur 15^{mm} en général — peu pruinée ;

La maturité est tardive — 4e époque — fin septembre en Beaujolais; il est impossible d'indiquer le titre saccharimétrique du moût de la *Nocera*, encore à moitié verte; cette particularité ne permet pas sa culture, pour la production directe au delà de la zone viticole la plus méridionale de la France ; greffée, elle peut réussir dans les autres, mais avec les inconvénients présentés par les cépages américains, en cas de gelées intenses dans les hivers longs et rigoureux ;

La *Nocera nera* montre une précocité remarquable et précieuse; nombre de sujets de deux ans portent plusieurs magnifiques raisins.

Au point de vue de sa résistance relative, on sait seulement aujourd'hui ce qui suit; ces détails sont empruntés à une communication de M. le commandeur Zirilli :

« Il y a longtemps, en compulsant de vieux papiers de ma famille, je ren-
» contrai beaucoup de contrats passés par mes ancêtres et d'autres nombreux

» propriétaires, de 1750 à 1770 environ, dans lesquels étaient donnés, en
» culture temporaire ou perpétuelle, des terrains plantés en vignes antérieu-
» rement, mais rendus libres par la maladie qui avait détruit les *Negrelli*
» (noireaux ou noiriens) — ainsi était-il dit dans quelques-uns — et par la
» *muffa* (moisissure), suivant d'autres contrats.

» Ces contrats prescrivaient aux colons de replanter la vigne détruite, non
» plus avec le *Negrello*, mais bien avec la *Nocera*, qui est aujourd'hui le cépage
» dominant et presque unique de tous nos vignobles ; prescription reproduite
» ensuite dans tous les autres contrats et avec beaucoup de sagacité. En
» effet la *Nocera* justifie cette préférence par ses qualités reconnues ; elle est
» mieux appropriée à notre sol, *de beaucoup le plus rustique des cépages*, peu ou
» point sujette aux vers ; enfin, elle produit en abondance un vin extrêmement
» noir, à écume rouge, éminemment ferme, excellent pour les coupages, sur-
» tout lorsqu'il s'agit de fortifier et de remonter les vins pâles et faibles du
» nord. »

Ces caractères de *vigueur* et de *rusticité* recommandent certainement la
Nocera pour la reconstitution de nos vignobles méridionaux ; la propriété qui
lui fut reconnue, de 1750 à 1770, de résister à la *muffa*, maladie qui faisait
périr les autres vignes de Sicile, témoigne aussi fortement de ses aptitudes
de résistance relative aux fléaux ; je ne doute pas que, combinée avec les
autres conditions de résistance, la variété sicilienne ne donne pleine satisfaction aux viticulteurs qui l'emploieront, soit pour la production directe,
soit comme porte-greffes.

Je prévois l'objection des partisans de la vigne américaine : « Pourquoi la
Nocera, dont la résistance au phylloxera n'est pas encore prouvée, plutôt que
le *Solonis* ou le *Riparia*, cépages très résistants, puisqu'il faudra, dans beaucoup de cas, greffer le sicilien aussi bien que les américains ? »

La réponse est simple et me paraît péremptoire : « Parce que, en cas de
gelée d'hiver, détruisant l'arborescence aérienne des vignes, la *Nocera*
émettra des jets qui pourront produire, sans nouveau greffage, du vin ayant
les qualités, très recherchées aujourd'hui, décrites par M. le commandeur
Zirilli. De plus, l'analogie des aptitudes végétales de la *Nocera* et des cépages
français recommande aussi de lui donner une préférence doublement
justifiée. »

Je répète, en terminant cette petite monographie de la *Nocera*, qu'il doit se
trouver, parmi les cépages indigènes du Midi, des espèces remarquables par
leur vigueur, leur rusticité et leur résistance relative ; on peut donc les
employer aussi à la reconstitution des vignobles de la zone viticole méditerranéenne, et leur communiquer la résistance illimitée, par l'adjonction des
traitements insecticides et la conduite en treilles horizontales.

L'*Étraire de la Duy* ou de *l'Adhuy*, est un cépage de l'Isère, qui est décrit
dans plusieurs traités d'ampélographie ; il serait oiseux d'en donner ici la
description qu'on trouvera facilement ailleurs. Sa monographie est plus intéressante et plus utile, et les faits de résistance au phylloxera, de ce précieux

cépage, retiendront surtout l'attention des viticulteurs. Il s'agit toujours, bien entendu, de résistance relative.

Il y a trois variétés d'*Étraire* : la *grosse Étraire*, la *petite Étraire* et l'*Étraire de la Duy* ou *de l'Adhuy*. Je ne m'occupe que de cette dernière.

On remarquait, il y a soixante ou soixante-dix ans, dans la commune de Saint-Ismier (Isère), une vigne, à peu près à l'état sauvage, qui couvrait un immense pierrier (amoncellement de cailloux roulés extraits des défrichements) près d'une source ou fontaine, appelée la *Duy*, ou l'*Adhuy*, dans le patois du pays. Chaque année, cette vigne se chargeait de nombreux et magnifiques raisins, qui arrivaient promptement à maturité... quand ils n'étaient pas mangés sur place par les femmes et les enfants, qui venaient puiser à la source.

Le propriétaire du lieu eut l'occasion d'observer que la vigne du pierrier était d'une rusticité exceptionnelle, qui lui permettrait de résister aux accidents dont souffraient les vignes voisines. De là à la pensée de propager cette variété, il n'y avait qu'un pas qui fut fait bientôt. L'*Étraire de la Duy*, plantée d'abord par le propriétaire de la souche-mère, montra, cultivée, les mêmes qualités de vigueur et de fécondité, alliées à une faculté de résistance, toujours la même, aux intempéries fatales aux autres variétés du pays. Cela fut remarqué par les viticulteurs voisins, qui demandèrent des boutures et en plantèrent à Saint-Ismier et dans les villages limitrophes. Il fut reconnu, en outre, que l'*Étraire de la Duy*, non les autres, donnait un vin de qualité supérieure.

Vint la peste phylloxérique ; les vignes de l'arrondissement de Vienne furent les premières atteintes et détruites. Vienne est assez loin de Saint-Ismier, qui touche à Grenoble, et l'*Étraire* y était moins répandue. Pourtant des essais de plantation de ce cépage avaient eu lieu, et sa résistance relative au phylloxera frappait tous les regards.

Je citerai le fait qui m'a frappé moi-même et déterminé à choisir l'*Étraire de la Duy*, comme base de reconstitution de mon vignoble, par la triple résistance relative.

Dans la commune de Poussieux (arrondissement de Vienne), existe une vigne, dont la configuration approximative est tracée d'autre part. Ce champ appartient à un seul propriétaire ; il a été planté, la même année, dans un sol et une exposition identiques ; la culture a été la même pour toute la vigne, sauf qu'une partie est dressée en *hautains* ([1]), et toutes les autres conduites à taille courte. La vigne entière a treize ans.

La vigne d'*Étraire* portait une bonne récolte moyenne en septembre 1880, époque à laquelle je la visitai. Les raisins, mûrs alors, étaient longs, portant presque tous un ou deux ailerons ; leurs grains ovoïdes, très allongés (environ 10 et 14 millimètres), couverts d'un abondant pruiné bleu, avaient un bon

([1]) On nomme ainsi des lignes de souches distantes de 2 à 3 mètres, que l'on dresse sur des gaules portées horizontalement par des pieux. Ce palissage rustique est très peu coûteux ; les pieds sont espacés d'un mètre et hauts de deux.

goût de raisin de cuve, séveux, sucré, relevé; j'ai dit qu'ils donnent le meilleur vin du pays. Les bois n'avaient pas moins de 1 à 2 et 2 1/2 mètres de longueur; aucune souche ne fléchissait. Un tel résultat, en une année de forte gelée de bourgeons, était si remarquable, que la vigne de Poussieux attirait de nombreux visiteurs.

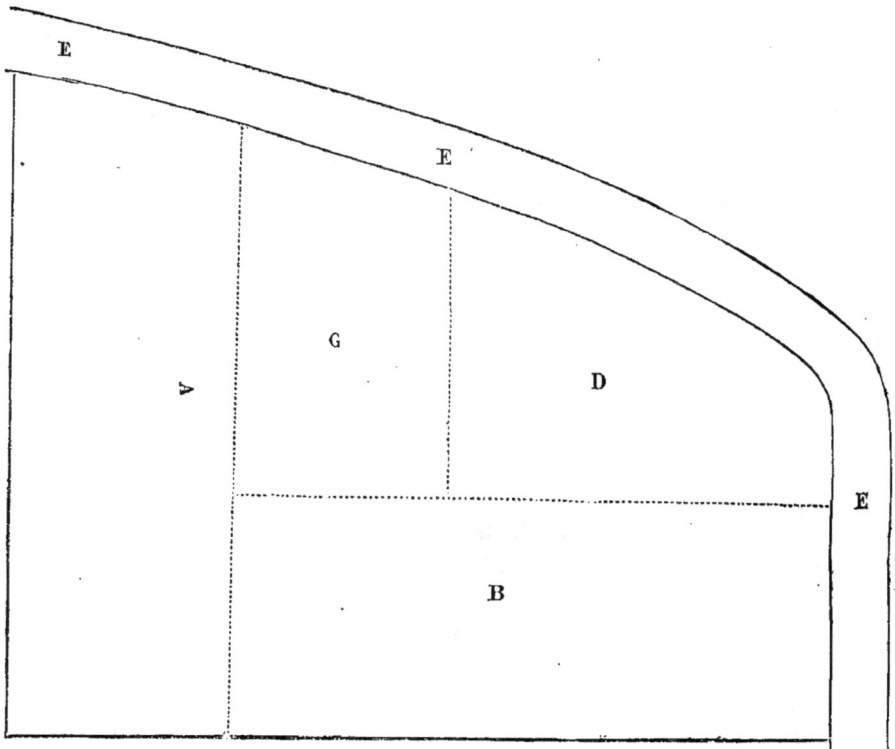

(En 1880)

La partie A est la vigne de hautains, plantée en divers cépages du pays; — très malade, peu de fruit, pas de bois;
—   B vigne de *Gamais du Beaujolais;* — presque morte;
—   C   —   de *Syrrah de l'Ermitage;* — mourante;
—   D   —   de l'*Étraire de la Dry;* — bois et fruit;
—   E   —   chemin arrivant au village de Poussieux.

Il doit être observé qu'aucune séparation, pas même un sentier, ne se trouvait entre les divers compartiments de vignes de ce champ, dont les souches, plantées à la Beaujolaise, étaient à moins de 70 centimètres les unes des autres, en tous sens. De sorte que les racines des *Syrrah,* par exemple, s'entre-croisaient avec celles des *Étraire.*

J'eus soin, comme je le fais toujours quand j'examine des vignes phylloxérées, de diviser longitudinalement les racines, de leur naissance à leur extrémité la plus ténue, puis d'observer minutieusement, à la loupe, les deux

tranches. Je soumis à un même examen comparatif les racines de *Syrrah*
voisines, et voici ce que je remarquai :

1º Les racines d'*Étraire*, prises parmi les racines de *Syrrah*, portaient en
moyenne deux phylloxeras pour dix comptés sur celles-ci ;

2º Aux blessures produites par le suçoir de l'insecte, sur les racines de
Syrrah, l'altération, ou la décomposition, traversait la racine dans toute son
épaisseur; aux blessures sur les racines d'*Étraire*, pas de décomposition,
mais seulement des altérations, qui, offensant l'écorce et le liber, s'arrêtaient
à la partie ligneuse, qui n'était ou ne paraissait nullement endommagée.
Cette particularité, observée sur plusieurs couples de pieds de *Syrrah* et
d'*Étraire*, me parut de nature à expliquer, très rationnellement, la différence
de résistance au phylloxera des deux cépages contigus, et la belle végétation
des uns, à côté de l'agonie et de la mort des autres : je n'en cherchai donc
pas d'autre. Mais je voulus, au moins, savoir si le fait observé à Poussieux
se répétait ailleurs.

J'eus la satisfaction d'apprendre qu'il se reproduisait, en effet, dans des
conditions qui ne laissent plus de place à la contradiction, ni même au
doute.

Des pieds d'*Étraire*, disséminés, isolément ou en groupes, au milieu de
vignes du pays, mortes et mourantes, présentaient le même phénomène de
résistance, relative sans doute, mais très accusée, dans une variété française
qu'aucun pépiniériste n'avait encore songé à *lancer*. Des lettres, qu'on voulut
bien m'écrire de divers points de la région viticole au sud de Lyon, me
signalèrent, toujours en 1880, la résistance de la vaillante *Étraire*. C'est alors
que je l'adoptai définitivement, et que je n'hésitai pas à la recommander
dans le *Moniteur vinicole,* dont j'avais, à cette époque, la rédaction en chef.
J'étais donc convaincu de la résistance relative très accusée du cépage
dauphinois, et j'en avais mis dix mille boutures en pépinière, lorsque,
dernièrement, je reçus d'un ampélographe éminent, ami et collaborateur du
comte Odart, M. Jacquier de Vacheron, une lettre dont je copie l'intéressant
passage qui suit:

« Château de Lagarde, le 23 août 1881.

» Voici ce qui vient de se passer, à l'endroit de l'*Étraire,* dans mon
» modeste vignoble de Lagarde :

» Il y a dix-neuf ans, je m'étais procuré à Saint-Ismier, chez M. Buisson,
» le premier vulgarisateur de ce plant, deux mille boutures de l'*Étraire de*
» *l'Adhuy,* sans me douter alors de la célébrité à laquelle, le phylloxera
» aidant, cet Isérois arriverait.

» Or, aux côtés de ce cépage, ma petite manie de collectionneur-obser-
» vateur m'avait fait installer pareille quantité de *Didi-Saperasi,* à moi
» envoyée par mon aimable ami, le baron d'Hartwiss, directeur des vignobles,
» en Tauride, de S. M. l'Empereur de toutes les Russies.

» Or, encore, ce pauvre cépage tauridien a eu l'esprit de crever phylloxé-
» riquement, juste à point pour faire repoussoir à votre protégé de l'Isère,

» lequel, luxuriant, splendide, semble braver la mort, la mort qui l'avoisine
» et l'enveloppe, et rappelle aux visiteurs, qui me viennent de toutes parts,
» le *impavidum ferient ruinæ.*

» Vous le voyez, vous avez été le révélateur d'un fait viticole très impor-
» tant; et moi, j'avais été, depuis dix-neuf ans, destiné, prédestiné,
» à être, aujourd'hui, votre confirmateur, votre coadjuteur.

» De ces renseignements d'ami à ami, mais aussi de viticulteur à
» viticulteur, vous ferez tel usage qui vous paraîtra utile, tel emploi que
» vous jugerez pouvoir être profitable à la grande cause que vous défendez
» si bien. »

On me pardonnera d'avoir cité textuellement tout ce passage ; j'ai voulu
lui laisser son caractère intime et sincère, qui ajoute à la valeur du fait
affirmé, en lui ôtant tout air de parti pris et d'intérêt personnel quelconque.

On conclura avec moi, je n'en doute pas, avec les faits reconnus, que
l'*Étraire de la Duy* ou *de l'Adhuy* est un cépage français, possédant une
résistance, relative, au phylloxera, égale sinon supérieure à celle de beaucoup
de plants américains, affirmés résistants ; résistance établie, en effet, à
Poussieux, dans les conditions indiquées ci-dessus, et à Lagarde, chez
M. J. de Vacheron, avec une évidence qui ne se peut nier.

Que cette remarquable résistance relative se fortifie par la résistance des
treilles horizontales et la résistance des traitements insecticides, et les zones
viticoles centrale et septentrionale de la France assureront ainsi, à leurs
vignobles, reconstitués sur ces bases, la résistance définitive et illimitée,
c'est-à-dire : le salut, et avec lui, la production.

VI

CONCLUSION

Les vignes peuvent être défendues ou reconstituées par les traitements
à une, à deux, ou *à trois résistances,* savoir ([1]) :

La résistance *innée ;*

La résistance *extensive ;*

La résistance *insecticide.*

Jusqu'à ce jour, la défense ou la reconstitution des vignes a été essayée
seulement par les traitements *à une résistance,* la résistance insecticide ou
la résistance innée, toutes les deux *relatives, et par suite insuffisantes* aussi
longtemps qu'elles seront employées isolément. De même aussi la résistance
extensive des vignes en treilles horizontales, très peu employée, n'est que
relative, pratiquée isolément.

La raison commande de renoncer à l'emploi *isolé* de l'une de ces résistances,
quelle qu'elle soit.

([1]) On voudra bien me passer ces néologismes, nécessaires à la clarté de mon système.

Elle veut au contraire que les traitements soient faits, ou à deux résistances, c'est-à-dire par les insecticides et la forme treille, associés; par la forme treille et la résistance innée, associées; par la résistance innée et l.s insecticides, associés; ou à trois résistances, c'est-à-dire par l'association des insecticides, de la résistance innée et de la forme extensive des treilles.

Les vignes traitées à une seule résistance doivent être portées à deux ou à trois résistances, suivant la nature et la valeur de leurs produits.

Dans ce système rationnel et éclectique se fondent les trois méthodes qui ont donné des résultats sérieux bien établis. Là, et là seulement, dans ma conviction, se trouve la solution pratique, que j'ai l'honneur de soumettre à la haute compétence du Congrès : *la résistance absolue et indéfinie de la vigne au phylloxera.*

SOLUTION ÉCONOMIQUE ET FINANCIÈRE DE LA QUESTION DU PHYLLOXERA

(2e Communication.)

Par E. TERREL DES CHÊNES

I

On doit cette justice au Gouvernement de la République, que, non seulement il s'est ému de la ruine et de la désolation jetées parmi les viticulteurs par la peste de la vigne, mais aussi qu'il a fait et fait encore les plus louables efforts dans le but de combattre et d'arrêter le fléau destructeur.

Tout le monde connaît les lois, décrets et arrêtés, rendus de 1874 à 1881, promettant une récompense nationale, ouvrant des crédits, donnant des allocations ; je ne les citerai donc pas. L'État a fait tout ce qu'il pouvait raisonnablement faire ; il est disposé à faire plus encore, et j'estime que les grandes assises de la viticulture, qui se tiennent à Bordeaux, doivent lui témoigner leur gratitude. Mais le Congrès a aussi le devoir de constater qu'au regard de l'immensité du mal déjà accompli et de celui, plus grand encore, qui est à craindre, l'action gouvernementale est absolument insuffisante.

Il suffit, pour le démontrer, de citer quelques chiffres officiels ([1]) :

On compte en vignes détruites............ 500,000 hectares.
—   en vignes atteintes............. 600,000   —
Ce qui donne un total de................. 1,100,000 hectares.

([1]) On ne peut donner que des chiffres ronds, puisque la situation se modifie d'une manière continue.

Estimer l'hectare de vigne au prix moyen de 5,000 fr. c'est certainement émettre une évaluation inférieure à la vérité.

On a donc une perte réelle de (¹)............F.   2,500,000,000

Et une perte imminente de...................   3,000,000,000

Soit le total effrayant de..................F.   5,500,000,000

Quelle est, maintenant, la somme dépensée par l'État, en 1881, époque du plus grand développement du fléau? La voici à peu près :

Traitements aux frais de l'État...............F.   500,000

Subventions aux syndicats.....................   760,000

En tout, seulement...........................F.   1,260,000

alors que la perte, en revenu annuel, est de plus de 600,000,000 de francs assurément.

Ces rapprochements de chiffres démontrent trop l'insuffisance de l'action gouvernementale dans la question du phylloxera, pour qu'il soit besoin d'insister.

D'ailleurs, l'État le reconnaît et le déclare lui-même : il a le pouvoir, il a les moyens d'encourager les efforts des vignerons de bonne volonté, de susciter l'initiative de tous; mais il est désarmé et impuissant, devant l'incurie, la paresse et l'ignorance, qui sont, hélas! le triste lot du plus grand nombre.

Que résulte-t-il de cet état de choses? Tout le monde répondra avec moi : un immense et double malheur; la perte, à bref délai, de la plus grande partie des vignes malades, l'attaque et la perte, plus ou moins prochaines, de celles qui ne le sont pas encore.

Je ne crains pas d'émettre une proposition téméraire, en affirmant que c'est aller au devant des vœux du Gouvernement, que de lui indiquer et lui recommander des mesures pratiques, et d'une efficacité non douteuse, par lesquelles serait vaincu le fléau du phylloxera et reconstitué le riche, le grand, le glorieux vignoble français. J'oserai ajouter que telle me paraît être la mission du Congrès qui, avec tant de raison, a inscrit à son programme les *mesures administratives* et les *décisions à prendre*.

Mission stricte et urgente, puisque sur les 600,000 hectares actuellement phylloxérés, c'est-à-dire en danger de mort, 25,000 à peine — moins de 5 0/0 — reçoivent des traitements défensifs.

Mission d'une extrême importance et on ne peut plus considérable, puisque les vignes à préserver, à défendre ou à reconstituer sont d'une étendue de 2,500,000 hectares et d'une valeur de 12,500,000,000 de francs.

Voilà le but auquel il faut viser, dont on est si loin. Comment l'atteindre?

Dans ma conviction, on y parviendra sûrement par deux moyens :

(¹) Il y aurait à défalquer à peine 1,000 fr. à l'hectare, prix de la terre nue.

1° L'obligation absolue *pour tous* de traiter *toutes* les vignes phylloxérées;

2° L'organisation d'institutions financières et de crédit spéciales, patronnées par l'État, mais laissées à la direction et à la charge des particuliers. Cette distinction entraîne la division en deux parties du présent mémoire.

II

Obligation absolue pour tous de traiter toutes les vignes malades. — L'un des promoteurs les plus savants et les plus distingués du Congrès me faisait l'honneur de m'écrire, à la date du 28 septembre : « Vous demandez une loi » coercitive. J'ignore s'il est plus possible, ici, qu'en matière de vaccine, de » prendre une décision si grave. Les gouvernants n'ont le droit de forcer » les gouvernés qu'en matière de vérités incontestables et incontestées. »

La question ne saurait être mieux posée, au double point de vue du droit et de la pratique, et c'est pour cela que je cite mon éminent correspondant.

La nécessité de préserver les vignes encore indemnes, de défendre celles qui sont attaquées et de reconstituer les vignobles détruits, est une vérité incontestable et incontestée, je crois; voilà déjà un premier point acquis, d'où sort le droit et même le devoir, pour les gouvernants, de contraindre les gouvernés au moins à *préserver* et à *défendre*, sinon à *reconstituer*.

Mais comment préserver et défendre d'abord, reconstituer ensuite? Quels moyens employer pour cela? C'est ici que s'élèvent les contestations, en présence desquelles le droit de coercition devient douteux, et cela parce qu'il y a quatre moyens principaux d'obtenir le résultat cherché, et que chacun veut faire prévaloir et adopter le sien, à l'exclusion de celui des autres.

La contestation peut cesser dès maintenant, et chacun acceptera cette vérité comme incontestable, que la vigne peut être préservée, défendue et reconstituée, par le moyen qu'il préfère. Que chacun accepte le procédé de son contradicteur qui, de son côté, adoptera le sien, l'accord sera fait et le droit de coercition naîtra, si on laisse au citoyen *contraint* le choix du moyen qu'il sera obligé d'employer.

Qu'a fait la loi du 15 juillet 1878, si ce n'est autoriser la contrainte, donner au Gouvernement le droit de coercition, en édictant même des pénalités contre les délinquants? Cependant nul n'a attaqué, que je sache, la nécessité ni la *légitimité* de cette loi, s'il est permis de parler ainsi. Ce qui lui a manqué, c'est une organisation meilleure et plus large de la coercition ; ses résultats ont été insignifiants, parce que l'action de la législation anti-phylloxérique a été insuffisante. C'est donc cette action qu'il est nécessaire d'accroître et d'étendre, soit par une coercition plus rigoureuse, soit par une meilleure organisation de la coercition.

On le sait, la législation existante a donné déjà satisfaction à toutes les opinions, en ordonnant des traitements par *l'un des moyens indiqués par la Commission supérieure* qui comprend des partisans des quatre systèmes de

31

défense préconisés. Il eût été mieux de dire : *un ou plusieurs des moyens*, mais il n'est pas trop tard ; l'important est que pas un ne soit exclu.

Je crois que nul ne contestera les vérités que voici :

Il y a nécessité de *préserver* et de *traiter ;*

Il existe des moyens efficaces de *préserver* et de *traiter ;*

Les *gouvernants* ont donc *le droit* et même *le devoir* de *forcer les gouvernés* à traiter et à préserver leurs vignes par un ou plusieurs des moyens efficaces reconnus.

Il existe, entre le fléau persistant du phylloxera et un autre fléau, temporaire seulement et moins grave, les chenilles, une évidente analogie. A la fin du siècle dernier, le fléau des chenilles ayant acquis une redoutable intensité, le Parlement d'alors n'hésita pas à voter une loi de coercition, que tout le monde connaît, la loi du 26 ventôse an IV (18 mars 1796), obligeant tous les propriétaires d'arbres, de haies et de buissons à l'échenillage.

On ne manquera pas de m'objecter que cet exemple est malheureusement choisi, car la loi citée n'est que très peu ou point observée et que, malgré les arrêtés des préfets, des maires et des officiers de la police rurale, les mesures de coercition édictées sont de nul effet. L'objection ne porte pas par la raison que voici :

La loi de ventôse an IV, excellente en soi, s'est heurtée à deux obstacles invincibles : l'impossibilité matérielle d'écheniller les arbres de haute futaie et les forêts, et l'énormité de la dépense en main-d'œuvre, comparée au résultat visé.

Est-ce là le cas des vignes phylloxérées? Assurément non. Ici, la possibilité de la préservation et de la défense, non moins que la reconstitution, est certaine et reconnue, et une fois les vignobles restaurés et rendus indéfiniment résistants par l'organisation de la défense et de la préservation, le profit réalisé sera énorme.

Loin de tomber ici en désuétude, une loi de coercition produira tous ses effets, à la condition qu'on mette à la disposition des viticulteurs les institutions de crédit et les facilités requises.

Il n'appartient peut-être pas au Congrès, à l'auteur de cette communication moins encore, de rédiger un projet de loi ; mais il est permis, tout au moins, d'indiquer les mesures qui paraissent capables d'arriver au but désiré. D'ailleurs il suffirait, je crois, de reprendre la loi de ventôse an IV, puis de l'adapter, en la modifiant et la complétant, aux besoins actuels.

Voici donc les mesures que je proposerais d'insérer dans cette loi :

A. *Assimilation* du phylloxera à la chenille ;

B. *Éphylloxérage obligatoire* de toutes les vignes reconnues phylloxérées *sans exception*, soit par la submersion, soit par les insecticides, aux soins des propriétaires de ces vignes;

C. *Éphylloxérage à leurs frais*, par les syndicats communaux ou par les soins des municipalités, en cas de négligence ou de refus des viticulteurs;

D. *Séquestration ou expropriation forcée temporaire*, en cas de récidive, des vignes reconnues phylloxérées, et pour une durée de temps à déterminer;

E. *Indemnité annuelle*, calculée sur la valeur locative de l'hectare de terre nue, payée aux propriétaires des terrains séquestrés ou expropriés temporairement;

F. *Estimation de leur valeur locative* par des experts communaux proposant les prix à un jury, dont la composition est à déterminer, lequel décidera.

G. *Remise des vignes séquestrées ou expropriées* temporairement entre les mains des syndicats communaux ou départementaux, chargés de la défense ou de la reconstitution, selon ce qui sera expliqué plus loin.

Il me paraît nécessaire de donner quelques explications touchant plusieurs des mesures indiquées plus haut.

B. L'éphylloxérage des vignes dites résistantes, c'est-à-dire qui vivent et fructifient avec le phylloxera, est peut-être plus indispensable encore que celui des vignes non résistantes. En effet, les dernières, en périssant, cessent d'être des foyers d'infection, tandis que les premières sèment la peste phylloxérique aussi longtemps qu'elles résistent au suçoir du puceron.

C. Déjà la loi permet le traitement *forcé* des points d'attaque, il s'agit de l'appliquer aux frais du récalcitrant ; cette pénalité vaut mieux que les amendes de 50 à 500 fr.

D. La séquestration ou expropriation forcée à temps est une mesure *d'utilité publique*, dans la question du phylloxera, comme l'expropriation forcée depuis longtemps appliquée pour la constrution des routes, canaux, chemins de fer, édifices publics, etc., etc., dans les questions d'intérêt général de l'État, des départements et des communes. C'est même une mesure nécessaire et urgente, au même titre que l'abattage des animaux charbonneux ou atteints de la rage. Il y a, toutefois, une très forte différence, dans le cas qui m'occupe, et qui exclut l'indemnité accordée dans celui d'abattage d'animaux atteints de la peste bovine : c'est que lorsque la propriété, séquestrée ou expropriée temporairement, sera restituée à qui de droit, elle aura récupéré une valeur quatre ou cinq fois supérieure à celle qu'elle avait au moment de l'éviction, puisqu'elle sera redevenue une bonne vigne résistante. Cependant, il m'a paru sage de proposer l'indemnité, parce qu'elle empêchera bien des résistances et des récriminations.

J'explique, dans la deuxième partie de cette communication, par qui et comment sera payée l'indemnité.

On sait que la séquestration des vignes phylloxérées est appliquée en Suisse, depuis plusieurs années, et qu'elle ne rencontre pas d'opposition; de plus, elle a donné de bons résultats.

G. Cette mesure est la réalisation de la partie économique et financière du projet esquissé ci-dessous.

III

Organisation d'institutions spéciales financières et de crédit. — La loi de coercition, édictant l'obligation de traiter les vignes phylloxérées et des pénalités aux délinquants, resterait cependant inefficace et tomberait en désuétude, comme la loi de ventôse an IV, alors même qu'elle ne se heurterait pas à des impossibilités pratiques, si le législateur ne prenait pas soin d'en faciliter l'observation, par des mesures économiques et financières sagement conçues.

Heureusement, ici encore, il n'est pas besoin d'innover. On trouve, dans la législation antérieure, une loi qui, modifiée, transformée, appropriée en un mot aux besoins du moment, peut suffire à la situation et donner les résultats attendus; c'est la loi du 17 juillet 1856, sur le drainage, complétée par celle du 28 mai 1858.

Si utile que puisse être le drainage en agriculture, il y a, entre sa valeur et l'importance du salut de la vigne, une telle distance, qu'elle ne se peut pas même énoncer. Et cependant l'Empire n'a pas hésité à l'encourager par un organe de crédit institué par une loi. En voici le premier article, qui est aussi le plus important :

Loi du 17-23 juillet 1856. — « Art. 1er. Une somme de cent millions » (100,000,000) est affectée à des prêts destinés à faciliter les opérations » de drainage.

» Un article de la loi de finances fixe, chaque année, le crédit dont le » Ministre de l'Agriculture, du Commerce et des Travaux publics peut disposer » pour cet emploi. »

Tous les autres articles, au nombre de neuf, concernent le mode de remboursement, les conditions des prêts et les garanties exigées par *l'État, prêteur.* Je ne les transcris point ici, parce qu'on les trouvera dans les codes.

L'État prêteur n'est pas une conception pratique; on ne tarda pas à s'en apercevoir. Aussi, moins de deux ans après la loi de 1856, le 5 juin 1858, une nouvelle loi fut votée, qui substitua le Crédit foncier de France à l'État, pour les prêts à faire pour opérations de drainage, jusqu'à concurrence de cent millions.

Cent millions, pour prêts, aux viticulteurs *obligés* de traiter 600,000 hectares, sont notoirement insuffisants. Le désastre est *national;* pour y parer, il ne faut rien moins, à mon sens, qu'un *emprunt national.* L'État, dans ce système, n'aura rien à fournir, et les budgets n'en seront nullement affectés.

On a voté des milliards pour l'achèvement de nos réseaux de chemins de fer, de voies de communication par terre et par eau, de travaux publics de toute sorte, cela, en vue de résultats considérables sans doute, mais n'ayant certainement pas le caractère de nécessité et d'urgence attaché à la question du phylloxera ; refusera-t-on un milliard, pour le salut de la vigne française ? Cet emprunt s'appellerait le *milliard du phylloxera*, comme il y a eu, sous la Restauration, le milliard de l'indemnité.

Et quelle différence, en faveur et à l'honneur du milliard du phylloxera ! Ce n'est pas seulement en plus-values d'impôts, non plus qu'en prospérité publique, que cet emprunt sera récupéré; la vigne rendra d'abord à l'État ces plus-values et cette prospérité, qui naissent toujours de la sienne, mais elle remboursera, en beaux deniers, et avec de larges intérêts, le capital même du *milliard du phylloxera*. Et je ne crains pas de l'affirmer : le Congrès qui aura élucidé, par la discussion, un tel projet, le Ministre de l'Agriculture et du Commerce, qui l'aura présenté au Parlement, sont d'avance assurés d'une popularité immense et de bon aloi; ils se feront un nom glorieux, que retiendra certainement la postérité.

Dans cette question, comme dans celle de la coercition, il ne peut s'agir de l'élaboration, par le Congrès ou par l'une de ses sections, d'un véritable projet de loi, que l'auteur de cette communication n'a pas songé à rédiger; mais il convient de proposer un ensemble de mesures, qui pourraient être formulées plus tard en lois, et dont l'Assemblée internationale phylloxérique de Bordeaux recommanderait instamment l'étude, dans un vœu par elle émis.

Voici, à peu près, ce que seraient ces mesures, si mon plan était admis à la discussion :

A. Autorisation, donnée au Ministre des Finances, d'émettre un emprunt d'un milliard dit, *le milliard du phylloxera;*

L'emprunt serait divisé en cinq émissions de 200 millions chacune;

B. Versement du produit de l'emprunt, au fur et à mesure des émissions, dans les caisses de la Banque de France, au crédit du compte du Trésor, la Banque étant autorisée à l'employer dans ses opérations;

C. Intérêt de l'emprunt payé aux souscripteurs par l'État, de la même manière que celui des autres emprunts;

D. Autorisation accordée, par décrets, au Crédit Foncier de France, de créer des séries d'obligations de 500 francs, dites *obligations viticoles,* pour des sommes égales à celles de chaque émission, de 200 millions, du milliard du phylloxera, obligations qui ne seraient pas offertes au public par le Crédit Foncier, mais remises par lui à la Banque de France, en échange des sommes que celle-ci lui verserait, pour les besoins des syndicats viticoles;

E. Création par le Crédit Foncier de France, dans chacun des départements phylloxérés, d'un *Comptoir de Crédit viticole,* chargé des opérations de prêts à faire aux syndicats communaux ou municipaux et aux particuliers, par l'intermédiaire d'un syndicat départemental;

F. Formation, dans chaque département phylloxéré, d'un *Syndicat départemental de surveillance, de défense et de reconstitution des vignes,* servant d'intermédiaire entre les syndicats communaux ou municipaux et le Comptoir de Crédit viticole; le Syndicat départemental également chargé de la formation des syndicats communaux ou municipaux;

G. Remise, par le Syndicat départemental, aux syndicats communaux ou municipaux, des vignes séquestrées ou expropriées temporairement, avec obligation, pour ceux-ci, de les faire traiter ou reconstituer par les moyens arrêtés en assemblée des délégués de tous les syndicats des communes réunis aux membres du Syndicat départemental;

H. Versement, entre les mains du trésorier du Syndicat départemental, des sommes nécessitées par les traitements communaux, en échange de bons hypothécaires, au fur et à mesure de l'exécution des travaux; puis transformation des bons hypothécaires en créances définitives hypothécaires, au profit du Crédit Foncier, des bons sus-indiqués, après l'achèvement des travaux; le terme des créances sera le même que celui de la séquestration ou expropriation temporaire;

I. L'intérêt des sommes prêtées aux syndicats communaux sera dû par eux, seulement à partir de la quatrième année, mais il sera de six pour cent par an au profit des Comptoirs de Crédit viticole; l'intérêt, payé par le Crédit Foncier à la Banque de France, sur les sommes avancées par elle, en échange des *obligations viticoles*, n'excèdera pas celui qu'elle paie au Trésor, quand il est créditeur;

J. Les garanties, la durée de la séquestration, l'époque et le mode de rentrée en possession des propriétaires atteints par les mesures de coercition, seront fixés, ainsi que tous les autres détails, par règlement d'administration publique;

K. Les bénéfices réalisés par les opérations des Syndicats seront partagés, savoir (¹) :

40 0/0 aux Syndicats communaux;

20 0/0 au Syndicat départemental;

20 0,0 au Crédit Foncier de France;

10 0/0 à la Banque de France;

10 0/0 à l'État.

Le règlement s'en fera à l'échéance des créances hypothécaires, coïncidant avec celle des séquestrations, ou bien à l'époque où les propriétaires atteints par la séquestration rentreront volontairement en possession de leurs biens temporairement expropriés pour cause d'utilité publique;

(¹) Ici se présentent les deux questions :
Y aura-t-il certainement des bénéfices?
Quels seront-ils?

Il y aura des bénéfices, et des bénéfices importants pour tous les intéressés, même et surtout pour les propriétaires temporairement expropriés.

Ces bénéfices seront représentés, pour les divers agents de la reconstitution, par la différence entre les frais de toute sorte, loyers des terres payés aux expropriés, dépenses de culture, de plantation et de traitement, intérêts de l'emprunt, etc., etc., frais dont le total ne dépassera pas, pour la période de douze ans, une moyenne de 500 fr. par hectare et par an, et la moyenne du produit des vignobles reconstitués, que l'on doit évaluer à 1,000 fr. brut, aussi par hectare et par an.

Pour les propriétaires soumis à l'éviction temporaire, le bénéfice sera représenté par la différence entre la valeur de l'hectare de vigne morte, 1,000 fr., et celle de l'hectare de vigne ramenée à son plein rendement, 5,000 fr. Que l'on réduise ces chiffres autant qu'on le voudra, il n'en restera pas moins un superbe résultat.

L. Les propriétaires atteints par la séquestration pourront, à toute époque de sa durée, rentrer en possession de leurs vignes séquestrées, à la condition :

1º De rembourser tous les frais de traitements et de reconstitution de leurs vignes ;

2º De tenir compte aux ayants-droit plus haut énumérés, des parts de bénéfices leur revenant, et de la totalité des dépenses ou des pertes, à défaut de bénéfices ;

M. Remise, aux propriétaires séquestrés ou à leurs ayants-droit, à la fin de la période fixée, de leurs vignes reconstituées ;

N. Pour le tout, procédure et formes analogues à celles édictées par les lois des 17 juillet 1856 et 5 juin 1858.

Je tiens à le répéter : ce n'est point là un projet arrêté et à formuler en articles, mais un ensemble de mesures à élaborer, une base pour la discussion.

Chaque paragraphe demanderait de longs développements, qui ne peuvent trouver place dans une communication écrite, et doivent être présentés oralement au Congrès ou à sa section spéciale. Je serai, pour cela, à leur disposition.

J'ai hâte, pour épargner le temps et la fatigue de mes honorables collègues, d'arriver à la conclusion de mes deux communications. Je vais donner, à cette conclusion, la forme la plus succincte et la plus en rapport avec les précédents et les droits des Congrès libres et d'initiative privée, celle de vœux à émettre.

1ᵉʳ Vœu.

Sur la solution pratique de la question du phylloxera (ma première communication) :

Le Congrès,

Considérant la stérilité et le danger des doctrines exclusivistes, en matière de défense et de reconstitution des vignobles atteints ou détruits par le phylloxera,

Émet le vœu :

« Que les partisans de ces doctrines réunissent et combinent les moyens qui » ont leurs préférences, afin d'arriver plus sûrement et plus tôt au but » commun : la résistance absolue et indéfinie des vignobles français au » phylloxera. »

2ᵉ Vœu.

Sur la solution économique et financière (ma deuxième communication) :

Le Congrès,

Considérant que, de l'ensemble et de l'adjonction des résistances relatives au phylloxera, dues :

1º A l'emploi de certains insecticides ;

2º Au dressage en treilles de la vigne ;

3º A la nature et à la conformation intime de quelques cépages ;

Il résulte qu'on peut sûrement arriver à obtenir une résistance absolue et indéfinie;

Émet le vœu :

« Que le gouvernement étudie au plus tôt un projet de loi de coercition, » obligeant les propriétaires des vignobles phylloxérés, à traiter eux-mêmes » ou à laisser traiter leurs vignes par des sociétés et des moyens appropriés. »

3e Vœu.

Le Congrès,

Considérant qu'une loi de coercition, quoique nécessaire et possible, resterait sans effet, si une autre loi de finances et de crédit ne venait en aide aux viticulteurs,

Émet le vœu :

« Que le Gouvernement étudie au plus tôt un projet de loi de finances et de » crédit, analogue aux lois des 17 juillet 1856 et 5 juin 1858 sur le drainage, » en vue d'encourager et de faciliter *la préservation, la défense* et *la reconsti-* » *tution* des vignes menacées, attaquées ou détruites par le phylloxera, par des » moyens qui, exonérant l'État des charges et des soins qu'il a si généreuse- » ment pris, confieront le salut de la viticulture française, cette branche si » importante de l'agriculture nationale, à des institutions financières capables » d'atteindre, sous son haut patronage, le but désiré. »

Je conjure mes honorables collègues du Congrès international phylloxé- rique de Bordeaux, si ces vœux n'expriment pas entièrement leur opinion, de prendre au moins en considération la pensée qui les a inspirés, puis de formuler des vœux analogues plus conformes à leur manière de voir.

Aux Chênes, Villié Morgon, le 7 octobre 1881.

QUELQUES OBSERVATIONS SUR LE MILDEW EN AMÉRIQUE ET SON INFLUENCE SUR LES VIGNES AMÉRICAINES

Par M. G.-E. MEISSNER, à Bushberg (Missouri).

MESSIEURS,

Quand votre Comité d'organisation m'a nommé membre correspondant de votre Congrès, il m'a placé dans une position embarrassante, car bien que cette nomination soit un grand honneur pour moi (honneur pourtant que je n'ai pas mérité), elle exige aussi un concours, dans lequel je crains que je ne puisse vous rendre que très peu de services. Cependant pour ne pas rester tout à fait oisif et silencieux en face de votre gracieuse invitation, je prends la liberté de vous adresser quelques mots sur un sujet qui me semble causer un peu trop de préoccupation en ce moment à beaucoup de vos viticulteurs.

Ce sujet c'est le *Mildew*, ou plutôt son influence sur les vignes américaines. J'avoue que j'aborde cette question avec une grande hésitation et que je ne l'oserais pas, si je ne devais compter sur votre bienveillante indulgence. Le peu que je pourrai vous en dire, ne contiendra pas grand'chose de nouveau; aussi n'aura-t-il de valeur au point de vue scientifique, qu'à raison de diverses enquêtes qui nous ont été adressées dernièrement par rapport à la résistance au mildew de divers cépages américains. J'ai pensé que quelques notes sur cette question pourraient avoir un petit peu d'intérêt et de valeur au point de vue pratique.

Quand je disais l'an dernier, au Congrès de Lyon, que je ne croyais pas que le mildew fût pour votre viticulture une cause de préoccupation sérieuse, je ne pensais pas que ce cryptogame provoquerait tant de cris d'alarme cette année déjà.

Je crois toujours que, sous votre climat généralement sec, (et surtout dans les régions où, dans les années normales, les quatre mois de *juin, juillet, août* et *septembre* sont caractérisés par une atmosphère sèche), que là vous n'aurez pas des conséquences graves ou désastreuses du mildew, si même c'est une maladie nouvelle; car de bonnes autorités prétendent que ce n'est nullement une nouvelle affliction de la viticulture européenne, mais bien au contraire que c'est une maladie qui parfois a fait son apparition de temps immémorial et dans différentes parties de l'Europe. C'est là une question sur laquelle je ne puis pas exprimer d'opinion.

Je n'oserais pas non plus tirer une conclusion des circonstances qui ont favorisé l'apparition du mildew cette année dans différentes parties de la France et de l'Europe, surtout parce que je manque d'informations suffisantes sur les conditions climatériques ou atmosphériques qui y ont régné cette année. Si je dis que je ne crois pas que le mildew soit pour la viticulture de l'Europe un danger aussi grave qu'on pourrait le craindre, d'après l'alarme que sa nouvelle apparition a causée cette année, ce n'est pas pour vous donner une consolation triviale, c'est seulement une opinion personnelle. C'est une conclusion que j'ai tirée de l'observation des conditions climatériques, qui semblent favoriser le développement de ce cryptogame dans les États-Unis, conditions qui, d'après mon impression, n'existent pas généralement, dans la plus grande partie des régions vinicoles de l'Europe. Si je me trompe, personne ne pourrait le regretter plus que moi, car je n'ai eu que trop d'occasions de voir les désastreux ravages du mildew sur nos vignes d'Amérique.

Cette question du mildew est certainement assez grave pour qu'on l'étudie sérieusement, et c'est là une étude dans laquelle la pratique doit s'inspirer surtout des leçons de la science. Heureusement la France et l'Europe ont beaucoup d'éminents savants, qui s'occupent sérieusement de toutes les ques-

tions qui concernent votre précieuse viticulture. Espérons qu'ils mettront un
remède efficace à la disposition du vigneron, et ce sera un service non seulement pour la viticulture de l'Europe, mais aussi et surtout pour celle
de l'Amérique, pour lequel nous ne pourrions leur être assez reconnaissants.
Apprendre d'eux aurait été plus mon désir que d'absorber votre temps avec
mes observations.

En vous parlant des effets produits par le mildew sur nos vignes en Amérique, je voudrais constater un fait d'abord qui me semble assez significatif.
C'est que cette année, où nous sommes frappés d'une sécheresse persistante,
(une sécheresse tout à fait extraordinaire et désespérante pour toutes les
autres cultures, avec des chaleurs variant de 35 jusqu'à 42 et même 43 degrés
centigrades à l'ombre comme maximum journalier), cette année nos vignes ont
échappé à toute apparition de mildew. Les variétés même qui, d'ordinaire, y
sont le plus sujettes, en sont restées complètement indemnes. Déjà l'an
passé, où l'été et surtout les mois de juin, juillet et août furent assez secs, le
mildew ne nous fit que peu de mal, tandis que dans les années précédentes
qui furent caractérisées par des étés plus ou moins humides, le mildew avait
causé de graves désastres, notamment sur les jeunes plants en pépinière, qui
sont toujours les premiers à s'en ressentir.

Un autre fait que je voudrais signaler, c'est que, dans nos villes, les
quelques plants de vignes qui sont cultivés dans les jardins, sont généralement exempts du mildew, même dans les saisons très défavorables. On
a supposé que cette immunité provenait surtout des fumées soufrées de
notre charbon de terre, dont l'atmosphère est chargée dans les villes.
Pourtant, des essais que nous avons fait de fumer nos vignes au moyen de
goudron de gaz mélangé avec du soufre, n'ont produit aucun effet sensible.
Mais il est bien possible que cela soit dû à ce qu'il n'a pas été possible de
faire les essais sur une grande échelle, d'une façon continue et durable.
C'est tout autre chose que d'essayer de fumer une petite surface isolée,
ouverte aux vents de tous les côtés, ou d'avoir une grande étendue, dont
l'atmosphère est plus ou moins pénétrée par ces vapeurs.

Peut-être que dans une grande culture comme la vôtre, si un certain nombre
de propriétaires pouvaient se réunir pour un pareil essai et sur une échelle assez
grande, on en obtiendrait quelque résultat.

Maintenant, pour la question de résistance des vignes américaines au mildew,
pour ne pas absorber trop de votre temps et pour simplifier la chose, j'ai préparé un petit tableau dans lequel j'ai classé les différentes variétés de vignes
américaines suivant leur degré de susceptibilité. J'en ai fait cinq catégories :

1ᵣₑ CATÉGORIE. — Cette catégorie contient les variétés qui sont complètement ou du moins presque complètement indemnes; car je dois dire que, sauf
le *Riparia sauvage,* nous n'avons aucune espèce qui, dans des années *très
défavorables,* n'ait montré quelques points tachés de mildew sur les jeunes
plants en pépinière (bien que ce ne soient jamais des attaques sérieuses sur
aucune variété de cette classe). De plus, les attaques ne s'étendent pas sur les

plantations en vigne, c'est-à-dire sur des pieds qui ont déjà deux à trois feuilles ou plus. Donc, au point de vue *pratique,* nous pouvons considérer ces variétés comme indemnes.

2º CATÉGORIE. — Ce sont des variétés dont la résistance est déjà moins marquée. Ce sont celles qui dans les saisons très défavorables *souffrent* déjà *un peu dans la pépinière,* et qui même à l'âge de deux ou trois ans sont déjà atteintes, quoique dans ce cas-là l'attaque ne soit pas sérieuse. On peut bien les considérer encore comme assez résistantes, pour les recommander à ce point de vue. Ce ne serait que par des saisons exceptionnelles ou dans certaines localités très défavorables, qu'on devrait craindre pour elles des dégâts sérieux par le mildew.

3º CATÉGORIE. — Les variétés de cette catégorie sont déjà assez sensibles à la maladie, pour les classer comme médiocres à ce point de vue. — Dans des années défavorables, elles en souffrent beaucoup, non seulement en pépinière, mais aussi en pleine vigne, et on ne peut guère les recommander pour la grande culture dans les régions *habituellement* exposées au mildew.

4º CATÉGORIE. — Ce sont des variétés qu'ici, dans la vallée du Mississipi, nous considérons toujours comme très peu sûres; même dans les saisons normales, elles sont fortement attaquées du mildew, et, dans le cas où la maladie survient de bonne heure, elles en souffrent énormément, et leur récolte est détruite presque deux fois sur trois. Pourtant, il y a bien des régions où les conditions atmosphériques sont plus favorables, et là quelques-unes de ces variétés (notamment le *Delaware*) sont cultivées sur une assez grande échelle et avec de bons résultats. Mais beaucoup de ces variétés n'existent que dans les collections d'amateurs.

5º CATÉGORIE. — Cette catégorie, enfin, renferme des variétés dont la résistance au mildew est pour ainsi dire nulle. — Il n'y a ici que des localités très exceptionnelles où quelques-unes de ces variétés sont cultivées avec succès, et il n'y en a que deux (le *Jacquez* et l'*Iona*) qui appartiennent à la grande culture. — Encore, pour le *Jacquez,* en Amérique, il n'y a qu'une partie du Sud du Texas où il prospère réellement, et, pour l'*Iona,* ce ne sont que des localités très favorisées, mais bien restreintes, près de nos grands lacs.

Division des vignes américaines (variétés cultivées) en cinq catégories, au point de vue de leur résistance au mildew.

1re CATÉGORIE.

		Nombre de variétés.
Æstivalis, groupe du Nord	Cynthiana, Norton's-Virginia	2
Labrusca, groupe du Nord ......{	Belvidère, Cambridge, Champion, Concord, Cottage, Hartefort, Ive, N. Carolina, Perkins, Rentz, Venango	11
Riparia et *Rip.* croisés avec *Labrusca* ....}	Elvira, Missouri-Riesling, Noah, Taylor	4

2º CATÉGORIE.

Æstivalis, groupe du Nord	Hermann, Neosho, Racine	3
Æstivalis, groupe du Sud	Cunningham	1

Nombre de variétés.

Labrusca, groupe du Nord	Black-Hank, Challenge, Conqueror *(j'ai placé ici ces deux derniers comme Labrusca, car leur origine prétendue d'hybrides avec Vinifera me semble plus que douteuse, tous leurs caractères indiquant le Labrusca)*, Dracut, Anna, Eva, Lady-Martha, Mary-Anna, New-Haven, N.-Muscadine, Telegraph, Nordem-Seedling..	12
Riparia et Rip. croisés avec Labrusca..........................	Black-Pearl, Blue-Dyer (Franklin), Oporto (?), Clinton, Janesville...	4
Riparia croisé avec Æst..........	Humboldt *(ce dernier semble se rapprocher davantage du Riparia que de l'Æstivalis)*.................................	1
Hybr. de Vinif. et Labr..........	Goëthe...	1

3e CATÉGORIE.

Æstiv., groupe du Sud..........	Devereux, Herbemont, Louisiana, Rulander....................	4
Æstiv., croisé avec Vinif.(?)	Alvey..	1
Labrusca, groupe du Sud.........	Brighton, Catawba, Diana, Isabella, Miles....................	5
Riparia croisé avec Labr........	Amber (Kommels), Marion, Uhland...........................	3
Hybr. de Vinif. et Labr.........	Black-Eagle, Herbert, Lindley, Requa, Triumph, Wilder.......	6
Hybr. de Vinif. et Rip...........	Brandt...	1
Indéterminés...................	York's-Madeira...	1

4e CATÉGORIE.

Æstiv., groupe du Sud..........	Eumelan, Elsinburgh..	2
Labrusca, groupe du Sud........	Cassady, Creveling, Jevaella, Maxatawney, Union-Village, Whitehall..	6
Hybr. de Vinif. et Lab..........	Agawam, Aminia, Barry, Black-Defiance, Essex, Irving, Massassoit, Merimack, Salem, Senasqua.....................	10
Hybr. de Vinif. et Riparia......	Canada, Cornucopia..	2
Indéterminés...................	Delaware..	1

5e CATÉGORIE.

Æstiv., groupe du Sud..........	Jacquez, Pauline, Clara......................................	3
Labrusca, groupe du Sud.......	Adirondack, Iona, Hène, Mottled, Rebecca, To-Kalon, Walter...	7
Hybr. de Vinif. et Labr.........	Aliens—Hybrids, Concord-Chasselas, Concord-Muscat, Croton ...	4
Hybr. de Vinif. et Rip..........	Autuchon, Pesvetany, Othello................................	3

Si nous examinons cette classification un peu de près, nous voyons que des 23 variétés de *Labrusca (groupe du Nord)*, 11 se trouvent dans la 1re catégorie et 12 dans la 2e, aucune dans la 3e, 4e ou 5e, ce qui prouve que le *Labrusca (groupe du Nord)* est assez résistant au mildew. Malheureusement, il pêche par la qualité du raisin, car presque toutes ses variétés ont fortement le caractère foxé, qui déplaît tant, surtout au goût européen.

Du *Riparia* et de ses croisements avec *Labrusca*, nous avons 11 variétés dans la liste, dont 4 se trouvent dans la 1re, 4 dans la 2e et 3 dans la 3e catégories, aucune dans la 4e ni la 5e. Voilà donc encore un groupe assez résistant au mildew, pour le recommander sérieusement, surtout puisque nous trouvons là des variétés dans la 1re classe qui possèdent une grande valeur pour la vinification, telles que le *Noah*, l'*Elvira* et, je crois pouvoir ajouter, le *Missouri-Riesling*. Aussi y a-t-il dans ce groupe quelques variétés nouvelles qui nous inspirent grande confiance.

Parmi les *Æstivalis (groupe du Nord)*, nous n'en avons que 5, dont 2 seulement possèdent réellement une très grande valeur pour la vinification; le *Cynthiana* et le *Norton's-Virginia* se trouvent dans la 1re catégorie. Bien que la résistance de ce groupe soit prouvée par ce fait que les 3 autres sont de la

2ᵉ catégorie, je ne pourrai recommander ces 3 derniers ni pour la table, ni pour le vin, d'après notre expérience de ces dernières années.

Des *Æstivalis du groupe du Sud,* nous trouvons 10 variétés, dont aucune dans la 1ʳᵉ catégorie, 1 seule dans la 2ᵉ, 4 dans la 3ᵉ, 2 dans la 4ᵉ et 3 dans la 5ᵉ. Donc, quoique la qualité du fruit de tout ce groupe soit très bonne, ils sont très chanceux dans les régions sujettes au mildew.

Parmi les *Labrusca du groupe du Sud,* nous avons 18 variétés; il n'y en a aucune, ni dans la 1ʳᵉ ni dans la 2ᵉ catégorie : 5 dans la 3ᵉ, 6 dans la 4ᵉ et 7 dans la 5ᵉ. Voilà bien une preuve que ce groupe n'a que peu de résistance au mildew, ce qui est bien dommage, car, par la qualité du fruit, presque toutes ces variétés sont bien supérieures aux *Labrusca du groupe du Nord,* et il y en a parmi elles qu'on trouverait bonnes, même en Europe.

Enfin, parmi les hybrides de *Vinifera* et vignes américaines nous en avons 28. Aucune dans la 1ʳᵉ catégorie, une seule dans la 2ᵉ, 8 dans la 3ᵉ, 12 dans la 4ᵉ, et 7 dans la 5ᵉ. Malheureusement ces hybrides, qui contiennent quelques-uns de nos meilleurs raisins de table, sont trop incertains comme groupe, au point de vue du mildew.

Peut-être, Messieurs, trouverez-vous dans cet exposé une explication de ce que quelques variétés américaines que vous estimez beaucoup en France ne sont presque pas cultivées chez nous, et de ce que en Amérique, dans la grande culture, on tient tellement à des variétés qui vous semblent grossières, d'un goût médiocre et foxé, telles que la plupart de nos *Labrusca du groupe du Nord,* qui sont cultivés surtout pour les marchés comme raisins de table, mais nous pensons qu'il vaut mieux avoir de ceux-là que de n'en avoir pas du tout, ou du moins que d'en avoir *trop peu* pour satisfaire à l'immense consommation populaire; ce qui serait le cas si nous voulions renoncer à nos *Concord,* nos *Yves,* etc. Après tout, c'est cette consommation qui absorbe les 9/10 des produits des vignes de ce pays, car malheureusement, il faut l'avouer, les Américains ne sont pas de grands buveurs de vin.

On plante bien des *Noah,* des *Elvira,* des *Norton,* etc., pour la vinification, et cette culture s'accroît toujours plus, mais ce sont bien les *Concord* qui constituent les 3/4 des vignes plantées à l'est des montagnes Rocheuses.

A propos du *Concord,* si une preuve était nécessaire pour contredire la prétention que ce cépage souffre du phylloxera et qu'il en meurt en conséquence, même ici en Amérique (prétention que je regrette d'avoir vue dans un de vos journaux, émanant d'une autorité que pourtant je respecte beaucoup), cette preuve se trouverait bien dans le fait de cette extension continuelle de vignes plantées en *Concord.* Si l'on avait attribué la faiblesse de beaucoup de nos *Labrusca du groupe du Nord* aux attaques du phylloxera, il y aurait bien là une excuse pour un tel soupçon, vu l'état si souvent souffrant causé par le mildew, mais, pour le *Concord* et le groupe du Nord des *Labrusca,* cette excuse n'existe pas; du moins elle n'existe pas en Amérique, où, je le répète et le maintiens, ces cépages ne souffrent pas de préjudice sérieux du fait du phylloxera, et où, *au point de vue pratique,* nous les considérons comme parfaitement résistants à l'insecte.

Je dis cela simplement pour combattre une fausse impression qui pourrait se répandre en Europe sur l'état actuel de notre viticulture américaine. Si l'on pensait que non seulement les *Concord,* mais la *plupart* de nos vignes américaines disparaissent ici devant le phylloxera, comme on l'a prétendu, on a pu nous dire que nous avons échoué avec les insecticides; or nous n'en avons jamais assez employé *(sauf dans la Californie où l'on cultive la vigne européenne),* pour qu'il valût la peine d'en parler.

On a pu nous dire que nos vignobles sont aussi menacés que les vôtres par le phylloxera : cela, Messieurs, si je n'étais pas persuadé de la parfaite bonne foi avec laquelle de telles assertions sont émises, paraîtrait à un Américain une telle mystification qu'on ne pourrait se défendre de la contredire.

Mon but n'est nullement de faire de la propagande pour les *Labrusca* (desquels je ne suis pas grand partisan, pas même pour l'Amérique, puisque quelques-uns d'entre eux sont trop sujets au mildew, et que les autres manquent de qualité dans leur produit, et je ne recommanderai ni les uns ni les autres pour votre viticulture, vu que vous pouvez cultiver des cépages infiniment supérieurs au point de vue de la qualité).

Cette année d'extrême sécheresse et d'intense chaleur a rudement éprouvé nos vignes de *Labrusca,* surtout celles du groupe du Nord, qui ne supportent pas bien ces conditions. Je crois que c'est là, d'après mes observations, dans cette année tout à fait exceptionnelle, un véritable indice de ce que les *Labrusca,* et surtout le groupe du Nord, ne réussissent pas bien dans le sud du Texas et dans d'autres régions du sud des États-Unis. Les autres espèces, même les hybrides de *Vinifera,* ont supporté la sécheresse et la chaleur assez bien. Les *Æstivalis,* dans les plantations bien établies, ne s'en trouvent pas mal, mais c'est le *Riparia sauvage* qui en vérité a profité de cette année anormale.

Je ne l'ai jamais vu plus beau, ce qui indique bien la facilité avec laquelle ce type s'adapte à toutes les conditions climatériques. Pour vous donner une idée, Messieurs, de la sécheresse qui règne ici, je puis vous dire que même des grands arbres forestiers s'en ressentent. Beaucoup de nos chênes et presque tous nos hickorz *(carya)* ont leur feuillage complètement desséché et ne présentent aucun vestige de verdure : les prairies et les champs ont leur aspect du mois de décembre et les récoltes de l'automne sont brûlées dans la terre.

Pardonnez, Messieurs, je vous prie, cette digression. J'aurais voulu vous dire encore quelques mots sur quelques-unes de nos variétés nouvelles, mais j'ai absorbé déjà trop de votre temps et il est nécessaire que je sois bref.

Dans la liste de variétés, et dans leur classification, je me suis laissé guider seulement par mon expérience personnelle, suivant mes observations ici dans le Missouri, depuis dix ans, et à Staten-Jebaud, auparavant, où nous étions bien éprouvés par le mildew.

Il est bien possible qu'un autre, s'il faisait une telle classification, la modifierait un peu, suivant que sa localité serait un peu plus ou un peu moins favorable à l'une ou à l'autre variété. Je crois pourtant que les modifications ne seraient pas très sensibles et qu'en somme les résultats seraient à peu près les mêmes. Aussi dois-je dire que je n'y ai placé aucune variété que je n'aie observé moi-même, et c'est à cause de cela que la liste vous paraîtra peut-être un peu incomplète. Il est des variétés qui me semblaient n'avoir aucun intérêt (pas même pour l'Amérique), que j'ai négligées volontairement.

Maintenant, quant aux variétés d'origine récente, l'expérience nous manque. Si nous ne voulions suivre que les indications données par les créateurs et propagateurs de beaucoup de ces variétés nouvelles, nous pourrions croire qu'il n'y en aurait pas une qui ne fût un modèle au point de vue du feuillage comme de sa résistance au mildew. Malheureusement l'expérience ne prouve que trop souvent que c'est une illusion. Un bon nombre de nos nouveautés sont originaires de certaines régions de l'Est, qui sont singulièrement exemptes du mildew. Dans ces localités favorisées elles se développent admirablement, et les créateurs qui les voient splendides les recommandent de bonne foi; s'ils ne sont pas en même temps les propagateurs, ils trouvent un pépiniériste qui, enchanté de la belle tenue de la plante et de la bonne qualité de son fruit, achète le stock, consciencieusement persuadé qu'il rendra un vrai service au public en disséminant une telle variété, et qu'en même temps il fera une bonne affaire. Hélas! combien il se trompe, le plus souvent dans les deux suppositions! Il fait une grande publicité de son acquisition; il essaie d'y intéresser le public par des articles et des annonces dans les journaux; il vend un nombre de plants à un assez bon prix et, dans neuf cas sur dix, on trouve au bout de quelques années que (bien qu'il y ait là une nouvelle variété dont la qualité du fruit le plus souvent est excellente) la plante même est trop sujette au mildew et d'un succès trop incertain dans la plus grande partie du pays pour fournir de cet excellent fruit; et il y a là un autre nom à ajouter à la liste déjà assez longue des variétés qui ne possèdent de valeur que pour l'amateur, ou pour certaines localités bien limitées. Telle a été l'expérience faite avec l'*Adirondack,* le *Waller,* le *Croton,* l'*Iona* et une foule d'autres.

En face de ces déceptions, je n'oserais recommander, si ce n'est à titre d'essai, aucune variété nouvelle, tant que je n'aurais pu l'observer dans des conditions où elle serait éprouvée pour quelque temps au point de vue de la résistance au mildew et autres maladies.

Or, puisque (comme je l'ai dit) l'année dernière et surtout la présente sont caractérisées par une influence fort légère et presque nulle de mildew, il me manque l'occasion d'en tirer des conclusions même pour les variétés nouvelles que nous possédons dans notre culture.

Cependant, pour répondre à des questions qui nous ont été adressées, j'ai essayé de classer quelques variétés nouvelles aussi bien qu'il m'a été possible. Je suis guidé surtout par la provenance et la parenté, dans les observations peu nombreuses que j'ai pu faire de ces nouveautés. Peut-être que, dans quelques années, j'aurai occasion de modifier mes opinions. Et je vous prie, Messieurs, de les prendre plutôt comme indicatives que comme concluantes.

Indications sur la classification de quelques nouveautés.

1re CLASSE.

Labrusca, groupe du Nord ...... *Moores–Early* ...... — Semis de *Concord rouge* ressemblant au *Concord*, mais plus précoce.

Riparia croisé avec *Labr.* .... *Montefiore* .... — Semis de *Taylor rouge* très promettant pour la vinification; fait un vin foncé et de très bon goût.

? .... *Purity* .... — Raisin blanc de table, originé par M. Campbell, qui nous assure n'avoir jamais eu le mildew chez lui.

2e CLASSE.

Labrusca, groupe du Nord ...... *Mason-Seedling* ..... — Semis de *Concord blanc*.

Labrusca, groupe du Nord ...... *Pocklington* .... — Semis de *Concord blanc*.

Riparia .... *Bachus* .... — Semis de *Clinton rouge* de qualité supérieure à son parent, très promettant pour la vinification.

Riparia .... *Pearl* .... — Semis de *Taylor blanc*, promettant pour la vinification.

3e CLASSE.

Labrusca(?) .... *Duchess* .... — Raisin blanc de table; végétation splendide, mais me semble avoir bien du sang de *V. Vinifera*, et il pourrait souffrir du mildew dans les localités défavorables.

Labrusca .... *Jefferson* .... — Croisement de *Concord* et de *Joria rose*; raisin de table.

Labrusca .... *Prentin* .... — Semis d'*Isabella blanc*; raisin de table.

? .... *Beauty* .... — Croisement de *Maxatawney* et *Delaware rose*.

Hybr. de Vinif. et Labr. .... *Hig.-Haud* .... — Raisin de table rouge.

Hybr. de Vinif. et Labr. .... *Lady-Washington* ... — Raisin de table blanc.

Si je faisais une classification des quelques types *sauvages,* que j'ai eu l'occasion d'observer suffisamment et dans leur propre localité, ce serait la suivante :

V. Æstivalis, type du Nord, et type *Cinerea; V. Labrusca,* type du Nord, et le *Riparia sauvage* dans la 1re catégorie. Quant au *Cordifolia,* je le mettrais dans la 3e catégorie.

En terminant, je vous demande pardon, Messieurs, d'abuser tellement de votre temps et de votre patience pour une communication qui est devenue plus longue que je n'aurais voulu la faire. Je serais heureux, si je pouvais penser que vous y trouveriez un petit peu d'intérêt.

Permettez-moi aussi de vous assurer combien je regrette qu'il ne m'ait pas été possible de vous rendre personnellement mes hommages et d'assister à une réunion qui sera de la plus haute importance pour le salut de la viticulture, non seulement de la France ou de l'Europe, mais du monde entier. En vous priant d'agréer mes souhaits les plus chaleureux pour ce

Congrès international, je ne puis laisser passer l'occasion d'exprimer ma gratitude bien sincère pour le gracieux accueil que vous m'avez fait l'an dernier, lors de mon passage en France, en Italie, en Allemagne et en Espagne et de me rappeler au bon souvenir de tous ceux d'entre vous, Messieurs, dont j'ai eu l'honneur de faire la connaissance personnelle.

POURQUOI LA VIGNE PLANTÉE DANS LE SABLE PUR RÉSISTE AU PHYLLOXERA

CONDUITE A TENIR DANS LA GIRONDE

Par M. le Prof. AZAM,

Membre de la Commission de surveillance du phylloxera dans la Gironde.

L'expérience démontre, de la façon la plus incontestable, que les vignes plantées dans les sols de sable résistent parfaitement au phylloxera; — les environs d'Aigues-Mortes, couverts de riches vignobles, au milieu d'un pays ravagé, en sont la preuve éclatante, — et, dans la Gironde, où le sable abonde, diverses tentatives importantes sont faites d'après ces idées.

Il est naturel de chercher à expliquer cette résistance et de déduire de l'explication qui semble la meilleure un enseignement dans l'intérêt de la viticulture. C'est la recherche de cet enseignement qui motive cette étude.

Tout le monde sait que les sols sont habités par les animaux souterrains, suivant qu'ils rencontrent plus ou moins de facilité à y cheminer ou à y creuser leurs galeries. Ainsi, les terrains caillouteux ou sablonneux sont de tous les moins fréquentés par les taupes, les lombrics ou les taupe-grillons.

Il n'en est pas autrement du phylloxera. Seulement, vu sa petitesse, sa nature et ses habitudes, les conditions sont un peu différentes.

Il n'est aucun sol, sauf l'argile pure, qui soit absolument compact. Tout terrain, pour être fertile, doit être poreux; car cette porosité, qui permet à l'air et à l'eau d'arriver aux radicelles, est une des conditions de la végétation. C'est par ces pores ou plutôt par ces interstices que chemine l'insecte, et, comme son corps est mou et d'une extrême délicatesse, ses migrations sont plus faciles si les voies souterraines sont et plus larges et moins remplies d'aspérités.

Bâtir sur le sable est un dicton dont on connaît la signification; rien n'est plus faux que celle qu'on lui donne, car rien n'est plus solide qu'un bâtiment élevé sur le sable pur, pourvu qu'on s'oppose à son écoulement. En fait, de tous les sols, le sable pur est le moins compressible; sa masse, convenablement tassée, ne souffre aucune réduction, constitué qu'il est, la plupart du temps, par des sphéroïdes d'une extrême dureté qui s'arc-boutent les uns sur les autres.

A l'opposé, les sols argileux ou argilo-calcaires sont les plus compressibles, leur masse se réduit à près de moitié par l'expression de l'air ou de l'eau qu'ils contiennent; leurs interstices ne sont pas constitués par des cavités irrégulières communiquant mal les uns avec les autres. Ce sont, la plupart du temps, des canaux réguliers tracés par des lombrics ou autres habitants, des fentes creusées par la sécheresse, ou des canalicules laissés par la pourriture d'innombrables radicelles. Aussi, de tous les sols, le plus inhabitable au phylloxera, c'est le sable pur; celui qui lui convient le mieux est le sol argileux.

Cela étant, examinons à ce point de vue les sols dans lesquels le sable entre en proportion plus ou moins grande, et ceux qui sont constitués par du sable pur.

Les sols de la première de ces catégories, ou sablonneux, constituent une très grande partie du département de la Gironde, et presque toute la vaste région dite des Landes de Gascogne. Une triste expérience démontre leur peu de résistance au phylloxera, mais démontre aussi, pour peu qu'on y regarde, que les vignes résistent plus longtemps à l'aphidien, si leur sol renferme une plus grande quantité de sable.

Compter sur la résistance indéfinie de la vigne plantée en terrain simplement sablonneux, non de sable pur, est donc une chimère.

Les sols de sable pur, s'ils ne sont pas d'une étendue aussi considérable que les précédents, occupent cependant, dans notre région, de très grands espaces, particulièrement au voisinage de la mer. Ils sont aujourd'hui à peu près improductifs, et leur plantation, si elle doit être rémunératrice, serait un véritable bienfait.

C'est ici que nous avons à considérer si l'expérience d'Aigues-Mortes peut être imitée chez nous et quelles sont les conditions de sa réussite.

Pour répondre à cette question, j'ai étudié, la loupe et le microscope à la main, les sables des bords de la Méditerranée, d'Aigues-Mortes et de Palavas près Montpellier; et ceux des bords de l'Océan, de Soulac, de Lacanau et d'Arcachon. J'estime que ces types sont suffisants pour donner une idée de la constitution physique de la généralité des sables de ces pays.

Voici comment j'ai procédé :

J'ai pris une excellente préparation du phylloxera des racines, que je dois à l'obligeance de M. Schrader père, et, montant mon microscope à 70 diamètres, j'ai placé successivement sur le verre, à côté du phylloxera, des pincées des divers sables. Rien n'a été plus aisé que d'établir une comparaison.

Sable d'Aigues-Mortes. — Grâce à l'obligeance de M. Gaston Bazille, sénateur de l'Hérault, qui a bien voulu m'en adresser une certaine quantité, j'ai pu étudier le sable pris sur les lieux mêmes où la vigne résiste absolument au phylloxera. En rapprochant de cette étude mes propres souvenirs, j'en puis donner une idée assez complète.

Ce qui frappe tout d'abord dans son aspect, c'est sa couleur et son extrême finesse; il est gris-noirâtre, on dirait une sorte de cendre. Étudié au verre grossissant, on reconnaît que ses particules sont, pour beaucoup, noires ou brunâtres; la moitié environ présente une couleur claire; leur dimension, en général très petite, est très variable; leur forme est très irrégulière, quelques-unes, très peu, sont très grosses; la plupart sont de la plus grande ténuité;

leurs angles, bien qu'émoussés, ne sont pas arrondis; et la forme sphérique ou sphéroïdale est, chez elles, l'exception.

Comparant à la dimension de ces particules celle du phylloxera, j'ai reconnu, après une étude attentive et bien des fois répétée, que l'aphidien, pris en octobre, est dans sa plus grande généralité (j'excepte les mères pondeuses), plus gros que la généralité des éléments du sable d'Aigues-Mortes; en un mot, et pour être plus précis, que 80 0/0 des grains de ce sable sont plus petits que le phylloxera. Là est pour moi le secret de la résistance des vignes plantées dans ce pays.

Sable de Palavas. — A Palavas, près Montpellier, ce sable dont j'ai rapporté des échantillons est analogue à celui d'Aigues-Mortes, quant à sa ténuité. Il est seulement d'une teinte un peu plus foncée, grâce à la plus grande quantité de particules noires qu'il renferme.

Vu la distance entre Palavas et Aigues-Mortes, il est permis de penser que tous les sables de la Méditerranée sont analogues à ceux que je viens de décrire.

Sables de la Gironde. — Le littoral de l'Océan, dans la région qui s'étend de la Gironde à l'Adour, est constitué par des amas de sable pur dont la largeur de l'est à l'ouest est parfois considérable. Je n'ai étudié que les sables du littoral de la Gironde, mais il est permis de supposer que les sables du littoral des Landes ayant la même origine sont à peu près semblables.

Voici leurs caractères généraux. J'étudierai à part les différences existant entre les sables de Soulac, de Lacanau et d'Arcachon.

Vus en masse, ces sables sont jaune clair, presque blancs et beaucoup moins fins que ceux des bords de la Méditerranée.

Pour plus de précision, alors que les grains de ces derniers sont pour 80 0/0 de leur masse plus petits que le phylloxera, ceux de notre pays sont constitués par des éléments plus gros que le parasite, sauf pour 6 à 25 0/0.

De plus, leurs particules, au lieu d'être comme des éléments irréguliers à angles seulement émoussés, sont de véritables petits cailloux semblables les uns aux autres, et parfaitement arrondis ou ovoïdes; il est facile d'y voir des fragments de quartz hyalin ou fumé. J'ajouterai que parmi les fragments on reconnaît sans peine nombre de grains de quartz améthyste ou d'autres pierres fines, particularité déjà signalée par M. l'ingénieur Linder au Congrès tenu à Bordeaux en 1872 par l'Association française pour l'avancement des sciences.

J'ajouterai que ces sables, constitués par des sphérules de quartz roulant aisément les unes sur les autres, sont d'une extrême fluidité et d'un très grand poids.

A Soulac, les sables ont une teinte un peu plus foncée que sur le reste du littoral de la Gironde. Cette teinte est due au plus grand nombre d'éléments noirs, bruns, verts ou violets qu'on y rencontre. Ils sont aussi plus fins qu'en aucun autre point de ce littoral. J'évalue à 20 à 25 0/0 la quantité de grains qu'on peut estimer plus petits que le phylloxera.

A Lacanau, le sable est plus blanc, mais beaucoup plus gros. Ses éléments, transparents pour la plupart, sont très arrondis, semblables entre eux. L'usure de leurs angles et leur forme laissent deviner l'action d'une mer plus agitée qu'en aucun autre point du rivage. Sur 100 grains, 6 ou 8 à peine sont plus petits que le phylloxera, et il est permis de supposer que le parasite cheminerait entre ces grains avec une facilité relative, du moins dans leur état complet de repos.

A Arcachon, le sable a des caractères intermédiaires : ses éléments sont aussi arrondis qu'à Lacanau, mais plus petits ; la couleur est la même. Il m'a paru que 10 à 15 0/0 de ces grains étaient plus petits que le phylloxera.

Sur les sables du littoral de l'Océan on peut faire cette remarque générale, que par leur forme ils paraissent plus anciens que les sables de la Méditerranée, et appartiennent à un littoral moins tourmenté par les vagues. Cette remarque s'accorde du reste avec ce que l'on sait et de l'ancienneté relative de ces deux mers et du mouvement de leurs eaux.

De ce qui précède, il est facile de déduire les enseignements pratiques suivants :

Si la vigne résiste au phylloxera dans les sables d'Aigues-Mortes, elle doit cette résistance à la nature physique du sol dans lequel elle est plantée. Les éléments de ce sable sont si ténus que le phylloxera ne peut y cheminer.

La vigne résistera de même dans tous les sables où elle rencontrera des conditions physiques analogues ; tous ceux, en un mot, dont les éléments seront d'une très grande ténuité.

Les sables de la Gironde sont-ils dans ces conditions ? D'une manière absolue, non. Leurs éléments sont beaucoup plus gros, ils ne présentent pas d'aspérités ; par suite, il ne paraît pas difficile que le phylloxera, plus petit que la majorité de leurs grains, circule au travers d'eux.

Qu'on me permette ici une comparaison vulgaire mais frappante : une souris traversera-t-elle un tas de fèves ? La chose me paraît difficile ou impossible ; traversera-t-elle une pile de noix ? moins difficilement ; un tas d'oranges ? sans peine, quoique moins aisément qu'elle ne traverserait un amas de melons.

Ainsi sera du phylloxera ayant à cheminer dans le sable d'Aigues-Mortes ; dans les sables plus gros de Soulac, d'Arcachon et de Lacanau, et entre les mottes de terre des sols argileux.

Est-il, d'après cela, permis de dire, d'une façon catégorique, que si la vigne résiste à Aigues-Mortes dans un sable très fin, elle ne résistera pas dans les sables plus gros du littoral de l'Océan ?

Nous ne le pensons pas.

Nous croyons que si la résistance n'est pas aussi tranchée, elle sera relativement considérable ; mais que le premier soin du viticulteur qui voudra compter sur cette résistance, sera de considérer surtout la finesse de son sable. De plus, il devra fumer largement ses plantations ; car il ne faut pas compter, pour la nourriture et l'entretien de la vigne plantée en sable pur, sur des éléments nourriciers ; le sable pur ne saurait être qu'un support.

Mais, quelle nature de fumure employer ?

La réponse est facile : Le fumier doit être liquide et l'on doit se garder surtout de l'emploi des vases de rivière qui, par leur nature argileuse, agglomèreront entre eux les grains du sable et le rendront praticable au phylloxera.

Ici, je citerai un fait bien connu dans le Midi, fait qui a été rapporté bien des fois dans diverses publications agricoles.

Un entrepreneur du curage du canal d'Aigues-mortes au Grau-du-Roi, grand propriétaire de vignes plantées en sable pur et jusqu'à ce moment indemnes du phylloxera, crut, il y a quelques années, pouvoir répandre dans son vignoble les vases argileuses provenant du curage du canal. Théoriquement cette fumure devait avoir d'excellents résultats. Il n'en fut rien. Partout où la vase avait été répandue, des taches de phylloxera se montrèrent et la vigne périt presqu'en entier.

L'explication de ce fait est fort simple : la vase avait aggloméré les grains de sable, et le phylloxera, provenant du voisinage, s'était rapidement multiplié dans un sol que lui avait rendu accessible cette mesure malheureuse.

J'ajouterai que des labours profonds devront être pratiqués, surtout si une étude attentive dénonce l'invasion. Ces labours, sans compter d'autres raisons qui les commandent, auront pour résultat l'écrasement des parasites entre les grains de sable.

En résumé : il résulte pour moi de l'étude comparative des sables de la Méditerranée et de l'Océan que la vigne plantée en sable pur doit résister au phylloxera, en raison de la petitesse des éléments de ce sable. Et que, dans la Gironde, vu la différence des sables avec ceux d'Aigues-Mortes, la résistance est moins certaine, mais qu'elle est cependant probable dans une assez grande mesure. Seulement, on devra fumer largement avec des engrais liquides, éviter l'emploi si répandu dans ce département des vases de rivière et faire des labours profonds.

Dans ces conditions, nous en avons la confiance, les immenses étendues de sable de la région du Sud-Ouest pourront être plantées en vigne, et l'avenir de notre département, s'il paraît aujourd'hui compromis, pourra compter encore de beaux jours.

DE L'APPAUVRISSEMENT DU SOL ET DES ÉPIDÉMIES VÉGÉTALES QUI EN SONT LA SUITE AU POINT DE VUE DES MALADIES DE LA VIGNE

Par M. le comte DE BEAUREPAIRE-SOUVAGNY,
à Preignac (Gironde.)

Nouveau venu dans la Gironde, j'exploite depuis vingt-cinq ans dans le Nord plus de 200 hectares, et nous nous y faisons une loi de rendre au sol *tout* ce que nous lui prenons.

La loi de la restitution y est pour nous une loi primordiale de la nature, à laquelle nous croyons ne pas pouvoir nous soustraire sans appauvrir le sol ; ce qui constitue le fait le plus regrettable qu'il soit possible. Malheureusement, cette loi semble peu respectée dans bien des pays ; aussi à chaque instant entendons-nous dire que tel ou tel arbre est malade. L'olivier, l'amandier, le mûrier sont malades, comme la vigne, pour ne pas avoir suivi cette loi. L'oïdium a été la première punition des viticulteurs pour l'avoir enfreinte ; le phylloxera a été la seconde, suivie à court délai de l'anthracnose et du mildew ; beaucoup d'autres se manifesteront sous la forme de maladies analogues, et ceci durera tant que l'on ne rendra pas au sol des vignobles tout ce dont on l'a dépouillé, et tout ce qu'on lui enlève encore chaque année sous forme de sarments, de feuilles et de raisins. Considérez le poids des fagots que fourniraient les sarments produits par un pied de vigne depuis qu'il est planté ; il explore par ses racines 4 mètres carrés de terrain au plus, et chiffrez la quantité considérable de potasse contenue dans cette masse de bois, ainsi que la quantité de tannin qui s'y trouve. Que d'éléments de résistance à l'oïdium !

Il est clair que le fumier employé est loin de contre-balancer l'exportation de potasse, de chaux et d'acide phosphorique, pratiquée depuis longtemps ; le fumier d'étable ne contient presque pas de potasse ni de chaux, et comme il provient le plus souvent de bêtes à lait ou d'élevage retenant le phosphate de chaux dont elles ont besoin pour leur production, il ne contient presque pas d'acide phosphorique ; les fumiers faits avec de la bruyère et de la fougère sont cependant riches de la potasse de ces plantes. Quant aux feuilles et aux bois des sarments, l'atmosphère ne peut pas suffire à lui seul à leur production ; il faut que l'azote du sol intervienne : d'où résulte l'épuisement du sol, si on ne restitue pas tous ces prélèvements. Donc, aujourd'hui, la vigne végète presque partout dans un sol appauvri, surtout en matières minérales, car on en a beaucoup exporté et on n'en a presque jamais restitué. Seuls, les sols exceptionnels qui en avaient beaucoup naturellement, sont-ils encore munis aujourd'hui d'une dose d'engrais minéraux suffisante pour ne pas voir fondre sur eux les maladies de la vigne qui la déciment ailleurs. Par exception, quelques rivières limoneuses fournissent par leurs eaux quelques-uns de ces minéraux, mais ils sont rarement au complet.

M. Joulie a constaté à l'analyse que les alluvions de la Garonne étaient riches en potasse et en acide phosphorique, mais pauvres en chaux ; tandis que le palus de la Dordogne était pauvre en acide phosphorique. Il arrive souvent des débordements périodiques de la Garonne ; ces inondations fument ainsi la vallée, et ce fait semblerait indiquer une des causes pour lesquelles le bassin de la Dordogne a été envahi plus vite par le phylloxera que la vallée de la Garonne. S'il en était ainsi, M. de Longuerue avait donc raison de dire en plein Congrès que l'acide phosphorique, absent de bien des sols, était la cause principale de la plupart des maladies des végétaux : cette assertion est un axiome dans le Nord.

La submersion a été imaginée pour noyer l'insecte, mais cette noyade ne s'obtient pas aussi facilement qu'on l'avait espéré au début. Dans tous les cas, ce qu'il y a de fâcheux pour la submersion, c'est que cela produit une grande dilapidation des matières minérales solubles situées dans le sol arable ; car l'effet de la première eau mise en vue d'une submersion de quarante jours est de dissoudre dans le sol tous les sels solubles qu'il contient ; or, l'eau suivante, additionnée tous les jours pour maintenir le niveau, a pour résultat d'enfoncer de plus en plus dans le sol les eaux plus lourdes contenant ces sels en dissolution, de sorte qu'après quarante jours les 0^m30 d'eau ajoutée tous les jours forment une colonne d'eau de 12 mètres, qui s'est successivement enfoncée dans le sol. Néanmoins, ces eaux doivent avoir un effet mécanique utile : après avoir dissous les sels minéraux solubles contenus dans le sol, elles servent d'agent véhiculaire pour amener ces sels à être en contact, pour ce bain, avec toutes les racines de la vigne. Or, la vigne manque de ces sels, et chaque racine ayant successivement absorbé à son profit tous les sels minéraux situés sur son trajet, il en résulterait que la vigne n'aurait plus pour vivre que les sels minéraux rencontrés dans le sol par les radicelles terminales. Les racines ne peuvent pas utiliser à leur profit les autres matières minérales situées seulement à quelques millimètres de leur trajet souterrain : tandis que l'eau, en les dissolvant, les charrie sous terre, comme l'air charrie l'azote dans l'atmosphère. Malheureusement, comme la masse d'eau de dilution est énorme pour la quantité de sels à dissoudre, il en résulte que cette dilution n'apporte aux racines que la ration strictement nécessaire pour permettre à la vigne de végéter pendant une seule année. De là, nécessité de l'inonder tous les ans. Pourtant cette mesure deviendrait inutile si, comme M. Chenu, on avait mis à la fin de la submersion précédente des sels engrais solubles.

Il est à remarquer que la surface du sol étant toujours la plus lessivée, soit par la submersion, soit par les pluies là où on ne submerge pas, on trouve expliqué ce fait que beaucoup de plantations récentes de vignes ont grand'peine à prendre racine, ou meurent souvent anémiques peu de temps après. Le tout parce qu'elles sont mortes avant que leurs racines aient eu le temps d'aller assez profondément chercher les quelques sels solubles du sous-sol que les lavages n'ont pas encore fait disparaître.

La submersion pour les sels minéraux offerts à la végétation de la vigne ressemble à une personne qui buvant la moitié d'un verre de vin le remplirait d'eau ensuite, puis en boirait encore la moitié et le remplirait d'eau de nouveau ; qui restera-t-il de vin dans ce verre, à la sixième ou huitième submersion, si on n'en remet pas ?

Dans les terrains trop poreux, la lessive pour noyer le phylloxera se fait si bien dans le sol, que la vigne n'y trouve plus les sels minéraux dont elle a besoin pour vivre. C'est sans doute le cas de M. Prades, de l'Hérault.

De même que dans les sols trop compacts et totalement imperméables où rien ne pénètre et que la submersion resserre encore, il est à craindre que la dilution des sels ne se faisant pas, la submersion ne donnerait aucun résultat autre que celui que l'on obtiendrait par un bon arrosage en temps opportun.

Mais il resterait à savoir si une vigne à laquelle on donnerait largement et à temps tout ce qui lui faut pour vivre résisterait au phylloxera. Par nourriture à temps il faut entendre que le phylloxera n'a pas encore détruit le système radiculaire. Alors on n'aurait pas besoin de recourir à la submersion, mais seulement à des engrais solubles : quelques insecticides préventifs ou curatifs, et des arrosages s'il était possible, car il faut beaucoup d'eau pour fournir à la respiration et à l'évaporation de la masse de feuilles respirant sur un seul cep.

Il est fort à craindre que les vignes américaines ne deviennent aussi anémiques, et par suite malades, dans un sol appauvri : elles ne peuvent certainement produire, avec l'air ambiant seul pour toute nourriture, les magnifiques sarments que nous avons admirés à l'Exposition.

Quelque robustes qu'elles soient, elles mourront de faim aussi si on les met à la portion congrue, et elles dégénéreront en vignes françaises. Tandis que dans les vignes bien nourries, françaises ou américaines, il pourrait arriver que le phylloxera ne trouvant plus la saveur de l'anémie à l'objet de ses prédilections aujourd'hui, allât chercher à dîner ailleurs : on ne lui en demande pas davantage.

Et maintenant, moi qui entre dans l'art viticole, qui ai des palus, imperméables probablement, que faut-il faire pour créer un vignoble? Voilà, Messieurs, ce que je suis venu apprendre au Congrès de Bordeaux, composé de savants viticulteurs venus de partout.

DES ENNEMIS NATURELS DU PHYLLOXERA

Par M. le Dr Georges MARTIN, à Bordeaux.

Il est hors de doute que le problème posé par la présence du phylloxera dans nos vignobles trouve en très grande partie sa solution dans l'usage des insecticides, dans la pratique de la submersion et tout particulièrement dans la plantation de certaines espèces américaines reconnues résistantes dans la majorité des terrains.

Mais ces moyens n'ayant pas encore la consécration du temps, il peut se faire que ce ne soit là qu'une solution momentanée.

La vitalité des racines ne sera-t-elle pas un jour atteinte par l'administration répétée des agents que chaque année on est obligé de déposer au pied des ceps pour détruire l'insecte? Au début des essais, on a assisté à l'intoxication des sujets en expérience par de trop fortes doses. L'avenir nous réserve peut-être de nous montrer, sous l'influence d'autres causes, la mort de la vigne par les remèdes destinés à la sauver.

D'autre part, la submersion ne peut-elle pas amener à la longue le dépérissement du cep ou tout au moins la dépréciation de ses fruits?

Enfin, les plants exotiques qui aujourd'hui résistent au mal, résisteront-ils toujours? Avec le greffage sur *Riparia* ou autre espèce, peut-on espérer conserver la qualité de nos vins et de nos alcools?

Ce sont là autant de questions auxquelles actuellement il est impossible de répondre par l'affirmative.

En outre, l'emploi de ces procédés sera toujours coûteux et difficile. Et il est aussi à craindre que certaines contrées, réputées par la qualité de leurs produits, soient, par le fait de la nature de leur sol, dans l'impossibilité de les utiliser.

Pour ces diverses raisons, il y a donc lieu de continuer les recherches. Peut-on espérer de trouver dans ce qu'on est convenu d'appeler « les ennemis naturels du phylloxera » un remède peu ou point onéreux, et surtout radical?

C'est ce que je me propose d'examiner dans le présent travail.

Dans la nomenclature des objets que le Comité organisateur du Congrès a désiré voir exposer, figurent les insectes qui font la guerre au phylloxera. J'ai pensé qu'à cette démonstration objective il ne serait pas inutile de joindre un résumé oral de l'état actuel de la question. Dans toutes les études, il est bon, de temps à autre, de jeter un coup d'œil en arrière pour examiner le chemin parcouru. J'ai été encouragé, du reste, dans cette résolution, par le souhait exprimé dans un journal agricole, que ce sujet soit traité au sein de cette réunion.

Sous le titre général d'ennemis naturels du phylloxera, il faut comprendre, en outre des insectes, le froid, certaines plantes, les oiseaux et le parasitisme microscopique.

Froid. — L'action nocive des basses températures sur le phylloxera a été escomptée dès le début du fléau.

A vrai dire, ce n'a pas été par ceux qui connaissaient les mœurs des animaux à sang froid. Ils savaient que, si un froid modéré les engourdit, un froid plus vif les réveille et leur permet de s'enfoncer plus profondément dans le sol. Ils savaient également que les êtres comparables au phylloxera, comme la bactéridie du charbon, loin de périr par une température de — 40°, maintenue pendant plusieurs heures, présentent au contraire une plus grande rapidité de développement.

Les personnes qui avaient cru à l'influence des hivers rigoureux n'ont point tardé à voir leurs illusions disparaître en présence des faits relatés par M. Girard en 1875, et des expériences faites par M. Rohart en janvier 1876, dans lesquelles l'insecte a résisté pendant quatre jours consécutifs à un froid de — 9°. En 1879, M. Lichtenstein a constaté qu'il pouvait subir une température de — 12°.

Or, comme la température ne descend jamais au-dessous de ces chiffres dans les parties du sol qu'occupent les racines, il faut donc conclure qu'on ne peut nullement conserver l'espérance de voir disparaître l'ennemi de nos vignes sous l'action des rigueurs de nos plus grands froids. L'œuf d'hiver n'est pas plus atteint par ces froids que l'insecte radicicole. M. Balbiani a même constaté que son éclosion dans la suite est d'autant plus rapide qu'il a été soumis à ces températures.

Plantes. — Diverses plantes ont été successivement conseillées pour combattre le phylloxera.

Le tabac est une des premières en date, mais je n'ai pas à m'en occuper ici. Cette plante (comme le datura, la jusquiame, le chanvre) a été prônée, non parce qu'elle exhale pendant sa végétation des gaz qui écarteraient ou feraient mourir l'animal, mais bien comme un véritable insecticide qui agirait sur les racines, lorsque, enfouie dans le sol, elle se décompose.

J'en dirai autant du lupin blanc, dont l'efficacité réelle ne semble devoir commencer qu'après son enfouissement, bien que le professeur Agnolesi, l'un de ses promoteurs, estime que « depuis l'époque de sa germination jusqu'à sa floraison, les exhalaisons du lupin doivent être mortelles pour les phylloxeras qui vivent sur les parties externes de la vigne. »

Les plantes indiquées comme agissant par le seul fait de leur végétation près des ceps, sont : le sumac, l'assa-fœtida, le madia-sativa et l'absinthe.

La culture du sumac a été recommandée par le *Journal d'Agriculture* qui se publie à Lisbonne, sous les auspices du gouvernement. Ce patronage officiel a pu faire croire à la valeur du procédé. On verra que c'est à tort et que les faits cités à l'appui ont été mal interprétés. Voici ces faits : les vignes de Chypre envahies par le phylloxera furent laissées sans culture. Le sumac ne tarda pas à paraître dans ces plantations abandonnées à elles-mêmes. Or, il arriva qu'au bout de quelque temps, ces vignes reprirent leur vigueur primitive et se couvrirent de fruits.

D'autre part, en Portugal, dans une propriété mal entretenue et pleine de sumac, la vigne se fit remarquer par l'apparence vivace de ses ceps, bien supérieure à celle des vignes voisines, également envahies par le phylloxera, où une culture soignée ne permettait pas la présence de cette plante.

Dès 1869, M. Dubreuil, consul d'Angleterre à Chypre, disait « que tous les vestiges du mal avaient disparu des vignobles où croissait le sumac. » Or, s'il y avait réellement une relation de cause à effet entre la présence de ce végétal et la disparition du phylloxera, l'île de Chypre devrait être aujourd'hui complètement débarrassée du parasite. Il n'en est rien. Et, d'après les renseignements que j'ai pu me procurer, la marche du mal n'a pas été arrêtée en Portugal : le sumac n'a donc pas tenu ce qu'il promettait.

En outre, comment se ferait-il que dans le Midi de la France, où le sumac pousse spontanément, on n'ait rien observé de semblable?

Selon nous, on a pris pour une cause efficiente ce qui n'est qu'un phénomène concomitant. Ce n'est point le sumac qui chasse le phylloxera, l'insecte s'éloigne sous l'influence des causes qui permettent la végétation de la plante.

Nous savons, en effet, que l'insecte abandonne toute vigne qui ne lui offre plus une nourriture suffisante, pour rechercher un système radiculaire intact. Quelques données portent en outre à penser que le défaut de culture gêne les marches et contre-marches du puceron qui émigre ailleurs. Il est d'observation que les vignes fortement phylloxérées, presque mourantes, laissées sans culture, sont revenues à la vie au bout de quelque temps, bien que le sumac ne les ait point envahies. Or, un même résultat se produisant, que cette plante existe ou non dans les vignes, il faut en conclure que son action est absolument nulle.

La culture intercalaire de l'assa-fœtida a été conseillée par un vétérinaire de l'armée, dans une lettre adressée à M. Baillet, et que ce dernier fit parvenir en 1878 à la Société d'Agriculture de la Gironde. Le promoteur de cette idée pense que la gomme-résine qui découle de cette ombellifère, par la moindre fissure naturelle, ayant une odeur épouvantable de nature alliacée, est susceptible par ses émanations de tuer quantité d'animaux de petite taille. Le moyen n'a pas été que je sache éprouvé. A vrai dire, il est permis de douter de son efficacité, comme, du reste, de celles de toutes les plantes cultivées par leur seule présence, sans enfouissement consécutif. *A priori*, dit le Dr Micé, cette proposition soulève diverses objections : il s'agit d'un insecte dont la plus grande partie de l'existence est souterraine, on ne voit pas bien comment il pourrait être gravement atteint par des émanations aériennes; d'un autre côté, l'assa-fœtida est une plante des pays chauds de la Perse qui aurait bien peu de chances de prospérer chez nous ; enfin, ce n'est qu'au bout de trois ou quatre ans que le végétal fournit une gomme-résine active, de telle sorte qu'on aurait longtemps à attendre l'effet utile.

On a également proposé la culture dans les vignes du madia-sativa, qui serait à la fois un insecticide et un engrais vert; mais ici, comme bien souvent, les observations font défaut.

En 1880, M. Poirot, dans un mémoire présenté à l'Académie des Sciences, parle de l'absinthe, tant comme moyen destructeur que comme application préventive. L'auteur assure n'avoir jamais vu dans les vastes plantations d'absinthe de l'Amérique du Nord ni mouches, ni fourmis, ni vers, ni insectes quelconques. A son avis, le phylloxera ailé ne pourrait vivre ; l'aptère ne saurait subir ses métamorphoses dans un terrain modifié par la culture de cette plante. J'ignore si le conseil de M. Poirot a été expérimenté parmi nous. S'il l'a été, il est présumable que les résultats ont été négatifs; s'il en eût été autrement, ils ne seraient pas restés ignorés.

Trois autres plantes, la luzerne, le fraisier et le maïs, ont été également proposées.

Je ne pense pas devoir parler de la luzerne. M. Cartoux n'a pas, en effet, entrepris une campagne en faveur de cette plante. En conseillant la culture de la vigne dans les luzerniers, il n'a nullement pensé à une action insecticide. Il n'a vu que l'influence d'un milieu favorable à la végétation de la vigne et peu propice à la propagation de l'insecte. Je ne parlerai pas non plus du fraisier, qui n'a pas été conseillé en tant que plante, mais comme devant fournir asile à un insecte qui, selon Mme de Bompar, serait ennemi du phylloxera.

J'en arrive au maïs rouge qui, d'après M. Gachez, loin d'éloigner le phylloxera, l'attirerait au contraire en masse. Il n'est qu'un malheur, c'est que l'insecte observé sur cette plante n'est pas le phylloxera. Jusqu'ici, le parasite de la vigne n'a été observé que sur la vigne; l'erreur de M. Gachez s'explique parfaitement, l'étude des pucerons offre des difficultés même pour les habiles observateurs.

Aucun fait direct prouvant les effets produits par ces plantes sur le redoutable aphidien n'a vu le jour. Des suppositions seules ont été émises. Il serait étonnant qu'il en eût été autrement; car, théoriquement, on ne voit pas pourquoi le phylloxera délogerait de nos vignobles parce que telle ou telle plante y croîtrait parallèlement à la vigne. L'action des plantes sur l'insecte ne pourrait se comprendre que par une action de la part des racines; or, tout porte à croire que ces organes ne sont pas doués de la faculté d'excréter. Si cette faculté existait, la vie végétale serait impossible.

Oiseaux. — En présence des ravages produits par un animal à multiplication aussi rapide et aussi excessive que celle du phylloxera et dont la destruction artificielle paraît si difficile, le concours des petits oiseaux devait être imploré. Mais ici, comme dans beaucoup de questions concernant le phylloxera, on a été plutôt guidé par des vues générales que par des faits bien observés. Les uns ont pensé que la destruction des oiseaux était la cause de l'apparition du parasite, les autres se sont contentés d'y trouver le motif de sa grande pullulation. Loin de nous la pensée de critiquer ceux qui demandent une loi protectrice des petits oiseaux. Nous pensons même que dans les pays qui sont à la veille d'être envahis, des démarches devront être faites pour obtenir de l'Administration quelques mesures de protection. Il est en effet à supposer, comme le fait très bien remarquer notre confrère le Dr Micé, qu'à côté d'oiseaux fouilleurs et qui peuvent fort bien s'adresser au phylloxera radicole, il en est qui glaneront les aphidiens hivernant au bas de la tige, alors que d'autres préféreront enlever au vol ces myriades d'ailés qu'on voit voltiger en mouvements saccadés vers quatre ou cinq heures du soir dans une jeune vigne très atteinte, si, en suivant les indications de M. Boiteau, on se place en face du soleil en abritant les yeux avec son chapeau.

En admettant que les suppositions que nous venons de citer ne soient pas réelles, les mesures que nous souhaitons ne pourront pas être regrettées; là protection des oiseaux devant en tout cas amener la destruction d'une foule d'autres insectes nuisibles.

Insectes. — Suivant une loi générale on a cherché surtout chez les insectes des ennemis au puceron de la vigne. La liste de ceux qu'on a trouvés est déjà longue; aussi l'histoire des insectivores du phylloxera exige-t-elle quelques développements que comporte, du reste, le sujet considéré par un professeur de viticulture allemand, qui en exagère peut-être un peu l'importance, comme un des plus sérieux parmi ceux relatifs au phylloxera.

Le premier insecte qui fut signalé en Europe comme phylloxérophage, est l'*Anthocoris nemoralis*. MM. Planchon et Lichtenstein, en 1868, examinant à Sorgues la première galle signalée, découvrirent cet hémiptère en train de manger des phylloxeras aériens.

En 1871, M. Laliman observa ce même insecte se nourrissant exclusivement de larves phylloxériques.

Dans la même année, cet observateur rencontra sur des racines de vignes en décomposition un *Acarus blanc* qui s'alimentait non seulement de phylloxeras de racines, mais encore de ceux des galles.

Cette année-là encore, MM. Planchon et Lichtenstein virent sur des galles provenant des vignes de M. Laliman une petite *Coccinelle noire* qui dévorait le contenu de neuf galles sur dix.

En 1876, M. le vicomte de la Loyère signala, comme faisant la guerre au phylloxera ailé, un acarien, le *Trombidium sericeum*. Cette petite araignée rouge mangerait également le puceron des galles.

En 1877, M. Laliman envoya à Paris, à l'Académie des Sciences, une larve de diptère appartenant au genre *Syrphus* ou à un genre voisin, mais dont l'espèce n'a pu à l'époque être déterminée, l'insecte à l'état parfait n'étant pas connu.

Cette larve fut surnommée, par l'infatigable investigateur girondin : le cannibale du phylloxera, car il l'avait vu dévorer en dix minutes 95 de ces insectes.

Ce syrphien se trouve tantôt dans les interstices des feuilles, tantôt dans le tissu des galles ; il ne descend pas sur les racines, mais il mange le phylloxera radicole, quand on se donne la peine de l'en approvisionner. La voracité de cette larve s'accorde parfaitement avec la vie intime des larves des syrphiens qui s'attaquent, ainsi que Réaumur l'a observé, à tous les pucerons, sans se préoccuper de la variété à laquelle ils appartiennent.

En 1877, M. Lichtenstein, sur des feuilles à galles de Clinton, remarqua comme étant gourmandes de la chair du phylloxera, en outre du *Trombidium sericeum* déjà signalé, les larves d'un coléoptère, la *Coccinelle à douze points blancs*.

A peu près à la même époque, Mme de Bompar signala, comme dévorant le parasite de la vigne, un *Arachnide rouge* du genre *Trombidium* qui habite les plantations de fraisiers. Cet animal séjournerait sous les feuilles de cette plante depuis le mois de décembre jusqu'au mois de mai, et disparaîtrait au moment même où le phylloxera commence à fourmiller sur les racines de la vigne. Mme de Bompar suppose qu'il irait faire la chasse aux radicoles.

Également, en 1877, M. Blankenhornn, directeur de l'Institut œnologique du duché de Bade, annonça à l'Académie des Sciences la présence sur les racines des vignes européennes de deux insectes faisant une guerre acharnée au phylloxera vastatrix : c'étaient le *Tyroglyphus phylloxeræ* et l'*Hoplophora arctata*. Les faits sur lesquels s'appuie le docteur allemand pour établir la voracité de ces deux insectes (et particulièrement du premier), sont les suivants :

Dans des tubes clos, pleins de racines infestées, il a remarqué que les phylloxeras disparaissaient entièrement, tandis que le nombre des *Tyroglyphi* augmentait d'une manière considérable. Des observations analogues auraient été faites par MM. Schrader, à Bordeaux, et Oberlin, à Bollweiler. L'observation de ce dernier, faite en plein air, serait moins concluante.

D'autre part, M. Blankenhornn, en janvier 1875, à l'Institut de Carlsruhe, ayant rencontré le phylloxera sur les racines de deux ceps, l'un de l'espèce *Isabella*, l'autre de l'espèce de *Chasselas* fondant, ces ceps furent aussitôt arrachés. En juin de la même année (six mois plus tard, par conséquent), examinant si l'infection s'était étendue, il ne trouva d'attaqué qu'un pied de *Chasselas* voisin et par cinq phylloxeras seulement.

Ce fait trouve son complément dans l'observation microscopique que l'on fit des racines arrachées : sur un bois on rencontra vingt *Hoplophora* et seulement un exemplaire de phylloxera.

La présence de ce phylloxérophage explique, d'après l'auteur, pourquoi la maladie a eu un développement si lent et si limité dans le terrain de l'Institut. A ses yeux, le peu d'extension du mal, en Allemagne, ne peut être expliqué qu'en admettant que les ceps infestés ont été peuplés, avant l'invasion du phylloxera, d'ennemis naturels qui se sont opposés à sa multiplication.

« On croit, en général, que les ennemis du phylloxera ne se trouvent qu'en » très petite quantité sur les ceps. Je dois constater que nous avons trouvé » l'*Hoplophora arctata* et le *Tyroglyphus phylloxeræ* en très grande quantité » sur des vignes allemandes; le *Polyxenus lagurus,* en quantité très considé- » rable sur les vignes du canton de Vaud, et le *Gamasus Blankenhornni* en » quantité aussi considérable sur des vignes provenant de semis américains » du *Taylor.* » (Blankenhornn.)

Ces deux derniers insectes seraient donc à faire figurer également au nombre des phylloxérophages.

Une expérience, en tout semblable à celle relatée plus haut à propos du *Tyroglyphus,* répétée avec le *Polyxenus lagurus,* montre qu'on doit le mettre aussi au nombre des ennemis du phylloxera.

Ce n'est pas seulement en Allemagne que l'*Hoplophora* viendrait en aide au viticulteur. Dès le mois de mai 1880, la présence utile de cet insecte avait été signalée en Sicile. Tout dernièrement, le *Journal d'Agriculture* de M. Barral (n° du 1er octobre 1881) publiait un article d'après lequel une Commission envoyée par le gouvernement italien en Sicile, pour explorer les vignobles de Riesi, a eu à constater que, dans cette localité, toutes les plantations atteintes par le phylloxera sont très vigoureuses et ne diffèrent presque pas de celles qui ne sont pas infestées. Les propriétaires de cette région pensent que le fléau ne pourra exercer chez eux des ravages aussi considérables que ceux qu'on déplore en France. Ils estiment que les pertes que leur causera le phylloxera seront moins graves que celles occasionnées par quelques autres maladies auxquelles la vigne est sujette. Ils persistent à croire qu'ils doivent le salut de leurs vignes à l'*Hoplophora.*

Enfin, il faut rappeler qu'en 1880, il a été présenté à l'Académie des

Sciences, par M. Pichard, un *Trombidium* ([1]), et par M. Coste plusieurs autres acariens : le *Trombidium fuliginosum*, le *Gamasus vitis*, plusieurs *Thrips* ([2]), et enfin une larve du genre *Symnus*, qui vivaient surtout sur les galles des trois cépages américains : le *Clinton*, le *Vialla* et l'*Oporto*.

Nous en avons fini avec la nomenclature des insectes ennemis du phylloxera. Il convient de remarquer que tous ont été vus se nourrissant de phylloxeras, sauf le *Trombidium* signalé par Mme de Bompar. On se rappelle, en effet, qu'on a supposé cet acarien ennemi du phylloxera tout simplement parce qu'on l'a vu disparaître au moment où les radicoles pullulent. Jusqu'à ce qu'une preuve plus complète ait été donnée, il convient de la rayer de la liste des phylloxérophages.

Cette restriction faite, il n'y aurait que quatre insectes ennemis du phylloxera radicole, à savoir :

Le *Tyroglyphus phylloxerae*, l'*Hoplophora arctata*, le *Polyxenus lagurus*, le *Gamasus Blankenhornni*.

Les ennemis du phylloxera des galles seraient plus nombreux :

L'*Anthocoris nemoralis*, la *Coccinelle noire*, la larve d'un *Syrphus*, la *Coccinelle à douze points*, le *Trombidium* (de M. Pichard), le *Trombidium fuliginosum*, plusieurs *Thrips*, une larve du genre *Scymnus*, le *Gamasus vitis*.

Deux insectes auraient la faculté de détruire le phylloxera aussi bien sur les racines que sur les feuilles, ce sont :

L'*Acarus blanc* (de Laliman), le *Trombidium sericeum* (de La Loyère).

La plupart de ces insectes existent en Amérique. Le célèbre entomologiste Riley nous en décrit de plus trois autres : Le *Chrysopa plorabunda*, le *Chrysopa Tabira* et une mouche *Leucapis*.

Le professeur Planchon a rapporté d'Amérique, en 1873, un acarien que Riley venait d'observer mangeant le phylloxera. Cet insecte que ces deux naturalistes nommèrent le *Tyroglyphus phylloxerae*, arriva vivant à Montpellier et notre savant confrère se disposait à le faire reproduire lorsqu'il s'aperçut qu'il n'était autre qu'un insecte observé déjà en Europe sur les racines de vignes dont la décomposition commence.

Quant au *Tyroglyphus longior*, que M. de Savignon, délégué à l'Exposition de Sydney, a rapporté de la Californie, il est à supposer qu'il ne diffère pas

---

([1]) Dans une lettre que M. Pichard a eu la bonté de m'adresser ces jours derniers, on lit :

« Je regrette d'avoir peu de chose à ajouter à la note que vous avez pu lire dans les
» Comptes-rendus de l'Académie des Sciences du 28 juin 1880, relativement à l'acarien
» destructeur du phylloxera gallicole.

» Je l'ai retrouvé cette année encore dans les galles de quelques-uns de mes plants
» américains *(Taylor, Clinton, Oporto)*. Cette année, comme précédemment, je l'ai vaine-
» ment cherché sur les racines de ces vignes.

» Son action, comme agent destructeur du phylloxera, serait donc restreinte à celui des
» feuilles et ne paraîtrait pas devoir empêcher, dans une large mesure, la propagation de
» l'insecte. »

([2]) Dès 1877, M. Lichtenstein, rencontrant des *Thrips* sur des feuilles de vignes, avait pressenti que ce pourraient être là des ennemis du phylloxera.

du *Tyroglyphus phylloxeræ*. Néanmoins je dois dire que la question a encore besoin d'étude. M. de Savignon attribue la lenteur de l'invasion des vignobles de Californie d'abord à l'absence de la forme ailée du phylloxera et ensuite à ce parasite qui se nourrit de débris animaux et tout particulièrement du puceron de la vigne (1).

Après ce long exposé, il convient de résumer les résultats qui en découlent :

Les faits qui méritent particulièrement l'attention sont ceux se rapportant à l'Allemagne, à l'Italie et à la Californie, où, malgré la présence du phylloxera, la vigne résiste. Une enquête seule pourrait apprendre si cette résistance est due à un phylloxérophage ou à toute autre cause. La nature du sol, le mode de culture, l'espèce des cépages sont autant d'éléments dont il faut tenir compte. Dès aujourd'hui je dois dire que le D\[r\] Blankenhornn, dans une lettre particulière, m'affirme que le terrain qui a été le théâtre de ses observations est constitué par une bonne terre de jardin peu sablonneuse, nullement contraire au phylloxera.

Cette enquête paraît d'autant plus nécessaire que M. le professeur Planchon aurait constaté que l'un des insectes auxquels la conservation de ces vignobles étrangers est attribuée (le *Tyroglyphus phylloxeræ*), se trouve également sur des vignes françaises fortement endommagées par le phylloxera et qu'il n'a point sauvegardées. M. Planchon ajoute même que le *Tyroglyphus* n'apparaît sur les racines qu'il a examinées en France qu'au moment où un commencement de décomposition se manifeste dans leurs tissus.

En face d'un envahisseur d'une si grande fécondité, à multiplication aussi

_____

(1) Voici ce que M. de Savignon a eu l'extrême obligeance de m'écrire à l'époque du Congrès :

« J'ai insisté, dans ma communication à l'Académie des Sciences relative au *Tyroglyphus* » *longior*, sur la forte proportion de ce parasite eu égard au nombre des pucerons phylloxé- » riques et sur la lenteur de la marche du fléau. Je suis convaincu, d'après les faits observés » par moi, qu'en Californie le *Tyroglyphus* dont il s'agit vit aux dépens du phylloxera. » Mais alors, peut-on objecter, comment se fait-il que ce dernier ne disparaisse pas? Il est » probable que c'est parce qu'il n'est pas dans l'ordre de la nature qu'un parasite animal » se développe spontanément au point de détruire l'espèce qui fournit à sa subsistance. » C'est là un enseignement que l'on retire de l'étude des grandes lois qui président à l'en- » tretien des êtres vivants.

» Or, ce que la nature ne fait qu'exceptionnellement lorsqu'elle est livrée à elle seule, » l'homme peut le faire en la prenant pour alliée. Il s'agirait donc de faire l'essai de cet » acarien, et s'il était couronné de succès, d'en faire l'élevage pour en infester ensuite le » phylloxera. Les difficultés ne sont pas ce que l'on pourrait croire au premier abord, puis- » que l'on travaillerait sur un sujet connu en partie; ce serait donc des études complémen- » taires qu'il faudrait faire et ensuite leur application.

» L'insecte que j'ai trouvé en Californie a été rapporté d'Amérique il y a de cela quelques » années par le D\[r\] Planchon, qui l'avait rencontré dans les États de l'Est, dans le Missouri, » je crois.

» Je vous communique ces notes, je serais heureux que vous voulussiez bien les lire au » Congrès. Les vignerons qui ont dû y affluer, verraient ainsi que nous travaillons tous avec » ardeur à la solution d'une question qui intéresse à un haut point la prospérité du pays.

rapide, ne faudrait-il pas que son ennemi ne puisse vivre que de sa chair comme lui-même ne vit que de la vigne? Or, il est d'observation que tous les anti-phylloxeras connus jusqu'ici sont omnivores.

De plus, ne faudrait-il pas encore que ces insectes pussent opposer à la pullulation du phylloxera une pullulation analogue? Malheureusement il paraîtrait qu'ils en sont incapables.

Quant aux insectes qui ne s'attaquent qu'au phylloxera gallicole, ils ne peuvent avoir pour nos vignes indigènes qu'une importance bien minime puisque ces vignes ne présentent que peu de galles.

En résumé, le seul point qui soit établi, c'est qu'il y a des insectes qui mangent le phylloxera; mais rien aujourd'hui ne permet de voir, du moins en France, dans ces animaux un instrument de destruction, ni même un auxiliaire contrariant le développement du parasite de la vigne.

On le voit, la question des insectes ennemis du phylloxera n'est nullement résolue. Mais ce n'est pas là une raison pour l'abandonner : l'histoire naturelle nous montre de nombreux exemples d'animaux qui ont disparu ayant succombé aux attaques d'autres êtres. D'après une des grandes lois de la nature, dans la mort se trouve la condition de la vie. Contemplée dans son ensemble, la terre apparaît comme un vaste champ de bataille où les individus et les espèces se font, avec une fortune diverse, une guerre acharnée. Tous les animaux sont dans un état permanent d'hostilité à l'égard les uns des autres; aucun ne saurait subsister sans occuper une place que mille autres tentent de lui ravir. Tous s'efforcent de multiplier, et, comme il est démontré par le calcul et l'observation que la progression des espèces est géométrique, tandis que les aliments croissent dans une proportion arithmétique, il en résulte que la nourriture viendrait à manquer si un animal ne trouvait pas dans un autre animal de quoi satisfaire au plus impérieux de ses besoins. Pour vivre, il faut faire la guerre sans trêve ni relâche. Dans cette lutte pour la vie, la victoire reste au plus fort ou au plus habile.

En face de ce tableau, on ne doit pas désespérer voir un petit insecte venir au secours de nos vignes indigènes. Que le viticulteur se livre à l'étude. Il faut avouer que si, jusqu'ici, la question qui nous occupe est peu avancée, c'est qu'on a pris peu de soin de la faire progresser. L'histoire de toutes les épidémies montre que ce n'est que par le travail assidu et l'usage de tous les moyens offerts par la nature que l'homme parvient à les dompter.

Parasites microscopiques. — A l'heure actuelle, la préoccupation de la science est de trouver un végétal microscopique qui pourrait devenir le parasite du phylloxera. L'on sait, en effet, que les spores de divers champignons s'attachent aux parties molles de certains insectes ([1]) et à quelques variétés de chenilles ([2]), s'y développent en ramifications nombreuses, perforent leur peau et, finalement, provoquent leur mort en assurant ainsi leur propre reproduction.

([1]) Mouches, bourdons, cousins, abeilles, larves de hannetons, etc.
([2]) La chenille du *Gastropacha-pini*, la chenille de l'espèce *Pierris* et les vers à soie, etc.

La plupart des épidémies qui font périr par milliers nos mouches domestiques sont dues à ces formations végétales. Ces épidémies, provoquées par ces champignons et par d'autres organismes placés tout au bas de l'échelle des êtres, sont terribles; leur apparition est soudaine, inattendue; leur disparition n'a lieu que lorsque toute l'espèce a succombé.

On s'est demandé si l'ennemi des racines de nos vignes ne pourrait pas être accessible aux influences pernicieuses de ces infiniment petits. S'il en était ainsi, on n'aurait qu'à cultiver ces germes morbigènes (il est possible de les avoir en aussi grande quantité qu'on le désire) et à les répandre dans les lieux où le phylloxera exerce ses ravages.

Guidé par ces données scientifiques, le Dr Henneguy a déjà fait quelques expériences pour s'assurer si le puceron qui nous occupe serait un terrain favorable à la pullulation de certains germes infectieux et s'il succomberait à leur contact. Grâce à l'obligeance de notre savant confrère — qu'il nous soit permis ici de le remercier — il nous est possible de faire connaître au Congrès ces recherches jusqu'à ce jour inédites :

« 1° *Expériences faites avec des bactéries.* — Les bactéries que j'ai cherché à » inoculer au phylloxera, provenaient de sources différentes. J'en ai obtenu » de grandes quantités en cultivant dans du bouillon de levure de bière des » bactéries provenant d'excréments de vers à soie, ou en laissant se putréfier » dans l'eau des insectes morts. J'ai expérimenté aussi les spores du *Bacillus* » *subtilis* (Cohn) ou ferment *butyrique* (Pasteur), que je me suis procuré par la » culture dans du bouillon de levure, des spores contenus dant le crottin du » *Bombyx Neustria.*

» Des racines chargées de phylloxera ont été tantôt immergées pendant » un certain temps dans les liquides remplis de microbes ou de leurs spores, » tantôt simplement badigeonnées avec ces liquides, puis abandonnées dans » des flacons renfermant un peu d'eau au fond pour empêcher les racines » de dessécher. Dans toutes les expériences que j'ai entreprises, les phyl- » loxeras n'ont paru nullement incommodés de la présence des microbes, et » ils ont continué à vivre et à se multiplier. Dans aucun cas, je n'ai pu » constater la pénétration d'organismes inférieurs dans les insectes mis en » expérience.

» 2° *Expériences avec corpuscules de la pébrine.* — J'ai obtenu des résultats » identiques avec des corpuscules de pébrine pris dans le tube digestif de » vers à soie encore vivants.

» 3° *Expériences avec la levure de bière.* — Contrairement à l'opinion de » Hagen, qui dit avoir détruit des insectes avec de l'eau renfermant de la » levure de bière, je n'ai rien obtenu.

» J'ai pu m'assurer que la levure de bière introduite dans le tube digestif » des insectes n'a aucune action nuisible. Des chenilles de *Vanessa urticæ* » et de *Vanessa Io* furent nourries jusqu'au moment de leur transformation » en chrysalides avec des feuilles d'orties couvertes de levure de bière. Toutes » ces chenilles ont donné des papillons bien portants. D'autres chenilles

» badigeonnées avec de la levure délayée dans de l'eau n'en ont nullement
» souffert. Il en a été de même de diverses espèces de pucerons et de phyl-
» loxeras soumis au même traitement.

» 4° *Expériences avec des champignons*. — Les épidémies causées par les
» champignons, tels que les *Isaria botrytis*, etc., et qui détruisent à certaines
» époques un grand nombre d'insectes différents, n'apparaissent, comme on
» sait, que très irrégulièrement. Je n'ai pu me procurer jusqu'à présent que
» les spores de l'*Eutomophthora muscæ*. Les résultats que j'ai obtenus en les
» mettant en contact avec des phylloxeras ont été complètement négatifs. »

En face de tels résultats, doit-on penser que dans cette voie de recherches
on ne peut trouver que des déceptions? Ce serait prématuré de conclure
ainsi. Les découvertes n'ont lieu qu'au prix d'expériences nombreuses,
variées, mettant fortement à contribution la patience de ceux qui les ont
entreprises. L'idée d'organismes microscopiques attaquant le phylloxera et
lui donnant la mort, n'est pas aussi théorique qu'elle peut le paraître.

Lorsque la vie a une puissance égale à celle qui se manifeste dans la
reproduction du phylloxera, c'est par la vie principalement, et par une
puissance de reproduction supérieure qu'on peut espérer triompher.

Le phylloxera, dit M. Pasteur, doit avoir ses maladies, ses causes naturelles
de destruction. Ce sont ces maladies et ces parasites qu'il faut rechercher
et étudier, afin de savoir s'il est possible de les multiplier et de les opposer
aux terribles envahisseurs de nos vignes.

Pour terminer, qu'il nous soit permis d'émettre quelques vœux :

1° Qu'on cesse de croire aujourd'hui à l'influence morbide du froid et des
plantes sur le phylloxera. Que si, néanmoins, un jour quelqu'un pense avoir
rencontré un végétal capable par son antagonisme de lui rendre impossible
le séjour des racines, avant de se prononcer sur sa valeur, qu'il compare les
effets de la culture intercalaire de cette plante avec ceux que l'on obtiendrait
par un même mode de culture dans un terrain uniquement occupé par la
vigne.

2° Les viticulteurs, persuadés que les oiseaux contribuent à la destruction
du phylloxera, devraient s'occuper de fournir une preuve tangible de leur
opinion, en montrant au microscope la présence de l'insecte dans l'estomac
des oiseaux qui fréquentent le plus habituellement les vignes. Cette preuve
peut, à un moment donné, avoir son utilité. Un jour viendra, peut-être,
où ces mêmes petits oiseaux seront accusés de détruire les insectes qui se
nourrissent de phylloxera, et où leur tête sera demandée pour assurer la
conservation de ces anti-phylloxériques.

3° Il y aurait avantage à collectionner tous les insectes, petits et gros, qui
habitent nos vignobles et à les ranger en deux catégories, selon qu'ils auront
été trouvés ou non dans un terrain phylloxéré. Ces collections seraient
centralisées au sein des Sociétés d'Agriculture, dont les Membres les plus
compétents classeraient les sujets et verraient si quelques-uns semblent
particulièrement rechercher les terrains où le phylloxera ne fait que peu ou

pas de ravages. Les vignobles qui dans nos départements envahis résistent partiellement, doivent, dans l'esprit de beaucoup, cette résistance à la nature du sol. Qui prouve que cette résistance n'est pas due à des insectes se nourrissant de phylloxeras et dont la vie n'est possible que dans ces terrains?

4° Il serait à souhaiter que la Ligue internationale contre le phylloxera chargeât ses Membres résidant en Sicile, en Allemagne et en Californie de corroborer par des rapports les faits de résistance attribués aux phylloxérophages.

5° Enfin, demandons à nos savants de laboratoire de torturer la nature de toutes manières, afin de découvrir le champignon, l'être microscopique, qui deviendrait le parasite du phylloxera. Déjà, M. Pasteur les a conviés à cette étude, et M. Dumas, dans la conviction que cette voie est la bonne, leur a fait entrevoir que la grande récompense nationale pourrait être le couronnement de ces travaux plutôt que de tous autres entrepris dans une autre direction.

Une telle exhortation à l'adresse de nos habiles investigateurs est, à vrai dire, inutile. Mieux que personne ils connaissent les points faibles de la question; mieux que personne ils savent quelles armes seraient nécessaires dans cette lutte contre le terrible insecte. Si une solution rapide n'est pas obtenue, ce n'est pas eux qu'il faudra accuser. Ils l'ont prouvé, leur zèle et leurs connaissances sont au service des grands intérêts de la viticulture.

DU ROLE DU PHOSPHORE DANS L'ACTE VÉGÉTATIF DE LA VIGNE ET DES AUTRES PLANTES

Opinion émise dans le Congrès phylloxérique de Bordeaux

Par M. GALAND DE LONGUERUE.

MONSIEUR LE PRÉSIDENT, MESSIEURS,

Je vous demande la permission de vous exposer mes idées sur la cause des désastres qui ont frappé nos vignobles et qui menacent d'anéantir, en France, une des sources les plus abondantes de la fortune publique. Je crois que, dans les grandes calamités, les remèdes empiriques auxquels beaucoup d'esprits s'arrêtent, sont de très peu d'intérêt et ne font que favoriser la persistance des sinistres, les aggraver et prolonger l'incertitude de l'avenir, en détournant les regards des lumineux instincts de la vérité.

Lors de l'invasion de l'oïdium, j'avais affirmé et publié dans les *Annales de la Société d'Agriculture* que l'oïdium était un premier avertissement donné aux viticulteurs; que certaines lois providentielles se trouvaient en souffrance, méconnues et enfreintes par des appétits grandissants; je prédisais que des attaques graves viendraient nous retirer de notre quiétude, et je concluais qu'il fallait se hâter de faire la lumière par une vigoureuse association d'efforts. A ce moment, on crut avoir assez fait en expliquant l'oïdium par des années pluvieuses exceptionnelles, en argumentant sur le mal, effet ou cause, et c'est au hasard seul qu'on dut l'emploi du soufre sublimé, dont l'usage prolongé a sauvé nos raisins sans guérir nos vignes. Qui s'est avisé, Messieurs, de chercher à expliquer l'anomalie du fruit préservé et du cep toujours malade? Il n'en est plus question.

J'étais président de la Société d'Agriculture de la Gironde, quand la grande Commission du Midi vint porter, parmi nous, le tableau menaçant des actes de ce nouvel ennemi : le phylloxera vastatrix! Bordeaux, à ce moment, était peu ou point atteint et toujours périodiquement préoccupé de l'oïdium. Il était permis d'espérer que le vignoble bordelais serait indemne du fléau auquel on crut à peine et contre lequel on vit surgir seulement quelques insecticides plus ou moins puérils, et dans un ordre plus sérieux, le sulfure de carbone sous toutes ses formes, en nature, en capsules, en sulfo-carbonates, et finalement la submersion!

On a admis que le phylloxera était un nouveau venu, du moins en Europe ; qu'il avait pris passage sur quelque navire venant d'Amérique. Cette théorie, purement gratuite, comme celle de l'oïdium dû à l'humidité, ne reculera pas plus tard devant le remède demandé aux cépages américains si nombreux au début, si réduits aujourd'hui, qui suffisent cependant encore à soutenir bien des vignerons dans un effort désespéré où sombre leur fortune, pendant qu'ils poursuivent cette suprême espérance que nulle logique n'a garantie, et sans que le Trésor ait encore consenti à amoindrir, d'un centime, cette source de revenus si féconde sur laquelle reposent, en même temps que le Trésor, tous les services publics, plus besogneux que jamais. Qui songerait à réduire les dépenses?

Avant d'entrer dans la thèse que je veux traiter devant vous, vous me permettrez, Messieurs, de jeter un regard rapide sur une argumentation que je repousse énergiquement :

1º Je crois que la création est *une*, qu'aucune raison valable ne peut amener à conclure qu'antérieurement aux accidents actuels, le phylloxera n'existât pas en France. — Il existait, et il n'a pas eu besoin de venir d'Amérique; quel intérêt sérieux à traiter et argumenter de son origine, et ne pas scruter énergiquement sa cause? Pourquoi n'attacher aucune importance à cette coïncidence remarquable de l'oïdium et du phylloxera, où je crois rencontrer une voie lumineuse?

2º Il y a certainement des animaux spéciaux à quelques climats, mais ce ne sont pas des êtres infiniment petits, qui tous sont cosmopolites dans les parasites.

3º Si, contrairement à mes convictions, le phylloxera est d'importation américaine, on doit admettre que dans ce long intervalle de temps qui s'écoula de 1492 vers 1600, depuis la découverte de Colomb jusqu'à celle de Cortez et la décadence de l'Espagne, c'est évidemment à l'Espagne et au Portugal qu'était prédestiné ce microscopique ennemi porteur, dans ses flancs, d'une grave révolution en Europe.

4° Après avoir étudié avec soin la vie, les besoins et les habitudes de ce redoutable ennemi, on aurait dû rigoureusement écarter, comme vaines puérilités, tous ces remèdes qui laisseront, quoi qu'on fasse, toute une armée sur pied pour prendre la place de quelques milliers d'ennemis supprimés de loin en loin, noyés par les eaux, empoisonnés par les insecticides, abreuvés de sulfo-carbonates ou détruits par les gelées des grands hivers.

Il ne reste donc qu'une ressource logique, les débordements de nos grands fleuves comme celui de 1873, ou la submersion artificielle de nos vignobles, eaux colmatées. Des Pyrénées à Bordeaux, la plaine a été inondée pendant quinze jours, crues immenses. Qu'en est-il résulté? Le phylloxera n'est-il pas plus prospère que jamais?

Je termine par une dernière réflexion : la loi providentielle gouverne le monde; les animaux cherchent leur nourriture avec persévérance, avec instinct; où les trouve-t-on détruisant, en masse, la plante qui les nourrit? C'est un fait anormal et plus que douteux.

Je voudrais également écarter l'argument de l'appauvrissement général du sol par la multiplication exagérée de la vigne fournissant, elle-même, naturellement, une prise qu'on ne saurait expliquer d'une façon normale. Il ne me semble pas possible d'admettre de semblables révolutions, si profondes, si subtiles au milieu d'un ordre qui a fait ses preuves pendant tant de siècles. Les sols les plus frappés sont les plus riches, les plus nouveaux mis en vigne, bien loin d'être épuisés.

J'entre donc dans mon sujet et j'ai besoin de votre bienveillance, car mon thème est difficile, ayant constamment entrevu une grande loi à réhabiliter. Je viens vous entretenir d'un corps que vous connaissez, *le phosphore*.

Il fut découvert en 1669 par Brande, à la recherche de la pierre philosophale, c'est-à-dire de l'art de transformer en or pur tous les métaux vils. On ne parvint à fabriquer le phosphore que soixante-dix ans après. J'insiste pour vous faire constater que ce corps simple, porteur de si grandes destinées dans les vues du Créateur, était resté inconnu de l'humanité pendant trente siècles, quoique sa mission n'ait pas cessé d'être remplie au jour le jour, mission vitale.

Le phosphore est solide à la température ordinaire, sans saveur et insoluble dans l'eau. L'acide phosphorique est solide, blanc, pulvérulent, plus pesant que l'eau, très acide, très soluble dans l'eau, fusible et volatil à une haute température.

Le phosphore, au début, c'est-à-dire il y a cent quarante ans environ, semblait n'avoir d'autre usage que de fournir des allumettes; ce n'était qu'un objet de curiosité, à cause de son état lumineux. Son importance grandit rapidement, et pour faire connaître son état actuel, il nous suffira de faire l'inventaire de ses fonctions de toutes sortes.

Le phosphore étant très subtil se fraye un passage hors des sépultures les mieux closes, et des ossements des animaux en décomposition; et sous forme d'hydrogène phosphoré, il s'élève dans l'air, est rejeté dans les grandes tourmentes de l'Océan, de la masse de ses ondes qui en sont saturées, et brûle sous le nom de *feux-follets* ou d'*étoiles filantes*, pour se transformer en eau et acide phosphorique; il est rabattu sur la surface du sol par les pluies, dans les fosses rurales, les cours d'eau ou la mer. Dans les premières, le phosphore entrera dans la boisson des animaux qui en semblent friands, et se retrouvera dans leurs excréments et dans le fumier d'étable; c'est là que les céréales s'en emparent, que leurs radicelles se l'approprient, que la paille l'entraîne par une sorte de capillarité vers l'épi. La mouture en affecte une portion au son qui nourrira les bestiaux, l'autre portion à la farine et au pain, nourriture de l'homme. C'est sous cette forme qu'il fera son entrée dans le lait de la nourrice, puis dans les os du nourrisson qui ne le restituera qu'au terme d'une vie plus ou moins prolongée.

En sorte que nous avons le droit d'affirmer que sur la terre toutes les créatures consomment du phosphore qui passe continuellement dans le cycle de ses transformations. Son passage dans les céréales se reconnaît par cette fermeté rigide qui maintient l'épi du blé sur le brin de paille, et chez l'homme ou les animaux par la fermeté des ossements qui rendent possibles les plus grands efforts; il donne au cerveau humain toute sa puissance.

Nous nous arrêterons un instant, Messieurs, pour admirer cette incroyable volubilité qui a permis à des magasins tellement restreints qu'ils sont restés inaperçus à l'humanité pendant trente siècles, quoique fonctionnant au grand jour et accomplissant une tâche si complexe dans l'ordre providentiel. Pour étudier utilement, il faut étudier avec respect cet ordre admirable.

Quelle que soit la richesse d'un sol, s'il manque de phosphore, la paille ne reste pas debout et la récolte est nulle. Le phosphore joue donc là le rôle d'un agent mécanique et non d'un corps fécondant. C'est ainsi qu'on s'est rendu compte de la stérilité qui désola l'Afrique et la Sicile, après les exportations qu'ordonna le Sénat romain pour la nourriture du peuple. Ces grains n'étant plus consommés sur les lieux de production, ne firent plus retour, et le phosphore cessa de favoriser la production des céréales.

Bilan de la richesse en phosphore. — Les ressources disponibles pour faire face à tant de besoins agricoles ou d'alimentation se sont accrues par la découverte de nombreux gisements de phosphates dont on emploie les produits en pierre à bâtir, en Espagne, et qui font l'objet d'un commerce peu étendu, mais à gros profits, en France, savoir :

					Chaux	
Phosphate neutre. Acide phosphorique			54.19		Chaux....	45.81
Dº	sesquibasique. Acide phosphorique....		45.51		Dº	54.49
Dº	des os	dº	....	48.32	Dº	51.68
Sesquiphosphate.		dº	....	65.27	Dº	34.73
Biphosphate		dº	....	71.48	Dº	28.52

Tous ces phosphates sont insolubles dans l'eau, et pour en utiliser la richesse, il faudrait entreprendre des opérations chimiques continues. C'est donc une ressource dilatoire, mais qui ne peut manquer d'être utilisée plus tard par l'industrie.

Une ressource précieuse consiste dans les matières fécales et uriques qui se trouvent dans les grandes agglomérations : quant à l'acide urique, si riche en phosphore et qu'on s'attache à faire perdre dans la ville de Bordeaux, ce n'est qu'avec les apports de la mer qu'il rentrera dans son évolution. Les débris des familles de poissons qui habitent l'Océan, et finalement le guano, dont Humboldt nous portait la bonne nouvelle, il y a un siècle, recommenceront leur rotation à la même époque, puissantes ressources, mais passagères.

Vous savez, Messieurs, que le guano, pendant un siècle, a complété les cultures de l'Europe ; qu'il forme dans les îles Chinche, d'Ylo et d'Arica des couches de 20 et 30 mètres d'épaisseur, et qu'il contient jusqu'à 25 0/0 de phosphore représentant les débris d'immenses familles d'oiseaux et de poissons. On évalue à 100 millions de tonnes de guano, soit à 25 millions de tonnes, les quantités de phosphore, préservées par une immense prévoyance de tout entraînement des pluies, capables de compenser l'augmentation du vignoble, soit en phosphore, soit en potasse, et de suppléer à cette vieille pratique de l'antiquité qui comburait les corps, tandis que le christianisme, créant les grands tombeaux dans les villes, a retardé les restitutions du phosphore consommé !

Je me résume : pendant quatre années de méditations incessantes, j'ai entendu les doléances de nombreux vignerons, j'ai assisté à leurs déceptions, j'ai souri de quelques espérances sans fondement sérieux : suivant attentivement les cycles si variés de l'évolution du phosphore dans l'accomplissement de sa mission, j'ai cru remarquer partout le doigt du Créateur. C'est le même qui a saturé l'Océan de sel marin, afin que la plus petite parcelle de cette immense surface fût préservée de la putréfaction qui aurait compromis l'humanité tout entière. C'est le même encore qui a attribué au phosphore la mission de distribuer la force à toutes les créatures vivantes et de servir d'élément essentiel à la plante chargée de nourrir l'espèce humaine. L'analogie nous autorise à conclure qu'au même agent est aussi échu le rôle de raidir les radicelles des plantes et de leur donner la force de pénétrer dans le sol durci par les chaleurs estivales, tout en présentant à la dent du phylloxera une résistance supérieure à ses moyens d'attaque, résistance dont seraient incapables des racines ramollies et flétries. Dans ma conviction, tel est le rôle du phosphore, et si la submersion a été salutaire spécialement avec les eaux de nos grands fleuves chargées de cet agent, et bien que la vigne n'ait jamais passé pour aquatique, c'est qu'elle a reçu du colmatage des précipités que nous avons décrits. Je m'étonne que

en demeure de constater, par l'analyse du sol, la nature

es modifications subies par suite de deux années de

lécliné la possibilité d'une opération si simple.

uis loin de croire que la question peut être ainsi résolue

le la submersion soit un remède éternel, car il peut venir

iviation du sol par les eaux, dans un terrain éminemment

le bénéfice de ces colmatages.

Mon but, Messieurs, a été de ramener la question controversée sur le terrain de vérité; il était peut-être à propos d'entendre, sur ce grave débat, un élève de Thénard et de Gay-Lussac, qui s'est fait paysan depuis vingt ans : si je me suis trompé, je demande votre indulgence en retour de mon bon vouloir.

Je propose :

1° Qu'une Commission soit chargée de préparer, au moyen d'une plantation de vignes purement françaises, la solution de toutes les questions soulevées dans ce mémoire, sur le rôle du phosphore;

2° Qu'il soit adjoint au même travail, ce qui concerne la potasse. Chaque année, nos cuves et nos barriques sont dépouillées de leur tartre, que l'industrie paie à un prix élevé.

LE PHYLLOXERA EN ITALIE

Lettre de M. N. MIRAGLIA,

Directeur de l'agriculture au ministère de l'agriculture, de l'industrie et du commerce d'Italie,

à M. J. LICHTENSTEIN.

MONSIEUR ET TRÈS HONORÉ COLLÈGUE,

Je dois commencer par vous demander pardon si j'ai laissé sans réponse jusqu'à ce jour votre aimable lettre du 6 août; mais je vous prie en même temps de ne pas vouloir croire que je sois tout à fait sans excuses pour un si long retard. Je comptais pouvoir me rendre au Congrès de Bordeaux et aller ainsi vous serrer la main, à vous et à tous nos anciens collègues de Lausanne; et c'est justement dans cet espoir que j'ai négligé mon devoir, car je me proposais de vous remercier de vive voix des aimables et flatteuses expressions dont vous avez bien voulu vous servir à mon endroit. En dehors du plaisir de me retrouver avec vous et avec nos anciens collègues, j'aurais très vivement désiré me rendre à Bordeaux, soit pour prendre part aux travaux du Congrès et à ses importantes discussions, qui doivent intéresser notre pays à un très haut degré, soit pour obéir à l'invitation que m'en avait faite M. le Ministre, qui, lui-même, aurait beaucoup désiré qu'un délégué de notre pays se trouvât présent à une si importante assemblée. Je vous avouerai même que j'ai espéré jusqu'à aujourd'hui de partir, mais je m'aperçois au dernier moment que ma bonne volonté seule ne suffit pas, car de très graves occupations me retiennent absolument ici. Je vous prie donc, ainsi que les illustres personnes que vous nommez dans votre lettre, de vouloir bien accepter mes plus vifs regrets de ne pouvoir pas me trouver au milieu de vous. En même temps, comme, si j'avais été présent au Congrès, je n'aurais pas manqué de lui rendre compte de l'état de l'invasion phylloxérique en Italie et du système de défense adopté par notre Gouvernement, je pense ne pas, faire une chose inutile en vous traçant ci-dessous un résumé détaillé sur ce sujet.

« Notre situation phylloxérique au 31 décembre 1880 est clairement indiquée » dans le volume des Annales de l'agriculture que je vous ai envoyé : *La Fil-* » *lossera in Italia.* Il résulte du dit volume que le phylloxera existe chez nous » dans cinq provinces du Royaume. Dans la province de Côme l'étendue des » vignes infestées est de hectares 21.65.26.

» Dans celle de Milan, de hectares 5.44.20.

» Dans celle de Port-Maurice, de hectares 0.65.75.

» Dans celle de Messine, de hectares 9.76.78.

» Il faut pourtant remarquer que dans les susdites provinces la vigne n'est » pas cultivée séparément, mais elle est intercalée avec d'autres cultures, » de sorte que l'étendue effective des vignes est inférieure à celle qui a » été indiquée ci-dessus.

» Dans la province de Caltanissetta l'extension qui a été reconnue infestée » en 1880 est de hectares 23.19.80 et ici il s'agit exclusivement de vigne.

» Notre Commission supérieure du phylloxera a été d'avis que l'on doit » continuer encore la lutte à outrance, et par conséquent persévérer dans le » système de détruire la vigne pour détruire le phylloxera. Dans l'année » courante on a fait avec beaucoup de vigilance les inspections à l'intérieur » et aux alentours des anciens foyers. Dans la province de Côme nous avons » exploré une étendue de hectares 503.89.49 et nous n'y avons trouvé que » 172 pieds de vigne infestés formant de très petits foyers, les vraies *étincelles* » de Fatio.

» Dans la province de Milan l'étendue explorée est de hectares 1383.23.58 » avec 108 pieds de vigne malades parsemés dans plusieurs petits foyers.

» Dans celle de Port-Maurice l'étendue explorée est de hectares 243.19.03 » et l'on a à peine trouvé six pieds de vigne malades.

» Nos conditions dans les deux provinces siciliennes de Messina et de » Caltanissetta ne sont pas aussi favorables que dans les autres ci-dessus » mentionnées. Dans l'année dernière nous n'avons pu, à cause de plusieurs » raisons, explorer les territoires des trois communes infestées (Riesi, Mazza- » rino et Butera) de la province de Caltanissetta; de sorte que dans l'année » courante l'on a reconnu atteints jusqu'ici encore 69 hectares environ.

» Dans le territoire de Messine l'étendue est moins considérable, car » elle mesure hectares 8.37.21. Les foyers de la province de Caltanissetta » présentent une condition particulière. Seulement les trois susdites communes » ont une superficie de vignes d'environ 4,800 hectares ; ensuite dans un très » vaste espace aux alentours on ne cultive que le blé, ou bien c'est le pré » que l'on trouve. Les foyers de Messine, au contraire, en eux-mêmes peu » importants, menacent d'un côté et de l'autre (vers Catane et vers Milazzo) » des extensions considérables de vignes fertiles qui promettent beaucoup. » Dans la province de Caltanissetta par conséquent l'isolement des centres » plantés à vigne est une condition favorable pour la lutte, tandis qu'à

» Messine le besoin de garantir les vignobles environnants de Catane et de
» Milazzo la rend nécessaire. Cependant dès que dans les centres susdits
» l'on s'est aperçu que l'étendue infestée était assez considérable, le Ministère
» a envoyé sur place quelques membres de la Commission supérieure du
» phylloxera sous la conduite de notre ami commun M. Targioni Tozzetti. La
» Commission supérieure ayant pris connaissance du rapport de ses collègues,
» a été d'avis que le moment n'est pas encore arrivé de renoncer au système
» suivi jusqu'ici. Elle a recommandé de pratiquer les plus minutieuses et
» vastes explorations et, en attendant, la destruction des plus anciens foyers
» et de ceux qui sont situés aux extrémités et qui présentent un plus grand
» danger pour la diffusion. Voilà l'état phylloxérique chez nous.

» Nous suivons naturellement avec le plus vif intérêt tout ce que vous
» faites pour la conservation de vos vignobles au moyen des insecticides. Il
» nous intéresse beaucoup de connaître non seulement les résultats que l'on
» obtient, mais aussi les frais qui sont nécessaires. Car la question écono-
» mique est pour nous de la plus grande importance, et le problème pourrait
» être résolu au point de vue technique sans offrir un avantage sous le
» rapport de l'économie. J'aurais par conséquent écouté avec le plus grand
» plaisir les importantes discussions que vous ferez à ce sujet, mais il ne m'est
» pas donné d'écouter, j'espère d'avoir sous peu le plaisir de lire. »

Permettez-moi de vous dire encore quelque chose relativement à l'efficacité
insecticide du sulfure de carbone que nous employons. Nous injectons par trois
fois, à intervalles de temps qui varient selon la nature du terrain et ses
conditions d'humidité, 160 grammes de sulfure par mètre carré. Nous avons
commencé par faire deux injections, mais l'expérience nous a largement
démontré que, en injectant la même quantité de sulfure en trois et mieux
encore en quatre fois, les effets en sont infiniment meilleurs.

A Messine, où l'on suivit en 1880 ce système, M. Targioni n'a pu trouver un
seul phylloxera sur les racines des vignes. Et il faut ici que vous sachiez
qu'en Sicile, attendu la profondeur considérable que les racines atteignent,
nous ne les avons pas extraites, mais nous les avons coupées à 50 et
60 centimètres de profondeur. Cependant après cette coupe nous avons pressé
le terrain et nous y avons introduit en trois autres injections 160 grammes
de sulfure par mètre carré. Là, où nous avons fait les trois premières injections, non seulement l'on n'a point trouvé de phylloxera, mais toutes les
racines étaient dans un état de complète putréfaction ; de sorte que dans
la présente campagne phylloxérique, l'on fait partout trois ou quatre
injections.

Au contraire de ce qui est arrivé à mon ami Catta, à Béziers, nous avons
eu de mauvais résultats lorsque le sulfure de carbone a été injecté dans
un terrain très baigné. Par conséquent il a été nécessaire de faire une étude
sur l'influence de l'humidité du terrain sur la diffusion du sulfure; et l'on a
chargé de ce soin les stations de Palerme et d'Asti et l'Inspecteur de
l'Agriculture M. Ireda, ici à Rome. Et tandis que l'on étudie ce problème,

nous ne perdons pas de vue l'autre, qui est important pour nous, de la recherche du sulfure de carbone à des grandes profondeurs, attendu la profondeur considérable qui est atteinte par les racines de nos vignes dans quelques parties de notre Royaume. A présent, l'on cherche le sulfure jusqu'à l'énorme profondeur de cinq mètres.

Permettez-moi aussi de vous rappeler les expériences continuées à Asti par M. König, que vous avez connu à Montpellier, avec M. Pedicino, sur une méthode de désinfection des plantes. M. Macagno aussi, de la station de Palerme, fait des études à ce sujet et nous avons d'assez satisfaisants résultats.

Permettez-moi enfin de vous dire qu'au milieu de toutes ces luttes nous ne perdons point de vue les vignes américaines. Nous avons depuis plusieurs années distribué environ douze quintaux métriques de graines par an. Nous avons publié des concours avec prix pour l'établissement de pépinières de ces plantes, et vous savez déjà que le Dr Cavazza, que vous et votre illustre beau-frère, M. Planchon, avez accueilli avec tant de bienveillance, a acheté 150,000 boutures, qui, à présent, végètent en grande partie luxurieusement dans une pépinière à Montenisto et qui probablement seront transplantées dans une autre île de l'archipel toscan.

Il est résulté de beaucoup de notices que nous avons recueillies que nous possédons déjà en Italie, depuis plusieurs années, un très grand nombre de vignes de *York's-Madeira*. Nous allons profiter d'elles pour en faire des pépinières.

J'ai voulu aussi vous envoyer la notice qui précède pour m'acquitter au moins de mon mieux, quoique absent, pour la part qui regarde notre pays, d'une des matières mises à l'ordre du jour dans la première partie du programme du Congrès, c'est-à-dire les communications des délégués officiels des pays étrangers.

Je vous prie de vouloir bien donner lecture au Congrès, si vous le croyez convenable, des renseignements que je vous ai donnés en lui exprimant tous mes regrets pour mon absence involontaire.

Veuillez agréer, Monsieur et cher Collègue, l'assurance de ma considération la plus distinguée.

LETTRE DE Mme LA DUCHESSE DE FITZ-JAMES SUR LES VIGNES AMÉRICAINES

MONSIEUR LE PRÉSIDENT,

Je lis dans la circulaire relative au Congrès international phylloxérique de Bordeaux, que ce Congrès aura un triple objet :

1º Discuter et préciser les moyens de défense contre le phylloxera;

2º Vulgariser les vérités acquises à cet égard;

3º Rechercher s'il y aurait possibilité, par certaines mesures générales, des mesures financières par exemple, de hâter la reconstitution des vignobles.

J'ai essayé les insecticides et les ai trouvés peu pratiques comme application en grande culture et très illusoires comme résultats; je crois à la submersion et aux plantations dans le sable, et j'ai vulgarisé, autant que je l'ai pu, les convictions que j'ai acquises à cet égard; et enfin, je viens joindre mes efforts à ceux du Congrès, qui m'a fait l'honneur de m'adjoindre comme membre correspondant, pour rechercher les mesures qui pourraient hâter la reconstitution des vignobles. Si les idées que je soumets en toute modestie à l'examen d'une Commission du Congrès, ne trouvent pas grâce devant ces juges éclairés, elles seront peut-être assez heureuses pour apporter une pierre à l'édifice et servir de point de départ à des combinaisons meilleures ou plus pratiques.

C'est dans cet espoir, Monsieur le Président, que je vous envoie ces lignes, en y joignant l'expression de mes sentiments les plus distingués.

LÖWENHJELM, duchesse DE FITZ-JAMES.

EXPOSÉ DE LA SITUATION :

Les insecticides ne feront pas renaître la viticulture :

1º Parce que leur action peut être douteuse, dangereuse et éphémère;

2º Parce que l'espèce n'exigeant pas de traitement sera préférée, une fois connue, à celle dont l'existence est à la merci de l'omission ou de la mauvaise application d'un traitement annuel;

3º Parce que la dépense d'un traitement, quelque faible que soit cette dépense, ne sera équilibrée que dans des cas exceptionnels. La Compagnie de Paris-Lyon-Méditerranée, en préconisant les insecticides, ne vise pas ces cas exceptionnels, dont les transports sont insignifiants, mais bien *la grande production méridionale;* elle manque son but, car sa protection ne fait pas accepter les insecticides et jette du doute sur les plantations américaines.

La grande production ne peut être ramenée que par trois choses, dont deux sont indépendantes de la volonté humaine : la submersion, les plantations dans le sable, et enfin les plantations de vignes américaines résistantes.

En effet, la plantation de vignes américaines s'applique à tous les climats, sols et circonstances, à la condition d'être pratiquée avec méthode et d'être dirigée par une puissante organisation protégeant le viticulteur contre ses erreurs possibles, lui fournissant les moyens de voir et de juger par lui-même et de se procurer des plants viables et vraiment de l'espèce demandée.

Moyens de hâter la reconstitution des vignobles. — Il faudrait que les Compagnies de chemins de fer marquent leur approbation pour les plantations américaines par les mesures suivantes :

1º Qu'elles créent un tarif spécial pour le transport des boutures et plants enracinés réunissant les conditions de réussite qui seront énumérées plus bas;

2º Qu'elles provoquent la baisse sur le prix des enracinés à produit direct et des porte-greffes enracinés, greffés et soudés;

3° Qu'elles fassent planter dans toutes les stations des régions viticoles cinq échantillons de vignes américaines choisis parmi les espèces convenant au pays, afin que les vignerons puissent voir par eux-mêmes, sans entreprendre un voyage, difficile pour la plupart d'entre eux, impossible pour beaucoup.

Les conditions exigées pour pouvoir profiter du tarif réduit seraient les suivantes :

1° Provenance d'une maison de production sérieuse, agréée en principe par la Compagnie;

2° Transport suivant immédiatement la taille et précédant toute stratification, s'il s'agit de boutures;

3° Transport suivant immédiatement l'arrachage et précédant les gelées, s'il s'agit d'enracinés;

4° Un emballage réellement protecteur et conforme à un règlement.

Les grandes Compagnies de chemins de fer peuvent encore intervenir dans l'abaissement des prix des enracinés de toutes sortes; voici comment :

Le prix élevé des enracinés tient : d'une part, à la quantité de boutures perdues chez les acheteurs inexpérimentés, et de l'autre, à la petite quantité de ces mêmes boutures conservées et plantées par les producteurs expérimentés et outillés pour les faire réussir. Il faudrait donc avancer au producteur la valeur de ses boutures, à la charge par lui de les vendre enracinées l'année suivante, à prix réduit fixé d'avance, prix sur lequel la Compagnie prélèverait, par privilège, le montant de son avance.

En entrant dans cette voie, c'est-à-dire en subventionnant les producteurs qui accepteraient la baisse des prix, on arriverait à la *production industrielle* des plants américains, production qui *peut seule* répondre aux besoins actuels de la viticulture. Car, ce n'est qu'en produisant les racinés, et les racinés greffés sur une grande échelle, que l'on peut mettre leur prix de revient à un taux abordable. — Cette industrie surgirait spontanément, si les détenteurs actuels de plants américains n'étaient pas ruinés d'abord par le phylloxera et épuisés par leurs efforts pour réparer le désastre. Une fois l'essor donné à cette industrie, elle se suffirait bientôt et se proportionnerait elle-même comme prix et comme abondance aux besoins de ce nouveau marché.

COMMUNICATION SUR LES VIGNES AMÉRICAINES

Par M. Martial OMBRAS, à Montbazin (Hérault).

Messieurs,

Les vignes américaines, que nous plantons aujourd'hui, auront besoin, pour la plupart, d'être greffées; les unes, parce qu'elles produisent peu et que le propriétaire ne se contentera pas de leur rendement; les autres, parce qu'elles donnent des fruits et par conséquent du vin dont nos palais ne voudront pas se contenter.

Il y a pourtant quelques variétés que l'on pourra conserver précisément parce qu'elles donnent un vin d'une très belle couleur et d'un goût irréprochable. Mais, je le répète, le greffage sera la règle générale; la production directe ne sera que l'exception.

Nous ne devons pas oublier que nos cépages français sont d'un prix inestimable, qu'ils sont sans rivaux au point de vue de l'excellent vin qu'ils donnent; pour moi, je suis partisan des porte-greffes, parce qu'on ne peut pas remplacer avec les vignes américaines nos délicieux vins de Champagne et de Bordeaux, ces vins qui font la réputation et l'honneur de notre viticulture nationale.

Comme porte-greffes, je citerai en première ligne les *Riparia,* qui sont très résistants, qui conviennent très bien à la généralité des sols du Midi, qui sont d'une vigueur incomparable, qui reprennent facilement de bouture, et qui portent admirablement bien la greffe de toutes variétés françaises.

Le greffage est une opération qui ne présente pas aujourd'hui de difficultés sérieuses. Au début, quand on n'était pas encore fixé sur l'époque à laquelle il convenait de greffer et que l'on ne savait par quel moyen conserver les greffons jusqu'au mois d'avril et de mai, il a pu y avoir des mécomptes; mais aujourd'hui que la viticulture a fait des progrès dans ce sens, je considère le greffage comme une culture de plus à donner à la vigne.

Au début, le propriétaire ne savait quel genre de greffe choisir. Il y avait tant d'inventeurs de greffes! A ce moment chacun voulait avoir son invention, et chaque système réussissait, au dire de son inventeur, de façon à donner 90 0/0; il est vrai que les inventeurs étaient presque les seuls à réussir. Quand on essayait leur procédé, on ne pouvait jamais parvenir à avoir leur proportion.

Il fallait, au lieu d'éprouver le besoin d'inventer une greffe nouvelle, se persuader que nous n'en avions que trop déjà et que si l'invention échappe, il y a toujours place pour le perfectionnement.

Déjà, d'ailleurs, beaucoup commencent à se rallier en fait ou en principe à la greffe en fente simple que j'ai recommandée à mes amis, il y a trois ans, parce que ses avantages m'ont toujours paru incontestables. En effet, il n'y a pas de greffe qui nous donne plus de réussite, plus de bonne soudure que la greffe en fente.

Nous avons essayé, avec plusieurs de nos amis, différents systèmes de greffages, et nous les avons rejetés tous pour ne conserver que notre vieille greffe en fente. Cette dernière nous réussit depuis deux ans dans les proportions de 95 0/0. Cette expérience n'a point été faite sur un hectare, mais sur plusieurs situés dans la commune de Montbazin (Hérault). Celles qui ne reprennent pas à la première opération, nous les repiquons quinze ou vingt jours après et nous avons alors bien souvent le 100 0/0 de réussite. On peut s'en convaincre en visitant les greffages de Montbazin ou ceux faits par mon ami M. Arnaud, propriétaire à Montagnac, qui a eu, lui, le 100 0/0 cette année à la première opération.

La greffe en fente a cette particularité qu'elle est d'une simplicité telle que le premier travailleur de terre venu, après une heure d'apprentissage, peut faire un greffeur sinon de première force, tout au moins ordinaire.

Vous n'ignorez pas, Messieurs, que c'est une grande question pour l'avenir de la viticulture que d'avoir des greffeurs sous la main et à sa volonté; sans cela ce n'est pas le propriétaire qui dirige son greffage et qui choisit le moment opportun pour l'effectuer. Pour remédier à ce grand inconvénient, il faut que le propriétaire choisisse parmi son personnel ceux des hommes qui lui paraissent le plus intelligents et le plus aptes à vite saisir les opérations si faciles du greffage en fente, qu'il leur démontre et leur fasse au besoin quelques théories pratiques. Cette mesure prise, il ne sera pas ainsi à la merci de greffeurs spécialistes ou prétendus tels et pourra choisir pour l'accomplissement de ses opérations le temps, l'époque et pour ainsi dire l'heure qu'il jugera favorable.

Quoique la greffe en fente soit connue de tout le monde en général, vous me permettrez de vous en faire la description, de vous dire aussi le moment que je choisis et ce que j'emploie pour en assurer la réussite.

Il a été parfaitement reconnu que nos vignes américaines doivent être greffées jeunes, à la première ou à la seconde année de plantation. Elles possèdent une si grande vigueur, que quand elles ont atteint l'âge de trois ou quatre ans, l'abondance de sève nuit beaucoup à la reprise du greffon.

Je greffe à un ou deux ans, selon la grosseur du bois que j'ai planté, ou la vigueur qu'a obtenue le pied dans ce laps de temps. Je préfère opérer la première année, car mon greffage alors se fait mieux et j'ai plus de chance de réussite. Je choisis le greffon aussi gros que le porte-greffe; avant de fendre la souche, je place la ficelle qui doit me servir de ligature de façon à ce que, quand je fais la fente, le couteau ne descende pas trop bas; on fait le biseau au greffon et on enfonce ce dernier dans la souche; vous ligaturez avec la ficelle qui est déjà attachée. Je choisis la ficelle ordinaire comme ligature, parce qu'on en trouve partout, et elle me sert autant que le raphia et se pourrit à peu près à la même époque; je mastique avec l'argile ou terre glaise la fente ainsi que l'extérieur du porte-greffe, en même temps qu'un peu du greffon, en ayant soin cependant de ne pas couvrir le bourgeon, et l'opération est terminée.

J'ai essayé des greffes sans aucun mastic qui ont parfaitement réussi. M. Arnaud, que j'ai déjà cité, a eu aussi un succès complet avec ou sans mastic, il n'y a pas eu de différence; cependant, je crois que dans les terrains caillouteux le mastic maintiendrait la fraîcheur du greffon.

Je crois que le mauvais temps est la cause des non-réussites; ceux qui greffent trop tôt, au mois de mars par exemple, s'exposent à avoir le vent du Nord qui souffle avec violence à cette époque-là et dessèche le greffon.

Je greffe au mois de mai dans les terrains humides, là où la végétation est toujours en retard; et du 20 au 30 avril dans les terrains secs ou se chauffant facilement.

On doit greffer à deux ou trois centimètres au-dessus du sol pour empêcher l'émission des racines et favoriser le repiquage, qui est un excellent système pour les greffes que l'on a de prime-abord manquées, butter fortement la terre tout autour du greffon et ne laisser que l'œil supérieur hors de terre.

Pour conserver les greffons jusqu'au mois de mai, rien de plus facile : mettre un tas de sable dans un endroit frais, une cave par exemple; puis une couche de plants et une couche de sable, les derniers je les recouvre d'une couche de 50 centimètres. N'arroser jamais le sable, cela active la végétation; sans arrosage, vous conservez vos plants jusqu'au mois d'août et ils seront aussi frais que si vous veniez de les tailler sur pied. Je me sers de ce système depuis trois ans et j'ai toujours eu d'excellents greffons.

Enfin, Messieurs, je me résume en quelques mots : mon but, en prenant la parole, n'a pas été de vous parler d'un mode de greffage que tout le monde connaît et professe depuis bien longtemps, mais de bien préciser l'époque où cette opération doit être faite ou pratiquée. Les nombreuses expériences que je ne cesse de faire depuis quatre ans m'ont surabondamment démontré qu'en greffant du 20 avril à fin mai, et en ayant le soin de suspendre l'opération toutes les fois que le vent du nord souffle avec un peu de violence ou que la température s'abaisse trop sensiblement, ce qui arrête le mouvement ascendant de la sève, j'obtiens un résultat très satisfaisant et ai une reprise moyenne de 90 0/0, tandis qu'en appliquant ce mode de greffage à toute autre époque, je suis loin, très loin même de l'obtenir.

LES CÉPAGES AMÉRICAINS EN AMÉRIQUE

Par M. MARTIN, propriétaire à Montels-Eglis (Hérault).

MONSIEUR LE PRESIDENT,

En 1875, je fis le voyage des États-Unis d'Amérique, dans le but d'aller étudier dans ce grand pays quel était le secours que nous pouvions attendre et espérer des espèces ou variétés de vignes cultivées ou à l'état sauvage répandues dans les forêts vierges d'Amérique. A mon départ, j'étais peu expérimenté sur les cépages américains, et le résultat de mon voyage fut un enthousiasme presque sans limites, à la vue de ces vignes luxuriantes, soit cultivées, ou à l'état sauvage. Ma première station après New-York, fut Atlee's, station près Richmond (Virginia); j'allai visiter un vignoble de *Clinton :* je fus frappé de la belle végétation de ce vignoble et voulus m'assurer si le phylloxera était aux racines; en effet, la première souche déchaussée me le fit clairement voir. Je poursuivis ma route et m'arrêtai à Charlotesville une quinzaine de jours pour juger et étudier si le fatal insecte se faisait voir aussi sur ce point. Je visitai une douzaine de propriétés soit sur ce point ou dans les environs, et là encore je constatai la présence du phylloxera sur le *Concord, Norton's-Virginia, Cynthiana, Herbemont, Isabella, Iona, Hartefort-Prolific, Ives-Seedling, Israella, Catawba, Delaware, Diana,* etc., etc., toujours dans des vignobles splendides de végétation. Je me dirigeai ensuite sur Augusta (Georgia) pour visiter les belles pépinières de M. Berckmans. L'accueil bienveillant de ce monsieur fut des plus flatteurs pour moi; mais je dois ajouter que je lui étais recommandé par l'honorable M. Henri Marès. Eh bien! sur ce point, malgré toutes mes recherches, il me fut impossible d'y signaler le parasite. Je me dirigeai ensuite sur le Tennessee que j'ai parcouru à peu près dans tous les sens, puis sur l'Illinois, Cincinnati, l'Ohio et Buffalo; partout, ou à peu près, j'ai pu signaler le terrible aphidien. Conclusion : tous les cépages américains sont résistants et vivent très bien avec le phylloxera dans les États-Unis, et la végétation est belle partout.

M. Berckmans me fit la gracieuseté de me donner une collection de trente-deux variétés qui, ajoutées à celles que je m'étais procurées ailleurs, formèrent ensemble quarante-deux variétés, que je plantai à mon retour à Montpellier, 20 mars 1876, dans un terrain argile blanche. Ces quarante-deux variétés dont les noms suivent, sont : *Agawam, Lindley, Diana-Hamburg, Cornucopia, Othello, Clinton-et-Black-Hamburg, Peter-Wylie, Goethe, Halifax-et-Delaware-n° 28, Essex, Senasqua, Clinton-et-Delaware-n° 1, North-America, Salem, Croton, Barry, Black-Hamburg, Tinta-Violet ou Blue-Favorite, Halifax-et-Delaware-n° 30, Vitis rupesiris (Texas), Vitis caudicans Mustang (Texas), Thomas-Rotundifolia* à fruits violets, *White-Scuppernong, Diana, Delaware, Catawba, Iona, Israella, Isabella, Alvey, Jacquez, Pauline, Norton's-Virginia, Cynthiana, Cunningham, Ives-Seedling, Hartefort-Prolific, Taylor, Herbemont, Concord, Clinton, Rulander, Eumelan.* De toutes ces espèces ou variétés plantées fin mars 1876, en plants enracinés, voici les variétés qui ont résisté à tout, et qui me restent : Le *Vitis rupestris,* dont une seule souche a produit l'année dernière 400 boutures, donné par M. Berckmans, le 15 janvier 1876; le *Jacquez,* de M. B...; le *Tinta-Violet* ou *Blue-Favorite,* de M. B..., *Othello* de M. B..., *Mustang,* de M. B..., *Alvey, Taylor.* En 1879, j'ai planté le *Monticola,* le *Cinerea,* le *Vitis Cordifolia-Michaux, Winter or Frost-Grape;* ce dernier, greffé l'année dernière, est splendide.

Voilà, Monsieur le Président, ce qui me reste de toutes les variétés énumérées plus haut. Il y a trois ans, j'ai planté le *Solonis* ainsi que le *Riparia* sauvage : le *Solonis* vient mal dans ce terrain argileux; le *Riparia* est assez satisfaisant, seulement à la deuxième feuille. J'en ai perdu vingt-deux, sans avoir pu me rendre compte de cette mortalité; cet été j'en ai perdu encore quelques pieds. Mes *Riparia, Solonis, Jacquez* ont eu la jaunisse, les *Jacquez* et les *Solonis* surtout. Il sera bon de ne pas planter les *Riparia* dans un terrain trop sec, ils viennent mal; mais le *York's-Madeira* et le *Vitis rupestris* s'accommoderont du terrain qui ne plaît pas au *Riparia* et au *Solonis*. Enfin, pour conclure, je conseille de planter dans un terrain argile blanche et pour réussir à coup sûr : les porte-greffes *Vitis rupestris* et *York's-Madeira;* il n'est pas hors de propos de dire que ces deux variétés réussissent dans tous les terrains, qu'ils soient secs ou humides.

TRAVAUX DE SUBMERSION

Par M. DE LEYBARDIE, propriétaire à Montferrand (Gironde).

(EXTRAIT)

Je viens vous soumettre les travaux que j'ai fait exécuter pour la submersion de mon vignoble de Saint-Clément, dans la commune de Montferrand.

Je commençai par faire faire quelques nivellements qui eurent pour résultat de faire diviser mon vignoble, ayant la forme d'un quadrilatère allongé se renflant un peu dans le milieu pour se rétrécir à son extrémité, du côté opposé à la rivière, en sept bassins de surfaces inégales, ce qui était commandé par les déclivités du terrain, car il est essentiel de combiner la surface à submerger, de telle façon que la plus forte couche d'eau n'atteigne pas une hauteur exagérée; je reviendrai du reste sur ce sujet avant de terminer mon exposé, car l'expérience, que j'ai pu acquérir pendant les cinq années que j'ai fait submerger, m'a démontré que c'était là un point capital sur lequel on ne pouvait trop s'arrêter.

L'emplacement des digues tracé sur le terrain, je fis exécuter les terrassements nécessaires pour leur construction, en prenant sur la surface de mon vignoble une légère couche de terre, que j'avais préalablement ameublie au moyen d'un labourage. Je ne peux m'empêcher, ici, de reconnaître que ce moyen pouvait présenter de sérieux inconvénients, car je faisais enlever la meilleure terre, mais ce travail fut fait avec beaucoup de réserve et n'a eu aucune suite fâcheuse; je ne pouvais pas, du reste, opter entre tel ou tel système pour me procurer des terres, car je n'en possédais pas ailleurs; il fallait opérer comme je l'ai fait, ou renoncer à la submersion, ce qui aurait conduit certainement à la perte de mes vignes, comme cela a eu lieu dans la majeure partie des propriétés qui n'ont pas été submergées.

Les digues que je dus faire construire présentent un développement de 4,424 mètres et ont une hauteur moyenne de 1^{m}04; les talus sont réglés à 45°, laissant en couronne une largeur de 0^{m}50; le cube des terres employées à leur construction a été de 7,078^{m}40, ce qui a nécessité une dépense de

6,016 fr. 64, soit 207 fr. 47 par hectare. Il ne faut pas cependant prendre ce chiffre comme limite, car il varie en raison des plus ou moins grandes déclivités du terrain à submerger.

Indépendamment des digues dont je viens de parler, la division en plusieurs bassins de ma propriété a nécessité la construction de six barrages établis de la manière suivante, savoir:

Deux sur la jalle qui divise ma propriété en deux parties et suivant laquelle les eaux s'écoulent dans la rivière, et quatre disposés pour écouler les eaux sur plusieurs points, au moment de leur sortie, de manière à ne pas provoquer de ravinements lorsqu'on veut s'en débarrasser, ou en cas de rupture d'une digue pour faire baisser rapidement le plan des eaux dans le bassin dont une des digues aurait été brisée.

Les deux grands barrages, placés sur la jalle, servent à emmagasiner l'eau pendant les grandes marées et à en maintenir dans ce fossé autant que possible, afin de diminuer les pertes qui se produiraient suivant les digues longitudinales, par suite de la grande différence de niveau qui existerait entre le fond de la jalle et le plan des eaux dans les bassins.

Ces ouvrages d'art, bâtis partie en moellons, partie en pierres de taille, ont été établis sur une couche de sable et construits avec du mortier de chaux hydraulique; la dépense dans ces conditions s'est élevée à la somme de..F.   2,187 26

Si à ce chiffre on ajoute le montant des digues, soit............   6,016 64

on trouve que la dépense totale a été de....................F.   8,203 90

ou 283 fr. en nombre rond, par hectare, ma propriété ayant une contenance de 29 hectares.

Au mois de janvier 1877, époque à laquelle j'ai commencé mes submersions, j'avais une pompe Neut et Dumon, d'un débit de 7,500 litres par minute; je l'avais fait installer sur les bords de ma jalle, dans laquelle je prenais les eaux durant une partie de la marée; cette pompe était actionnée par une locomobile de la force de douze chevaux et la hauteur à laquelle elle élevait les eaux était d'environ 3^{m}50. Dans ces conditions, j'obtins de mauvais résultats, malgré le grand débit de la pompe que je ne pouvais faire fonctionner, il est vrai, que dix heures par jour; je parvins seulement à baigner les parties les plus basses de mes vignes, mais alors j'attribuai cela à mes digues qui, nouvellement faites, laissaient un peu échapper les eaux; je me décidai donc à maintenir les choses dans le même état, à l'exception, toutefois, du moteur que je remplaçai par une locomobile de la force de huit chevaux, car j'avais été effrayé un peu par la consommation de charbon que j'avais eue avec la première.

Cette nouvelle submersion, faite à la fin de l'année 1877, ne fut pas très heureuse non plus. Je constatai une fois de plus que la pompe ne pouvait pas élever toute l'eau nécessaire, je songeai alors à la prolonger de manière à prendre les eaux à l'étiage dans la Garonne, afin de pouvoir pomper sans interruption, et j'en ajoutai une deuxième d'un débit de 4,000 litres par minute. Cette dernière prenant les eaux dans la jalle lorsqu'elles avaient atteint une certaine hauteur, ne fonctionnait, par exemple, que 12 heures par jour.

Cette amélioration, quoique assez importante, ne me donna pas encore tous les résultats que je me proposais d'atteindre, pendant que l'eau était basse, la grande pompe n'avait plus qu'un faible débit, l'insuffisance du moteur était manifeste, bien que j'eusse remplacé ma machine de 8 chevaux par une de 15 ; je ne pris cependant aucune détermination, je fis ma submersion de 1879 dans les mêmes conditions, ce n'est que l'année dernière, qu'effrayé de plus en plus par les dépenses de toute nature occasionnées par la locomobile, que je me décidai à acheter un moteur puissant, pouvant assurer aux pompes leur rendement maximum, sans augmenter d'une manière sensible les frais d'entretien.

Je m'adressai pour cela à la maison Dietz père, de Bordeaux, qui m'installa une machine fixe de la force de 25 chevaux, à détente variable et à condensation, avec une chaudière tubulaire à deux bouilleurs ; c'est grâce à cette machine que ma dernière submersion a été de tous points irréprochable.

Maintenant, Messieurs, que je vous ai exposé les différentes phases de mes travaux, il me reste à vous soumettre quelques chiffres sur les résultats obtenus.

Pour ne pas rendre ce travail trop long, je vais seulement comparer mes deux dernières submersions, afin que vous puissiez juger vous-mêmes les avantages que l'on retire d'un moteur assez puissant.

Le capital engagé en 1879 s'établissait ainsi :

Locomobile de 15 chevaux.................................... F.	11,000	»
Grande pompe y compris tout le tuyautage....................	4,650	»
Petite pompe y compris tout le tuyautage....................	1,730	»
Soit un total de................... ...... F.	17,380	»

ce qui représente, au taux de 5 0/0, une somme annuelle de........   869 »
à laquelle il faut ajouter :

1º Le charbon, dont le montant s'est élevé, pour une période de 40 jours de submersion, à................................. F.	1,300	»
2º Le suif et l'huile pour le graissage........................	329	»
3º Les grils brûlés et dépenses diverses d'entretien.............	258	»
4º Traitement des mécaniciens........	400	»
Dépense totale pour l'année 1879........................... F.	3,156	»

Cette dépense annuelle ainsi établie, on trouve que le prix d'un mètre cube d'eau élevé, savoir :

Pour la grande pompe, à une hauteur de 6^{m}50; pour la petite pompe, à une hauteur de 3^{m}50, se compose de la manière suivante :

Le débit de la grande pompe étant de 7,500 litres ([1]) par minute, son rendement par 24 heures est de.............................. 10,800ᵐ³

d'où il faut déduire 1/3 de perte, par suite de la faiblesse du moteur, soit.. 3,600

Reste....................: 7,200ᵐ³

Le rendement de la petite pompe est de 4,000 litres ([2]) par minute, soit pour 12 heures de travail, étant obligé d'interrompre pendant les basses eaux, ci........................... 2.880ᵐ³

A déduire 1/5 pour cause de la faiblesse du moteur....... 576

—— 2,304ᵐ³

Cube total de l'eau élevé par 24 heures...................... 9,504ᵐ³

et pour 40 jours de travail.................................. 380,160ᵐ³

La quantité d'eau élevée étant de 380,160 mètres cubes et la dépense de 3,156 fr., le prix d'un mètre cube est $\dfrac{3,156}{380,160}$ ou 0 fr. 0084 en nombre rond.

Pendant l'année 1880, le capital engagé se composait de la manière suivante :

Machine et chaudière .... F. 17,000 »

Pompes (comme ci-dessus) 4,650 fr. et 1,730 fr................ 6,380 »

Fourneau et cheminée....................................... 3,500 »

Total....................................... F. 26,880 »

Ce qui donne au taux de 5 0/0 une dépense annuelle de........ F. 1,344 »

et à laquelle il faut ajouter comme précédemment :

1° Le charbon brûlé s'élevant, pour une période de 40 jours, à.. F. 936 »

2° Le suif et l'huile pour le graissage........................... 254 »

3° Les grils brûlés... » »

4° Le traitement des mécaniciens................................ 400 »

Dépense annuelle....................... F. 2,934 »

Dans ces conditions, le volume d'eau élevé à la même hauteur qu'en 1779 a été, savoir :

Pour la grande pompe, son débit maximum............ 10,800ᵐ³

Pour la petite pompe, fonctionnant le même laps de temps que durant la submersion de 1879................ 2,880

Soit....................... 13,680ᵐ³

et pour 40 jours de submersion.................................. 547,200ᵐ³

D'où on trouve, comme précédemment, que le prix d'un mètre cube d'eau élevé à la même hauteur que dans le premier cas, a été de $\dfrac{2,934}{547,200}$ ou 0 fr. 0054 en nombre rond.

([1]) Diamètre de tubulure, 0ᵐ30.

([2]) Diamètre de tubulure, 0ᵐ20.

C'est donc une économie de 0 fr. 0084 — 0 fr. 0054, ou 0 fr. 003 par mètre cube d'eau que j'ai pu réaliser avec ma machine fixe, ce qui donne pour ma submersion, pour laquelle 547,200 mètres cubes d'eau ont été nécessaires, une diminution de dépense de 1,641 fr. 60.

Indépendamment de cette économie, dont je n'ai pas à vous faire remarquer 'importance, il faut également tenir compte des avantages que j'ai pu retirer de la plus grande quantité d'eau élevée; car en 1879 plusieurs points de ma propriété n'étaient pas couverts, tandis qu'en 1880, on ne voyait qu'une nappe d'eau se prolongeant sur toute l'étendue de mon vignoble.

La surface de ma propriété plantée en vigne étant de 29 hectares, et la quantité d'eau élevée en 1880 de 547,200 mètres cubes, on trouve que le volume d'eau employé par hectare a été de 18,868 mètres cubes en nombre rond.

Quant à la dépense annuelle, elle se décompose de la manière suivante :

Digues, 6,016 fr. 40; intérêt annuel à 5 0/0.................. F.   300 82
Ouvrages d'art, 2,187 fr. 26; intérêt annuel à 5 0/0..............   109 36
Pompes, machine, combustibles, etc........................... 2,934   »

Dépense annuelle....................... F. 3,344 18

Et pour un hectare de submersion, F. $\dfrac{3,344, 18}{29}$ ou 115 fr. en nombre rond, la durée de la submersion étant de 40 jours.

Comme j'ai eu l'honneur de vous le dire, Messieurs, ce chiffre de 115 fr. par hectare de submersion ne peut être considéré que comme approximatif, car les éléments qui le composent peuvent varier dans des proportions très grandes; j'ai cru néanmoins devoir l'établir, pensant qu'il vous serait agréable de le connaître.

ETUDE SUR LA GREFFE

Par M. le Dr G. DAVIN.

Je pense, comme Mme Ponsot, qu'après avoir lu les livres qui traitent la question, capitale aujourd'hui, de la greffe, et s'être assimilé les innombrables procédés décrits, le vigneron se trouve très embarrassé pour choisir le meilleur.

Il manque, en effet, d'éléments d'appréciation ou, comme dit le savant, de criterium, qui cependant est trouvé dès qu'il connaît la manière dont s'accroissent les végétaux.

Accroissement du végétal. — Les frimas de l'hiver ont ralenti, mais non complètement suspendu le cours de la sève. Dépouillé, le plus souvent, de ses feuilles, le végétal est plongé dans un état de léthargie que la main seule du praticien distingue sûrement de la mort.

Aux premières effluves tièdes du printemps, la sève s'élance; elle sépare le liber de l'aubier si bien unis auparavant qu'on ne pouvait les disjoindre sans déchirure; elle enfle le bourgeon qui crève; la feuille apparaît ensuite. C'est en descendant de là que la sève devient *cambium* ou *protoplasma* non encore organisé, au milieu duquel apparaissent les faisceaux fibro-vasculaires qui, descendant de tous les bourgeons à la fois, se réunissent sous forme de couches continues et concentriques pour invaginer, comme un gant la main, et successivement les brindilles, les rameaux, les branches et enfin le tronc, recommençant cette opération en sens inverse pour la racine tout entière.

Zone génératrice. — Ceci posé, tirons-en la conclusion suivante:

Tous les phénomènes de la végétation se passent au sein de cette partie si étroite où circule la sève et qui entoure le végétal comme une vraie ceinture: nous l'appellerons donc zone génératrice ou végétante.

Principe général de la greffe. — Pour greffer, il faudra placer le greffon, quel qu'il soit, de manière que les faisceaux fibro-vasculaires qu'il doit émettre cheminent dans la zone précitée aussi facilement que le font ceux du porte-greffe, ce qui ne saurait avoir lieu que si le greffon est plongé au sein de cette couche même, c'est-à-dire en dedans, du latin *intus,* d'où viennent les mots *ente, enter;* ou s'il est placé en dehors, de manière à ce que les couches végétantes des deux parties, étant soigneusement affrontées, puissent être considérées comme la suite naturelle l'une de l'autre; et comme le greffon surmonte en ce cas le porte-greffe, le surcharge, le procédé prend le nom générique de *greffage,* de *gravare,* surcharger.

Le meilleur procédé sera donc celui qui donnera plus facilement, plus sûrement, plus exactement cette continuité. Notre *criterium* est ainsi connu; et, maintenant que nous le possédons, rien ne nous sera plus facile que d'apprécier la valeur des diverses méthodes.

Comme nous venons de le dire, scientifiquement la greffe est une ; mais elle est multiple par ses divers procédés d'application.

Tous peuvent pourtant se réduire à deux séries principales, primitives, d'où, sans beaucoup d'efforts, tous les cas particuliers seront tirés.

Ente-greffe. — Sous le rapport du lieu, nous avons l'*ente,* de *intus,* en dedans, parce que l'œil seul, muni ou non de son écorce sans bois ou de son écorce avec bois, est placé au sein de la zone végétante, et comme, pour cela faire, on doit séparer l'écorce de l'aubier, c'est-à-dire opérer pendant le cours de la végétation, considéré sous le rapport du temps, ce procédé est dit le *greffage d'été.*

Greffe à écusson. — Si l'œil qui sert de greffon est muni d'un morceau d'écorce plus ou moins semblable à un écu de chevalier ou à une pièce de monnaie, on pratique la *greffe à écusson,* on *écussonne :* c'est l'*écussonnage.*

Greffe à œil poussant ; greffe à œil dormant. — Exécuter cette opération au début de la sève, de manière à ce que l'œil pousse aussitôt, c'est *écussonner à œil poussant;* la pratiquer à la fin de la sève, quand la couche invaginante étant presque achevée et n'ayant plus les qualités voulues et s'arrêtant, ne formant qu'un tissu cellulaire-sans organisation plus parfaite, l'œil nourri sur le végétal, comme la graine l'est au sein de la terre avant sa levée, paraît engourdi jusqu'à une nouvelle poussée printanière : c'est *greffer à œil dormant.*

Greffe en flûte. — Quand la portion d'écorce adhérente à l'œil forme un cylindre complet que l'on passe comme une bague à l'extrémité d'une jeune tige, en forçant le bout inférieur dans les lanières d'écorces détachées et renversées *ad hoc,* c'est le *greffer en sifflet* ou *en flûte.*

Greffe en couronne. — Quand enfin on place, comme greffon, sur un porte-greffe coupé à hauteur voulue, un ou plusieurs jeunes scions, taillés en biseau simple au bas, sous l'écorce préalablement soulevée, de manière à ce que le biseau plaque parfaitement sur l'aubier, on *greffe en couronne.*

On peut sans peine, à l'aide de la greffe d'été et des modifications dont nous venons de parler, combiner un nombre indéfini de procédés différents que nécessiteront certains cas exceptionnels et qui n'ont aucune originalité particulière.

Greffe en fente herbacée. — La greffe en fente herbacée ou d'été, qui ne diffère de la greffe en fente qu'en ce qu'on la pratique pendant la végétation sur la tige verte et en formation, exige, impérieusement un abri contre les rayons du soleil qui la dessècheraient rapidement. Elle consiste à greffer en fente, sur un rameau vert et tendre encore, une extrémité de tige à peu près de même diamètre et dans le même état : c'est ce procédé qui doit nous amener tout naturellement à la greffe en fente d'hiver.

Greffe en fente d'hiver. — Tailler aussi régulièrement que possible la base d'un greffon en double biseau; couper le porte-greffe horizontalement à l'endroit le plus propice; le fendre dans les mêmes conditions et insérer aux extrémités de la fente les biseaux de un ou deux greffons, de manière à faire coïncider exactement, et deux à deux, les lignes droites génératrices mises à nu par la fente d'un côté, par la coupe des biseaux de l'autre, c'est pratiquer la *greffe en fente* ou *greffe d'hiver.*

On conçoit facilement les modifications insignifiantes qu'on peut faire subir à ce procédé :

Greffe à cheval. — Renverser le problème, c'est-à-dire fendre le greffon au lieu du porte-greffe, quand on opère sur de jeunes sujets : c'est pratiquer la *greffe à cheval.*

Greffe latéralisée; greffe sur racines. — Tailler la fente sur les flancs du sujet sans l'étêter préalablement, c'est exécuter la *greffe latéralisée.* Cette fente ou cette greffe peuvent être exécutées aussi sur racines. L'on peut enfin, pour ménager le bois du sujet, ne fendre que partiellement le tronc : c'est la *greffe en entaille.*

Nous arrivons actuellement à un procédé dont les circonstances présentes, aidées d'un peu de charlatanisme, ont fait la vogue: c'est la greffe anglaise.

Greffe anglaise ou *oblique.* — Choisir les deux parties aussi exactement semblables que possible ou parfaitement cylindriques et d'égal diamètre, ce qui est rare; les couper sous un angle égal par un même plan oblique et les *réunir par leurs surfaces de coupe*, c'est pratique la *greffe oblique* ou *anglaise*.

Trouver un sarment parfaitement cylindrique sur une certaine étendue est une chose déjà rare. nous venons de le dire; mais cette difficulté quadruple quand il faut en trouver deux.

On a voulu, en créant cette méthode, augmenter les surfaces de contact, c'est-à-dire les chances de ce qu'on appelle bien improprement la soudure; or, si nous recourons à notre *criterium*, nous constaterons que, quelle que soit l'étendue des surfaces mises en contact, la partie végétante se réduisant à une ligne circulaire excessivement mince, formée par la coupe de la zone génératrice, la reprise se fait par pénétration réciproque des zones juxtaposées, mais jamais par la surface de coupe tout entière.

La greffe anglaise est donc fondée sur une erreur physiologique. Les efforts qu'on a tentés pour l'améliorer sont un aveu implicite de ce que j'avance, car ils tendent à la rapprocher de la greffe en fente ; tant il y a que la greffe anglaise simple est aujourd'hui complètement abandonnée et remplacée par la greffe anglaise compliquée ou en fente qui, quoique généralement appliquée en ce moment, se prépare à céder le pas à la greffe anglaise à double fente

Greffe anglaise compliquée ou *en fente.*—Si, les deux parties étant préparées pour la greffe anglaise simple, on pratique, sur chacune d'elles, une fente longitudinale, plus ou moins médiane et qu'on les enchevêtre l'une dans l'autre, comme on le ferait de l'index et du médius de chaque main, les index, qui représentent les languettes courtes se trouvant au milieu, on pratique la greffe anglaise compliquée ou en fente.

Ce procédé est pratique, mais à condition de ne chercher à mettre en contact les parties végétantes que d'un seul côté; connaissant, en effet, les difficultés de coaptation présentées par les lignes courbes, nous ne compterons jamais sur la continuité entre ces lignes des biseaux, il ne nous restera donc plus qu'une coaptation certaine : celle des deux lignes droites accolées en dedans des languettes courtes. C'est donc la fente qui fait la bonté de ce procédé, avec cette différence que la greffe en fente vraie met en contact quatre lignes végétantes deux à deux; tandis que la fente anglaise n'en réunit jamais que deux. Cette infériorité est si évidente, qu'on a cherché à y obvier; en inventant une greffe en fente compliquée, qu'on a décorée du titre de *greffe anglaise à double fente :*

Si l'on taille sur le milieu du bout inférieur du greffon une fente médiane longitudinale et le sarment en biseau aigu de chaque côté de la fente; si l'on pratique, sur l'extrémité supérieure du porte-greffe, deux fentes médianes longitudinales parallèles, de manière à ne laisser entre elles qu'une languette de un à deux millimètres, et si l'on enchevêtre les deux parties comme nous venons de le dire précédemment, c'est là *(moins quelques détails inutiles ou fâcheux destinés à donner un faux air de nouveauté à ce procédé)*, pratiquer la greffe anglaise à double fente qui, dépouillée de ses oripeaux, n'est plus anglaise du tout et ne devient qu'une complication souvent inutile de la greffe en fente véritable.

Ainsi pratiquée : plus de surfaces destinées à tromper l'observateur superficiel par le mirage de soudures impossibles pour toute languette ascendante ; plus de languettes descendantes qui donnent infailliblement naissance aux racines d'affranchissement; plus enfin, ce leurre du contre-biseau qui, taillé sur l'extrémité des languettes pour les empêcher de se relever en ailerons, isole une ligne génératrice, source infaillible d'affranchissement.

Enfin, cette greffe prétendue anglaise peut, n'étant qu'une greffe en fente, être pratiquée sur des pieds de tout âge et de toute grosseur; mais, exécutée sur vieux pieds, elle devient une inutile complication, tandis que sur jeunes pieds, elle donne une solidité, une stabilité exceptionnelle, seul avantage que l'on puisse demander à la greffe anglaise.

RÉSUMÉ.

Résumons notre opinion pour ne pas fatiguer l'attention :

Le greffage se pratique à deux époques différentes : pendant la végétation, ou pendant le sommeil de la végétation, d'où greffage d'été et greffage d'hiver.

L'ente ou le greffage d'été n'est qu'exceptionnellement applicable à la vigne.

L'écussonnage, procédé qui assure la reprise parce que le greffon est placé au sein de la couche génératrice, est trop délicat, vu la structure de l'écorce de la vigne, pour entrer dans la pratique usuelle.

Cette même structure fait rejeter totalement l'emploi de la flûte et de la couronne.

Enfin la greffe herbacée, applicable en désespoir de cause aux pieds rebelles à tout procédé est trop délicate pour la pratique viticole générale. La greffe en fente ou d'hiver doit au contraire être acceptée comme pratique usuelle par le viticulteur.

Elle est plus facile à exécuter que toute autre, parce qu'elle n'exige qu'une courte série d'opérations simples et à la portée de tout le monde.

On la pratique à tout âge, la différence de diamètre entre les deux parties à réunir n'ayant qu'une influence très secondaire sur le nombre des reprises.

Elle double l'étendue des parties végétantes mises en contact, en permettant d'affronter, deux à deux, quatre lignes droites, ce qui favorise considérablement le cours de la sève dans les deux parties et l'invagination du pied par les faisceaux fibro-vasculaires qui s'organisent à l'aide du cambium ou sève élaborée.

Quand le pied est arrivé à une grosseur suffisante, la fente pratiquée avec soin fixe solidement le greffon, dispensant ainsi de la ligature et de l'enduit qui doublent la longueur de l'opération.

Enfin, le temps propre à l'effectuer est plus long que pour tout autre procédé, puisqu'on peut l'exécuter pendant tout l'hiver comme pendant une bonne partie de l'été, quoique pour nos climats, mars, avril, mai paraissent l'époque la plus favorable.

Si nous passons maintenant à la greffe anglaise compliquée, nous verrons que :

Elle permet de greffer les pieds les plus minces; achevée, le lien lui donne une solidité inébranlable.

Quand on opère sur racinés, les deux lignes végétantes de la fente suffisent le plus souvent à assurer la reprise; mais la formation de cals, de fongosités qui entravent la circulation de la sève, résulte de l'impossibilité de continuité dans la languette ascendante, comme l'affranchissement résulte, de son côté, de la présence de la languette descendante. Cette tendance à l'affranchissement est exagérée encore par le soin qu'on met à couper l'onglet en contre-biseau. Cependant pratiquée chez soi avec la machine Petit, incomparable sous ce rapport, elle permet d'utiliser, pendant les jours mauvais de l'hiver, les ouvriers les plus inhabiles.

Mais cette greffe ne saurait être employée pour des pieds de grand diamètre.

La greffe en fente double, telle que je la conçois, ne mérite plus le nom de greffe anglaise. On peut avantageusement l'employer pour donner de la solidité aux greffes dont les deux parties sont trop grêles, mais elle constitue une inutile complication pour les pieds un peu forts et ne peut s'opérer sur pieds vieux.

En quelques mots :

Le vigneron doit préférer la greffe en fente sur place.

La greffe anglaise compliquée, exécutée avec la machine Petit doit être réservée aux pépiniéristes.

Influence du greffage.

Le greffage est terminé. L'opération a réussi; les deux variétés continuent à se développer l'une portant l'autre, conservant chacune ses qualités physiques. Si l'espèce qui a donné le greffon est plus vigoureuse, elle forme au-dessus du point d'insertion un bourrelet sur le porte-greffe, comme le font le *mûrier noir* sur le *mûrier blanc;* le *poirier* sur le *cognassier;* le phénomène inverse arrive pour le *Pavia* sur le *Marronnier.* Le greffon produira le même fruit que l'arbre dont il aura été tiré et, si le porte-greffe est sauvageon et repousse, il produira le fruit du sauvageon. Si les écorces sont différentes, chacune reproduira ses caractères particuliers; et si les bois sont de couleur différente, la coupe théorique du tronc montrera la séparation de couleur au point greffé.

Le bouturage n'étant que la continuation de la variété dont on a tiré le jeune plant, reproduira exactement le pied d'où celui-ci a été tiré, ce qui se résume ainsi :

La multiplication par scissiparité (de *scindere,* diviser) n'étant que la continuation d'un végétal, le reproduit mathématiquement et identiquement.

Mais les termes sont changés si l'on veut multiplier l'espèce par la graine, c'est-à-dire par *gemmiparité.*

Cueillie sur le sauvageon, la graine le reproduira invariablement; mais cueillie sur le greffon, elle reproduira bien plus souvent le sauvageon que le greffon. La science peut prévoir ici le résultat du semis, car nous n'avons encore que deux facteurs; mais les difficultés se multiplient à mesure que le nombre de ces facteurs augmente; elles sont insurmontables quand, chacune des parties ayant été greffée plusieurs fois, on arrive à la troisième ou quatrième puissance. La loi naturelle en vertu de laquelle le greffon reproduit sans règle fixe l'une quelconque des variétés ascendantes des deux parties associées porte le nom d'*atavisme* (de *atavi,* aïeux).

L'atavisme est donc le retour (par la voie naturelle, c'est-à-dire par le semis) à la forme des ancêtres d'une variété qui s'en était écartée par une cause quelconque.

Il ne faut pas confondre pourtant l'*atavisme* avec l'*hybridation.* L'*atavisme* reproduit l'un des types ancestraux de telle sorte que, ces types connus, on peut, dans une certaine mesure, prédire, sans l'affirmer, qu'il reproduira un de ces types et annoncer, cette fois à coup sûr, qu'il ne peut reproduire qu'un de ces types.

L'*hybridation* au contraire, est toujours le résultat d'un accouplement; elle produit un être qui n'est ni le mâle ni la femelle, mais qui est doué, dans une proportion impossible à prévoir, des qualités ou au moins de certaines qualités des deux conjoints.

C'est en vertu de l'*atavisme* que le semis ramène au type sauvage la variété dénaturée par la culture.

C'est par cette même vertu que l'hybride retourne par de nouveaux semis aux types ou à l'un des types primitifs.

En les opposant l'un à l'autre, on peut dire que l'*hybridation* est la force d'association qui réunit en un seul être les caractères de deux parents qui ont entre eux peu de rapports, alors que l'*atavisme* est la force de dissociation qui ramène naturellement aux types l'être qui résulte d'une association artificielle ou accidentelle. Voilà pourquoi les hybrides sont relativement si rares à l'état naturel; voilà pourquoi un agriculteur, quand il veut planter un verger, demande des pieds greffés pour être certain de l'identité de la variété demandée.

L'hybridation végétale réside tout entière dans la fleur; mais dans quelle partie réside l'atavisme? La greffe n'apporte aucun élément du bois sur le greffon et cependant elle change la variété : le greffon est réduit à l'œil et à l'écorce dans la greffe à écusson, c'est donc cette écorce qui est altérée! Mais qui nous donne une certitude à cet égard et pourquoi alors la *pêche molle* ou à *chair non adhérente,* greffée sur *pêche dure,* reproduit-elle presque toujours celle-ci, alors que, greffée sur *amandier* ou sur *prunier,* elle reproduit invariablement prunier et amandier? C'est, me dira-t-on, parce que ce sont là des espèces différentes; mais cette explication n'est qu'une pétition de principe. En quoi réside l'espèce ou la variété? quelle est la partie végétale souillée, altérée par la greffe? y a-t-il une relation quelconque entre les différentes parties végétales et les enveloppes du fruit? Ce sont là des questions de physiologie végétale à la hauteur desquelles un modeste praticien de village ne peut avoir l'outre-cuidante prétention de s'élever, et si j'ai soulevé celle de la souillure de la graine par la greffe, c'est parce qu'elle a été contestée par des personnes qui ne peuvent invoquer que deux motifs aussi honteux l'un que l'autre : l'ignorance, si réellement elles ne savaient pas qu'il n'y a que deux moyens pour reproduire à coup sûr la variété demandée : le bouturage et le greffage. Je me dispense de qualifier l'autre motif plus amplement; c'est lui qui a fait pousser au semis du *Jacquez*, du *Cynthiana*, variétés obtenues par la culture ou qui, ayant été, pour les besoins de la multiplication, greffées sur des vignes américaines non résistantes ou sur des *Vinifera*, ne devaient donner que des résultats désastreux.

Quoique je connusse ces faits d'observation de longue date, j'ai voulu les reproduire depuis quelques années déjà, et ceux qui douteront encore, peuvent venir les étudier chez moi.

Voilà pourquoi je dirai aux viticulteurs :

Si vous voulez obtenir par le semis des porte-greffes résistants, n'employez que les graines recueillies sur les espèces résistantes, croissant à l'état sauvage en Amérique. Ne craignez pas l'hybridation, elle est, à l'état naturel, bien moins puissante que l'atavisme; et si vous hésitez à me croire, venez voir mes semis!!!

LE GREFFAGE DE LA VIGNE, SON BUT ET SES CONSÉQUENCES DANS LES PAYS PHYLLOXÉRÉS

Procédés simples et pratiques du greffage sur place ou à l'abri.

AVEC FIGURES

Par CHARLES BALTET,

Horticulteur à Troyes,

Secrétaire du Comité central du phylloxera pour le département de l'Aube.

SOMMAIRE

I. — Qu'est-ce que le greffage en général ?

En agriculture, le *greffage* est une opération qui consiste à souder un végétal ou une fraction de végétal à un autre, qui deviendra son support et lui fournira une partie de l'aliment nécessaire à sa croissance.

L'opérateur se nomme *greffeur* et l'opération terminée constitue une *greffe*.

Dans le langage accepté, le *sujet* est le plant qui reçoit la greffe; il est généralement planté dans le sol; souvent il est en arrachis ou à racines nues; quelquefois c'est un simple rameau bouture. Le greffon est la fraction de végétal ou même le végétal que l'on introduit dans le sujet. Habituellement, le greffon est un rameau ou fragment de rameau portant au moins un œil. Le greffon de l'écussonnage est un œil ou gemma; celui de la greffe en approche pourrait être un arbuste complet planté dans le sol avec ses racines.

La réussite du greffage est subordonnée au choix des espèces que l'on rapproche, à leur degré de parenté, — botaniquement parlant, — à leur affinité ou sympathie réciproque, à l'analogie de leur vigueur, à leur état de sève, à la température, et enfin à l'habileté de l'opérateur.

II. — Dans quel but greffe-t-on la vigne?

Avant l'invasion phylloxérique, le but du greffage de la vigne était le rajeunissement d'un plant épuisé ou la transformation de son espèce.

L'opération en était d'autant plus facile que le greffon étant couvert de terre, s'enracinait et ajoutait cette force nouvelle à celle qu'il empruntait déjà à l'assise du sujet.

C'est ainsi que les producteurs du Midi transformèrent une partie de leurs vignobles d'un rendement moyen en producteurs vinifères largement rémunérateurs, et purent tirer un grand profit des conditions économiques faites récemment au commerce des vins.

Sans remonter jusqu'à Columelle, des agronomes distingués : Olivier de Serres, l'abbé Rozier, Duhamel, André Thouin, Louis Noisette, Chaptal, comte Odart, Pellicot, Jules Guyot, etc., ont recommandé le greffage de la vigne dans ce double but.

Depuis dix ans environ, le greffage est venu seconder le vigneron dans la reconstitution du vignoble détruit par le phylloxera. Les traitements insecticides peuvent entraver la marche de l'ennemi, la submersion permettra à la vigne de vivre en pleine phylloxérière, la vigne greffée s'installera à la place d'une vigne détruite, le greffage incrustant, pour ainsi dire, nos cépages de table et de pressoir sur la souche d'un plant résistant à l'ennemi souterrain.

III. — Origine probable du greffage de la vigne contre le phylloxera.

L'idée première du greffage de la vigne pour la faire vivre malgré son ennemi, nous a été communiquée au mois d'août 1869 par M. Gaston Bazille, propriétaire de grandes exploitations viticoles aux environs de Montpellier. L'honorable président de la Société d'Agriculture de l'Hérault demandait à l'auteur de l'ART DE GREFFER son avis relatif aux probabilités du greffage de la vigne, *Vitis vinifera,* sur un plant indemne, par exemple la vigne-vierge,

Ampelopsis ou *Cissus quinquefolia.* Nous lui fîmes immédiatement observer que la racine charnue de cette ampélopside s'allierait mal aux tissus de la vigne, et que, pour arriver au but, le greffon ne devant pas vivre dans la terre — où il deviendrait la pâture du phylloxera — il fallait donner un tronc solide au plant vinifère et nous lui proposâmes une espèce à plus grande arborescence résistant aux froids les plus rudes; nous la cultivions alors pour le décor des berceaux, sous le nom de « vigne d'Orient ». Par ses conditions de vigueur et de rusticité, nous la supposions appelée au rôle de sujet du greffage, sauf expérience pratique (¹).

Depuis, nous avons reconnu, avec le concours d'un savant ampélographe, M. Victor Pulliat, que cette plante était la *Vitis cordifolia riparia,* découverte aux États-Unis par André Michaux, célèbre explorateur français. Actuellement, la *Vitis riparia* est l'espèce la plus répandue dans les vignobles soumis au greffage; nous sommes heureux d'avoir pressenti ses aptitudes.

Après avoir fait la fortune des marchands de plants qui l'ont exploitée, la vigne indemne enrichira le vigneron qui l'emploiera pour reconstituer le vignoble perdu et remplira les caves qui s'épuisent. Après l'*âge de bois,* la période de l'*âge de vin* doit s'accentuer largement.

Dans un voyage au pays phylloxéré, nous avons vu suffisamment de réussites pour que nous puissions prévoir, à bref délai, la popularité du greffage de la vigne destinée à la grande production du vin.

IV. — Sur quel sujet doit-on greffer la vigne ?

D'après les nombreuses expériences qui ont été tentées par le greffage et par le fait de milliards de greffes opérées dans toutes les parties du monde et avec toutes sortes de végétaux, la science a formulé un axiome absolu qui n'a jamais subi la moindre exception, à savoir que: *Les végétaux qui peuvent être rapprochés par la greffe doivent appartenir à la même famille botanique.*

Ainsi l'aubépine, *Cratægus,* et le cognassier, *Cydonia,* reçoivent la greffe du poirier, *Pirus,* du néflier, *Mespilus,* du buisson ardent, *Pyracantha,* du bibacier, *Eriobotrya,* étant tous de la même famille des Pomacées.

Sur l'amandier, *Amygdalus,* sur le prunier, *Prunus,* on greffe le pêcher, *Persica,* et l'abricotier, *Armeniaca,* de la famille des Amygdalées.

Le lilas, *Syringa,* se marie au troëne, *Ligustrum,* et au frêne à fleurs, *Ornus,* tous les trois étant de la famille des Oléacées.

Le châtaignier, *Castanea,* s'unira au chêne, *Quercus,* de la famille des Cupulifères, et jamais au marronnier d'Inde, *Æsculus,* qui est une Hippocastanée.

Il ne faut donc pas s'étonner qu'un tronc de *catalpa* puisse laisser épanouir des bouquets de *bignones,* tous deux Bignoniacées, et que la *pervenche* orne de

(¹) Un mois après cette correspondance échangée, M. Laliman signalait, au Congrès viticole de Beaune, l'immunité de quelques cépages américains persistant au milieu de ses vignes françaises défaillantes, dans son domaine de la Touratte, près de Bordeaux.

ses disques bleuâtres la tige d'un *nérion* (laurier-rose), l'un et l'autre étant des Apocynées.

S'il nous était donné d'entrer dans de plus grands développements, nous démontrerions que, si tous les arbres et arbustes qui se soudent au greffage appartiennent à la même famille, il ne s'ensuit pas que toutes les espèces d'une famille puissent être greffées l'une sur l'autre ; et, parmi les bizarreries exceptionnelles, nous citerions la possibilité du greffage du poirier sur le pommier et l'impossibilité de l'opération *vice versâ*.

La famille des Ampélidées, à laquelle [la vigne appartient, ne comprend que deux groupes :

1° Les ampelopsides, *Ampelopsis, Cissus, Ampelo-Cissus,* confondues sous le nom unique d'*Ampelopsis* par certains botanistes, et répandues dans les jardins sous les noms de « vignes d'ornement, ampélopside, etc. » ;

2° Les vignes, *Vitis,* dites « vignes à vin », subdivisées en espèces d'Europe, d'Asie, d'Afrique, d'Amérique.

La vigne ne saurait donc être greffée sur aucune plante qui ne rentrerait pas dans ces deux groupes. Maintenant, il sera préférable de choisir le sujet parmi les *Vitis,* parce que leur tronc ligneux sympathisera avec la nature analogue des tissus du cépage vinifère, mieux que la racine demi-charnue ou demi-ligneuse des *Ampelopsis;* le tronc du sujet doit seul supporter le plant greffon, celui-ci ne pouvant, dans le cas actuel, émettre des racines sur ses propres tissus.

De nombreux essais de greffage ont été faits sur des espèces indigènes, exotiques ou hybrides. Ainsi que nous le disions au chapitre précédent, celle qui a le mieux répondu aux essais des viticulteurs est la *Vitis cordifolia riparia,* ou tout simplement *Vitis riparia.* Elle a les avantages considérables de résister aux grands hivers, d'être peu difficile sur la nature du sol, de se propager facilement par le bouturage, de se prêter à tous les greffages, et de se reproduire à peu près exactement par le semis. Ses diverses formes : *R. glabre, tomenteux, à pétiole vert* ou *coloré, à feuille ronde, épaisse* ou *mince,* mais *large,* ont à peu près la même valeur ; sont rejetés les types peu vigoureux ou à feuille étroite, crispée, malingre. On a remarqué que les *Riparia glabres* acceptaient les terrains chauds et les *Riparia tomenteux,* les terrains frais.

Si l'on veut connaître le degré d'acclimatation du *Riparia* dans notre région tempérée ou froide, nous dirons que pendant le grand hiver de 1879-1880, il a supporté bravement nos — 25° et — 30° de froid. Plus au centre, en l'absence d'une couverture de neige sur le sol, les racines de *Riparia* ont résisté, quoique la terre fût gelée à 0m60 de profondeur. Il est probable que cette espèce est originaire de la région Nord-Est des États-Unis. Le grand hiver récent nous a rappelé qu'il fallait tenir compte des milieux du pays originaire des plantes.

Parmi les autres variétés qui se prêtent au greffage, le *Solonis* prospère en terrains bas, sableux, siliceux, salins et frais; le *York's-Madeira,* d'un enracinement lent, se développe ensuite vigoureusement (c'est alors le moment de le greffer, mais *sur place*), et préfère les sols calcaires, caillouteux ou marneux, mais secs; le *Vialla,* dont le bois août bien sous un climat froid ou tempéré, en bonne terre moyenne, profonde. Les *Riparia Gaston-Bazille, Victor-Pulliat, Baron-Perrier, Franklin,* sont également des variétés d'avenir.

Quant au *Clinton* et au *Taylor,* leurs succès des premières années est contrebalancé par de nombreuses déceptions phylloxériques.

La *V. monticola,* var. *rupestris,* du Texas, plus naine, réussit dans les terrains arides, et promet d'être un bon porte-greffe.

Jusqu'alors le premier rang est acquis aux *Riparia glabre* et *York's-Madeira,* celui-ci à rameaux plus courts, mieux dressés; celui-là plus prompt à se développer, ses rameaux plus allongés et traînants. L'un et l'autre, robustes en pleine phylloxérière, constituent de bons porte-greffes pour les cépages de la région ampélographique qui s'étend de la *Sirah* des côtes du Rhône à la *Folle-blanche* des Charentes, en passant par les *Aramon, Carignane, Grenache, Alicante, Petit-Bouschet, Cinsaut, Aspiran, Mourastel* du Languedoc, et les *Cabernet, Merlot, Malbec, Sémillon* du Médoc, etc.

Lorsqu'on visite les grandes plantations et les collections viticoles, il faut faire une longue pause aux portes de Montpellier, à l'École d'agriculture de l'État, où nous avons été guidés par MM. Saintpierre, Foëx, Berne, et au Mas de las Sorres, intelligemment dirigé par MM. Henri Marès, Durand, Joanneton, sous les auspices de la Commission départementale de l'Hérault. Là encore, *York* et *Riparia* sont en tête des porte-greffes.

Nous ne parlerons pas du *Jacquez,* d'origine incertaine : son aire géographique se cantonne dans le Sud et le Sud-Est, où il est adopté pour la production directe — franc de pied — de vin de coupage, la taille longue provoquant chez ce cépage une fructification extraordinaire. On peut s'en convaincre en visitant, dans le Gard, le domaine des Sources, à M. Im-Thurn; le domaine de Campuget, à M. Lugol; dans le Var, le domaine de la Décapris, à M. Aurran; Le Pellegrin, à M. le Dr Vidal; et dans le Vaucluse, le champ d'expériences de la Station agronomique d'Avignon.

V. — Le cépage greffé conserve-t-il ses caractères?

L'expérience démontre qu'en toute circonstance, l'espèce greffée sur un sujet qui lui est sympathique conserve ses qualités originaires, ses propriétés caractéristiques, sans que l'influence du sujet ne vienne les dénaturer. Chacun d'eux, sujet et greffon, garde sa propre constitution; les couches ligneuses et corticales de l'un et de l'autre continuent à se développer sans que leurs tissus, cellules, fibres, vaisseaux ne viennent s'entremêler.

Il y aura contact intime, soudure, vie commune; il n'y a jamais fusion ni alliage.

On pourrait dire : le greffon commande, le sujet obéit. Celui-ci plonge ses racines dans le sol et apporte à celui-là plus ou moins de vigueur en respectant chez lui ses principes essentiels.

Un cépage fertile, dont le fruit serait gros, blanc ou jaunâtre, assez bon et précoce, étant greffé sur un cépage peu productif, à fruit petit, noir, de médiocre qualité et lent à mûrir, continuera à produire abondamment de beaux et bons raisins nacrés, de maturité hâtive, sans la moindre altération, sans le moindre indice de croisement ou d'abâtardissement.

N'est-ce pas dans ces conditions que l'on multiplie la majeure partie des arbres fruitiers de nos jardins et vergers? Le poirier, par exemple, ne peut reproduire son espèce autrement que par la greffe; le sujet est tantôt un poirier sauvageon né d'un pépin de bon fruit et qui eût peut-être donné un arbre à cidre, tantôt un cognassier élevé par bouture, et quelquefois une aubépine de graine. Voilà donc trois sujets bien différents quant à leur végétation, leurs feuilles, leurs fleurs, leurs fruits. Si l'on y greffe comparativement la même variété de poirier, chacun d'eux reproduira la même sorte de poire; elle sera grosse, colorée, bonne, précoce ou tardive, si l'arbre étalon qui a produit les greffes produit de grosses poires, colorées, de bonne qualité, d'été ou d'hiver.

Quoi qu'il en soit, la vigne se greffant exclusivement sur la vigne, les caractères de l'espèce ont encore plus de chance de se maintenir.

VI. — Le greffage de la vigne est-il favorable ou nuisible à la vigueur et à la fructification ?

Le greffage de la vigne ne modifie pas la vigueur de la plante, d'autant plus que la taille annuelle, à laquelle la vigne est soumise, arrête l'expansion de ses rameaux.

Quant à la fructification, il n'y a rien de changé; le greffage lui sera plutôt favorable, ainsi que nous allons le voir, et la taille annuelle continuera à susciter le développement des bourgeons sur lesquels le fruit de la vigne se forme.

Jadis, le greffage n'ayant pour but que la restauration de l'arbuste, le phylloxera étant inconnu, le greffon, plongé dans le sol, prenait racine et donnait une impulsion nouvelle à la végétation. Aujourd'hui le but n'est plus le même, il faut empêcher la radification du greffon, et cependant la vigueur de la plante ne laisse rien à désirer. Nous l'avons constaté partout.

Les départements du Rhône, de l'Ardèche, de la Drôme, de Vaucluse, du Var, des Bouches-du-Rhône, du Gard, de l'Hérault, du Lot-et-Garonne, de la Gironde, de la Charente-Inférieure, en fournissent de nombreux exemples.

En dehors de cette restauration, nous avons remarqué quelques cas de greffage qui viennent appuyer notre argumentation.

Dans le Lot-et-Garonne, M. Bourgeac, propriétaire à Astaffort, avait planté une vigne en *Aramon*, le cépage qui a tant contribué à relever la fortune des viticulteurs de l'Hérault. Mais ici, insuccès complet, l'*Aramon*, trop hâtif en végétation, est victime de la gelée; alors on transforma par la greffe la plantation de vigne avec le cépage local, *Côte-rouge,* très cultivé dans la contrée Depuis cinq ans que l'opération est faite, il est impossible de voir la moindre différence dans la production du champ greffé et des plantiers voisins, même cépage de pied franc; affranchies ou non, les greffes y donnent la même récolte.

Autre observation :

Dans les Bouches-du-Rhône et l'Hérault, les excellents cépages de *Pineau,* de *Gamay,* de *Mondeuse* réussissent fort mal. M. Reich, au domaine de l'Armeillère en Camargue, et M. Berne, jardinier-chef à l'École nationale d'agriculture de Montpellier, praticiens expérimentés, les ont greffés sur plant américain. Non seulement les ceps ont été très vigoureux, mais leurs produits ont rappelé ceux de la Bourgogne, du Beaujolais et du Dauphiné [1].

On voit que si l'acclimatement d'une espèce végétale rencontre des difficultés par suite de la nature du sol, le greffage pourra lui venir souvent en aide.

D'ailleurs, l'action de l'air, du soleil, de la lumière joue un rôle dans la fructification de la vigne; elle en est peut-être le facteur principal, et la greffe devient un de ses auxiliaires. La juxta-position des vaisseaux et des cellules des deux végétaux réunis par la greffe provoque une sorte de point d'arrêt dans les fonctions du fluide nourricier. La sève aqueuse, puisée dans le sol par les racines, arrivera avec moins d'abondance dans les organes aériens; ceux-ci ayant moins de sève froide à élaborer, ne fourniront-ils pas, sous l'action de l'atmosphère, une plus grande somme de carbone aux tissus ligneux ? Ils solidifieraient alors le cambium en préparant les bourgeons à la fécondité.

Ne serait-ce pas l'explication de la fructification normale du *Chasselas Coulard,* sous le soleil de Tarn-et-Garonne, où son raisin ne coule pas comme dans notre zone tempérée? Mais ici, soumettez le plant au greffage, même en le greffant sur sa propre souche, le fruit sera aussi *complet* que sous le climat montalbanais. Nous devons cette observation au vénérable jardinier en chef du Luxembourg, M. Hardy, père du sympathique directeur de l'École nationale d'horticulture de Versailles.

Nous avons constaté au domaine de Maynard (Gironde), à M. Piola, l'absence de coulure des *Cabernet Sauvignon,* de deux et trois ans, greffés sur *Rupestris,* alors que le raisin coulait sur des sujets de pied franc, de la même sorte et dans le même champ de vigne.

M. Berlandier (Bouches-du-Rhône) nous a montré un carré de 5,000 pieds de *Chasselas,* greffés de deux ans sur plant français soumis à la submersion, chargé de 20,000 kilos de raisins.

M. Pagézy a récolté 42 hectolitres de vin par mille souches greffées, et l'École de la Gaillarde 10 kilos par plant de *Roussanne* sur *Alvey.*

Au domaine de la Valautre (Hérault), M. de Turenne obtient sur des *Aramon* ayant quatre et cinq ans de greffe sur *Riparia,* une récolte supérieure à celles qui ont précédé l'invasion phylloxérique.

La science n'a pas encore suffisamment expliqué les conséquences de la greffe.

La longévité d'une vigne greffée est indiscutable. S'il y avait doute, nous

---

[1] Des expériences faites à l'École pratique d'agriculture d'Ecully (Rhône) ont prouvé la sympathie de greffage du *Gamay* sur *Vialla,* du *Pineau* ou du *Chasselas* sur *Riparia.*

répondrions que le fait importe peu dans les contrées phylloxérées où le vigneron replante des vignes de pied franc en disant : « Dussent-elles périr au bout de trois ans, une seule récolte aura payé nos peines. — Nous recommencerons aussitôt. »

Ces philosophes imprudents sont de l'école de ceux qui espèrent voir le phylloxera disparaître comme l'oïdium.

Toutefois il faut dire que par suite de la taille qui réduit l'arbrisseau à l'état d'arbuste et renouvelle la production fruitière de ses jeunes bourgeons, la question de savoir si la plante greffée hors terre vivra longtemps et si sa production sera constante, cette question perd de son importance.

Si les exemples de vigueur et de fécondité fournis par la vigne elle-même ne suffisent pas, d'autres arbres et arbustes viendront à l'appui.

Le *sorbier des oiseaux* et le *néflier* sont de plus forte stature lorsqu'ils sont greffés sur *aubépine* (arbre de moindre grandeur) que lorsqu'ils sont élevés par le semis de leurs graines. Plusieurs conifères sont dans le même cas : les *Retinospora* et *Libocedrus* greffés sur le *Biota* ou thuya de Chine; le sapin noble, *Abies nobilis,* greffé sur sapin des Vosges ou pectiné, *Abies pectinata,* le pin de Gérard, *Pinus Gerardiana,* greffé sur le pin d'Écosse, *Pinus sylvestris*.

Le hêtre pourpre, *Fagus purpurea,* le marronnier rouge, *Æsculus rubicunda,* le tilleul argenté, *Tilia argentea,* ne rendent jamais, par le semis, la beauté de leur port, l'aspect de leur feuillage ou de leur floraison que l'on obtient avec les sujets greffés sur l'espèce commune.

Quelques arbustes toujours verts greffés sur arbustes à feuilles caduques : le bibacier, *Eriobotrya,* le *Photinia,* greffés sur l'aubépine et le cognassier> *Cydonia;* le filaria, *Phillyrea,* et l'osmanthe, *Osmanthus,* greffés sur le troène, *Ligustrum,* sont plus robustes dans nos sols et plus résistants au froid que s'ils étaient élevés par le semis ou par le bouturage, et n'en conservent pas moins leur verdure perpétuelle. Nous répéterons encore que toutes les variétés d'arbres fruitiers doivent à la greffe la conservation de leurs caractères. Ne cite-t-on pas des *poiriers* gigantesques, des *châtaigniers* séculaires, — malgré la greffe? Il faudrait dire *parce que* la greffe.

Sous nos climats tempérés, combien de *pêchers* centenaires, écussonnés sur amandier; combien de vieux *abricotiers* sur prunier, alors que le pêcher et l'abricotier de semis, avec lesquels ils se marient intimement sous une zone plus chaude, meurent rapidement dans notre pays, étiques, gommeux, cloqués; aussi a-t-on recours à deux intermédiaires plus rustiques, l'amandier, le prunier. Ne voit-on pas, comme nous le disions, le greffage jouer un rôle important dans cette question complexe de la naturalisation des végétaux?

Ces exemples émanent de végétaux greffés sur des espèces étrangères, quoique appartenant à la même famille. Avec la vigne, il n'y a plus les mêmes craintes, puisque le greffage réunit deux espèces semblables.

Si l'on devait accepter la théorie de certains physiologistes qui accorde le premier rang de vigueur aux végétaux de semis, nous invoquerions les exceptions et nous classerions la vigne dans cette catégorie. Depuis longtemps, c'est la multiplication par division qui domine dans la propagation de la vigne.

Lorsque viendra le moment de greffer, nous insisterons sur le choix des greffons, qu'ils proviennent de mères ou étalons possédant toutes les qualités de vigueur, de robusticité, de production que l'on désire propager.

Quand on voit un arbre greffé décrépit prématurément, lui ou son produit, on est disposé à croire que c'est un cas de dégénérescence. Pas du tout; c'est parce que, neuf fois sur dix, le greffon en était défectueux. Il ne faut jamais accepter des éléments de multiplication qui soient d'une origine suspecte. C'est une condition essentielle pour conserver la vigueur, la fructification, enfin les caractères principaux de l'espèce.

VII. — Le greffage de la vigne modifie-t-il la nature et la qualité du vin?

Ici la réponse est négative, et voici pourquoi:

En examinant les résultats et les conséquences du greffage, on reconnaît d'abord que le contact intime de deux espèces distinctes, soudées par la greffe, provoque la formation d'un bourrelet séparatif tamisant les courants séveux et ayant pour effet :

1º De retenir le cours ascendant des principes aqueux, froids, de la *sève brute* ou *montante,* puisés dans le sol par les racines et s'élevant au moyen des vaisseaux et des cellules de la plante;

2º De concentrer sur la fleur et sur le fruit, ou sur les rameaux et bourgeons destinés à les produire, les principes essentiels absorbés dans l'atmosphère par les organes foliacés qui sont, chez la vigne, d'une certaine puissance. Ce fluide nourricier, devenu *sève élaborée* ou *descendante,* revient ensuite vers les racines, lentement entre l'écorce et l'aubier, sous la forme de cambium, et provoque, en passant, la caractéristique du bourrelet de la greffe.

Cette fois encore, c'est à l'atmosphère que l'on emprunte; or la chaleur, accaparée et concentrée sur les parties extérieures de la plante, sera favorable à la vigne qui en réclame, à son fruit qui en a besoin. Donc, à proportion égale, le vin d'une vigne greffée devrait être plus abondant et meilleur, théoriquement parlant.

Deux observateurs savants et praticiens, qui ont étudié le greffage de la vigne aussi bien que les insecticides et la submersion, M. Foëx, professeur à l'École nationale d'agriculture de Montpellier, et M. Piola, viticulteur à Libourne, ont cru reconnaître un degré glucométrique plus élevé dans le vin de plants greffés sur américain (l'origine américaine du sujet est étrangère à l'amélioration).

Nous sommes disposés à le croire, après notre dégustation du vin d'*aramon* provenant de touffes extrêmement vigoureuses greffées depuis cinq années sur le *Clinton* au goût foxé, dans le beau vignoble de M. Pagézy, au Vivier (Hérault). Cet honorable viticulteur, qui a vu succomber les 150 hectares de vigne qu'il avait créés et qui en opère la reconstitution avec le greffage, trouvait, en effet, ses vins de greffes plus agréables, plus fins que les vins des mêmes cépages francs de pied avant l'apparition du fléau.

Nous rappellerons l'observation de M. Jules Delbrück à la section de viticulture du Congrès des Agriculteurs de France, le 9 février 1880 : « Le cépage *Malbec,* greffé sur *Taylor,* produit à Langoiran (Gironde) un vin supérieur à celui du *Malbec* de souche franche. »

Il est moins facile de reconnaître comparativement la différence à la dégustation du fruit, parce que l'on ne possède guère, dans la même terre phylloxérée, une espèce semblable de pied franc et de greffe.

Nous fîmes déjà une remarque analogue, en 1869, alors que nous rédigions le rapport de la Commission officielle chargée d'étudier les effets de l'incision annulaire, de la taille tardive et du pincement pratiqués sur la vigne dans le Puy-de-Dôme et dans la Savoie. Nous extrayons de notre rapport, publié par les soins du Ministère de l'agriculture, la note suivante émanant du laboratoire de M. Duclaux, professeur de sciences à Clermont-Ferrand :

Pesage glucométrique pour 1,000 grammes de moût.

1° Raisins incisés.

227,5 grammes de sucre.
13,25 — d'alcool.
14,7 — Baumé.

2° Raisins non incisés.

217,5 grammes de sucre.
12,7 — d'alcool.
14,25 — Baumé.

L'incision annulaire, ou même le simple cran circulaire appliqué au sarment de la vigne au-dessous de la grappe (et cela au début de la floraison, dans le but de favoriser la fécondation de la fleur et d'éviter la coulure du raisin), suscite, comme le bourrelet de la greffe, une lignification de cellules, un appel aux principes vivifiants de l'atmosphère qui fourniront le sucre et l'alcool, et retarde momentanément l'ascension de la sève froide des racines en la tamisant au point d'arrêt.

La non-influence du sujet porte-greffe, en ce qui concerne la qualité du raisin, pourrait être démontrée par une excursion chez d'autres espèces d'arbres et d'arbustes soumises au greffage.

Est-ce que le fruit du poirier greffé sur le cognassier emprunte au coing sa fermeté, son âpreté, son parfum pénétrant? Nous pourrions répondre que la poire, au contraire, y sera plus jolie à l'œil et d'un goût plus raffiné.

La pêche a-t-elle la chair coriace de la drupe de l'amandier, qui l'alimente par ses racines?

Trouve-t-on dans l'abricot la moindre trace de la prunelle de nos haies?

Le troëne, aux baies noires, change-t-il la capsule sèche du lilas qu'il supporte?

Le châtaignier, greffé sur le chêne, produira-t-il des châtaignes ou des glands?

Et les roses de nos jardins si doubles, si élégantes, si suaves, n'effacent-elles pas, sans lui rien emprunter, l'églantine sauvage sur laquelle elles sont écussonnées?

Cherchez tous les exemples de greffes, aucun d'eux ne démentira ce que nous avançons.

D'autre part, répétons-le encore, le greffage de la vigne n'étant pas hétérogène doit arrêter la contradiction.

VIII. — Procédés de greffage de la vigne les plus simples et les plus pratiques.

Les principaux procédés de greffage en approche et par rameau réussissent avec la vigne. (Voir l'*Art de greffer*, chapitre spécial) [1]. Mais dans la grande culture, il faut simplifier les moyens de travail et atteindre promptement et sûrement le but. Or, en examinant les nombreuses expériences faites sur de vastes surfaces viticoles, on est amené à reconnaître que deux systèmes sont plus faciles à pratiquer et réalisent le résultat cherché :

1° Le greffage en fente ;

2° Le greffage à l'anglaise.

L'un et l'autre admettent quelques variantes dans la pratique, mais qui sont toujours des greffes en fente ou des greffes anglaises.

Époque du greffage. — Dans les pays chauds, où la gelée d'hiver est extrêmement rare, on pourrait greffer à l'automne, lors de la chute des feuilles ; mais, dans notre zone tempérée, le retrait du sol sous l'influence du gel et du dégel viendrait ébranler le greffon et compromettre sa soudure ; le printemps est donc préférable.

On opère à la montée de la sève, alors que les bourgeons vont gonfler, soit de février en avril, suivant la saison hâtive ou tardive et d'après l'état de végétation du sujet. En tout état de choses, il vaut mieux éviter le suintement de la sève.

On choisira une température calme, plus chaude que froide, ce que l'on appelle un « temps à la sève ».

Les variations printanières des situations froides rendront problématique la réussite du greffage de la vigne à l'air libre, au delà des régions franchement viticoles.

[1] Voir *l'Art de greffer les arbres, arbrisseaux et arbustes fruitiers, forestiers, etc.*, par Charles BALTET, horticulteur à Troyes. — Nouvelle édition entièrement refondue, suivie d'un Appendice sur le rétablissement de la vigne par la greffe ; gr. in-18 j. de 400 pages, orné de 127 figures dans le texte. Prix : 4 francs ; *franco* par la poste, 4 fr. 40 c. G. Masson, éditeur à Paris. — Les vignettes de ce mémoire sont extraites du volume ci-dessus.

Greffage sur place. — Le greffage *sur place* s'accomplit avec un sujet planté depuis deux années au moins et suffisamment lié au sol ; trop faible, le sujet donnerait une pousse chétive.

C'est le greffage en plein champ ou en pleine pépinière. On pratique généralement la greffe en fente ; si la tige est de moyenne grosseur, on peut employer la greffe anglaise.

Greffage à l'abri. — Le greffage *à l'abri,* en chambre, sur table ou au coin du feu, se fait, comme son nom l'indique, hors du sol. Le sujet est un plant raciné, extrait de la pépinière. Aussitôt greffé, on le met en nourrice, et l'année suivante, on le plantera à demeure.

Au lieu d'un plant raciné, le sujet pourrait être un sarment-bouture. Alors la mise en pépinière de la bouture greffée devient indispensable, la mise en place définitive occasionnerait des mécomptes, le plant ayant à la fois à s'enraciner, à se lier au sol et à souder la greffe.

Le greffage en chambre a provoqué l'invention de machines à greffer plus spéciales à la greffe anglaise.

Greffage ras-terre. — Quel que soit le système de greffe, il convient de le pratiquer à ras du sol, parce que, trop enfoncé en terre, le greffon, en se développant, prendrait racine et le phylloxera en aurait promptement raison. Nous verrons tout à l'heure que lorsqu'on fait une greffe de vigne, il faut la couvrir de terre jusqu'à l'œil supérieur du greffon, mais on détruira les racines qui s'y développeront et l'on supprimera la butte après une année de végétation. Il est donc nécessaire que le greffage se fasse à fleur de terre. Une greffe placée trop haut nuit à la bonne tenue de la plante greffée, et le buttage du greffon en aurait été plus difficile.

Les plants greffés *à l'abri* seront plantés de manière que le niveau du sol affleure la greffe, sans préjudice du buttage de la première année.

Sujets. — Le sujet est le plant qui reçoit la greffe. Il doit être jeune et assez fort pour supporter le greffon et favoriser sa végétation. Il n'y a point d'inconvénient qu'il soit trop gros ; il y en aurait, au contraire, s'il était étiolé.

D'ailleurs, la situation du sujet varie suivant le mode de greffage adopté, en place ou à l'abri.

Sujet du greffage en place. — Ici, avons-nous dit, le sujet sera planté à demeure depuis quelque temps et de bonne force (fig. 1). Un plantier de vigne ou un simple cep ne doit pas être greffé avant d'avoir accompli, sur place, au moins une année de végétation. Si la pousse est maigre, il faut ajourner à l'année suivante ; ce ne sera pas du temps perdu, on le regagnera promptement et on ne compromettra pas l'avenir de la vigne. Nous avons visité de beaux coteaux de vignes greffées ainsi après une année de plantation du sujet, chez M. Gaston Bazille, domaine de Saint-Sauveur. (Le travail du greffage revenait, tout compris, à 3 fr. le cent de greffes.)

Lorsque l'on est en retard dans le greffage, c'est-à-dire que l'on redoute la montée de la sève avant que l'on soit prêt à greffer, il est nécessaire d'étêter les sujets provisoirement, en coupant tiges et branches à 0^m30 environ du sol, à peu près trois semaines avant le réveil probable de la sève. Au jour du greffage, on procèdera au tronçonnement définitif du sujet.

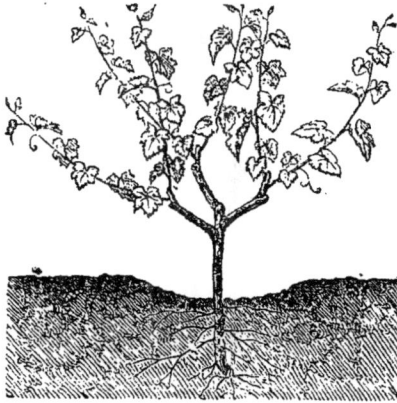

Fig. 1

Sujet déchaussé pour la greffage en place.

Au lieu d'opérer en plein champ, le greffage pourrait être appliqué en pépinière. Le plant serait alors un jeune sujet, soit un semis de deux ans au moins et ayant subi le repiquage, soit une bouture ou un provin ayant une année au moins de racinement. Les plants assez espacés en ligne seront greffés rez-terre; l'année suivante, on transplantera à demeure, dans le carré de vigne, les ceps dont la greffe se sera suffisamment développée.

Ce système, excellent, analogue à l'éducation des arbres fruitiers de pépinière, convient aux planteurs qui redoutent l'insuccès du greffage définitif sur place.

Sujet du greffage à l'abri. — Ici, le sujet peut être de deux natures, raciné ou non raciné. Dans le premier cas, c'est un jeune plant élevé par semis, bouture ou marcotte (fig. 2); dans le second cas, c'est un simple rameau-bouture (fig. 3.)

Les uns et les autres doivent être de bonne constitution.

Les racinés ont été extraits de la pépinière pendant le repos de la sève et mis en jauge, à l'ombre, dans une terre saine, plutôt sèche ou sableuse. On les aura sous la main au jour du greffage; aussitôt greffés, on les place en jauge ensablés jusqu'à la tête, en attendant leur mise en pépinière. Nous n'osons pas en recommander la plantation immédiate dans le champ de vigne, malgré certains succès obtenus au milieu de circonstances favorables. Nous partageons la manière de voir de Mᵐᵉ Ponsot, aux Annereaux (Gironde), qui met en nourrice les racinés greffés à l'abri, pour les planter ensuite en place définitive, après une année de pépinière.

Les non-racinés ont été préparés en hiver; ce sont des fractions de sarments, des rameaux-boutures réunis en petits paquets et mis en jauge

dans leur entier, horizontalement par lits stratifiés avec de la terre meuble,
ou par petits paquets placés dans un trou, la tête en bas et recouverts de terre ;
on les laisse ainsi jusqu'au jour du greffage. Lorsque leur greffage sera terminé,
à l'abri ou hors de terre, il faudra les remettre en jauge, inclinés, et les
recouvrir de sable, sujet et greffon, jusqu'à l'œil de tête, en attendant leur
plantation dans la pépinière,

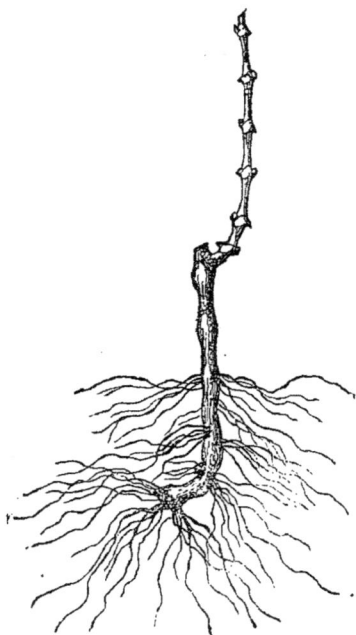

Fig. 2.
Sujet raciné pour
le greffage à l'a-
bri.

Fig. 3.
Sujet-bouture
pour
le greffage à l'abri.

Nous passons sous silence le plant obtenu par le bouturage d'œil en serre.
Les Anglais élèvent ainsi leurs vignes soumises à la culture forcée en pots.
Mme la duchesse de Fitz-James a pu multiplier de la sorte les espèces rares de
vignes étrangères; mais la grande culture doit y renoncer.

Rameaux-greffons. — Le rameau-greffon (fig. 8) est un sarment robuste, à
écorce saine, dont les yeux sont assez rapprochés, en un mot parfaitement
constitué. De grosseur moyenne, il est préférable aux gros rameaux trop
chargés de moelle et aux rameaux fluets, assez mal lignifiés.

Son origine sera parfaitement certaine, c'est-à-dire que l'on aura toute
garantie de son espèce, de sa nature rustique et féconde, attendu que la greffe
reproduira les qualités ou les défauts de la plante qui l'a fourni.

On détache les rameaux-greffons de la souche dans le courant de l'hiver,
avant que la sève n'ait fait mouvement, par une température plutôt sèche et
pas trop froide; lorsqu'il gèle fort, une partie du cambium se retire des jeunes
rameaux, qui ne sont plus alors dans leur état normal. On les assemble et on
les enterre la base dans une couche de sable sec, comme le sable à pavage, ou

sous un arbre vert, au nord d'un bâtiment, ou dans une cave modérément humide, hermétiquement fermée et non éclairée.

Il est prudent de laisser hors terre la cime du greffon, un œil seulement; cet œil bourgeonnera et se perdra, tandis que les autres yeux, sous terre, resteront latents et conserveront leur qualité au greffage. Faute de cette précaution, lors d'un greffage tardif, les yeux feraient leur évolution souterraine et blanchiraient en se perdant. Les longs sarments seront enterrés sur une plus grande longueur, inclinés obliquement dans une rigole profonde de 0m10. Si l'emplacement est très sec, un paillis suffira pour le rafraîchir; le sommet des greffons laissé en dehors sera couvert de paille.

Il faut avoir le soin de séparer les espèces et de les étiqueter, en indiquant la provenance, à titre de renseignement et de comparaison future.

Le fractionnement des rameaux en greffons de longueur définitive se fait au moment même du greffage.

Outillage du greffage. — Des outils simples, commodes, pourvus de lames bien acérées, seront préférés aux instruments compliqués ou à plusieurs lames.

L'outil à lame fixe présente plus de fermeté dans le manche; mais un instrument à lame fermante est plus facile à transporter. L'outillage est tenu en bon état de propreté et de tranchant par un repassage fréquent.

La *scie* est employée pour tronquer les gros sujets.

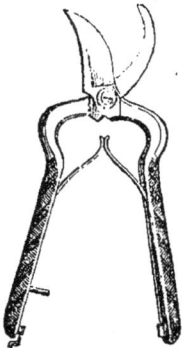

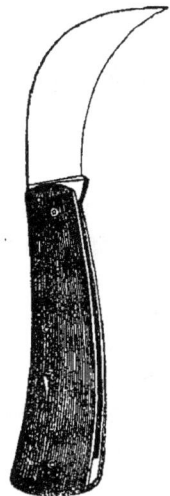

Fig. 4.	*Fig. 5.*	*Fig. 6.*
Sécateur	Serpette pour l'étêtage du sujet.	Serpette fine pour la taille du greffon.

Le *sécateur* (fig. 4) sert au tronçonnement préalable des sujets et à la préparation des sarments-greffons.

La *serpette* (fig. 5) est nécessaire pour étêter les sujets de moyenne grosseur. Une serpette fine (fig. 6) est utilisée à la taille du greffon.

Le *greffoir* est commode pour tailler les biseaux du greffon.

Fig. 7.

Couteau à greffer pour le greffage en fente.

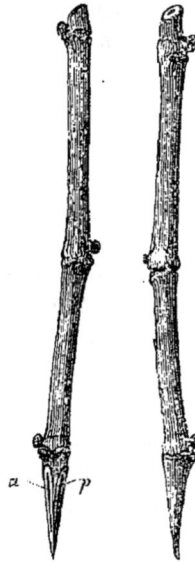

Fig. 8.

Rameaux-greffons taillés pour la greffe en fente.

Le *couteau à greffer* (fig. 7) est une sorte de couteau de table avec un manche légèrement arqué pour faciliter les greffages rez-terre; la lame, un peu arrondie au sommet, sert à fendre le sujet destiné au greffage en fente.

Fort souvent, on se contente d'une serpette et d'un greffoir pour tout l'outillage de la greffe.

Les machines à greffer ont rendu des services au début de la crise dans un pays qui manquait de bons praticiens greffeurs; elles se sont perfectionnées, mais leur usage est plutôt dans le greffage à l'abri. Les meilleurs systèmes ont été mis en évidence aux concours ouverts par la Société centrale d'agriculture de l'Hérault.

Accessoires. — Quoique le greffage de la vigne ne réclame pas absolument une *ligature,* nous préférons en recommander l'emploi pour rapprocher les tissus écartés, resserrer les parties fendues et fixer le greffon sur le sujet.

Par suite du buttage de la greffe de vigne, il faut une ligature réfractaire à l'humidité prolongée; par exemple, une *ficelle* non tordue, pas trop fine, cirée, enduite ou sulfatée pour les gros sujets et les greffes en fente, ou du *raphia sulfaté* pour les greffes anglaises et les sujets d'un diamètre restreint.

Les débris de *corde goudronnée* de la marine ont donné de bons résultats en Provence. L'osier vert, fendu, est une assez bonne ligature primitive.

Le *fil de plomb*, que les horticulteurs emploient au greffage de la pivoine sur racine, et qui passe l'hiver en terre, pourrait être essayé.

On enlèvera la ligature à la fin de la première année lorsqu'on débuttera la greffe.

L'*engluement* n'est pas toujours nécessaire; à la suite de nombreux essais, la préférence est acquise à la terre glaise tamponnée autour de la greffe et sur les coupes mises à nu. L'argile délayée dans de l'eau et ramenée à une consistance semi-liquide est d'un emploi facile.

A. — Greffe en fente.

La greffe en fente est spécialement applicable au greffage *sur place* et aux sujets déjà forts.

Le travail principal comprend la préparation du sujet, la taille du greffon, l'assemblage de la greffe, enfin quelques détails accessoires.

Préparation du sujet. — Quoique le sujet soit greffé à fleur du sol, on n'en dégage pas moins la terre autour du collet pour faciliter le travail manuel (fig. 1).

Le sujet (fig. 1) est déchaussé et tronçonné définitivement au moment même du greffage. La coupe se fait sur une partie saine assez unie, et, s'il est possible, à 0^{m}06 à peu près au-dessus d'un nœud ou coude; cette précaution évitera une fente démesurée.

Avec une scie, un sécateur ou une serpette, on étêtera le cep à ras terre. La coupe sera à surface plane (B, fig. 9), ou à surface oblique (B, fig. 10); celle-ci convient mieux au greffage simple avec un seul greffon; celle-là, au greffage double à deux greffons.

Si la sève suinte, on l'essuie, afin de pouvoir greffer à sec.

Il faut alors préparer le greffon et réunir les deux parties sans retard.

Taille du greffon. — Les sarments-greffons sont extraits de la jauge au fur et à mesure des besoins et préparés en même temps que les sujets pour qu'ils soient assemblés sans que les agents atmosphériques les aient fatigués.

On a le soin, bien entendu, de leur enlever la boue ou le sable provoqués par la mise en jauge.

Le sarment-greffon sera coupé par fragments de rameaux portant chacun deux yeux. C'est une bonne moyenne.

Pour préparer le greffon (fig. 8), on taille le pied ou base en coin triangulaire, les deux faces taillées sont, comme le tire-point, amincies en pointe plus ou moins émoussée, — ce qui facilitera l'introduction sur le sujet, — et la tête assez large pour conserver une force suffisante; cette tête commence immédiatement au coussinet de l'œil. La tête du coin triangulaire conserve toute son écorce et reste intacte, c'est le dos du biseau; il se termine également en pointe avec les deux côtés taillés (*a, p,* fig. 8) qui formeront avec lui le coin triangulaire de la greffe en fente.

La préparation du greffon s'obtient plus aisément en tenant le rameau couché sur la main gauche, allongé sur l'index (voir l'*Art de greffer*). La main droite, armée d'un greffoir ou d'une serpette fine, le taille vivement en lissant chaque côté du biseau sans l'affaiblir. Plus le greffon est d'un fort diamètre, plus allongé devra être son biseau.

Dans les greffages importants comme nombre, un homme prépare les greffons tandis qu'un autre dispose les sujets. Si les greffons ne sont pas employés dans la journée, ou si l'atmosphère est sèche, on les place dans un panier de mousse un peu fraîche; on les transportera commodément et ils ne souffriront pas.

Fig. 9.

Greffe en fente complète.

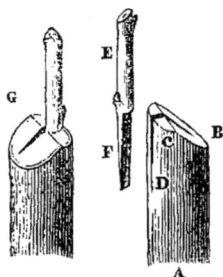

Fig. 10.

Greffe en fente partielle
ou demi-fente.

Assemblage de la greffe. — Le sujet (A, fig. 9 et 10) étant tronçonné, il suffira d'y pratiquer une fente longitudinale pour y introduire le greffon.

Une fente diagonale (C, fig. 9) tranchant de part en part est la plus simple ; la demi-fente (D, fig. 10) est mieux. On peut éviter à la fente complète de trancher la moelle du sujet; au lieu de placer l'outil sur l'axe de la coupe, on s'en écarte à droite ou à gauche, de manière que la fente partage le tronc en deux parties inégales.

La fente longitudinale complète, la plus généralement employée, permettrait l'insertion de deux greffes (DD, fig. 9) sur le sujet (A); dans la circonstance, on n'opère que des ceps de moyenne grosseur, et un seul greffon suffit. Si cependant les deux greffons réussissent, il faudra en retrancher un à la fin de la première année; il y aura plus d'homogénéité, plus d'unité dans la greffe.

Comparée à la fente entière (C, fig. 9), la demi-fente (D, fig. 10) est à elle ce que, géométriquement parlant, le rayon est au diamètre du cercle.

Pour obtenir cette fente partielle, on place la lame du couteau à greffer (fig. 7) ou le bec de la serpette (fig. 5) entre l'étui médullaire et l'écorce; on appuie par secousses légères et brusques, il en résulte une fente (D, fig. 10) ayant la longueur approximative, — plutôt moins, — du biseau (F) du greffon (E, fig. 10).

Au moment où la fente est aux deux tiers finie, de l'autre main on prendra le dit greffon (E) et, y plaçant la pointe du biseau (F), on l'y insère par l'orifice supérieur en le faisant descendre jusqu'à la tête du biseau.

Il convient même de retirer l'outil assez tôt pour que le greffon, se trouvant poussé par la main, achève de préparer son logement.

Si l'on craignait de le briser, on emploierait d'abord un corps en bois dur taillé de la même façon, qui préparerait l'écartement des tissus.

Une condition de réussite est la coïncidence des jeunes couches vivaces internes du greffon avec celles du sujet, la soudure des deux parties mises en contact s'accomplit par la concordance de leurs couches génératrices; s'il y avait un écart dans le rapprochement, il vaudrait mieux que le greffon rentrât dans le sujet au lieu d'en sortir.

En opérant sur une coupe à surface oblique (B, fig. 10) on aplanit le sommet de la coupe dans un sens horizontal (C); la fente est pratiquée, et la greffe y sera introduite tel que notre gravure l'indique (en G.)

Que la coupe soit à surface plane ou oblique, l'assemblage aura plus de fixité par un lien (E, fig. 9) lequel, par quelques spires serrées, fermes, retient le greffon intimement au sujet (A). La ficelle rendue imputrescible convient à la greffe en fente, ou toute autre ligature précédemment indiquée.

Un engluement en argile pétrie simplement ou avec de la bouse de vache, appliquée sur la greffe, en favorise l'agglutination.

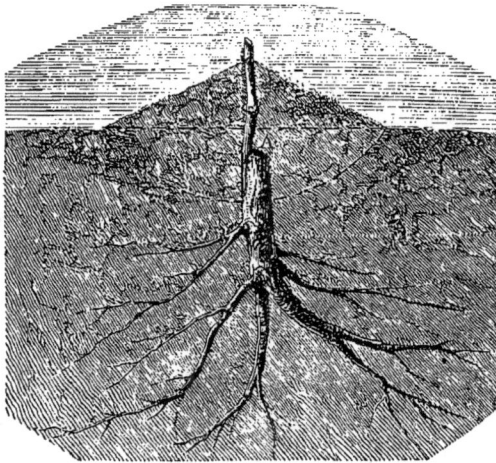

Fig. 11.

Buttage du cep greffé.

Le travail se termine par la pose d'un échalas attaché au cep greffé, et par le buttage (fig. 11) au moyen d'un petit monticule de terre ameublie couvrant la greffe (A) jusqu'à l'œil supérieur du greffon. Nous avons vu des greffes de vigne réussir sans ligature ni mastic, mais aucune sans buttage; le rôle protecteur de cet apport de terre a son effet pour la première année seulement.

Greffe en fente de biais. — Quand le greffon a trop de moelle, le biseau est faible; sa pointe est échancrée en fourchette; on y obvie en le taillant de biais. Une seule face du biseau triangulaire tranche le canal médullaire de biais; l'autre face taillée effleure l'aubier ou la première couche du jeune bois, sans toucher à la moelle. L'insertion du greffon sur le sujet se fera au moyen d'une fente également de biais, fente parallèle à l'axe diamétral de la tranche; toutefois cette fente, partielle ou totale, se rapprochera de l'étui médullaire, sans cependant y toucher.

Cette variante du greffage en fente a donné de bons résultats dans le vignoble méridional.

B. — Greffe anglaise.

La greffe anglaise est adoptée pour les greffages *à l'abri* et pour les greffages *en place.*

Le sujet et le greffon de la greffe anglaise sont, en général, d'un diamètre égal ou à peu près; au cas de différence, il serait préférable que celui du greffon fût inférieur.

Leur rapprochement s'opère au moyen de biseaux qui s'adaptent, de coches et de languettes qui s'agrafent réciproquement à la façon de l'ente du charpentier.

Le greffage à l'anglaise permet à l'opérateur de varier son travail suivant sa fantaisie ou le hasard. Nous ne nous arrêterons pas aux modifications dites · *greffe Champin, greffe à cheval, greffe en coin, greffe Vilmorin* ou *Camuset;* ce sont des formes du type.

On reviendra toujours au système que nous décrivons ici, et d'ailleurs le plus généralement adopté.

Nous n'avons rien à dire des machines à greffer inventées depuis quelques années, susceptibles encore de perfectionnement. Celles que nous avons vues à l'œuvre, vissées sur table, fonctionnaient assez bien; mais d'habiles greffeurs à la main, mis en concurrence, faisaient autant d'ouvrage avec une serpette ou un greffoir, sans produire de pression ou de lésion sur la partie opérée, et entretenaient plus facilement la propreté et l'affilage de leurs outils à main.

Préparation du sujet. — Le sujet greffé en place est, avons-nous dit, d'un calibre moyen; en général la greffe portera sur bois de deux ans, quelquefois ce sera du jeune sarment.

Il est bien rare que l'on place deux greffons sur un gros sujet, nous ne le recommandons pas. Quand le sujet est trop fort, on a recours à la greffe en fente; mais s'il a été recepé l'année précédente, on obtiendra une jeune tige (fig. 14) parfaitement appropriée au rôle de sujet de la greffe anglaise.

Au greffage *à l'abri,* le sujet pourrait être un plant raciné, âgé d'un an (fig. 2) ou un sarment-bouture non raciné (fig. 3), mais d'une nature disposée à l'émission des racines; la préparation du sujet reste la même, la figure 12 nous en fournira le détail.

D'un coup de serpette donné à fleur de terre — ou un peu plus bas, si le sujet a été *dégagé* (fig. 1) — on obtient le biseau allongé (fig. 12) du sujet (A); un second coup d'outil, couteau ou greffoir, partant de la pointe du biseau, entre le sommet et la moelle, produit une fente (C), longue de 0^{m}03 à 0^{m}04, parallèle à l'axe. Une simple fente suffit, il n'y a pas lieu d'*ouvrir* une plaie.

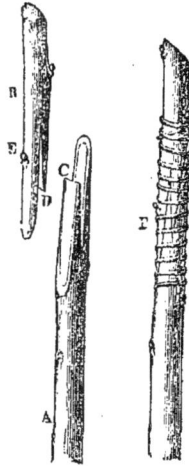

Fig. 12.

Détails de la greffe anglaise.

Une bonne précaution serait de combiner cette préparation du sujet de manière qu'il soit conservé un œil sur le dos du biseau à la base, au milieu, ou à la pointe (*a*, fig. 13 ; *c*, fig. 14). Leur évolution attirera la sève sur la greffe, mais l'ébourgeonnement saura les réprimer à temps.

Taille du greffon. — Le greffon est, comme celui de la greffe en fente, une fraction de sarment portant deux yeux en moyenne.

La base sera taillée de telle sorte que les coupes et entailles coïncident avec celles du sujet.

Étant donné le greffon (B, fig. 12), un coup de serpette produira le biseau correspondant à celui du sujet. L'opérateur tourne le greffon la pointe en l'air et, par un nouveau coup de serpette ou de greffoir, produit la fente (D) parallèle à l'axe, commençant entre la pointe et la moelle et longue de 0^{m}03 à 0^{m}04. Cette fente s'obtient par un simple trait d'outil; on n'enlève aucune esquille de bois.

Si l'on avait donné un faux coup au sujet, il conviendrait de le reproduire en sens contraire sur le greffon, afin de compléter la concordance réciproque.

Ici encore, le bourgeon (E), conservé sur le dos du biseau, excitera les arrivages de cambium à l'agglutination de la greffe.

Assemblage de la greffe anglaise. — L'assemblage est tout tracé, le bec de flûte (D, fig. 12) du greffon étant amené sur le bec correspondant (C) du sujet;

on fait glisser de haut en bas, la languette du greffon s'engage dans la fente du sujet, et les deux parties sont agrafées (F).

Si le greffon est plus étroit, on le ramène en rive de la tranche du sujet, pour que leurs épidermes·puissent se confondre, sur un côté au moins, dans la même périphérie. La soudure est désormais assurée.

En fait de ligature, la ficelle double serait trop forte, on la prend simple; le raphia (pennule du palmier, *Sagus tœdigera*) est assez doux; sa durée est prolongée par un bain au sulfate de cuivre. Le fil de plomb serait d'un bon emploi.

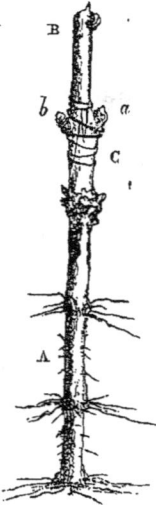

Fig. 13.
Greffe anglaise sur plant raciné.

Fig. 14.
Buttage de la greffe anglaise.

Les greffes (fig. 12, 13 et 14) donnent une idée de l'application de la ligature. Le raphia ayant le défaut de glisser, on le tord sur lui-même à chaque spire, et on termine par une boucle.

Le mastic d'argile complète le travail.

Les sarments-boutures ou racinés greffés *à l'abri* seront mis en jauge couchés, stratifiés avec du sable jusqu'au sommet de la greffe en attendant leur plantation en pépinière.

Le buttage des greffes en pépinière et des greffes en plein champ est nécessaire à leur réussite (C, fig. 14).

Le tuteur de la greffe est une précaution que l'on a trop négligée dans les vignobles soumis au greffage.

Nous reproduisons deux exemples de la greffe anglaise. Le sujet raciné (A, fig. 13) est greffé en C; un bourgeon d'appel (*a*) a été ménagé en tête; le greffon (B) a de son côté l'œil (*b*) au dos du biseau pour en hâter l'agglutination.

L'autre exemple (fig. 14) pourrait être sur sujet recepé ou sur sarment-bouture. Le sujet (A) est muni de l'œil d'appel (*c*), tandis que le greffon (B) ne porte qu'un œil (*d*); le buttage de la greffe est indiqué en (C).

Nous répèterons encore une fois que le greffage sur rameau-bouture offre trop d'inconvénients et laisse trop de lacunes dans la grande culture. Il faudrait alors opérer, comme en horticulture, dans une serre à multiplication ou sous bâche vitrée à une température souterraine de + 18° à + 22°.

Greffage à un œil. — Nous croyons que l'on n'a pas suffisamment étudié l'emploi d'un greffon réduit à sa plus simple expression; il est porteur d'un seul œil, et cet œil se trouvera placé immédiatement en tête du biseau.

Nous l'avons réussi avec la vigne *Chasselas gros coulard* greffée à fleur de terre sur le *Riparia*.

Au lieu de butter la greffe, nous l'avons coiffée d'un pot à fleur renversé; dans ces conditions, le greffon n'a émis aucune racine et s'est parfaitement développé.

Ce procédé est applicable à la greffe en fente et à la greffe anglaise.

IX. — Soins après les greffages en fente et à l'anglaise.

Nous ne voulons pas entrer dans des détails de culture, ils ne diffèrent en rien des habitudes viticoles.

Les soins occasionnés par le greffage pendant la première année sont les suivants :

Ébourgeonnement. — Le tronçonnement du sujet excite la sortie de jets souterrains qu'il convient de supprimer rigoureusement jusqu'à leur empâtement, sans cela ils affameraient la greffe.

Quant aux bourgeons ménagés en tête du sujet pour le rôle d'appelle-sève (*a,* fig. 13; *c,* fig. 14), on ne leur laissera pas prendre une attitude envahissante, en les pinçant à la hauteur de trois ou quatre feuilles; lorsque la greffe aura acquis un développement de manière à se suffire elle-même, on élaguera ces bourgeons du sujet. Mais si la greffe était morte, on laisserait le cep pousser à son aise pour être greffé à nouveau au printemps suivant.

Palissage. — On palisse contre le tuteur les bourgeons de la greffe à mesure qu'ils se développent; arrivés au sommet de leur support, les brins pourront être écimés, car leur poids serait capable d'entraîner l'échalas et de briser la greffe; c'est pourquoi le tuteur doit être enfoncé solidement. La majeure partie des vignerons du Midi, où l'on palisse rarement la vigne, s'abstiennent du tuteurage pour en éviter la dépense et la main-d'œuvre. Quelques souches brisées leur sont moins onéreuses que le travail et l'achat du matériel.

Pincement. — Certains cultivateurs supposent que le pincement des bourgeons du greffon à leur premier développement favorise la soudure de la greffe et les fortifie; c'est une erreur. Plus une plante a d'organes de nutrition, plus elle prend du développement. Or, les feuilles de la vigne ont une force puissante d'absorption de la sève; les supprimer serait affaiblir le végétal.

L'opération dite pincement, rognage ou mouchure, ne sera donc utile qu'à la dernière période de la végétation pour seconder l'aoûtement des tissus; cette époque correspond généralement à la véraison ou entrée en maturation du raisin.

Dans les contrées méridionales, il suffira de couper les extrémités des rameaux principaux et de retrancher les jets inutiles. Ce travail pourrait être pratiqué lors de la dernière visite aux ligatures et aux racines du greffon.

Suppression des racines du greffon. — Le greffage de la vigne ne serait pas complet si l'on n'élevait, sans plus tarder, un petit monticule de terre qui couvre la greffe jusqu'à l'œil supérieur du greffon (fig. 11 et 14); cette précaution, favorable aux vignes non phylloxérées, devient ici un point dangereux en ce sens qu'elle excite l'émission de racines sur la partie du greffon couverte de terre; ces jeunes chevelus vont forcer le développement du greffon, mais le phylloxera, en venant détruire ces radicelles, provoquera à son tour l'étiolement de la greffe; avec un peu de vigilance, on obviera à cet inconvénient. Il suffira, au moins deux fois l'an, en juin et en août, sinon en mai, juillet et septembre, de dégager la terre qui entoure le greffon, de couper radicalement les chevelus qui y auraient pris naissance et de rétablir aussitôt le petit monticule qui tiendra la greffe au frais.

A l'automne on ne le rétablit plus; la reprise étant assurée, la greffe s'acclimatera et subira sans danger les rigueurs de l'hiver.

En même temps, on surveille les ligatures. Si à la première visite elles pénètrent dans l'écorce, on soulage la greffe en dénouant le lien; à la seconde visite, on l'enlève complètement en évitant d'en laisser subsister à l'intérieur des boursouflures.

S'il faut employer le couteau, on doit agir avec une grande précaution, surtout à l'égard de la greffe anglaise.

Une fois la soudure bien assurée et la végétation active, il n'y aurait pas d'inconvénient, semblerait-il, à négliger le petit mamelon de terre qui entoure la greffe, l'action des agents atmosphériques contribuant à la lignification de la greffe; mais dans le doute, il vaut mieux s'abstenir et agir d'après les circonstances. Ainsi, redoutant l'action du vent sur les coteaux de Saint-Émilion, M. Piola laisse subsister le monticule jusqu'au printemps de l'année suivante, tandis que, dans les Bouches-du-Rhône, M. Reich le supprime à la fin de la saison, le sol sablonneux de la Camargue favorisant trop l'émission constante des radicelles au greffon.

Ces deux observations, que nous avions d'ailleurs notées sur place, ont été présentées à la séance du 15 mars 1881 du Congrès de la Société centrale d'agriculture de l'Hérault, à Montpellier.

Les travaux de buttage et de débuttage de la greffe réclament une certaine attention de la part de l'opérateur.

CONCLUSION

Telles sont nos observations relatives au rétablissement de la vigne par la greffe sur cépage résistant à l'ennemi. Nous n'avons pas touché aux méthodes traditionnelles de culture, le greffage les laisse subsister entières.

Le provignage seul, peut-être, se trouvera empêché par la greffe; mais tant qu'il restera un phylloxera dans le sol, le couchage en terre de nos cépages en serait impossible. D'ailleurs, cette opération, utilisée dans le Nord, ne l'est guère dans le Midi, et l'on n'a pas encore trouvé de vignes mortes de caducité par l'effet du greffage.

Les faits eux-mêmes ont parlé sous des climats divers et au milieu de conditions différentes. Aujourd'hui, la greffe fonctionne sur des millions de plants. Les hésitations, les erreurs du début disparaissent, la confiance est venue. Nous l'avons constaté de Lyon à Marseille, de Nice à Libourne.

Il convient d'attribuer le mérite de cette situation vraie aux travaux de savants et de praticiens distingués et dévoués au progrès agricole, à la propagande active faite par les sociétés et comices, la presse. les congrès et concours publics, les écoles de viticulture, les collections ampélographiques, enfin tous les établissements d'enseignement à la tête desquels se place l'École nationale d'agriculture de Montpellier.

L'étude des vignes résistantes a fait du chemin, la connaissance de leur adaptation au sol et de leur sympathie au greffage ressort d'expériences, et le vigneron, qui est entré à son tour dans la voie du salut, a compris que l'éducation préalable en pépinière de ses plants greffés était la garantie de l'avenir.

Le greffage est devenu l'auxiliaire indispensable de l'arboriculture; nous avons la conviction qu'il jouera un rôle semblable dans le vignoble phylloxéré.

De célèbres agronomes ont dit : « La greffe est le triomphe de l'art sur la nature. » Depuis l'invasion phylloxérique, nous avons ajouté à cette parole : « Trouvez un cépage résistant à l'ennemi, la greffe fera le reste. »

Nous touchons au but!

ESSAI SUR UNE BONNE CONDUITE DES TRAITEMENTS
AU SULFURE DE CARBONE

Par M. Prosper de LAFITTE, à Lajoannenque, près Agen (Lot-et-Garonne).

(Conférence faite au Congrès international phylloxérique de Bordeaux
dans la séance du 11 octobre 1881.)

Le traitement par le sulfure de carbone, le plus répandu parce qu'il est le moins coûteux, traverse une crise dangereuse. Je n'en veux pour preuve que l'émotion produite dans le Bas-Languedoc par les accidents survenus à la suite de la dernière campagne, émotion que M. Max. Cornu, délégué par l'Académie des Sciences, signale dans une note publiée récemment dans les *Comptes-Rendus* : « L'effet moral, » dit M. Cornu, « paraît avoir été considérable et n'est pas encore atténué. » (Séance du 11 juillet 1881, p. 28.)

Cette crise n'est pas la première. L'*idée* du sulfure de carbone est née en 1869 ; pendant les quatre ou cinq années qui ont suivi, ce toxique a tué à peu près autant de vignes qu'on a voulu en traiter ; on paraissait y renoncer généralement, lorsque M. Allies, en apprenant à l'employer avec plus de modération et de prudence, est venu le sauver d'un discrédit immérité.

La méthode que je propose me semble destinée à le sauver peut-être une seconde fois, et dans un avenir très prochain.

Cette méthode permet de disposer les trous d'injection sur le terrain avec une régularité parfaite, comme on pourrait le faire sur le papier avec la règle et le compas, et a pour objet de les placer sur des lignes droites parallèles à la direction des rangs de vignes, à des distances rigoureusement égales sur ces lignes, et de manière que chaque trou soit exactement à hauteur du milieu de l'intervalle compris entre les deux trous les plus proches de la rangée voisine. Suivant l'usage, nous désignerons cette disposition par ces mots : *en quinconces*, et nous désignerons par ceux-ci : *en échiquier,* celle où les trous sont à la même hauteur sur deux rangées voisines et forment des rectangles.

Aucune de ces deux conditions : distances égales et disposition *en quinconces,* ne peut être remplie quand on prend les ceps pour points de repère. Les ceps, en effet, même dans les vignes les mieux plantées, ne sont jamais ni équidistants, ni même en ligne droite. Fussent-ils à des distances égales, on ne pourrait pas s'en servir. Ainsi, que les ceps soient à 1 mètre l'un de l'autre dans le rang, et qu'on veuille mettre les trous à 0^m78 l'un de l'autre : comment les ceps indiqueraient-ils la place du 7e, du 15e, du 28e trou, par exemple ? Mais, bien loin qu'il en soit ainsi, ou trouve fréquemment, entre les ceps, des distances qui varient du simple au double. En se réglant sur la place qu'ils occupent, on fait les trous plus rapprochés sur certaines parcelles, plus éloignés sur d'autres. Sur les premières, on emploie plus de sulfure de carbone qu'il n'en faudrait ; sur les autres, il pourrait ne plus y avoir la quantité nécessaire. Et en effet, il faut bien le remarquer, il ne saurait s'établir ici aucune compensation, parce que le sulfure ne se diffuse qu'à une très petite distance (moindre qu'un mètre, certainement) et ce qu'on met de trop quelque part est dépensé sans profit, quand ce n'est pas au détriment de la vigne.

Cependant, et c'est là l'idée-mère de la méthode, toutes les fois qu'un traitement a été fait dans de bonnes conditions, un mois, deux mois après, on ne trouve plus d'insectes nulle part. N'est-ce pas la preuve que la distance des trous d'injection est encore bonne là où elle est la plus grande, et *qu'on pourrait adopter partout cette plus grande distance, à la condition de la faire partout rigoureusement la même.* Avec notre méthode, cette condition sera remplie. De plus, les trous d'injection seront rigoureusement disposés *en quinconces;* et cette dernière disposition est si importante que, comparée à celle *en échiquier,* elle permet de réduire le nombre de trous, sans changer ni les doses ni l'effet toxique, dans une proportion qui peut dépasser le quart du nombre employé dans cette dernière disposition. Les tableaux que nous donnerons plus loin en fourniront la preuve. Le détail des calculs que résument ces tableaux ne saurait trouver place ici, mais nous allons en indiquer le principe.

Si on imagine comment les choses se passent à l'intérieur d'un triangle dont les sommets sont trois trous d'injection voisins, on voit que les vapeurs toxiques, en se diffusant autour de chaque trou, c'est-à-dire de chaque dose injectée, s'avancent dans l'intérieur du triangle, et que ces trois flots marchant à la rencontre l'un de l'autre viennent se réunir en un point également éloigné des trois sommets, c'est-à-dire au centre du cercle circonscrit. Cela suppose, il est vrai, que ce centre est à l'intérieur du triangle ; mais cette condition est toujours remplie pour une combinaison des trous trois à trois, et pour une seule. Ce centre est le *point dangereux;* celui qui sera atteint le dernier, ou qui ne le sera pas du tout si le triangle est trop grand. Le rayon du cercle circonscrit au triangle peut être nommé *rayon virtuel* du sulfure de carbone ; c'est la distance minimum où les vapeurs doivent se répandre pour que tout le terrain soit imprégné.

Ce *rayon virtuel* peut être pris pour mesure de la puissance toxique du traitement; mesure indirecte, sans doute, mais tout à fait du même ordre que celle qu'on tire, par exemple, pour mesurer les températures, de la dilatation d'un corps. Dans la pratique, si deux traitements ont le même *rayon virtuel,* leur puissance toxique sera la même; si l'un des *rayons virtuels* est, au contraire, plus grand, la puissance toxique du traitement correspondant sera plus petite.

Eh bien! si l'on place d'abord les trous d'injection *en quinconces,* puis qu'on les mette *en échiquier* (par exemple en faisant avancer dans le même sens toutes les rangées impaires d'un demi-intervalle compris entre les trous), dans cette nouvelle disposition le *rayon virtuel* sera plus grand : si on veut le ramener à être ce qu'il est dans la première disposition, il faudra rapprocher les trous dans chaque rangée, c'est-à-dire en augmenter le nombre, et le calcul prouve que tandis que 3,000, par exemple, suffisaient en *quinconces,* il en faudra 4,000 et quelquefois plus en *échiquier.*

D'une part, équidistance des trous, permettant de substituer à une distance *moyenne* une distance *fixe* beaucoup plus grande;

D'autre part, disposition des trous en *quinconces,* ce qui permet d'en réduire encore le nombre ;

C'est, en somme, une réduction d'un tiers au moins, dans le nombre des trous d'injection que cette méthode rend possible, les doses et l'effet toxique restant les mêmes.

J'ai proposé cette méthode, il y a longtemps, dans un but d'économie; l'économie porte à la fois sur la main-d'œuvre, sur la substance toxique et j'ajoute sur l'engrais, parce que la vigne étant moins fatiguée par le traitement, la dose d'engrais pourra être réduite. C'est à dire que l'économie porte sur le traitement tout entier.

Aujourd'hui intervient une question de sécurité. Afin de ménager la plante, il ne faut dépasser nulle part la dose de sulfure strictement nécessaire pour tuer l'insecte : il faut encore la répartir dans un nombre de trous d'injection aussi réduit que possible, parce que moins on aura de trous, moins on intéressera de racines. Sur ces points fondamentaux aucune règle n'est connue, parce que les traitements pratiqués jusqu'à ce jour dans différents vignobles ne sont pas comparables entre eux. Ainsi, suivant le nombre et la disposition des ceps dans le vignoble, on en arrive à faire, ici 20,000 trous d'injection, là plus de 30,000 à l'hectare, pour injecter une même quantité de sulfure de carbone. Naturellement on réduit la dose par trou quand le nombre de trous augmente ; mais comment reconnaître l'influence du terrain, par exemple, qui est si importante, lorsque les différences inhérentes aux traitements eux-mêmes sont capables de masquer toutes les autres ? Avec la méthode actuelle on fera rigoureusement le même nombre de trous à l'hectare, et on en viendra à dire, pour chaque nature de terrain : avec telle dose par trou d'injection, il ne faut pas dépasser tel *rayon virtuel :* tout est compris dans cette formule.

Avant d'expliquer le manuel opératoire, qui est des plus simples, fournissons les données qui seront nécessaires dans chaque cas. Ces données sont contenues dans les quelques tableaux qui vont suivre, et dont voici l'explication :

Les cinq premières colonnes portent, en tête, une définition suffisante. On n'a pas à s'occuper de la distance des ceps dans le rang; on trouvera dans la première colonne la distance entre les rangs, telle qu'elle existe dans le vignoble à traiter. Supposons que cet interligne soit de 1m50, et qu'on veuille faire 20,000 trous à l'hectare (premier tableau) : en suivant la ligne horizontale qui commence par 1m50, on trouvera dans la seconde colonne qu'il faut faire deux rangées de trous dans chaque interligne ; dans la troisième colonne, que ces rangées de trous seront à 0m750 l'une de l'autre ; dans la quatrième, qu'il faut observer la distance de 0m666 entre les trous dans chaque rangée ; la cinquième que le rayon virtuel du traitement est de 0m449. La sixième colonne, intitulée Δ, contient les nombres de trous quil faudrait faire *en plus,* avec la disposition *en échiquier,* si on voulait avoir le même *rayon virtuel.* Ici, c'est 6,000; il faudrait 26,000 trous au lieu de 20,000.

Chaque ligne horizontale servira pour les multiples et les sous-multiples de l'interligne écrit dans la première colonne. Ainsi la ligne correspondante à 1m50 servira pour les interlignes de 3 mètres en faisant 4 rangées de trous par interligne au lieu de 2, et pour celui de 0m75 en n'en faisant qu'une, et ainsi des autres.

Une remarque importante est à faire : les deux lignes de 0m90 pourraient servir pour l'interligne double de 1m80. Ce dernier figure cependant dans le tableau parce qu'il comporte des données meilleures; et elles sont meilleures parce qu'elles conduisent à un *rayon virtuel* plus petit. Cela tient à ce qu'on fait 3 rangées de trous par interligne. Pour l'interligne moitié moindre on n'en peut pas faire 1 1/2; il en faut faire 1 ou en faire 2, et dans les deux cas le *rayon virtuel* augmente.

Pour quelques interlignes, on peut hésiter entre deux nombres pour celui des rangées à faire dans chacun de ces interlignes ; comment reconnaître le meilleur ? — Il n'y a qu'un moyen : calculer le *rayon virtuel* et choisir le nombre qui fournit le plus petit. Ainsi, sous ce rapport, pour l'interligne de 0m90, la seconde ligne horizontale vaut mieux que la première. Toutefois, nous verrons que l'opération est d'autant plus simple que le nombre des rangées dans chaque interligne est moindre ; c'est donc un second élément dont il faut tenir compte. Ainsi, pour l'interligne de 1m65 (nous nous référons toujours au premier tableau), la première ligne horizontale doit être préférée à la seconde.

I. — **Tableau pour faire 20,000 trous d'injection à l'hectare.**

Interlignes (J)	Nombre de rangées de trous dans chaque interligne (n)	Distance entre les rangées de trous (d)	Distance entre les trous dans chaque rangée (2l)	Rayon virtuel (r)	Δ
0m 90	1	0m 900	0m 555	0m 493	7,500
	2	0 450	1 111	0 459	7,777
1 »	2	0 500	1 000	0 500	3,100
1 25	2	0 625	0 800	0 440	5,800
1 50	2	0 750	0 666	0 449	6,000
1 60	2	0 800	0 625	0 461	7,173
1 65	2	0 825	0 606	0 468	7,548
	3	0 550	0 909	0 463	4,437
1 80	3	0 600	0 833	0 444	5,500
2 »	3	0 666	0 751	0 438	6,300

La dernière ligne horizontale ne fait pas double emploi avec celle de 1 mètre parce qu'elle donne un *rayon virtuel* bien meilleur.

Observation : A l'exception de l'interligne de 1 mètre, qui est le moins favorable, on voit que les *rayons virtuels* varient à peine. Pour arriver à une différence, il a fallu pousser les calculs jusqu'aux millimètres; c'est dire que, dans la pratique, il n'y en a aucune; qu'en ce qui touche l'insecticide, tous ces traitements sont parfaitement équivalents, et serviront à mettre en lumière les influences relatives aux terrains, aux cépages, etc.

II. — Tableau pour faire 16,000 trous d'injection à l'hectare.

Interlignes (J)	Nombre de rangées de trous dans chaque interligne (n)	Distance entre les rangées de trous (d)	Distance entre les trous dans chaque rangée (2l)	Rayon virtuel (r)	Δ
0m 90	1	0m 900	0m 694	0m 516	5,600
1 00	1	1 000	0 625	0 549	6,300
	2	0 500	1 250	0 512	4,000
1 25	2	0 625	1 000	0 512	3,800
1 50	2	0 750	0 833	0 490	5,200
1 60	2	0 800	0 781	0 494	5,730
1 65	2	0 825	0 758	0 500	5,413
2 00	3	0 666	0 938	0 490	4,900
2 50	3	0 833	0 750	0 518	3,400

Observation : Ici encore, les *rayons virtuels* varient à peine, en exceptant toutefois celui que fournit la première des deux lignes horizontales relatives à 1 mètre, que nous avons conservée pour la facilité de l'opération sur le terrain.

III. — Tableau pour faire 12,000 trous d'injection à l'hectare.

Interlignes (J)	Nombre de rangées de trous dans chaque interligne (n)	Distance entre les rangées de trous (d)	Distance entre les trous dans chaque rangée (2l)	Rayon virtuel (r)	Δ
0m 90	1	0m 900	1m 080	0m 612	2,880
1 00	1	1 000	0 833	0 587	4,287
1 25	2	0 625	1 333	0 626	2,736
1 50	2	0 750	1 111	0 580	3,106
1 60	2	0 800	1 041	0 569	3,625
1 65	2	0 825	1 101	0 596	2,095
2 50	3	0 833	1 000	0 565	3,723
3 50	4	0 875	0 975	0 573	3,479

Observation : Les différences entre les *rayons virtuels* sont ici un peu plus accusées et pourraient motiver une légère variation dans les doses toxiques.

Pour l'interligne de 0m50, on emploiera la seconde ligne du tableau en faisant une rangée de trous d'interligne entre autres.

Dans chaque terrain et pour chaque cépage, ou mieux, pour chaque combinaison de terrain et de cépage, l'expérience seule peut faire connaître les doses toxiques à employer, selon qu'on fera usage d'un ou d'un autre de ces tableaux. Si l'on veut bien réfléchir qu'on a eu, à peu près partout, de bons résultats contre l'insecte, en employant 20,000 trous avec des doses de 10 grammes ; qu'avec la pratique usitée pour les traitements on a de telles différences dans les distances entre les trous d'injection, que les *rayons virtuels* effectifs dépassant 0m70 doivent être fréquents, on ne sera pas éloigné de penser que ce dernier tableau suffira toujours, ou peu s'en faut, avec des doses de 10 grammes, *peut-être même avec des doses moindres.* Pour moi, je suis très porté à penser, après avoir vu bien des vignes traitées par les procédés usuels, qu'à la condition d'avoir avec une grande exactitude l'équidistance des trous et la disposition *en quinconces,* 80 kilogrammes de sulfure de carbone par hectare est une quantité très suffisante dans la majorité des cas.

Ajoutons une remarque fort importante : il ne faut pas croire qu'il soit nécessaire de mettre chaque trou rigoureusement à la place qu'il doit occuper ; une déviation de 3 ou 4 centimètres sera sans inconvénient : nos *rayons virtuels* varieront à peine, et cela, *parce que la disposition adoptée pour les trous correspond à un minimum de ces* RAYONS VIRTUELS. Je ne saurais entrer dans le détail, mais pas un mathématicien ne me contredira sur ce point.

Je ne sais si on pratiquera encore ce qu'on a appelé des traitements d'*extinction;* je ne sais pas non plus si, pour diminuer autant que possible les doses toxiques, on ne voudra pas quelquefois augmenter beaucoup le nombre des trous d'injection. Je ne conseillerais rien de pareil. Cependant, il y a peut-être là une expérience intéressante à faire, et je donnerai à tout événement, le tableau correspondant à 30,000 trous.

IV. — **Tableau pour faire 30,000 trous d'injection à l'hectare.**

Interlignes (J)	Nombre de rangées de trous dans chaque interligne (n)	Distance entre les rangées de trous (d)	Distance entre les trous dans chaque rangée (2l)	Rayon virtuel (r)
0m 50	1	0m 500	0m 666	0m 361
0 75	1	0 750	0 444	0 407
	2	0 375	0 889	0 379
0 90	2	0 450	0 741	0 377
1 25	2	0 625	0 533	0 369
1 50	3	0 500	0 666	0 361
1 60	3	0 533	0 625	0 358
1 65	3	0 550	0 606	0 358
1 80	3	0 600	0 555	0 364
2 00	3	0 666	0 500	0 379

Si j'avais un conseil à donner, ce serait celui-ci : que vous ayez à traiter un carré de vignes d'une certaine étendue et à peu près homogène ; faites-en trois parts : sur celle du milieu faites 20,000 trous, faites-en 16,000 à droite,

12,000 à gauche, et employez partout la dose de 7ᵍʳ50. Puis, vous vérifierez minutieusement, je veux dire en allant jusqu'à l'arrachement des ceps, ce qui restera d'insectes un mois après dans les trois portions du vignoble. Cet examen vous apprendra certainement ce qu'il conviendra de faire les années suivantes.

Voici un dernier tableau conçu selon un autre principe :

V. — Tableau pour faire un réseau de triangles équilatéraux.

Interlignes (J)	Nombre de rangées de trous dans chaque interligne (n)	Distance entre les rangées de trous (d)	Distance entre les trous dans chaque rangée (2l)	Rayon virtuel (r)	Nombre de trous à l'hectare
0ᵐ 50	1	0ᵐ 500	0ᵐ 577	0ᵐ 333	34,662
0 75	1	0 750	0 866	0 500	15,395
0 90	1	0 900	1 038	0 594	10,743
	2	0 450	0 519	0 300	42,972
1 00	1	1 000	1 155	0 667	8,658
1 25	2	0 675	0 777	0 449	19,065
1 60	2	0 800	0 923	0 546	13,412
1 80	3	0 600	0 693	0 400	24,050
2 00	3	0 666	0 779	0 446	19,275

Ici, la régularité est absolue : les triangles sont des triangles équilatéraux. Mais alors on n'est plus maître du nombre des trous ; ce nombre est déterminé par la grandeur de l'interligne et le nombre des rangées qu'on y fait.

Pour l'interligne de 2 mètres, on a bien près de 20,000 trous, comme au premier tableau. On en fait seulement en moins 725. Malgré la régularité absolue, le *rayon virtuel* est plus grand qu'au premier tableau. L'interligne de 1ᵐ25 donne lieu à une remarque analogue. On voit par là combien on approche, avec nos tableaux, du maximum d'effet.

Il serait bien à désirer que ceux qui ont chez eux des interlignes de 1 mètre (ou de 2 mètres), voulussent bien essayer la ligne correspondante de ce dernier tableau, qui ne comporte que 8,000 trous et a un *rayon virtuel* de 0ᵐ667. Je suis convaincu que, dans un grand nombre de terrains, ce *rayon virtuel* serait encore bon avec la dose de 7ᵍʳ50, ou au moins avec celle de 10 grammes.

Comme on pourrait avoir, dans quelques régions, des interlignes autres que ceux qu'on trouve dans nos tableaux ou qu'on en peut déduire, je donne les formules employées. Chacun pourra ainsi calculer la ligne horizontale dont il aura besoin.

NOTATIONS.

(N) — Nombre de trous d'injection qu'on veut faire à l'hectare.
(J) — Interligne (distance entre les rangs de vigne).
(n) — Nombre de rangées de trous dans chaque interligne.
(d) — Distance entre deux rangées consécutives.
(2l) — Distance des trous sur les rangées.
(r) — *Rayon virtuel* du sulfure de carbone.
Δ — Nombre de trous qu'il faudrait faire en plus si on les mettait *en échiquier* et qu'on voulût avoir le même *rayon virtuel* qu'avec la disposition en quinconces.

(J) est connu pour chaque vignoble ; on sait le nombre (N) de trous qu'on veut faire à l'hectare ; la valeur de (n) en résulte presque toujours, et on peut avoir à essayer deux nombres au plus. On calcule ensuite tous les nombres des tableaux au moyen des formules suivantes :

$$(1) \qquad d = \frac{J}{n}$$

$$(2) \qquad 2l = \frac{10.000}{N \times d}$$

$$(3) \qquad r = \frac{d^2 + l^2}{2d} \quad \text{si } 2d \text{ est plus } \textit{grand} \text{ que } 2l ;$$

$$(3\,bis) \qquad r = \frac{d^2 + l^2}{2l} \quad \text{si } 2d \text{ est plus } \textit{petit} \text{ que } 2l ;$$

$$(4) \qquad \Delta = \frac{10.000}{d \times V\,\overline{4\,r^2 - d^2}} - N$$

Pour faire un réseau de triangles équilatéraux, on calculera $2l$ par la formule :

$$(5) \qquad 2l = \frac{2d}{V\,\overline{3}} ; \quad V\,\overline{3} = 1.732$$

Puis, on aura le nombre de trous (N) par la formule :

$$(6) \qquad N = \frac{5.000}{l \times d}$$

Expliquons maintenant le manuel opératoire.

Ce que j'ai trouvé de plus commode pour mettre les trous en ligne droite et à des distances rigoureusement égales sur ces lignes, c'est de me servir d'une chaîne analogue à la chaîne d'arpenteur. Celle-ci est formée de tigelles en fer, de 0^m50 de longueur, je crois, et réunies par de petits anneaux. La chaîne a 10 mètres de longueur. Pour les traitements, on fera faire des chaînes avec des tigelles d'une longueur telle que la distance entre les centres de deux anneaux consécutifs soit celle qu'on veut avoir entre les trous. C'est cette longueur qu'il faudra prendre dans les tableaux et donner au fabricant, pour qui une longueur de tigelle n'a rien de plus gênant qu'une autre. De plus, on donnera à ces chaînes une longueur de 30 à 35 mètres, afin d'avoir à les déplacer moins souvent.

La chaîne fixée sur le sol, l'ouvrier n'aura qu'à la suivre, à placer la pointe du pal à côté de chaque anneau successivement et y faire le trou d'injection.

Il sera bien de laisser quelque chose à son appréciation : au lieu de placer la chaîne sur la ligne même où devront être les trous, on la placera parallèlement à cette ligne, à 10 centimètres à droite ou à gauche. Les trous seront faits à hauteur et à cette même distance de chaque anneau, et l'ouvrier aura le terrain libre pour les bien boucher. Pour chaque rangée voisine d'un rang de vigne (chacun de ces rangs est au milieu de l'intervalle compris entre deux rangées), on placera la chaîne du côté opposé au rang ; le placement en sera plus facile parce qu'on n'aura pas à craindre de rencontrer quelque souche sortant de l'alignement.

Une chaîne parcourue en entier et les trous d'injection achevés, deux ouvriers *chargés de cette seule besogne* la prennent chacun par un bout, la soulèvent et la portent dans la position suivante. Si c'est sur le prolongement de la première, ils la transportent toute déployée ; si c'est à côté de la première position, c'est à la distance fournie par la troisième colonne des tableaux, et en ayant le soin de la faire avancer (ou reculer) d'une quantité égale à la moitié de la distance comprise entre les centres de deux anneaux consécutifs. On aura ainsi les trous *en quinconces*. Le plus simple est d'avoir marqué à l'avance, avec de petites fiches, les points que doivent occuper les deux extrémités de la chaîne dans les positions successives. Ce sont de menus détails qu'il faut laisser à l'intelligence et à l'appréciation du chef d'atelier. Pour exposer ici un système avec quelque précision, il faudrait une figure.

L'organisation du travail est au gré de chacun. Examinons quelques cas, à titre d'exemple.

1º Si on opère avec quatre pals, on formera trois équipes de deux ouvriers chacune, six ouvriers en tout. Deux équipes manœuvrent les pals, la troisième a dans son lot le maniement des chaînes et l'approvisionnement des pals en sulfure de carbone. Qu'on veuille bien remarquer combien les choses sont simples : l'ouvrier armé d'un pal ne s'occupe de la chaîne que pour la suivre, mettre la pointe du pal auprès de chaque anneau successivement et y faire le trou d'injection. Aucune attention, aucun calcul, aucune application d'esprit n'est nécessaire. Il lui est impossible de mal placer un trou ou d'en oublier un seul. Les ouvriers qui sont pour les chaînes, eux, n'ont qu'à les déplacer, comme il a été dit, à mesure qu'une rangée de trous est achevée.

Il sera commode d'affecter à chaque ouvrier chargé d'un pal deux interlignes consécutifs à injecter, et deux chaînes, une dans chaque interligne. Dès qu'il a suivi une de ces deux chaînes, il n'a qu'à se transporter auprès de la suivante, qui se trouve placée d'avance. En opérant ainsi, les pals ne chôment jamais, et on a tout le temps de déplacer la première chaîne pendant que l'ouvrier suit la seconde.

Il sera bien que les anneaux soient de cuivre pour une moitié des chaînes et de fer pour les autres. Le premier ouvrier aura des anneaux de cuivre, le second des anneaux de fer, et ainsi de suite en alternant. Au moyen de cet artifice, l'ouvrier qui arrivera au bout de sa chaîne ne sera jamais embarrassé pour savoir celui des interlignes voisins où il doit aller : il ira à celle des chaînes voisines dont les anneaux sont de même métal qu'à celle qu'il quitte.

Toutes les heures, — ceci est très important, — une des deux équipes des pals permutera avec l'équipe des chaînes. De cette manière, chaque ouvrier aura, après deux heures de maniement du pal, à faire pendant une heure un travail tout différent et qui le reposera du premier. Les six ouvriers, avec quatre pals, auront fait plus de trous à la fin de la journée qu'ils n'en auraient fait avec six pals par la méthode ordinaire, et seront moins fatigués. J'en parle d'après une expérience faite avec le plus grand soin en 1878, et qui a porté sur trois hectares de vignes traités par l'une et l'autre méthode.

Avec six pals, il faudra trois équipes de trois ouvriers chacune. Deux hommes suffiraient encore au déplacement des douze chaînes, mais le temps leur manquerait pour approvisionner les pals ; le troisième ouvrier de l'équipe sera chargé de ce soin, et le travail marchera comme ci-dessus.

Pour deux pals, on emploiera trois ouvriers. Un des trois approvisionnera les pals, et quand il faudra déplacer une chaîne, il le fera avec l'aide de l'ouvrier venant de terminer sa rangée de trous le long de cette chaîne. Dans ce cas, qui aura des applications dans la petite culture, deux chaînes en tout suffiront.

Avec un seul pal, l'ouvrier, après avoir suivi sa chaîne, en déplace l'extrémité où il se trouve, puis la parcourt à vide pour aller déplacer l'autre extrémité. Pour une distance moyenne de 0^m75 entre les trous le long des rangées, et 2,000 trous faits dans la journée, le parcours total à vide sera de 1,500 mètres. Ce sera une demi-heure de perdue, ou plutôt consacrée à de petits repos périodiques. Toutefois, en employant deux chaînes, l'ouvrier pourrait déplacer successivement l'extrémité de celle qu'il vient de finir et de celle qu'il va commencer, et il n'y aurait pas de temps perdu. L'inconvé_nient, ici, est que, l'homme étant seul, il devra nécessairement reployer la chaîne pour la porter sur le prolongement de la première position, ou la changer d'interligne.

Nous n'insisterons pas davantage sur ces détails. Un chef de chantier intelligent les modifiera à sa guise, et s'organisera à son gré.

Notons, en terminant, qu'il est avantageux, pour l'opération elle-même, d'avoir à déplacer les chaînes le moins souvent possible. On les fera donc aussi longues que possible, en les laissant suffisamment maniables. De plus, il vaudra mieux, quand on le pourra, diminuer le nombre des rangées dans chaque interligne, en rapprochant les trous sur ces rangées. Ainsi, lorsqu'on aura le choix entre *deux* et *trois* rangées, par exemple, il vaudra mieux n'en faire que *deux*, pourvu que le *rayon virtuel* n'en soit pas trop augmenté.

Il faut une chaîne particulière pour chaque grandeur de l'interligne, ou, plus exactement, pour chaque distance des trous dans les rangées. Mais dans chaque région, au moins dans chaque domaine, les interlignes différents ne soit pas nombreux. Un, deux jeux de chaînes au plus suffiront, en général, à chacun. Ce matériel ne demande, d'ailleurs, aucuns frais d'entretien; c'est une dépense une fois faite. Ces chaînes dureront autant que la vigne elle-même et, hélas ! peut-être davantage.

TRAITEMENT AU SULFURE DE CARBONE DEPUIS 1874

Par M. ALLIÈS, de Marseille.

Les communications que j'aurais à faire au Congrès, actuellement, n'ajouteraient rien, au point de vue de la conservation des vignes françaises par le sulfure de carbone, aux conclusions qui résultent des rapports que j'ai eu l'honneur d'adresser pendant l'année 1876 à M. le Secrétaire perpétuel de l'Académie des Sciences, président de la Commission du phylloxera. Ces rapports ont été reproduits dans les comptes-rendus de l'Institut, réunis en brochure, et répandus autant que j'ai pu le faire.

En résumé, le champ de vignes de Ruissatel (commune d'Aubagne) sur lequel j'ai opéré, est établi dans un sol argileux, extrêmement difficile, très sec. Ce champ était envahi par le phylloxera en 1874, mais l'invasion devait être antérieure d'une année ou deux.

Les racines étaient altérées à des degrés différents, et c'est l'inégalité dans la végétation des rameaux qui attira mon attention sur la présence de l'insecte.

En 1774, le sulfure de carbone n'était connu que par son insuccès.

Je me décidai néanmoins à employer le sulfure de carbone, mais avec des doses extrêmement faibles et en disposant les trous recevant le sulfure de telle sorte, que le sol du champ de vignes fût régulièrement et complètement saturé par la vapeur du sulfure. En même temps, je fixai mon dosage à 30 grammes par pied de vigne, en quatre trous (7 grammes 1/2 par trou), le sulfure étant déposé à 20 centimètres de profondeur dans le sol, chaque pied de vigne occupant en moyenne 1 mètre carré et demi de surface.

Voilà donc la formule que j'adoptais et après avoir créé un instrument spécial pour introduire le sulfure dans le sol, je procédais en octobre 1874 à la première application du sulfure sur une partie du champ de vignes de Ruissatel.

En 1875, je continuais à opérer partiellement dans ce champ de vignes; je fis cinq applications de sulfure, échelonnées de mai à septembre.

En 1876, le traitement fut répété quatre fois de juin à octobre, mais il fut appliqué à toute la surface du champ.

L'apparence extérieure de la vigne me servit seule de gouverne, pour déterminer en 1874 et en 1875 l'importance des lots à traiter dans ce champ de vignes. Mais la pratique de ces deux années, les sondages opérés, la marche de la végétation, prouvèrent que tout le champ avait été envahi par l'insecte à des degrés différents, alors que je n'avais cru qu'à une invasion partielle, et que c'était la totalité du champ et non pas des lots isolés qu'il aurait fallu et qu'il fallait traiter.

C'est ainsi qu'en 1876 je me décidai pour le traitement de la totalité du champ.

Ces traitements partiels, opérés en 1874 et en 1875, ont correspondu constamment à des résultats identiques, c'est-à-dire que les vignes des lots traités, n'ayant plus d'insectes, revenaient à la vie, plus ou moins vite, selon les degrés d'altération des racines, tandis que les parties non traitées dépérissaient à leur tour pour revenir à une belle végétation après les périodes suivant les traitements.

A ce moment, la preuve était complète pour moi : le champ envahi par l'insecte en avait été complètement débarrassé, les vignes avaient repris leur végétation.

J'adoptai alors un *modus vivendi,* en limitant à deux traitements les opérations de chaque année. Ces opérations devaient comprendre un premier traitement à opérer fin mai ou commencement juin, en vue de détruire en même temps les insectes échappés au traitement antérieur et ceux issus de l'œuf d'hiver ; et un deuxième traitement à opérer à la chute des feuilles, vers fin octobre, pour atteindre les insectes échappés au traitement de juin et ceux provenant de l'essaimage.

J'ai en conséquence appliqué ce programme, pendant les années 1877, 1878, 1879 et 1880, les traitements ayant été limités à ceux de juin et d'octobre. Pour l'année courante 1881, le traitement de juin a été effectué et il me reste à appliquer le traitement d'octobre.

Toutefois, cette année-ci, l'essaimage, favorisé par la sécheresse exceptionnelle, ayant été beaucoup plus considérable que pendant les autres années, j'ai fait une légère application de sulfure, en septembre écoulé, à raison d'un trou seulement (7 grammes 1/2) par pied de vigne, piqué dans le sol à 40 centimètres de distance du tronc. Dans ces conditions je puis attendre le traitement qui sera opéré à la chute des feuilles, sans préoccupation, ni danger.

Des propriétaires (les frères Paul) dont le champ de vignes est contigu à celui de Ruissatel, emploient à mon instigation le même procédé depuis septembre 1876 ; les résultats qu'ils ont obtenus sont identiques à ceux obtenus à Ruissatel, avec cette différence que le sol de leur champ étant affranchi d'argiles et plus fertile, la végétation de leurs vignes est supérieure à celle des vignes de Ruissatel.

Sauf quelques champs traités par les moyens de la Compagnie P.-L.-M., il ne reste plus actuellement dans la région d'Aubagne, des anciennes vignes cultivées en grande culture, que les vignes de Ruissatel et celles des frères Paul qui sont contiguës. Ces deux vignes ont été traitées sans interruption, par le sulfure de carbone, la première depuis octobre 1874 et la deuxième depuis septembre 1876, ainsi que je l'ai indiqué plus haut.

Pour ces deux champs de vignes, la production a été en rapport avec la reprise de la végétation, elle est satisfaisante depuis bien des années et elle est en 1881 exceptionnellement favorable pour l'altitude du champ (350 mètres) et la nature du sol.

J'ajouterai qu'en 1877 j'ai fait planter un champ de vignes françaises dans la banlieue de Marseille, dans un sol fertile et bien meuble. Ce champ a été soumis aux deux traitements annuels adoptés pour le champ de Ruissatel. Malgré l'invasion immédiate de l'insecte, la végétation, protégée par les traitements au sulfure, a été rapide, fort belle; dès la quatrième feuille le produit a été appréciable et il a été remarquable en 1881.

Il est permis de conclure de tout ce qui précède, que le sol en France pourrait être débarrassé complètement du phylloxera, mais à la condition de protéger la viticulture au moyen de dispositions législatives, complètes, s'appliquant à toutes les régions sans exception. Il est à craindre que ces conditions soient impossibles à réaliser dans l'état actuel de la question et dans la confusion qui en résulte. Pour conserver nos vignes françaises, il faut donc actuellement s'en tenir à un *modus vivendi*, qui produira des résultats divers, selon la vigilance des cultivateurs, et qui grèvera normalement désormais le résultat économique de l'exploitation des vignobles.

Les indications sommaires qui précèdent, que je ne pensais pas avoir l'honneur de vous adresser, peuvent présenter quelques lacunes de détail, mais elles présentent dans leur ensemble la reproduction exacte des travaux opérés à Ruissatel.

TRAITEMENTS AU SULFURE DE CARBONE

Par M. Léon FERRER.

Président de l'Association syndicale du département des Pyrénées-Orientales pour la destruction du phylloxera (à Perpignan).

Après ce qui a été dit relativement au sulfure de carbone, soit par le savant rapporteur de la Commission des insecticides, soit par les différents orateurs qui se sont succédé à la tribune, l'efficacité de ce puissant agent est surabondamment démontrée, et de nouvelles preuves peuvent sembler inutiles. Cependant, je crois devoir dire quelques mots des traitements qui ont été effectués dans les Pyrénées-Orientales et des résultats qui ont été obtenus.

Le département des Pyrénées-Orientales se trouve actuellement envahi sur une très grande surface. L'arrondissement de Perpignan qu'on considérait comme très peu attaqué en 1880, l'est aujourd'hui sur presque tous les points. Une association syndicale s'est formée pour continuer les traitements faits jusqu'ici par le service administratif.

Plus de 700 hectares ont été traités cette année par le sulfure de carbone. Les résultats ont été généralement très bons. Les réponses au questionnaire que j'avais adressé aux différents propriétaires dont les vignes ont été traitées sont favorables au sulfure de carbone, et tous les membres du syndicat qui l'ont appliqué, à l'exception d'un seul, veulent continuer à user de cet agent.

Je ne puis m'empêcher de citer un domaine de 180 hectares, situé à Canohès et traité en entier. Son propriétaire, M. Estrade, s'exprime ainsi dans sa réponse :

« 30 hectares environ étaient dans un état de dépérissement tel que j'avais décidé de les arracher l'hiver prochain.

» Le résultat a dépassé mon attente. La partie que je voulais arracher est reconstituée. Les rameaux qui n'avaient l'an dernier que 20 centimètres ou 30 au plus, mesurent aujourd'hui presque tous plus d'un mètre. »

Un des grands propriétaires des Pyrénées-Orientales en même temps que de l'Aude, M. de Beauxhostes, chez lequel le traitement a été appliqué aussi sur une très vaste surface, a fait connaître, dans sa réponse, les bons effets obtenus chez lui et m'écrivait en outre, à la date du 27 septembre :

« Je suis arrivé à la conviction que le sulfure de carbone agit plus efficacement dans le Roussillon que dans l'Aude ; mais sur les parties fortement atteintes, les traitements d'été doivent être joints aux traitements d'hiver.

» Ceux que j'ai faits en juillet sur des surfaces découpées dans de grandes vignes et particulièrement atteintes, ont produit des effets extrêmement remarquables. »

M. Tolra, ancien président du Comité phylloxérique de Prades, constate aussi dans sa réponse que le résultat des traitements effectués chez lui, à Cabestany, lui « paraît fort remarquable ».

Je n'insisterai pas, mais je ne puis cependant m'empêcher de signaler encore la propriété de M. Delaclare, aux Masos, près Prades, maintenue très belle depuis quatre ans au milieu de vignes entièrement perdues. J'ai cité cette vigne à diverses reprises et notamment l'an dernier au Congrès de Clermont, car c'est un exemple typique des bons effets du sulfure de carbone pour la conservation des vignes traitées au début de l'invasion.

Malgré les nombreux traitements faits cette année dans le département, nous n'avons eu à enregistrer aucun accident dû au sulfure. M. le Délégué départemental, chargé des traitements, a étudié avec le plus grand soin, avant de commencer les opérations, les conditions nécessaires pour obtenir les bons effets du sulfure et éviter les dangers de son emploi.

Il faut, avant de traiter une vigne, se rendre compte de la nature et de l'état du sol et du sous-sol, de la profondeur de la terre végétale perméable.

La dose de sulfure et la profondeur à laquelle doit arriver le pal injecteur doivent varier suivant ces diverses conditions. D'une manière générale d'ailleurs, il ne faut pas que le pal pénètre trop, et ce n'est qu'exceptionnellement que, dans nos terres, il doit être enfoncé à une profondeur de 30 centimètres.

L'état d'humidité du sol et du sous-sol, l'état de perméabilité ou d'imperméabilité de ce dernier, jouent un rôle très important qui a été signalé, pour la première fois, par M. Catta, et que j'ai vérifié expérimentalement à la suite, moi-même, ainsi que je l'ai fait connaître, l'an dernier, à Clermont-Ferrand.

Aussi s'est-on tenu en garde contre cette cause d'accidents, et dans l'arrondissement de Perpignan, grâce aux précautions prises, aucun accident, je le répète, n'a été signalé.

M. Falières a combattu les traitements faits en été, qu'il considère inefficaces. Je ne puis accepter cette opinion, du moins pour notre département.

La plupart des traitements ont été faits cette année pendant l'été, les fortes pluies de l'hiver les ayant retardés, et les résultats sont excellents.

Je conserve une vigne à Prades, au milieu d'un foyer phylloxérique, à l'aide de traitements qui se font depuis trois ans, dans le courant du mois de juillet et du mois d'août. Les effets sont manifestement très bons. Les résultats différents que je puis opposer à ceux qui ont été constatés par M. le Rapporteur tiennent sans doute au mode d'emploi de l'insecticide, relativement, soit à la dose, soit à la profondeur et à la position des trous d'injection.

TRAITEMENT AU SULFURE DE CARBONE

Par M. Léopold GIRAUD,

Président du Syndicat de Pomerol (Gironde).

J'ai pensé qu'il pouvait n'être pas inutile de joindre aux constatations faites par la Commission du Congrès international de Bordeaux, dans la commune de Pomerol, un aperçu général sur le vignoble de cette commune, les progrès de l'invasion et les résultats des traitements.

Le vignoble de Pomerol est situé, pour la majeure et la meilleure partie, quant à la qualité de ses produits, dans un terrain silico-argileux divisé par de nombreux cailloux, avec sous-sol d'argile à la profondeur de 35 centimètres à 1 mètre et plus. Quelques parties, vers la base des petites ondulations du terrain, sont presque absolument argileuses avec moins de cailloux. Les bordures de la commune se composent, vers le nord et l'ouest, de grave plus menue et plus maigre et, au sud et sud-est, de terrains sablonneux.

L'invasion a débuté dans les graves, autour de l'église, par deux ou trois petites taches, en 1872. Les progrès ont été insensibles en 1873; mais, en 1874, les premières taches ont décuplé d'étendue et il s'en est présenté de nouvelles sur tout le plateau.

La récolte de 1875 a été fort belle, malgré la présence de nombreux foyers déjà stériles, la plus belle même que la commune ait produite depuis nombre d'années, mais elle a été la dernière ayant quelque importance.

En 1876 on aurait encore fait du vin en certaine quantité sans la terrible gelée du 14 avril, bien que les ravages du phylloxera se fussent étendus au point qu'il ne restait plus une propriété, en terrain de grave ou d'argile, qui ne fût plus ou moins visiblement atteinte.

Cette même année 1876, M. Rohart qui venait d'établir son usine de cubes à Libourne, proposa à l'Association viticole de cette ville d'en faire des applications d'essai.

Notre propriété fut choisie comme champ d'expérience dans la commune, et les résultats constatés au bout de quelques jours, au point de vue insecticide, nous déterminèrent à étendre cette application, pour notre compte, à quelques hectares.

En 1877, l'Association viticole continua chez nous ses expériences et employa concurremment les cubes Rohart et le sulfure liquide mélangé à une certaine proportion de coaltar.

Malgré quelques cas de mortalité, les résultats obtenus nous parurent si encourageants que nous prîmes la résolution d'étendre beaucoup les traitements l'année suivante ; mais cette fois, sans faire subir au sulfure aucun mélange.

Pendant cette période d'essais et de tâtonnements, le mal avait fait d'immenses progrès. Les foyers s'étaient rejoints; des pièces entières et très nombreuses, dans tous les sols de grave et d'argile, ne présentaient plus qu'une végétation rabougrie.

En 1868, nous traitâmes, dans nos propriétés de famille, une douzaine d'hectares au sulfure liquide, ayant encore l'illusion qu'on pouvait attendre, pour traiter utilement, d'apercevoir, dans les pièces encore saines en apparence, un commencement d'invasion. Des fouilles fréquentes pendant le cours de la végétation nous montrèrent de nombreuses reformations de racines ou radicelles bien saines, et ce n'est qu'au mois d'août que nous recommençâmes à trouver du phylloxera en certaine quantité. Les pièces que nous avions omis de traiter commencèrent à montrer des foyers. Quant au reste de la commune non traité, il allait toujours en dépérissant. Quelques propriétaires se décidèrent à arracher leurs vignes. D'autres les conservaient, se flattant encore que le mal disparaîtrait comme il était venu. Toutefois, trois propriétaires de la commune, MM. Dubourg, Henry Greloud et Gallot se résolurent, dès lors, à traiter l'hiver suivant, en présence des résultats obtenus par nous.

Nous fûmes donc quatre à traiter en 1879. Les résultats parurent si décisifs, surtout lorsqu'à la fin de la saison on put voir les vignes traitées conserver jusqu'aux gelées leurs feuilles parfaitement vertes, qu'à l'automne de cette année on nous demanda de former un syndicat. Il se composa immédiatement de vingt-quatre membres et comprit 72 hectares pour être traités en 1880.

Malheureusement le sulfure manqua en partie et on n'en put traiter que quarante, parmi lesquels notre propriété de famille figura pour 22 hectares.

Le succès fut décisif quant à la végétation ; il l'eût été quant à la récolte pour les vignes ayant plus d'un ou deux traitements, si une pluie froide et persévérante survenue en pleine floraison n'eût provoqué une coulure générale.

En 1881, tous les premiers syndiqués ont continué, et le syndicat a été porté à cinquante membres qui ont traité 125 hectares, soit la presque totalité des vignes de la commune présentant encore quelques chances de résur- rection. Tout le reste est ou arraché, ou mort, ou moribond, ainsi que la Commission a pu le constater.

Les intempéries qui nous poursuivent sans relâche depuis quelques années ne nous ont pas manqué celle-ci. Nous avons été deux fois fortement grêlés en pleine végétation. Une semaine de vent glacial et furieux, qui a fait baisser la température presque à zéro en plein mois de mai, a brûlé l'extrémité des pampres; des pluies intempestives ont encore contrarié la floraison des quelques mannes que la grêle avait laissées, non sans les endommager. Bref, la commune est encore, cette année, sans récolte.

Toutefois, l'espoir et la confiance sont revenus. Malgré le double assaut de grêle, malgré la sécheresse excessive qui a suivi et qui a retardé les façons sur une terre pilée et durcie outre mesure, les vignes traitées ont un retour à la vie et à une végétation normale proportionnel au nombre des traitements, qui a triomphé de toutes les incrédulités. On ose replanter, ce qu'on ne faisait plus depuis cinq ans.

Mais, en même temps, les ressources s'épuisent et il est bien important que l'État ne restreigne pas ses encouragements. Pour un grand nombre de propriétaires, pour presque tous, la continuation des traitements coïncidant avec l'absence de tout revenu deviendrait impossible, si les subventions étaient supprimées ou diminuées, et il est bien désirable que le Congrès de Bordeaux émette un vœu bien motivé pour que les secours de l'État viennent en aide à la bonne volonté des syndicats, en augmentent le nombre et en multiplient les membres.

Je dois parler maintenant de quelques déceptions éprouvées dans le traite- ment et de leurs causes.

Dans les terrains fortement argileux, la destruction de l'insecte n'est pas aussi considérable que dans ceux plus légers ou plus mêlés de cailloux et, par suite, la restauration y est plus lente et moins complète. Il est probable que la diffusion des vapeurs sulfureuses y est plus restreinte dans son étendue, et qu'il y aurait lieu d'y multiplier les trous d'injection, en diminuant les doses.

Dans ces mêmes terrains et dans d'autres à sous-sol rapproché et peu perméable, des accidents se sont produits. Les ceps, après un commencement de végétation languissante, ont succombé. Quelques-uns ont repoussé des racines ou de la souche, mais un assez grand nombre est définitivement mort.

Des renseignements pris, il résulte que ces accidents ont eu lieu lorsque le traitement a été pratiqué à la suite de pluies abondantes et prolongées qui ont empêché la diffusion et maintenu le liquide en contact avec les racines pendant des semaines, quelquefois des mois. Je me suis assuré par moi-même que, dans ces conditions, un trou d'injection débouché après plusieurs semaines exhalait encore une forte odeur de sulfure. Je crois qu'on préviendrait ces accidents en traitant ces sortes de terrains dès l'automne et avant que la nappe d'eau soit formée au-dessus du sous-sol.

Les terrains de sable qui se trouvent sur la lisière sud et sud-est de la commune étaient considérés comme indemnes et on les plantait, depuis l'invasion, avec grande confiance. Nous possédons nous-même un vignoble dans cette région qui nous inspirait une pleine sécurité lorsque, vers la fin de l'été de 1880, nous y découvrîmes une grande tache et deux autres moins étendues dans un carré de demi-hectare. Le reste du vignoble non plus que ceux voisins ne paraissent nullement atteints, et la Commission des vignes américaines et des sables, qui a vu, cette année, la parcelle atteinte, pense qu'elle est moins sablonneuse que l'ensemble de la pièce. M. Falières a été prié par elle de vérifier, par l'analyse, si cette supposition est exacte.

Cette parcelle a été traitée au sulfure, l'hiver dernier, avec assez de succès pour qu'il n'ait pas été possible à la Commission d'y retrouver du phylloxera.

Les traitements faits dans la commune l'ont été à l'aide du pal Gastine et du pal Boiteau, fonctionnant très bien l'un et l'autre. Les quantités de sulfure ont généralement varié entre 225 et 180 kilogrammes à l'hectare. Dans ces limites, les effets insecticides n'ont pas sensiblement différé. Nous avons, pour notre compte, réduit, cette année, la quantité à 150 kilogrammes après en avoir employé 225 les deux premières années et 180 la troisième. Nous devons dire que nous retrouvons, cette année, dans le courant du mois d'août, plus d'insectes, dans les terrains les plus secs, que l'an dernier. En 1879 et 1880, il a été presque impossible de retrouver du phylloxera dans toutes les vignes traitées. Cette année, il a reparu plus abondant, principalement, comme je le dis ci-dessus, dans les parties du sol les plus sèches. Il est probable que les grandes chaleurs de cet été ont favorisé sa multiplication. J'ai l'espoir qu'il n'aura pas le temps, jusqu'à l'hiver, de désorganiser les racines, mais cette réinvasion ne permettra pas encore de suspendre et d'alterner les traitements, ainsi que nous nous en étions flattés.

M. THIOLIÈRE DE L'ISLE

Propriétaire au coteau de l'Ermitage, près Lyon (Rhône),

à Monsieur le Président du Congrès international phylloxérique
de Bordeaux.

(EXTRAIT)

Je ne puis que répéter que, depuis cinq années révolues que j'effectue des traitements au sulfure de carbone, il ne m'est arrivé aucun accident imputable à son emploi, y compris les applications au collet des racines. Depuis trois années, les vignes traitées ont entièrement repris les allures de la végétation habituelle, et il n'y a plus d'apparence de dépérissement phylloxérique par taches ou même par ceps isolés, soit sous aucune forme. Quelques parcelles sont restées indemnes du puceron, à compter du premier traitement; d'autres sont régulièrement soumises à des réinvasions d'été qui apparaissent en août.

J'exécute partout des traitements réguliers pendant les mois d'hiver et une fois par année. L'application simple, et à raison de 250 kilogrammes par hectares, a suffi, jusqu'à présent, dans les quartiers indemnes des réinvasions. Dans les autres, le traitement réitéré à 350 kilogrammes est employé, avec addition, sur les points à terrain sec et déclif, d'une injection de 7 gram. 1/2 à 0^m25 profondeur et 0^m15 distance du pied du cep.

Cette dernière injection n'a reçu son application que depuis deux années. La réinvasion n'a point disparu; mais elle paraît avoir été retardée d'une part et de l'autre, elle paraît s'étendre d'une manière moins générale. Cette année, elle ne s'est montrée que par places et même par ceps isolés. Cela donnerait à penser que ces réinvasions seraient encore dues en grande partie aux imperfections mécaniques inséparables des traitements, mais qu'on peut les voir disparaître avec des soins et de la patience.

Quoi qu'il en soit, je persiste à les poursuivre, bien qu'elles ne paraissent pas nuire à la vigne et que le traitement qui suit les fasse disparaître jusqu'à l'année suivante. Je ne désespère nullement d'arriver à leur suppression par de nouveaux soins, le temps et des traitements à varier au besoin.

J'ai renoncé, depuis quatre ans, aux fumures spéciales. On se borne aux procédés de culture qui étaient en usage avant l'invasion du phylloxera, le sulfure de carbone étant considéré comme simple insecticide sans influence sur la végétation de la vigne. Rien n'est venu jusqu'ici contredire ce jugement.

Ma confiance personnelle est assez grande pour que, depuis 1880, j'exécute chaque année de nouvelles plantations, afin de reconstituer les parties du vignoble qui avaient péri, avant 1877 et depuis, par défaut de traitements.

Quant aux voisins, ils sont restés spectateurs de mes travaux pendant les trois premières années. Mais une récolte fort abondante survenue en 1879 sur mes vignes traitées, alors que les autres agonisaient, détermina d'abord deux ou trois personnes à suivre mon exemple. En fin de campagne 1880, j'ai poussé à un syndicat qui a aussitôt recueilli une douzaine d'adhérents. Cette année, il se composera de vingt propriétaires, y compris deux de mes vignerons pour leur petit héritage.

Il est important de vous faire remarquer que je suis actuellement l'unique propriétaire, au coteau de l'Ermitage, qui fasse ce qu'on appelle une récolte. Ceux qui ont tenté de me suivre, en 1880 seulement, n'ont pu opérer que sur de minces lambeaux épargnés par le fléau, auquel on avait laissé le temps d'achever sa destruction. Il en résulte que l'objet du syndicat est principalement d'appliquer le secours bienveillant de l'État à la reconstitution de l'Ermitage par de nouvelles plantations que je ne suis point le seul à tenter.

NOUVEAU MODE POUR LA DESTRUCTION DU PHYLLOXERA

Par M. CH. MONESTIER,

Chancelier du consulat de France, à Odessa (Russie).

(EXTRAIT)

En 1873, je divulguais une théorie par laquelle je créais un système nouveau pour combattre le phylloxera, système que je définissais ainsi :

On détruira le phylloxera par la production, au sein même du sol, d'une atmosphère toxique, formée de gaz ou de vapeurs créés par des composés volatils ou gazogènes, liquides ou solides, introduits à une certaine profondeur c'est-à-dire au-dessous des racines.

Je choisis le sulfure de carbone comme étant l'agent chimique le plus commode et le plus économique.

Depuis lors, un constant collaborateur, M. Gabriel d'Ortoman, et moi, avons cherché, comme bien d'autres travailleurs dévoués, l'application pratique, efficace et économique de mon procédé.

Des expériences consécutives ou des applications faites sur les terrains les plus divers, depuis 1873 jusqu'en 1879, nous ont obligés à constater la justesse et la gravité des reproches que l'on fait au sulfure de carbone.

Nous avons reconnu que :

1° Dans la plupart des cas, sa tension est trop faible ;

2° Que trop souvent ses vapeurs tuent à la fois et l'insecte et l'arbuste qu'elles devraient protéger ;

3° Que l'action de ses vapeurs, d'une durée trop limitée, nécessite un trop grand nombre d'opérations et que, par conséquent, l'emploi du sulfure de carbone devient trop onéreux.

Afin de parer à ces inconvénients, je fis construire à Paris, en 1876, un appareil destiné à saturer l'air de sulfure de carbone et à le refouler automatiquement dans le sol.

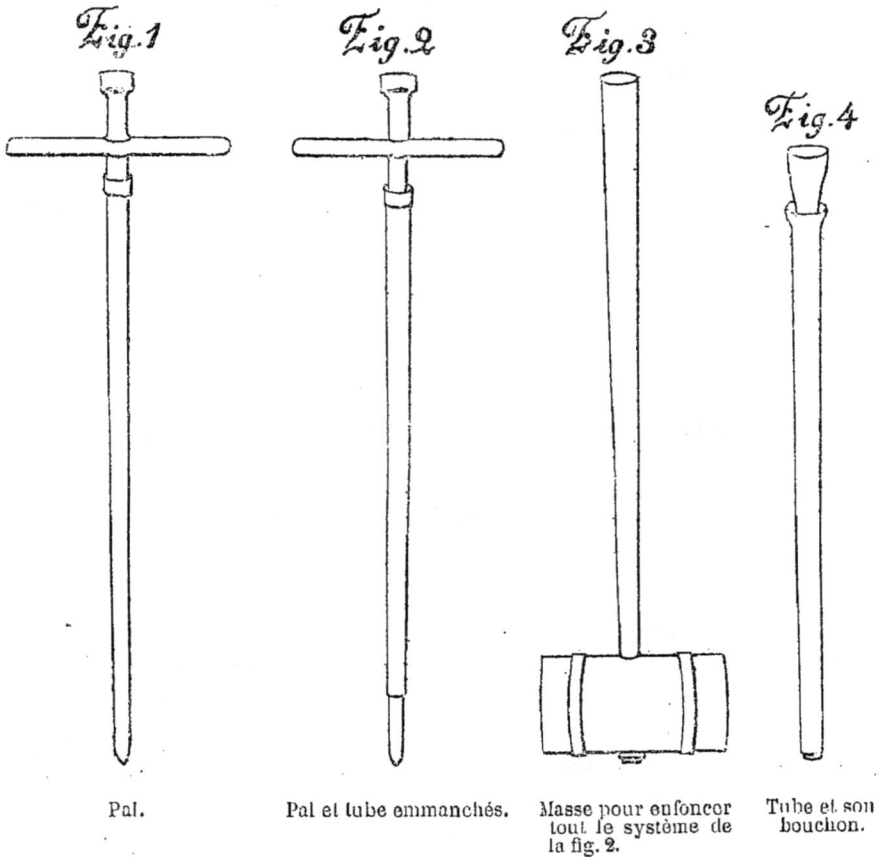

Fig. 1.   Fig. 2.   Fig. 3.   Fig. 4.

Pal.   Pal et tube emmanchés.   Masse pour enfoncer tout le système de la fig. 2.   Tube et son bouchon.

Nos expériences en Vaucluse ne furent pas heureuses et furent loin d'avoir le même succès que celles que nous avions faites à Paris. Les terres compactes du département de Vaucluse nous prouvèrent que trop souvent la force motrice de mon appareil serait insuffisante.

A la suite de nombreuses et longues recherches faites avec M. d'Ortoman, ce collaborateur ingénieux a eu l'idée d'une modification qui lui a permis, tout en respectant le mode de sulfo-carbonisation, d'adapter un nouveau compresseur capable de répandre les vapeurs dans les terres les plus compactes.

Reprenant et complétant une idée que M. d'Ortoman et moi avons expérimentée pendant trois années consécutives dans les vignes de son domaine de Lacroze, nous installons, à un prix insignifiant, des tubes permanents, qui serviront pendant plusieurs années de drains verticaux destinés à conduire l'air méphitique au-dessous des racines.

Ces drains et notre appareil permettent, ainsi que nous l'ont prouvé trois années d'expériences, de faire cinq opérations par an, peut-être six, en dépensant 50 p. 100 de moins que nous ne dépensions à nos débuts.

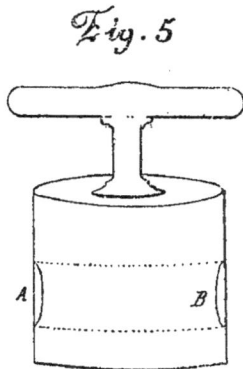

Fig. 6

Fig. 5

Clé du robinet-doseur. En *A* et *B*, suivant les lignes ponctuées, se trouve une partie évidée qui contient la quantité théorique de sulfure. Suivant que le vide *A* se trouve vis-à-vis les tuyaux *D* ou *F* de la figure 7, le robinet se remplit ou se vide.

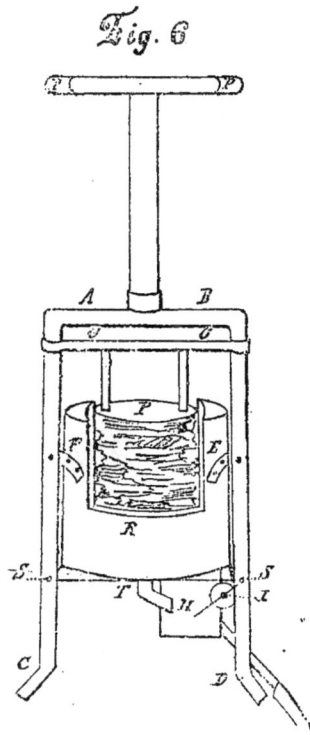

A B C D, cadre en fer retenant tout le système.
R, récipient contenant le sulfure retenu au moyen des crampons *E F* et d'un support *S S*.
V, soufflet activé par le pied posé en *p*, il est maintenu au moyen de la glissière *G G*.
T, tuyau d'arrivée du courant d'air.
H, boîte où s'opère la vaporisation.
i, robinet doseur.
M, manche en bois.
P P, poignées.

Si j'étais assez heureux pour attirer par cette note l'attention du Congrès, de M. le Ministre de l'agriculture et des Comités qui cherchent à arrêter la marche du phylloxera ; si des expériences officielles étaient ordonnées, M. G. d'Ortoman et moi prouverions facilement :

1° Qu'à l'aide des tubes permanents et du nouvel appareil, deux hommes peuvent traiter un hectare en deux journées ;

2° Que les vapeurs de sulfure de carbone s'étendent au moins à un mètre autour de la souche, et que, par conséquent, il est très facile de substituer à l'atmosphère naturelle une atmosphère méphitique irrespirable pour le phylloxera ;

3° Que l'action de l'air sulfo-carboné ne nuit jamais à la végétation ;

4° Que les tubes permanents et le nouvel appareil peuvent permettre de faire cinq opérations par an au moins et à moins de 200 fr. par hectare.

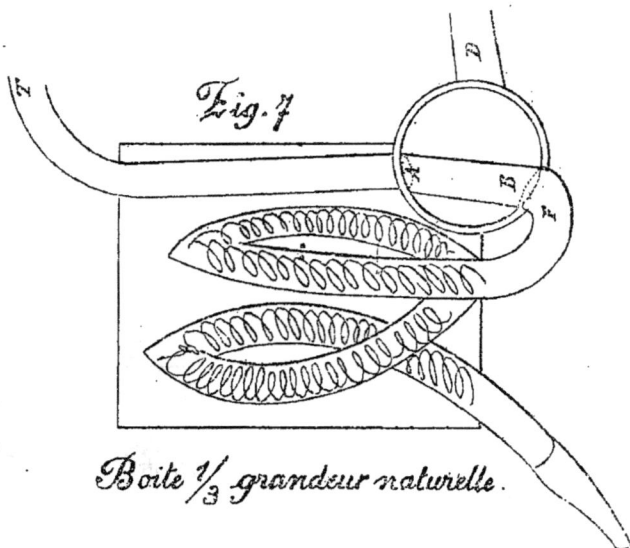

Fig. 7

Boîte ⅓ grandeur naturelle.

DÉTAIL DE LA BOÎTE A VAPORISER :

T, tuyau d'arrivée du courant d'air venant du soufflet.
A B, chambre de dosage en communication avec le tuyau à courant d'air.
D, arrivée du sulfure du récipient.
F, tuyau de sortie du courant d'air. C'est dans ce tuyau que se trouve un ressort à spirale indiqué ci-dessus. C'est ce ressort qui sert de surface brisante pour faire sortir le sulfure sous forme de nuage.

APPAREIL PRÉSERVATEUR DES VIGNES CONTRE LE PHYLLOXERA ET ACTIVANT LA GUÉRISON DES CEPS ATTEINTS

Communication de M. CLAUDIUS COUTON, propriétaire,

à Clermont-Ferrand (Puy-de-Dôme).

MESSIEURS,

Vous venez d'entendre successivement divers rapports relatifs aux traitements au sulfure de carbone et au sulfo-carbonate de potassium, à la submersion et même à la culture dans les sables; aucune Commission n'a pu constater de réussite complète pour des raisons trop longues à énumérer ici, vu le peu de temps accordé à chaque orateur pour développer ses observations.

Je m'arrêterai seulement à la culture dans les sables, afin de fournir des renseignements sur la cause qui permet à la vigne de vivre dans les terrains sablonneux, malgré la présence du phylloxera sur les feuilles.

Toutes les personnes qui m'ont précédé à cette tribune ont attribué la résistance de ces vignes à la fraîcheur du sous-sol; mes observations personnelles me permettent de démontrer en peu de mots qu'il en est autrement; l'humidité du sous-sol contribue, il est vrai, à augmenter la résistance en permettant aux radicelles d'y puiser les éléments indispensables à leur constitution, mais la cause principale est due à l'*état pulvérulent de la surface du sol.*

Il me faudrait trois heures pour développer suffisamment mon système; je dois le faire en dix minutes; j'espère néanmoins, Messieurs, me faire comprendre, et réclame votre indulgence pour ce résumé succinct et ces courtes explications.

Sous l'influence de la lumière et de la chaleur, la plante laisse parfois évaporer par les feuilles plus d'humidité que le sol n'en fournit aux racines; à ce moment, il y a rétrécissement de la plante, qui vit aux dépens de la sève emmagasinée dans le système radiculaire; il se forme autour de chaque racine et radicelle un vide assez grand pour permettre aux insectes de circuler dans ces canaux naturels.

Dans les terrains secs et peu profonds, les insectes envahissent inévitablement les racines, car la terre se fendille, surtout autour du cep, sous la double influence du vent et du mouvement diurne; si c'est un terrain mouvant, sablonneux, toutes ces fentes sont comblées aussitôt faites et les insectes sont emprisonnés.

C'est d'après ce principe que j'ai confectionné l'appareil que je vais vous soumettre; appareil avec lequel je suis parvenu à neutraliser l'influence du phylloxera, quelle que soit la nature du terrain.

CORNET OU ENTONNOIR IMPERMÉABLE

en papier toile ou carton bitumés. — Appareil applicable à toute espèce de terrain, pour préserver les vignes de l'atteinte du phylloxera et activer la guérison des ceps atteints.

Fig.1.

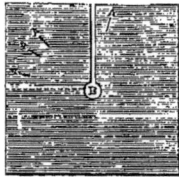

Cornet tracé carré de 0.20 à 0.30 de côté.	Cornet coupé rond de 0.20 à 0.30 de diamètre.
LÉGENDE	LÉGENDE
AAAA, Fente pour recevoir le rivet suivant l'évasement à donner.	AA, Fente du rivet.
B, Place du cep.	BB, Rapporter l'un sur l'autre.
	CD, Couper ou rabattre en terre.

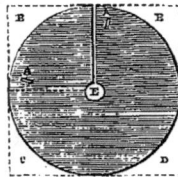

Fig. 2.

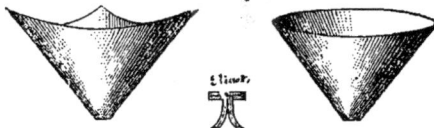

Cornets préparés avec ou sans les angles.

NOTA. — Le rivet, qui n'est pas indispensable, peut être remplacé par une pointe de couvreur, la pointe enfoncée dans la terre fait équilibre à la tête qui retient suffisamment le cornet.

Cet appareil consiste en une plaque carrée de carton bitumé percée d'un trou plus ou moins grand suivant la grosseur du cep auquel elle est destinée et fendue suivant un rayon; en rapprochant les deux angles, on obtient un cornet ou entonnoir.

Application dans un terrain très sec non envahi par l'insecte des racines.

Fig. 3

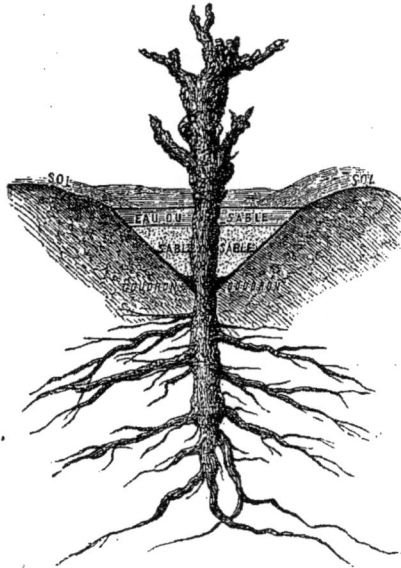

Coupe de l'appareil le long du cep

Fig. 4.

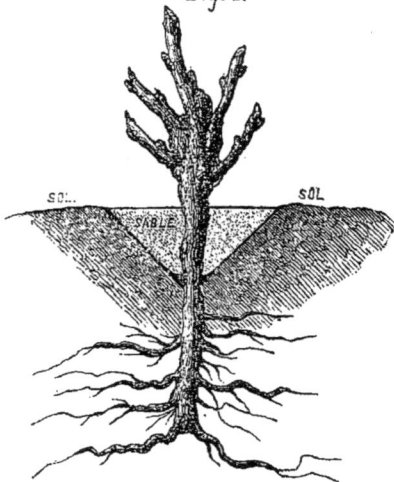

Coupe sur le bord d'un cep, d'un appareil placé dans un terrain plat où il est inutile de recueillir l'eau du ciel.

Pour placer l'appareil, il faut déchausser plus ou moins le cep suivant la profondeur des racines; le placer en contre-bas du niveau du sol, si l'humidité doit être conservée, et légèrement surélevé si la vigne est plantée dans un terrain humide; la pratique, du reste, indiquera aux travailleurs de la vigne,

Fig.5.

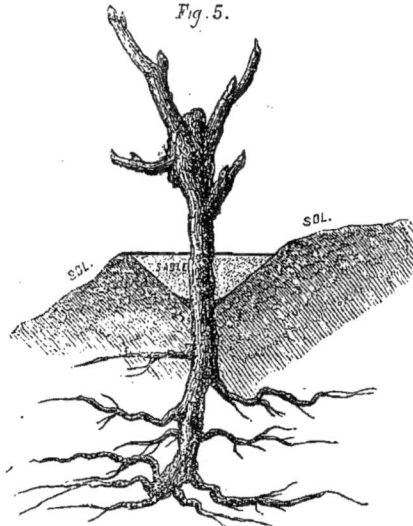

Coupe sur le bord d'un cep d'un appareil placé dans une vigne cultivée en ados, où il est inutile de recueillir l'eau du ciel.

Fig.6.

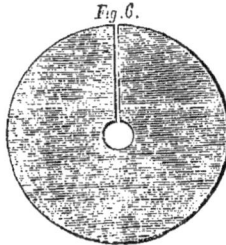

Carton préparé pour le cornet-cuvette et son couvercle.

Fig.7.

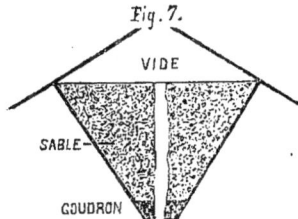

Coupe d'un cornet-cuvette formé de deux appareils.
(Voir *Application*, fig. 10.)

suivant la position et le mode de culture, le moyen de placer l'appareil pour conserver l'eau, s'il y a besoin, et l'éloigner si elle est nuisible (fig. 9).

CUVETTE-ENTONNOIR DOUBLE EFFET CONTRE LE PHYLLOXERA

Son application pour protéger les ceps contre une nouvelle invasion et empêcher de sortir ceux qui sont sur les racines.

L'appareil peut être plus ou moins évasé ou plus ou moins grand, suivant la profondeur du terrain traversé par les racines. L'eau du ciel indiquée sur la figure n'est pas nuisible au bon fonctionnement du piège, qui agit de nouveau aussitôt que l'eau s'est évaporée et que la plante l'a absorbée par capillarité.

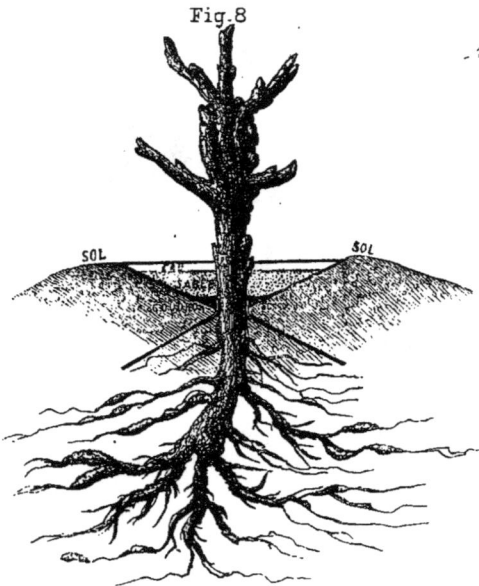

Coupe de l'appareil sur le bord d'un cep.

CORNET-CUVETTE CONTRE LE PHYLLOXERA VASTATRIX

Son application dans un terrain humide sur les vignes plantées en bosses ou chaussées dans lesquelles il est inutile de conserver l'eau du ciel.

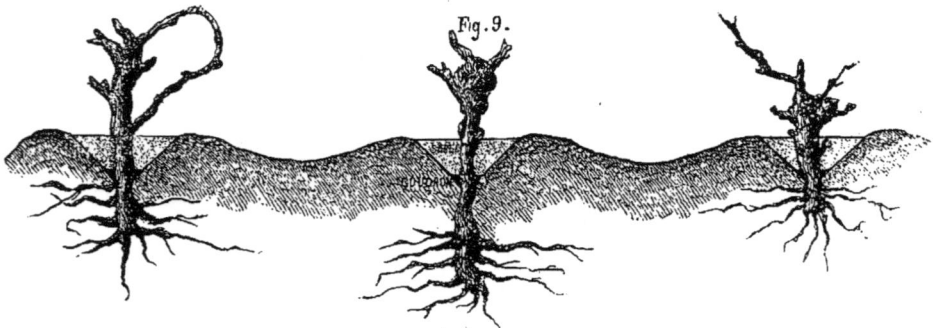

Coupe sur le bord de trois ceps.

On introduit l'appareil autour du cep, par un mouvement de torsion; on colle les deux parties l'une sur l'autre en versant une cuillerée de goudron et l'on arrête au moyen d'une pointe de couvreur dont la tête fait rivet, la pointe maintenant l'équilibre dans le sol.

Le fond de ce cornet est garni d'une ou deux cuillerées de goudron liquide sur lequel on verse une certaine quantité de sable, un quart de litre au moins.

Quand le soleil a desséché le sable, que la tige de la plante s'est rétrécie par la trop grande absorption de la sève par les feuilles, ou que les mouvements de la plante sous l'agitation du vent ont produit un vide autour d'elle, le sable ne tarde pas à remplir les interstices, et, quand même l'insecte aurait traversé sans danger le sable, le goudron lui offrirait un obstacle infranchissable.

Le goudron, par son élasticité, suit parfaitement les mouvements de la plante, ne l'empêche pas de croître à sa guise; c'est donc la meilleure fermeture que l'on puisse trouver pour étancher l'appareil. Cet appareil est lui-même élastique; il adhère parfaitement à la terre, se modèle sur elle au premier soleil, sans laisser d'intervalle. Les jours de pluie, il n'est pas moins propre à empêcher la descente de l'insecte vers les racines, car l'eau ne peut s'écouler qu'après avoir empli la cuvette et humecté tout le tour. Si le terrain a eu quelque tendance à se fendre, il se resserre et rend plus complète l'adhérence de l'appareil avec le sol (voir fig. 3 et 8).

Ainsi donc, l'appareil atteint son but aussi bien par les jours de pluie que par les jours de soleil, et sa forme conique fait que l'eau ou le sable produisent un vrai mouvement perpétuel, c'est-à-dire *un piège fonctionnant continuellement,* dans lequel l'insecte est infailliblement détruit. Je dis de plus que tous les insectes qui passent sous l'appareil sont asphyxiés, que ceux qui tombent dessus sont desséchés aussitôt que le soleil paraît, attendu que le couvercle ou la plaque de carton bitumé atteint alors plus de 48°, température à laquelle ne résiste pas le phylloxera, c'est là le sort de ceux qui tombent sur le dos; ceux qui tombent sur les pattes n'ont généralement pas le temps de traverser sans trouver la mort; en un mot, cet insecte redoute tellement les émanations du carton bitumé qu'il ne s'en approche jamais volontairement.

Le cornet-entonnoir coûtera, avec la pointe pour rivet, environ cinq centimes.		
Trois hommes à 10 heures de travail par jour, à 4 fr. 50 l'un....F.	13	50
Ils placeront 2,000 appareils avec le rivet, soit..................	100	»
Un mètre cube de sable fin..................................	4	»
90 kilog. de goudron à 5 fr. les 100........................	4	50
TOTAL..............................F.	122	»

Pour 2,000 ceps 122 fr., un peu plus de six centimes par cep et cela pour quatre à cinq ans, soit à peu près un centime par cep.

Cet appareil d'une simplicité extrême est, de plus, appelé à vous rendre les plus grands services pour la reconstitution de vos vignobles; en effet, son emploi sur le sol au collet du plant ou de la souche est appelé à doubler le système radiculaire et la récolte dans n'importe quelle espèce de terrain (voir fig. 12).

1º Il emprisonne sur le système radiculaire la chaleur humide.

2º Il réchauffe ces mêmes racines dans les terrains trop froids.

3º Il empêche le sol de se dessécher sous l'influence de la lumière et du soleil.

4º Il évite la coulure, presque toujours due au peu de chaleur du sol et au trop long temps que le raisin reste à passer fleur.

5º Il augmente la fructification et avance la maturation d'un mois environ.

6º Il éloigne les plantes adventives du collet des végétaux.

7º Il conserve cette humidité chaude sans excès qui favorise la fermentation, la décomposition des matières fertilisantes du sol pour les tenir à la disposition des racines.

8º Il éloigne aussi par son pouvoir insecticide presque tous les insectes tant que la température ne descend pas à 5º au-dessus de 0.

9º Il permet de détruire les insectes qui, ne redoutant plus, à cette température, les émanations de l'appareil, se sont mis à l'abri à deux ou trois centimètres au lieu de se terrer à trente ou quarante. A la première gelée on enlève les appareils, larves et insectes peuvent être détruits; les appareils se replacent au printemps suivant quand les labours sont terminés et que les gelées ne sont plus à craindre (fig. 11 et 12).

10º Les mêmes appareils seront employés avantageusement pour tous les végétaux n'ayant pas un système radiculaire supérieur de 30 à 40 centimètres : les citrouilles et les melons, par exemple, se trouveront très bien de reposer sur une plaque hydrofuge; plus de fruits atrophiés par l'humidité du sol ou mangés par les escargots et les limaçons, etc.

La chaleur communiquée par l'appareil placé au-dessous permet au fruit de se développer uniformément.

11º Je ne puis passer sous silence non plus les services que pourront rendre des bandes de carton bitumé ou tout autre corps noir, incorruptible, insecticide et hydrofuge pour faire des plantations en pépinière. Couper de 15 à 20 centimètres de largeur des bandes quelle qu'en soit la longueur; les placer en arc-boutant le long des rangées en donnant seulement un ou deux centimètres de flèche; les boutures, les greffes, etc., n'auront rien à redouter, ni de la sécheresse, ni de la trop grande humidité du sol; elles seront, au bout de l'année, munies d'un système radiculaire plus considérable que d'autres en deux ans de temps, placées sans l'appareil dans le même terrain (fig. 11).

Si les plantations étaient exposées au grand vent, il faudrait retenir les bandes de carton ou toile par quelques morceaux de branches flexibles enfoncées de distance en distance dans le sol, et mises à cheval en cerceau sur les deux bandes.

Je ne puis non plus me dispenser de vous dire quelques mots de mes expériences sur les murs blancs ou noirs.

Les murs blancs absorbent très peu la chaleur solaire et la réfléchissent sur les plantes qui y sont adossées; ils réfléchissent cette chaleur au moment où elles en ont le moins besoin, tandis que les murs noirs absorbent les rayons caloriques pour les perdre après la disparition du soleil, à tel point que, pendant les mois de mai et de juin, ils sont encore chauds au moment où le soleil va se lever et se réchauffent de nouveau; la conclusion est facile à tirer.

J'ai remarqué qu'à 0ᵐ30 d'un mur noir, le thermomètre marquait 1°, tandis qu'à 0ᵐ30 d'un mur blanc il marquait 0; quand la température est à 0 à 6 heures du matin, le thermomètre marque toujours 0 qu'on l'avance ou qu'on le recule d'un mur blanc; tandis que devant un mur goudronné, il marque 3° à 0ᵐ10, 2° à 0ᵐ20 et 1° à 0ᵐ30.

Il est facile de conclure que toutes les plantes adossées à un mur goudronné seront préservées de la gelée dans une certaine mesure et mûriront plus tôt.

Les terrains blancs n'absorbent pas autant de chaleur que les terrains noirs, mais n'en laissent échapper que peu par radiation; la conclusion est également facile à trouver et je vous en laisse le soin.

J'ai choisi, pour mes expériences, une vigne non fumée, et j'ai placé, de deux en deux ceps, l'appareil, laissant les deux intermédiaires comme témoins du résultat.

Je m'aperçus bientôt d'une végétation extraordinaire sur les ceps munis de l'appareil, comparativement aux autres qui en étaient dépourvus. La floraison a été plus précoce, les grappes plus fortes d'un tiers en moyenne que celles des témoins; de plus, les feuilles avaient atteint une largeur de 35 centimètres, et, chose plus importante encore, c'est que les raisins étaient mûrs vingt-cinq jours plus tôt.

Avant d'aller plus loin, faisons un petit calcul très simple que tout agriculteur un peu intelligent comprendra à première vue.

Ce calcul est fait l'appareil étant mis en place le 1ᵉʳ mai, après les labours finis, et quand les gelées ne sont plus à craindre.

Les mois de mai, juin, juillet, août, septembre, donnent 153 jours de 24 heures, soit.. 3,672 h.

Pendant ces 153 jours, le soleil reste au-dessus de l'horizon 2,252 heures, soit... 2,252 h.

Différence pour la nuit........................... 1,420 h.

Le soleil reste, par suite, au-dessus de l'horizon 832 h. de plus qu'au-dessous... 832 h.

En supposant que les radiations nocturnes enlèvent à la terre autant de chaleur qu'elle en a reçu dans le même temps — et cela n'a pas lieu — l'appareil a emprisonné, pendant ces 832 heures, une quantité considérable de chaleur dont la plante profite.

Voilà l'explication des vendanges plus précoces à mesure que l'on s'avance dans le Sud; mais l'appareil donne en plus, au collet de la souche, cette humidité chaude qui facilite la pousse de nouvelles radicelles.

Pour obtenir les résultats que j'ai précédemment énumérés, et que j'appuierai de diverses observations tirées des calculs que je viens d'indiquer, l'appareil est posé tout simplement à la base et autour du cep; il repose sur la terre; il produit les résultats mentionnés plus haut pour les raisons suivantes (voir fig. 12):

1° Parce qu'étant de couleur noire, il absorbe les rayons caloriques du soleil et les communique au sol, qui les emmagasine;

2° Parce qu'il empêche le refroidissement du sol par rayonnement pendant la nuit;

3° Parce qu'il empêche le sol de se dessécher sous l'influence du vent et du soleil.

Le cep a profité de cette humidité chaude transmise par capillarité des couches inférieures aux couches supérieures; les racines du collet ont été, pour ainsi dire, mises sous cloche, tandis que la tige, les fleurs et les fruits ont vécu à l'air libre. La plante ne souffre pas de cette partie de terrain recouverte par l'appareil.

Voici quels sont les résultats de la présence de l'appareil au pied du cep ; Les bourgeons se sont gonflés plus rapidement; la floraison s'est faite 15 jours plus tôt; la maturation a devancé de 25 jours celle des ceps non traités; les grains sont venus beaucoup plus gros et les grappes beaucoup plus longues.

L'appareil s'oppose à une déperdition rapide de la chaleur emmagasinée pendant le jour; la racine de la plante et le sol recouvert sont moins exposés aux radiations terrestres, et le sol, près des racines, à se fendre.

J'ai cherché à utiliser ainsi certains principes physiques relatifs au rayonnement et à l'absorption de la chaleur par la terre et par les plantes dans certaines conditions. La pratique est venue confirmer la théorie.

Pour mûrir, il faut à la vigne environ 2900 degrés de chaleur en 180 jours dans notre climat, soit environ 16 degrés, par jour, en moyenne. Au moyen de l'appareil, j'emprisonne de 2 à 3 degrés de plus par jour; j'augmente la chaleur de 2 à 3 degrés. (Certains jours j'ai eu 10 degrés de plus). Soit en 160 jours, à seulement deux degrés et demi, 480 degrés — différence : 30 jours.

J'active donc la végétation de 30 jours environ (j'ai dit plus haut 25 jours), et j'obtiens des fruits plus abondants et de meilleure qualité.

Détail excessivement important à noter : J'évite, pendant 25 jours, les influences atmosphériques dangereuses : grêles, orages, etc. Cela seul, outre l'inquiétude en moins, est une fortune pour le cultivateur.

En produisant cette chaleur, je puis faire mûrir la vigne à des altitudes où elle n'aurait jamais mûri. Je rends donc à la culture une surface considérable de coteaux non utilisés, et la fortune nationale est accrue d'autant.

Voici donc les conclusions que je tire de toutes ces expériences; je n'hésite pas à vous les communiquer; si elles rencontrent des incrédules, j'espère les convaincre et pouvoir leur fournir des explications plus détaillées :

1⁰ Production plus active et plus abondante surtout dans les terrains froids ;

2⁰ Faculté de créer des plantations de vigne à des altitudes où elle n'aurait jamais mûri, ce qui donne ainsi à la culture de la précieuse plante une surface considérable de coteaux non cultivés ; de là un accroissement considérable de la fortune publique ;

3⁰ Enfin, et cela a une moindre importance, moyen de se débarrasser des parasites qu'on a tant de peine à détruire (fig. 10, 11 et 12).

CORNET-CUVETTE AVEC SON COUVERCLE FORMÉ DE DEUX APPAREILS

Celui de dessus fixé avec ses rivets de façon à former un chapeau pour laisser un vide autour du cep et sur le sable, vide de quelques centimètres, offrant un asile aux insectes destructeurs du phylloxera à partir d'octobre.

Couvercle ou chapeau maintenant continuellement le sable propre et mouvant.

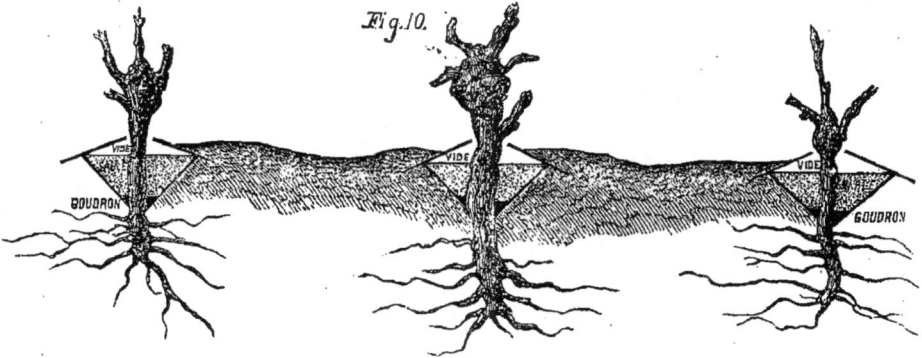

Fig. 10.

Coupe sur les bords de trois ceps.

Son application dans un terrain plat ou légèrement incliné dans un pays où il est difficile ou coûteux de se procurer du sable.

La cuvette du dessous est placée comme à l'ordinaire, mais de façon à ce que les bords supérieurs arrivent juste à fleur de terre ; elle est remplie de sable jusqu'au bord. Le couvercle est à moitié recouvert de terre, il est donc immobilisé ; il peut être examiné de temps en temps en dessous, afin de s'assurer s'il n'abrite pas des insectes nuisibles à la vigne ou y laisse vivre au contraire ceux qui seraient reconnus être des ennemis du phylloxera.

C'est ce même couvercle posé à plat sur le sol qui active la maturation et augmente le système radiculaire.

Les résultats de ces applications ne peuvent se traduire en chiffres exacts pour tous les points du monde où la vigne est cultivée. (Je dis vigne, mais le même appareil s'applique à tous les arbrisseaux.)

Mes expériences sont données pour le centre de la France, et les chiffres varient suivant l'altitude. J'engage donc ceux qui voudront tenter ces expériences à les faire pendant un mois au moins, pour juger du résultat, car la chaleur solaire n'arrive à nous qu'après avoir été tamisée par l'atmosphère terrestre, l'épaisseur traversée par les rayons change avec la hauteur du soleil, l'heure du jour, l'altitude du lieu de l'observation, et d'ailleurs le pouvoir absorbant de l'atmosphère est éminemment variable avec sa température, sa pression, la quantité de vapeurs qu'elle renferme, enfin d'après sa pureté plus ou moins grande; un voile nuageux, imperceptible, des poussières en suspension dans l'air, modifient son pouvoir d'extinction dans un rapport très considérable.

Application des bandes de carton bitumé pour activer l'enracinage des boutures ou des greffes en pépinières.

Fig. 11.

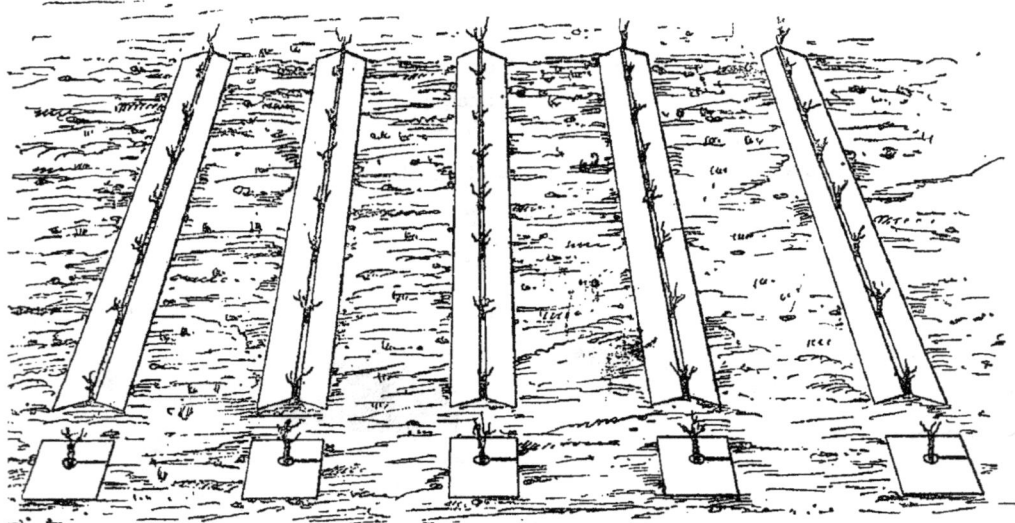

Fig. 12.

Application des appareils pour activer la fructification et la maturation.

Il est vrai que les mêmes causes d'impureté de l'atmosphère, nuages, brouillards, fumée, etc., pendant la nuit, s'opposent aux radiations terrestres; mais la compensation ne saurait se faire.

Voilà pourquoi j'engage à prolonger les expériences, si ce n'est un mois, au moins huit jours, en contrôlant les expériences avec 3 ou 4 thermomètres enterrés au pied des arbustes, les uns munis de l'appareil, les autres sans lui.

Je dis de plus que l'appareil peut durer 4 ou 5 ans et qu'il revient à 0 fr. 05. C'est le même que celui qui est employé contre le phylloxera, mais posé autrement.

En terminant, j'appelle l'attention des viticulteurs et arboriculteurs sur ce point des plus importants: qu'avec l'appareil ils pourront faire des plantations de boutures dans les terrains trop secs pour tenter l'opération sans l'emploi de cet appareil.

Ils gagneront les 9/10 sur le nombre des reprises et activeront le moment de la fructification d'un tiers du temps nécessaire dans les conditions ordinaires.

Désireux de convaincre les incrédules, je tiendrai à leur disposition, gratuitement, les échantillons qu'ils voudront bien me demander en même temps que des renseignements plus détaillés sur telle application qu'ils voudront faire; je m'adresse surtout aux professeurs de physique et aux agronomes. Je serais désireux que dans la Gironde quelques-uns de ces Messieurs voulussent bien contrôler mes opérations pour s'assurer que la pratique répond à la théorie et acquérir ainsi la conviction qu'il faudrait que mon appareil soit universellement employé.

EXCURSIONS

DU CONGRÈS

Pour terminer ce compte-rendu, il nous reste à parler des excursions du vendredi et du samedi 14 et 15 octobre, dans le Médoc et le Libournais.

Le vendredi matin, à neuf heures, ainsi que l'indiquait le programme, les membres du Congrès ont fait une visite aux Docks de Bordeaux, où étaient installées les machines élévatoires.

Malgré le mauvais temps, l'excursion du Médoc n'a pas été remise.

Cent cinquante membres du Congrès environ y ont pris part. A onze heures et demie, un train spécial partant de Bordeaux les a conduits à Pauillac, d'où ils sont allés, dans des voitures retenues d'avance, visiter les caves du beau domaine de Pontet-Canet. Les honneurs leur ont été faits par l'honorable régisseur, M. Charles Skawinski. Du château de Canet, les excursionnistes sont allés à Mouton-d'Armailhacq, où le sympathique propriétaire, M. Adrien de Ferrand, les attendait dans son magnifique cuvier construit avec tous les perfectionnements nouveaux. Les vignerons étaient tous à leur poste ; on venait d'écouler une cuve, et l'on faisait fonctionner les presses. Cette opération a vivement intéressé les visiteurs.

A un kilomètre de Mouton, les membres du Congrès ont fait une troisième station à Château-Lafite. Ils ont admiré, dans des instants malheureusement trop courts, les splendides coteaux qui produisent un vin vraiment royal, et l'installation si parfaite des chais et du cuvier.

Revenus à Pauillac, les excursionnistes ont repris le train spécial qui les a conduits à Margaux. Ils ont pu s'arrêter pendant une heure à Château-Margaux, cet illustre rival de Lafite, qui ne cesse de lutter avec lui non point avec l'acharnement d'un ennemi, mais avec la courtoisie d'un frère.

Ils ont pu visiter encore le beau château de Brown-Cantenac, appartenant à M. Armand Lalande, où ils ont été acueillis avec la plus exquise urbanité par le régisseur, M. Paul Skawinski, en l'absence du propriétaire, retenu à Bordeaux par les travaux préparatoires de la séance que le Congrès phylloxérique devait tenir samedi.

Le train spécial rentrait en gare du Médoc à six heures du soir.

Le samedi, dans l'après-midi, un grand nombre de membres du Congrès ont fait, par un train spécial, une seconde excursion à Saint-Émilion, où ils ont dû visiter le beau domaine de M. Piola, qui les a parfaitement reçus.

On a visité ensuite les propriétés de M. Giraud, à Pomerol, où on a constaté de beaux résultats obtenus par le sulfure de carbone, et chez M\ me Ponsot on a pu voir de belles plantations de vignes américaines.

TABLE ALPHABÉTIQUE

des personnes qui ont pris la parole au Congrès.

TABLE ALPHABÉTIQUE

des personnes citées dans les travaux du Congrès.

PAL

AUTOMATIQUE

pour le

sulfurage

des

VIGNES

phylloxérées

inventé par

M. LE COMTE

DE LA VERGNE

et breveté en 1877

s. g. d. g.

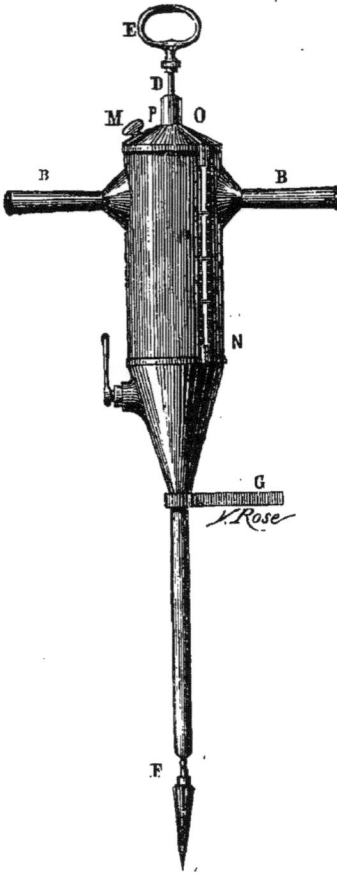

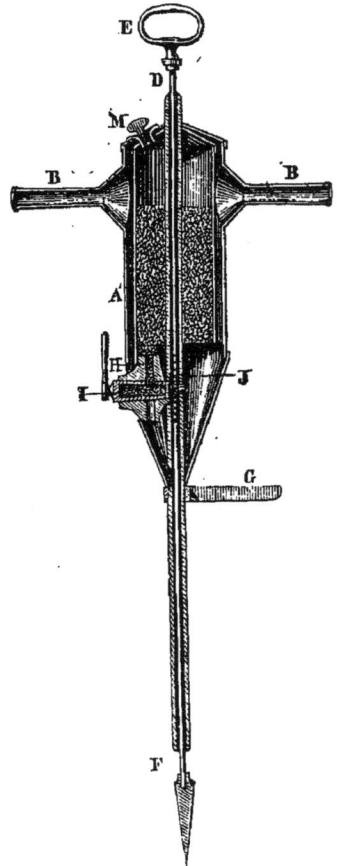

Ce pal est représenté en vue par la figure 1 et en coupe par la figure 2.

Une tige ronde en fer forgé DF traverse dans toute sa longueur un canon de même métal. La partie inférieure se termine par une pointe F et la partie supérieure par une poignée E. A la partie supérieure du canon est fixé le réservoir de sulfure de carbone A en métal, muni de deux manettes B. Une pédale G sert pour appuyer sur l'instrument afin de l'enfoncer dans le sol.

L'ouvrier tient l'appareil avec les deux manettes, appuie sur la pédale et enfonce à la profondeur voulue, vingt à cinquante centimètres. Quand il retire l'instrument, le canon de fer remonte d'abord jusqu'à la poignée en D; ce mouvement ouvre l'ouverture F, au bas de la tige, et le sulfure de carbone est versé dans le sol automatiquement.

Dans les deux figures, le canon est à moitié de sa course. Il y a donc dépôt absolument certain de la dose de sulfure de carbone dans le sol, sans que l'ouvrier ait autre chose à faire qu'à enfoncer et retirer le pal.

Le dosage du sulfure de carbone se fait d'une manière très simple, au moyen d'un robinet doseur I, qu'on voit sur la gauche des dessins, au bas du réservoir. Ce robinet évidé peut recevoir une dose variable au gré de l'opérateur. Son extrémité est munie d'un pignon denté qui engrène avec une crémaillère J (fig. 2), fixée sur la tige verticale. Quand l'ouvrier enfonce le pal, le robinet présente son ouverture au réservoir pour se remplir; quand il le retire, le robinet fait demi tour et verse son contenu dans un canal qui descend au canon et dans le sol. L'opération est mathématiquement régulière.

Des précautions ont été prises par l'inventeur pour préserver les ouvriers de l'action des vapeurs du sulfure de carbone.

Le liquide est introduit par une ouverture M munie d'un bouchon solide. Comme des vapeurs se produisent dans le réservoir, pour assurer leur dégagement, un tube d'un très petit diamètre les conduit extérieurement jusqu'au canon d'où elles vont se perdre dans le sol. Un niveau d'eau N, fig. 1, placé le long du réservoir, indique le niveau du sulfure dans celui-ci. Les vapeurs qui se forment dans ce niveau sont conduites par un petit tube O dans le réservoir d'où elles se rendent dans le sol par la voie indiquée plus haut. Il n'y a donc aucun danger pour les ouvriers qui manient le pal. En résumé, travail automatique d'une exactitude parfaite et, pour l'ouvrier, sécurité complète. Ce pal ne coûte pas plus de 35 fr.

LA RECONSTITUTION VITICOLE

Comme le montre le dessin ci-contre, cet instrument est une charrue à avant-train, une sorte de draineuse qui trace en terre un sillon dont la profondeur est réglée par une crémaillère servant à fixer *l'entrure.*

La disposition spéciale de la charrue fait que le sillon se referme de lui-même, immédiatement après le passage de l'instrument. Il se forme ainsi en terre un petit canal parfaitement clos, qui n'est à aucun moment en communication avec le dehors, d'un diamètre de 5 centimètres environ, à parois rugueuses, *non lisses.*

Sur la partie antérieure de l'age, se trouve un réservoir de 20 litres de sulfure de carbone, avec robinet inférieur de vidange et bouchon supérieur à soupape. Par sa partie inférieure la plus déclive, ce réservoir est en communication avec une petite pompe de dosage. On augmente ou on diminue la course du piston de la pompe pour faire varier à volonté le dosage, qui, une fois réglé, est mathématiquement exact.

A côté du réservoir à sulfure, fonctionne un puissant soufflet métallique, capable de fournir au besoin 300 litres d'air par minute.

Pompe et soufflet sont mis en mouvement par les roues de la charrue en marche.

Le débit du sulfure de carbone, au moyen de la pompe de dosage, et celui de l'air, au moyen du soufflet, se trouvent donc sous la dépendance de l'espace parcouru par les roues de la charrue, quelles que soient d'ailleurs la vitesse ou la lenteur de la marche.

Le rapport entre la circonférence de la roue et les quantités de sulfure à employer par hectare permet de régler très facilement la course du piston, c'est-à-dire le dosage, d'après le nombre de sillons qui sont généralement distants de 70 centimètres à 1 mètre.

Un système simple de débrayage permet d'arrêter à volonté la pompe et le soufflet, de se rendre du remisage aux champs, de passer d'un rang à l'autre sans dépense de liquide.

Le jeu de la pompe et la force du soufflet assurent constamment le débouchage des trous capillaires dont il est parlé plus bas.

Le soc placé à gauche de l'axe de l'age est composé d'une lance d'acier qui fouille le sol, d'un *coutre* qui le fend et du *sep* dans lequel vient aboutir, au moyen de conduits séparés, le sulfure de carbone poussé par la pompe de dosage et le vent fourni par le soufflet.

A chaque mouvement de la pompe de dosage, le sulfure sort avec force de chaque côté du sep par un orifice capillaire. Trois trous de vent disposés en couronne autour de cet orifice pulvérisent le jet de sulfure et propulsent cette poussière liquide dans le sens de la profondeur du sol. Quatre trous de vent à direction également perpendiculaire au sol viennent achever la volatilisation et la pénétration en terre du sulfure déjà pulvérisé et à demi réduit en vapeurs par les premiers trous de vent en forme de couronne.

Les tuyaux conducteurs du sulfure de carbone et du vent en terre sont reliés à la pompe de dosage ainsi qu'au soufflet par des tubes en cuir étanche, qui donnent aux divers organes la faculté de se prêter à tous les mouvements de la charrue.

Les avantages de l'instrument sont les suivants :

1° **Suppression des accidents** déterminés sur la végétation par le sulfure employé pur à l'état liquide.

2° **Diminution rationnelle des doses.** Avec la charrue sulfureuse, 100 kilog. de sulfure par hectare équivalent pour l'effet insecticide à 200 kilogrammes distribués par les moyens ordinaires.

Économie de moitié au moins sur la matière première.

3° **Réduction des trois quarts de la main-d'œuvre.** En deux jours un attelage conduit par un homme traite un hectare de vignes, avec une régularité de distribution de vapeurs dans tout le sol qui ne peut jamais être obtenue par les moyens ordinaires

La Reconstitution Viticole

SOCIÉTÉ FRANÇAISE ANONYME AU CAPITAL DE 600,000 FRANCS

SIÈGE SOCIAL : *159 bis, rue Lafayette (1, rue de l'Aqueduc)*

PARIS

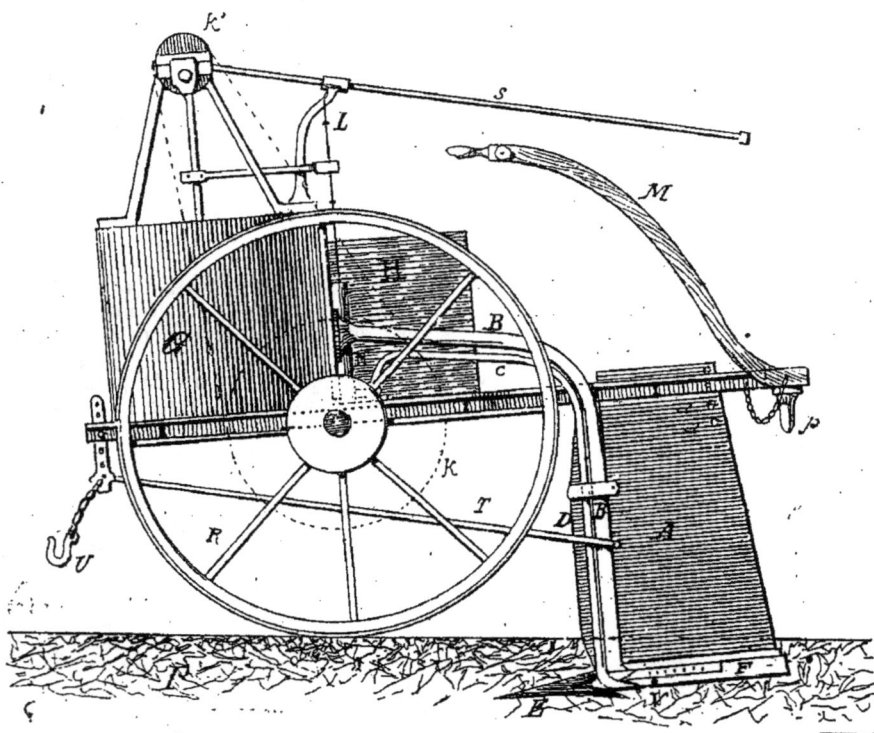

A	Soc.		S	Débrayage.
B	Tube de vent.		M	Mancherons.
C	Tube propulseur de liquide.		T	Tringle de traction.
D	Couteau du soc.		v	Crochet d'attelage.
E	Pointe du soc.		p	Poignée pour soulever la charrue au bout des rangs.
F	Trous de vent.			
V	Trou pour le liquide.		a a	Trous d'entrure du soc.
G	Soufflet.		P	Coupe du terrain avec les canaux souterrains.
H	Réservoir à sulfure de carbone.			
L N	Pompe de dosage (tige et corps).		R	Roue (base du dosage).
K K	Mouvement du soufflet et de la pompe.			

MACHINE A GREFFER

S. G. D. G.

de Auguste PETIT, ingénieur civil,

TOULENNE-LANGON (Gironde).

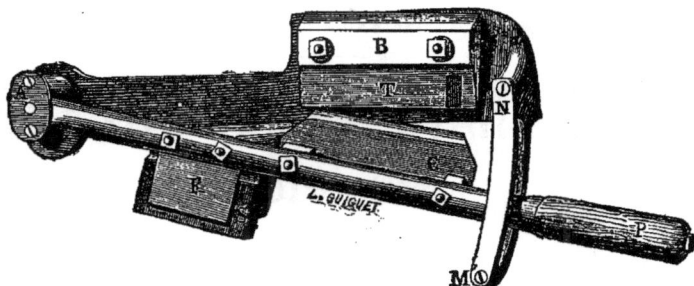

Le Jury de l'Exposition, en décernant à M. PETIT la plus haute récompense, a apprécié son instrument en termes tels que nous n'avons pas à en faire l'éloge. Nous nous bornerons à en donner une description sommaire.

La machine est destinée à faire la greffe dite **anglaise.**

Un levier oscillant autour d'un pivot A, passant dans une coulisse MN, mis en mouvement à l'aide de la poignée P que l'ouvrier tient dans la main droite, porte deux lames C et F. La lame C fait la coupe et F la fente. Le sarment tenu de la main gauche est placé sur le support T, dont la pente va en augmentant de la gauche vers la droite, de sorte que l'on donne à chaque sarment, selon sa grosseur, l'inclinaison qui lui convient par rapport à la lame. En poussant le levier, le sarment est coupé en biseau de la façon la plus nette. Le biseau est présenté à la lame F, au point qui convient à sa grosseur, et la fente s'effectue de la manière la plus irréprochable. Deux sarments de même grosseur étant taillés de même, l'emmanchement ne peut qu'être parfait.

Une machine convenablement manœuvrée peut faire facilement 1200 greffes par jour.

Deux machines, dont l'une taille tous les greffons et l'autre les racinés, peuvent donner jusqu'à trois mille greffes. L'instrument est rustique, facile à démonter, et en quelques heures un ouvrier ordinaire apprend à le faire marcher d'une façon convenable.

Chaque machine est accompagnée d'une instruction complète.

Comme à Bordeaux, M. PETIT a obtenu les premières récompenses dans les concours spéciaux de Cognac, Montpellier, Nîmes, et les ministères de l'Agriculture de Hongrie et d'Italie lui ont fait des commandes importantes.

Congrès international phylloxérique de Bordeaux 1881
MÉDAILLE D'OR

EXPOSITION UNIVERSELLE DE PARIS 1878
MÉDAILLE D'OR

ENGRAIS CHIMIQUES
pour la **VIGNE**

Sulfure de Potassium Vinicole

SOCIÉTÉ ANONYME
DES
PRODUITS CHIMIQUES AGRICOLES
Capital : 1,200,000 francs

ADMINISTRATEURS :
MM. H. JOULIE & A. ET E. LAGACHE

USINES A BORDEAUX ET A PARIS

VENTE SUR TITRE

Engrais pour toutes Cultures

LABORATOIRES DE CHIMIE AGRICOLE A PARIS ET A BORDEAUX

S'adresser à MM. les Administrateurs de la Société, savoir :

MM. A. & E. LAGACHE, 30, rue des Allamandiers, **Bordeaux.**
M. H. JOULIE, 191, rue du Faubourg-Saint-Denis, **Paris.**

ENGRAIS VINICOLE

VÉRITABLE
KAÏNIT
ENGRAIS POTASSIQUE DE STASSFURT

ANALYSE

25,20 0/0	Sulfate de potasse.
12,10 0/0	Sulfate de magnésie.
32,70 0/0	Chlorure de sodium.
16,15 0/0	Chlorure de magnésie.
12,75 0/0	Eau.
0,92 0/0	Insoluble.
99,82 0/0	

Titre
de Sulfate de potasse,
23 0/0 garanti.

L'ENGRAIS LE MEILLEUR MARCHÉ
et le plus efficace de tous les Engrais vinicoles

Le **grand succès** obtenu par cet Engrais à l'**Exposition du Congrès international et phylloxérique de Bordeaux**, où il a été constaté que le traitement des vignes phylloxérées, soit par submersion, soit par le sulfure de carbone ou autres procédés, ne **peut être complet qu'avec le concours de l'Engrais potassique** (car la potasse est à la sève de la vigne ce qu'est le fer au sang), m'autorise à recommander cet Engrais comme le meilleur de tous les Engrais vinicoles.

Prix : F. 6 50 à 9 75 les 100 kilos,

suivant destination, sacs compris, rendus *franco* à **Bordeaux, Cette et Marseille**, ainsi que dans presque toutes les gares des départements du Midi et du Centre.

Expédition à partir de 1,000 kilos.

Paiement contre traite acceptable à 60 jours, ou au comptant avec 2 0/0 d'escompte pour les commandes de 5.000 kilos et au-dessus.

Emploi facile : 800 à 1,000 kilos par hectare.

Demandez *Prix-Courant, Prospectus*, avec mode d'emploi.

Il faut compter de 10 à 25 jours pour l'arrivée de la marchandise après la réception des commandes.

Réduction de prix pour affaires de quelque importance.

S'adresser pour toutes demandes et renseignements :
à M. Louis **ENGELHARD**, Représentant-Entrepositaire,
12, rue Condorcet, PARIS

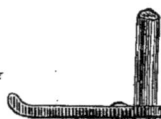

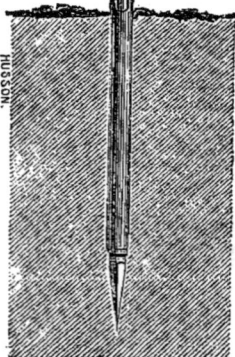

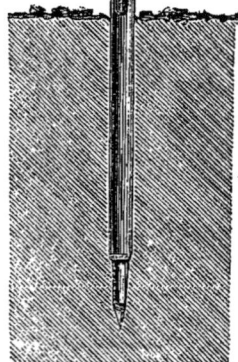

Mme PONSOT, propriétaire aux Annereaux, près Libourne, qui a obtenu le diplôme d'honneur *ex-æquo* avec la Société d'Agriculture de Montpellier et Mme la Duchesse de Fitz-James, avait exposé un cep français greffé sur racines résistantes de chaque année depuis 1876 et quelques racinés de sa pépinière de 1881. C'était, sous les apparences les plus modestes, le résumé des six années d'expériences qui l'ont amenée à la solution si nettement développée dans sa brochure : *DE LA RECONSTITUTION ET DU GREFFAGE DES VIGNES* (¹). La médaille d'or qui lui a été décernée par la Société nationale d'encouragement à l'agriculture et la haute récompense de la Commission du Congrès disent la valeur théorique et pratique de ses travaux.

(¹) Brochure in-8° avec planches. Prix : 1 fr. 50; *franco*, 1 fr. 65. Adresser les demandes à MM. FERET et Fils, éditeurs du Congrès Phylloxérique, 15, cours de l'Intendance, Bordeaux.

VIGNES AMÉRICAINES

Bien authentiques et résistant au Phylloxera

DE

MM. BUSH ET FILS ET MEISSNER

de Saint-Louis (Missouri)

D'IMPORTATION DIRECTE ET DE PROVENANCE FRANÇAISE

S'ADRESSER

A MM. GEORGES CHAREAU & Cie

7, allées de Tourny, à Bordeaux,

AGENTS pour le Sud-Ouest

VIGNES AMÉRICAINES

Du Château de La Touratte

près BORDEAUX-LABASTIDE

qui ont fait découvrir la résistance au Phylloxera

1° York's-Madeira, — Riparia Vialla, — Riparia Solonis, — Dumas, — Elsimboro ;

2° Véritable Jacquez, — Herbemont, — Long n° 1, — Long n° 2, — Riparia de sélection, — Elsemburgii.

Médaille d'OR ministérielle au Congrès de Bordeaux 1881
Grande Médaille d'Or de la Société d'Agriculture de la Gironde,
Médaille d'Or de la Société des Agriculteurs de France ;
Médaille d'Or de la Société nationale d'Agriculture, etc., etc.
Décorations de l'Espagne et du Portugal pour initiative dans la question
des vignes résistantes.

S'adresser au Régisseur du CHATEAU DE LA TOURATTE.

GREFFOIR DESPUJOLS

breveté s. g. d. g.

Faisant la greffe en fourche

Plusieurs Médailles d'Or, de Vermeil et d'Argent

1er PRIX A LA PREMIÈRE EXPÉRIENCE

Médaille de **Vermeil** *au Congrès phylloxérique de Bordeaux*
et les quatre premiers prix au Concours de greffage du Comice de Libourne de 1881.

Fonctionnement facile et rapide, et par le système de greffe empêchant le greffon d'émettre des racines, ce qui perd une grande partie des greffes à l'anglaise ; aussi est-il mis en pratique par les grands pépiniéristes de la Gironde, qui ont obtenu les plus beaux résultats.

Prix du Greffoir : { sur table, **25** fr.
{ sur souche, **15**

Grandes pépinières de vignes américaines et franco-américaines ; spécialité de plants greffés. — J'engage surtout les propriétaires qui désirent faire des plantations, à venir visiter mes expériences pour se rendre compte des résultats que j'ai obtenus.

S'adresser à M. DESPUJOLS, à Saint-Philippe-d'Aiguille, près Castillon (Gironde).

NOTA. — J'entreprends les plantations et le greffage à prix modéré.

RECONSTITUTION DU VIGNOBLE FRANÇAIS
par les Cépages Américains résistant au Phylloxera

Nombreuses médailles d'Or, de Vermeil et d'Argent dans divers concours.
Médaille d'Or à l'Exposition du Congrès international Phylloxérique
de Bordeaux en 1881.

VIGNES AMÉRICAINES
BOUTURES ET PLANTS RACINÉS

Greffoir Leydier à pédale, exécutant avec rapidité et précision la greffe Champin sur table. Prix : **25** fr.

Nouveau Greffoir Leydier, exécutant avec rapidité et précision la greffe anglaise simple, la greffe anglaise en double fente et la greffe à cheval, à la main, sur sujets en place et sur table. Prix : **20** fr.

Envoi franco du Prix-Courant sur demande.

S'adresser à M. Fs.-Fc LEYDIER, *à Lencieux*
Par Sablet (Vaucluse).

EXTRAIT DU CATALOGUE

DE LA LIBRAIRIE SPÉCIALE VINICOLE ET VITICOLE

DE

FERET & FILS

15, cours de l'Intendance, 15

BORDEAUX

Pour obtenir les ouvrages ci-après franco par la poste, envoyer un mandat-poste du prix indiqué augmenté de 10 cent. par franc pour l'affranchissement.

TRAITEMENT DES VINS

ET

SOINS A DONNER AUX VINS

Bastide (Étienne). — *Vins sophisti-qués.* In–8°, 21 pages. 0 fr. 75

Boireau. — *Vins.* Traitement pratique des vins. Traitement spécial de chaque genre de vin. — 2e édit. 1 vol. gr. in-18 jésus illustré. 5 fr.

Brun (J.). — *Fraudes et maladies du vin.* — 2e édition. 1 vol. in-18 jésus, toile. 3 fr.

Carles (P.). — *Sur la coloration artificielle des vins et sur quelques moyens de la déceler.* — 2e édition, in-8°. 50 c.

Gautier (A.). — *Sophistication des vins*, coloration artificielle et mouillage, moyens pratiques de reconnaître la fraude. In-18 j., 200 p. 2 fr. 50

Giret et Vinas. — *Chauffage des vins*, en vue de les conserver, les muter et les vieillir. — 2e édit. 1 vol. in-18 j. de 143 pages et 3 grav. 1 fr. 25

Lebœuf (V.-F.). — *Vins* (Calendrier des), ou instructions à exécuter mois par mois, pour conserver, améliorer ou guérir les vins. 1 vol. 1 fr. 75

Manuel pratique *des négociants en vins et spiritueux, des propriétaires, vignerons et tonneliers.* Contenant des conseils d'une utilité journalière pour toutes les maladies et altérations des vins, eaux-de-vie, cidres et vinaigres, coupage des vins, désinfection et dérougissement des vases vinaires, lois nouvelles, impôts, relations du commerce avec la Régie, classification des vins de France, mesures vinicoles. Petit in-8° anglais. 3 fr. 50

Maigne. — *Manuel du Sommelier et marchand de vin*, contenant des notions sur les vins rouges, blancs et mousseux, leur classification par vignobles et par crûs, l'art de les déguster, la description du matériel de cave, les soins à donner aux vins en cercles et en bouteilles, l'art de les rétablir de leurs maladies, les coupages, les moyens de reconnaître les falsifications, etc. 1 vol. in-18 orné de fig. 3 fr.

Maumené (E.-J.). — *Traité théorique et pratique du travail des vins.* Leurs propriétés, leur fabrication, leurs maladies, fabrication des vins mousseux. 1 vol. gr. in-8°, avec 97 fig. 12 fr.

Pasteur (L.). — *Etudes sur le vin.* Ses maladies, causes qui les provoquent, procédé nouveau pour le conserver et pour le vieillir. — 2e édit. 1 vol. grand in-8° de 350 pages, avec 32 planches et 25 grav. 18 fr.

Robinet (E.). — *Manuel général des vins.* Vins rouges, vins blancs, vins mousseux, vins de raisins secs, vins artificiels, vendanges, vinification, sucrage, coupages, soins des sommeliers ; avec un appendice sur l'utilisation des résidus de la vigne et des vins. — 2e édition, 1 vol. in-18 j. 3 fr. 50

— *Manuel général des vins, fabrication des vins mousseux.* 1 vol. in-18 j. avec dessins. 3 fr. 50

— *Manuel pratique d'analyse des vins.* 3e édit. in-18 j. 5 fr. 50

INDUSTRIE DES SPIRITUEUX

Basset (N.). — *Traité théorique et pratique de la fermentation,* considérée dans ses rapports généraux avec les sources naturelles et l'industrie. 1 vol. grand in-18. 3 fr. 50

Baumhauer (E.-H. Von). — *Tables indiquant la richesse en alcool* des mélanges alcooliques, d'après les indications données par l'aréomètre et le thermomètre centigrades. 1 vol. in-18 jésus. 7 fr.

Lebeau, Julia de Fontenelle et **Malepeyre**. — *Manuel du distillateur-liquoriste,* contenant les formules des liqueurs les plus répandues, les parfums, substances colorantes, etc. In-18, avec planches. 3 fr. 50

Malepeyre (F.). — *Distillation des vins,* des marcs, des moûts, des fruits, des cidres, etc. 1 vol. in-18, orné de fig. et accompagné de planches. 3 fr.

Ravon et **Malepeyre**. — *Manuel du négociant en eaux-de-vie,* liquoriste marchand de vin et distillateur. — 1 vol. 0 fr. 75 c.

Sourbé (T.). — *Tables comparatives entre le poids métrique et le volume à toutes les températures des liquides spiritueux.* — 2e édition, augmentée de : 1° Application du pesage au mesurage des cuves et des foudres. 2° Instructions et tables de la force de Gay-Lussac ; manière d'établir la valeur des alcools. 3° Règles de mouillage avec table assortie. 1 vol. in-8° cartonné. 4 fr.

Tables de conversion *pour les alcools.* Comptes faits donnant la somme d'alcool par contenu dans une quantité d'eau-de-vie. Petit in-folio, cartonné. 1 fr. 25

VITICULTURE ET VINIFICATION

Armailhacq (A. d'). — *De la culture des vignes, de la vinification et des vins dans le Médoc,* avec un état des vignobles d'après leur réputation. 3e édition. In-8°, 640 pages. 6 fr.

Arthaud (le Dr), de Bordeaux. — *De la vigne et de ses produits,* in-8°, 360 pages. 5 fr.

Audibert (J.). — *L'art de faire le vin avec les raisins secs.* 6e édition. In-8°, 296 pages. 3 fr. 50

Boireau (Raimond). — *Culture de la vigne, traitement pratique des vins.* Vini- fication, distillation. 2e édit. 2 volumes in-18 j., illustrés. 10 fr.

Burdel (Dr Édouard). — *La vigne et le vin,* manuel du planteur de vignes dans les terrains pauvres et spécialement dans la Sologne. 1 vol. gr. in-18 de 150 pages. 2 fr.

Cazenave (Armand). — *Manuel pratique de la culture de la vigne dans la Gironde.* 1 vol. gr. in-8° illust. 5 fr. 50

Champin (Aimé). — *Traité théorique et pratique du greffage de la vigne.* 1 vol. in-8° j., orné de 70 figures gravées, sur les dessins d'après nature, de Mlle Champin. 6 fr.

Debort (P.). — *Manuel du fabricant de vins de raisins secs.* In-8°, 1881. 1 fr. 25

Déjernon. — *La Vigne en France, et spécialement dans le Sud-Ouest.* Aperçus économiques, culture de la vigne, reproduction, cépages, engrais, plantation, taille et façons. 1 vol. in-8° de 500 p. 5 fr.

Dubief. — *Guide pratique* de la fabrication des vins factices et des boissons vineuses en général. 1 vol. in-18 jésus, toile. 2 fr.

Dubreuil. — *Les vignobles et les arbres à fruits, à cidre,* l'olivier, le noyer, le mûrier et autres espèces économiques. 1 vol. in-18 jésus, avec 7 cartes et 384 fig. 6 fr.

Ecorchard (le D^r). — *Culture et taille de la vigne.* In-18 j. avec planches. 2 fr.

Guyot (D. Jules).— *Culture de la vigne et vinification.* — 2e édit. 1 vol. in-18 j. de 426 pages et 30 grav. 3 fr. 50
— *Etat des vignobles de France,* pour servir à l'enseignement mutuel de la viticulture et de la vinification française. 3 vol. gr. in-8°, avec 974 fig. et une carte viticole de la France. 30 fr.
— *Viticulture de l'est de la France.* 1 vol. in-4° de 204 p. et 46 gr. 3 fr. 50
— *Viticulture du sud-ouest de la France* 1 vol. in-4° de 248 p. et 89 gr. 4 fr. 50
— *Viticulture de la Charente-Inférieure.* 1 vol. in-4° de 60 pages. 2 fr. 50

Lacoste (Fleury). — *Guide du vigneron,* 1 vol. in-18 j., toile, 176 p. 3 fr.

Ladrey. — *Traité de viticulture et d'œnologie.* — 2e édit. 2 vol. in-18 avec figures. 16 fr.
On sépare : Tome Ier, *Viticulture,* 8 fr. Tome II, *OEnologie,* 8 fr.

Lebeuf (F.-V.). — *Culture et traitement de la vigne,* ou guide du vigneron et de l'amateur de treilles, indiquant mois par mois les travaux à faire dans le vignoble et sur les treillis des jardins, la manière de planter, gouverner et dresser la vigne d'après toutes les méthodes en usage en France, et de la guérir de ses maladies par les moyens reconnus les plus efficaces. 1 vol. in-18 jésus, orné de vig. 2 fr. 50

Marcon (J.). — *Etudes sur la viticulture et la vinification.* In-18 jésus, 120 pages. 1 fr. 50

Mas et Pulliat. — *Le Vignoble* ou histoire, culture et description, avec planches coloriées, des vignes à raisins de table et à raisins de cuve, les plus généralement connus. Paris, 1874-1879, 3 v. gr. in-8° avec 96 pl. color. 200 fr.

Odart (Comte). — *Ampélographie universelle,* ou traité des cépages les plus estimés. — 5e édition. in-8° de 650 p. 7 fr. 50

Petit-Lafitte. — *La vigne dans le Bordelais.* Commerce, culture, histoire naturelle, etc. 1 fort vol. in-8° illustré de 75 grav. 12 fr.

Plonquet. — *Recherches historiques et pratiques* sur la culture de la vigne dans le département de la Marne et la confection des vins de Champagne. In-18 jésus. 3 fr.

Pulliat. — *Description et synonymes* de 1000 variétés de vignes. Paris, 1875. in-8°. 3 fr. 50

Rendu (Victor). — *Ampélographie française,* ou *Traité de la vigne,* comprenant la statistique, la description des meilleurs cépages, l'analyse chimique du sol, et les procédés de culture et de vinification des principaux vignobles de France. 1 vol. de texte in-folio et un atlas de 70 planches. 300 fr.
Le même ouvrage, le texte seul. 1 beau vol. gr. in-8°, avec une carte. 6 fr.

Rose-Charmeux. — *Culture du chasselas à Thomery.* In-18 j., 94 pages avec dessins. 2 fr.

Rovasenda (J. de). — *Essai d'une ampélographie universelle,* traduit de l'italien et annoté par le Dr F. Cazalis et M. G. Foëx, 1881, in-4°. 7 fr.

Thiébaut, Berneaud (de), et **Malepeyre.** — *Manuel du vigneron,* ou l'art de cultiver la vigne, de la protéger contre les insectes qui la détruisent et de faire le vin, contenant les meilleures méthodes de vinification, traitant du chauffage des vins, etc. 1 vol. in-18, orné de figures et accompagné de planches. 3 fr. 50

Trouillet. — *Vigne* (Nouvelle culture de la) en plein champ, sans échalas ni attaches. — 4e édition. In-8° avec 15 grav. 2 fr. 50

Trouillet. — *Vigne* (Régénération de la) par une nouvelle plantation. — 2e édit. In-18. 75 c.

Vergnette-Lamotte (de). — *Le Vin*. In-18 j., orné de 3 pl. en couleur et de 31 grav. noires. 3 fr. 50

Vias. — *Culture de la vigne en chaintres.* — 3ᵉ édit. In-8º de 100 pages et 27 gravures. 2 fr. 50

Vignial (J.). — *Hygiène de la vigne*, moyens de lui rendre la santé sans le secours d'aucun remède, *ouvrage couronné à l'Exposition universelle de 1878.* — 2ᵉ édit. In-8º, 38 p. av. grav. 2 fr.

Vignial. — *La Vigne et le Vin*. In-8º, 44 pages. 2 fr.

Ysabeau. — *Arbres fruitiers (des) et de la Vigne*. 1 vol. in-18. 75 c.

OUVRAGES DIVERS SUR LA VIGNE ET LES VINS

Accum, Guil... et **Malepeyre.** — *Manuel des vins de fruits et boissons économiques*, contenant l'art de fabriquer soi-même, chez soi et à peu de frais, les vins de fruits, le cidre, le poiré, les vins de grains, les bières économiques et de ménage, les boissons rafraîchissantes, les hydromels, etc., et l'art d'imiter les vins de crûs et de liqueur français et étrangers. — In-18. 2 fr. 50

Bertall. — *La Vigne.* Voyage autour des vins de France. Etude physiologique, anecdotique, historique, humoriste et même scientifique. 1 vol. gr. in-8º, enrichi de plus de 400 grav., dont près de 100 hors texte. Broché, 20 fr.; relié. 25 fr.

Biarnez (P.). — *Les grands vins de Bordeaux*, poème suivi d'une leçon du professeur Babrius, intitulée : *De l'influence du vin sur la civilisation.* 2ᵉ édit. Gr. in-8º illustré. 6 fr.

Bordeaux et ses Vins. — Album de 25 photographies, avec texte en français, allemand et anglais, complété par un tableau du classement des grands vins de la Gironde. In-4º oblong relié chagrin, tr. dorée. 30 fr.

Carles (Dr P.). — *Etude clinique et hygiénique du vin en général, et du vin de Bordeaux en particulier.* In-8º. 3 fr.

Chasteignier (Paul de). — *Les vins de Bordeaux*. 124 p., in-18 j. 2 fr.

Cocks (Ch.) et **Feret** (Ed.). — *Saint-Emilion et ses vins* et les principaux vins de l'arrondissement de Libourne, avec notice historique et archéologique, orné de 37 vues de châteaux vinicoles dessinées par Vergez. In-18 jésus, 408 pages. 2 fr.

Cocks (Ch.). *Bordeaux et ses vins* classés par ordre de mérite, 4ᵉ édition entièrement refondue, par Ed. Feret.

1 fort vol. in-18 jésus, orné de 225 vues de châteaux dessinées par E. Vergez, 6 fr.

Le même, avec 8 petites cartes vinicoles. 8 fr.

Ouvrage couronné par la Société d'Agriculture de la Gironde (méd. d'or).

Cocks (Ch.). — *Bordeaux and its wines*, second edition improved by Edouard Feret, illustrated by Eug. Vergez. 1 vol. in-18 j. wtth maps, prix toile 10 fr.

Emion (V.). — *Le régime des boissons.* Commentaire des lois rendues depuis 1871. Tableau complet des droits, des contraventions et des pénalités, documents statistiques sur la production vinicole de la France. 1 vol. in-18 j., 464 pages. 5 fr.

Feret (Ed.). — *Statistique générale du département de la Gironde, topographie, sciences, administration, biographie, histoire, archéologie, agriculture, commerce, industrie,* par Ed. Feret. 3 vol. gr. in-8º. Prix pour les souscripteurs. 42 fr.

La 1ʳᵉ partie, topographique, scientifique, agricole, industrielle, commerciale et administrative. 1 vol. gr. in-8º, 1,000 pages : 16 fr.

La 2ᵉ partie, agricole et vinicole, contenant l'étude spéciale de 552 communes du département, avec la nomenclature de tous les crûs et leur classification. 1 vol. gr. in-8º, 950 p., 250 gr., avec un supplément de 188 pages; prix : 20 fr.

La 3ᵉ partie, historique, archéologique et biographique, est en préparation.

Feret (Ed.). — *Supplément à la statistique générale de la Gironde, partie vinicole comprenant :* 1º un aperçu des différentes régions de la Gironde au point de vue de la nature du sol, de la culture de la vigne et de la vinification ; des qualités, des prix et de la classification des vins ; 2º une étude sur les caractères des vins des dernières récoltes ; 3º une étude sommaire et

pratique des soins à donner aux vins ; 4° l'art de boire les vins ; 5° la nomenclature, revue et corrigée, des principaux vignobles de la Gironde classés par ordre de mérite. Gr. in-8° de 188 p. avec grav., broché.   4 fr.
Relié toile.   5 fr. 50

Feret (Ed.). — *Almanach du buveur, du négociant en vins et du viticulteur pour 1870*, contenant l'art d'avoir une bonne cave avec peu d'argent. 1 vol. in-18 j. illustré, 113 pag.   50 c.

Herpin (J.-Ch.). — *De la graisse des vins.* — 2e édit. in-8°, 40 p.   1 fr. 25

Jullien (A.). — *Topographie de tous les vignobles connus*, contenant leur position géographique, l'indication du genre et de la qualité des produits de chaque crû, les lieux où se font les chargements des vins, le nom et la capacité des tonneaux et des mesures en usage, les moyens de transport ordinairement employés, les tarifs des douanes de France et des pays étrangers, etc. — 5e éd. 1 vol. in-8°, 540 p.   7 fr. 50

Laneyrie (P.). — *Vade-mecum du négociant en vins*, dans ses rapports avec la régie des contributions indirectes. 1 vol. in-18 j., 162 pages.   2 fr. 25

Malvezin (Théophile) et **Feret** (Ed.). — *Le Médoc et ses vins*, guide vinicole et pittoresque de Bordeaux à Soulac. 1 vol. in-18 j., orné de vignettes et d'une carte du Médoc.   2 fr. 50

Maurial (L.). — *L'art de boire, connaître et acheter le vin*, et toutes les boissons, *Guide pratique* du producteur, du marchand et du consommateur. — 4e édit. 1 vol. in-18, 262 p.   2 fr.

Pasteur (M.-L.). — *Etudes sur le vinaigre*, sa fabrication, ses maladies, moyens de les prévenir ; nouvelles observations sur la conservation des vins par la chaleur. — Grand in-8°, 114 pages.   4 fr.

Terrel des Chênes (E.). — *Pourquoi nos vins dégénèrent.* In-18, 48 p.   1 fr.

Trois Étoiles. — *Les vins du siècle dans la Gironde*, petite statistique des récoltes depuis 1800 jusqu'à 1877. 1 vol. in-18 j., 65 p.   1 fr.

Veyrac (J.-B.). — *Barème vinicole du Midi*, guide indispensable des négociants, propriétaires, maîtres de chais. 1 vol. in-18 j., 64 p.   1 fr. 75

CARTES VINICOLES

Carte du département de la Gironde à l'échelle de $\frac{1}{40,000}$, *publiée par l'administration départementale, suivant les décisions du Conseil général de la Gironde. Bel atlas de 22 feuilles colombier, gravé sur pierre par la maison Erhard, de Paris, et tiré à 4 teintes.* — Prix de l'atlas entier.   50 fr.
Publié en 10 séries de 2 ou 3 cartes. Chaque série pour les souscripteurs.   5 fr.
Chaque feuille se vend séparément au prix de   4 fr.

Carte vinicole et routière du département de la Gironde, par M. Coutaut, agent voyer, pour faire suite *à Bordeaux et ses vins.* 1 feuille gr. aigle imprimée en 2 couleurs et coloriée par contrée vinicole.   6 fr.

Carte routière et vinicole du Médoc, par M. Th. Malvezin, accompagnant l'ouvrage du même auteur intitulé : *le Médoc et ses vins.* 1 feuille colombier gravée à Paris par Régnier et tirée en 3 couleurs.   4 fr.

Carte routière du département de la Gironde, par M. Coutaut. Format grand aigle.   2 fr. 50

Carte géologique de la Gironde, par M. Victor Raulin. Form. gr. aigl. 6 fr.

Carte agricole de la Gironde, par Malvezin. Format gr. aigle.   6 fr.
Ces deux dernières cartes ont été publiées par la Société de Géographie commerciale de Bordeaux et ont obtenu une grande médaille à l'Exposition du congrès des sciences géographiques (Paris, 1875).

Carte du Médoc. 1 feuille 1/2 coquille coloriée.   50 c.

Petite carte vinicole du Médoc, tirée en 5 couleurs, format petit in-8°. Prix, 40 c. ; cent, 25 fr. ; mille, 200 fr.

MALADIES DE LA VIGNE ET PHYLLOXERA

Baillou, Boyer et **Lacroix.** — *Du Phylloxera. Voyage dans le Midi en 1875.* In-8°, 26 pages.   0 fr. 50

Basset (N.). — *La Vigne.* Leçons familières sur *la gelée et l'oïdium.* Leurs causes réelles et les moyens d'en prévenir ou d'en atténuer les effets. 1 vol. in 18 jésus, 538 pages.   5 fr.

— *La vigne et son phylloxère.* In-8°, 54 pages.   2 fr.

Baudrimont (A.). — *Leçon sur le phylloxera faite le 17 juillet 1874.* In-8°, 39 pages.   1 fr.

— *Invasion du phylloxera dans le Médoc.* Moyens proposés pour résister à son action. In-8°.   1 fr. 25

Baurac (J.). — *Le phylloxera reconnu comme étant l'effet et non la cause de la maladie de la vigne. Moyen infaillible pour combattre le retour de ce fléau, suivi d'un aperçu sur la maladie des vers à soie et d'une courte notice sur la maladie de la pomme de terre.* In-8°, 40 p.   2 fr.

Boiteau (M.-P.). — *Du phylloxera. OEuf d'hiver et son produit.* In-8°, 52 pages.   1 fr. 50

— *Le phylloxera ailé et sa descendance.* In-8°, 62 pages.   1 fr. 50

— *Guide pratique du viticulteur pour la destruction du phylloxera.* In-8°, 24 pages.   1 fr. 25

— *Guide du viticulteur pour les traitements des vignes phylloxérées.* In-8°, 15 pages.   0 fr. 50

Bussière (M.). — *La vérité sur le phylloxera, ou l'ensemble des causes qui ont engendré l'épidémie, suivi des moyens les plus sérieux pour combattre et éviter le retour de ce fléau.* In-8°, 86 pages. 1 fr.

Coutaret (C.-L.). — *De la maladie phylloxérique* et de son traitement physiologique à l'aide du drosogène. In-8°.   4 fr.

Espinouse (Le Docteur A.). — *Du phylloxera, son traitement dans le Midi.* 1874. In-8°, 31 pages.   » fr. 75

Faucon (Louis.). — *Instructions pratiques sur le procédé de la submersion des vignes.* In-8°, 153 pages.   2 fr. 50

Id. Supplément à l'ouvrage ci-dessus, in-8°.   0 fr. 50

Garrigou (Dʳ F.). — *Conférence sur le phylloxera* faite le 26 février 1880, à

l'école supérieure de commerce et d'industrie de Bordeaux. In-8°, 44 p.   1 fr.

Gères (J. de). — *Le phylloxera devant la Bible.* In-8°, 21 pages   0 fr. 40

Gras et **Issartier.** — *Etat de la question de la maladie de la vigne.* Rapport adressé au Conseil général de la Gironde par deux de ses membres. Bordeaux, 1876. In-8°, 38 pages, avec grav.   1 fr.

Guérin (P.). — *Le phylloxera et les vignes de l'avenir.* 1 v. in-8°, 341 p. 4 fr.

Ladrey. — *Le phylloxera.* Histoire de la nouvelle maladie de la vigne et des moyens employés pour la guérir. Etudes pratiques à l'usage des vignobles menacés. 1 v. in-8° de 240 p. avec carte. 4 fr.

Lamballerie (F. de) — *Résumé pratique du Congrès phylloxérique de Bordeaux (1881)* et Notes sur les vignes américaines. (Extrait du *Charentais.*) In-8°.   1 fr. 25

Lichtenstein (J.). — *Histoire du phylloxera, précédée de considérations générales sur les pucerons et suivie de la liste des personnes qui se sont occupées de la question phylloxera.* In-8°, 39 pages, suivi de belles planches gravées et coloriées.   4 fr.

Mazaroz (J.-P.). — *Le plus grand péril du moment est représenté par le phylloxera et ses causes.* — *Danger du sulfure de carbone. Efficacité des engrais minéraux et végétaux mélangés. Moyen précis de leur emploi.* In-8°, 62 p. 1 fr. 50

— *Destruction du phylloxera de la vigne par l'hygiène naturelle, ainsi que par la culture de la vigne basée sur les engrais insecticides et reconstitutifs.* — 5ᵉ édition, in-8°, 100 pages.   2 fr.

— *Traitement général pour la destruction du phylloxera, d'après la connaissance exacte des causes de sa présence.* In-8°, 52 pages.   1 fr.

Mouillefert (P.). — *Le phylloxera. Expériences du comité de Cognac.* In-8°, 78 pages.   2 fr. 50

— *Le phylloxera.* — *Moyens proposés pour le combattre; état actuel de la question.* In-8°, avec planches coloriées et figures noires.   4 fr.

— *Guérison et conservation des vignes françaises. Application du sulfo-carbonate de potassium aux vignes phylloxérées.* In-8°, 58 pages.   1 fr.

Mouillefert (P.). — *Application du sulfo-carbonate de potassium au traitement des vignes phylloxérées.* Rapport sur les travaux de l'année 1880. In-4°.   2 fr.

Oberlin (Ch.). *La Dégénérescence de la vigne cultivée, ses causes et ses effets.* — Solution de la question phylloxérique. In-8°.   1 fr.

Millardet (A.). — *Pourridié et phylloxera.* — Etude comparative de ces deux maladies de la vigne, in-8°, avec 4 planches gravées.   5 fr.

Pérez, professeur à la faculté de Bordeaux. — *Instruction élémentaire sur le phylloxera*, in-8°.   50 fr.

Princeteau (P.) et **Ramat** (J.). — *Du phylloxera.* Le phylloxera dans le Midi. — La submersion. — Les insecticides. — Les vignes américaines. — Le procédé Rohart. — Résumé. In-8°, 29 p.   1 fr.

Terrel des Chênes. — *Défense de la vigne européenne contre le phylloxera.* In-8°, 36 p.   1 fr.

VIGNES AMÉRICAINES

Baltet (Ch.). — *L'Art de greffer les arbres*, arbrisseaux et arbustes fruitiers, forestiers, etc. — 2e édit., suivie d'un appendice sur le rétablissement de la vigne par la greffe. 1 fort vol. in-18, avec 127 fig. dans le texte.   4 fr.

Baltet (Ch.). — *Le greffage de la vigne*, son but et ses conséquences dans les pays phylloxérés; procédés simples et pratiques. In-8° illustré. (Extrait du Compte-rendu du Congrès.)   1 fr.

Bush et fils et **Meissner**. — *Les vignes américaines*, catalogue illustré et descriptif, avec de brèves indications sur leur culture, trad. de l'anglais par Louis Bazelle et J.-E. Planchon. 1 vol. gr. in-8° avec de nombreuses grav. Prix :   4 fr.

Champin (Aimé). — *Traité théorique et pratique du greffage de la vigne.* 1 vol. in-8°, avec 70 fig.   6 fr.

Congrès de viticulture de Lyon, les 12, 13, 14 septembre 1880. — Conférences. — Résumé. — Vœux. — Conclusion. — Gr. in-8°, 242 pages.   2 fr. 50

Coullon. — *Lettre sur les vignes américaines*, leur résistance, leur adaptation au sol et au climat, les procédés de multiplication, de greffage et de culture qui leur sont applicables. In-8°.   50 c.

Fitz-James (Duchesse de) — *La grande culture de la vigne américaine en France.* — 2e édition. In-18.   1 fr.
— *Le Congrès de Bordeaux (1881).* In-18.   0 fr. 50

Foëx (Gustave). — *Manuel pratique de viticulture* pour la reconstitution des vignobles méridionaux : vignes américaines, submersion, plantation dans les sables. 1 vol. in-18 j., orné de 32 fig., 1881.   3 fr.

Gachassin-Lafite (Léon). — *Conservation des vignes par la rhizoplastie*, ou adjonction de racines américaines. In-8°.   75 c.

Guérin. — *Le phylloxera et les vignes de l'avenir.* 1 fort volume in-18 de 348 pages.   4 fr.

Laliman. — *Etudes sur les divers travaux phylloxériques et les vignes américaines.* 1 volume grand in-8° de 200 pages.   3 fr.

Laliman (L.). — *Documents pour servir à l'histoire de l'origine du phylloxera.* Gr. in-8°, 70 pages.   2 fr.

Lespiault. — *Les vignes américaines dans le sud-ouest de la France.* In-8°. 1 fr.

Millardet (A.). — *La question des vignes américaines* au point de vue théorique et pratique. Gr. in-8°.   2 fr.

— *Notes sur les vignes américaines.* 1884. Gr. in-8°.   2 fr. 50

— *Histoire des principales variétés et espèces de vignes d'origine américaine* qui résistent au phylloxera.

Cet ouvrage formera 4 livraisons gr. in-4°, richement illustrées.

En vente : la 1re livr. : *Le Clinton.* Prix :   2 fr. 50

La 2e livraison comprendra les *Taylor, Solonis, York's-Madeira, Vialla, Delaware*, etc.

Ponsot (Mme veuve Francis). — *De la reconstitution et du greffage des vignes.* 2e édition avec 4 pl. Gr. in-8°.   1 fr. 50

Bordeaux. — Imprimerie G. GOUNOUILHOU, rue Guiraude, 11

Extrait des publications de la Librairie FÉRET & FILS

VIENNENT DE PARAITRE :

RESUME PRATIQUE DU CONGRÈS PHYLLOXÉRIQUE DE BORDEAUX (1882), par François de **Lamballerie**, propriétaire. (Extrait du *Charentais*). In-8°.................... 1 25

BORDEAUX ET SES VINS *classés par ordre de mérite*, par Ch. **Cocks**, 4e édition, entièrement refondue, par Edouard FÉRET. 1 fort vol. in-18 jésus, orné de 225 vues de châteaux dessinées par Eug. **Vergez** ....fr. 6 »»
Le même, avec 8 petites cartes vinicoles..fr. 8 »»
Ouvrage couronné par la Société d'Agriculture de la Gironde (médaille d'or).

BORDEAUX AND ITS WINES, by Ch. **Cocks**, second edition improved by Edouard FÉRET, illustrated by Eug. **Vergez**. 1 vol. in-18 j. with maps, prix toile....................fr. 10 »»

SAINT-ÉMILION ET SES VINS et les principaux vins de l'arrondissement de Libourne (ouvrage extrait de *Bordeaux et ses Vins*), et accompagné d'une introduction historique et archéologique sur Saint-Émilion. 1 vol. grand in-18 jésus illustré, 125 pages.................... fr. 2 »»

GÉOGRAPHIE PHYSIQUE, AGRICOLE, INDUSTRIELLE, COMMERCIALE, HISTORIQUE ET POLITIQUE DU DÉPARTEMENT DE LA GIRONDE, par l'abbé J.-E. **Gabriel**, ancien professeur, auteur de plusieurs ouvrages d'enseignement. Ouvrage autorisé pour les écoles publiques du département. 1 vol. in-12, illustré.............fr. » 90

CARTE INDIQUANT L'ÉTAT DE PHYLLOXERATION DU DÉPARTEMENT DE LA GIRONDE, dressée par M. **Froidefond**, pour la Société d'Agriculture de la Gironde. 1 feuille grand-aigle imprimée en deux couleurs. fr. 3 50

NOTES SUR LES VIGNES AMÉRICAINES, par M. **Millardet**, 1881, grand in-8° ...fr. 2 50

POURRIDIÉ ET PHYLLOXERA, étude comparative de ces deux maladies de la vigne, par le même, in-8° avec 4 planches gravées...fr. 5 »»

CARTE DU DÉPARTEMENT DE LA GIRONDE, à l'échelle de $\frac{1}{40000}$ publiée par l'Administration départementale, suivant les décisions du Conseil général de la Gironde. *Bel Atlas de 23 feuilles colombier, gravé sur pierre* par la maison **Erhard**, de Paris et tiré à 4 teintes. Prix de l'Atlas entier.......fr. 50 »»
— *Publié en 10 séries de 2 ou 3 cartes.* Chaque série, prix les souscripteurs..........fr. 5 »»
Chaque feuille se vend séparément.......fr. 4 »»

LE PARAGELÉE DES VIGNES, breveté s. g. d. g. Culture de la vigne sur les landes du département de la Gironde et des Landes et dans le nord de la France, par C. **Desforges**, agriculteur à La Teste de Buch (Gironde) In-8°...fr. » 60

STATISTIQUE GÉNÉRALE *du département de la Gironde*. topographie, sciences, administration, biographie, histoire, archéologie. agriculture, commerce, industrie, par Edouard **Féret**. 3 vol. gr. in-8° ; prix, pour les souscripteurs. fr. 42 »»
La première partie : *topographique, scientifique, agricole, industrielle, commerciale et administrative*, 1 vol. gr. in-8° de 1,000 pages, est en vente au prix de....................fr. 16 »»
La deuxième partie : *agricole et vinicole*, 1 vol. grand in-8°, avec supplément : 1,100 pages, ornée de 300 gravures..................fr. 20 »»
— *Ces deux volumes ont été honorés d'une médaille d'or de l'Académie des Sciences, Belles-Lettres et Arts de Bordeaux, d'une médaille d'or de la Société d'Agriculture de la Gironde, d'une médaille d'argent de la Société de Géographie*.
La troisième partie : *historique, archéologique et biographique*, est en cours de publication.

SUPPLÉMENT A LA STATISTIQUE GÉNÉRALE DE LA GIRONDE, comprenant une notice sur la viticulture dans la Gironde, les soins à donner aux vins et la nomenclature des principaux propriétaires. 1 vol. grand in-8° de 160 pages avec 50 gravures...........fr. 4 »»

LES GRANDS VINS DE BORDEAUX, poème par **M. P. Biarnez**, précédé d'une leçon du Dr **Babrius**, intitulée : *De l'influence du vin sur la civilisation*. Gr. in-8° raisin, illustré. fr. 6 »»

LE MÉDOC ET SES VINS, GUIDE VINICOLE ET PITTORESQUE DE BORDEAUX A SOULAC, par Théophile **Malvezin** et Edouard **Féret**. Ouvrage orné de vignettes et d'une carte du Médoc.................fr. 2 50

MANUEL PRATIQUE DE LA CULTURE DE LA VIGNE DANS LA GIRONDE, par Armand **Cazenave**. 1 beau vol. grand in-8°, orné de 121 figures....................fr. 5 50

ÉTUDE CHIMIQUE ET HYGIÉNIQUE SUR LE VIN EN GÉNÉRAL ET EN PARTICULIER SUR LE VIN DE BORDEAUX. Thèse présentée et soutenue le 20 mars 1880, pour obtenir le titre de docteur en médecine, par P. **Carles**, professeur agrégé à la Faculté de Bordeaux. Grand in-8° de 96 pages....fr. 3 »»

CARTE VINICOLE ET ROUTIÈRE *du département de la Gironde*, par M. **Coutaut**, agent-voyer, pour faire suite à *Bordeaux et ses Vins*. 1 feuille grand-aigle, imprimée en 2 couleurs et coloriée par contrée vinicole..........fr. 6 »»

CARTE ROUTIÈRE ET VINICOLE DU MÉDOC, dressée par M. Théophile **Malvezin**, pour accompagner l'ouvrage du même auteur intitulé : *Le Médoc et ses Vins*, 1 feuille colombier gravée à Paris, par *Regnier*, et tirée en 3 couleurs....................fr. 4 »»

CARTE GÉOLOGIQUE DE LA GIRONDE, dressée par M. Victor **Raulin**, format grand-aigle....................fr. 6 »»

CARTE AGRICOLE DE LA GIRONDE, dressée par M. Th. **Malvezin**, format grand-aigle....................fr. 6 »»
— *Ces deux cartes ont été publiées par la Société de Géographie commerciale de Bordeaux, et ont obtenu une grande médaille à l'Exposition du Congrès des sciences géographiques (Paris, 1875)*.

ÉLÉMENTS D'AGRONOMIE, première partie : Notions préliminaires mises à la portée des Agriculteurs par le Dr Henri **Issartier**. In-18, cart. ....fr. » 75

DES PLANTATIONS ET DES GRANDS ARBRES DANS LA GIRONDE ET *les départements limitrophes*, par M. J.-A. **Escarpit**, horticulteur-paysagiste. 1 vol. in-18....fr. » 75

LA VIGNE, leçons familières sur la gelée et l'oïdium, leurs causes réelles et les moyens d'en prévenir les effets, par M. N. **Basset**, professeur de chimie appliquée à l'agriculture. 1 vol. in-12, Prix....................fr. 5 »»

HYGIENE DE LA VIGNE, moyens de lui rendre la santé sans le secours d'aucun remède. — Taille raisonnée et soins à donner aux vins, par J. **Vignial**, propriétaire. 2e édition, in-8°, 40 pages et 4 planches.............. fr. 1 »»
— *Cet ouvrage a obtenu une médaille à l'Exposition universelle de 1867*.

LEÇON SUR LE PHYLLOXERA faite à la Faculté des Sciences, le 17 juillet 1874, par M. A. **Baudrimont**. In-8°. Prix..........fr. 1 »»

INVASION DU PHYLLOXERA *dans le Médoc*; moyens proposés pour résister à son action, par M. A. **Baudrimont**, professeur à la Faculté des Sciences de Bordeaux. Broch. in-8° (1877). Prix....................fr. 1 25

QUESTION DES VIGNES AMÉRICAINES au point de vue théorique et pratique, par A. **Millardet**, professeur de Botanique à la Faculté des Sciences de Bordeaux. Brochure in-8° avec planches....................fr. 2 »»

HISTOIRE DES PRINCIPALES VARIÉTÉS ET ESPÈCES DE VIGNES D'ORIGINE AMÉRICAINE, qui résistent au phylloxera, par A. **Millardet**. Cet ouvrage formera 4 livraisons grand in-4° richement illustrées et coûtera 20 fr. En vente la 1re livraison : Clinton.......fr. 2 50

Bordeaux. — Imp. G. GOUNOUILHOU, rue Guiraude, 11